上海科学技术情报研究所
第i情报研究丛书

Patent Tactical Intelligence: Methods and Applications

专利战术情报

方法与应用

主编 肖沪卫 瞿丽曼 路炜

上海科学技术文献出版社
Shanghai Scientific and Technological Literature Press

图书在版编目（CIP）数据

专利战术情报方法与应用 / 肖沪卫，瞿丽曼，路炜主编．—上海：上海科学技术文献出版社，2015.2
ISBN 978-7-5439-6308-5

Ⅰ．① 专…　Ⅱ．①肖…②瞿…③路…　Ⅲ．①专利—竞争情报—研究　Ⅳ．① G350

中国版本图书馆 CIP 数据核字（2014）第 141091 号

责任编辑：石　婧
特约编辑：陈云珍
封面设计：唐　龙

专利战术情报方法与应用
主编　肖沪卫　瞿丽曼　路　炜
出版发行：上海科学技术文献出版社
地　　址：上海市长乐路 746 号
邮政编码：200040
经　　销：全国新华书店
印　　刷：上海中华商务联合印刷有限公司
开　　本：787×1092　1/16
印　　张：37.75
字　　数：826 000
版　　次：2015 年 2 月第 1 版　2015 年 2 月第 1 次印刷
书　　号：ISBN 978-7-5439-6308-5
定　　价：158.00 元
http://www.sstlp.com

《专利战术情报方法与应用》编写组

主编： 肖沪卫　瞿丽曼　路炜

成员：（按章节出现先后排序）

肖沪卫　梁建军　王兴旺　毛开云　杨　露　江洪波
李军华　陆　娇　张爱平　陆　斌　路　炜　谷　俊
陈　枫　瞿丽曼　罗天雨　杨莺歌　赵晓勤　申群兵
殷媛媛　吴春莹　魏子熙　吕玉洁　杨薇炯　陈大明
陈跃平　戴顺孝　曹　磊　杜　渐　倪炜瑜

前 言 | Foreword

专利技术是国家、地区或企业、行业竞争优势的核心基础之一。专利情报是专利信息开发与利用的高度体现，在技术研发、引进转让、专利申请、侵权诉讼、出口贸易、专利战略和知识产权评议等方面应用十分广泛，是研发人员、知识产权法务人员和情报人员应该掌握的高级技能。专利情报分为专利战术情报和专利战略情报两大类。

专利战术情报以专利信息内容分析为主，主要是解决研究对象"有没有"或者"是不是"的问题，包括专利查新、专利侵权分析、专利法律状态查证。专利查新是国际上广泛采用的查新形式，代表着科技查新的发展方向，也是提升现有科技查新水平的重要抓手。面对专利侵权纠纷日益频繁之势，一方面应提高专利侵权的防范意识，另一方面即使在被控侵权之后也应采取合理措施化解侵权纠纷。在众多知识产权问题解决方案中，专利侵权检索(Infringement Search)已成为非常重要的环节。据不完全统计，各国因未查阅专利文献、使研究课题失去价值，每年造成的损失数以十亿美元计，间接损失就更多了，我国低水平重复研究十分惊人。明悉世界专利的动态，可以避免重复开发与资金浪费。因此，任何个人和单位在申请专利前，都应认真检索，了解自己的想法是否已经被别人实现。专利检索是一种基础能力，决定着研发和专利情报研究的水平高低。所有这些都说明本书的价值所在。本书是带有原创性成果的关于专利战术情报分析的系统化专著，结合具体案例进行内容解析和报告示范，具有很强的操作性，反映了专利战术情报的最新进展。

与专利战术情报相对应的就是专利战略情报。专利战略情报以研究专利信息的关系为主，主要是解决研究对象"方向"、"趋势"、"机遇"或者"挑战"的问题。我主编的《专利地图方法与应用》一书就是关于专利战略情报的专著，构筑了专利地图分析的完整框架和方法体系，结合具体案例进行内容解析和报告示范，具有很强的实践性，基本涵盖了专利地图技术的发展现状、趋势、制作方法、软件工具、应用案例等，反映了当代国内外专利地图研究与应用的最新进展。

我研究专利情报近30年。20世纪80年代，上海科学技术情报研究所投入4000多万元引进了Derwent磁带专利数据库，我们许多研究生有机会通过情报系统管理软件CDS/ISIS检索磁带数据库，这在当时以手工分析为主的年代已经算是很奢侈了。感谢我的导师方保伟研究员，在我的专利情报研究中给予了许多指导和教诲；感谢我的带教老师庄重九高级工程师，在我的专利情报实验分析中给予了许多具体的操作指导和帮助，二十多年前的恩情至今难忘。正是由于他们，我当时的研究生论文《Derwent磁带专利数据库的开发利用》获得了优级评定，也为本书的最终推出奠定了技术基础。

近10年来，上海科学技术情报研究所和上海市科学技术情报学会在提升和推进专利情报研究方面做了大量富有成效的工作。每年举办“专利查新与侵权分析及专利检索方法高级培训班”、“专利地图与专利预警分析高级培训班”，举办“专利信息推广与应用”讲座，邀请全国各地学员到我所在单位手把手辅导实践，为全国培养了大量高级专利情报人员。除了承担政府研究项目外，充分利用专利信息开展各种类型的科技咨询服务，已成为上海科学技术情报研究所的一大业务特色。平均每年完成各类科技咨询服务约2000项，为大中小企业、科研院所、公检法机关和政府部门解决其在技术创新、生产经营、知识产权保护及科研项目评估管理中的难点问题，服务覆盖全国多省市，具有广泛的社会影响。在这个过程中，我的团队不断完善专利情报的理论与应用研究，也为本书的最终推出奠定了理论与实践基础。

感谢我所在单位——上海科学技术情报研究所的领导和同事，给了我们团队很多支持和帮助。

本书在编撰过程中，参考借鉴了一些已出版的相关文献，在此恕不一一注明，谨一并向相关单位、作者致以诚挚谢意！由于作者水平有限，书中难免有疏漏、错误之处，敬请同行和读者批评指正。

肖沪卫

上海科学技术情报研究所

目 录 | Contents

资 源 篇

检 索 篇

查 新 篇

资 源 篇

物质、能量、信息是构成现实世界的三大基础。作为资源,物质为人们提供了各种各样的材料;能量提供各种各样的动力;信息提供各种各样的知识。没有物质,什么都不存在;没有能量,什么都不会发生;没有信息,任何事物都没有意义。只要事物之间的相互联系和相互作用存在,就有信息发生。人类社会的一切活动都离不开信息,信息早就存在于客观世界。信息是普遍存在的,但并非所有的信息都是资源。只有满足一定条件的信息才构成资源。

本书开宗明义先讲信息资源,更具体地阐明专利信息资源,不但因为它是基础,它是原料,它是专利战术情报和专利战略情报研究与应用的出发点;更重要的是它的价值所在。据世界知识产权组织估算,如果能够有效地利用专利信息,可以使企业技术研发周期平均缩短60%,科研经费节约40%。最大限度地开发和利用专利信息,转化成可利用的专利情报,成为国家和企业急需处理的主要事务之一,是国家和企业取得竞争优势的重要保证。为了突出重点,本篇介绍了信息链、专利文献、专利数据库、专利搜索引擎和检索技术的最新进展,而把占大量篇幅的具体数据库作为附录放在本书的末尾以供查阅。

第1章 信息链：专利情报开发利用的基础

数据、信息、知识和情报是情报学的四个基础概念，它们之间既紧密联系，又相互区别。对这四个概念本身以及它们之间关系的探讨一直是情报学研究的重点之一。专利情报开发利用实质上就是专利信息转化为专利情报的过程。因此，对数据、信息、知识和情报四个基本概念以及相互之间关系的理解有助于从原理上把握专利情报工作的本质。

1.1 信　息

1.1.1 信息的定义

信息（Information）是事物存在方式或运动状态的表现或反映。

(1) 事物

事物泛指存在于人类社会、思维活动和自然界中一切可能的对象，是指客观存在的一切事情和物体。事情是指因人的存在而存在可以用时间概念来描述的一切或指与人的行为有关的一切。事因人的存在而存在，在人类社会才有，一切事皆离不开人的因素。事本身无谓大小无谓轻重，大小轻重皆因人本身的思想意识而异。物体是指存在的一切，通过认识能用空间概念来描述。事的描述促进了人们对时间概念的感知，物的变化促进了人们对空间概念的感知。物有变化，物呈现的变化是现象，现象因物变化的存在而发生，存在的现象因人的描述而成其为事，人对事的认同接受而成为实，从而有了事实。人根据事物的各种特性分门别类的给事物定义了各科名目。

(2) 存在方式

存在方式是指事物的内部结构和外部联系。我们把一个事物的内部结构和外部联系，都叫作事物的属性。事物与属性是不可分的，事物都是有属性的事物，属性也都是事物的属性。一个事物与另一个事物的相同或相异，也就是一个事物的属性与另一事物的属性的相同或相异。由于事物属性的相同或相异，客观世界中就形成了许多不同的事物类。具有相同属性的事物就形成一类，具有不同属性的事物就分别地形成不同的类。如事物的形状、颜色、气味、美丑、善恶、优劣、用途等都是事物的属性。大于、小于、压迫、反抗、朋友、热爱、同盟、矛盾等都是事物的联系。事物的属性有的是特有属性，有的是共有属性。特有属性是指为一类事物独有而为别类事物所不具有的属性。人们就是通过事物的特有属性来区别和认识事物的。如两足、无毛、直立行走、能思维、会说话、能制造和使用生产工具进行劳动是“人”的特有属性，从而将“人”与其他高等动物区分开。而有五官、四肢、有内脏和血液循环等则不仅为人所具有，也为其他高等动物所具有，称为共有属性。事物往往具有多方面的属性，人们可以根据需要把对象的某一属性提到首要地位去研究，即人们可以从特定方面、不同的角度去研究某一事物。例如，“水”这一事物具有物理方面的属性，也具有化学方面的属性。当人们从物理性质方面来考察“水”的概念时，是研究它的物理形态：液体、具有涨缩和压力，它是无色、无味、比重为“1”、在一个标准大气压下沸点为100℃、冰点为0℃的液体；而当从化学方面考察“水”时，就首先考虑到，它是由氢和氧构成的最简单的化合物，其化学分子式为 H_2O……所有这一切，都是人们根据生产、生活、工作等方面的需要，从不同的角度研究水的属性的表现。同样，在进行专利情报研究时，也不必面面俱到，应当根据需要对某一方面开展分析。

(3) 运动状态

运动状态是指事物在时间和空间上变化所展示的特征、态势和规律。事物在时间上一般经历出生、成长、成熟、衰退四个阶段。因此，我们就可以利用这一规律研究技术生命周期、企业生命周期、产业生命周期等。专利生命周期评价就是专利情报运用的重要体现。空间表现为长度、宽度、高度、大小。空间有宇宙空间、网络空间、思想空间、数学上的空间等。人们生活在不同的地理空间，资源优势和进步程度不一样，信息占有也不一样。优势互补，各学所长变得十分重要。这也是开展区域分析的重要原因。

(4) 表现

表现是指一切事物的存在方式或运动状态的自我表述。事物“本身的信息”是否存在不以人(或其他任何生物)是否接收到或何时收到为标准，是否接收到、接收到多少，都不影响信息的存在。由于活动范围的不同，有些信息可能我们永远不可能接触到；由于关注度的不同，有些信息可能存在于我们毫不知情的消息中；由于事物的复杂程度不同，有些信息我们可能完全没有意识到应该去关注。同时，信息的含义不以人(或其他任何生物)是否理解或理解多少为标准。任何事物都有表现出来的部分和不表现出来的部分，因此，人们永远无法知道事物完整的图像。随着时间的推移、空间的变化和环境的改变，不表现出来的部分逐渐表现出来；随着人造工具的发展，人们往下可以观察到细菌、病毒，了解到分子、原子、质子的存在，往上可以观察到河外星系。人们有可能越来越接近事物的本质，却永远无法感知宇宙的全部。

(5) 反映

反映是指一事物和他事物发生相互作用时，以自身的变化再现他物某些特点。通常指客观事物作用于人的感官，而使人以观念的形式对事物及其规律摹写、复制和再现。这种经过人反映的信息是主观的，信息掺入了人的主观意识。对信息的理解取决于接收者的能力和条件，比如有的人感官有缺陷，对信息的认识就有偏差，如色盲的人就分辨不清颜色。从收到消息中获得的信息都可能因人、因事、因时、因地而不同。由于理解能力的不同，对某一消息，有的人可能并不认为包含着信息；由于需求层次的不同，某些消息中的信息，有的人可能会认为毫无用处。也有的人为了某种目的故意歪曲信息。我们现在看到的信息，基本上是人对于事物的存在方式和运动形态的具体描述，有很浓的主观色彩。因此，信息可能是积极的，也可能是消极的；可能是真实的，也可能是虚假的；可能经过证实，也可能未经证实；可能具有欺骗性，也可能具有洞察力。

信息用符号、信号或消息所包含的内容，来消除对客观事物认识的不确定性。比如，我们说水是一种液体，基本上可以把水与其他固体和气体区分开来，但不能把石油等液体区分。随着增加的信息越多，对水的认识就越确定。为了把水与其他任何物质相区分，我们可以这样描述水：纯净的水是无色、无味、无臭的透明液体。水在常温常压下呈液态，具有一般液体的共性，与其他液体相比，又有许多独特的性质：① 水在 0～4℃范围内不是热胀冷缩，而是冷胀热缩；② 在所有的液体中，水的比热容最大，为 4.18 焦耳/克度，因此水可作为优质的热交换介质，用于冷却、储热、传热等方面；③ 水在 1 个大气压时，温度在 0℃以下为固体，0℃为水的冰点，0～100℃为液体，100℃以上为气体，100℃为水的沸点；④ 在液体中，除了汞(Hg)以外，水的表面能最大；⑤ 水溶解及反应能力极强，许多物质不但在水中有很大的溶解度，而且有最大的电离度；⑥ 水的导电性能是随着水中含盐量的增加而增大。

信息并非事物本身，而是事物的表征，亦即由事物发生的消息、情报、指令、数据和信号等来体现。在人类社会中，信息是以文字、语言、声音、图像、图形、气味、颜色、光谱等形式出现的。在工业企业中，全部活动可分为生产活动和管理活动，生产活动中流动的是物，而管理活动中流动的是信息。信息是人类社会赖以存在与发展的必不可缺的基本要素之一。随着社会前进与经济的发展，信息量将会越来越大，要求传递与处理的信息将越加频繁，信息的重要性也日益突出明显。

1.1.2　信息的特性

信息是在当代社会使用范围最广、频率最高的词汇之一。信息一直在自然界中存在着，随着人类生产活动、社会活动的逐渐扩大，信息的内容就越来越丰富了。

(1) 普遍性

信息的产生源于事物，是事物的普遍属性，它在自然界、人类社会以及人类思维活动中普遍存在。无论生命体还是非生命体，无时无刻不在散发着信息。信息无处不在，人们对其检索和利用，不受时间、空间、语言、地域和行业的制约。信息是自然界、生物界、人类社会中一切事物的普遍属性，信息不能离开物质而单独存在，信息的传递离不开能量。信息既不是物质，也不是能量，但它依赖于物质和能量，以物质为其存在的载体。

(2) 共享性

信息可以被多人共享，同样的信息如果被多于一个人利用，信息的作用可以成倍放大；而物质或能源资源都不具备共享性，它们只能被分享。信息在被利用的同时信息总量没有变化，在被利用后并不会消失，而物质或能源在被利用的同时也就是自身被消耗的时候，一旦被使用，总量就减少了。另外，同样的信息可以先后被多次利用。

信息的共享性是信息区别于物质或能量的重要属性，是信息最基本的本质特征。正是由于这一重要属性，可以预言，信息必将成为人类社会区别于物质或能源的重要的第三资源，随着社会的不断发展，信息资源对国家和民族的发展，对人们工作、生活越来越重要，将成为国民经济和社会发展的重要战略资源。对信息的充分利用必将成为人类社会发展的又一个重要动力。

(3) 依附性

信息必须依附一定的物质载体才能进行传递，声音、语言、文字、图像、纸张、胶片、人的大脑等，无一不是信息的载体；信息载体可以多种多样，如声、光、电、磁、文字、图形、影像等，信息的媒体也可以多种多样，如报纸杂志、电话电报、戏曲电影、广播电视、互联网等。信息的依附性为人们提供了广泛的信息获取渠道，人们在现代可以比任何时候都更容易利用方便的手段来获取关于同一个事物的信息。信息可以脱离原事物相对独立地存在并附载于其他载体，因此可以被无限制地进行复制、传授或分配给众多的用户，为大家所共享。

(4) 感知性

信息可以被感知，人的感觉器官就是专门用来感知信息的，所以被称为信息的感受器官。事实上，若不是为了感知信息，人的感觉器官就没有用处，就会在长期进化的过程中被退化。但是，人类和生物的感觉器官不但没有被退化，反而变得越来越精致，越来越灵敏，甚至还要用现代科学技术的成就来扩展它们的功能水平，就是因为它们担负着感知信息的任务。人类和生物一时一刻也不能没有信息，否则就不能够自下而上，因此，感觉器官感知信息的作用是极为重要的。正是由于信息的感知性，信息才可以被传递，被处理和被利用。

1.1.3　信息的载体

信息按照载体可以分为三类：口头信息、实物信息和文献信息。

口头信息　存在于大脑的记忆中，通过语言来传播，即以大脑为信息载体的动物与动物之间的交流，人与人之间的对话、交谈、讨论、演讲等。

实物信息　存在于实物载体中，通过观察来传播，但传递不方便、流通渠道不通畅等。

文献信息　存在于文献中，通过检索阅读等来传播，是信息源的主体部分。

1.1.4　信息的类型

由信息发生情况的不同，可以将信息分为三种类型：自然信息、生物信息和社会信息。

自然信息　是自然界(如山川、河海、日月、星辰)的变化所提供的信息。

生物信息　是生物之间相互联系使用的语言，有气味语言、声音语言、运动语言、色彩语言以及超声波和电场等。

社会信息　是人类社会中人与人之间所传递的信息，它包括各种消息、知识、情报等。一切生物为了维持自身的生存和发展，都要不断地从它所处的环境中获得有关的信息，人类也通过自己的感官来接收外界环境变化的信息，但人类获得和交流信息的形式比生物要高级得多。人类是用语言、文字为工具，通过情报、图像、指令、数据等形式来传递信息。我们把信息传递的过程叫作通信。

1.2　数　　据

数据(Data)是人们为了描述事物而引入的符号或符号的组合，这些符号可以是数字形式(数值)、文字形式以及图形、图像和声音等，适合于用人工或计算机的方式进行保存、传递和处理。计算机领域专家认为，计算机处理的所有对象都是数据。数据的基本特征是具备可处理性。

1.3　文　　献

1.3.1　文献的概念

文献是专门为记录信息内容而采用的一切载体，是信息的物化形态。其中，信息内容是文献的内核，载体是文献的存在形式和外壳，而符号系统和记录方式则是两者联系的桥梁和纽带。

信息内容　是文献的内涵、灵魂之所在，直接体现了文献精神产品的性能。

信息符号　揭示文献信息内容的标识，记录和传播文献信息内容的媒介。文献信息符号主要是从语言不断衍化而来的，并逐步发展为文字、图画、表格、公式、编码、声频和视频等类型。

记录方式　是指将文献符号系统所代表的信息内容通过特定的人工记录手段和方法使其附着于一定的文献载体上。文献记录方式具体包括刻划、书写、印刷、拍摄、录制、复印和计算机录入等。

载体　是可供记录信息符号的物质材料，是全部信息载体中一个重要的子系统。文献载体反映了文献物质产品的性能，具有商品、保存和流通价值。文献载体大体经历了泥板、纸草、羊皮、蜡板、甲骨、金文、石头、简牍、缣帛等早期载体，到纸的出现，再到现代计算机、网络等各种新兴载体的发展过程。

1.3.2　文献内容的类型

按照内容加工深度划分：零次文献、一次文献、二次文献、三次文献。

零次文献 人们直接以自己的生产、科研、社会活动等实践经验为依据生产的但未经出版发行或未进入社会交流的最原始的文献，如私人笔记、底稿、手稿、个人通信、新闻稿、工程图纸、考察记录、实验记录、调查稿、原始统计数字、技术档案等。零次文献由于没有进入出版、发行和流通这些渠道，收集利用十分困难，一般不作为我们利用的文献类型。

一次文献 人们直接以自己的生产、科研、社会活动等实践经验为依据生产并公开出版的或进入社会交流的文献，又称做原始文献。其所记载的知识、信息比较新颖、具体、详尽。一次文献在整个文献中是数量最大、种类最多、所包括的新鲜内容最多、使用最广、影响最大的文献，如期刊论文、专利文献、科技报告、会议录、学位论文等，这些文献具有创新性、实用性和学术性等明显特征，是人们学习参考的最基本的文献类型，是产生二三次文献的基础，是文献检索和利用的主要对象。

二次文献 是将大量分散、零乱、无序的一次文献进行整理、浓缩、提炼，并按照一定的逻辑顺序和科学体系加以编排存储，使之系统化，以便于检索利用，即所谓的检索工具。其主要类型有目录、索引、文摘等，如《中文科技资料目录》。二次文献具有明显的汇集性、系统性和可检索性，它汇集的不是一次文献本身，而是某个特定范围的一次文献线索。它的重要性在于使查找一次文献所花费的时间大大减少，它以不同的深度揭示一次文献，帮助人们在较少时间内获得较多的文献信息。二次文献中的信息是对一次文献信息进行加工和重组而成，并不是新的信息。

三次文献 根据二次文献提供的线索，选用大量一次文献的内容，经过筛选、分析、综合和浓缩而再度出版的文献。特点：在内容上具有综合性，在功效上具有参考性。主要包括三种类型：综述研究类：专题述评、总结报告、动态综述、进展通讯、信息预测、未来展望等；参考工具类：年鉴、手册、百科全书、词典、大全等；文献指南类：书目之书目、工具书目录等。

从零次文献、一次文献、二次文献到三次文献，是一个由分散到集中，由无序到有序，由博而精地对知识信息进行不同层次的加工过程。它们所含信息的质和量是不同的，对于改善人们的知识结构所起到的作用也不同。零次和一次文献是最基本的信息源，是文献信息检索和利用的主要对象；二次文献是一次文献的集中提炼和有序化，它是文献信息检索的工具；三次文献是把分散的零次文献、一次文献、二次文献，按照专题或知识的门类进行综合分析加工而成的成果，是高度浓缩的文献信息，它既是文献信息检索和利用的对象，又可作为检索文献信息的工具。

1.3.3 文献载体的类型

文献载体分为纸质型、缩微型、声像型、机读型。

纸质型 以纸张为载体的文献。又可分为手抄型和印刷型两种。这是一种历史悠久的传统文献形式，是文献的最基本方式，包括铅印、油印、胶印、石印等各种资料。优点是可直接、方便地阅读。

缩微型 以感光材料为载体的文献，如缩微胶卷、缩微平片等。这类文献的特点是体积小、信息密度高、轻便、易于传递、容易保存。缺点是使用时必须借助专门的放大设备。

声像型　通过特定设备，使用声、光、磁、电等技术将信息转换为声音、图像、影视和动画等形式，给人以直观、形象感受的知识载体，如唱片、录音带、录像带、CD、VCD、DVD 等。声像型文献提供的形象、声音逼真，宜于记载难以用文字表达和描绘的形象资料和音频资料。

机读型　主要通过编码和程序设计，把文献变成符号和机器语言，输入计算机，存储在磁带、磁盘、光盘、固盘等存储介质上，阅读时，再由计算机输出，它能存储大量情报，可按任何形式组织这些情报，并能以极快的速度从中取出所需的情报。出现的电子出版物即属于这种类型，包括电子图书、电子期刊、网络数据库、光盘数据库等。

1.3.4　文献出版形式

文献可以分成专利文献和非专利文献。非专利文献按出版形式划分：连续出版物（期刊、报纸）、图书、科技报告、会议文献、标准文献、学位论文、政府出版物、产品资料、档案文献等。这十种文献被人们称为十大文献信息源。其中除图书、期刊外的其他类型文献又统称为特种文献。

1.3.5　文献的作用

文献是人们获取知识的重要媒介。文献是人类发展到一定阶段时（具有可记录的内容与记录的工具、手段）的产物，并随着人类文明的进步而不断发展。人类认识社会与自然界的各种知识的积累、总结、贮存与提高，主要是通过文献的记录、整理、传播、研究而实现的。文献能使人类的知识突破时空的局限而传之久远。

文献的内容反映了人们在一定社会历史阶段的知识水平；而文献的存在形式（诸如记录手段、书写材料、构成形态与传播方式等），又受当时社会科技文化发展水平的影响与制约。例如在纸发明以前，我国的古人只能在甲骨、简牍、缣帛上作记录；在雕版印刷发明以前，古人只能凭手工抄写来记录文献。然而，正是在文献的初级原始阶段经验积累的基础上，才发明了纸与雕版印刷术，使文献的记录方式更为便利，传播的范围更广，速度更快。人们又从文献中汲取、利用知识贡献于社会，从而极大地推动了社会文明的发展。由此可见，社会的发展水平决定了文献的内容与形式，而文献的继承、传播与创造性的运用，又反作用于社会，成为社会向前发展的动力。

文献是科学研究和技术开发的基础。任何一项科学研究和技术开发都应该广泛搜集文献，在充分占有文献信息的基础上，启迪思路，避免重复，站在巨人肩上，取得最优异的成果。

1.4　知　　识

1.4.1　知识的定义

知识（Knowledge）是人类认为正确的信息，大致可以分为四大类，用 4W 表示：

① Know-what：知道是什么，即事实知识，例如中国有多少人口？八国联军侵略中国是哪一年？该产品是否侵犯本专利的专利权？② Know-why：知道为什么，即原理知识，指客观事物发展、变化的原理和规律，如牛顿定律、供求规律；③ Know-how：知道怎么做，即方法知识，指做某些事情的方法和能力，包括技术、技巧和诀窍等；④ Know-who：知道是谁，即人力知识，涉及谁知道某些事和谁知道如何做某些事的信息。它包含了特定社会关系的形成，即有可能接触有关专家并有效地利用他们的知识。

信息要成为知识，一定要正确，这种正确是当时人类的共识。某一项知识发源于个体，首先个体对世界的认知。知识可以简单地理解为对世界的知和识。对某个问题或事物的"知"，就是个人对某个问题或事物的信息的"记忆"，就是知道了；"识"就是能对不同的问题或事物予以区分、鉴别，它必须以"知"为基础，没有"知"，就没有"识"。个体的知识传播给大众，并得到实践的检验，被大家所认可，便升华成知识。知识是人类的认识成果。它来自社会实践，其初级形态是经验知识，高级形态是系统科学理论。

狭义的知识是指上述第二种，是人类社会实践经验和认识的总结。知识是人类通过信息对自然界、人类社会以及思维方式与运动规律的认识，是人的大脑通过思维加工、重新组合的系统化信息的集合。因此，人类不仅要通过信息感知世界，认识和改造世界，而且要将所获得的部分信息升华为知识。也就是人们在认识和改造世界的过程中，对信息认知的那部分内容就是知识，可见知识是信息的一部分。

1.4.2 知识的特性

(1) 时代性

知识是一个极具时代特色的概念，知识的概念是随着时代的发展而发展的。知识的总体在社会实践的世代延续中不断积累和发展。人们根本不能获得完全证实或证明的知识。所有的知识都是一种值得"怀疑的"和"暂时的"理论，都是一种对现有问题的"猜测性解释"。正是怀疑和问题鼓励我们去学习、去观察、去实践、去发展知识的，即是说所有的知识都是有待进一步检验或反驳的，或者说是向进一步检验或反驳开放的。人类永远不能获得对事物的客观和绝对的知识，因此永远会犯错误，重要的是要懂得如何发现和消除错误。

(2) 价值性

知识究竟值多少钱？这是个很难说清的问题。发生在美国福特公司的一个小故事给了我们一个很好的启示。一次，福特公司里一台大型电机发生了故障，工程师们会诊 3 个月没有结果，只得请来权威斯坦门茨。这位权威及时挽救了电机，而有人却嫉妒地说斯坦门茨向公司要 1 万美元的勒索。这 1 万美元是不是勒索呢？斯坦门茨写在付款单上的说明就是最好的回答："画一条线——1 美元，知道在什么地方画线——9 999 美元。"多么巧妙的回答，多么有力地回击！画一条线每个人都会，然而并不是每个人都知道应该画在什么地方。这正是显示出了知识的价值。培根说："知识就是力量。"高尔基说："知识是我们这个社会的绝对价值。"这话一点儿也不假,斯坦门茨用他的知识挽救了一台电机,这台电机继续工作能创造出几百个,几千个 1 万美元,甚至更多的财富。但是如果公司不花那 1 万美元,这台电机将成为一堆废铁,便失去了它的价值。可见知识是世界上最宝贵的财富。知识的宝库是取之不尽,用之不竭的,它是一切物质财富的基础。知识就是力量,虽然看不见,摸不着,力量是无比的,它不仅能够推动电机继续运转,还能使卫星上天,原子弹爆炸。这种巨大的力量推动着科学技术的发展,推动着时代的车轮不断前进。在 21 世纪的今天,在这个竞争日益激烈的世界上,知识的价值更加充分地显示出来。高度的知识水平就是先进的科学技术,先进的科学技术就是发达的国民经济。这条规律正被越来越多的人所认识。

(3) 实践性

知识必须也只能来自人类的社会实践,正是人类的实践活动造就和升华了知识,使人与其他动物区别开了。所谓"实践出真知",有一定水平的知识必然是通过一定的社会实践获得的,而且还经历了社会实践不断的检验和修正。不是来自实践的知识是不可靠的,也是经不住实践检验的。人们在社会实践中接触到以前没有接触的事物或现象,发现了事物或现象之间的新的联系或运动方式,就会随之思考这些现象或事物之间的因果顺序,并在尊重客观事实、探求内在规律的基础上,对事物与现象的表象及其内在联系通过逻辑判断、推理、演绎等过程进行分析与研究,进而上升为一种普遍性的认识,部分地反映事物或现象的规律,从而形成对特定事物或现象的知识。在以后的社会实践中,这些知识不断地积累在头脑中,并在适当的时候传播出去,成为一种公共性质的文明财富。

(4) 智能性

知识必须经过人的大脑的思维与综合才能升华,知识能够被意识所捕获与反映。知识必须来源于社会实践,但仅仅有社会实践还远远不够。知识在从社会实践发展为知识体系的过程中经历了从具体到抽象、又从抽象到具体的大脑思维过程,在这个过程中更多的是体现人类意识的主观能动性。社会实践所获得的知识一般是表面的、零星的、片段的、局部的、粗略的,只有经过人脑对所有毫无联系的事物或现象的总结与归纳,才能去粗取精,去伪存真,由此及彼,由表及里,获得关于事物与现象的本质的、必然的联系性的认识,实现知识体系的质的飞跃。在知识体系飞跃的过程中主要依靠的是人脑的主观意识活动。

1.4.3 知识的类型

(1) 按层次高低可分为感性知识和理性知识

人对事物的感性知觉或表象,属于感性知识;关于事物的概念或规律,属于理性知识。人类的"知识"总是有两个来源:实践和思维。知识既来自人类对于大自然和人类社会的"感知",又来自人类自身不断发展的"思维"。我们把人感知大自然和人类社会的过程,称为实践的过程。所以人类获得知识的过程总是离不开"人类的实践和思维"这两个基本过程。我们把直接地与实践联系在一起所获得的知识称为“感性知识”，但是实际上，人类获取感性知识的过程，特别是不断丰富感性知识的内容及其可靠性的过程，同样离不开人类的思维能力。一些社会成员通过自己的社会实践获得相关经验即感性认识，并充分吸收或借鉴其他社会成员的经验，然后经过大脑从具体的实践中进行思维的抽象，进而创造出来源于实践经验又高出实践经验的新的理性认识，实现知识体系的裂变，这就是知识的创新。在实践的认知过程中，我们只能应用“已知的知识或公理”，而不能加入任何还没有被证明为公理的“知识”来进行的推理。也就是说，我们只承认人类的实践和实践中用“已知的公理”所进行的推导所得到的知识，是真正具有可靠性的或“相对公理性”的知识。总之，感性知识来自人类的实践，理性知识来自对于感性知识的分析和综合。

(2) 按其获得方式可区分为直接知识和间接知识

人们通过实践活动获得的知识称为直接知识，通过文献或传授获得的知识称为间接知识。

(3) 按照呈现方式可以分为显性知识和隐性知识

所谓显性知识是指能够用语言、文字、肢体等方式表达清楚的知识，能够被人类以一定符码系统（最典型的是语言，也包括数学公式、各类图表、盲文、手势语、旗语等诸种符号形式）加以完整表述的知识。显性知识可以通过口头传授、教科书、参考资料、期刊、专利文献、视听媒体、软件和数据库等方式获取，可以通过语言、书籍、文字、数据库等编码方式传播，也容易被人们学习。隐性知识则是虽然知道如何做，但却很难告诉别人或者写明白、说明白的知识。隐性知识存在于人头脑中的个人经验、观念等隐含化知识，往往很难以某种较为简单的方式表达出来，因而也难于传递与交流。可见，隐性知识是高度个体化的，具有主观性和经验性，它的内涵比显性知识要复杂得多。对于知识层次较高、实际经验丰富和能力较强的人来说，他的隐性知识是很难被他人所具备的，因为要找到同样知识、能力、经验都达到相当水准的人并非易事。

(4) 按其内容可分为自然科学知识、社会科学知识和思维科学知识

自然科学是研究自然界的物质形态、结构、性质和运动规律的科学。它包括数学、物理学、化学、生物学等基础科学和天文学、气象学、农学、医学、材料学等实用科学，是人类改造自然的实践经验即生产斗争经验的总结。它的发展取决于生产的发展。社会科学是关于社会事物的本质及其规律的系统性科学，是科学地研究人类社会现象的模型科学，包括法学、经济学、政治学、社会学、历史学等学科的庞大知识体系。广义的社会科学是人文学科和社会科学的统称。思维科学是研究思维活动规律和形式的科学。思维一直是哲学、心理学、神经生理学及其他一些学科的重要研究内容。辩证唯物主义认为，思维是高度组织起来的物质即人脑的机能，人脑是思维的器官。思维是社会的人所特有的反映形式，它的产生与发展都同社会实践和语言紧密地联系在一起。

1.5 情　　报

1.5.1 情报的定义

情报(Intelligence)是人们为一定目的生产或传递的有时效性的知识,通常导致某种决定、行动或行为的变化,或者增加人们的知识。

情报是人类特有的,这是其不同于信息的根本点。情报因目的而生产或传递。目的通常是指行为主体根据自身的需要,借助意识,观念的中介作用,预先设想的行为目标和结果。作为观念形态,目的反映了人对客观事物的实践关系。人的实践活动以目的为依据,目的贯穿实践过程的始终。古人眼睛为目,箭靶的中心目标为的。射箭是为了射中目标,这就有了明确的目的性。古人把具体的动作转化为了抽象的概念—目的,从此就有了这个名词。

情报必须经过生产或传递环节。情报生产者收集、加工信息,经过大脑的消化、吸收,再与其他相关的信息、知识、情报相结合,转化成新的知识,可以自己派用处,也可以运用一定的载体,传递给特定用户,解决科研、生产中的具体问题。在情报专职人员或情报机构出现以后,情报的传递变得越发有效和重要。人们的脑海中或任何文献上贮存或记载着丰富的知识,进行传递交流,成为情报,被利用,才能发挥其价值。

1.5.2 情报的特性

知识性　人们在生产和生活活动中,通过各种媒介手段(书刊、广播、会议、参观等),随时都在接收、传递和利用大量的感性和理性知识。这些知识中就包含着人们所需要的情报。情报的本质必须是知识,没有一定的知识内容,就不能成为情报。

目的性　人在改造外部世界的活动中,都是按照自己的需要设定目的,从事劳动生产,建设形式多样的社会生活。与动物不同,人在进行各种活动之前,对活动结束时将会取得的结果,就以观念的形式在头脑中存在着,并按照自己的需要和对象本身的固有属性预先设计出关于对象的未来的理想的模型,这就是目的。而人的活动本身就是要实现这个目的。

社会性　情报的社会属性是指情报作为一种社会现象,可以被人们用于实现人的自身利益。不像信息,情报为人类社会所独有。它是商品,可以被销售、贸易和交换。

时效性　只有时机适宜,才能发挥效益,一些情报可能会随时间的推移而逐渐失去价值,但也有可能一段时间后产生新的使用价值。注意情报的时效性对于我们使用和传递情报有重要的意义。它提醒我们失去情报的时效性,情报就变成毫无意义的数据流。

针对性　情报是满足某一特定人的。这种特定人使用情报就是为了满足自己的某种目的。这点在商品化社会中表现最为明显。人们用重金购买情报，一般不是为了启蒙的，不是为了积累知识的，不是为了交流的，而是为了获取重大的经济、军事或政治利益。情报不是一枝不结果实的智慧之花。因此，一种知识，不论多么新颖、多么诱人，但相对于用户来说，只要没有针对性，就没有实际使用价值，就不是情报。相反，某种知识，尽管陈旧，但只要能满足用户的特定需要，为其所用，对该用户来说就是情报。

1.5.3 情报的类型

除了军事情报、政治情报，情报主要有以下四种。

(1) 市场情报

有关市场商品销售的情报，研究生产者与消费者之间的关系。它是企业制定经营计划和决策的依据。内容包括：① 商品销售情况：历年销售量、销售范围、销售趋势等；② 购买者情况：购买人数、购买者特点（年龄、性别、职业、收入、文化爱好、习惯和地理分布等），购买动机与方式，潜在购买者情况；③ 销售渠道与销售技术，批发商和零售商情况，广告宣传方式及效果，推销和服务技术等；④ 产品评价：在同类企业产品中的地位（质量名次、价格高低、市场占有份额等），消费者的评价和意见，现有和潜在竞争产品情况等。

(2) 竞争情报

竞争情报简称 CI，即 Competitive Intelligence，也有人称之为 BI，即 Business Intelligence。竞争情报是指关于竞争环境、竞争对手和竞争策略的知识。竞争情报与企业的竞争力密切相关，企业的竞争实际上是企业各方面力量汇聚而成的企业竞争实力大小的较量。企业面对的竞争环境复杂多变，竞争对手的分布范围也十分广泛，竞争战略的制定和调整更是面临着巨大的不确定性，机遇与挑战并存。如何在强手如林、变幻莫测的市场竞争中站稳脚跟，缩短与竞争对手的差距并超越对手，已经成为企业管理者特别是决策者关注的焦点话题。

(3) 科技情报

科技情报专指通过公开信息渠道获取的有关科学和技术的有用知识。科技情报研究有别于一般科学研究，可以从三个方面来说明：① 研究对象不同。一般科学技术的研究，是以自然科学或工程技术自身为对象，重点在于揭示事物内在的规律以及对这些规律的应用。科技情报研究，则是利用现有科学技术成果，对其进行分析或评论，从而指导科研活动的发展方向，为决策者作出某种推荐，起着谋策的作用；② 研究方法不同。一般科学研究主要靠实验测试和计算分析等手段，并参阅有关科技情报资料，对所得到的实验资料或计算成果，进行综合、归纳、整理、分析，提出有创新内容的研究成果。科技情报研究，则是以浏览阅读大量的科技文献资料为基础，通过调查访问、座谈讨论，进行一系列的分析论证、推理等抽象研究活动，并辅之以必要的计算，提出能指点科研方向和论证方案的战略性或战术性的科技情报研究报告；③ 成果不同。一般科学研究的成果，是产生理论方法或对生产实践有益的有形的创造发明。科技情报研究的成果，则是在一般科学研究成果的基础上，产生某种见解、建议或方案。

(4) 专利情报

专利技术是国家、地区或企业、行业竞争优势的核心基础之一。专利信息资源是人类重要的知识宝库，经过检索、加工、分析探寻专利信息之间的相互关联性，形成战略情报，可以对经济活动、科技活动及其影响做出分析评估，制订相应的发展战略和政策，确定面向未来的发展方向；经过检索、对比、研究专利信息内容，形成战术情报，可以对经济活动、科技活动中的具体项目（专利）做出分析评估，确定具体项目的新颖性、侵权性、价值性等，借鉴最佳技术方案。专利情报集技术、法律、经济为一体，是开发创新的源泉，是市场方向的导航器，是产业健康发展的保护伞，是企业、行业和国家开展战略管理的有效手段，是未来信息咨询的重要发展方向。

1.6 信息链

信息是构成现实世界的三大基础之一，数据、知识和情报是信息的不同存在形式。文献是记录、存储、传播信息的载体，也是知识和情报的载体。在现代社会中，人们每时每刻都与信息的不同存在形式打交道，人们要不断地传输信息和处理信息。随着信息量的膨胀、信息交换频率的提高、价值意义的增强，信息已被公认为是一种资源。从形式上看，信息量的大小是可以测量的；从内容上看，信息是可以评估和选择的；从价值上看，信息不会在使用过程中磨损、消耗、消灭，但会因时空的变化而失去意义。

1.6.1 数据与信息的关系

人们为了处理信息的方便，人为把信息分割成有含义的信息和原料型的信息，即数据。按照上述的说法，数据是人们为了描述事物而引入的符号或符号的组合。信息是有一定含义的数据或数据组合。数据是信息的原料，信息是数据的产品。数据与信息相对而言，构成某一信息的所有符号及其组合被认为是数据，但是当该条信息放在更大的语义环境中，其自身也成为数据。例如，水、温度、100℃可以看成信息，因为我们的大脑里形成了对客观世界中水、温度、100℃的清晰概念，而“温”和“度”没有“温度”的含义，只能看作“温度”的数据。而当水、温度、100℃组合起来形成“沸水的温度是100℃”这个新的含义时，水、温度、100℃相对没有上述的含义，变成了构成新信息的原料——数据。

信息具有意义，也就是具有“可读性”，读者可以解读其含义，明确地知道它要表达的意思。数据在制造者添加了意义之后就成为信息。人可以利用计算机对数据进行加工，将数据转换为信息。

数据和信息是两个不可分割的概念。对数据进行加工可以得到新的数据，新数据经过解释又可以构成新的含义，得到新的信息；对新的数据再进行加工，又可以得到更新的数据，从而得到更新的信息。正因为如此，在通常情况下人们不把数据与信息进行区分。

1.6.2 信息与文献的关系

信息是文献的内容,文献是信息的载体。

1.6.3 信息与知识的关系

知识是正确的信息。比如"沸水的温度是100℃"说明了一种意义,但是不一定准确,因为没有限制常压条件。"常压下,纯净水沸腾的温度是100℃",这是一条准确的信息,也是一种知识。

通过人们的参与,采用归纳、演绎、比较等手段对信息进行挖掘,使其有价值的部分沉淀下来,并与已存在的人类知识体系相结合,这部分有价值的信息就转变成知识。知识与信息的产生不是同步的,而是人类社会发展到一定阶段,人们对大量积累起来的信息加以组合、有序化、系统化,发现并总结其一般规律形成的。

信息向知识的转化,主要是采取各种相关知识对信息进行分析,使信息的结构与功能发生改变。这些知识包括信息甄别知识、相关性判断知识、计量分析知识,以及自然科学和社会科学等专业领域知识。

知识也蕴含在日常例行工作、过程、执行与规范中。信息转变成知识的过程中,均需要人们亲自参与,包括"比较"、"结果"、"关联"与"交谈"之过程。

总之,信息是产生知识的原料,知识是信息加工的产品。

1.6.4 知识与情报的关系

知识是情报的原料,情报是知识的产品。情报不仅仅可以解读,而且一定具有可供利用的价值。它的产生或识别一定需要人的加工或鉴别,使之产生符合人的需要的价值,否则就不成其为"情报"。所以,可以认为"情报"是一种特殊的"知识",其在实质上是"知识"的一种应用。

知识成为情报的首要条件是要有社会的需求,这种需求被社会情报系统接收后,就由专门的情报人员对其加以分析、研究,运用已有知识对相关信息进行加工、整理,产生新知识,最后产生情报,再由社会情报系统传递出去,为用户所利用,并产生一定的效果。这就是情报的目的性。

比如市场情报是企业为特定的营销目的,通过一定手段而取得的,是通过物质载体记录下来的可传递的、可交换的客观知识。是人们按特定方式获取和传递的、为特定目的服务的、带有机密性的那一部分知识。在人们需要的时候,这部分知识就变成具体的情报。当生产企业和客户不需要时,它又还原为客观知识。如果人们不能认识、理解和系统化这部分知识时,市场情报也只是一种信息。只有当企业或购买产品的客户意识到它的重要性,认识其价值时,市场情报才能发挥它的作用,成为具体的营销情报,让使用者受益。

1.6.5 信息链的基本架构

数据是符号或符号的组合，信息是有意义的数据，知识是正确的信息，情报是有使用目的的知识。从上述概念描述中可以发现，数据强调形式，信息注重内容，知识反映规律性，情报反映人们如何运用知识去解决实际问题。

图 1.1 表示一种包含递进关系的信息链：从下到上，反映出数据到信息、信息到知识、知识到情报概念依次变小的一种层次包含关系；也反映出数据到信息、信息到知识、知识到情报的一种价值不断增高的递进式关系。

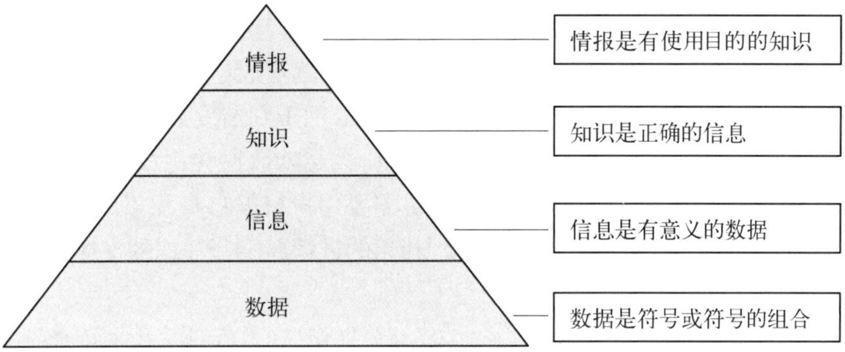

图 1.1　信息链——包含递进关系

图 1.2 表示一种转化关系的信息链：从下到上，反映出数据到信息、信息到知识、知识到情报，分别要经历数据加工、信息加工和知识应用的过程。在转化链条中，知识既是其中的一个节点，也是作用于从数据到信息、从信息到知识、从知识到情报的每一个转化过程，知识贯穿整个转化链条。从数据到情报是沿着“数据→信息→知识→情报”的线性方向转化，从数据到信息的转化过程、从信息到情报的转化过程都需要知识的支撑，知识作用于整个转化过程。

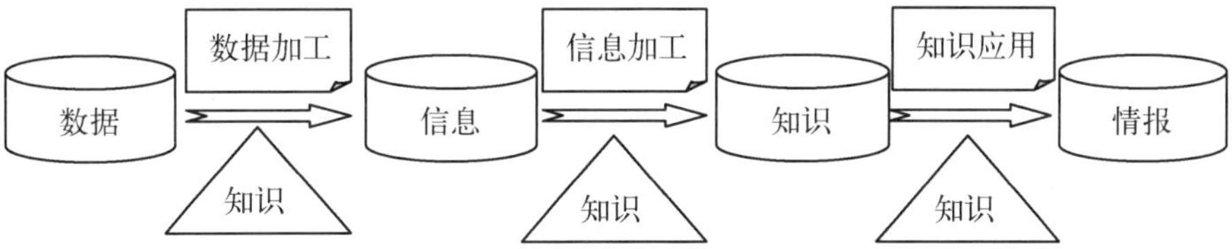

图 1.2　信息链——转化关系

在实际工作中有人认为：很多情况下，情报不是由知识转化而来的，而是由信息转化而来。其实，在做情报研究的时候，知识往往是一个中间产物，容易被人们忽略。人们一般通过检索和实地调研，收集大量的信息，逐条进行甄别，判定每一条信息的真伪，实际上当一条信息被确定是正确的时候，这条信息就变成了知识。再把这种知识化的信息，与现有的知识和获得的情报结合起来，分析综合形成新的知识。这种新的知识一旦传递给用户使用，即变成了情报。

再举例子进一步说明数据、信息、知识和情报之间的关系。“沸水”、“的”、“温度”、“是”和“100℃”是数据；“沸水的温度是100℃”说明了一种意义，是信息，但是不一定准确，因为没有限制常压条件；“常压下，纯净水沸腾的温度是100℃”，这是一条准确的信息，是知识；把这条知识传授给学生，成为使学生原有的知识结构发生变化的那一小部分知识，便成了情报。实际上，教学就是一种情报的传递过程，随着情报的不断传递，学生大脑中知识不断积淀和积累。

再如，在科技情报工作中，主要的处理对象是科技文献，包括期刊论文、会议论文、学位论文、科技报告、专利说明书等。这些文献资料保存于科技文献数据库中，当把整个数据库看作一个对象时，数据库里存储的就是数据。根据特定的目的，检索数据库，可获得数据库中与目的相关的部分数据，此时这一部分数据就变成了信息。通过对检索结果鉴别真伪，比较、推理、综合等形成知识。知识产品可以用于判断发展现状与趋势，并进一步分析出机遇和威胁，至此知识就变成了情报。在科技文献数据转化成情报的整个过程中，不仅要利用到检索知识，也要用到分析知识，更需要用户根据自身积累的知识来判断检索结果的准确性。“数据→信息→知识→情报”转化的过程离不开知识的支撑。

撰稿：肖沪卫（上海科学技术情报研究所）

第2章 专利文献：专利情报开发利用的细胞

细胞是生命体的最基本单元，研究生命首先要研究细胞；文献是情报的最基本单元，研究情报首先要研究文献。文献是记录、积累、传播和继承信息的最有效载体，是人类社会活动中获取情报的最基本、最主要的来源。人们把文献称为情报工作的物质基础。由此可见，专利文献在专利情报研究开发中具有的重要地位和作用。

2.1 专利文献的概念

专利信息是一切专利活动的基础，专利的创造、运用、保护和管理均离不开专利信息。发明人要将发明转化为专利，需要自己或委托他人（常见的是专利代理人）撰写申请文件。申请文件经初审合格后，实用新型专利和外观设计专利直接授权；发明专利申请18个月内公开，产生发明专利申请说明书；发明专利申请经知识产权局审查员实质审查后，若符合授权条件，则出版发明专利说明书。专利权的转让、许可、质押和诉讼等，也都以专利信息为依据。

专利信息根据官方性质和出版状态可分为文献型专利信息和非文献型专利信息。文献型专利信息又称专利文献，狭义上是指各国专利局及国际性专利组织在审批专利过程中产生的官方文件及其出版物的总称。在通常情况下，专利文献主要是指专利说明书，但就广义而言，它还包括专利局出版的各类检索工具书，如专利公报、专利分类表、专利分类表索引、查找专利用的各种索引等，甚至包括专利申请和审批过程中产生的所有文件。其中专利说明书是专利文献的核心组成部分。非文献型专利信息是指官方的非正式出版物和非官方出版物等形式传播的专利信息，如产品样本、广告宣传品、科技书刊等。

据统计，世界上平均每10秒就产生一件专利申请，每20秒就出版一份专利文献，世界各国每年出版的专利文献总量超过150万件，占世界每年各种图书期刊总出版量的1/4以上。以专利文献为主的专利信息是人类聪明才智的结晶，是人类开拓发展、探求进步，取之不尽、用之不竭的智慧源泉。专利文献是数量巨大的信息源。其中电子版本的专利说明书至少超过1亿件，如欧洲专利局的Worldwide数据库目前收藏1836年迄今的专利文献8 000多万件。中华人民共和国自1985年实施专利制度，1985年4月至2013年12

月，已受理发明专利4 327 819件、实用新型4 629 895件和外观设计4 135 824件。至2014年8月8日，国家知识产权网上数据库公开可查的发明专利5 395 946件、实用新型3 839 512件和外观设计2 887 003件。

自1993年开始，我国根据修改后的专利法的规定，发明专利自申请日起满18个月，即行公布，出版发明专利申请公开说明书，在实质审查合格授予发明专利权后，出版发明专利说明书。对初步审查合格的实用新型专利申请和外观设计专利申请，在授予专利权后，公告出版实用新型专利说明书。外观设计专利仅在专利公报上进行公告。

2.2　专利文献的类型

专利文献根据内容性质和加工层次可分为：一次专利文献、二次专利文献和专利分类资料。

一次专利文献　是人们直接以自己的生产、科研、社会活动等实践经验为依据生产并公开出版的专利文献，主要指详细描述发明创造具体内容及其专利保护范围的各种类型的专利说明书，还包括专利证书、工业品外观设计专利。其所记载的知识、信息比较新颖、具体、详尽。一次专利文献在整个专利文献中是数量最大、种类最多、所包括的新内容最多、使用最广、影响最大的文献，是专利情报采用的最基本的文献类型，是产生二次文献的基础，是文献检索和利用的主要对象。

二次专利文献　是对一次专利文献加工、提炼和浓缩而形成的索引工具，包括各工业产权局出版的专利公报、专利文摘出版物和专利索引。将准予公开的或已经授权的专利公开于公报或相关出版物，专利说明书则成为专利公报的构成基础。从一次专利文献到二次专利文献的信息加工反映了信息的集中和有序化过程，而用户对原始信息的索求则往往是一个逆向的过程。

专利分类资料　是用于按发明技术主题分类和检索一次专利文献的工具，即专利分类表及分类表索引等。

2.3　专利文献的信息

人们已经习惯于“专利文献集技术、法律、经济信息于一体”的提法，我想说明的是：第一，专利文献中是没有直接表述经济信息的；第二，专利文献绝不止三种信息。

专利文献中虽然没有直接描述经济信息，但可以反映经济信息的情况。专利是一种工业产权，获得专利意味着可以独享发明带来的经济效益。在经济社会中，这无疑是一个极有利的刺激条件，促使各组织、机构、公司、企业、个人将他们的最新技术申请专利。通过对专利技术信息和专利法律信息的综合分析，可以及时了解市场的需求状况，甚至是行业的投资趋势，掌握企业产品在国内市场的“覆盖率”和在国际市场的“占有率”。确定企业的市场生存空间及发展方向，找准在世界贸易大格局中的位置，使企业处于竞争优势的地位。专利文献中的同族专利就是重要的经济情报，它反映了发明潜在的技术市场和经济势力范围。通过同族专利的技术专利申请量，分布情况的定量分析，可以明确该领域内活跃企业生产占有情况，专利技术生产覆盖面以及企业在产品和市场上的战略意图。例如一项比利时专利，先后在德国、荷兰、丹麦、法国、英国、美国、奥地利申请了专利，这一信息说明，该发明在世界上占有一定经济和法律地位，有较高的技术水平和经济价值。

2.3.1 人员信息

以人为本是永恒不破的真理。一切为了人，一切靠人去创造。这里的人不但指自然人，还包括法人。

发明人（Inventor） 对发明创造的实质性特点作出创造性贡献的人，应当是自然人，不能是单位或者集体。如果是数人共同作出的，应当将所有人的名字都写上。在完成发明创造的过程中，只负责组织工作的人、为物质技术条件的利用提供方便的人或者从事其他辅助工作的人，不应当被认为是发明人。自然人是发明创造的主体，但不一定是专利权的主体。

申请人（Applicant） 对专利权提出申请的自然人或法人（单位），一般情况下，专利批准后申请人成为专利权人。单位是指按照法定程序设立，有一定的组织机构和独立的（或独立支配的）财产，具有民事权利能力和民事行为能力，并能以自己名义依法独立享有民事权利和承担民事义务的组织。单位应当具备下列条件：① 依法成立；② 有必要的财产或者经费；③ 有自己的名称、组织机构和场所；④ 能够独立承担民事责任。

专利权人（Assignee） 实际对专利具有独占、使用、处置权的自然人或法人。专利权可以通过授予获得，也可通过转让、赠予或继承等获得。

2.3.2 技术信息

专利文献所涉及的技术范围几乎覆盖了全部应用技术领域。每一个技术领域都有从不同角度申请的专利，能充分反映出现代科学技术发展的最新成果和水平。围绕某一产品可能提出几十件，甚至上百件专利申请，这些专利文献记录了该产品的技术细节，便于剖析和借鉴。企业利用这些信息可以寻找合适的技术，选择最佳方案，也为企业进一步的研究开发活动指明方向。

专利说明书是一种技术文献，含有各种各样的技术内容。技术信息可以分成三大类：① 背景技术信息，说明该发明产生的缘由；② 发明信息：在专利文献公开文本中代表对现有技术贡献的技术信息。“对现有技术的贡献”是指专利文献中所披露的技术主题具有新颖性和非显而易见性，不代表现有技术的那部分，而代表专利文献中的技术主题与现有技术主题之间的差异。发明信息描述专利的主要部分，一般存在于专利文献的权利要求中；③ 附加信息：在说明书中，有的技术信息不是发明本身的构成部分，没有被写入权利要求中，本身不代表对现有技术的贡献，但对检索者而言却有可能构成有用的信息。附加信息描述专利的次要部分，经常指出发明信息技术主题的用途或应用。

每一件专利说明书不仅描述了该发明所属技术领域中的现有技术及其存在的问题，而且说明了发明的基本要点及实施方案，并给出有益效果。这些技术信息都见之于专利文献的分类，名称、权利要求、摘要、说明书和附图之中，再加之其系统性强，反映新技术快等特点，是获取最新技术信息的重要来源。

专利说明书主要技术内容统称为技术主题。具有新颖性和创造性的专利，其技术主题世界上独一无二，通常由特征部分加上主题名称表示。例如专利号 200510105163.7 的文献提供了一种可使用普通牙刷的电动牙刷，包括：牙刷收纳部，具有用于收纳牙刷的外壳和用于固定所述牙刷的固定部件；以及驱动部，牢固地附接在所述牙刷收纳部上，用于通过将电机驱动所产生的振动传递至所述牙刷收纳部，从而振动整个牙刷。这件专利的技术主题可以描述成采用上述独特结构的使用普通牙刷的电动牙刷，由于该技术主题具有新颖性和创造性，因此专利获得授权。这种独一无二的技术主题都有一个在其之前现有技术不存在的特征部分，称之为发明信息，也是对现有技术贡献的技术信息。这种体现每一件发明创造与现有技术存在根本差异的技术主题属于最具体的技术主题或称单元技术主题，把一篇文献与成千上万的文献区别开来，主要用于新颖性和创造性的甄别。

为了管理和检索的方便，把多个具体技术主题的专利按照某种技术属性进一步概括成更一般的技术主题，或称技术领域。例如按照“电动机驱动”的技术属性把电动牙刷划分成一个技术领域，在该领域中中国授权发明专利有 69 件，上述专利号 200510105163.7 的文献所述的电动牙刷就是其中之一。这种更一般的技术主题，有的文献称技术主题范围或称技术领域，把一组文献与成千上万的文献区别开来，主要用来检索。这种更一般的技术主题，还可以按照更宽广的技术属性概括成更上位的技术主题，形成更大的技术领域。

2.3.3 法律信息

专利文献是一种法律性文件，体现专利技术的法律内容，公开专利技术的权利归属，明确记载专利技术的保护范围及专利权人的姓名、地址、申请日期等，是了解专利权的内容、范围和有效性等法律状况的有效的信息源。它所公布的“权利要求”清楚简要表述请求保护的范围，授权后作为判断是否侵权的法律依据，也是确定产品生产国，或准备输出和引进时不致造成侵权的依据。专利文献中记载了有关专利的各项法律状况数据，对这种信息进行开发利用，为审查新的专利申请，处理专利纠纷，进行专利转让，引进专利技术等法律事务提供了依据。

2.3.4 时间信息

时间是一个永无止境的坐标，任何事物与时间组合就可以反映该事物的诞生、生长、成熟和衰亡的过程，专利也同样，从诞生到衰亡经历了多个阶段。

(1) 申请日

根据《专利法》第28条的规定，国务院专利行政部门收到专利申请文件之日为申请日。如果申请文件是邮寄的，以寄出的邮戳日为申请日。申请日在法律上具有十分重要的意义：它确定了提交申请时间的先后，按照先申请原则，在有相同内容的多个申请时，申请的先后决定了专利权授予谁；它确定了对现有技术的检索时间界限，这在审查中对决定申请是否具有专利性关系重大；申请日是审查程序中一系列重要期限的起算日。

(2) 优先权日

指专利申请人就一项发明在一个缔约国提出申请专利后，在规定时间内又向其他缔约国提出申请时，申请人有权要求以第一次提出的日期作为后一个提出申请的申请日期的权利。提出这一申请的日期要求，称为优先权日。

(3) 公开日

我国专利法规定，专利局经初步审查认为发明专利申请符合本法规定的，自申请日起满18个月，应将该申请予以公布。所谓提前公开，是指发明专利自申请日起，有优先权的自优先权日起，申请人可要求提前公开其专利申请，并应提交提前公开声明。提前公开声明经专利局初步审查合格后可即时进入公开程序。提前公开声明只适用于发明专利申请。申请人提出提前公开声明不能附有任何条件。

(4) 授权公告日

授权公告日是指专利部门作出授予专利权的决定，发给专利证书，同时予以登记和公告的日子。专利权自公告之日起生效。发明专利是经初步审查后先公布而不进行实质审查，在申请日至公开日这段时间里申请人可以改变自己的专利申请请求，但是他还没有专利权，只有经实质审查通过并经授权公告后才取得专利权。实用新型和外观设计不需要经过实质审查，经初步审查通过后即授予专利权并予以公告，因此他们没有公开日的概念。

(5) 登记日

审查员作出授予专利权的决定后，专利局向申请人发出授予专利权通知书，同时还发出办理专利登记手续通知书。专利登记是授权程序中一项不可缺少的手续。该通知书明确告诉申请人，从这两个通知的发文日起3个月的期满日，为授权决定日、颁发专利证书日和专利权生效日，同时这一天也是专利登记簿上的登记日。

(6) 终止日

终止日是指专利权利终止的日期。专利权终止通常包括以下三种情形。

A. **没有按照规定交纳年费**　专利年费滞纳期满仍未缴纳或者缴足专利年费和滞纳金的，自滞纳期满之日起两个月内，最早不早于1个月，作出专利权终止通知，通知专利权人，专利权人未启动恢复程序或恢复未被批准的，在终止通知书发出4个月后，在专利登记簿和专利公报上分别予以登记和公告。专利权终止日应为上一年度期满日。

B. **专利权人以书面声明放弃专利权**　专利法规定："专利权人以书面声明放弃其专利权的"，专利权在期限届满前终止。专利权人提出放弃专利权声明后，一经国务院专利行政部门登记和公告，其专利权即可终止。

C. **专利权期满** 专利权即行终止。

2.3.5 空间信息

(1) 地址与邮政编码

在申请人或专利权人姓名或名称后附地址，用于标识发明、实用新型专利申请的申请人姓名或名称及地址(含邮政编码)。

示例：

[71] 申请人姓名或名称 中国石油化工股份有限公司。

申请人地址 100029 北京市朝阳区惠新东街甲 6 号。

(2) 国家代码

表 2.1 主要国家代码

英 文 名 称	中 文 名 称	代 码
AUSTRALIA	澳大利亚	AU
AUSTRIA	奥地利	AT
BELGIUM	比利时	BE
BRAZIL	巴 西	BR
CANADA	加拿大	CA
CHINA	中 国	CN
CZECH REPUBLIC	捷 克	CZ
DEMOCRATIC PEOPLE'S REPUBLIC OF KOREA	朝 鲜	KP
DENMARK	丹 麦	DK
EGYPT	埃 及	EG
FINLAND	芬 兰	FI
FRANCE	法 国	FR
GERMANY	德 国	DE
GREECE	希 腊	GR
INDIA	印 度	IN
INDONESIA	印度尼西亚	ID
IRELAND	爱尔兰	IE
ISRAEL	以色列	I L
ITALY	意大利	IT
JAPAN	日 本	JP
KUWAIT	科威特	KW

续 表

英 文 名 称	中文名称	代 码
MALAYSIA	马来西亚	MY
MEXICO	墨西哥	MX
MONGOLIA	蒙 古	MN
NETHERLANDS	荷 兰	NL
NEW ZEALAND	新西兰	NZ
NORWAY	挪 威	NO
PHILIPPINES	菲律宾	PH
POLAND	波 兰	PL
PORTUGAL	葡萄牙	PT
REPUBLIC OF KOREA	韩 国	KR
ROMANIA	罗马尼亚	RO
RUSSIAN FEDERATION	俄罗斯联邦	RU
SAUDI ARABIA	沙特阿拉伯	SA
SINGAPORE	新加坡	SG
SOUTH AFRICA	南 非	ZA
SPAIN	西班牙	ES
SWAZILAND	斯威士兰	SZ
SWEDEN	瑞 典	SE
SWITZERLAND	瑞 士	CH
THAILAND	泰 国	TH
TUNISIA	突尼斯	TN
TURKEY	土耳其	TR
UNITED KINGDOM	英 国	GB
UNITED STATES OF AMERICA	美 国	US
URUGUAY	乌拉圭	UY
VIETNAM	越 南	VN

(3) 地区代码

表 2.2 主要地区和政府间组织代码

英 文 名 称	中文名称	代 码
AFRICAN INTELLECTUAL PROPERTY ORGANIZATION(OAPI)	非洲知识产权组织	OA
AFRICAN REGIONAL INDUSTRIAL PROPERTY ORGANIZATION(ARIPO)	非洲工业产权组织	AP
EUROPEAN PATENT OFFICE(EPO)	欧洲专利局	EP

续 表

英 文 名 称	中 文 名 称	代 码
WORLD INTELLECTUAL PROPERTY ORGANIZATION(WIPO)	世界知识产权组织	WO
HONG KONG	中国香港	HK
MACAU	中国澳门	MO
TAIWAN, PROVINCE OF CHINA	中国台湾省	TW

2.3.6 号码信息

各国专利局或国际性专利组织在出版各类专利说明书时给予的顺序编号，可以是专利申请号、专利号、公开号、公告号等。其中除申请号以外的号码都称为文献号。文献号通常由一组阿拉伯数字和表示国家(地区)或组织的代码以及表示说明书类型的标识代码构成。如中国发明专利申请公开说明书的公开号为：CN 1030212 A。

号码信息是识别、检索、调取具体专利文献的重要标识。

2.4 专利说明书

专利说明书是专利文献的主体，其主要作用一方面是公开技术信息；另一方面是限定专利权的范围。用户在检索专利文献时，最终要得到的就是这种全文出版的专利文件。

目前各国或国际组织出版的专利说明书在格式上和内容上趋于统一，基本上包括：扉页、摘要、权利要求书、说明书、附图，有些还附有检索报告。

2.4.1 扉页及其著录项目

专利文献与其他文献一样，为进行检索、利用，都要依据一定的著录规则，对表示文献内容、外表形式和物质形态的特征进行分析、选择和记录，形成著录项目。专利文献著录项目包括了全部专利信息特征。人们可以在任何一种专利文献上找到专利文献著录项目。在专利说明书上，其扉页通篇都是专利文献的著录项目。专利文献检索主要是通过表示专利信息特征的专利文献著录项目进行的。

专利说明书扉页主要用来传播专利信息，刊登有专利文献著录项目。专利文献著录项目是专利局为揭示每一项专利或专利申请的技术情报特征、法律情报特征及可供人们进行综合分析的情报线索而编制的款目。在专利文献著录项目所表示的专利情报特征中，技术情报特征是主要组成部分，它包括用以表示有关申请专利的发明创造的内容的各种标志，如：专利分类号、发明题目、摘要、相关文献、关键词等；法律情报特征则是重要组成部分，它包括用以表示有关专利权的各种标志，如：申请号、申请日期、优先权、申请人、发明人、专利权人、专利代理人等。专利文献著录项目中还包括一些其他专利情报特征，如：出版国家、出版日期、文件号等。

为易于识别和查找专利文献的著录项目内容，便于计算机存贮与检索，世界知识产权组织（WIPO）下属的巴黎联盟专利局间情报检索国际合作委员会（ICIREPAT），责成国际标准化组织（ISO）制定了一部专利文献著录项目的国际标准代码，即 INID 代码（Internationally agreed Numbers for the Identification of bibliographic Data）。并规定从 1973 年起，各种专利文献扉页上都应予以相应地标注。这种代码由用圆圈或括号所括的两位阿拉伯数字表示。下面将扉页上常见的著录项目按代码顺序归类如下：

⑩ 文献标志

⑪ 文献号

⑫ 文献种类文字释义

⑬ 文献种类代码

⑮ 有关专利修正的信息

⑲ 国家代码或公布专利文献机构的其他标识

⑳ 专利申请数据

㉑ 申请号

㉒ 申请日期

㉓ 其他日期(包括临时说明书提出之后完整说明书提出日期，展览优先权日期)

㉔ 工业产权权利开始生效日期

㉕ 原始申请公布时的语种

㉖ 申请公布的语种

㉚ 遵照巴黎公约规定的优先权数据

㉛ 优先申请号

㉜ 优先申请日期

㉝ 优先申请国家或组织代码，对于根据 PCT 程序提交的国际申请，应使用代码“WO”

㉞ 依地区或国际协定提交的优先申请中的国家代码，至少有一个地区或国际申请提交的国家是巴黎联盟成员国

㊵ 文献的公知日期

㊶ 未经审查并在此日或日前尚未授权的专利文献，对公众阅览或提供复制的日期

㊷ 经过审查并在此日或日前尚未授权的专利文献，对公众阅览或提供复制的日期

㊸ 未经审查并在此日或日前尚未授权的专利文献以印刷或类似方法公布的日期

㊹ 经过审查并在此日或日前尚未授权的专利文献以印刷或类似方法公布的日期

㊺ 此日或日前已经授权的专利文献以印刷或类似方法公布的日期

㊻ 仅限于专利文献权利要求以印刷或类似方法公布的日期

㊼ 此日或日前已经授权的专利文献，对公众阅览或提供复制的日期

㊽ 经过修正的专利文献公布日期

㊿ 技术信息

(51) 国际专利分类或工业品外观设计国际分类

(52) 内部分类或国家分类

(54) 发明名称

(55) 关键词

(56) 单独列出的对比文献清单

(57) 文摘或权利要求。摘要是对说明书所述发明创造的重点内容或主要技术特征的简明介绍

(58) 检索领域

(70) 与专利有关的人事引证

(71) 申请人姓名

(72) 发明人姓名

(73) 保护文件的获得者、持有者或其法律继承者姓名

(74) 专利代理人或代表人姓名

(75) 申请人同是发明人的姓名

(76) 申请人同是保护文件获得人和发明人的姓名

(80)(90) 与国际公约(除巴黎公约之外)有关的,以及与补充保护证书法律有关的数据

(81) 根据专利合作条约指定的国家

(83) 依据布达佩斯条约微生物保存的有关信息

(84) 根据地区专利公约指定的缔约国家

(85) 根据专利合作条约第23条(1)或第40条(1)进入国家阶段的日期

(86) PCT国际申请的申请数据,即:国际申请日期,国际申请号及最初提交国际申请公布的任意语种

(87) PCT国际申请公布数据,即:国际公布日期,国际公布的文献号及国际申请公布的任选语种

(88) 检索报告延迟公布的日期

(91) 根据PCT提出的国际申请日期,该日期由于未进入国家或地区阶段而在一个或几个指定国或选定国失效,或不进入国家或地区阶段的确定日期

(92) 第一次国家允许作为医药品向市场供货的日期及号码(用于补充保护证书)

(93) 第一次允许作为药品向地区经济共同体市场供货的号码、实施日期及国家(用于补充保护证书)

(94) 补充保护证书的有效期及有效期届满的计算日期

(95) 受基本专利保护并申请了补充保护证书或已授予了补充保护证书的产品名称

(96) 地区申请数据,即申请日、申请号、最初提交申请公布的任意语种

(97) 地区申请(或已经授权的地区专利)公布数据,即公布日期、公布号、申请(或专利)公布的任选语种

2.4.2 权利要求书

权利要求书应当以说明书为依据，说明发明或实用新型的技术特征，限定专利申请的保护范围。在专利权授予后，权利要求书是确定发明或者实用新型专利权范围的根据，也是判断他人是否侵权的根据，有直接的法律效力。权利要求分为独立权利要求和从属权利要求。独立权利要求从整体上反映发明或者实用新型的主要技术内容，它是记载构成发明或者实用新型的必要技术特征的权利要求。从属权利要求是引用一项或多项权利要求的权利要求，它是一种包括另一项（或几项）权利要求的全部技术特征，又含有进一步加以限制的技术特征的权利要求。进行权利要求的撰写必须十分严格、准确，具有高度的法律和技术方面的技巧。

2.4.3 说明书

说明书是对申请专利的发明创造作出清楚完整说明的文件，它包括：① 技术领域：写明要求保护的技术方案所属的技术领域；② 背景技术：写明对发明或者实用新型的理解、检索、审查有用的背景技术；有可能的，引证反映这些背景技术的文件；③ 发明内容：写明发明或者实用新型所要解决的技术问题以及解决其技术问题采用的技术方案，并对照现有技术写明发明或者实用新型的有益效果；④ 附图说明：说明书有附图的，对各幅附图作简略说明；⑤ 具体实施方式：详细写明申请人认为实现发明或者实用新型的优选方式；必要时，举例说明；有附图的，对照附图。

2.4.4 附图

附图是用于补充说明书文字部分的文件。一些国家把附图看成是专利申请文件中的一个独立部分。在中国，附图则属于说明书的一部分。

2.4.5 检索报告

检索报告是审查员在对专利申请文件中描述的发明创造进行有关现有技术的文献检索后，报告检索结果的文件。少数国家与地区或专利组织出版的专利说明书附有检索报告（主要有国际申请专利、欧洲专利和香港短期专利）；多数国家则将检索报告的内容在专利文献著录项目中以“相关技术的文献”或“已发表的有关现有技术的文献”为名列出。

2.5 专利文献信息的特点

2.5.1 反映最新科技信息

新颖性是获得专利权必须具备的首要的实质性条件。相同内容的发明专利权只授予最先提出申请的发明。专利作为技术信息最有效的载体，相比一般技术刊物所提供的信息早5～6年，出版迅速，时效性强。专利信息所包含的技术内容必须是国内外出版物上没有公开发表过的。很多国家在专利保护中采取先申请制和早期公开制，从而促使发明人（设计人）在发明构思基本完成之时便迫不及待地提出专利申请，满18个月即行公布。这些都使专利信息的传播速度进一步加快，能够及时反映新的科技信息。

2.5.2 汇集丰富的技术信息

从航天技术到人们生活用品的制造，几乎涉及人类生产、生活活动的全部技术领域。据世界知识产权组织（WIPO）统计：专利信息是世界上最大的公开技术信息源之一，它包含了世界上90%～95%的技术信息，其中80%并未记载在其他的杂志期刊中，且很多发明成果仅仅只通过专利信息公开。

2.5.3 信息详细公开

专利说明书能对申请的专利作足够清楚、完整、具体的描述，达到所属技术领域的普通专业人员能够理解和实施的程度。在专利制度下，为获得政府对其专利独占权的认可和保护，专利权人必须将技术信息公开。按照各国专利法的规定，专利权人公开的技术信息必须使所属技术领域的技术人员能够实现。据世界知识产权组织（WIPO）的报道，在各种期刊、杂志、百科全书等有关技术发展的资料中，唯一能够全盘公开技术核心的只有专利。世界主要发达国家都建设有对社会公开的专利数据库，提供一定的检索功能，允许下载全文，进行系统、客观的分析。全世界每天发布许多专利，这些专利被系统地收集和出版。在知识经济社会，这些公开的技术信息成为影响企业活动的重要资源。

2.5.4 内容可靠、分类系统、格式统一

(1) 内容可靠

专利说明书往往是聘请受过专门训练的专利代理人同发明人一起撰写，加上严格的专利审查制度，使专利说明书质量可靠，符合新颖性、创造性、实用性的要求。实行审查制的知识产权局（专利局）都有严格的审批程序，因此，专利信息的技术内容是准确可靠的。

(2) 分类系统

专利分析中可以采用的分类系统有多种，一般多采用由世界知识产权组织出版的至今已是2014年版的国际专利分类法，简称IPC。国际专利分类法是目前国际最普遍的专利分类法，提供统一化、标准化管理专利文献的专利分类体系。目前有一百多个国家、国际性组织使用IPC分类法，我国也是以国际专利分类法建立专利分类系统。

(3) 专利文献的格式统一规范，高度标准化，便于检索、阅读和实现信息化

为了便于国际交流，各国专利说明书都采用国际统一的格式出版，著录项目都标以统一的识别代码，对于具有一定专利文献知识的人来说，即使文字不通，通过代码或格式也可以识别各部分的内容。

2.6 专利文献的应用

2.6.1 专利战术情报应用

专利战术情报是对专利内容比较分析，主要是解决研究对象“有没有”或者“是不是”的问题。常见的有下述四类。

(1) 专利性分析

判定某项发明创造的技术方案有无新颖性和创造性。它是目前国内外使用最为普遍的一种专利情报分析，用于解决申请专利，无效请求，引进专利的可靠性和实施时侵权问题。具备新颖性和创造性是授予发明和实用新型专利权的实质性条件。专利申请前，对专利申请的前景作一番分析是十分必要的。对于缺乏新颖性的技术则不应申请专利，或者虽具有新颖性，但在技术水平上不优于同类产品或技术的“发明创造”，也不应申请专利，会因为达不到专利法对“创造性”的要求而被驳回。通过专利性分析而做出慎重决策的好处在于：避免支付不必要的专利申请费，使技术中合理的部分能够在保密状态下继续加以提高或改进，以增加专利申请的获准率。

(2) 专利法律状态分析

从专利申请、审查，到审查之后获得专利和专利权在保护期限内的维持的全过程中，专利法律状态是动态变化的。专利申请后，可能存在撤回、视撤或被驳回等情况；专利在授权前后，可能存在专利申请人、专利权人变更，也可能存在因未按时向国家知识产权局交纳年费而被视为放弃专利权，或该专利被他人请求无效而丧失专利权等情况；而一些已发过公告注明视撤或中止的专利申请或专利，也有可能被恢复。一项专利，随着法律状态的变化，其受《专利法》保护的程度也随之变化。因此，在技术创新与技术贸易中，对相关专利进行适时的专利法律状态分析，可以帮助企业或研究机构规避侵权，合理有效利用专利信息。

(3) 专利侵权分析

分为防止侵权分析和被动侵权分析。防止侵权分析是指为避免发生专利纠纷而主动对某一新技术、新产品进行专利检索，找出可能受到其侵害的专利并作出判断；或者是为了避免自己的专利权受他人侵犯而对自己已获专利地区的其他企业类似产品或技术情况进行监控。被动侵权分析则是指被别人指控侵权时，为了对该专利进行撤销、无效或利用公知技术进行抗辩，需要进行检索，对收集到的专利文献和其他文献资料等内容进行研究，在搞清楚专利技术侵权情况的基础上采取相应措施。

(4) 同族专利分析

通过检索某一专利的同族专利，可以得到这些专利申请的地理分布，从而判断其商业价值，了解某公司技术输出的重点领域；也可以为技术引进提供依据，为产品出口避开对方的保护区提供情报。

2.6.2 专利战略情报应用

专利战略情报是对专利群及其关系的研究，主要是解决研究对象“方向”、“趋势”、“机遇”或者“挑战”的问题。主要有以下四种作用。

(1) 战略工具

通过专利战略情报追踪技术与产品开发的趋势，获取技术扩散的状况、技术开发的方向，发现新的技术生长点，评价技术的成熟程度和新技术的发展前途。通过研究过去的发展趋势和与企业有关的技术现状，能够预测技术下一步的发展路径，确保企业的发展方向是正确的，从而明确企业的技术战略定位；通过专利战略情报发现竞争者的技术贸易活动，获得竞争对手的动向，对主要竞争对手的各项实力进行分析，了解竞争者趋势，能显示自己、竞争者或合作者的弱点或优势，从而明确企业的竞争合作战略；通过专利战略情报了解市场趋势，市场参与和人才投入等情况，从而为公司市场发展战略和专利战略定位。

(2) 研发工具

专利战略情报能帮助研发人员进行方向性探索，开阔思路，产生新的创意，从而发现新的技术领域和技术手段，找到技术突破口，或对现有问题提供新的解决方案，协助企业选定研发主题。据估计，约有30%的研发支出是被重复浪费了的，通过专利战略情报，很容易避免这种浪费，提高研发的起点和效率。专利战略情报有利于确定技术合作伙伴，引进国外先进的技术和设备，进行资源的有效配置。许多企业持有专利却没有充分开发的能力。如果有其他企业愿意一起实施，会是一件互惠互利的事情。可以确定所需的专利技术，并通过合适的方式获取，如企业兼并、联合投资、研发合作、许可和借用核心技术人员等，寻找交叉许可的机会。

(3) 保护工具

在研发规划阶段，其可协助企业针对某一特定技术进行回避设计，发现挖洞技术等；在技术合作阶段能帮助企业选定谈判对象，增加谈判筹码等，帮助企业在专利许可贸易中取得谈判的主动权；在诉讼中，一份好的专利战略情报报告能成为一份有说服力的证据，有助于加速审判过程和影响被告、法官、顾问等案件参与者。

(4) 交流工具

专利战略情报可以使技术人员和管理人员的沟通变得容易，在向商业和集团化管理的高层人士解释技术、产品和竞争等因素时直观便捷。

撰稿：肖沪卫（上海科学技术情报研究所）

第3章

专利数据库：专利情报开发利用的信息仓库

3.1 专利数据库的概念

专利信息资源是人类重要的知识宝库，经过检索，通过各种分析方法，探寻、研究专利信息之间的相互关联性，形成战略情报，可以对经济活动、科技活动及其影响做出分析评估，从而制订相应的发展战略和政策，确定面向未来的发展方向；经过检索，通过对比分析，探寻、研究专利信息内容，形成战术情报，可以对经济活动、科技活动中的具体项目（专利）做出分析评估，从而确定具体项目的新颖性、侵权性、价值性等，也便于借鉴最佳技术方案。专利发展史是一部人类已有的专利信息资源不断地发展和利用的历史。随着信息存储与检索技术的发展，人们可以把承载专利知识的大量信息按照一定的方式组织和存储起来，产生了存储在计算机内、有组织的、可共享的专利数据集合，即专利数据库（Patent Database）。

3.2 专利数据库系统

3.2.1 专利数据库系统概念

专利数据库不能独立存在，而只是专利数据库系统的一部分。在实际应用中，人们在计算机上所面对的其实是专利数据库系统，它具有管理和控制数据库的能力（输入、输出、组织数据）。专利数据库系统（Patent Database System），是由专利数据库及其管理软件组成的系统。它是为适应数据处理的需要而发展起来的一种较为理想的数据处理系统，是一个实际可运行的存储、维护和应用系统以及提供专利数据的软件系统，是存储介质、处理对象和管理系统的集合体。

3.2.2 专利数据库系统组成

专利数据库系统一般由四个部分组成。

A. **专利数据库** 存储在计算机内的有组织可共享的专利数据的集合。数据库中的数据按一定的数学模型组织、描述和存储，具有较小的冗余，较高的数据独立性和易扩展性，并可为各种用户共享。专利数据库由数据库管理系统统一管理，数据的输入、修改和检索均要通过数据库管理系统进行。

B. **硬件** 构成计算机系统的各种物理设备，包括存储所需的外部设备。硬件的配置应满足整个数据库系统的需要。

C. **软件** 主要包括操作系统、各种宿主语言、应用程序以及数据库管理系统。数据库管理系统(Database Management System, DBMS)是数据库系统的核心软件，是在操作系统的支持下工作，解决如何科学地组织和存储专利数据，如何高效获取和维护专利数据的系统软件。其主要功能包括：专利数据定义功能、专利数据操纵功能、专利数据库的运行管理和专利数据库的建立与维护。应用程序被用来设计检索界面从而实现人机交流。

D. **人员** 主要有四类。第一类为系统分析员和数据库设计人员：系统分析员负责应用系统的需求分析和规范说明，他们和用户及数据库管理员一起确定系统的硬件配置，并参与数据库系统的概要设计。数据库设计人员负责数据库中数据的确定、数据库各级模式的设计。第二类为应用程序员，负责编写使用数据库的应用程序。这些应用程序可对数据进行检索、建立、删除或修改。第三类为最终用户，他们利用系统的接口或查询语言访问数据库。第四类用户是数据库管理员(Database Administrator, DBA)，负责数据库的总体信息控制，具体职责包括：具体数据库中的信息内容和结构，决定数据库的存储结构和存取策略，定义数据库的安全性要求和完整性约束条件，监控数据库的使用和运行，负责数据库的性能改进、数据库的重组和重构，以提高系统的性能。

3.3 专利数据库的结构

3.3.1 记录

数据库中的每一行叫作一条“记录”。在一个完整的收录专利说明书全文信息的专利数据库中，每一条记录对应于一件专利说明书，含有专利说明书的所有信息，包括扉页上的著录项目、权利要求书和说明书。也有人把一条“记录”称为一条“数据”。

在专利战略情报研究应用中，“记录”经常被进行数量统计，实际上就是统计专利件数，运用于趋势判断、重点领域分析、竞争对手评估等场合。在专利战术情报研究应用中，“记录”经常被提取内容进行新颖性、创造性比对和侵权分析。

3.3.2 字段

在专利数据库中，每一“列”称为一个“字段”。每个字段包含某一专题的信息，例如，

“公开号”、“申请人”、“发明名称”、“发明人”、“分类号”，这些都是数据库中所有行共有的属性，所以把这些列称为“公开号”字段、“申请人”字段、“发明名称”字段、“发明人”字段和“分类号”字段。

在专利战略和战术情报研究应用中，字段经常作为检索入口查找相关文献，比如检索某某分类号的文献，就需要到“分类号”字段逐行比对该分类号，把符合该分类号的“记录”找出来。在检索员接触的检索界面，往往有与数据库字段一一对应的检索入口，检索员只需把对应信息输入其中便可。

3.3.3 数据项

数据库中行列交叉处是数据库中最基本的存储单元，存放在其中的数据叫作“数据项（Data Item）”。数据项是数据不可分割的最小单位。有的存储单元中只有一个数据项，如每篇发明专利公开说明书只有唯一对应的公开号。有的存储单元中有多个数据项，如表3.1中，公开号为CN103780036A的文献有三个分类号，分别为H02K16/04、H02K9/19和H02K3/28，表示该发明涉及三个技术领域；而公开号为CN103807106A的文献有两个申请人，分别为中国科学院理化技术研究所和江苏省电力公司，表示该发明由这两家单位联合开发。

表3.1　专利数据库基本结构的简单示例

公开（公告）号	申请人	发明名称	发明人	分类号
CN103726992A	康景安	塔吊式稳固叶片拉件大型高效风力发电机及安装方法	康颖；康景安	F03D11/04; F03D9/00;
CN103726987A	陈阿红	往复推板式风力发电机	陈阿红；李波；付乃旭；付乃波；陈亦栋	F03D5/00;
CN103780036A	浙江大学医学院	双定子结构的高温超导永磁风力发电机	黄晓艳；张凯贺；方攸同；张健；马吉恩	H02K16/04; H02K9/19; H02K3/28;
CN103758701A	吉林大学	一种基于正压电效应的风力发电装置	张富；于跃；张孟琦；曲金星	F03D9/00;
CN103726997A	广东明阳风电产业集团有限公司	一种海上风力发电机组的机舱冷却装置	陈洪全；李洪添；王金荣	F03D11/00;
CN103754772A	北京金风科创风电设备有限公司	风力发电机的部件更换装置、系统及方法	张建海；胥勇；张克	F03D11/00; B66C19/00;
CN103826336A	刘中威；方雅全	风力发电机电热融冰转子叶片、电热芯片及成型装置和方法	李安民；李献波；黄军成；刘中威	H05B3/34; F03D11/00; B29C70/36;
CN103807106A	中国科学院理化技术研究所；江苏省电力公司	用于压缩空气储能的风力发电机塔架储气装置	王思贤；王俊杰；金逸；费益军；张学林；薛小代	F03D9/02;
CN103742369A	王秀祥	强制风力发电	王秀祥	F03D9/02; F03D9/00;
CN103758704A	张晶宇	一种悬浮垂直套管式连体活动叶片风力发电装置	张晶宇；张晓龙	F03D3/00; F03D9/00;

第 3 页 共17页 166条数据

在专利战略和战术情报研究应用中，数据项是进行信息比较的基本单位，是情报组配的基本单位。

3.4 专利数据库的类型

按照生产者可以分为国家专利局、地区专利组织和民间建设的专利数据库；按照费用可以分为免费数据库和收费数据库；按照收录技术信息的广度可以分为通用专利数据库和专题专利数据库；按照收录技术信息的类型可以分为专利说明书专利数据库、专利法律状态数据库、专利诉讼数据库等；按照收录的国家（组织）类别可以分为中国、美国、日本、欧洲专利局和世界知识产权组织专利数据库等；按照一个专利数据库中收录国家（组织）专利文献的情况，可以分为单一国家（组织）专利数据库和多个国家（组织）专利数据库，如美国专利数据库仅收入美国申请的专利，属于单一国家专利数据库，欧洲专利局的Worldwide数据库收入90多个国家（组织）的8 000多万件专利文献，属于多个国家（组织）专利数据库。

有关目前世界上主要的专利数据库，以简表的形式登载在附录中，供参考。

撰稿：肖沪卫（上海科学技术情报研究所）

第4章 专题数据库：专利情报开发利用的专业信息仓库

《国家知识产权战略纲要》明确：指导和鼓励各地区、各有关行业建设符合自身需要的知识产权信息库；科技部在 2010 年 7 月发布的《国家科技重大专项知识产权管理暂行规定》中指出：要建立重大专项知识产权专题数据库，推动知识产权信息共享平台建设，建立重大专项知识产权预警机制；各级政府对知识产权优势、示范、试点企业都有建立专题专利数据库的要求，并从政策和资金上给予了一定的倾斜和资助，旨在提高企业专利信息利用的能力和水平，加快全社会科技创新和转型发展的步伐。

2013 年 3 月 1 日开始正式实施的国家标准 GB/T 29490－2013《企业知识产权管理规范》，在信息资源一节中明确提出：有条件的企业可建立知识产权信息数据库，并有效维护和及时更新。规范的发布和实施，把对企业的专题数据库要求，上升到了国家标准。

4.1 专题专利数据库的概念

如果说数据库是各类数据的集合，那么专题数据库就是某一特定领域数据的集合。专题数据库的数据内容往往侧重于某一特定专题，通常是针对某种专业应用而建立的。

随着各类专利数据内容的不断细分和专业化服务要求的提高，专利数据也需要根据特定类别或者特定专题的要求构建各类专利的专题数据库，此类专利的专题数据库，被专利工作者简称为“专题数据库”，本章描述的专题数据库也就是特指专利的专题数据库，它是指针对特定领域的专业特点和用户特色需求，从海量的初级专利文献数据中筛选，并进行一定程度的加工所形成的数据库。

专题数据库尤其是深加工专题数据库是深化专利信息传播和利用的必然产物，是开展企业知识产权战略工作的基础。

4.2 专题专利数据库的分类

对专题专利数据库的分类可以按照数据类型、数据内容、专业领域等不同的角度进行考虑，主要有以下七种分类的方法：

A. **数据内容** 题录型数据库、文摘型数据库、权利要求型数据库、全文型数据库等。

B. **数据性质** 申请公开数据库、授权专利数据库、失效专利数据库等。

C. **数据格式** 数码(字)型数据库、图像型数据库等。

D. **专利类型** 发明专利数据库、实用新型专利数据库、外观设计专利数据库等。

E. **技术内容** 各种技术专题数据库。

F. **加工程度** 原始数据库、初加工数据库、深加工数据库等。

G. **服务形式** 局域网版数据库、互联网版数据库、云(虚拟化)服务数据库等。

4.3 国内外专题数据库现状

在行业和企业中应用广泛的按照技术主题分类的专题数据库很少在国外的政府网站或公共网站中出现，一般都出现在商业网站或者企业内部自行建立的数据库系统中，这些专题数据库往往都经过专业的筛选和复杂的二次加工，有需求的用户可以通过支付费用联机使用或者委托中介机构建立使用，有能力的企业也可以自行建立并逐步完善。

我国的专利以及专利信息服务事业起步较晚，但发展十分迅速。2002 年 11 月，国家知识产权局在其门户网站上正式建立了基于互联网的中国专利数据库及其公共检索系统，各级政府在相继成立专门专利信息服务队伍的同时，也根据各自需求，建立了一些全领域或者分领域的专题数据库，充分发挥了我国宏观主导、资源聚集、政府推动的体制优势，大大加快了我国专利信息传播和利用的步伐和进程。

我国第一个用于公共服务的专题数据库是陕西杨凌的中国涉农专题数据库，建于2001 年。经过多年的运行和完善，该专题数据库内容涵盖了农艺学、农作物、园艺、林业、动物科学、植物保护、水产渔业、农产品收获、加工与贮藏及农产品加工、畜牧加工、土壤与肥料、农林工程，生物技术等十几个技术领域。该专题数据库为我国农业领域企事业单位充分利用国内外专利信息，提高自主创新能力，开发拥有自主知识产权的农业高新科技成果提供了重要的信息支撑。

随着陕西涉农专题数据库的建立，全国各省市纷纷根据自身区域特点和服务需要，建立了一批专题数据库，例如湖北武汉的光电子专题、上海的集成电路专题、山东的海洋技术专题、天津的环保专题、江西景德镇的陶瓷专题数据库等。这类专题数据库有着共同的特点，其数据库系统和搜索引擎都基本相同，只是专题的数据内容和技术分类各有侧重和特色。

2008 年，为抵御国际金融危机带来的冲击，我国政府决定投资 4 万亿元，大力发展以钢铁产业、汽车产业、电子信息产业等为主的十大重点产业。为配合国务院十大重点产业调整和振兴规划的实施，发挥专利信息对经济社会发展和企业创新活动的支撑作用，国家知识产权局牵头，在国资委行业协会办公室协调下和各行业协会的积极参与下，建设了包括十大重点产业专题数据库在内的专门的专利信息服务平台(http：//www. chinaip.

com. cn/)，为十大重点产业提供公益性的专利信息服务。该平台也是迄今为止最大的政府专题数据库服务平台(图 4.1)。

图 4.1　国家知识产权局提供的专题数据库服务

我国第一个用于商业上的深加工专题数据库应该是"中国药物专题数据库"。该数据库也是国内第一个有一定规模的经过深度加工标引的专业专利数据库，其加工内容包括：专利发明主题标引、医疗应用标引、范畴分类、文摘重新撰写、化学物质信息标引、中药方剂信息标引，并同时建成了中药材名称数据库，化学物质登记文档数据库等两个辅助数据库系统。该数据库目前收录的发明专利文献共计近 18 万条数据，其中包括化学药物近 11 万条数据，中药已经突破 7 万条数据。

随着专题数据库服务市场化进程的发展，一些中介机构、行业协会以及行业领军企业等，也试图开发一些有特色的专题数据库，为其自身开展科技创新活动和情报服务工作提供帮助。例如，作为全国低压电器领军企业的上海电器科学研究院，通过专利数据的二次加工，建立了以低压电器行业产品为主的专题数据库，为本单位技术研发和协会会员提供专利信息服务。该数据库目前收集和标引的国内外专利数据已达到了 200 多万条(图 4.2)。

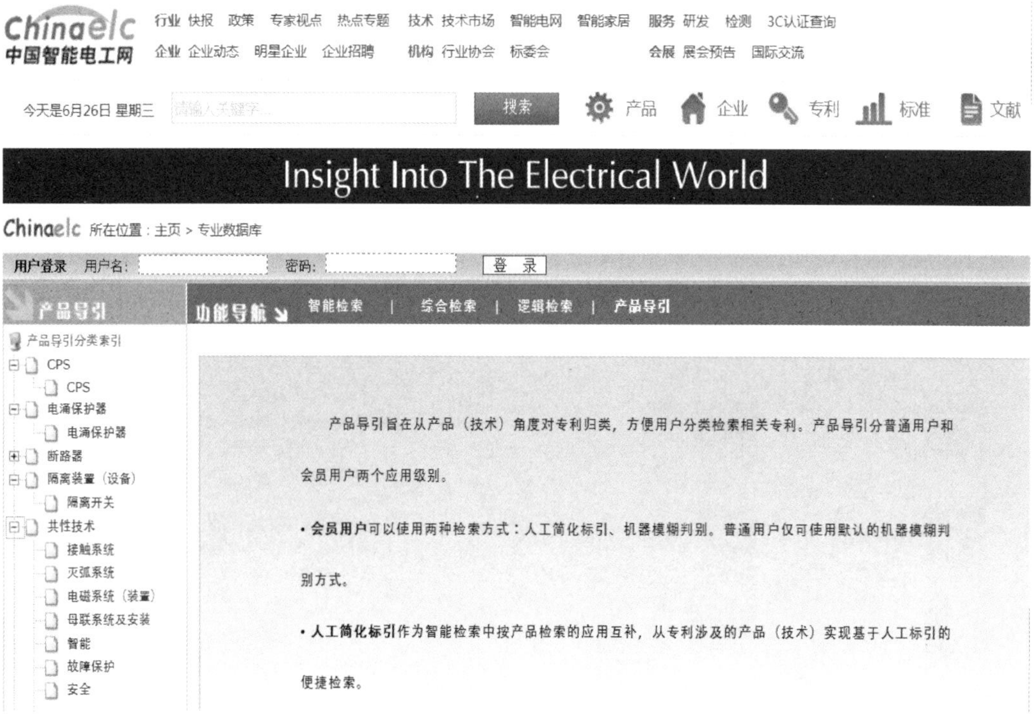

图 4.2　低压电器行业专题数据库系统

4.4　专题数据库的作用

与各个国家和国际（地区）性专利组织的初级综合性专利数据库相比，专题数据库具有专业领域专利信息集中、全面、信息挖掘程度高、检索方便等优点，有利于使用者学习、借鉴他人的专利技术，尽快提高科技创新的起点和层次。

专题数据库实际上是专利信息服务中方法和模式的创新，这种创新建立在信息技术发展的前提下。在专利文献以纸质为主要载体的时代，为了有针对性地向专业用户提供专利文献，出版部门会根据需要，出版一些按照分类、按照时间、按照地区公开的专利文献公报，这实际上就是专题专利文献，只是数据库和信息化技术的出现，让这种服务的方式变得更加便捷和有效。

根据上述对专题数据库的分类，按照数据内容、数据性质、数据格式、专利类型、技术内容等分类的专题数据库，实际上就是根据不同需要，重新收集组合的数据库，主要体现了专业特色，可以服务于各种不同用途和领域。例如，文摘型数据库的存储量大大少于带全文的数据库，有利于小型检索系统的建立和数据的更新。

现实应用当中，对企业或者专利利用的单位来说，经过一定程度加工的按照技术或者行业分类的专题数据库最为普遍。

根据对专利应用数据的加工情况和质量的不同，可以将专利应用数据库分为普通（非加工）专题数据库、初加工专题数据库和深加工专题数据库（图 4.3）。

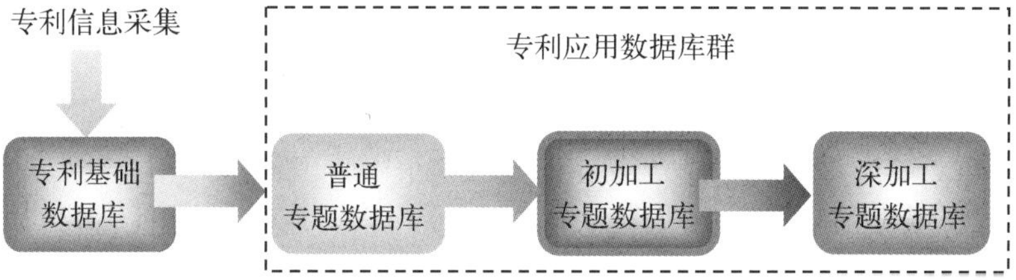

图 4.3　专利数据库的层次结构示意图

(1) 普通（非加工）专题数据库

根据用户应用要求，直接从专利基础数据库检索、筛选获得的专利数据库。其数据库的质量取决于基础数据库及其检索系统的质量和检索人员的检索水平。主要用于一般专利检索分析。

(2) 初加工专题数据库

根据用户应用要求，对来自不同基础数据库的数据进行规范化的初加工处理后获得的专题数据库。例如，行业技术或者产品分类、竞争对手整理、地址信息处理等。初加工专题数据库的质量主要取决于相关基础数据库及其检索系统的质量和数据加工人员的专业水平。可用于对相关领域的专利作全面的检索分析。

(3) 深加工专题数据库

根据用户应用要求，对来自基础数据库的数据按科学的标引规则进行深加工处理后获得的专题数据库。专业领域深加工专利数据库的质量主要取决于相关基础数据库及其检索系统的质量、标引规则的先进性和数据深加工人员的专业水平。专业领域的深加工专利数据库主要用于需要高质量的深度检索专利分析应用。专利数据深加工标引服务的主要内容包括：专利数据人工筛选，中、英文专业同义词表，标题、文摘的强化和改写，公司名称代码表，专业化技术范畴分类，同族专利信息，多层次主题标引，法律状态信息，化学结构的标引，专利文献标准化翻译等。

一般来说，专业领域深加工专利数据库的质量最高，初加工专利数据库的质量次之，非加工专利数据库和专利基础数据库的质量最低。

随着信息化技术的发展，各类智能化信息系统和信息服务模式不断产生，各类辅助类专题数据库也层出不穷。例如，同义词（主题词）数据库就是为了实现模糊检索、提高查全率而建立的。

综合来说，专题数据库有以下意义和作用：① 缩小检索和数据范围，便于收集和应用；② 结构清晰、主题明确，符合使用者要求，便于监控和管理；③ 拓宽专利字段信息量，满足各类专利战略分析的需要；④ 突破免费专利网站功能的限制和避免互联网查询的信息安全问题；⑤ 深加工的数据库更加符合行业特点、实现对专利信息价值的充分挖掘和相关软件系统二次开发的需要；⑥ 实现与企业内部管理系统的对接，有利于知识管理。

4.5 专题数据库的建立

我国的专题数据库由于政府的主导和宣传，越来越被社会公众关注和接受。然而，从严格意义上说，上述的一些公共专题数据库，用技术分类导航来描述更为确切，这些专题数据库既解决了专利信息专题应用的问题，又充分利用了数据共享的技术，大大提高了专利数据的利用率。这些分类导航的建立，凝聚了广大技术人员和检索人员的智慧，对普及广大专业技术人员的专利知识和加快专利信息的传播与利用，推动全社会的科技创新工作起到了积极的作用。

用于公共服务的专题数据库一般由政府或者行业协会等建立。企业的专题数据库由于专业领域和应用的不同，主要通过委托中介机构或者自行建立为主，其类型以行业、产品、技术以及竞争对手等专题数据库为主。

专利的专题数据库一般由专题专利信息数据和数据库软件构成。前者是以某一专题或某一类技术等为主题，对整个专利文献库进行分类、检索、下载、处理、存储，收集到的专利数据的集合；后者是具有检索、数据管理、统计分析、图表展示、输出等功能的专用程序或软件。

4.5.1 专题数据库的建立方式

专题数据库的建立方式一般分为三种：全部委托建设、参与建设和自行建设。对用户来说，需要根据不同条件和内容做出选择。如果自己没有能力，对方对需求又能充分了解，可以全部委托相关机构建设。最好的方式是参与建设，因为用户自身往往都拥有本领域专题的技术专家，这样的建设方式有利于保证专题数据库的质量和今后使用与维护。

由于信息技术的发展，就专题数据库的形式来说也有多种可供选择的方式：局域网形式、互联网形式、云（虚拟化）服务形式等。

有些用户出于保密和安全的考虑，对内部的数据安全要求很高，对互联网采取物理隔断或禁用的方式，或者希望专题数据库和企业内部已有的信息化系统对接等，这类用户就需要建立局域网版的专题数据库。

对一般用户，互联网版、云（虚拟化）服务都是不错的选择。随着信息技术的发展，其安全性也有足够的保证，最大的好处是便捷和节省成本，既享受了大型平台数据丰富、更新及时、系统完善的优点，又满足了个性化专业化服务的要求。

国家知识产权局专利检索和服务系统、中国知识产权网和上海知识产权（专利信息）公共服务平台等对注册用户都有类似的个性化服务功能，目前国家局系统和上海平台该功能对用户自行建立的专题都是免费的，国家局系统对一般用户创建的分析专题限制是专题数量 1 个，每个专题数据量限制是 1 万条，上海平台对注册用户建立专题数据库的数量和每个专题的数据量等基本没有限制，对每个分析项目的数据量限制是 10 万条。

4.5.2 专题数据库建立步骤

(1) 确定技术主题或主题结构

确定主题是专题数据库建立的关键。主题应该清晰具体、概念明确、通俗易懂，如果该主题含有可以按照一定类别分解的子主题，逐步分解，并列出主题结构表。确定的主题(子主题)名称将作为专题数据库建立的导航名称(表 4.1)。

表 4.1　云计算技术专题数据库部分架构实例

目录级别	主题名称	描　述	关键词、分类	检索式
1	云计算	云计算技术，计算机和信息技术领域 2000 年以后逐渐形成的新技术，国际上以 IBM、微软等公司为主	G、H、云、多承租、多租户、软件即服务、SaaS、平台即服务、PaaS、设施即服务、IaaS、虚拟化、负载均衡、网络存储、分布式、海量、可扩展	略
1.1	业务模式	云计算技术的业务模式	软件即服务、SaaS、平台即服务、PaaS、设施即服务、IaaS	略
1.11	软云(SaaS)软件即服务	云计算的软件即服务模式	SaaS、软件即服务	略
1.12	平云(PaaS)平台即服务	云计算的平台即服务模式	PaaS、平台即服务	略
1.13	基云(IaaS)设施即服务	云计算的设施即服务模式	IaaS、设施即服务	略
1.2	关键技术	云计算技术的有关关键技术	存储虚拟化、应用虚拟化、大容量存储、多租户技术	略
1.21	存储虚拟化	云计算的存储虚拟化技术	存储、储存、虚拟化	略
1.22	应用虚拟化	云计算的应用虚拟化技术	虚拟化、应用、I/O、输入、输出、端点、计算、平台、服务器	略
1.23	大容量存储	云计算的大容量存储技术	存储、储存、负载均衡、网络存储、分布式、海量、网络储存、可扩展	略
1.24	多租户	云计算的多租户技术	多租户、多承租人	略

(2) 对主题的描述和界定

对主题的描述是确定检索式的基础。根据第一步列出的每一个主题，结合技术、地域、时间、竞争对手等要求，给予充分的描述和界定，便于确定关键词和检索式的构成(表 4.1)。

(3) 专利数据来源的选择

如果确定建立局域网版的专题数据库，需要选择数据来源。数据渠道的来源有三种选择：委托中介机构提供；通过互联网自行下载；直接向有关单位购买数据。

(4) 检索表达式的编写

检索表达式的编写是建立专题数据库最重要的一步。无论选择哪种方式建立专题数据库，都需要根据前面步骤确定的主题以及描述，列出分类号和关键词，运用检索知识认真编写每个主题的检索式，确保专题的准确性。

(5) 数据库软件安装、数据导入和主题导航建立

如果确定建立局域网版的专题数据库，需要数据库软件安装和数据导入的过程。

主题导航的建立实现了检索式和每个主题的对接，便于建立主题明确、结构清晰的专题数据库。

(6) 专题数据库的深加工

对专题数据库的二次加工是深入利用专利信息的需要，也是充分挖掘专利信息情报功能的需求。深加工之前需要根据需求确定加工标引的字段和加工标引的规则，加工的方式有计算机自动标引和人工标引两种可以选择。

(7) 专题数据库的维护

专题数据库的维护包括系统维护和内容维护，其中系统维护包括软件（数据库及应用软件）、硬件和网络环境等，这些维护对采取互联网或者云服务方式建立的专题数据库都不存在，这也是互联网或者云服务方式最大的优势所在。

专题数据库的内容维护包括主题结构、导航名称、检索式、标引等的调整、修改、补充，以便不断适应需要，完善专题数据库的各项功能。

(8) 专题数据库数据的维护和更新

对局域网版专题数据库来说，数据的维护和更新是重要且烦琐的事情。数据对数据库来说就是灵魂，由于专利数据具有更新快、数量大、内容广等特点，对专题数据库来说，及时、准确的数据维护和更新显得尤为重要。

数据的维护和更新包括数据的日常更新、数据范围的修正，遗漏、缺失数据的补充以及数据备份等。

由于目前大多数国家的专利数据采用每周向社会公开的方式，所以，专题数据库数据的更新周期可以采取每周、每月等的方式，对更新频率要求不高的用户，也可以采取季度和年度更新的方式。

通过互联网或者云服务方式建立的专题数据库，得益于基础平台数据更新的机制，除了人工深加工部分的数据需要更新外，其他基础数据以及能利用计算机系统自动识别判断和标引等部分都可以借助信息技术自动完成更新。

撰稿：梁建军（上海市知识产权服务中心）

第5章 专利搜索引擎：专利情报开发利用的发动机

随着大数据时代的到来，如何简单、方便、快捷地查找到所需的专利信息，成为广大专利信息工作者急切关心的问题。虽然目前世界各国的专利基本都可以免费获取，并且查找和获取的途径也较多，但要实现简单、方便、快捷的查找和获取世界各国的专利却并非易事。搜索引擎因其具有简单、方便、快捷帮助用户查找所需信息的强大功能，已成为人们生活、工作中必不可少的一种获取信息的工具。因此，用于查找专利信息的专利搜索引擎应运而生。

5.1 专利搜索引擎介绍

5.1.1 专利搜索引擎的概念

迄今为止，国内外对于“专利搜索引擎”并没有统一的定义或概念，因此大家对于专利搜索引擎的界定还比较模糊。那么到底应该如何来定义专利搜索引擎？不妨从专利搜索引擎的属性和特点来进行界定。首先，专利搜索引擎属于搜索引擎的一种，必然具有搜索引擎的属性和特点，即是一种自动从因特网搜集信息、经过一定整理以后提供给用户进行查询的系统。其次，专利搜索引擎所搜索的对象是专利信息，而非普通的网页或论文、图书等信息。需要特别注意的是，专利信息源与普通的 Web 信息源具有较大的区别：专利信息来源比较固定，即主要来自世界各国家、地区和组织的官方专利数据库；同时，全世界范围的专利信息数据比较规范、统一，属于结构化数据。由此可见，搜索专利信息源是专利搜索引擎区别于一般性搜索引擎的最主要特征。因此，专利搜索引擎可定义为：自动从因特网搜集世界各国家、地区和组织官方专利数据库的专利数据信息，经过一定整理以后提供给用户进行查询的系统。

从以上对于专利搜索引擎的定义可见，专利搜索引擎搜索的对象是官方专利数据库的数据，所以搜索的信息来源于专利数据库，但其又不同于专利数据库，主要区别在于：① 专利搜索引擎主要靠 Web 抓取来获得专利数据并提供给用户；② 专利搜索引擎往往具有相对独立的检索系统和功能，在检索字段、检索算符等方面一般不同于专利数据库；③ 专利搜索引擎在检索结果的呈现和输出等方面，同样不同于专利数据库，较多从用户的角度进行了功能扩展，以便于用户获取专利信息；④ 专利搜索引擎还往往具备一些附加的功能，如翻译、预警功能等。

5.1.2 国内外常用的专利搜索引擎

目前的专利搜索引擎大致可分为三类：一类是具备搜索专利信息功能的综合型搜索引擎，如 Google 和百度；一类是专注于专利信息领域搜索需求的垂直型搜索引擎，如 SooPAT、佰腾网、Innojoy、辅创网、智慧芽等；还有一类是将用户与官方专利数据库或专利网站进行对接，直接或间接进行专利搜索的元搜索引擎，如彼速、PriorSmart 等。

目前比较常用的专利搜索引擎大概有以上示例的 9 种。Google 专利搜索于 2006 年 12 月推出，目前已将专利搜索整合到学术搜索(Google Scholar)中。百度专利搜索于 2007 年 12 月推出，是百度与中国专利信息中心合作的针对中国专利数据的专业搜索。SooPAT 创建于 2007 年，立足于专利领域为用户实现专利搜索及专利信息的获取；佰腾网由成立于 2006 年的佰腾科技公司创建，专为用户提供专利检索服务。Innojoy 专利搜索引擎是保定市大为计算机软件开发有限公司开发的专利搜索平台。辅创网是由保定市辅创软件服务有限公司创建的专利检索平台。智慧芽成立于 2007 年 10 月，核心产品“智慧芽”可以为用户提供在线和内部专利搜索和分析服务。彼速专利搜索引擎是北京彼速信息技术有限公司开发的一款专利搜索软件。PriorSmart 是由成立于 2008 年的美国 RPX 公司开发的国际通用专利搜索引擎。上述搜索引擎的具体介绍请参见附录。

5.2 专利搜索引擎的比较

针对以上 9 种比较常用的专利搜索引擎，下面从检索范围、检索功能、检索结果处理功能、检索效果、附加功能及使用成本等方面进行比较。

5.2.1 检索范围

检索范围是指专利搜索引擎能够检索到的专利数据地域范围，即包括哪些国家、地区和组织的专利。以上 9 种专利搜索引擎的检索范围如表 5.1 所示。

表 5.1 专利搜索引擎检索范围的比较

专利搜索引擎名称	检 索 范 围	合 计
Google	美国、中国、加拿大、德国、欧专局、WIPO	6
百度	中国	1
SooPAT	中国、美国、欧专局等	99
佰腾网	中国、美国、日本、英国、法国、德国、瑞士、俄罗斯、PCT 组织、欧专局	10

续 表

专利搜索引擎名称	检 索 范 围	合 计
Innojoy	中国、美国、日本、英国、法国、德国、中国台湾、中国香港、欧专局、WIPO 等	18
辅创网	亚洲、欧洲、北美洲、南美洲、大洋洲、非洲主要国家、地区和组织	21
智慧芽	中国、美国、德国、日本、韩国、俄罗斯、加拿大、中国台湾、欧专局、PCT 等	94
彼速	中国、日本、美国、加拿大、德国、欧专局、WIPO	7
PriorSmart	美国、中国、欧专局、WIPO、Google、Delphion、Free Patents Online 等	86

从表 5.1 可见，SooPAT、智慧芽和 PriorSmart 可检索到的专利数据范围最为全面、广泛，PriorSmart 不仅可以直接检索许多国家、地区和组织的专利，而且可以通过 Google、Delphion、PatentLens、Free Patents Online 四个在线专利平台进行专利检索；百度专利搜索的可检索范围最小，仅能检索到中国（不含港澳台）的专利数据，其次是 Google 和彼速。

5.2.2 检索功能

专利搜索引擎的检索功能主要包括检索方式、检索字段、检索算符、检索界面与输入语言等四个方面。以上 9 种专利搜索引擎的主要检索功能如表 5.2 所示。

表 5.2 专利搜索引擎检索功能的比较

专利搜索引擎名称	检索方式（种）	检索字段（个）	检 索 算 符	检索界面与输入语言
Google	2	常规：9 非常规：1	空格（与）、OR（或）、-（非），“”（固定词组）	界面：世界各种语言 输入：中、英、德、法文
百度	1	常规：2	空格（与）、|（或）、-（非），“”（固定词组）	中文简体
SooPAT	6	常规：15（约）	空格（与）、OR（或）、NOT（非）	界面：中文简体、繁体 输入：中文简体和繁体、英文
佰腾网	3	常规：12（约）	AND（与）、OR（或）、NOT（非），*（无限截词）、?（单个截词）	界面：中文简体 输入：中、英文
Innojoy	7	常规：20 非常规：8	AND（与）、OR（或）、NOT（非），%（无限截词）、?（单个截词）	界面：中文简体 输入：中、英文
辅创网	4	常规：16	空格（与）、OR（或），*（无限截词），“”（固定词组）	界面：中文简体 输入：中、英文
智慧芽	5	常规：19 非常规：4	AND（与）、OR（或）、NOT（非），*（无限截词）、?（单个截词），～（词相邻）	界面：中文简体和繁体、英文 输入：中、英文
彼速	4	与各国家、地区和组织专利局官方网站保持一致		
PriorSmart	1	常规：7	空格（与）、OR（或），“”（固定词组）	界面：中、英、西班牙、法、德、日、俄、韩文 输入：与各专利局官方网站及在线专利平台保持一致

从表 5.2 可见，在可采用的检索方式方面，Innojoy、SooPAT 和智慧芽最为多样，百度、PriorSmart 和 Google 则较为单调；在可供使用的检索字段方面，Innojoy 和智慧芽最多，而且提供一些非常规字段，百度则最少，仅有两个；在可用的检索算符方面，各专利搜索引擎差别不大，基本都支持逻辑算符等；在检索界面与输入语言方面，各专利搜索引擎基本都支持中英文，其中 Google 的语言功能最为强大，百度则仅支持中文。

5.2.3 检索结果处理功能

专利搜索引擎对于检索结果的处理主要包括显示功能、筛选(二次检索)功能、输出功能、统计分析功能及链接检索功能等方面。以上 9 种专利搜索引擎的检索结果处理功能如表 5.3 所示。

表 5.3 专利搜索引擎检索结果处理功能的比较

专利搜索引擎名称	检索结果的显示		检索结果的筛选	检索结果的输出		检索结果的统计分析	链接检索
	显示方式	排序方式		批量导出	全文查看和下载		
Google	1 种	3 种	可以	不支持	部分可以	无	有
百度	1 种	1 种	不可以	不支持	可以	无	无
SooPAT	4 种	5 种	可以	支持	可以	有	有
佰腾网	3 种	5 种	可以	支持	可以	有	有
Innojoy	2 种	1 种	不可以	支持	可以	有	无
辅创网	1 种	1 种	不可以	支持	可以	无	无
智慧芽	5 种	5 种	可以	支持	可以	有	有
彼速	1 种	多种	不可以	支持	可以	有	无
PriorSmart	与各国家、地区和组织专利局官方网站或在线专利平台保持一致						

从表 5.3 可见，在检索结果的显示方式上，智慧芽和 SooPAT 最为多样，Google、百度、辅创网和彼速则较为单调，均只有一种显示方式；Google、SooPAT、佰腾网和智慧芽均具有检索结果筛选功能和链接检索功能；只有 Google、百度和辅创网不具备检索结果的统计分析功能，只有 Google、百度不支持检索结果的批量导出，但全部 9 种专利搜索引擎基本都可以对检索到的专利进行全文查看和下载。PriorSmart 对检索结果的处理与各国家、地区和组织专利局官方网站或在线专利平台完全保持一致，因此不做比较。

5.2.4 检索效果

检索效果的评价主要有查全率和查准率两个方面，但由于专利数据来源具有其特殊性，即来自世界各国家、地区和组织的官方专利数据库，因此评价专利搜索引擎的检索效果，需要与相应官方专利数据库检索到的结果进行比较。本文选取“计算机键盘(Computer Keyboard)”主题，分别利用各个专利搜索引擎检索中国(不含港澳台)和美国

（含公开和授权）的专利（检索字段：专利名称，检索日期：2014 年 3 月 27 日），将检索结果数量分别与中、美专利局官方网站检索到的结果进行比较，比较结果如表 5.4 所示。

表 5.4　专利搜索引擎与官方专利数据库检索效果的比较

专利搜索引擎名称	检索结果数量（条）	
	中国专利	美国专利
Google	1 290	1 460
百度	1 210	不能检索
SooPAT	1 006	1 128
佰腾网	1 003	1 204
Innojoy	1 003	1 139
辅创网	990	868
智慧芽	1 144	1 285
彼速	1 006	1 128
PriorSmart	链接错误，检索不出	1 128
国家知识产权局官网	1 151	—
美国专利商标局官网	—	1 128

从表 5.4 可以看出：在检索中国专利方面，Google 和百度检索到的数量超出了国家知识产权局官网所能检索到的数量，其他专利搜索引擎检索到的数量则均低于官网数量，最接近官网数量的是智慧芽所检索到的数量；在检索美国专利方面，Google、智慧芽、佰腾网和 Innojoy 检索到的数量均超出了美国专利商标局官网所能检索到的数量，只有辅创网检索到的数量低于官网数量，而 SooPAT、彼速和 PriorSmart 检索到的数量则与官网数量一致。综合来看，SooPAT、彼速、PriorSmart、智慧芽检索到的结果相对比较可靠，检索效果较好。

5.2.5　附加功能及使用成本

附加功能主要包括专利搜索引擎的翻译功能、预警功能等，使用成本是指使用该搜索引擎是否需要付费，以上 9 种专利搜索引擎的附加功能及使用成本如表 5.5 所示。

表 5.5　专利搜索引擎附加功能的比较

专利搜索引擎名称	附加功能	使用成本
Google	翻译功能	完全免费
百度	无	完全免费
SooPAT	翻译功能	部分免费
佰腾网	对比功能	基本免费
Innojoy	翻译功能、预警功能、对比功能、同族专利合并	基本免费

续 表

专利搜索引擎名称	附 加 功 能	使用成本
辅创网	专利新闻搜索、专利百科	基本免费
智慧芽	翻译功能、预警功能	完全收费
彼速	翻译功能、预警功能、公知公用技术风险分析功能	完全收费
PriorSmart	无	完全免费

从表5.5可见：这些专利搜索引擎拥有最多的附加功能是翻译功能（5种），其次是预警功能（3种）和对比功能（2种）；在使用费用上，Google、百度和PriorSmart是完全免费使用的，佰腾网、Innojoy和辅创网基本上可免费使用（高级功能需付费），SooPAT只有少部分功能（中国专利检索）可免费使用，而智慧芽和彼速则完全需要付费使用。

通过以上的比较可见，目前较常用的这9种专利搜索引擎，在检索范围、检索功能、检索结果处理功能、检索效果、附加功能及使用成本等方面差异较大，各有其优缺点，并不能简单地一概而言孰好孰坏。但通过以上的综合比较，还是可以根据不同的需求来选择不同的专利搜索引擎作为检索和获取专利数据的工具，或者结合使用其中的若干个以达到最终的专利信息获取目的。

在速度和效率要求越来越高的今天，简捷、快速获取专利信息已成为一种趋势，因此专利搜索引擎的使用也将越来越多。但我们同时必须看到，使用当前的专利搜索引擎来获取专利信息，虽然简单、快捷，但较多只能满足用户较简单的一般性专利信息需求，并不一定适合有着较高或较深层次专利信息需求的用户，这也是当前专利搜索引擎比较大的一个缺陷。因此，专利搜索引擎的发展还需要有更多技术力量的投入，将简单、快捷与高质量、多功能有机结合起来，以更好地满足广大专利信息用户的需求，这既是专利搜索引擎发展的难点也是必然的趋势。

撰稿：王兴旺（上海工程技术大学）

第6章 专利分类：专利情报开发利用的谱系

世界上专利文献的数量已经过亿。要把成千上万的专利文献分门别类管理起来，就应当把每一篇文献归入自己所属的技术领域。反过来说，技术领域要足够多，能够容纳世界上所有的专利文献。比如，目前的国际专利分类法约有7万个技术领域。

管理专利文献首先要管理技术领域，将技术领域给予编号(分类号)并按照某种规则编排起来就形成了专利分类表。专利分类表是根据现有专利文献的技术属性分类成一个一个不同的技术领域。标引员根据分类表把同一技术主题(这里实际上指技术领域)的文献归类在同一分类位置(分类号，技术领域)，而检索员能够根据技术主题到相应的分类位置检索到文献。分类表都设置一定的分类规则指导标引员或检索员按规则归类或检索，使标引员和检索员跨时间跨地域达成共识。同时，分类表设置了几种辅助工具帮助归类或检索。随着技术发展，某一领域下的文献太多，需要进一步划分细领域，或者全新技术出现，需要增加新领域，这时需要修订专利分类表。专利分类表使专利文献秩序井然的编排，它是专利信息传播的基础，也是新颖性调查的基础。如果把商店的具体一件一件商品比作一件一件专利的话，那么专利分类表就类似商品的目录。

目前世界上的专利分类表有：世界知识产权组织(WIPO)设计的国际专利分类表(IPC)、美国专利商标局和欧洲专利局合作开发的合作专利分类表(CPC)、日本专利局设计的日本专利分类表(FI/FT)和英国德温特出版公司编制的德温特专利分类表。分类的主要目的是为了便于专利文献的检索。专利文献根据其所含的技术主题标引分类表中的分类号。相同技术主题的文献都归在同一分类位置上，从而应能从同一的分类位置检索到，即在同一分类号中可以找到相同主题的文献。专利分类表是分类法的核心，是一种语言独立的专利文献检索、管理工具，用它进行检索可以不依赖文种、同义词及专业术语等。掌握专利分类表是从技术角度入手查找专利文献的重要技能。

6.1 国际专利分类体系

发明是人类思维活动的产物，是人类共同的宝贵财产，在国际上应使专利分类统一起来，以解决由于各国采用不同的分类所造成的不方便，IPC便是在这一背景下产生的。

6.1.1 IPC 分类体系概述

国际专利分类(International Patent Classification,简称 IPC)是世界知识产权组织(WIPO)管理的分类体系,已被 100 多个国家采用,在世界范围内公开的发明专利和实用新型专利文献基本都采用 IPC 分类法进行分类。

IPC 是其他专利分类体系细分的基础。原来的欧洲专利局的 ECLA 分类、现有的合作 CPC 分类、日本专利局的 FI 分类都是在 IPC 基础上发展起来的。

随着科学技术的发展,国际专利分类表在不断修订。如有些技术主题原来只分在一个小组内,当申请量增加后,细分也不能解决问题时,就设立一个小类。2010 年以后,国际专利分类表每年修订一次,并且每年 1 月 1 日执行新的分类表。目前使用的是 2014 年版国际专利分类表,约有 70 000 个分类号。大多数专利文献也随着新分类表的诞生而重新标引。

6.1.2 IPC 分类表

6.1.2.1 IPC 分类表的结构

IPC 分类表中有两种类型的号码:可用来表示发明信息或附加信息的分类号和仅用来表示附加信息的索引码。

(1) 分类号

IPC 采用等级形式,将技术内容按部(Section)、分部(Subsection)、大类(Class)、小类(Subclass)、大组(Main Group)、小组(Subgroup)逐级分类。除分部没有类号外,部、大类、小类、大组、小组均有类号,从类号上可以看出它们的等级关系。小组内部也分等级,但等级高低类号上看不出,由其后的圆点数决定。在分类号后面跟有类名(Title),通过使用一个短语或连接在一起的几个相关短语来指明类号表示的技术内容。类名也可以使用两个或多个由分号隔开的截然不同的部分来指明类号表示的技术内容。这样一个多部分类名中的每一个部分都应该作为单独的类名解读。

部 为专利分类的第一等级。IPC 有 8 个部,部的类号(Section Symbol)分别由 A—H 的 8 个大写字母表示,如表 6.1。每一个部的类名(Section Title)概括地指出该部所包含的技术内容。

表 6.1 国际专利分类八个部的类号和类名

部的类号(Symbol)	部的类名(Title)
A	人类生活需要(Human Necessities)
B	作业;运输(Operations;Transporting)
C	化学;冶金(Chemistry;Metallurgy)
D	纺织;造纸(Textiles;Paper)
E	固定建筑物(Fixed Construction)

部的类号(Symbol)	部的类名(Title)
F	机械工程;照明;采暖;武器、爆破(Mechanical Engineering; Lighting; Heating; Weapons; Blasting)
G	物理(Physics)
H	电学(Electricity)

分部　为了让使用者对部的内容有一个概括性地了解,帮助使用者了解技术主题的归类情况,部内设置了由情报性类名构成的分部。例如A部——人类生活必需,又可分为以下几个分部:农业;食品、烟草;个人和家庭用品;保健与娱乐。在IPC的8个部中,除H部未设分部外,其他部均设有不同的分部。分部没有类号,不作为分类中的一个等级,所以在一个完整的分类号中,没有表示分部的分类标记。

大类　为专利分类的第二等级。每一个部按不同的技术领域分成若干个大类,每一个大类的类号由部的类号加两位数字组成,例如A01、A61。每一大类的类名概要地指出该类所包含的技术内容。例如A01:农业;林业;畜牧业;狩猎;诱捕;捕鱼。第八版的IPC分类表共有120个大类。

小类　为专利分类的第三等级。每一个大类包括一个或多个小类,每一个小类的类号由大类的类号加一个大写字母组成,例如A21B,其中A、E、I、O、U、X六个字母不用。通过各小类的类名,并结合小类的有关参见或附注尽可能精确地定义该小类所包括的技术主题范围,例如H01S利用受激发射的器件。第八版的IPC分类表共有640个小类。

大组　为专利分类的第四等级。每一个小类细分成许多大组。大组的类号由小类的类号加上一个1～3位的数字、斜线"/"及数字"00"组成,例如A01B 3/00、B62K 19/00、C07C 211/00。大组的类名,与之相关的所有参见、定义或附注一起,精确地定义了其所包括的技术主题,例如B62K 19/00 自行车架。

小组　为专利分类的第五等级,是在大组的基础上进一步细分的类目。其类号是将大组类号中"/"后的00改为其他2～5位数字。小组内可继续划分等级,等级的高低由小组类名前的圆点"·"数决定。类名前的"·"数目越多,其类目等级越低。多一圆点的从属于在前离它最近的少一圆点的小组;一个圆点的小组直接从属于其所在的大组。最细可分至7个"·"。小组的类名,与之相关的所有参见、定义或附注一起,精确地定义了其所包括的技术主题。小组的类名含义的理解要上下级串联起来考虑。

例如:

C07C 47/00 含有—CHO基的化合物;

C07C 47/02 · 含有—CHO基连接在非环碳原子或氢原子上的饱和化合物;

C07C 47/04 · · 甲醛;

C07C 47/042 · · · 从一氧化碳制备〔3〕;

C07C 47/052 · · · 用甲醇的氧化制备〔3〕;

C07C 47/055 • • • • 用贵金属或其化合物作催化剂〔3〕;

C07C 47/058 • • • 分离;纯化;稳定化;添加剂的使用〔3〕;

C07C 47/06 • • 乙醛;

C07C 47/07 • • • 由氧化制备〔3〕;

C07C 47/09 • • • 分离;纯化;稳定化;添加剂的使用〔3〕。

从上例可见: C07C 47/042 和 C07C 47/052 都有 3 个"•",表示同等关系,互不相关,C07C 47/042 是从一氧化碳制备甲醛,C07C 47/052 是甲醇氧化制备甲醛;C07C 47/055 有四个"•",它从属于 C07C 47/052,而与 C07C 47/042 无关,因为它紧挨着 C07C 47/052,因此 C07C 47/055 的含义则是"用贵金属和它们的化合物作催化剂从甲醇氧化法制备甲醛"。凡在类目后边注有符号"〔3〕"者,表示该类目是第三版修订的。

任何一个在斜线"/"符号后面的第三位及其以后的数字应理解成前两位数字的细分数字,例如: A23L 1/322 应在 A23L 1/32 后面、A23L 1/33 前面查找;A23L 3/3589 应在 A23L 3/358 后面、A23L 3/3598 前面查找。

在读出一个小组类名时,必须同时考虑它所从属的并受其限制的那个组的类名。

例如:

A63B 53/00 高尔夫球棍;

A63B 53/04 • 球棍头。

尽管 A63B 53/04 的类名是一个完整的语句,但它从属于 A63B 53/00 大组,是 A63B 53/00 大组的细分,所以球棍头只限于高尔夫球棍的球棍头。

第八版的 IPC 分类表共有 70 000 个左右的组,其中大组占 10%。

IPC 类目的划分,从部到小类均为完全划分,即每一上级类目所含的技术内容完全划分为下一级类目所含的技术主题。换句话说,就是从部到小类,每一下级类目的全体等于上一级类目的全部技术内容。但是,从大组划分为小组,或小组内不同等级小组的划分,则为不完全划分,即组以下的划分,是从大组或小组所包含的技术主题中抽出特定的技术主题,将其作为小组或更下一级的小组。小组的技术内容属于上一级类目的范围,但小组类目的总和并不等于上一级类目(大组或小组)的全部技术内容,其结果是: 一个上级组包括的内容是: ① 任何一个下级组均不包括的主题;② 与下一级之一有关,但因其范围过大不能全部列入该下级组。

例如:

A42C 3/00 制帽用的其他设备;

3/02 • 保持帽子形状的用具;

3/04 • 女帽加工台;

3/06 • 测量帽子尺寸的装置。

在 A42C3/00 这个大组内,有 3 个下级小组的展开类目,即 3/02、3/04、3/06,除了这 3 个下级小组所揭示的技术主题外,其他的制帽设备应分入大组 3/00。例如,专门用于加工女帽的加工台可入 3/04 小组,既用于女帽又用于男帽的加工台,即虽与 3/04 有关,但又超出了它的范围,无合适的小组可入,故应入大组 3/00 中,其完整分类号为 A42C3/00。对于任何一项技术,在小类以上的类目划分中,绝对不会出现类似上述的找不到合适下级类可入的情况，因为小类以上类目的划分为完全划分。

一旦一篇文献被分配给一个组，并不意味着这篇文献一定也存在更高等级的组中。例如，含有 $Nd_2Fe_{14}B$ 合金的文献给予分类号 H01F1/057，而在更高等级 H01F1/053 分类号所揭示的领域中是找不到这篇文献的。

完整的分类号需包含代表部、大类、小类、大组或小组的符号，如大组A 47 L5/ 00或小组A 47 L 5/06。

(2) 索引码

索引码(Indexing Codes)，有的文献音译成引得码。由于科学技术发展和学科的交叉，有时从发明信息的角度细分是不可能的。专利文献中有些附加信息虽然现有技术中已经提及，但却能够把一类技术与他类技术区分开来，有很重要的检索价值。分类表中专门为这类附加信息设置了索引码，以提高检出率和检索的准确率。

索引码格式与分类号类似，但通常使用一种独特的编号体系，通常以数码 101/00 开始。索引码只能配合分类号使用，在专利文献上与分类号同时出现，但不能放在第一位置作为主分类号。在分类表中每一处可以用索引码的地方均由附注指明。同样，在每一个索引码前面的附注、类名或导引标题指明这些索引码与哪些分类号相联合使用。

例如：

C04B 22/00 使用无机材料作为砂浆、混凝土或人造石的有效成分；

C04B 22/02 • 元素〔4〕；

C04B 22/04 • • 金属，例如用作发泡剂的铝〔4〕；

C04B 22/06 • 氧化物；氢氧化物〔4〕；

C04B 22/08 • 酸或其盐类〔4〕；

C04B 24/00 使用有机材料作为砂浆、混凝土或人造石的有效成分。

上面的分类号是从材料出发考虑技术信息的，如 C04B22/06 分类号，表示采用氧化物或氢氧化物作为砂浆、混凝土或人造石的有效成分。2014 年 5 月 31 日用C04B22/06 分类号在国家知识产权局专利检索与服务系统(公众部分)中国专利数据库中检索，命中专利文献 848 篇。从检索结果分析看，有的专利文献是将氧化物或氢氧化物作为有效成分制造改善砂浆、混凝土或人造石性能的外加制剂，如 申请号 201010275925. 9 的速凝剂、200710072240. 2 一种镁水泥制品混合浆料的膨胀剂、98102117. 4 混凝土高效外加剂、99118215. 4 微硅高效水泥砂浆防水剂、201310674357. 3 泵送混凝土水泥掺合料等；有的是将氧化物或氢氧化物直接作为有效成分加入砂浆、混凝土或人造石，如 00132085. 8 无纸浆生产的纤维水泥波瓦、95111879. X 新型防水水泥等。这些以材料为特征的专利文献数量很多的话，一篇一篇人工筛选会花费大量精力。如果从已知的用途进一步限制，有助于很快找到所需的专利，例如，进一步限制在查找促凝剂的专利，则可以采用加入索引码的方式。在 C04B 22/00 之前有一个附注，指出在 C04B 22/00 和 C04B 24/00 组中，最好加注 C04B 103/00 组的索引码。该索引码表放在 C04B 小类的最后部分，如下所示。

索引表：

C04B 103/00 有效组分的作用或特性〔6〕；

C04B 103/10 • 加速剂〔6〕；

C04B 103/12 • • 促凝剂〔6〕；

C04B 103/14 • • 速硬剂〔6〕；

C04B 103/20 • 阻滞剂〔6〕；

C04B 103/22 • • 缓凝剂〔6〕；

C04B 103/24 • • 缓硬剂〔6〕。

2014 年 5 月 31 日用“C04B22/06 AND C04B103/12”在中国专利数据库中检索，命中专利文献 11 篇。这些文献是关于采用氧化物或氢氧化物作为砂浆、混凝土或人造石的促凝剂的文献。

6.1.2.2 IPC 分类表辅助工具

为了便于分类表的使用，除了等级关系的分类表条目的类名之外，在分类表文本中还提供了各种辅助工具，帮助分类或指示分类的位置，包括导引标题；参见；附注。

(1) 导引标题

当在一个小类表中许多连续的大组都与一个共同的技术主题有关时，通常在这样的第一个大组之前加上一个“导引标题”。该“导引标题”是一个带有下划线的简单说明，指出与其相关的所有大组中找到的共同的技术主题。

例如：大组 A01B 3/00 前面的导引标题“犁”

<u>犁</u>

A01B 3/00 装有固定式犁铧的犁；

A01B 5/00 带有非驱动式滚动工作部件的犁；

A01B 7/00 作为犁或耙或类似机件使用的圆盘式整地机具；

A01B 9/00 带有驱动式旋转工作部件的犁；

A01B 11/00 带有振动、挖掘或穿孔工作部件的犁；

A01B 13/00 专门用途的犁或类似的机具；

A01B 15/00 犁的构件、工作部件或零件；

A01B 17/00 带专用附属装置的犁，例如带土下施肥工具、碎土器的。

<u>耙</u>

A01B 19/00 带非旋转式工作部件的耙。

从 A01B 3/00 到 A01B 17/00 八个大组都与一个共同的技术主题“犁”有关，所以在第一个大组 A01B 3/00 之前加上一个导引标题“犁”。这样一个导引标题所包括的一系列大组延伸到下一个导引标题处或延伸到一条横贯栏目的黑线处。上例中延伸到下一个导引标题“耙”。有时可以为单一的大组设置导引标题。

(2) 参见

大类、小类、大组或小组的类名，导引标题或附注后面，可以包括一个在括号中的短语，这样的短语称为参见。参见具有下列作用：

限定范围 这种参见指明某些部分应该归于其他位置而被排除在外。例如：在小类

A47D 儿童专用的家具(学校的长凳或课桌入 A47B 39/00,A47B 41/00),这个类名所包括技术主题的很大一部分,也就是学校的长凳或课桌,由于参见指引到 A47B 下面专门的组内而被排除在外,因此就大大改变了小类 A47D 所包括的范围。

指示优先 当一个技术主题被分类在两个位置上时,或当这个待分类的技术主题的不同方面被不同的分类位置所包括时,使用参见来说明另一个分类位置"优先",从而要求这样的技术主题应该只被分类在这些分类位置中的一个位置上。

例如:

A41B 1/00 衬衫;

A41B 3/00 衣领(A41B 1/00 优先)。

如果一件专利发明既涉及衬衫又涉及衣领,则优先分入 A41B 1/00。

指引 在某些分类位置中,为了提供信息,参见指出到哪里去找相关技术主题。例如:小组 A61H 33/14 · 用臭氧、氢气或类似气体的气体浴装置(臭氧或氧气的生产入 C01B,C25B1/02)。

如果类名包括两个或多个部分,该参见就置于它所涉及的类名后面,例如:A47C 椅子(专用于车辆的座椅入 B60N 2/00);沙发;床(一般室内装饰品入 B68G)。跟在一个大类、小类或组的类目后面的参见与等级比它低的所有位置都有关系。导引标题或附注中的参见与该导引标题或附注所包含的所有组都有关系。

(3) 附注

附注定义或者解释特定词汇、短语或分类位置的范围,或者指出怎样将技术主题进行分类。附注可以与部、分部、大类、小类、导引标题或组相联合。

例如:

F42 虽然模拟器一般入 G09,但本大类也包括具有模拟特征的练习或训教装置;

B22F "金属粉末"包括含有很大比例的非金属材料的粉末;

B01J 31/00 在本组内,从分类意义上可不必考虑水的存在。

附注只适用于相关的位置,和它们的细分位置,并且高于相抵触的一般导引。例如:C08F 小类类名下的附注 1 高于 C 部类名下的附注。

与部、分部或分类表中的等级相联合的附注中所找到的任何信息,也都包含在小类定义中,从而它们的范围受到这种信息的影响。

6.1.3 专利文献如何标引 IPC 分类号

专利文献的标引就是采用 IPC 国际专利分类表中的专利分类号对专利文献进行标识,也就是专利文献的归类。专利文献根据所属的技术领域,按照部、大类、小类、大组、小组的顺序逐级进行分类,直到找到最低等级的合适的组。

6.1.3.1 专利文献标引分类号的原则

(1) 整体分类原则

将技术主题作为一个整体来分类,而不是对其各个组成部分分别进行分类。但如果技术主题的某组成部分的本身代表了对现有技术的贡献，那么该组成部分构成发明信息，也应当对其进行分类。固体垃圾的处理系统，由输入装置及分拣、粉碎、金属回收、塑料回收和肥料制造等设备组成。按固体垃圾的处理系统整体分类，分入 B09B3/00（固体废物的破坏或将固体废物转变为有用或无害的东西）。如果粉碎设备是新颖的，要对其分类入 B02C21/00（带有或不带材料烘干的粉碎设备）。

(2) 多重分类原则

为了便于检索，根据技术主题的内容，可以赋予多个分类号：专利涉及不同类型的技术主题，如方法、产品、设备或材料，构成发明信息时，而且分类表中也存在专门的分类位置，需要多重分类；技术主题涉及功能分类和应用分类二者时，则既按功能分类又按应用分类；对检索有用的附加信息，也推荐使用多重分类或与索引码结合。同一专利具有若干个分类号时，其中第一个称为主分类号。

6.1.3.2 依据发明信息与附加信息标引分类号

在决定一篇专利文献（这里指专利说明书）分类号之前，首先正确确定文献中的发明信息和附加信息。发明信息与附加信息是给予专利文献分类号的基础。

发明信息在专利文献公开文本中代表对现有技术贡献的技术信息。“对现有技术的贡献”是指专利文献中所披露的技术主题具有新颖性和非显而易见性，不代表现有技术的那部分，而代表专利文献中的技术主题与现有技术主题之间的差异。发明信息描述专利的主要部分，一般存在于专利文献的权利要求中。

例如：

申请号 200510097775.6 专利的名称为镁质水泥低温早强促凝剂的制备方法，其主权项如下：

一种镁质水泥低温早强促凝剂的制备方法，采用水、浓度为 30% 的 NaOH 溶液、β-氯丙酸、一乙醇胺为原料，其特征在于：各原料在总重量中所占的重量百分比分别为：

水	35%～45%；
浓度为 30% 的 NaOH 溶液	20%～30%；
β-氯丙酸	15%～25%；
一乙醇胺	10%～20%。

将水、浓度为 30% 的 NaOH 溶液、β-氯丙酸按百分比计量后加入反应釜中，搅拌均匀，在 50～60℃ 条件下反应 60～90 分钟，然后慢慢加入计量好的一乙醇胺，加热至 85～95℃，并在此温度下恒温搅拌 90～120 分钟，冷却至室温后取出装罐。

该权利要求的技术信息分成两部分：“其特征在于”后面文字描述的技术信息属于该发明特有的与现有技术不同的技术特征，即为发明信息。该发明信息用氢氧化物作为水泥的有效成分，对照分类表可知应在专利文献上标引 C04B 22/06 分类号，并且作为主分类号，即将最充分代表该发明的分类号列于首位。当然，发明信息应该在专利文献全部公开文本中（说明书、附图、权利要求书）寻找，每一个发明点尽可能都给予分类号。因此，有的专利文献就会出现多分类号的情形。

附加信息本身不代表对现有技术的贡献，或者说现有技术中已经存在，但对检索者而言却有可能构成有用的信息,也就是说附加信息不是“微不足道”的技术信息。附加信息描述专利的次要部分,经常指出发明信息技术主题的用途或应用。附加信息也可以标引分类号,但不作为主分类。索引码只用来标引附加信息。比如上述申请号 200510097775.6 的专利其用途作为促凝剂,标引索引码 C04B 103/12。专利文献中有的信息微不足道,例如,四条腿的椅子就是一种微不足道的技术信息,因为四条腿的椅子司空见惯,标引此种信息对检索几乎没什么帮助。

当使用分类表对专利文献进行分类时,国际专利分类号在专利文献上著录的 INID 代码是(51),Int. Cl. 表示国际专利分类,分类号后面括号中的日期表示修订的日期。专利文献国际专利分类号的列表顺序:表示发明信息的分类号,将其中那个最充分代表该发明的分类号列于首位,称为主分类号;表示附加信息的分类号;引得码。

例如:

申请号 200510097775.6 专利扉页中的 IPC 分类号

Int. Cl.

C04B22/06(2006.01)

C04B24/04(2006.01)

C04B24/12(2006.01)

C04B103/12(2006.01)

其中,分类号和日期用斜体,C04B22/06、C04B24/04、C04B24/12 用加粗字体,表示发明信息;C04B103/12 采用普通字体,表示附加信息。

6.1.3.3 依据发明技术主题的类型标引分类号

发明技术主题的类型包括方法、产品、设备或材料,应该以最宽的含义来理解:

A. **方法** 聚合、发酵、分离、成形、运送、纺织品的处理、能量的传递和转换、建筑、食品的制备、试验、操作机器的方法及其作用方式、信息处理的传输等。

B. **产品** 化合物、组合物、织物、制造的物品等。术语“产品”只是用来表示某一方法的结果,而不管该产品(例如某化学或制造方法的最终产品)其后的功能如何。

C. **设备** 化学或物理工艺设备、各种工具、各种器具、各种机器、各种执行操作的设备等。术语“设备”是与其某种预期的用途或目的联系在一起的,例如,用于产生气体的设备、用于切割的设备。一个设备,由于它是通过一种方法来制造的,可以看作是一件产品。

D. **材料** 混合物的成分。材料本身就可以构成产品。

E. **方法的分类** 当发明主题涉及产品的制造或处理方法时,将它分类在所采用的方法的分类位置上。当这样一种位置不存在的时候,则分类在执行该方法的设备的分类位置上。如果也不存在设备分类位置,则分类在包含该产品的分类位置上。

F. **产品的分类** 当发明主题涉及一种产品时,将它分类在该产品的分类位置上,如果不存在该产品本身的分类位置,则将它分类在适当的功能分类位置(即根据该产品所执行的功能)上,如果这样做不行,则根据其使用领域来分类。例如:当被分类的产品是一种专用于装订书本的胶水分配器时,它被分类在 B42C 9/00,它包含“上胶或涂专用于装订的黏合剂”。因为没有针对装订的胶水分配器的专有位置,它们被分类在它们的功能分类位置上,即“上胶”。

G. 设备的分类 当发明主题涉及一种设备时,将它分类在该设备的分类位置上。如果这样的分类位置不存在,将该设备分类在由该设备所执行的方法的分类位置上。如果也不存在方法分类位置,则分类在包含制造产品的分类位置上。

H. 零件、结构部件的分类 当发明主题涉及主题的(例如,装置的)结构的或功能的零件或部件时,应用下列规则:① 只可适用于或专门适用于一种主题的零件或部件,如果这种位置存在的话,分类在这种主题的零件的分类位置上;② 如果这种分类位置不存在,这些零件或部件分类在该主题的分类位置上;③ 可应用于不止一种的不同主题的零件或部件,如果这种位置存在的话,分类在更一般性的零件位置上;④ 如果这种更一般性的分类位置不存在,则这些零件或部件将按照其明确应用的所有的种类的主题进行分类。例如:在小类 A45B 中,11/00～23/00 组包含了各种类型的伞,而 25/00 组包含了可应用于不止一种伞的伞零件。

I. 多步骤方法、设备组合体分类 当发明主题涉及一种多步骤方法或设备,且方法或设备分别由多个处理步骤或装置的组合体组成的时候,它应作为一个整体进行分类,即分类在用于这种组合体的分类位置上,例如,小类 B09B。如果不存在这样一个分类位置,将它分类在一个由这种方法或设备所获得的产品的分类位置上。当发明主题也涉及这种组合体的一种要素时,例如,该方法的一个单独步骤或该设备的机器,该要素也单独分类。

6.1.3.4 依据功能或应用标引分类号

国际专利分类采取了功能分类与应用分类相结合,以功能分类优先的原则。功能分类原则是根据发明的内在性质或功能将发明进行分类,并在分类表中设置了相应的分类位置,称其为功能分类位置。应用分类原则是根据发明的特殊用途或应用范围将发明进行分类,并在分类表中设置了相应的分类位置,称其为应用分类位置。IPC 为混合式分类表,既有功能性类目又有应用性类目,其中以功能性类目为主。

(1) 功能分类

若技术主题在于某物的本质属性或功能,且不受某一特定应用领域的限制,则将该技术主题按功能分类。如果技术主题涉及某种特定的应用,但没有明确披露或完全确定,若分类表中有功能分类位置,按功能分类。若宽泛地提到了若干种应用,也按功能分类。国际专利分类表的使用指南规定,适用于两个以上技术领域的发明,应该优先分在功能分类的位置。如果分类表中不存在某一技术主题的功能分类位置的,分入适当的应用分类位置,例如:覆盖层的剥离器,分类表中无覆盖层的剥离器的功能分类位置,经判断主要应用于电缆外皮的剥离,按应用分类,分入 H02G1/12。

(2) 应用分类

下面三种情况适用应用分类:① 专门适用于某一特定用途或目的的物,例如“嵌入人体心脏中的机械阀”,分入 A61F2/24;② 某物的特殊用途和应用,如“烟油滤芯材料的使用”,分入 A24D 3/06;③ 把某物归入一个更大的系统。例如“把板簧安装到车轮的悬架中”,分入 B60G3/00。分类表中不存在该应用分类位置的,应当分入适当的功能分类位置。例如:适用于自行车和畜拉车照明用的发电机，该发电机装有可调速比齿轮箱，并可方便地和车轮联结，分类表中不存在该应用分类位置，只分入功能分类位置 H02K7/116。

(3) 功能应用分类

如果主题的必要技术特征既与某物的本质属性或功能有关，又与其特定应用，或与其专门适用于某较大系统或与它安装在某较大系统中有关，如果有可能的话，则既应按功能位置分类又按应用位置分类。当技术主题应当既按功能分类，又按应用分类时，若分类表中不存在该功能分类位置，则只按应用分类；若分类表中不存在该应用分类位置，则只按功能分类。

词语“功能分类位置”和“应用分类位置”不可以总被视为是绝对的。从而，一个特定的位置可能比另一个位置具有更多功能性，但却比在另一个位置具有较少功能性。例如：F02F 3/00 涉及一般的燃烧发动机的活塞，因而比明确指示燃烧发动机中的旋转式活塞的 F02B 55/00 具有更多功能性，但却比讲述一般活塞的 F16J 具有较少功能性。

6.1.4 IPC 分类的检索运用

6.1.4.1 国际专利分类表的检索

(1) 国家知识产权局网站

国家知识产权局专利检索与服务系统可以检索国际专利分类表，其网址为 http://www.pss-system.gov.cn/sipopublicsearch/search/searchHomeIndex.shtml，主要用于查询指定分类体系的分类号及其中英文含义。在多功能查询器中选择【IPC 分类号查询】，系统进入 IPC 分类表查询页面，页面展示所有分类大部，如图 6.1 所示。

图 6.1 国知局 IPC 分类表查询页面

可以单击某一大部以浏览方式查看其子类及中英文含义。也可以通过输入分类号、中文含义或英文含义进行分类号查询。例如,在输入框中输入一个指定的分类号,选择查询方式为分类号,使用查询功能,系统将按照指定分类体系的上下级关系将查询结果以树形列表的形式展示出来。用户在输入框中输入一个指定的中文含义,选择查询方式为中文含义,使用查询功能,系统将按照指定分类体系的上下级关系将查询结果以树形列表的形式展示出来,并且用户输入的查询关键词,会在中文含义显示区域中高亮显示。示例中选择了“燃料电池”。

在输入框中输入一个指定的英文含义,选择查询方式为英文含义,使用查询功能,系统将按照指定分类体系的上下级关系将查询结果以树形列表的形式展示出来,并且用户输入的查询关键词,会在英文含义显示区域中高亮显示。

(2) 世界知识产权组织网站

从世界知识产权组织网站可以查询最新版的国际专利分类表,2014 年 6 月 3 日笔者能查询到 2014 年 4 月 3 日修订的 2014 版的分类表,网址为 http://web2.wipo.int/ipcpub。

如图 6.2 所示,右列有四个标签,从左至右分别为:① Scheme(分类表);② RCL(修订对照列表,Revision Concordance List),显示新版本与旧版本类目之间的关系;③ Compilation(汇编),两个相继 IPC 版本之间所有修订条目的列表;④ Catchwords(关键词索引)。右列最左边有“⧉”符号,点击后可以链接到其他的数据库和分类表,其中包括 IPC 分类表的中文译本。

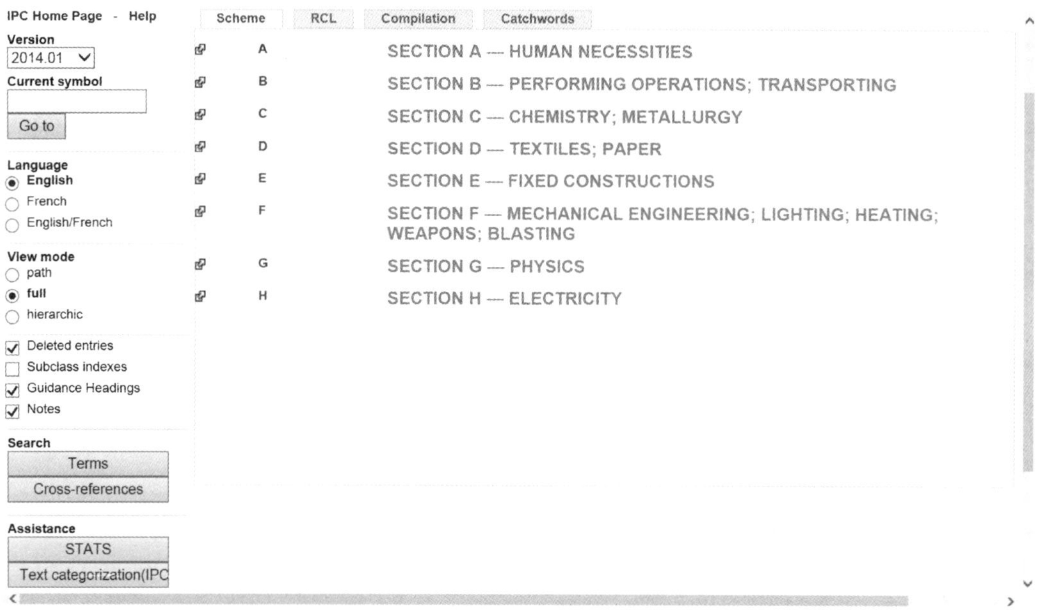

图 6.2 世界知识产权组织网站的 IPC 分类表查询页面

如图 6.2 所示,左列有六个标签,从上至下分别为:

Version(**版本号**) 下拉选择框中可以选择 IPC 分类表的第一到第八版和 2007.01、

2007.10、2008.01、2008.04、2009.01、2010.01、2011.01、2012.01、2013.01、2014.01 的各种版本进行检索。

Current symbol　在下方的输入框中输入当前分类号浏览。

Language(语言)　可以选择英文或法文。

View mode(显示模式)　有三个单选项任选其一：① path(路径)，显示所选的输入其较高层次的类目和下一个较低的层次级别的所有条目；② full(全)，显示小类中所有的组；③ hierarchic(等级)，显示所选输入的较高等级的类目和同一等级的所有类目。有四个多选项：① Deleted entries，选中则显示旧版本已删除的类目；② Subclass indexes，选中显示小类索引；③ Guidance Headings：选中显示导引标题；④ Notes，选中显示分类表中的附注。

Search　可以点击 Terms 按钮和 Cross-references 按钮分别检索。点击 Terms 按钮，可以在输入框中输入单词或词组(单词之间用空格符)，也可以使用运算符，该检索在分类表的文本、关键词索引和 IPC 的定义中进行。点击 Cross-references 按钮，输入一个分类号，查找所有参见该分类号的所有其他类目。

Assistance　可以点击 STATS 按钮和 Text categorization(IPCCAT)按钮。点击 STATS 按钮，输入词或词组，可以统计该词或词组在小类中出现的次数并排序。点击 Text categorization(IPCCAT)按钮，输入一段文字或选择一篇文献，可以帮助自动分类，标引分类号到大组。

6.1.4.2　专利文献数据库检索

国际专利分类法已被 100 多个国家或组织采用，专利文献数据库一般都有 IPC 分类号检索字段。下面选择有代表性的三个数据库进行介绍。

(1) 中国知识产权网专利信息服务平台

数据范围：中国专利(包括中国发明、中国实用新型、中国外观设计、中国发明授权、中国失效专利及中国香港、中国台湾专利)及国外专利(包括美国、日本、英国、德国、法国、加拿大、EPO、WIPO、瑞士等 98 个国家和组织)。其表格形式的检索网址 http://search.cnipr.com/pages!advSearch.action。

检索界面如图 6.3 所示，有国际专利主分类号和国际专利分类号两个检索输入框。主分类号检索：同一专利申请案具有若干个分类号时，其中第一个称为主分类号。主分类号检索是指仅在第一个分类号位置检索。分类号检索：是指在所有分类号子字段检索，包括主分类号。两者都可实行模糊检索，模糊部分使用?代替单个字符，模糊部分使用%替代零个或多个字符。字段内各检索词之间可进行 and、or、not 运算。

检索示例：

分类号为 G06F15/16，应键入：G06F15/16；

分类号开始部分为 G06F，应键入：G06F%；

分类号中包含 15/16，应键入：%15/16%；

分类号前三个字符和中间三个字符分别为 G06 和 5/1，应键入：G06%5/1；

分类号中包含 06 和 15，且 06 在 15 之前，应键入：%06%15；

若检索分类号为 G06F15/16 或 G06F15/17，应键入：G06F15/16 or G06F15/17。

为方便用户输入主分类号和分类号，在著录项目“主分类号”和“分类号”后加入了 IPC 检索功能，点击图 6.3 中国际专利主分类号或国际专利分类号输入框下方的按钮，便进入 IPC 检索界面。其中分类号可“按分类号查询”和“按内容查询”两种过滤条件，以方便更准确地查找。

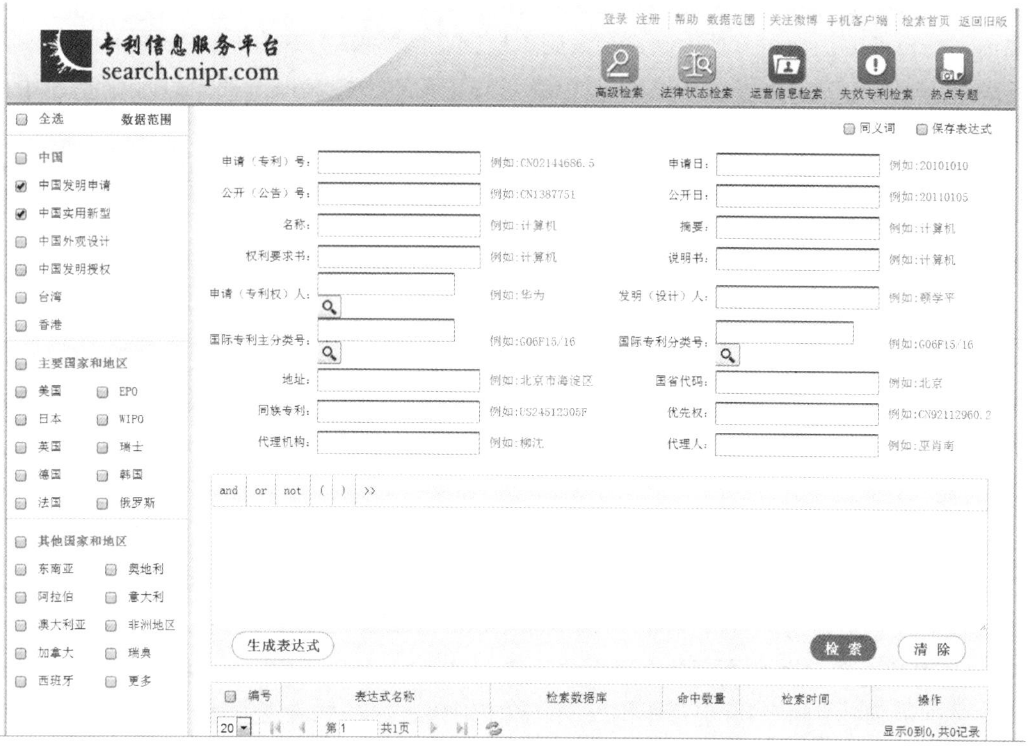

图 6.3 中国知识产权网检索界面

(2) 世界知识产权组织 PATENTSCOPE 检索系统

世界知识产权组织网站上的 PATENTSCOPE 检索系统可以查询最新的 220 多万件公布的国际专利申请（PCT）和 3 600 万件收录的地区及国家专利文献，网址 http://patentscope.wipo.int/search。

分类号检索不需要使用截词符，系统自动默认，例如在国际专利分类号检索字段中输入 G01N33，将检索包括大组 G01N33/00 在内的所有小组。输入上位分类号，也将检出下位分类号的文献，例如输入 G01N33/00，结果等同于输入 G01N33。

国际专利分类号发明信息检索字段中输入分类号只检索标引发明信息分类号的文献。而在国际专利分类号附加信息检索字段中输入分类号只检索标引附加信息分类号的文献。

(3) 欧洲专利局 Espacenet 专利检索系统

登录欧洲专利局 Espacenet 系统（http://worldwide.espacenet.com/），Worldwide

数据库目前收录了自1836年以来世界范围内90多个国家和地区的8 000多万份专利文献。该系统中的“Smart search”或“Advanced search”检索方式均可以用IPC分类号进行免费检索。

检索框中最多可以输入10个分类号，默认是逻辑与。分类号检索不需要使用截词符，系统自动默认，例如输入A63B49，将检索包括大组A63B49/00在内的所有小组。

可以在分类号前面加上小写的ai和冒号，例如，“ai：G11B5/84”，表示只检索标引G11B5/84发明信息的文献。在分类号前面加上小写的an和冒号，例如“an：G11B5/84”，表示只检索标引G11B5/84附加信息的文献。

6.2 CPC专利分类体系

CPC专利分类（Cooperative Patent Classification）是欧洲专利局（EPO）和美国专利商标局（USPTO）合作开发形成的一套合作分类体系。CPC分类体系融合了欧、美原有专利分类体系的优势，与IPC分类体系在分类标准和层级结构设置上保持了一致。目前，CPC分类体系已正式应用于欧洲专利局专利数据库、美国专利商标局专利数据库和德温特世界专利索引（DWPI）数据库等。欧洲ECLA分类体系宣告终止；美国USPC分类体系也将在2015年彻底停用。CPC分类比IPC分类更细、更精准，对于提高专利文献的检索效率发挥更大作用。CPC将会被全球超过45个专利局使用，这就意味着CPC正在逐渐成为除IPC之外的另一全球主流的专利分类系统。2013年6月4日欧洲专利局和中国国家知识产权局（SIPO）签署了一项备忘录，该备忘录旨在加强双方在专利分类领域的合作。在该备忘录期间，从2014年1月起，在接受欧洲专利局的专门培训后，中国国家知识产权局将开始对其新公开的发明专利申请按照CPC中的部分技术领域进行分类；并力争于2016年1月起将全部新的发明专利申请按照CPC所有技术领域进行分类。

6.2.1 CPC分类体系概述

在CPC之前世界上采用的专利分类体系主要包括IPC、USPC、ECLA/ICO、FI/FT和DERWENT分类。IPC是世界知识产权组织（WIPO）编制的国际专利分类体系，USPC是美国专利商标局编制的美国专利分类体系，ECLA/ICO是欧洲专利局编制的欧洲专利分类体系，FI/FT是日本专利局（JPO）设计的日本专利分类体系。DERWENT分类是英国德温特出版公司编制的独特的专利分类系统。

6.2.1.1 作为CPC分类基础的其他分类体系的缺陷

IPC约由8个部7万个分类号构成，是目前大多数国家普遍采用的分类法，在世界范围内公开的专利文献基本都采用IPC分类。IPC是CPC分类体系细分的基础。但是IPC分类有的分类不够细，分类条目较宽，出现了IPC有些分类号下的文献量过大，不利于检索。IPC分类号由世界各国审查员给定，无法保证分类的一致性。目前IPC分类表每年修订一次。

ECLA以IPC为骨架细分，由9个部16万个分类号构成，当某一分类号下的文献量过多时，欧洲专利局审查员会对其进行细分，以保证各分类号下的文献量适中，从而提高检索的效率。ECLA分类号只由欧洲专利局审查员针对专利文献的全部内容给出，比IPC分类号具有更强的一致性。随着新技术的发展变化，ECLA分类体系平均1～2周修订一次，已分类的文献随着分类表的更新而更新。ICO分类号(In Computer Only)是欧洲专利局设置的除ECLA分类外的又一分类体系，约有20万个分类号。ICO是针对ECLA的标引系统，是用以标引附加信息的分类体系。ICO分类号仅内部使用，不能在欧洲专利局专利数据库网站(Espacenet系统)中检索。欧洲专利分类具有分类准确、更新技术快的优点，但是全球专利数据中仅有部分的专利申请具有ECLA分类号，采用ECLA分类号进行检索会出现漏检的情况。

美国专利分类体系(USPC)建立于1830年，是世界上建立最早、使用时间最长的分类体系。该分类体系依据技术主题对美国专利文献及其他非专利技术文献进行分类，包括大类和小类两级分类。大类用于描述不同的技术主题，以三位数字与字母组合的符号表示；小类用于限定大类之下的工艺过程、结构特征和功能特征，以1～3位数字表示，大类与小类用“/”分隔，以圆点数目来表示层级的高低。约有450个大类15万个小类。美国专利分类体系虽然较完整，类目详细，但却十分复杂。其大类设置较为凌乱，相近的技术领域在分类表上往往并不相邻；分类完全采用功能性原则而不考虑发明应用的领域；随着新技术发展，美国专利分类几乎每隔3个月就要进行局部修订，为防止漏检，检索时要注意选择正确时段的分类表。为了便于准确地确定分类号，除查阅分类表以外，还需要利用到《专利分类表定义》和《分类表索引》，以及《分类表修正页》来获得该体系变化的信息。在掌握和使用上都具有一定的难度。美国专利分类体系只针对美国文献分类，其应用范围也受到一定程度的限制。

总之，作为CPC分类基础的其他分类体系的缺陷可以归纳成下面几点：① 分类较粗，如IPC单一分类号下文献量大，有的达数千件；② 结构复杂，如USPC在设置上较为凌乱复杂，相近的技术领域在美国专利分类表上往往不太相邻；③ 更新速度慢，如IPC分类表每年修订一次；④ 使用范围小，如ECLA/ICO分类只在欧洲专利局使用。

6.2.1.2 CPC分类体系建立的过程

为了在世界范围内建立一个统一的分类体系，并继承已有的分类体系的优点，欧洲专利局和美国专利商标局在2010年10月25日，签署了合作文件，同意在IPC分类基础上共同合作，创建并实施CPC(Cooperative Patent Classification)，并于2012年10月1日发布了CPC架构。

2010年10月25日，欧洲专利局和美国专利商标局正式启动建设CPC分类体系。2013年1月1日，CPC分类体系正式取代ECLA分类体系在欧洲专利局启用。美国专利商标局同时启动CPC分类并保留USPC分类，在经过一段时间过渡后，准备于2015年停用USPC分类。随着CPC使用的逐步推开，欧美两家专利局还将对CPC的使用情况进行跟踪，确保其稳定性，并共同进行维护与更新，相应对专利文献再分类，方便日后其他专利局和公众使用。在使用 CPC 分类体系的同时，欧美两局也将继续同时使用 IPC 分类体系。用户可以通过欧洲专利局专利数据库网站、美国专利商标局网站及 CPC 网站(www.cpcinfo.org)了解 CPC 分类体系。

6.2.1.3 CPC 分类体系的优点

CPC 分类体系是在 ECLA 分类体系的基础上，既吸收了 ECLA 分类体系和 USPC 分类体系的优点，又与 IPC 分类体系在分类标准和层级结构上保持了一致，并在 IPC 和 ECLA 分类体系上进行了细分，力求使各个分类号下的文献主题更加明确，界限更加清晰，文献量适中。重视并充分利用 CPC 分类号，必将为检索人员提高专利文献检索效率提供帮助。

A. **分类细** CPC 分类的细致程度达到前所未有的水平。目前 CPC 包含约 25 万个分类号，相比之下，IPC 有 7 万个分类号，ECLA 具有 16 万个分类号，USPC 具有 15 万个分类号。通过对 IPC 的细分，CPC 每个分类条目所涉及的技术主题更为具体，从而有效提高专利文献的检索效率。

B. **更新快** 为了改善系统和反映技术内容的变化，CPC 分类表每月都由欧美两个专利局进行修订和更新，并对先前的专利文献重新分类。修订非常柔性，用户对于一些技术发展迅速的领域，CPC 具有更强的适应性。

C. **扩展性好** CPC 可以进一步扩展，比如为容纳日本的 FI 分类号保留了空间。

D. **容易推广** CPC 兼容 IPC，保持了 IPC 的等级、类名、可扩展等属性。由于 IPC 大多数国家都在使用，因此理解推广 CPC 就比较容易。

E. **有望成为国际标准** CPC 中包含了欧洲专利局和美国专利商标局最好的分类实践做法，有助于实现专利分类体系在国际范围内的协调统一。采用 CPC 不仅可以实现更有效的现有技术检索，也将通过共享减少不必要的重复工作，从而提高工作效率。可以预见，具有 IPC 与 ECLA 双重优点的 CPC 将得到越来越多的使用，从而有望将 CPC 打造成一个国际标准，并为未来五专利局(IP5)十项基础工程中的全球通用的通用混合分类(Common Hybrid Classification, CHC)打下坚实的基础。五专利局指欧洲专利局、中国知识产权局、美国专利商标局、日本特许厅、韩国特许厅，是全球专利申请数量最多的国家和地区。

6.2.1.4 CPC 分类体系目前适用的数据范围

CPC 分类号已被赋予美国专利数据(所有美国专利申请，部分美国授权专利)、欧洲专利数据(专利申请和授权专利)以及 PCT 最低文献量(例如法国、德国和英国)包含的许多数据库。EPO 和 USPTO 都将继续对其专利文献进行 IPC 分类，同时 CPC 将会被全球超过 45 个专利局使用。

6.2.2 CPC 分类表的结构

CPC 与 IPC 的分级方式相同，也是按五级分类：部、大类、小类、大组、小组。部以下的分类会阶段性调整、增加。

部 为专利分类的第一等级。CPC 分类表共分 9 个部，分别是 A～H 和 Y 部。其中，A～H 部与 IPC 的 A～H 部相同。Y 部是 CPC 新增的一个部，用来标注跨领域技术和新技术的发展，例如 Y02 表示气候变化减缓技术。CPC 在该 Y 部中的子类 Y10S，整合之前美国分类中的交叉参考文献（USPC Special Cross Reference Collections）和临时分类（Digests）。每一部的类名概要地指示该部所包含的技术内容。9 个部如表 6.2 所示。

表 6.2 CPC 专利分类 9 个部的类号和类名

部的类号（Symbol）	部的类名（Title）
A	人类生活必需
B	作业；运输
C	化学；冶金
D	纺织；造纸
E	固定建筑物
F	机械工程；照明；加热；武器；爆破
G	物理
H	电学
Y	新兴发展的技术；跨越多个 IPC 领域的技术；USPC 交叉索引和临时分类

大类 为专利分类的第二等级。每一个部按不同的技术领域分成若干个大类，每一个大类号由部的分类号加两位数字组成，每一大类的类名概要地指出该类所包含的技术内容，例如：A01 农业；林业；畜牧业；狩猎；诱捕；捕鱼。

小类 为专利分类的第三等级。每一个大类包括一个或多个小类，每一个小类号由大类号加一个大写字母组成，每一小类的类名概要地指出该类所包含的技术内容，例如：A21B 食品烤炉；焙烤用机械或设备。

大组 为专利分类的第四等级。每一个小类细分成许多大组，每个大组号由小类号加上一个 1～4 位的数字、斜线"/"及数字"00"组成，例如 H01S3/00。每一大组的分类类名概要地指出该类所包含的技术内容。

小组 为专利分类的第五等级。每一个小组的分类号由小类号加上一个其所属大组的 1～4 位的数字、斜线"/"及除数字"00"以外的 2～6 位数字组成，例如，小组的分类名与分类号之间至少有一个圆点（缩排点）。

小组之间也分等级，由其分类名前的圆点数决定。圆点数越多等级越低。多一圆点的从属于在前的少一圆点的小组；一个圆点的小组直接从属于其所在的大组。

表 6.3 显示 CPC 分类表中 H01F1/00 分类的具体例子：H01F1/00 为大组，级别最高；H01F1/01 为一个圆点的小组，直接从属于其所在的大组 H01F1/00；H01F1/012 和 H01F1/03 为两个圆点的小组，从属于在前的少一圆点的小组 H01F1/01；H01F1/015 和

H01F1/017 为三个圆点的小组，从属于在前的少一圆点的小组 H01F1/012；H01F1/032 也为三个圆点的小组，从属于在前的少一圆点的小组 H01F1/03。其他可以举一反三。

表 6.3　H01F1/00 大组及其所属小组举例

组的类号	组 的 类 名
H01F1/00	按所用磁性材料区分的磁体或磁性物体；磁性材料的选择
H01F1/01	·无机材料的(H01F 1/44 优先)
H01F1/012	··{适于磁热效应引起的磁熵变，例如作为磁制冷材料}
H01F1/015	···{金属或合金}
H01F1/017	···{化合物}
H01F1/03	·· 按其矫顽力区分的{(H01F1/40 优先)}
H01F1/032	··· 硬磁材料的
H01F1/04	···· 金属或合金
H01F1/047	····· 按其成分区分的合金
H01F1/053	······ 含稀土金属的
H01F1/0533	·······{黏结}
H01F1/0536	·······{烧结}
H01F1/055	······· 和磁性过渡金属的，如 $SmCo_5$
H01F1/057	········ 和Ⅲa 族元素，如 $Nd_2Fe_{14}B$

小组的范围受到高一等级组的主题限制，本身的类名解释要考虑上下文。例如，H01F1/053 就要考虑 H01F1/047、H01F1/04、H01F1/032、H01F1/03、H01F1/01 和 H01F1/00 的类名一起解读，可以解读成“含稀土金属的无机硬磁合金”。

CPC 使用大括弧{文本}来标识与 IPC 相比新增加的内容，如表 6.3 所示，H01F1/012、H01F1/015、H01F1/017、H01F1/03、H01F1/0533 和 H01F1/0536 的分类名中均包含了“{}”，即意味着{}内的内容是 CPC 新增的。

一旦一篇文献被分配给一个组，并不意味着这篇文献一定也存在更高等级的组中。例如，含有 $Nd_2Fe_{14}B$ 合金的文献给予分类号 H01F1/057，而在更高等级 H01F1/053 分类号所揭示的领域中是找不到这篇文献的。

完整的分类符号需包含代表部、大类、小类、大组或小组的符号。

CPC 系统也是采用发明信息和附加信息相结合的方式对专利文献进行分类，有助于更有效地检索到目标。参照 IPC 分类的相关部分。CPC 发明信息和附加信息分别描述专利的各个不同部分。CPC 发明信息描述专利的主要部分，等同于 ECLA 细分类。CPC 附加信息描述专利的次要方面，等同于 ICO 代码。

CPC 分类表中 25 万个左右的 CPC 分类号可以分成两大类型：A～H 部中的约 16 万个分类号，可同时对发明信息或附加信息进行分类和检索；而 A～H 部中的约 8.2 万个索引码(Indexing Codes)和 Y 部中的约 7300 个分类号则只用来对附加信息进行分类和检索。索引码在小类后增加了数字"2",如"H01L2925/065",类似这样的分类号组成了 CPC2000 索引的内容,其来源于 EPO 的 ICO 分类和 IPC 的索引码。

当一篇专利文献指定了 CPC 分类号,则其同族专利(与该篇专利具有相同优先权的其他专利)会被自动指定相同的 CPC 分类号。若专利审查员认为待分类的专利文献内容不同于已经分类的同族专利中的第一篇专利文献时,可以分配另外的分类号。约 90%的专利文献会在其公开后的 8 个月内指定 CPC 分类号,因此在检索近期的专利文献时,可能查询不到相关的 CPC 分类信息,可以结合 IPC 分类号或其他检索手段,以便得到满意的检索结果。

有关 CPC 分类辅助检索工具和专利文献标引方法可参照 IPC 分类部分。

6.2.3 CPC 分类的检索运用

6.2.3.1 CPC 专利分类表的检索

(1) 欧洲专利局网站

网址 http://worldwide.espacenet.com/classification?locale=cn_CN,可以直接用分类号或关键词检索。

A. 检索界面介绍

在专利检索界面的左上角有一个"Classification Search"选项,点击后即可进入图 6.4 所示的分类表检索页面。

图 6.4 CPC 分类表检索页面

图 6.4“Search for”输入框：可以输入关键词或分类号。输入关键词可以检索到与该关键词相关的所有 CPC 分类号。系统经分析统计后，将检索到的 CPC 分类号按相关度高低顺序排列。检索结果列表“Symbol”栏中星号越多，表明检索词在其对应分类号的分类表中出现的频率越高，该分类号相关度越高。输入 CPC 分类号可以查询具体的分类条目，包括分类号、类名和相关数据。

图 6.4“Search for”输入框右侧的“View section Index”，链接 CPC 分类表的 9 个部的索引。

图 6.4“Search for”下面的 10 个开关键：设定浏览方式和需要显示的信息。左起第 1 和第 2 个开关键用于调整分类号和类名的显示形式：左侧显示分类号，右侧显示分类标题；左侧显示分类标题，右侧显示分类号。第 3 和第 4 个开关键用于调整分类表的显示形式：用圆点形式显示 CPC 的层级结构；用树状图显示 CPC 的层级结构。第 5 和第 6 个开关键用于控制附注和提示信息的显示：显示或隐藏 CPC 分类表中的提示信息（黄色！图标）；显示或隐藏 CPC 分类表中的附注信息（蓝色 i 图标）。第 7 个开关键用于以绿色字体显示或隐藏 CPC 分类表中“{...}”内的文本信息（绿色 CPC 键），以了解 CPC 与 IPC 在本分类号上的不同。第 8 个开关键用于显示或隐藏每个分类号版本日期。第 9 个开关键用于显示或隐藏 CPC 分类表“(...)”内的参见信息。第 10 个开关键用于显示或隐藏 CPC2000 索引码。

图 6.4 中 10 个开关键下方的“Symbol”、“Classification and description”指示的区域是所查询的分类表的主显示区。“Symbol”对应的列显示分类号，点击分类号可以展开或收缩。“Classification and description”对应的列显示分类的类名和介绍。再往右小方框中的“S”键，点击后以 PDF 格式打开该分类的详细信息，类似印刷版的 IPC 分类表。点击“D”键（如果有的话），以 PDF 格式显示分类定义（CPC definitions）内容。

图 6.4 左下角“Selected classifications”区域提供了根据查询到的分类号进行专利文献检索的快捷途径，其中点击“Find patents”标签可以通过查询到的分类号直接检索专利文献；点击“Copy to search form”标签可以链接到高级检索页面，将查询到的分类号直接置于 CPC 输入框。在这里可以将 CPC 分类号与多个检索输入框中的检索词相结合进行专利文献的检索，如标题、申请人、公开日期、发明人等。

B. CPC 分类号检索

在浏览栏中，选中某一分类号前面的勾选框，则该分类号下所有层级的分类号均被自动选中，且该分类号被自动添加到图 6.4 左侧“Selected classifications”下的检索框中，并在其后自动添加了“low”缺省算符，表示下面的检索将限于该分类及其下所有层级的分类。如选中“C”部，将检索 C 部所有的分类号；选中“C01”大类，则将检索 C01 大类本身和 C01B、C01C、C01D、C01F、C01G 本身及其下各大组、小组分类号。点击“low”，出现“low”和“exact”两个选项。若选择“exact”，则下面的检索将仅限于所选择的分类号本身。当鼠标移动到“low”或“exact”链接上时，屏幕会显示关于该选项的帮助说明。一次可选择一个或多个分类号进行操作，系统自动对多个分类号执行逻辑与运算。若要取消对某个分类号的选择，需要点击“Selected classifications”栏中相应分类号后面的“×”。点击“Find patents”将检索该分类号下的所有专利文献；选择“Copy to search form”将分类号拷贝到高级检索(Advanced search)页面 CPC 分类号字段，再根据需要与其他检索字段进行组配检索。

若用户比较熟悉 CPC 分类号，或在 Espacenet 智能检索方式(Smart search)中利用关键词已经得到 CPC 分类号，可以把它输入该输入框中，然后点击“Search”键，即可在下面的浏览栏中显示该分类号的相关信息，包括该分类号的上一层级至该分类号所在的部、该分类号本身、该分类号的下一个层级的分类信息。点击某个分类号或分类标题，或分类号最左侧的“▼”或“▲”，将打开或关闭该分类号下一个层级的分类信息(如果有的话)。

C. CPC 分类号检索结果

在检索结果列表显示页面，给出了本次检索所用的检索策略和命中记录总数。当记录总数超过 10 万条时，只用“100 000”作为标记，系统只允许用户查看到最新的前 500 条记录。可以选择扩展(Extended)或压缩(Compact)格式显示。由于显示空间有限，不能将每条记录的所有分类号都显示出来，分类号后面如有类似“(+4)”数字标识时，说明除显示的 3 个分类号外，本条记录还有 4 个分类号，点击专利标题可以详细浏览该条记录的题录信息。点击页面上的 CPC 分类号链接，可以回到图 6.4 页面浏览分类号的详细信息。

(2) 美国专利商标局网站

网址 http://www.uspto.gov/web/patents/classification/index.htm。点击，进入“Patent Classification Search(专利分类检索)”页面(图 6.5)；① 在“Select Classification System(选择分类系统)”的提示语右侧有两个小圆点，可以选择检索 CPC 分类体系还是

图 6.5 美国专利分类检索页面——CPC 分类号检索

选择检索 USPC 分类体系；② 在“Enter Classification symbol(输入分类号)”的提示语右侧有三个输入框，可输入部、大类、小类、大组、小组类号；③ 在“Select output format(选择输出格式)”的提示语右侧有两个小圆点，可以选择以“HTML”或“PDF”格式输出检索结果；④ 在“Select Content(选择内容)”的提示语右侧有一个输入框，可以选择 CPC 分类表(Scheme)或 CPC 分类定义(Definitions)。

案例：检索 B02C19/0081

如图 6.5 所示，做好各项选择，输入 B02C19/0081 分类号，点击“Submit”按钮，查询得到相应的分类表结果(图 6.6)。其中，“Indent Level(缩排等级)”行中的开关键用于控制分类表的显示；“Guide Headings” 用于控制导引标题的显示；“Maingroups”用于控制大组的缩放；数字 1～6 用于控制 1～6 点小组的缩放；“Expand All”可将分类表全部展开。点击带有下划线的分类号将获得该分类号对应的分类定义。查看分类表中 B02C19/0081 分类号定义和前后上下文便可确定该分类号确切主题。

分类表浏览：点击图 6.5 左上方“CPC Sections”链接键可以一步一步浏览分类表。

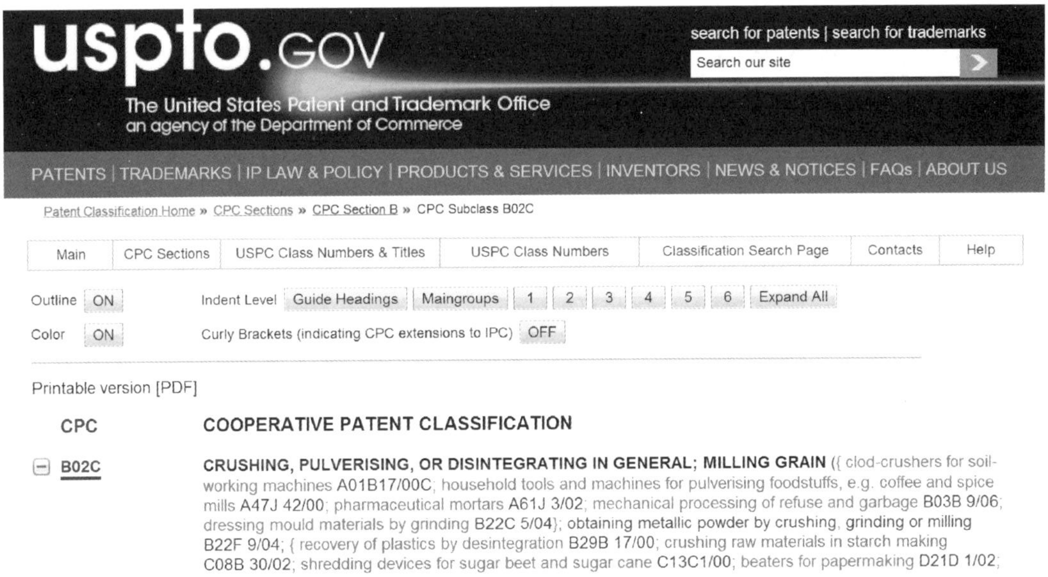

图 6.6　B02C19/0081 分类号检索分类表所得结果

6.2.3.2　专利文献数据库检索

(1) 欧洲专利局 Espacenet 专利检索系统

登录欧洲专利局 Espacenet 系统(http://worldwide.espacenet.com/)，worldwide 数据库目前收录了自 1836 年以来世界范围内 90 多个国家和地区的 8 000 多万份专利文献，使用该系统可以直接对 CPC 分类号进行免费检索。

可在该系统提供的智能检索方式(Smart search)和高级检索方式(Advanced search)下用 CPC 分类号检索文献。例如，在“Smart Search”检索输入框中输入“CPC=C07D333/50 and CPC= A61K31/381”时，将在世界范围专利数据库中检索到包含 C07D333/50 和

A61K31/381 两个 CPC 分类号的专利文献。在欧洲专利局 Espacenet 系统的高级检索界面直接有 CPC 分类号检索字段输入框，输入 Y04S20/30，仅检索该分类号中的文献，不包括下位分类号的文献；输入 Y04S20/30/low，则不但可检索该分类号中的文献，还包括下位分类号的文献。

(2) 美国专利商标局专利检索数据库

输入网址 http：//patft.uspto.gov/，进入美国专利商标局专利检索页面。该页面提供美国专利全文和图像数据库以及美国专利申请全文和图像数据库链接，通过快速检索（Quick Search）和高级检索（Advanced Search）链接均可支持基于 CPC 分类号的专利文献检索。

选择"Current CPC Classification"检索字段，对应的输入框中输入 CPC 分类号，例如，Y04S20/30，则仅检索该分类号中的文献，不包括下位分类号的文献。笔者 2014 年 5 月 10 日检索，命中 27 篇文献。选择"Current CPC Classification Class"检索字段，对应的输入框中输入 CPC 小类分类号，例如 Y04S，则检索该小类中的所有文献。

当检索结果小于 500 件时，将显示"List"，点击后即可看到检索结果。当检索结果超出 500 件时，将不显示检索结果，此时检索者需要再次修改检索条件。

(3) 汤森路透 Thomson Innovation（TI）

Thomson Innovation（TI）是由汤森路透集团提供的数据库。TI 除收录 DWPI 数据以外，还收录来自全球 90 多个国家和地区的 8 000 万篇专利信息，包含题录信息、PDF 全文、法律状态信息等专利信息深加工的数据和原始数据。目前 CPC 分类仅用于检索 DWPI 数据，相关字段见表 6.4。

表 6.4 Thomson Innovation 数据库可检索的 CPC 分类字段

字　段	检索标记	注　　解	检索语法
全部 CPC	ACP	包括以下所有字段	ACP=（H04H002012） ACP=（H04H 20/12）
CPC－现版	CPC	指最新的 CPC 分类号，对专利文献重新分类，覆盖/取代先前的分类号。如果没有重新分类，"CPC－现版"和"CPC－原始"则为同一分类。该分类号可以来源于专利说明书的"首页"或 EPO 文献数据库 DocDB（每周更新）或分类数据库 MCD（每季度更新）	CPC=（H04H002012） CPC=（H04H 20/12）
CPC－现版主要	CPCP	用 CPC－现版对专利文献分类，最精确描述该专利技术主题的第一个 CPC 分类号	CPCP=（H04H002012） CPCP=（H04H 20/12）
CPC－现版发明	CPCI	用 CPC－现版对专利文献分类，描述该专利技术主题发明信息的 CPC 分类号	CPCI=（C12N 1/14）
CPC－现版附加	CPCA	用 CPC－现版对专利文献分类，描述该专利技术主题附加信息的 CPC 分类号	CPCA=（C12R 1/645）

续 表

字 段	检索标记	注 解	检索语法
CPC-原始	CPCO	来源于专利说明书的“首页”的分类号	CPCO=(H04H002012) CPCO=(H04H 20/12)
CPC-原始主要	CPOP	专利文献列出的最精确描述该专利技术主题的第一个 CPC 分类号	CPOP=(H04H004090) CPOP=(H04H 40/90)
CPC-原始发明	CPOI	专利文献列出的描述该专利技术主题发明信息的 CPC 分类号	CPOI=(C12P 1/02)
CPC-原始附加	CPOA	专利文献列出的描述该专利技术主题附加信息的 CPC 分类号	CPOA=(Y02T009034)

检索基本方法：选择“全部 CPC”字段，会自动检索所有子字段。CPC 可以按照下面的格式进行检索：分类表中显示的格式，如 H01L 21/027；也可以用数字“0”从左开始将大组填充到四位数，并删除空格和斜线符号，如 H01L0021027。无须使用通配符(截词符)，就可检索所用分类号及其以下所有级别的 CPC 码，或者说检索层级较高的类或组会自动同时检索层级较低的类或组，例如使用 CPC=((H04H))，而不是 CPC=((H04H*))，因为 CPC=((H04H)) 检索的是整个小类，所以星号通配符是多余的。

利用 CPC 分类表辅助检索：可以选择“表单检索”中的“全部 CPC”字段并单击“浏览”键(图 6.7)，也可以选择“专家检索”表单中“资源”功能下的 CPC。这时进入 CPC 分类表检索界面，如图 6.8 所示。

图 6.7 Thomson Innovation 检索界面

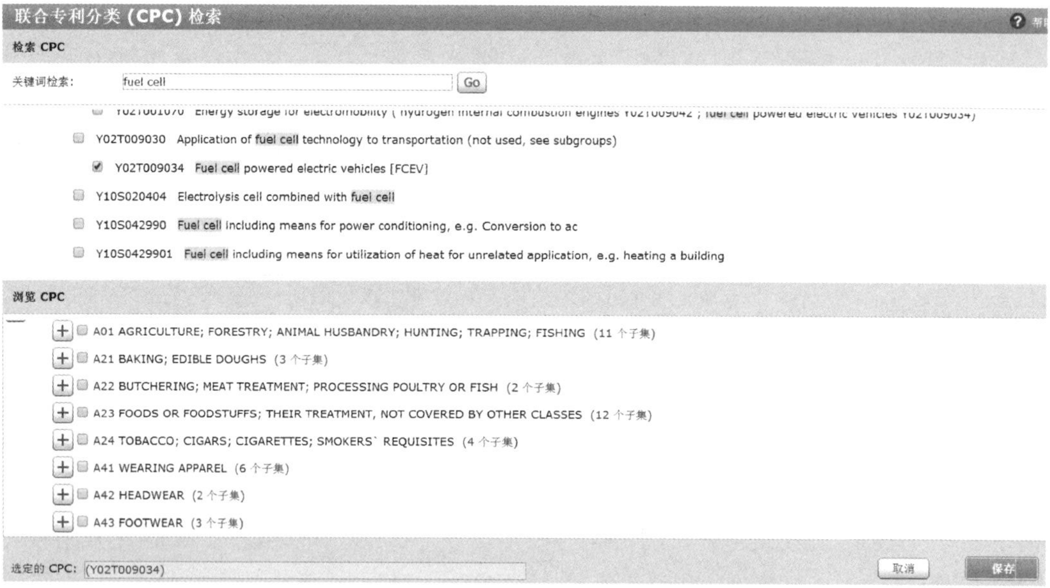

图 6.8 Thomson Innovation CPC 分类表检索界面

在 CPC 分类表检索界面中，可以选择关键词检索、代码检索或浏览方式。可以在“关键词检索”文本框中输入关键词，允许使用通配符，示例中输入了“fuel cell”，单击“GO”按键进行检索。或者，单击“浏览 CPC”下方类别左边的加号展开细分类进行浏览。关键词检索后页面将会显示命中的分类号，可以通过复选框选中要添加至检索式的分类号。单击保存，检索词将传输至检索表单，以供查询使用。

6.3 日本专利分类体系

日本属发达国家，有许多独特的技术和处于世界前沿的技术。日本专利数据量大，涵盖所有的技术领域，总数超过 2 000 万件，每年的申请量约 35 万件(不包括 PCT 申请)。该数据来自日本特许厅 2013 年 12 月的报告“Outline of FI/F-term”，网址 http://www.jpo.go.jp/torikumi_e/searchportal_e/pdf/classification/fi_F-term.pdf。因此，有效地检索利用日本专利情报是又好又快开展技术创新的重要手段。但是，已有的关键词检索和国际专利分类法 IPC 无法满足高效检索日本专利的需求，于是日本创立了针对日本专利文献的 FI/F-term 两种分类体系，有效、实用、独特，既可以单独运用，也可以联合运用，为精准地检索到日本专利情报开辟了崭新的途径。

6.3.1 FI 分类体系

6.3.1.1 FI 分类体系概述

专利文献是一种技术文献，查找技术文献最常用的方法是关键词检索。关键词是一种用自然语言标识的检索语言，是从文献题名、文摘、正文中抽提出来能直接表达文献主题概念的、针对性最强的非规范化实义词。

关键词的选词基本上取自文献作者的自然用词，主要优点是：① 自然语言是人类之间的交流语言，容易识别和理解，方便沟通；② 没有词表，减少了查核词表确定检索词的工序；③ 标引方便，各同义词都可以标引同一主题概念的文献，同一篇文献内抽提出来的关键词又可轮流作为索引标题；④ 有利于检索的计算机化。

关键词检索的主要缺点是：① 一义多词。关键词很难穷举。同一含义的词或词组可能有多个表示，如果不能全面地选择同义、近义，甚至反义词，那么都有可能造成漏检而降低查全率；② 一词多义。同一词或词组可能具有不同的含义，这些因素导致关键词检索时，不可避免地引入"噪声"文献，造成误检而降低查准率。

为了克服关键词检索的缺陷，不依赖文种、同义词及专业术语等的专利分类语言开始出现。1968 年 9 月 1 日，国际专利分类 IPC 诞生，使得各国专利文献有了统一分类，目前有一百多个国家使用它进行专利文献的检索和管理，是世界范围内唯一通用的国际专利分类，在有些国家，《国际专利分类表》甚至是唯一检索工具。IPC 采用功能为主、应用为辅的分类方式，将同一技术主题归在同一分类位置，使之具有相同的分类号，即侧重于对单一技术主题进行分类。IPC 分类号下的文献量太多，分类不够细，如目前第八版《国际专利分类表》高级版约分成 7 万个小组，欧洲专利局 Worldwide 专利数据库约 8 500 万件专利，平均每个组约有 1 200 件专利。各分类号之间差异也很大，某个分类号下存在大量文献，例如，A01N 65/00 分类号（含有藻类、地衣、苔藓、多细胞真菌或植物以及上述提取物的杀生剂、害虫驱避剂或引诱剂、植物生长调节剂）在欧洲专利局 Worldwide 专利数据库中的文献量约为 15 890 件，在日本专利数据库中的文献量为 3 639 件（2014 年 2 月 18 日检索）。这样大的文献量再人工浏览的话则费时费力，效率低下。

为了克服 IPC 分类太粗的问题，日本专利局 1978 年建立了 FI 分类体系，用于日本专利文献的分类。FI 是文档索引 File Index 的简称，是对 IPC 的细分，它将 IPC 现行的 7 万个项目细化为 19 万个，并涵盖 IPC 所有技术领域，一年更新两次以保持和技术发展的同步，并且对之前的文献再分类。

6.3.1.2 FI 分类体系的结构

最新的 FI 分类号以第八版 IPC 分类表为基础编制，其中部分也参照了第四版和第七版 IPC 分类表。FI 分类号采用了类似 IPC 分类号的层次递降的等级结构对技术整体进行分割，使得在某一小组下的上千或上万的文献在细分/扩展之后，其文献量限制在几百甚至几十篇文献之内，从而提高了检索效率。

例如，笔者 2014 年 3 月 11 日在 TI（Thomson Innovation）专利数据库中检索分析日本专利，数据库共有日本发明授权专利、日本发明专利申请和日本实用新型 24 570 800 件，其中国际专利分类号 A01N 65/00 下的日本专利文献量为 5 497 件，4 078 个专利族。经过 FI 细分之后，在 FI 专利分类号 A01N 65/00 下的文献量为 4 265 件，3 123 个专利族，而在 A01N65/00B 下的文献量更少，仅有 5 件。细分以后所检索命中的文献和专利族情况见表 6.5。不言而喻，仅用一个 FI 细分类号就可以将文献量限定在较少的范围内，或者结合其他的相关 FI 分类号和 F-term 分类号，或者使用很少的关键词进一步限定，将大大提高检索效率。

表 6.5 A01N 65/00 经细分后检索命中的日本专利文献和专利族情况

FI 分类号	FI 分类号含义	命中专利数	命中专利族数
A01N65/00	含有藻类、地衣、苔藓、多细胞真菌或植物以及上述提取物的杀生剂、害虫驱避剂或引诱剂、植物生长调节剂	4 269	3 123
A01N65/00A	精油和植物提取物	2 583	1 919
A01N65/00B	鱼藤酮和鱼藤	5	3
A01N65/00C	达尔马提亚除虫菊和其他提取物	75	60
A01N65/00D	松树油，醋酸和樟脑	404	303
A01N65/00F	蔬菜油	195	133
A01N65/00G	果汁和单宁	149	103
A01N65/00H	蘑菇(担子菌)	102	68
A01N65/00J	植物细胞培养物	74	41
A01N65/00Z	其他	821	591

一个完整的 FI 分类号包含 IPC 分类号＋IPC 细分类号＋文件识别符。其中 IPC 分类号为 IPC 大组号或小组号；IPC 细分类号(IPC-subdivision symbol)由 3 位阿拉伯数字构成，从使用场合、结构特征等不同方面对 IPC 分类号进行细化；文件识别符(File Discrimination Symbol)对 IPC 分类号或 IPC 细分类符号进一步细化，由 1 位英文字母构成。因为“I、O”与数字“1、0”容易混淆，所以文件识别符采用罗马字母 A～Z 中除了“I、O”之外的任意一个，字母“Z”代表“其他”，用于表示那些不属于已出现的文件识别符表示的小组中的主题，或者涉及一个以上文件识别符表示的小组中的主题都分入识别符“Z”表示的小组。“IPC 细分类号”和“文件识别符”并不是 FI 所必须包括的部分。因此，FI 分类号的基本格式有四种，如表 6.6 所示。

表 6.6 FI 分类号的基本格式

FI 分类号格式种类	举　　例
只有 IPC 号	G11B5/10
IPC 号＋IPC 细分类号	G11B20/12,103
IPC 号＋文件识别符	G11B5/10A
IPC 号＋IPC 细分类号＋文件识别符	G11B20/18,540B

如同 IPC，FI 也采用等级结构，对于多个细分的等级是从圆点“·”数来判断。点数决

定等级高低层次水平:“无点”意味着最高的水平,其次是“·”、“··”,和“·······”降序排列。换句话说,点数越少,级别越高。多一圆点的从属于在前的少一圆点的细分分类号。FI 分类表中,分类号以等级结构的形式分行排列。表 6.7 显示 FI 分类表中 G06F9/00 分类的具体例子:G06F9/00 级别最高,接下去依次是 G06F9/00,101、G06F9/00,310、G06F9/00,320;G06F9/00,320 进一步加上文件识别符后分成四个细分领域 G06F9/00,320A、G06F9/00,320B、G06F9/00,320C 和 G06F9/00,320Z。最右边的一列 5B070 对应的是 F-term 技术主题分类号。

表 6.7　FI 分类表中 G06F9/00 分类的具体例子

G06F9/00	程序控制装置,例如,控制器			5B070
	101	· 控制台		5B070
	310	· · 运行控制		5B070
	320	· · · 相关的显示控制		5B070
		A	一般运行	5B070
		B	输入引导或自动运行	5B070
		C	连续运行状态显示	5B070
		Z	其他	

表 6.8 显示 FI 分类表中 A01C1/00 分类的具体例子:A01C1/00 级别最高,接下去依次是 A01C1/00A、A01C1/00L、A01C1/00N、A01C1/00Q、A01C1/00S、A01C1/00U、A01C1/00V、A01C1/00W、A01C1/00X、A01C1/00Z;A01C1/00B、A01C1/00C 和 A01C1/00F 前面有一个圆点,属于无圆点的 A01C1/00A。最右边的一列 2B051 对应的是 F-term 技术主题分类号。

表 6.8　FI 分类表中 A01C1/00 分类的具体例子

A01C1/00	播种前种子或根处理、使用或测试方法及其装置		2B051
	A	生长调节剂	2B051
	B	· 化学处理	2B051
	C	· 电、磁和声波处理	2B051
	F	· 生芽和生根控制	2B051
	L	分级	2B051
	N	清洁和去泥	2B051
	Q	成形	2B051
	S	载体分配和定位	2B051
	T	· 生产装置	2B051

续 表

	U	涂膜	2B051
	V	灭菌	2B051
	W	人造种子	2B051
	X	测试	2B051
	Z	其他	

6.3.1.3 FI 分类的检索运用

日本特许厅将 1885 年以来公布的所有日本专利、实用新型和外观设计电子文献及检索系统通过工业产权数字图书馆(Industrial Property Digital Library,简称 IPDL,网址 http://www.ipdl.inpit.go.jp/homepg.ipdl)免费提供给全世界的公众,使得公众可以快速、有效地检索日本的相关专利文献。图 6.9 是日本专利分类号的检索界面(网址 http://www4.ipdl.inpit.go.jp/Tokujitu/tjftermena.ipdl? N0000=114),从上到下,各部分含义如下:

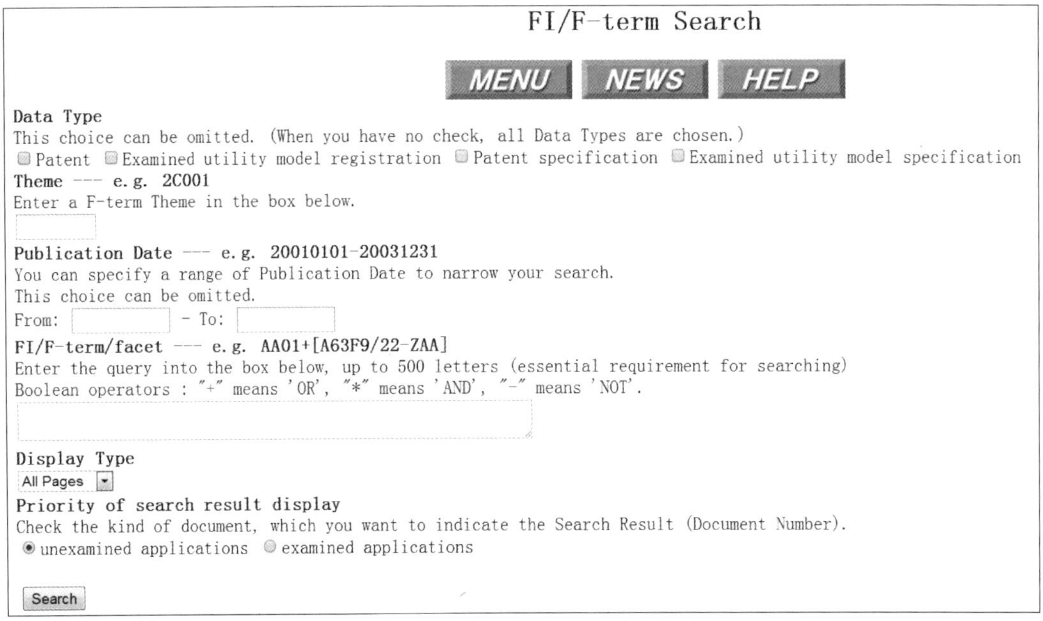

图 6.9 日本专利分类号检索界面

Data Type(数据类型) Patent(专利);Examined utility model registration(经审查的实用新型注册);Patent specification(专利说明书);Examined utility model specification(经审查的实用新型说明书)。检索时,可以选择其中的一项或几项,如果不选就默认为全选。

Theme(主题) 可在下面的框中输入 F-term 的主题代码,如 48027。

Publication Date(公布日期) 在 From 和 To 的输入框中可以输入检索的起始日期和

终止日期，进而缩小检索范围。不输入日期表示默认数据库现有的全部日期。

FI/F-term/facet　该部分是日本分类检索最主要的部分，可以在该部分下面的输入框中输入 FI/F-term/facet 三种分类号任意组合的检索式，最多可输入 500 个字符。布尔算符："+"表示"OR"，"*"表示"AND"，"−"表示"NOT"。该输入框可以与(2)的主题输入框连用，即在主题输入框输入 F-term 的主题代码，如 48027，在该输入框输入上述主题代码的细分类，如 FE01。F-term 的主题输入框输入主题代码和该输入框输入的检索式之间的逻辑关系为"与"。

Display Type(**显示类型**)　可选择全文、首页、权利要求书、说明书附图。

Priority of search result display(**检索结果的优先级别显示**)　可选择 unexamined applications(未经审查的申请)、examined applications(已审查的申请)。

在确定了所要检索的 FI 分类号后，按照 FI 分类号输入格式将 FI 分类号输入 FI/F-term/facet 的检索框，其中 IPC 细分类号之前加","，文件识别符之前加"@"，如表 6.9 所示。在上述六个部分输入限定条件，点击"Search"进行查询。

表 6.9　FI 分类号输入格式举例

FI 分类号格式种类	FI 分类号举例	FI 分类号输入格式	命中件数
只有 IPC 号	G11B5/10	G11B5/10	4 351
IPC 号+IPC 细分类号	G11B20/12,103	G11B20/12,103	3 938
IPC 号+文件识别符	G11B5/10A	G11B5/10@A	1 235
IPC 号+IPC 细分类号+文件识别符	G11B20/18,540B	G11B20/18,540@B	46

等级检索(参照表 6.10 和表 6.11)：如果输入的 FI 分类号是高等级的分类号，则下位所有低等级分类号的文献都会被检索出来，如输入 A61C1/00，命中 2 883 件专利，包括 A61C1/00 大组、小组及其由 IPC 细分类号或文件识别符表示的细分类等号码标引的所有专利；如果在高等级的 FI 分类号前加一个"$"，则只检索出该分类号及其由 IPC 细分类号或文件识别符标引的专利文献，如输入 $A61C1/00，命中 160 件专利，包括 A61C1/00 大组及其该分类号下文件识别符(A61C1/00B 和 A61C1/00Z)标引的专利文献；如果在高等级的 FI 分类号后面加"@\"两个符号，则只检索出该分类号本身标引的专利文献，如输入 A61C1/00@\，命中 12 件专利，仅包括分在 A61C1/00 大组的专利文献。以上数据检索时间为 2014 年 3 月 7 日。

当检索结果小于 500 件时，将显示"list"，点击后即可看到检索结果。当检索结果超出 500 件时，将不显示检索结果，此时检索者需要再次修改检索条件。

6.3.1.4　Facet 方面分类号

为了进一步减少检索噪声和更精准找到所需文献，日本特许厅建立了由 3 个字母组成的方面分类号，对 FI 分类号从一个不同的视角进一步分类。方面分类号分成两种，一

表 6.10　A61C1/00 大组等级分类

A61C 牙科		
1/00	钻孔或切割牙机	
	B	通过皮带连接驱动源和牙科工具
	Z	其他
1/02	·牙科工具驱动特征	
	E	电驱动控制
	F	液压驱动控制
	Z	其他
1/04	· ·带踏板或手驱动	
1/05	· ·带涡轮机驱动	

表 6.11　A61C1/00 大组等级检索命中文献举例说明

FI 检索式	命中件数	检索结果包含对应框中分类号标引的文献
A61C1/00	2883	A61C1/00、A61C1/00B、A61C1/00Z、A61C1/02、A61C1/02E、A61C1/02F、A61C1/02Z、A61C1/04、A61C 1/05
$ A61C1/00	160	A61C1/00、A61C1/00B、A61C1/00Z
A61C1/00@\	12	A61C1/00

种是对 FI 组或多个组限定，该方面分类号的第一个字母采用 FI 分类号的第一个字母（A～H），在 FI 分类表中某些组分类前面会出现 Facet 的导引标志，点击后出现 Facet 分类号，同时说明该号码适用的 FI 分类范围，例如，查 FI 分类表，在 A01N25/00（以形态或非有效成分或使用方法为特征的杀生剂、害虫驱避剂或引诱剂，或植物生长调节剂）前面有一个 Facet 的导引标志，点击后出现 4 个 Facet 分类号，即 AHA（捕捉用黏合剂）、AHB（驱蚊）、AHC（灭鼠药）、AJA（生产方法），同时说明这些号码适用于 A01N25/00-25/34；另一种是对 8 个 FI 部跨部分类，该方面分类号称为广义方面分类号（Broad-Facet），以实现大范围地跨技术领域检索，其第一个字母使用“Z”，一共仅有 11 个分类号，在 FI 分类表的 8 个部号下面出现 Broad-Facet 的导引标志，点击后出现 11 个广义方面分类号，见表 6.12。方面分类号的第二和第三个字母采用不包括“I”和“O”所有其他字母。

表 6.12　广义方面分类号及其说明

分类号	说　　明
ZAA	超导[适用领域：所有领域]
ZAB	环境保护技术[适用领域：所有领域]
ZBP	生物降解高分子[适用领域：所有领域]

续 表

分类号	说　　明
ZCC	组合化学相关技术[适用领域：所有领域]
ZEC	电子商务相关技术[适用领域：所有领域]
ZHV	混合动力车[引擎和电机联合驱动的车辆][适用领域：B60K，L，F02D，N，F16H，G01F，R，H01M，H02J，K，M，P]
ZNA	核酸/氨基酸序列[适用领域：所有领域]
ZNM	纳米技术应用[适用领域：所有领域]
ZTD	生物分子三维结构[适用领域：A01N，A61K，C07B，C07C，C07D，C07F，C07H，C07J，C07K，C08B，C12N，G01N，G06F]
ZYW	车辆偏航操纵[偏航速度，偏离角，驾驶特性等][适用领域：B60G，K，L，T，B62D，F02D，F16D，H]
ZYY	未指定或多种方法的车辆行为控制[适用领域：B60GKLT，B62D，F02D，F16DH]

方面分类号是单独的分类体系，可以单独进行检索，例如，将 ZAB 分类号(环境保护技术)输入 FI/F-term/facet 输入框，命中 111 412 件专利，这些专利都与环境保护技术相关。当然，通常将方面分类号与 FI 分类号联合运用，可以在方面分类号限定的大领域中精细定位专用技术，例如，笔者 2014 年 3 月 12 日用日本工业产权数字图书馆数据库以 A01N65/00@A 检索，命中1 728 件与含有精油和植物提取的杀生剂、害虫驱避剂或引诱剂、植物生长调节剂相关的专利，而用 ZAB*A01N65/00@A，仅命中 13 件专利，限制在环境保护技术。再如，用 A01N 25/12(粉剂或颗粒剂为特征的杀生剂、害虫驱避剂或引诱剂，或植物生长调节剂)分类号检索，命中1 623 件专利，如果只需要灭鼠药，则可以用 A01N 25/22*AHC 检索式，仅命中 6 件专利。

6.3.2　F-term 分类体系

6.3.2.1　F-term 分类体系概述

IPC 侧重于对单一的技术主题进行分类，技术分类比较粗糙。FI 虽然对 IPC 的细分，即将 IPC 现行的 7 万个项目细化为 19 万个，但还是从单一主题分类，无法从多个不同的角度定位一篇文献，影响检索效果。

1984 年，日本专利局为计算机检索而设立了新的专利索引 F-term 分类体系。F-term 是“File Forming Terms(文件构成术语)”简称，是不同于 IPC 和 FI 的一种全新的分类系统，是一种多角度或称多观点(Viewpoint)的分类方法。标引在日本专利文献上的 F-term 分类号之间没有相互不重叠的要求，也无主副之分。

标引一篇专利文献 F-term 分类号时，F-term 分类系统不仅从整体考虑分类号，而且还从权利要求的具体技术特征中提炼分类号，在权利要求中出现的任何技术内容都有可能给予分类号，而且同一技术内容又会从目的、应用、结构、材料、制造方法、使用或运行方法、控制装置等尽可能多的不同技术角度给文献分类，所以一篇文献可能有十几个甚至上百个 F-term 分类号。对专利文献标引的冗余特性大大加强了检出文献的可能性与精准性。

例如，关于“食用油”的分类(参见表 6.13)，F-term 分类系统中首先将该技术主题细分为产品的目的、种类、材料、表面活性剂、添加剂、制造方法、结构，对于其中的“种类”又细分为植物油、动物油和其他，对于“动物油”又细分猪油、牛油、鱼油、白脱油。

最新的 F-term 分类系统把专利技术划分成 38 万个类目，比国际专利分类 IPC 的 7 万个类目细化了 5 倍以上，比 FI 专利分类的 19 万个类目细化了 2 倍，由此可见，F-term 分类系统的详细程度。F-term 分类系统一年更新一次以保持和技术发展的同步，并且对之前的文献再分类。

6.3.2.2 F-term 分类体系的结构

F-term 分类系统的 38 万个类目按照下列方式划分：FI 所有技术分成 2 600 个技术范围，称为技术主题，用五位字符主题码表示，一个主题覆盖一段 FI 分类号，例如：涉及 FI 范围的A01N1/00～65/48 和 A01P1/00～23/00，用 4H011 五位字符主题码表示，主题名称为农业化学品；2 600 个技术主题中，1 800个技术主题从不同角度进一步细分成22 000 个观点(Viewpoint)，用 A～Z 的两位字母观点符表示，对观点符进一步用 00～99 两位数字符细分，并制成了 F-term 分类表供查阅；另外 800 个技术主题没有细分，依然保留 FI 原有主题。

哪些 FI 分类进一步用 F-term 分类号细化，要看文献情况而定。例如，技术主题 2B005 覆盖的 FI 范围 A23K1/18～1/18,102，笔者 2014 年 3 月 6 日用该范围 FI 分类号在日本工业产权数字图书馆网站检索，命中文献情况如表 6.14 所示。其中文献量较少的 FI 分类没有进一步用 F-term 分类细化，它们是 A23K1/18 和 A23K1/18C，文献量分别是 116 篇和 40 篇。

F-term 分类号的结构为五位字符主题码＋两位字母观点符＋两位数字符，例如：4H011 AC 01(参见表 6.15)。

五位字符主题码(Theme code)表示技术主题，如上例中的“4H011”，表示农药和动植物保存。主题码的第一位数字表示更大范围的技术主题，共有四大类，分别用数字 2、3、4、5 表示，如“4H011”中的 4 表示属于化学大类。数字的含义为：

2＝其余技术 Residual technology(2B、2C、2D . . .)；

3＝机械 Mechanics(3B、3C、3D、3E . . .)；

4＝化学 Chemistry(4B、4C、4D、4E、4F . . .)；

5＝电力 Electricity(5B、5C、5D、5E . . .)。

两位字母观点符(Viewpoint)表示发明的目的、功能、结构、材料、用途、制造方法、使用或运行方法、控制装置等，如上例中的“AC”表示目的，说明该农业化学品用于杀虫或蜱；两位数字符(Figure)是对观点符所表示的技术特征的进一步细化，如上例中的“01”表示更具体的目的说明该农业化学品专用于杀虫。

表 6.13　食用油技术主题的 F-term 分类表

4B026 Edible oils and fats A23D7/00～9/06

DC	DC00	DC01	DC02	DC03	DC04	DC05	DC06	DC07			
	OBJECTIVES		• Improvement of taste and flavor	• Improvement of external appearance and color tone	• Improvement of preservation (e. g. , sterilization)	• • Improvement of preservation by oxidization prevention	• Improvement of nutrition (e. g. , diet foods)	• Improvement of animal and vegetable oils and fats	• Manufacture of new types of products		
DG	DG00	DG01	DG02	DG03	DG04	DG05	DG06	DG07	DG08	DG09	DG10
	TYPES OF OILS AND FATS	• Vegetable oils and fats	• • Palm oil	• • Palm kernel oil and coconut oil	• • Rapeseed oil	• • Soybean oil	• • Corn oil	• • Rice oil (e. g. , rice bran oil)	• • Sunflower oil and safflower oil	• • Sesame oil	• • Cottonseed oil
		DG11	DG12	DG13	DG14	DG15					DG20
		• Animal oils and fats	• • Lard	• • Tallow	• • Fish oil and cod-liver oil	• • Butter oil					• Others
DH	DH00	DH01	DH02	DH03		DH05					DH10
	CHARACTERISTICS OF OILS AND FATS	• Ester interchange oils and fats	• Separated oils and fats	• Hydrogenated oils and fats		• Use of two or more types of oil or fat					• Others

4B026 Edible oils and fats A23D7/00～9/06

DK	DK00	DK01	DK02	DK03	DK04	DK05					DK10
	SURFACTANTS(E. G. , EMULSIFIERS)	• Glycerine ester	• Propylene glycol ester	• Sucrose ester	• Sorbitan ester	• Lecithin					• Other surfactants
DL	DL00	DL01	DL02	DL03	DL04	DL05	DL06	DL07	DL08	DL09	DL10
	ADDITIVES	• Inorganic substances and inorganic compounds	• Organic compounds	• • Monosaccharides and polysaccharides	• • Proteins	• Additives derived from plants	• • Vegetables and fruits	• Additives derived from animals	• • Milk and dairy products	• Microorganisms and enzymes	• Others
DP	DP00	DP01		DP03	DP04		DP06				DP10
	CHARACTERISTICS OF MANUFACTURING METHODS AND DEVICES	• Mixing and stirring		• Heating	• Cooling		• Packaging				• Others
DX	DX00	DX01	DX02	DX03	DX04	DX05	DX06		DX08		DX10
	PRODUCT CONFIGURATIONS	• Liquid oils	• Solid oils	• Configurations containing water phases	• • Oil in water (O/W)	• • Water in oil (W/O)	• • Oil in water in oil (O/W/O)		• Powder and granular configurations		• Others

表 6.14 FI 范围 A23K1/18～1/18,102 中 F-term 细化分类情况

FI 分类号及其解释				主题码	F-term 细化分类	命中文献数
A23K1/18	· 专门适用于特定动物的动物饲料			2B005	无	116
		A	宠物用	2B005	有	1 310
		B	反刍动物	2B005	有	680
		C	小鸟	2B005	无	40
		D	家畜	2B005	有	745
		Z	其他	2B005	有	530
	101	· · 喂蚕		2B005	有	581
	102	· · 喂鱼和贝类		2B005	有	193
		A	鱼	2B005	有	1 514
		B	鱼以外的海生物	2B005	有	315
		C	鱼饵	2B005	有	433
		Z	其他	2B005	有	117

F-term 分类表也是一种等级分类表，如表 6.15 所示的实例：4H011 表明了技术主题为“农药和动植物保存”，“A01N1/00-65/48；A01P1/00-23/00”是该 F-term 分类号所对应的 IPC/FI 分类号范围；表的第一列为观点符 AB、AC、AD、AE 等，后几列中观点符后加两个数字，对相应观点符的进一步细分，如 AA01。对于多个细分观点符的等级是从圆点数来判断，多一圆点的从属于在前的少一圆点的细分，如 AA01、AA03、AA04 为一个圆点，分别表示杀细菌剂、杀真菌剂和杀病毒剂，级别相同；AA02 为两个圆点，表示工业杀细菌剂，从属于 AA01。

表 6.15 F-term 分类表的具体例子

4H011	农用化学品和相关化学品							
	A01N1/00-65/48；A01P1/00-23/00							
AA	AA00	AA01	AA02	AA03	AA04	AA05			
	杀微生物	·杀细菌剂	· · 工业杀细菌剂	·杀真菌剂	·杀病毒剂	·其他			
AB	AB00	AB01	AB02	AB03	AB04				
	植物用	·除草剂	· · 湿稻田除草剂	·生长调节剂	·其他				
AC	AC00	AC01	AC02	AC03	AC04	AC05	AC06	AC07	AC08
	杀虫或蜱	·杀虫剂	· · 杀蟑螂、蚊子、苍蝇	· · 树木杀虫剂	·杀螨剂	·衣服杀虫剂	·驱虫或螨剂	·虫或螨诱捕剂	·其他

续 表

4H011	农用化学品和相关化学品								
	A01N1/00-65/48;A01P1/00-23/00								
AD	AD00	AD01	AD02						
	海洋生物	·海洋生物控制剂	·其他						
AE	AE00	AE01	AE02	AE03	AE04				
	动物用	·杀动物剂如鼠、蛇	·动物驱避剂	·动物诱捕剂	·其他				

6.3.2.3 F-term 分类的检索运用

F-term 分类号检索界面与 FI 是同一界面,可以在 FI/F-term/facet 输入框中输入 F-term 分类号。等级检索的规则也适用于 F-term(参照表 6.15):如果输入的 FI 分类号是高等级的分类号,则下属所有低等级分类号的文献都会被检索出来,如输入 4H011AC01,命中 23 692 件专利,包括 4H011AC02、4H011AC03 标引的所有专利;如果在高等级的 F-term 分类号前加一个“$”,则只检索出该分类号标引的专利文献,如输入 $4H011AC01,命中 21 036 件专利,则只检索出该分类号本身标引的专利文献。以上数据检索时间为 2014 年 3 月 15 日。

F-term 分类号对一个文献给出了多角度的标引,用户可以从不同的角度入手来获得该文献,对文献标引的冗余特性大大加强了检出文献的可能,例如,可以通过采用目的类 F-term 分类号、应用类 F-term 分类号,或具体技术特征类 F-term 分类号等不同角度,部分或全部相“与”,来查找同时具备上述两个或三个角度的技术特征的文献。

例如: 查找“granular calcium oxide ceramics with low heat expansion”的日本专利

对照表 6.16,我们从观点符 AA(组分)、BA(功能和用途)、CA(结构)三个角度提取技术特征:从组分角度看,该课题是一个 calcium oxide ceramics(氧化钙陶瓷),查表 6.16 对应的 F-term 分类号是 4G031AA04;从功能和用途角度看,该课题具有 low heat expansion(低热膨胀),查表 6.16 对应的 F-term 分类号是 4G031BA24;从结构看,该课题是 granular(颗粒)状物质,查表 6.16 对应的 F-term 分类号是 4G031CA05。因此,在日本专利数据库中采用下列检索式 4G031AA04 * 4G031BA24 * 4G031CA05 进行检索,命中 4 篇日本专利,号码为 JP2008-007358A、JP10-001370A(1998)、JP02-160661A(1990)和 JP58-049663A(1983)(2014 年 3 月 6 日检索)。

6.3.2.4 F-term 的附加码

进入日本工业产权数字图书馆的 F-term 分类表,在表的第一页下方有一个 Additional Code Selection 的链接,点击后可以发现在 1 800 个技术主题中有 87 个 F-term 技术主题最后面还添加了附加码,使这些技术主题码从新角度进一步细分。F-term 附加

表 6.16　技术主题 4G031 氧化物陶瓷 F-term 分类表

4G031　Composition of oxide ceramics　C04B35/42～35/51

AA	AA00	AA01	AA02	AA03	AA04	AA05	AA06	AA07
	COMPONENTS	• Alkali-metal oxides	• Alkali-earth-metal oxides	• • Magnesium oxides	• • Calcium oxides	• • Strontium oxides	• • Barium oxides	• Rare-earth-element oxides and actinium-based oxides
		AA11	AA12	AA13	AA14	AA15	AA16	AA17
		• • Titanium oxides	• • Zirconium oxides	• • Vanadium oxides	• • Niobic oxides	• • Tantalum oxides	• • Chromium oxides	• • Molybdenum oxides
		AA21	AA22	AA23	AA24	AA25	AA26	AA27
		• • Iron oxides	• • Cobalt oxides	• • Nickel oxides	• Oxides from Group Ib to IIb	• • Copper oxides	• • Zinc oxides	• Oxides from Group IIIb to VIb
		AA31	AA32	AA33	AA34	AA35	AA36	AA37
		• • Tin oxides	• • Lead oxides	• • Phosphorus oxides	• • Antimony oxides	• • Bismuth oxides	• Borides	• Carbides
BA	BA00	BA01	BA02	BA03	BA04	BA05	BA06	BA07
	FUNCTIONS AND USES	• Electric and electrical functions and uses	• • Conductivity	• • • Ion conductivity	• • Voltage non-linear resistance bodies	• • P-type conduction (PTC) semiconductors	• • N-type conduction (NTC) semiconductors	• • Gas sensors

续 表

4G031 Composition of oxide ceramics C04B35/42～35/51								
BA	BA00	BA11	BA12	BA13	BA14	BA15	BA16	BA17
	FUNCTIONS AND USES	• • Current-collection characteristics	• • Insulation characteristics	• • • Magnetic-head support members	• Optical functions and uses	• • Translucency	• • Electrical and optical characteristics	• • Infrared radiation characteristics
		BA21	BA22	BA23	BA24	BA25	BA26	BA27
		• Thermal functions and uses	• • Heat insulation	• • Heat and shock-resistance characteristics	• • Low heat expansion	• • Fireproof substances	• Biological and chemical functions and uses	• • Catalysts and carriers
CA	CA00	CA01	CA02	CA03	CA04	CA05		CA07
	STRUCTURES	• Control of the crystal phase	• Arrangement of crystals	• Structures wherein different layers are composed of different compounds	• Crystal grains of characteristic shapes and sizes	• Granularity		• External shapes and structures

码的表现形式是半角句点加一个 0～9 的数字或 A～Z 的字母，如 4F100AJ04. A。例：参照表 6.17，2014 年 3 月 14 日检索复合层压板，如果其中有一层为植物纤维素，则 F-term 分类号为 4F100AJ04，检索命中 8 943 篇专利；如果其中有一层为动物皮革，则 F-term 分类号为 4F100AJ10，检索命中 288 篇专利；如果其中有一层为植物纤维素，有一层为动物皮革，则检索式 4F100AJ04 * 4F100AJ10，检索命中 56 篇专利；如果用附加码限定第一层为植物纤维素，第三层为动物皮革，则检索式 4F100AJ04. A * 4F100AJ10. C，检索命中 3 篇专利。

表 6.17　F-term 主题码 4F100 对应的附加码

<table>
<tr><th>主题码</th><th colspan="2">主　题　名　称</th></tr>
<tr><td>4F100</td><td colspan="2">复合材料(Laminated bodies)</td></tr>
<tr><th>观　点</th><th>解　释</th><th>附　加　码</th></tr>
<tr><td>AA - AT</td><td>材料(MATERIAL)</td><td rowspan="6">1：前加工(Previous process)
2：层压(Laminating process)
3：后加工(Post-process)
A：第一层(First layer)
B：第二层(Second layer)
C：第三层(Third layer)
D：第四层(Fourth layer)
E：五层以上(More than fifth layer)
G：黏结材料(Adhesive materials)
H：添加剂和填充剂(Addition and filling agent materials)
J：共聚物(Copolymers)
K：由下位词进一步限定(Further specifying by the lower term)</td></tr>
<tr><td>CA - CC</td><td>添加剂和填充剂、黏结材料、涂料(ADDITIVES AND FILTERS, ADHESIVE MATERIALS, COATING MATERIALS)</td></tr>
<tr><td>DA - DJ</td><td>形状、结构(SHAPE, STRUCTURE)</td></tr>
<tr><td>EA - EG</td><td>加工(PROCESSES)</td></tr>
<tr><td>JA - JM</td><td>性能、功能和状态(PROPERTIES, FUNCTIONS AND STATES)</td></tr>
<tr><td>YY</td><td>数字限定的权利要求(SPECIFIC NUMERICAL LIMITATIONS DESCRIBED IN THE SCOPE OF CLAIMS)</td></tr>
</table>

对于具有附加码的 F-term 而言，不输入附加码的句点时不会检索标引附加码的文献，比如含有植物纤维素复合层压板，F-term 分类号 4F100AJ04，其后可以有 12 个附加码，仅输入 4F100AJ04 检索，命中 8 943 篇专利，若后面加句点，输入“4F100AJ04.”检索，命中 16 689 篇专利。

6.3.3　FI/F-term 分类号在检索中的联合运用

虽然只有日本专利文献给出了 FI/F-term 分类号，只能用其检索日本专利文献和具有日本同族的专利文献，但是日本专利文献的价值很高，许多场合需要检索日本专利，而 FI/F-term 分类号检索的精确程度确是一个很好的工具。

FI 分类号对 IPC 分类号进行了细分类，在每个 FI 分类号下的文献量相对较少，易于检索者浏览或进一步限定检索范围；F-term 分类号对同一技术内容的不同角度给出分类号，所提供的技术提示相对 FI 分类丰富，所以可以通过多角度进行检索；由于 FI/F-term

分类体系自身的特点，通过采用FI/F-term分类体系进行检索所得到的文献中，引入的“噪声”文献大大减少，绝大部分文献与所要检索主题的相关度比较大。同样与文本检索相比，FI/F-term分类检索也有独到的优势，见表6.18。

表6.18　FI/F-term检索与文本检索优缺点比较

	FI/F-term检索	文本检索
优点	◆ 检索遗漏或噪声低 ◆ 可以检索较旧的文献 ◆ 能够检索语言难以表达的技术，如形状、构造、位置、关系等	◆ 只要输入关键词，简单明了 ◆ 可以用最新的技术用语检索 ◆ 某些专业用语，检索效率高。例如“人工多能性干细胞”、“iPS细胞” ◆ 能够进行申请人、发明人检索
缺点	◆ 要求理解分类体系 ◆ 最新技术尚没有分类，故不能检索	◆ 检索遗漏或噪声高 ◆ 不能检索较旧的文献 ◆ 构造、形状等技术不能检索 ◆ 要求展开同义词

使用FI/F-term分类号进行检索时，获取或者确定FI/F-term分类号是检索的重要步骤，通常方法是：

(1) 从关键词着手获得FI/F-term分类号

分析检索项目的技术内容，从中提取表征该技术内容的若干关键词。选择下列数据库用关键词检索：① 日本专利PAJ英文文摘数据库，尽可能找到密切相关文献，查看文献提取FI/F-term分类号，也可以对检索出的这些文献的FI/F-term分类号进行统计，从中确定当前申请的FI/F-term分类号的字符主题码；② 欧洲专利局的worldwide数据库，尽可能找到密切相关文献，查看密切相关文献的日本同族专利，从中提取FI/F-term分类号；也可以对检索出的这些文献的IPC分类号进行统计，从中确定IPC分类号。

(2) 查看FI/F-term分类表

日本FI/F-term分类表网址主要有两个：一是http://search.patolis.co.jp/search_en.html，进入该网站后点击“FI Classification”或“F-term”，进入页面后在关键词一栏中输入英文关键词，然后点击“Search”即可获得相关的FI分类号或F-term分类号；二是http://www5.ipdl.inpit.go.jp/pmgs1/pmgs1/pmgs_E，可以将已经确认的IPC分类号输入FI分类号输入框，检索研读FI分类表说明来确定FI分类号，再根据FI分类号，从分类表最右侧找到对应的F-term主题码，浏览F-term主题码，进一步通过查找该主题码表下的字母观点符以及数字符来确定更细分的F-term分类号。

(3) 用获得的FI/F-term分类号检索

案例：检索Automobile collision avoidance radar with fixed antenna when curving(带固定天线的汽车转弯防撞雷达)

A. 确定IPC分类　到包含8 500万件专利文献的世界最大的数据库——欧洲专利局网站Worldwide数据库，网址http://worldwide.espacenet.com，在高级检索界面的Title

(名称)输入框中输入“Automobile AND collision AND radar”，检索获得比较相关的文献53篇。对这53篇文献的IPC分类号统计并进行内容分析，得到IPC分类号G01S13/93。查找世界知识产权组织WIPO的IPC分类表，网址http://www.wipo.int/classifications/ipc/en/，G01S13/93小组号对应的技术领域为Radar or analogous systems for anti-collision purposes(用于防碰撞目的雷达或模拟系统)，确定所检索的技术主题含在该分类号中。

B. **确定FI分类** 根据IPC小组分类号G01S13/93来确定FI分类号，进入日本特许厅工业产权图书馆网站的Patent Map Guidance(日本专利分类导航)交互界面，其网址为：http://www5.ipdl.inpit.go.jp/pmgs1/pmgs1/pmgs_E，在FI输入框中输入G01S13/93，得到文件识别符细化的FI分类号G01S13/93P、G01S13/93S和G01S13/93Z，其中前两个分别用于飞机和轮船，用于汽车的存在于G01S13/93Z分类中。

表6.19 G01S13/93文件识别符细化的FI分类号

• 13/93	• • for anti-collision purposes [3]		5J070
5J070		P	For aircraft
5J070		S	For boats
5J070		Z	Others

C. **确定F-term分类** 从表6.19最右列可以知道FI分类号G01S13/93Z对应的F-term技术主题码是5J070。同上述查FI分类号一样，进入同样网址，在F-term输入框中输入5J070，可以得到5J070AD13(带固定天线的雷达)和5J070BF19(弯道上防撞雷达)，如图6.10所示。

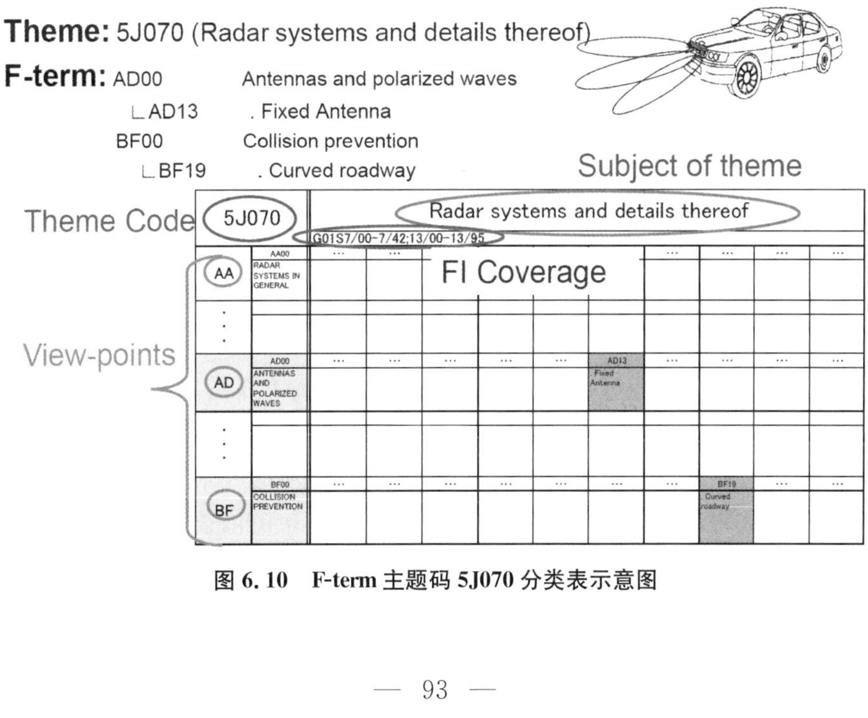

图6.10 F-term主题码5J070分类表示意图

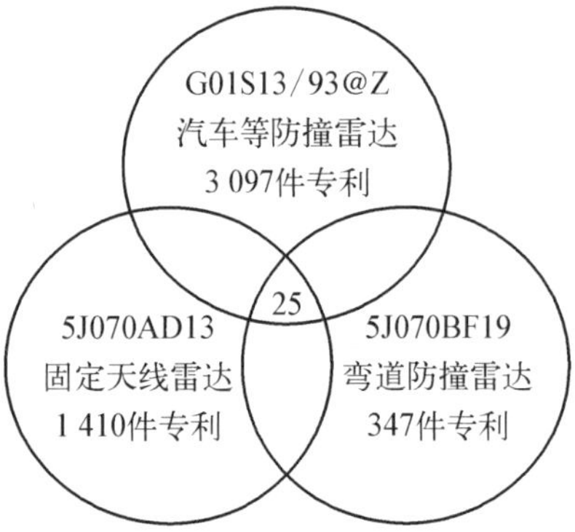

图 6.11 案例检索结果分类表示意图

D. 构造检索式并检索 综合上述分类号，确定 G01S13/93@Z＊5J070AD13＊5J070BF19 为检索式，进入日本特许厅工业产权图书馆网站的 FI/F-term Search 交互界面，其网址 http://www4.ipdl.inpit.go.jp/Tokujitu/tjftermena.ipdl?N0000＝114，在 FI/F-term/facet 输入框中输入上述检索式，检索后命中 25 件专利，输入 G01S13/93@Z 命中3 097件专利，输入 5J070AD13 命中 1 410 件专利，输入 5J070BF19 命中 347 件专利，见图6.11（本例的检索时间 2014 年 3 月 11 日）。

6.4 德温特专利分类体系

Monty Hyams 先生 1951 年创办了德温特出版有限公司（现为汤森路透知识产权与科技事业部的一个部门），1963 年开始提供专利族（Patent Family）型的制药专利文摘服务 Farmdoc，到 1974 年发展成为覆盖所有专业技术领域的德温特世界专利索引（Derwent World Patents Index，DWPI）。DWPI 数据库的出版推动了全球对专利信息的利用，对世界专利信息服务产业的形成具有很大的影响。DWPI 的用户如今遍布世界各地，包括大量的企业研发、情报、法务人员和几十个国家专利局的专利审查员。Monty Hyams 被称为专利族之父（Father of the Patent Family），在 2000 年首位获得国际专利信息奖“International Patent Information（IPI）Award”。Monty Hyams 先生于 2013 年 10 月 9 日早晨在英国伦敦的家中去世，享年 95 岁。本文破例写入一位伟人的名字和简历，是真诚地纪念他的功绩，缅怀这位先驱者和奠基人。

DWPI 数据库是世界上首屈一指的由 800 多位技术专家重新修改文摘题录、注解内容的专利信息源，截至 2014 年 7 月 1 日，数据库包含了 2 640 多万个专利族，超过 5 740 万条专利记录，数据来自全球 48 个专利授权机构及 2 种期刊文献源，覆盖农业、兽药、电子电气、化学、医药、聚合物等广泛的技术领域，时间上可以追溯到 1963 年，现在每年超过 350 万件专利入库，其中 150 万件属于新的发明专利（以上数据来自汤森路透英文网站 http://ip-science.thomsonreuters.com/support/patents/coverage/，中文网站内容较陈旧）。在 DWPI 记录中，技术专家会用通俗的语言按照技术人员平常用词、行文的习惯重新用英文书写每一篇文献的标题和摘要，重新书写的标题、摘要会从新颖性、用途、优势、技术点几个方面对专利加以描述，用简单的语言或本领域的技术词汇替换宽泛抽象的用词和绕口的法律造句，内容清晰、易懂，方便普通技术人员的阅读。采用独特的分类代码和索引系统，对所有专利文献进行人工的分类标引。当一件专利的技术主题从逻辑上说可以归属到不止一个部时，则这几个部都将包括它，如一项专利涉及用于聚合纤维的新染料，它就会被归到A部、E部和F部的相应类别中。当一件专利涉及多个技术主题将给予多个分类号。应用性角度编制的德温特分类，标引的一致性、全面性、多样性，使得检索分析更加灵活方便。DWPI数据库的标引特点受到业界广泛好评，成为商业数据库的主打产品。因此，学习德温特分类体系有助于我们多一种检索和分析专利文献的有用途径。

德温特专利分类体系主要由德温特分类代码和德温特手工代码组成。两者都可以称为德温特分类号。德温特分类是一种广泛、简单的系统，而德温特手工代码则更加详细和具体。DWPI数据库使用这两种分类系统对专利文献进行分类，因此检索专利文献可以同时采用两种代码。

6.4.1 德温特分类代码

德温特分类代码由字母数字组成，所有的技术分为三大领域，分别是：化学(Chemical)、工程(Engineering)、电子电气(Electronic and Electrical)；领域之下又分为部(Section)，总共有33个部，用字母或字母加一位数字组成，其中A～M为化学，P1～Q7工程，S～X电子电气；部又进一步分为类(Classes)，总共有294个类，由字母加两位数字组成，例如：D25代表洗涤剂，T01代表数字计算。详细的德温特分类表(或称德温特分类指南、德温特分类手册)下载网址 http://ip-science.thomsonreuters.com/support/patents/userguides/。

6.4.1.1 化学(Chemical)领域

化学领域包括12个部，141个类。下面列出12个部及其包含的类数：

A 聚合物、塑料(Polymers and Plastics)，包含32个类；

B 药物(Pharmaceuticals)，包含7个类；

C 农业化学品(Agricultural Chemicals)，包含7个类；

D 食品、洗涤剂、水处理、生物技术(Food, Detergents, Water Treatment and Biotechnology)，包含13个类；

E 一般化学品(General Chemicals)，包含23个类；

F 纺织和造纸(Textiles and Paper-Making)，包含9个类；

G 印刷、涂料、照相(Printing, Coating, Photographic)，包含8个类；

H 石油(Petroleum)，包含9个类；

J 化学工程(Chemical Engineering)，包含9个类；

K 核能、爆破、防护(Nucleonics, Explosives, and Protection)，包含8个类；

L 耐火材料、陶瓷、水泥、电化学(Refractories, Ceramics, Cement and Electro(in)organics)，包含3个类；

M 冶金(Metallurgy)，包含13个类。

6.4.1.2 工程(Engineering)领域

工程领域包括P(General)一般和Q(Mechanical)机械两部分。

P(General)包括8个部46个类。下面列出8个部及其包含的类数：

P1　农业、食品、烟草(Agriculture, Food, Tobacco),包含5个类；

P2　个人和家庭物品(Personal, Domestic),包含8个类；

P3　保健、娱乐(Health, Amusement),包含6个类；

P4　分离、混合(Separating, Mixing),包含3个类；

P5　金属成型(Shaping Metal),包含6个类；

P6　非金属成型(Shaping No-metal),包含4个类；

P7　加压、印刷(Pressing, Printing),包含8个类；

P8　光学、照相、一般(Optical, Photography, General),包含6个类。

Q(Mechanical)包括7个部57个类。下面列出7个部及其包含的类数：

Q1　一般车辆(Vehicles General),包含9个类；

Q2　特殊车辆(Special Vehicles),包含5个类；

Q3　运输、包装、储存(Conveying, Packaging, Storing),包含9个类；

Q4　建筑、建筑物(Building, Construction),包含9个类；

Q5　发动机、泵(Engines, Pumps),包含7个类；

Q6　工程部件(Engineering Elements),包含9个类；

Q7　照明、加热(Lighting, Heating),包含9个类。

6.4.1.3　电子和电气(Electronic and Electrical)领域

电子和电气(Electronic and Electrical)领域包括6个部50个类。下面列出6个部及其包含的类数：

S　仪器、测量和测试(Instrumentation, Measuring and Testing),包含6个类；

T　计算和控制(Computing and Control),包含7个类；

U　半导体和电路(Semiconductors and Electronic Circuitry),包含9个类；

V　电子元件(Electronic Components),包含8个类；

W　通讯(Communications),包含7个类；

X　电力工程(Electric Power Engineering),包含13个类。

6.4.2　德温特手工代码

德温特手工代码大大细化了DWPI索引和检索。目前正在使用的代码大约有22 500个,可以按非常具体的条件来检索特定技术。庞大的德温特手工代码等级通常基于与德温特分类相同的主题领域和部字母,例如D11-D06代表生物降解型洗涤剂,T01-H01B3A代表存储卡。例外情况是,新增了一组代表催化剂的“N”手工代码,而无“P”部手工代码。

德温特手工代码分为CPI(化学专利索引)手工代码(CPI manual code)和EPI(电气专利索引,Electrical Patent Index)手工代码(EPI manual code)。德温特公司创立这两种手工代码,其初衷是为了手工检索的便利和分类卡片的管理,现在主要用于计算机检索中。CPI手工代码是德温特分类中化学类的进一步分级,而EPI手工代码是德温特分类中电气和电子技术类的进一步分级。

德温特手工代码的等级分类用字母加数字的形式连续细分下去，在类后面加连字符，包括连字符在内最多可以有10个标识符号，标识符号越多，代码越下位，越精细。可能的格式如下所示，其中A表示字母，N表示数字：

ANN 类(Class)；

ANN-A 广义手工代码(Generic Manual Code)；

ANN-ANN 小组(Sub-group)；

ANN-ANNA 小组细分(Sub-group division)；

ANN-ANNAN 完整手工代码(Full Manual Code，9位字符)；

ANN-ANNANA 完整手工代码(Full Manual Code，10位字符)。

在手工代码手册中，手工代码后标题前用圆点"·"表示等级关系，圆点数越多，等级越低，如：

D03-E10 Candy general	2002
D03-E10A. Hard candy	2002
D03-E10A1 · · Chocolate	2002
D03-E10A2 · · Non-chocolate	2002
D03-E10B. Chewy candy	2002
D03-E10B1 · · Chocolate	2002
D03-E10B2 · · Non-chocolate	2002

其中，带一个圆点的D03-E10A表示硬糖，其上位代码是不带圆点的D03-E10(糖，一般)，带两个圆点的D03-E10A1表示巧克力硬糖，其上位代码是带一个圆点的D03-E10A，同样，带两个圆点的D03-E10A2表示非巧克力硬糖，其上位代码也是最靠近的带一个圆点的D03-E10A。代码条目后面的2002表示该代码被引入的年代。

手册中或印刷型出版物中，代码第二级或第四级可能是一位数字或二位数字。当它们是一位数字时，在该数字之前没有补零。但在计算机检索时，应当补入零。例如：代码A5-C1B1(代码手册格式)计算机检索时应为A05-D02A。

专利文献标引手工代码是为了突出发明的新颖性，一般依据其权利要求中的新颖性叙述。此外，代码的标引还取决于该发明。为了将发明的特点给以适当的标引，Derwent的标引人员经常从专利说明书的主要部分获取有关信息。有时一件专利揭示了两个新颖性技术内容，那么手工代码均应该给以体现。例如，一专利的新颖性是"利用供电电路减少计算机中的谐波和纹波"，它将被标引为T01(数字计算机)，T01-L01(电路供应，准备)；并且也被标引为U24(放大器和低电力)，U24-D01E(减少谐波和纹波)。这些不同的标引可以满足使用者不同的需求和特别的兴趣。一个使用者对供电中的谐波和纹波感兴趣，那么他可以使用U24的代码；而一个使用者对关于计算机的供电有特殊兴趣，它可以使用T01代码。所以，为了表述一个特殊的主题，代码经常成组使用。这样一些主题可以有两个或三个代码。

当某一发明主题涉及多个手工代码，而这些代码包含在同一个上位代码之内时，该发明应该分在上位代码里，例如，发明主题为“用发酵法生产氧化还原酶、水解酶及转移酶”，相关代码及其前后代码如下：

D05-C03 Enzymes(上位代码)

D05-C03A. Coenzymes

D05-C03B. Oxidoreductases

D05-C03C. Hydrolases

D05-C03D. Transferases

D05-C03E. Lyases

D05-C03F. Isomerases

D05-C03G. Ligases(synthetases)

应使用上位代码 D5-C3，而不使用下位的 D05-C03B、D05-C03C、D05-C03D 三个代码的逻辑和。

读者可以在线查找手工代码，网址 http：//ip-science. thomsonreuters. com/mcl/。图 6. 12 显示德温特手工代码检索界面。在“Enter terms to search”输入框中输入关键词，将检索包含该检索词的手工代码。在关键词前使用负号“–”，例如“-test”，检索结果将排除

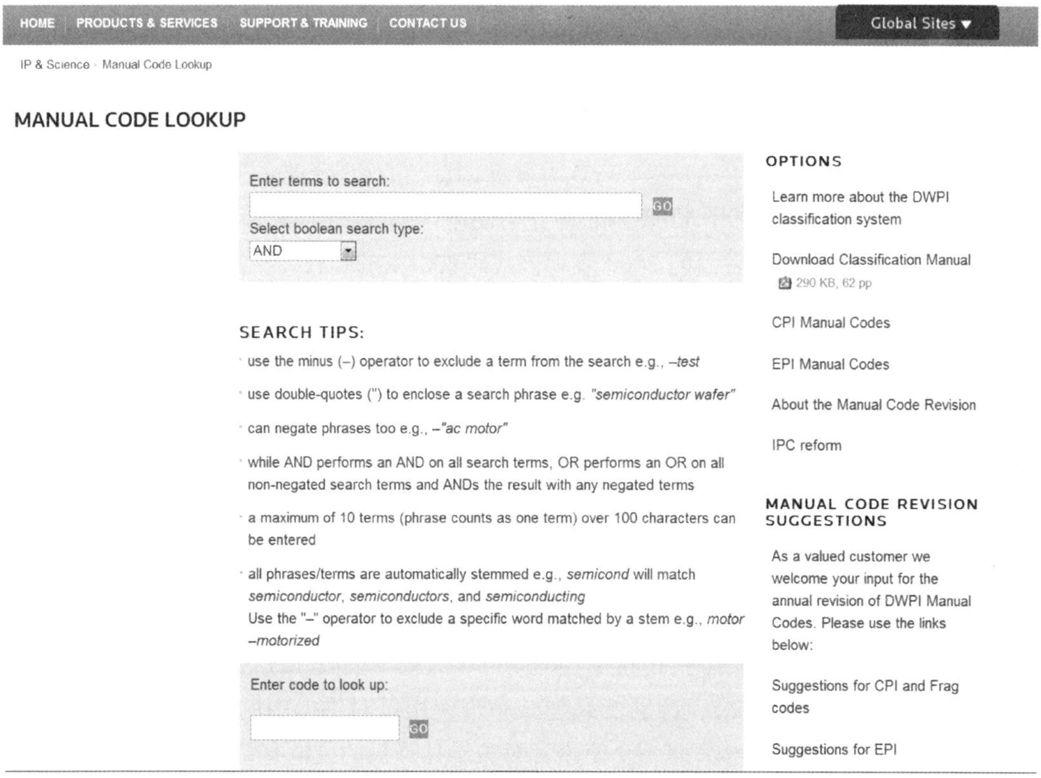

图 6. 12　德温特手工代码检索界面

含该关键词的手工代码；使用双引号，例如“semiconductor wafer”，检索出包含该短语的手工代码；输入框中最多可以输入 10 个检索词，下方的下拉选择框可以选择“AND”或“OR”，表示所有检索词之间是“AND”或“OR”运算；所有的检索词自动词根化，例如输入“semicond”将自动匹配“semiconductor”、“semiconductors”和“semiconducting”，结合负号算符可以自动排出某个特定的检索词，例如“motor-motorized”。在“Enter code to look up”输入框中输入手工代码，将输出该手工代码及其上下文，便于确认检索策略使用的最合适的手工代码。

6.4.2.1 CPI 手工代码

CPI 手工代码基本上是对德温特化学分类代码的细化，即对 A～M 部分级。最大的不同是增加了 N 部。N 部是有关催化剂的分类，它是从上述部类中除 A、F 和 G 部外根据催化剂特征给予文献的代码，这些代码可以在计算机检索中应用。

有关 CPI 手工代码的详细说明可以参阅 CPI 手工代码手册，相当于 CPI 手工代码分类表或指南。2014 年，CPI 手工代码手册修订至第二十一版，下载网址 http://ip-science.thomsonreuters.com/support/patents/userguides/chemistryguides/#cpi_mancodes。

CPI 手工代码手册分为三个部分。

第一部分为手工代码索引，按手工代码顺序排列，给出代码的详细定义，显示代码之间关系。

第二部分为主题词索引，按技术主题词的英文字母顺序排列。根据技术主题词初步确定代码，再回到代码手册的第一部分去了解代码的完整含义以及该代码与其他代码的关系。

第三部分为三个附录：附录 1 纳米技术（Nanotechnology），把化学、生命科学和工程技术中与纳米产业相关的代码抽提出来，按技术主题排列，可以快速找到主题对应的手工代码；附录 2 绿色技术（Green Technology）是把化学、生命科学和工程技术中与绿色技术相关的代码抽提出来，按技术主题排列，可以快速找到主题对应的手工代码，绿色技术包括绿色交通（如混合动力车、燃料电池车和其他零排放车辆）、替代能源（如风能和太阳能）、生物燃料和其他能够控制污染或减少碳足迹的技术；附录 3 遗传工程（Genetic Engineering）。

6.4.2.2 EPI 手工代码

EPI 手工代码基本上是对德温特电子电气分类代码的细化，即对 Q、S～X 部分级。EPI 手工代码分 7 个部（Q、S～X），下设 55 个 EPI 大类。每一个大类又进一步细分，以满足更精确的检索要求。到 2014 年，EPI 代码手册已收入约 12 000 个手工代码，而在其开始创立时（1980 年），只有 1 900 个代码。

有关 EPI 手工代码的详细说明可以参阅 EPI 手工代码手册，相当于 EPI 手工代码分类表或指南。2014 年，EPI 手工代码手册修订至第十六版，下载网址 http://ip-science.thomsonreuters.com/support/patents/userguides/chemistryguides/#epi_mancodes。

EPI 手工代码手册分为三个部分。

第一部分为手工代码索引，按手工代码顺序排列，给出代码的详细定义，显示代码之间关系。

第二部分为主题词索引，按技术主题词的英文字母顺序排列。根据技术主题词初步确定代码，再回到代码手册的第一部分去了解代码的完整含义以及该代码与其他代码的关系。

第三部分为六个附录，分别是：① EPI 主题范围简介；② EPI 手工代码编码策略主题索引；③ IPC－EPI 手工代码对应表；④ EPI 和机械运输分类简明指南；⑤ 纳米技术手工代码快速指南；⑥ 绿色技术手工代码快速指南。

6.4.3 德温特分类体系的检索运用

凡是包含 Derwent World Patents Index 数据库，都会用到德温特分类代码和德温特手工代码。下面我们选择有代表性的两个数据库介绍。

6.4.3.1 Derwent Innovations Index 数据库

Derwent Innovations Index(简称 DII)是由 Thomson Scientific 出版的基于 Web 的专利信息数据库。Derwent Innovations Index 4.0 将 Derwent World Patents Index 和 Patents Citption Index 有机地整合在一起，用户不仅可以通过它检索专利信息，而且可以通过这个数据库检索到专利的引用情况，还可以利用 Derwent Chemistry Resources 展开化学结构检索。

Derwent Innovations Index 基本检索界面如图 6.13 所示，选择“德温特分类代码”字段入口，在前面的框中输入一个或多个用逻辑运算符连接的分类代码，可以输入完整的分类代码，或者使用通配符输入部分分类代码。或者，可以单击检索辅助工具链接来查找添加到检索式的特定代码。例如，T04 AND V05 查找同时具有德温特分类代码 T04 和 V05(两者都在电气和电子部分中)的专利记录；T04 OR V05 查找德温特分类代码为 T04 或

图 6.13 Derwent Innovations Index 基本检索界面

V05 的专利记录；T04 NOT(V05 OR V04)查找德温特分类代码为 T04，而非 V05 或 V04 的专利记录；M1?(与 M1＊相同)查找德温特分类代码以 M1 开头(化学部分的冶金学分类)的专利记录。

在图 6.13 检索界面中，选择“德温特手工代码”字段入口，在前面的框中输入一个或多个用逻辑运算符连接的手工代码，可以输入完整的手工代码，或者使用通配符输入部分手工代码；或者，可以单击检索辅助工具链接来查找添加到检索式的特定代码。例如，H01-B＊查找石油/钻井手工代码及其下位各等级结构中的专利记录；H01-B01＊查找海上建筑物和设备手工代码的所有子类别中的专利记录；H01-B01D＊查找半潜式平台手工代码的子类别中的专利记录。检索窍门：使用手工代码执行检索时，请使用星号“＊”字符，例如，检索 J072-B 不能查找 J07-B 下位等级的专利，而检索 J07-B＊则查找 J07-B 及其所有下位等级的专利。

单击检索辅助工具链接来查找添加到检索式的特定代码。实际上就是检索德温特分类代码表或手工代码表。图 6.14 为德温特分类代码表的检索界面，可以在输入框中输入分类代码或主题词，示例中输入了“fuel”这个词，返回 5 个结果，分别在 H09、K06、L03、Q53 和 X15 分类中出现“fuel”。也可以在分层结构中通过浏览方式查询分类代码。确定代码后，点击添加到检索式，所确定代码就可以运用到检索中去了。手工代码表的查找和运用方式大同小异，此处不再赘述。

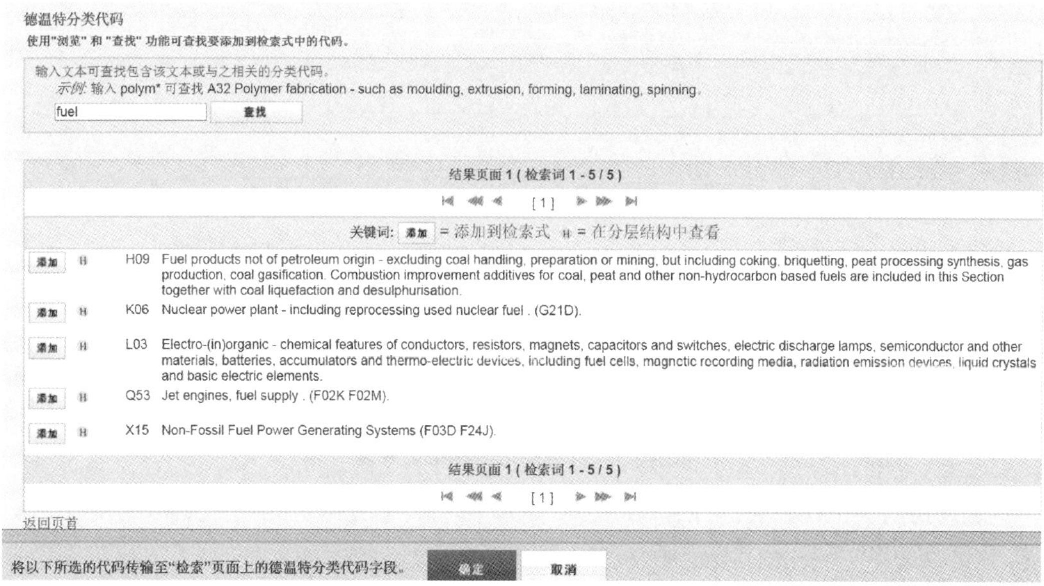

图 6.14　德温特分类代码表的检索界面

6.4.3.2　Thomson Innovation 数据库

Thomson Innovation(TI)是由汤森路透集团提供的数据库，除收录 DWPI 数据以外，还收录来自全球 90 多个国家和地区的 8 000 多万篇专利信息，包含题录信息、PDF 全文，法律状态信息等专利信息深加工的数据和原始数据，另外还有 INPADOC 法律状态和美国Re-assignment数据库。另外，TI 带有强大的专利分析和可视化工具，因此在专利地图高端市场占有一席之地，但价格较贵。

在 TI 数据库提供四种检索方式：① 快速检索，快速检索工具位于 Thomson Innovation 中所有非弹出式页面的顶部；② 表单检索，可以使用下拉框、文本输入字段和其他辅助工具创建检索式，在检索结果中查看匹配的记录；③ 公开号检索，可以输入或上传专利公开号或 DWPI 入藏号进行检索；④ 专家检索，可以选择在各种参考工具的帮助下使用查询语言输入检索式，并将匹配记录显示为检索结果。使用"专家检索"可以快速精确地输入复杂的检索式。

由于 TI 数据库中，德温特分类代码和德温特手工代码使用方式大同小异，这里用手工代码举例。图 6.15 为 TI 数据库表单检索界面。在输入检索条件下拉框中选择 DWPI 手工代码，在其右侧的输入框中输入手工代码。输入上位的手工代码不会自动检索下位的手工代码，必须把所有需要的手工代码都输入，并用"OR"相连，也可以采用"*"截词符，例如Q11-B01A3*。

图 6.15　TI 数据库表单检索界面

若要访问手工代码表，可以选择"表单检索"界面中的 DWPI 手工代码字段并单击浏览，也可以选择"专家检索"界面中"资源"功能下的手工代码。图 6.16 为手工代码表检索界面。在"关键词检索"文本框中，输入关键词(示例中输入了 fuel cell)并单击 GO 进行检索，允许使用通配符，结果显示含有该关键词的手工代码，供进一步斟酌。可以直接浏览手工代码表，单击"浏览手工代码"下方的加号展开类别，此处共有 55 个子集。页面将会重新显示所需信息，可以通过复选框选中要添加至检索式的代码。单击保存，选中的代码将传输至检索界面，以供检索使用。

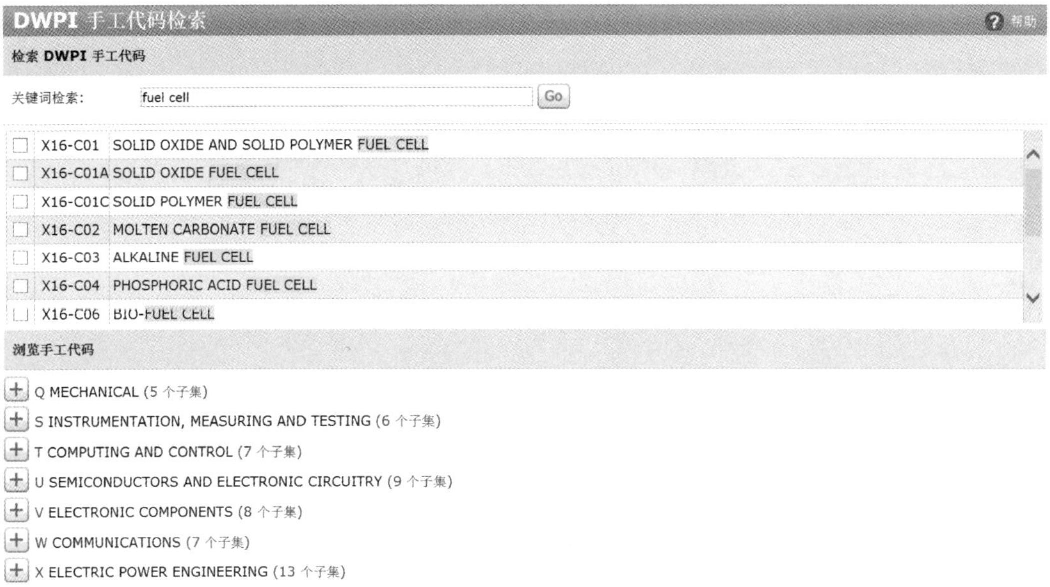

图 6.16　手工代码表检索界面

撰稿：肖沪卫（上海科学技术情报研究所）

检 索 篇

明晰世界专利的动态，可以避免重复开发与资金浪费。任何个人和单位在创新或申请专利前都应认真检索，了解自己的想法是否已经被别人实现。专利检索是一种基础能力，决定着研发和专利情报研究的水平高低，是专利战术情报和专利战略情报运用的先决条件。

广义上说，专利检索(Patent Search)是在一切信息源中查找专利信息(文献)或在专利信息源中查找信息(文献)的过程。在一切信息源中查找专利信息是指查找的客体为专利信息，而信息源可以不是专利信息源，比如在《化学文摘》中查找有关添加剂的专利。在专利信息源中查找信息是指信息源必须是专利信息源，而查找的客体可以不是专利信息，比如在美国专利数据库中查找论文引文信息。本篇采用后一种狭义定义，即在专利信息源中查找信息，包括技术信息检索、化合物检索、聚合物检索、生物序列检索、专利人信息检索、专利引文检索、失效专利检索、专利诉讼案例检索、专利语义检索、外观设计检索。篇尾介绍了专利检索新进展。

第7章 专利检索流程分析

专利检索是一项复杂的工作，涉及检索员、检索软件和数据库，其实质是将用户头脑中的信息需求转化为具体的检索行为，即检索员通过检索软件把用户需求表达成专利数据库能够识别的检索语言，并把该检索语言输入所述的专利数据库，从中获取相匹配的文献或信息。期间制订的全盘计划和科学安排，称为制订检索策略。专利检索一般流程如图 7.1 所示。

图 7.1　专利检索流程

7.1 判断检索可行性

用户在委托专利检索前，通常会与检索机构初步接洽。检索员根据用户的初步提问，对承担本次检索任务完成的可行性进行客观判断。如果用户提出的要求同满足要求的现有条件相距甚远，完成任务的概率很低，则检索员应当婉拒委托。现有条件包括检索员的能力、计算机、数据库和软件。完整的检索几乎包括了全部检索有关的基本知识的应用。

检索员应当具备与专利检索项目相关的专业知识和较宽的知识覆盖面，具有较好的外语阅读能力、计算机水平和文献分析与综合提炼能力，具有良好的沟通、理解和文字表述能力，掌握基本检索技能，具有初步判断用户的需求通过专利检索是否能够实现的能力。

检索员只有全面了解专利说明书和专利数据库的信息内容、著录格式、可检索字段、检索词、检索算符等，才有可能判定用户要求能否实现，就好比你要捕捉某种鱼，首先要知道已知的河里有没有这种鱼，否则徒劳无功。因此，下面对专利说明书和专利数据库总体情况作一介绍，补充完善检索员的基本信息素养。

专利说明书是专利文献的主体，其主要作用一方面是公开技术信息，另一方面是限定专利权的范围。用户在检索专利文献时，最终要得到的就是这种全文出版的专利文件。目前各国或国际组织出版的专利说明书在格式上和内容上趋于统一，基本上包括：扉页、摘要、权利要求书、说明书、附图，有些还附有检索报告。专利说明书扉页主要用来传播专利信息，刊登有专利文献著录项目。专利文献著录项目是专利局为揭示每一项专利或专利申请的技术信息特征、法律信息特征及可供人们进行综合分析的信息线索而编制的款目。为易于识别和查找专利文献的著录项目内容，便于计算机存贮与检索，世界知识产权组织(WIPO)下属的巴黎联盟专利局间情报检索国际合作委员会(ICIREPAT)，责成国际标准化组织(ISO)制定了一部专利文献著录项目的国际标准代码，即 INID 代码(Internationally agreed Numbers for the Identification of bibliographic Data)，并规定从1973 年起，各种专利文献扉页上都应予以相应地标注。这种代码由用圆圈或括号所括的两位阿拉伯数字表示。在专利说明书上，其扉页通篇都是专利文献的著录项目。专利文献检索主要是针对表示专利信息特征的专利文献著录项目进行的。

许许多多的专利说明书组织起来的数据集合构成专利数据库的主流。通用数据库中的数据是面向社会公众从全局观点出发包括所有的技术领域建立的，而行业数据库中的数据是面向部分公众从行业观点出发选择一行业相关的技术领域建立的。专利数据库按一定的数据模型进行组织、描述和存储，其结构基于数据间的自然联系，提供必要的存取路径。数据结构独立于使用它的应用程序，对数据的增、删、改和检索由统一软件进行管理和控制。专利数据库检索字段的名称通常与专利说明书上的著录项目名称对应，便于理解和检索，如发明名称、摘要、分类号、申请日等，但也不完全一样，如国家知识产权局中国专利检索系统的优先权字段就包括优先权日、优先权国和优先权号三个著录项目。特殊的专利数据库并非是由专利说明书组成的，而是记载了专利活动中产生的其他信息，如专利法律状态数据库、专利转让数据库。

下面从现有的国内外专利数据库和专利说明书出发，介绍可以通过专利检索直接获得的相关信息（见表 7.1）。

表 7.1　专利检索可以从数据库直接获得的信息

信息类型	内 容 与 价 值
技术信息	专利文献首先是一种技术文献，它要反映解决什么技术问题，解决技术问题的技术方案和方案实施的技术效果。在专利文献著录项目中，表示上述各项专利技术信息特征的是一些特定的标志和文字，例如专利分类号、发明创造名称、摘要、相关文献、关键词等。专利文献涉及广泛的科学技术领域，是提供技术内容的最佳信息源。由于大多数国家使用统一的国际专利分类法，同一类别的专利文献高度集中，基本上展现了某一技术领域里最先进技术信息的全貌
法律信息	专利文献也是一种法律性文件，是有关构成专利技术法律内容的信息。专利信息公开专利技术的归属，明确记载专利技术的保护范围及专利权人的姓名、地址、申请日期等，是了解专利权的内容、范围和有效性等法律状况的有效的信息源。它所公布的“权利要求”清楚简要表述请求保护的范围，授权后作为判断是否侵权的法律依据，也是确定产品生产国，或准备输出和引进时不致造成侵权的依据。从专利申请、审查，到审查之后获得专利和专利权在保护期限内的维持的全过程中，专利法律状态是动态变化的。专利申请后，可能存在撤回、视撤或被驳回等情况；专利在授权前后，可能存在专利申请人、专利权人变更，也可能存在因未按时向国家知识产权局交纳年费而被视为放弃专利权，或该专利被他人请求无效而丧失专利权等情况；而一些已发过公告注明视撤或中止的专利申请或专利，也有可能被恢复。法律状态信息存在于专利登记簿和专门的法律状态数据库、专利转让数据库、专利诉讼数据库中
人员信息	包括发明人、专利申请人、专利权人、专利代理人等。发明人（Inventor）：对发明创造的实质性特点作出创造性贡献的人，应当是自然人，不能是单位或者集体。数人共同作出的发明，在发明人字段中会出现所有发明人的名字。申请人（Applicant）或专利权人（Assignee）：申请人是对专利权提出申请的自然人或法人（单位），一般情况下，专利批准后申请人成为专利权人。专利权人是实际对专利具有独占、使用、处置权的自然人或法人。专利权可以通过授予获得，也可通过转让、赠予或继承等获得。专利申请人（专利权人）主要分为团体和个人两大类。团体申请人（专利权人）又可分为政府机构、研究院校、企业等。专利申请人（专利权人）并不仅限于一个，可以是多个不同类型的团体或个人共同申请，称为共同申请人
专利族信息	人们欲使一项新发明技术获得多国专利保护，就必须将其发明创造向多个国家申请专利。同一项发明创造在多个国家申请专利而产生一组内容相同或基本相同的文件出版物。由于“早期公开、延迟审查”的专利审批制度，造成了专利文献的重复出版，从而形成了一组由同一国家出版的内容相同或基本相同的专利文献。通常把这种具有共同优先权的在不同国家或国际专利组织多次申请、多次公布或批准的内容相同或基本相同的一组专利文献称作专利族（Patent Family）。将专利族中的每件专利文献称为专利族成员（Patent Family Members），在习惯上把专利族成员简称为“同族专利”。在每一专利族中，向第一国申请专利的文件出版物为基本专利。全世界每年公布的 100 多万件专利说明书中，有 35 万～40 万件是基本专利。英国德温特出版公司对基本专利另有其自己的规定，它将该公司先收到的主要国家的专利作为基本专利，后收到的同一发明的专利即作为同族专利

续 表

信息类型	内容与价值
引文信息	继承性和关联性是技术发展的一个显著特点，几乎所有的研发成果都是在前人工作的基础上发展起来的。技术的继承性在专利文献中明显的体现就是引用文献。专利引文是指在专利文件中列出的与本专利申请相关的其他文献，如专利文献、科技期刊、论文、著作、会议文件等。专利申请人在专利说明书中引用的现有技术，称为申请人引证的引用文献；审查员在检索过程中引用的现有技术，称为审查员引证的引用文献；其他人在专利活动过程中，主要是复审和诉讼中引用的现有技术，称为其他人引证的引用文献。专利引文与申请专利的发明创造密切相关，全面反映了专利文献技术交流的现状与趋势。专利引文数据库为开展专利信息的查寻检索和分析研究提供了重要的资源和强有力的工具
时间信息	专利说明书反映出的日期有申请日、公开日、公告日、优先权日等。时间信息通常与技术信息、人员信息、法律信息、专利族信息、引文信息等联合检索分析，阐明何时发生了什么事件。申请日：根据《专利法》第二十八条的规定，国务院专利行政部门收到专利申请文件之日为申请日。如果申请文件是邮寄的，以寄出的邮戳日为申请日。申请日在法律上具有十分重要的意义，它确定了提交申请时间的先后，按照先申请原则，在有相同内容的多个申请时，申请的先后决定了专利权授予谁；它确定了对现有技术的检索时间界限，这在审查中对决定申请是否具有专利性关系重大；申请日是审查程序中一系列重要期限的起算日。公开日：我国专利法规定，专利局经初步审查认为发明专利申请符合本法规定的，自申请日起满 18 个月，应将该申请予以公布。所谓提前公开，是指发明专利自申请日起，有优先权的自优先权日起，申请人可要求提前公开其专利申请，并应提交提前公开声明。授权公告日：授权公告日是指专利部门作出授予专利权的决定，发给专利证书，同时予以登记和公告的日子。专利权自公告之日起生效。优先权日：专利申请人就一项发明在一个缔约国提出申请专利后，在规定时间内又向其他缔约国提出申请时，申请人有权要求以第一次提出的日期作为后一个提出申请的申请日期的权利。提出这一申请的日期要求，称为优先权日
空间信息	专利说明书反映出的空间信息主要有地址、邮政编码、国家代码、优先权国家、地区代码、国省代码（我国）。空间信息通常与技术信息、人员信息、法律信息、专利族信息、引文信息等联合检索分析，阐明何地发生了什么事件
号码信息	专利号码信息包括申请号、公开号、公告号、专利号、优先权号，是检索已知文献及其相关信息的最佳选择。申请号：受理局受理一件专利申请时给予该专利申请的一个标识号码。专利号：在授予专利权时给予该专利的一个标识号码。公开号：在发明专利申请公开时给予出版的发明专利申请文献的一个标识号码。公告号：在发明专利授权时给予出版的发明专利文献的一个标识号码。优先权号：优先权分为外国优先权和本国优先权两种类型。外国优先权指专利申请人就一项发明在一个缔约国提出申请专利后，在规定时间内又向其他缔约国提出申请时，申请人有权要求以第一次提出的日期作为后一个提出申请的申请日期的权利。提出这一申请的日期要求，称为优先权日。优先权号是该专利要求优先权的申请文件的申请号

7.2 分析检索需求

根据用户提出的检索要求（Demand），如果判断在专利数据库中找到相关信息或解决相关问题的可能性极大，则进一步细化检索要求，最终明确检索需求。其目的是了解专利检索可以解决哪些问题。从检索本身来看，专利检索要求可分为查找数据库信息的表示、解决专利问题的表示和针对应用的表示三大类。

7.2.1 查找数据库信息的要求

当用户对专利数据库或专利文献有一定了解，知道自己要什么的时候，往往会向检索机构直接针对数据库内容提出检索要求，如获取已知文献或检索数据库信息。已知文献要求：用户在实施检索行为之前，已经通过其他方式或途径，了解到含有其所需信息的文献的存在，并掌握了一些文献特征或线索，希望利用检索查找或获得这些已知文献。严格地讲，对于已知文献需求，虽然用户的最终目的，仍然是获得已知文献中的信息内容，从而满足其信息需求。但检索的直接目标却是查找这些已知存在的文献，而不是从所需的信息入手进而查找有关文献。检索数据库信息要求：用户在实施检索行为之前，已经了解到专利数据库可能含有其所需信息的存在，并掌握了一些信息特征或线索，希望利用检索查找或获得这些信息。表 7.2 是针对专利数据库内容提出的检索要求及其说明。

表 7.2 针对专利数据库内容提出的检索要求及其说明

检索要求	说　　明
号码检索	用户通常已经掌握了某专利文献的专利号、专利申请号、专利公开号或优先权号等，希望通过这些典型的已知文献特征或线索，检索查找出这些文献。如用户掌握的是一件专利的申请号，而他要索取该专利的说明书，可能委托检索员选择申请号检索
技术信息检索	专利技术信息检索是指从技术主题对专利数据库进行检索，从而找出相关信息的过程，分为追溯检索和定题检索。追溯检索是指利用检索工具，由近而远地查找专利技术信息的过程。定题检索是指定期从专利数据库中检索新加入的专利文献的过程，属于预警检索的一个内容。用户为了获取现有技术，了解某一技术的发展脉络和现状，寻找技术难题最佳解决方案，通常会委托追溯检索。用户为了随时监视国内外相关的新技术动态，通常会委托定题检索
专利法律状态检索	用户拿着专利申请号或文献号委托专利法律状态检索，希望获得特定专利或专利申请的法律状态信息。这种专利或专利申请在审批过程或授权后法律状态变动信息的查找，包括专利申请是否授权、撤回或驳回，专利权是否有效、终止、有效期届满、无效、转移或视为撤回。下述情形确权时可能需要进行法律状态检索：① 可能发生专利权转移或许可的情形：专利技术引进、合资、合作、并购、专利权质押、出资入股、融资担保等活动，确认出让人或许可人是否为专利权人，避免受骗上当；确认专利权的有效性，避免引进非专利、无效专利或剩余保护期过短专利，造成不必要的经济损失；② 规避侵权风险的情形：技术研发时，对某一专利技术很感兴趣，通过专利法律状态检索，若确认该专利为失效专利，则可以免费使用，若确认该专利权即将到期，则可做好产品仿制工作，一旦到期即可上市；产品上市或出口前，检索上市地或出口地是否存在该产品可能侵权的相关专利，若存在，则进一步通过专利法律状态检索确认其专利权有效性，避免产品上市后被诉讼侵权；③ 发生侵权诉讼的情形：在单位或个人被控侵权时，应通过专利法律状态检索，以确定被控侵权的专利是否有效，或者是提供相关专利法律状态的检索报告作为诉讼或应诉材料；④ 判定发明专利性的情形：通过检索同族专利的法律状态，考察同族专利的检索报告或检索结果，可以推测等同专利的新颖性或创造性，为审批专利或无效专利提供参考

续 表

检索要求	说　　　明
专利人员检索	用户以发明人、专利申请人、专利权人、专利代理人等专利相关人作为专利检索线索，希望找出有关的专利文献或信息。用户想研究竞争对手时，往往会委托专利申请人（专利权人）检索，通过专利申请人检索，挖掘出行业内的领军企业和竞争对手，分析出自身与竞争对手的优势与差距等。用户想寻找合作伙伴时，也可能会委托专利申请人（专利权人）检索。同类申请人之间往往是竞争对手，而不同类型申请人之间往往是合作伙伴。个人、政府机构、研究院校通常是企业的合作伙伴。用户想了解产学研结合情况时，也可以委托专利申请人（专利权人）检索，分析共同申请人情况。用户在研究人才过程中，可能会委托专利发明人检索。区域竞争和企业竞争归根到底是人才的竞争，人才是经济社会发展的第一资源，谁占据了人才优势，谁就掌握了竞争王牌。专利发明人是技术进步的最基本要素和财富创造的原动力。通过专利发明人分析可以了解科技发展的前沿动向，掌握发明人的技术特点及其活动规律，以便于发现技术合作者或竞争者；通过专利发明人分析可以有效掌控公司研发部门的运作绩效，从而有助于提升企业竞争力
专利族检索	用户以某一专利或专利申请的申请号（包括优先申请号）或文献号为线索，委托查找与其同属于一个专利族的所有成员。主要动机是：① 帮助克服语言障碍：例如某研发人员想参考一篇西班牙专利，但不懂西班牙文，查同族专利找到一篇美国等同专利，解决了语言不通问题；② 分析某一发明所拥有的同族专利数量，有助于评价一项发明的重要性；③ 分析某一发明同族专利的地域分布状况，可以了解其全球市场布局；④ 通过同族专利之间的时间和内容比较，可以了解该同族专利的最新技术进展；⑤ 判定发明专利性的捷径：通过检索同族专利的法律状态，考察同族专利的检索报告或检索结果，可以推测等同专利的新颖性或创造性，为审批专利或无效专利提供参考；⑥ 规避侵权的一种途径：某公司仿造美国专利生产一种产品，准备出口到日本，经同族专利检索，发现该美国专利在日本有等同专利并授权，由此推断该产品未经专利权人同意不能出口到日本
专利引文检索	用户委托查找特定专利所引用或被引用的信息。通常下述情形可能需要专利引文检索：了解某项具体技术的发展脉络，分析判断技术发展过程所处的位置，掌握专利技术被引用的发展态势，有效获取前沿技术的变化信息；确定某技术领域的研究热点和核心技术；参考对比相关技术，避免发生技术侵权行为；定量评价科研机构的学术水平、科研绩效

7.2.2　解决专利问题的要求

这类要求的特点是，用户在实施检索行为之前，只是希望利用检索获得能够解决其专利问题的信息，但用户事先并不知道究竟有哪些文献含有其所需的信息。解决专利问题的检索的最终目的，同样是获得文献中的信息内容，但是，与获得已知文献需求所不同的是，其检索行为，是以所需的解决专利问题的信息为直接目标，进而最终查找出包含这些信息的文献。解决专利问题的检索可划分为：专利查新检索、专利侵权检索、专利二次开发检索和自主知识产权检索（见表 7.3）。

表 7.3　针对解决专利问题提出的检索要求及其说明

检索类型	检　索　目　的
专利查新检索（专利性检索、新颖性检索）	找出与发明创造技术主题相关的现有技术中的对比文献，或者找出抵触申请文献和防止重复授权的文献，并与发明创造技术主题进行对比，判定发明创造是否具备新颖性和创造性（可专利性）。用户主要用来解决三大问题：一是评估发明创造能否授权；二是确认授权专利稳定性；三是帮助修订申请文件。用户遇到下列情况需要进行专利查新检索：① 专利申请：明确专利申请的授权前景，避免浪费时间，支付不必要的专利申请费；参考检索到的资料，修订申请文件，增加专利申请的获准率；② 专利审查：申请人可以在审查前先进行专利查新检索，将获得的相关资料提供给专利局参考，以提高审查进度；③ 专利诉讼：实用新型和外观设计不进行实质审查，因此原告提起诉讼前要求进行专利查新检索，而发明专利的原告提起诉讼前最好也进行专利查新检索，以确认专利权稳固性很强，避免诉讼过程中专利被无效掉，承担较高的诉讼费和可能的赔款。被告可以针对原告专利开展专利查新检索，找出能够证明原告的专利不具有新颖性或创造性而被无效的证据
专利侵权检索	分为主动侵权检索和被动侵权检索。主动侵权检索又称防止侵权检索，是指为避免发生专利纠纷而主动针对某一产品或方法进行专利检索，找出其可能侵权的专利或专利申请并且评估侵权风险，也称为“自由实施（Freedom To Operate，FTO）专利检索”。被动侵权检索是指被别人指控侵权时进行的检索，判断专利侵权指控是否成立，找出对受到侵害的专利提无效诉讼的依据。用户遇到下列情况需要进行专利侵权检索：① 产品制造：立项、研发阶段，可以通过防止侵权检索发现技术陷阱雷区，以便有针对性地开展回避设计、技术挖洞、专利许可、失效专利利用等来避免侵权并降低涉诉风险。生产阶段，可以通过防止侵权检索评估专利侵权风险，使所生产加工的产品及其零部件、模具、机器、设备等不侵权，所使用的方法不侵权，所造产品的外观不侵权；② 产品上市：产品推销（柜台展示或者演示、广告、传真、网上发布信息等途径推销产品）、产品销售、产品进出口之前，可以通过防止侵权检索避免所推销、销售或进出口的产品及其零部件发生侵权问题；③ 专利诉讼：遇专利侵权纠纷时，被控侵权人应进行被动侵权检索，运用专利无效抗辩、滥用专利权抗辩、未落入涉讼专利保护范围的抗辩、现有技术抗辩等策略积极应诉；④ 防范他人侵权：为防范他人侵犯专利权，专利权人可以进行防止侵权检索，查找与委托人专利的技术方案相关的第三方专利、专利申请或产品，监视和跟踪他人已经或即将发生的侵权行为
专利二次开发检索	以引进专利和利用专利文献为基础，通过消化、吸收、创新、发展来突破技术壁垒，从而形成具有自主知识产权的新技术和新产品。本质上就是利用已有先进的专利技术（称为基础专利）内容作为基础，进一步提炼改进实施创新，从而创造出更新、更有价值的专利技术。用户可能需要委托查找基础专利，并与开发项目进行对比，进一步通过检索判定开发项目的可专利性，分析开发项目实施后的侵权问题，了解开发项目的先进性和市场前景
自主知识产权认定检索	自主知识产权是指中国的自然人、法人或非法人单位经过研究开发、设计创作或技术贸易等活动形成的、依法拥有的能够独立自主实现某种技术知识资产的所有权。如今，不管是政府部门、还是企业，都越来越重视自主知识产权问题。拥有自主知识产权的企业可以更容易地享受到政府的优惠政策。企业在技术引进、技术转让、技术投资等技术贸易过程中，也愈加重视技术的自主知识产权问题。自主产权明晰的技术容易被交易，且风险小；反之，自主产权不明晰的技术，侵权风险大，交易时要谨慎。而判定哪些企业拥有自主知识产权，或者哪些技术具有自主知识产权，就需要进行自主知识产权检索

7.2.3 针对应用的要求

这类要求的特点是，用户在实施检索行为之前，只是希望自己的经济活动能够获得成功，但用户事先并不知道自己的经济活动究竟涉及哪些专利检索，希望检索机构能够给予指导，给出解决应用问题的一揽子方案。这种检索一般是上述两种检索类型的结合运用（表7.4）。

表7.4 应用类型及其检索内容

应用类型	检索内容
技术研发	① 专利技术信息检索以借鉴参考提高研发起点；② 专利侵权检索以规避设计；③ 专利查新检索以保护发明创造
技术引进	① 专利法律状态检索以确认引进专利真实有效，是否已发生过转让或许可；② 专利族法律状态检索（如果有专利族的话），通过了解同族专利的法律状态进一步确定引进专利的权利稳固性；③ 专利技术信息检索以分析判断该引进技术市场前景与技术水平；④ 专利引文检索以评估引进专利的核心价值；⑤ 专利侵权检索以防止引进专利实施后侵犯他人专利权的问题
产品出口或上市	① 专利侵权检索，确认上市地或出口地是否存在该产品可能侵权的相关专利或专利申请，若存在，则把这些专利或专利申请一一找出；② 专利法律状态检索，确认这些找出的专利的权利有效性，避免产品上市后被诉讼侵权；③ 专利查新检索，分析是否能把上述法律状态权利有效的专利无效掉
竞争对手分析	① 专利申请人或专利权人检索，检索出竞争对手申请的所有专利及收购的所有专利；② 同族专利检索，了解上述专利的地域性分布；③ 专利法律状态检索，确定上述专利的有效性；④ 专利引文检索，以判定竞争对手的定位，是属于技术引领型、自主开发型，还是跟随型等
专利诉讼	当人们被告侵权时，为保护自己的利益反诉专利无效时，应选择被动侵权检索，其目的是查找提出专利无效的依据：① 专利法律状态检索，判断涉案专利的有效性；② 专利查新检索，判断涉案专利的新颖性和创造性。发明专利的原告也最好在提起诉讼前进行专利查新，以确认专利权稳固性很强，避免诉讼过程中专利被无效掉，承担较高的诉讼费和可能的赔款
专利战略与专利地图	专利战略是指面对激烈变化、严峻挑战的环境，主动地利用专利制度提供的法律保护及其种种方便条件有效地保护自己，并充分利用专利情报信息，研究分析竞争对手状况，推进专利技术开发、控制独占市场；为取得专利竞争优势，为求得长期生存和不断发展而进行总体性谋划。专利情报的定性、定量和定性定量分析结果的可视化表达就形成了专利地图：① 专利技术信息检索，以某一项技术主题形成文献群，通过专利地图等分析手段，研究技术趋势、技术空白、竞争格局等情况；② 申请人（专利权人）检索，以某一或若干申请人为主题形成文献群，通过专利地图等分析手段，研究竞争态势等情况；③ 发明人检索，以某一或若干发明人为主题形成文献群，通过专利地图等分析手段，研究研发创新等情况

7.2.4 明确实际检索需求

用户通常提出的检索要求（Demand）是一种表达出来的愿望，受用户对客观事物的基本认识、理解局限，不一定反映用户的实际检索需求(Need)。检索要求与检索需求的符合程度取决于用户的知识背景和表达能力。由于用户对自己的需求，特别是潜在的、模糊的需求并不总是非常明确，因此需要进行分析，以求得一个完整而明确的表达。检索员应当在检索前和检索过程中不断同用户沟通，把用户潜在的实际需求不断表达完善。用户的需求也会随着检索的进行和理解的深化发生改变。比如用户提出检索“中草药制备的杀虫剂”的专利文献供研发参考，通过初步检索发现有十几万件专利文献，这时需要进一步聚焦需求。可以从杀灭对象来聚焦，寻找“中草药制备的杀灭蚊、蝇、蟑螂等害虫的制剂”；也可以从原料来聚焦，全世界约有1 000多种植物对昆虫具有或多或少的毒性，广泛应用的有除虫菊、鱼藤和烟草等。用户可以从自己的资源优势、技术优势和市场前景的方面聚焦需求。

7.3 分析检索主题

检索主题就是检索项目的主要内容，尽量通过规范的、科学的、为大家共同理解的文字语言表达出来。换句话说，用户应当提交检索需求的书面材料。这种书面材料有利于进一步理清检索思路，作为合同要约固化下来。主题分析就是要根据检索需求，把项目的具体内容分解成主次分明的次级主题，分门别类，去粗取精，排除与检索需求无关的信息，确定单一性问题。有些用户检索主题与检索需求毫不相关，应当推倒重来；有些用户检索主题与检索需求部分相关，应当重新梳理或去掉不相关部分。

检索主题可以分为单一主题和多主题两类。单一主题：如果一个检索项目只解决一个中心问题，那么就是单一主题，如“检索某某申请号的专利文献”、“了解三星公司近三年在中国授权的专利”、“一种太阳能电池”。多主题：如果一个检索项目涉及多个中心问题，那么就是多主题，如“一种太阳能电池、制造方法及应用”。

对多主题项目进行检索之前，应当首先判断主题之间是否明显不具有单一性。如果这几项主题没有包含相同或相应的技术特征，或所包含的相同或相应的技术特征均属于本领域惯用的技术手段，则明显不具有单一性。例如，一件检索项目包括了除草剂和割草机两项独立主题，由于两者之间没有相同或者相应的技术特征，因而明显不具有单一性，如果放在一起检索就会出错。关于单一性问题请参考第 17 章“专利查新流程分析及其报告撰写”。

7.4 表达检索主题

同样的检索主题，不同的人会用不同的词、句群或段落进行表达，特别是技术主题。例如，我们要了解西红柿栽培技术，检索主题就可以说是“西红柿栽培”，隐含的意思是找出所有有关西红柿栽培的资料。西红柿栽培因为是有关技术的，因此可以称为技术主题。这种通过文字群表达的检索主题，用文字群直接输入数据库检索，还处于探索阶段，如基于文本挖掘、语义分析以及自然语言处理的搜索引擎已经逐渐用于专利检索。但是如今大多数专利检索仍然采用传统检索技术，以布尔运算符、位置运算符组合检索词为基础。如果把句子、句群或段落直接输入计算机系统检索，漏检的概率在90%以上，因为计算机只是从字面上按照输入的句子或句群找到匹配的文献，而不会理解其内容含义。检索主题为“西红柿栽培”的文献。我们不能把“西红柿栽培”词组直接输入数据库，否则“西红柿的栽培”、“栽培西红柿”主题意思相同而表达方式不同的文献就会漏检。因此，实际检索应当从句子或句群中抽取表征检索主题内容的概念词，把概念词转化为检索词，组配后去计算机系统检索，再对检索结果人工筛选，就会大大提高查全率。

概念(Concept)是反映对象的本质属性的思维形式。人类在认识过程中，从感性认识上升到理性认识，把所感知的事物的共同本质特点抽象出来，加以概括，就成为概念。中华人民共和国国家标准GB/T 15237.1-2000：“概念”是对特征的独特组合而形成的知识单元。概念是意义的载体，而不是意义的主动者。一个单一的概念可以用任何数目的语言来表达。狗的概念可以表达为德语的hund，法语的chien和西班牙语的perro。概念在一定意义上独立于语言的事实使得在不同文字数据库中检索成为可能，在各种语言中词有同一的意义，因为它们表达了相同的概念。概念都有内涵和外延，即其含义和适用范围。表达概念的语言形式是词或词组，可以直接采用大家易于理解的自然语言。概念表达式的好处在于检索员可以专心致志地分析检索主题，而不必考虑与数据库有关的众多的实际检索词、分类号和运算符，通过AND算符把反映检索主题特征的各种概念词组配起来，构成最能反映检索主题的概念表达式。

7.5 确定检索范围

根据检索需求和专业发展情况，确定专利检索的时间范围和地域范围。

时间范围 专利查新根据世界专利合作条约组织的规定，最低文献量应包括1920年以来的八国两组织(美国、英国、德国、法国、瑞士、前苏联、日本、欧洲专利局、世界知识产权组织和新近加入的中国)和1920年以来的讲英语、法语、德语、西班牙语的国家不要求优先权的专利文献以及100多种核心期刊。主动侵权查新应从委托之日前推20年以上。专利无效查新应查找申请日前的文献。对于参考用途的专利技术信息检索，应从委托之日前推10年以上，其中对于新兴学科、高新技术项目，前推年限可酌情缩短；对于较成熟的技术产品和工艺等，前推年限应酌情延长。对于合同中时间范围另有约定的，按约定执行。

地域范围 专利查新根据我国《专利法》对新颖性判别的绝对标准，要求所涉及的发明主题应在世界范围内出版物上未公开发表过，检索范围就自然包括国内和国外，构成了一个较大的检索范围。主动侵权查新应检索产品上市、出口目的地的国家或地区，并且要补充 PCT 国际专利申请的检索，因为如果现在 PCT 有相关专利申请的话，有可能国家阶段会到上述国家或地区寻求专利保护。对于参考用途的专利技术信息检索，一般检索发达国家或地区的文献。对于合同中地域范围另有约定的，按约定执行。

7.6 选择专利数据库

选择合适的数据库是检索成败的关键。数据库的优劣可从四个方面进行评估：其一，数据库文献来源的权威性；其二，数据库的容量大小，即文献含量的多少；其三，检索途径是否全面；其四，检索界面是否清晰、便捷。国内外专利数据库种类繁多，有各国知识产权机构网站支持建立的官方免费专利数据库，也有商业机构提供的免费和收费专利数据库。选择专利数据库原则上应当从以下四方面满足检索需求：① 数据库收录的专业范围能够满足检索需求；② 数据库收录的信息量、文献类型、时间范围、覆盖的地理范围、更新周期符合检索需求；③ 数据库的基本索引及辅助索引提供的检索途径及检索功能符合检索需求；④ 数据库描述信息的质量，包括对原文献的描述程度、标引深度、专指度符合检索需求。

在上述需求满足的前提下，优选免费专利数据库，选择大型、知名的数据库，选择检索途径丰富的数据库，选择全文数据库，选择适合自己语言和熟悉的数据库。专利查新优选欧洲专利局的世界范围的数据库，可以一次检索 90 多个国家或地区的 8 000 多万篇专利文献，最早的文献日期是 1836 年。参考用途的专利技术信息检索，一般检索美国、日本、欧洲等发达国家或地区的文献。专利检索需求是做专利地图的话，应选择带分析功能的数据库。如果免费数据库不能满足需求的话，再选择检索途径丰富的商业机构提供的专利数据库。

对于特定目的的检索，优选特定的数据库，如专利法律状态数据库、同族专利数据库、专利引文数据库、专利权转移数据库、专利诉讼数据库等。

要说明的是，这里所说的数据库，其实是数据库系统。数据库不能独立存在，而只是数据库系统的一部分。数据库系统具有管理和控制数据库的能力（输入、输出、组织数据）。数据库系统包括：硬件（计算机）、数据库（DB）、数据库管理系统（DBMS）、数据库管理员、检索员和应用程序。应用程序语言来设计检索界面，从而实现人机交流。

7.7 制定检索表达式

选择数据库后，可以采取两种检索方式：一种是浏览寻找相关文献，另一种是制定检索表达式进行检索。通过检索表达式检索是更广泛采用的一种方式。概念表达式主要根据检索主题而制定的适合人与人之间理解的自然语言和逻辑算符的结合，实际检索时还要结合数据库的特点，将其转化为数据库可以识别的检索语言，即检索表达式，它是由检索词通过逻辑算符组配形成的检索提问式。这种检索表达式是狭义上的检索策略。

7.7.1 选择检索词

检索词(Search Term)是构成检索表达式的最基本的单元，是概念词的具体表达形式。计算机检索的基本原理是将检索词与数据库文献记录中的标引词进行对比，当检索词与标引词匹配一致时，即为命中。由此可见，能否准确地检索出所需的信息，关键在于能否准确地选择检索词。这里所谓的“准确”，是指所选用的检索词必须与数据库中标引文献记录所用的标引词相一致。检索词包括关键词、规范词、分类号、化学物质登记号及文献外部特征词等。例如，检索“西红柿栽培技术”的专利，正确的做法是先构建概念表达式“西红柿 AND 栽培”，然后选择数据库，根据数据库的要求确定实际表达式，如果数据库只用规范词，直接用西红柿。如果数据库采用自由词，则不能忘记加同义词、近义词等，这时除了采用西红柿外还要用番茄这个同义词，组成实际检索式“(西红柿 OR 番茄) AND 栽培”这样才能保证查全率。

有些检索主题用单一概念词就能表征，同时该概念词反映在现实世界中具有唯一性，不存在同义词，这时的概念词就是检索词，如可以用申请号、公开号或专利号等号码直接检索调取文献。有些检索主题虽然也可以用单一概念词表征，但该概念词反映在现实世界中不具有唯一性，存在多种同义词，这时的概念词可以有多个检索词反映，如申请人、发明人，这时必须把各种同义词都找出来。更多的检索主题需要用多个概念词组合表征，由于概念词表达的多样性，组合方式的多样性，形成的最终检索表达式就会多种多样，这在检索技术主题时最明显。

表 7.5 专利文献中主要概念词及其表达

概念词	表达检索词时的注意点
申请号、公开号、专利号等号码概念词	由于唯一性，因此对应的检索词就是申请号、公开号、专利号等号码本身
申请人(专利权人)概念词	专利申请人(或专利权人)类型多样，涉及的团体种类多，而不同公司在名称上又可能产生缩写、全称、翻译甚至是写错的不同版本，如果专利申请人是个人，还会出现空格、音译、缩写或顺序排列问题，因此概念词表达成检索词时要考虑到各种情况
发明人概念词	发明人是自然人，会出现空格、缩写或顺序排列问题，可以采用模糊字符(通配符或截词符)来克服因拼写/音译带来的误差，采用前后颠倒输入(特别是针对中国人名)来克服因姓名次序带来的误差
技术概念词	用关键词表达：尽可能全面列举表达该概念词的同义词、近义词、替代词、缩写词、上位词、下位词，以及同一关键词不同表达形式，例如：英文检索词的不同词性、单复数词形、英美不同拼写形式，甚至常见的拼写错误、半角与全角等

续　表

概念词	表达检索词时的注意点
技术概念词	用分类号表达：有各种分类法，如国际专利分类 IPC、联合分类 CPC、日本专利分类 FI/FT、美国专利分类 UC 和德温特专利分类 DC/MC。各分类号对应的检索领域不一样，表达时方法就不一样。当分类号与技术主题属等同关系，只需选择该分类号作为检索词。当分类号与技术主题属包含关系或交叉关系，除了选择该分类号作为检索词外，还应该选择表征该技术主题概念词的关键词或其他分类号共同表达

7.7.2　选择检索算符

要把检索词组配起来，需要用到检索算符。下面介绍一些构建检索表达式常用的组配符。

(1) 布尔逻辑算符

利用布尔运算符连接各个检索词，然后由计算机进行相应逻辑运算，以找出所需信息的方法。它使用面最广、使用频率最高。布尔逻辑算符的作用是把检索词连接起来，构成一个逻辑检索式。常用的有以下三种布尔逻辑算符：

逻辑与　常用"AND"或"*"表示。用于表示其所连接的两个检索词的概念交叉部分，也即交集部分。如果用 AND 连接检索词 A 和检索词 B，则检索式为：A AND B(或 A * B)：表示检索同时包含检索词 A 和检索词 B 的信息集合 C。如："西红柿 AND 栽培"表示查找"西红柿栽培技术"的文献。功能：缩小检索范围，有利于提高查准率。

逻辑或　常用"OR"或"+"表示。用于连接并列关系的检索词，用 OR 连接检索词 A 和检索词 B，则检索式为：A OR B(或 A + B)，表示查找含有检索词 A、B 之一，或同时包括检索词 A 和检索词 B 的文献。如："西红柿 OR 栽培"表示查找含有西红柿、栽培之一，或同时包括西红柿和栽培的文献。功能：扩大检索范围，防止漏检，有利于提高查全率。

逻辑非　常用"NOT"或"-"号表示，用于连接排除关系的检索词。用 NOT 连接检索词 A 和检索词 B，检索式为：A NOT B(或 A-B)。表示检索含有检索词 A 而不含检索词 B 的文献，即将包含检索词 B 的信息集合排除掉。如："西红柿 NOT 栽培"表示查找含有西红柿而不含栽培的文献。功能：即排除不需要的和影响检索结果的概念，以提高查准率。

(2) 通配符

大部分数据库均提供通配符的功能，主要有星号(*)和问号(?)，通常使用"?"代表 0 或 1 个字符，使用"*"代表无限个字符。当使用英文进行检索时，通配符的使用主要是为了实现具有相同词根的各种形态英文单词拼写的全面表达，例如当"*"出现在单词的右边时构成右截词，出现在单词左边时构成左截词。输入"computer *"，就可以找到"computer、computers、computerised、computerized"等单词，而输入"comp?ter"，则能找到"computer、compater、competer"等单词。

(3) 位置算符

文献记录中词语的相对次序或位置不同，所表达的意思可能不同，而同样一个检索表达式中词语的相对次序不同，其表达的检索意图也不一样。布尔逻辑运算符有时难以表达某些检索主题确切的提问要求。字段限制检索虽能使检索结果在一定程度上进一步满足提问要求，但无法对检索词之间的相对位置进行限制。位置算符检索是用一些特定的算符(位置算符)来表达检索词与检索词之间的临近关系，并且可以不依赖主题词而直接使用自由词进行检索的技术方法。

位置算符也叫全文查找逻辑算符或相邻度算符，是用来规定符号两边的词出现在文献中的位置的逻辑运算算符。按照两个检索词出现的顺序和距离，可以有多种位置算符。常见的位置算符：W 算符、N 算符、S 算符、F 算符、C 算符、SAME 等。许多数据库并不支持位置算符，不同数据库位置算符不一定相同，请参照各数据库使用说明。

“(W)”算符 “W”含义为“with”。这个算符表示其两侧的检索词必须紧密相连，除空格和标点符号外，不得插入其他词或字母，两词的词序不可以颠倒。“(W)”算符还可以使用其简略形式“( )”。例如检索式为“communication(W)satellite”时，只检索含有“communication satellite”词组的记录。许多数据库直接用双引号来揭示词组。

“(nw)”算符 “(nw)”中的“w”的含义为“nWord”，表示此算符两侧的检索词必须按此前后邻接的顺序排列，顺序不可颠倒，允许两词间插入最多为 n 个其他词。例如“laster(1W) print”检索出包含“laser printer”、“laster color printer”和“laster and printer”的记录。

“(N)”算符 “(N)”中的“N”的含义为“near”。这个算符表示其两侧的检索词必须紧密相连，除空格和标点符号外，不得插入其他词或字母，两词的词序可以颠倒。

“(nN)”算符 “(nN)”表示允许两词间插入最多为 n 个其他词，两词的词序可以颠倒。

“(F)”算符 “(F)”中的“F”的含义为“field”。这个算符表示其两侧的检索词必须在同一字段(例如同在题目字段或文摘字段)中出现，词序不限，中间可插任意词。

“(S)”算符 “(S)”中的“S”算符是“Sub-field/sentence”的缩写，表示在此运算符两侧的检索词只出现在记录的同一个子字段内(例如在文摘中的一个句子就是一个子字段)，此信息即被命中。要求被连接的检索词必须同时出现在记录的同一句子(同一子字段)中，不限制它们在此子字段中的相对次序，中间插入词的数量也不限。例如“high(W) strength(S) steel”表示同一句子中含有“high strength”和“steel”的记录均会被命中。

SAME 算符 通常写作 A SAME B，表示 SAME 两侧的检索词 A 和 B 必须同时出现在数据库的同一个段落中。

7.7.3 构建检索式

检索词确定后，根据检索主题和数据库要求，组配检索词，确定各个检索词之间的合理的逻辑关系，构成正确的检索表达式。对编制检索式的要求是：① 准确反映检索主题内容；② 适应所查数据库的索引体系和检索用词规则，不同的数据库逻辑算符、截词符、位置算符和对检索词的要求各不相同，用同一检索式包治百病是不行的；③ 符合检索系统的功能及限制条件的规定。为了满足上述三项要求，应当了解检索系统的特性与功能；熟悉所检数据库的标引规则及词表结构；掌握必要的检索技术及调节技术。

下面以检索技术主题为例介绍如何构建检索式。在明确了技术主题的概念表达式和实际数据库要求后，可以填写一张检索表(表 7.6)。

表 7.6　填写技术主题概念词转化成实际检索词的关系表

技术主题：				
检索数据库：				
概念词 表达		概念词 1	概念词 2	概念词 3
分类号	IPC			
	其他分类			
关键词	中文			
	英文			
其他表达				

该检索表记录了检索过程中技术主题表达的概念词及其根据数据库要求把概念词转化成实际使用的检索词(分类号、关键词等)情况。通常，该表中同一概念词表达后的检索词之间一般以逻辑“或”的关系组合，而不同概念词表达后的检索词之间以逻辑“与”的关系组合。可以单独选择关键词或单独选择分类号制定检索式，但通常两者联合运用。

7.8　执行具体检索

检索式确认后可以进入具体数据库实施检索。检索员与数据库之间通过检索界面互相沟通，一般专利数据库有哪些可检索字段，界面上就设置有相应的检索入口。通常设置的专利检索入口有：申请号、公开号、专利号、申请人、发明人、分类号、名称、摘要等。专业化的数据库还会设置更多的检索入口，如关键词、专利权人代码、化学代码等。申请日、公开日等日期虽然也有检索入口，但多数情况下不单独使用，主要与其他检索入口组配检索。专利数据库常用的检索方式之一表格检索，提供多个检索字段输入框(检索入口)，选定检索字段输入框后直接输入检索词。不同的专利数据库提供的字段类型与数量不同，如欧洲专利检索系统和中国知识产权出版社的中外专利数据库服务平台高级检索就属于表格检索，分别提供了 10 个和 17 个字段输入框，字段输入框内的检索词之间可用逻辑符连接，字段输入框间默认的逻辑符是“AND”。熟悉检索命令和数据库的检索员可以直接采用命令检索方式，即直接输入检索命令代码、检索字段代码和检索式并执行检索，这样自由度更大,准确度更高。作为命令检索方式的检索界面上设置的检索入口通常是开放的,检索时除了要输入检索式外,还要输入检索字段代码,以确定检索是在特定字段中进行。不同检索需求通常对应的检索思路见表7.7。

表7.7　不同检索需求对应的通常检索思路

检索需求	通常检索思路
调取已知文献	申请号、公开号、专利号等检索
技术信息检索	关键词与分类号结合检索
专利法律状态检索	申请号、公开号、专利号等检索
专利人员检索	申请人名称或代码、发明人名称
专利族检索	申请号、公开号、专利号等检索
专利引文检索	申请号、公开号、专利号等检索

7.9　优化检索结果

检索结果从理论上一般用查准率和查全率予以评价,查准率与查全率计算公式如下:

查准率=(查出相关文献数/查出文献数)×100%

查全率=(查出相关文献数/数据库中相关文献数)×100%

查准率表示在一定检索范围内,查出的相关文献数占查出的文献总数(含相关文献与无关文献)之百分比。公式中分子分母都是已知数,故可以计算。

查全率表示在一定检索范围内,查出的相关文献数占系统中相关文献数之百分比。公式中,分子是已知数,分母是未知数,故不可计算。

查全率与查准率之间存在互逆关系,即提高查全率,可能降低查准率,反之亦然。根据互逆原理,检索中要根据项目情况综合考虑查全率和查准率。

应当对检索结果的有效性进行初步评价。当检索结果太多且相关度不高时,需缩小检索范围:增加限制的检索概念,使用逻辑“与”连接更多的检索词;使用位置或字段限制;使用短语检索;限制检索范围(如分类、时间、地域等);或者选用下位词等。当检索结果太少时,需扩大检索范围:去掉一组不重要的检索概念;补充同义词、近义词,选用上位词或其他相关词;去除已有的字段限制或位置限制;改变或增加检索途径,如使用分类检索;采用截词技术;或者新增检索的相关数据库等。当检索结果为零时,应重新审查检索策略和检索词,搞清症结所在,调整检索词和检索式,尝试改变检索途径;延长检索年限和追溯期;或者检索扩大到上位领域或相关领域。

7.10 获取检索结果

剔除无关文献及重复文献，保留相关文献。保存所有相关文献的题录或摘要信息，数据输出格式应全面、规范。专利文献输出字段有：专利名称、专利申请号、公开号或公告号、专利权人、发明人、专利申请日、公开日或公告日、国际专利分类号、专利摘要等。对于密切相关文献原则上都应调取全文。

撰稿：肖沪卫（上海科学技术情报研究所）

第8章 专利技术信息检索

专利技术信息检索就是查找某一技术主题的专利文献，也就是说，希望找到记载相同技术主题的专利文献的集合。专利技术信息检索以其广泛的应用范围在专利信息检索中占据十分重要的位置，例如在科研立项、制定专利战略、评价一项引进技术等具体工作中，为了熟悉相关特定技术领域而必须进行技术信息的检索。专利技术信息检索将为上述活动提供技术背景信息，并可以确定给定领域中哪些专利已经公开。由于专利技术信息检索结果发挥着导向作用，因此其检索结果的优劣将直接影响相关工作的成效。

8.1 专利技术信息检索基本流程

8.1.1 分析技术需求

(1) 技术参考

启迪创新思路 创新是以新思维、新发明和新描述为特征的一种概念化过程。它有三层含义：更新；创造新的东西；改变。创新是人类特有的认识能力和实践能力，是人类主观能动性的高级表现形式，是推动科技进步和社会发展的不竭动力。创新在经济、商业、技术、社会学以及建筑学这些领域的研究中有着举足轻重的分量。有时候开发什么产品？如何开发？方向不清，路径不明。专利技术信息检索就可以帮助拨云见雾，找到方向。

解决技术难题 关于某一技术问题，专利文献中往往会有几十种解决方案。面对某一技术难题百思不得其解的时候，通过专利技术信息检索，找出与该技术难题相关的所有专利，从中筛选出最佳技术解决方案，找到突破口。

提高技术水平 无论是原始创新、集成创新，还是引进消化吸收再创新，都需要借鉴前人和他人的已有成果。通过专利技术信息检索，找出某一主题的最先进的技术进行参考，就能做到站在巨人肩膀上发展，取得真正高质量的创新性科研成果，大大降低创新风险，并真正掌握自主知识产权的主动权。

(2) 技术比较

新颖性比较 发明专利申请需要查找现有技术，通过技术比较确定新颖性，这是获得专利权的基本条件。

先进性比较　科研立项或引进技术前，通过专利技术信息检索，找出相关技术主题的文献，并与科研立项或引进技术进行比较，作出水平判断，防止低水平重复。

侵权比较　当产品上市或进出口，需要开展专利技术信息检索，找出所有等同或包容技术，并与产品侵权比较，全面了解上市或进出口地是否具有与该产品或部件或方法相同或相近似的专利，以免侵权。

(3) **技术群分析**

专利技术信息检索，以某一项技术主题形成文献集合，研究该文献群中专利之间的关系或共同的倾向，例如研究引证关系、技术趋势、空间集聚等，它是专利战略情报的核心内容，在制定专利战略中发挥重要作用。

分析检索需求是专利技术信息检索的起点，也是检索各环节中指南针，检索的最终目的就是为了满足需求。不同的需求对检索的要求不一样，例如：启迪创新思路，应当检索功能相同或应用相同的专利，还应当检索替代产品的文献，也不必追求查全率；新颖性比较，应当检索技术方案相同或等同的文献，在没有找到密切相关文献的情形下，应当尽可能查全；而在技术群分析时，应当按照需求选择样本，而不必求全。

8.1.2　分析技术主题

技术主题是指检索项目的主要技术内容，在同样的检索需求下，技术主题可以多种多样。在理解技术主题时，要明确主题的类别是方法还是产品。方法包括：聚合、发酵、分离、成形、运送、处理、能量的传递和转换、制备、试验、操作机器的方法及其作用方式、信息处理及传输方法等。产品包括最终的产物、设备和原料：产物是某一方法的结果，包括化合物、组合物、织物、制造的物品等；设备是与某种预期的用途或目的联系在一起的，包括化学或物理工艺设备、各种工具、各种器具、各种机器、各种执行操作的设备等，例如用于产生气体的设备、用于切割的设备；原料包括混合物的成分等。

分析技术主题的各种可能应用领域及可实现的各种功能。一个技术主题涉及多种应用领域的情况很多，如“剪刀”可以涉及的应用领域包括：裁剪服装的剪刀、园艺修枝的剪刀、手术用的剪刀等。一个技术主题涉及多种功能的情况也很多，如“勺子”可以涉及的功能包括辅助进食、盛取调料等。

专利文献较大的特点是发明名称限制性定语较少。如果技术主题涉及的只是产物，则产物名称应在数据库发明名称字段中检索，查准率更高；涉及两种以上应用，则表达应用的关键词应该放在文摘或全文中。例如查找水果榨汁机的专利文献，如果把表达应用领域的水果放在数据库发明名称字段中检索的话，下述例子中公开号 CN103892684A 的文献就会遗漏。

例如：发明专利公开号 CN103892684A

专利名称：一种榨汁机结构。

专利摘要：本发明涉及一种榨汁机结构，包括用于盛接果汁的料杯和设置在料杯上的榨汁组件，其特征在于所述榨汁组件包括研磨头，所述研磨头上设有多块翅片，这些翅片的宽度自研磨头的根部至头部逐渐减小；所述研磨头设置在底座上，所述底座上设有多个供果汁进入所述料杯的通孔；所述研磨头上扣套有与所述研磨头相适配的空心的锥形端盖，所述端盖上连接有能在外力作用下驱动端盖转动的驱动机构。与现有技术相比，本发明所提供的榨汁机结构，通过驱动机构的螺旋转动，能够以较小的力获得较好的榨汁效果，且出汁率高，便于清洗；同时对待榨汁的水果也不需要切成碎块，只需要将水果切成两半后即可进行榨汁了。本发明所提供的榨汁机结构尤其适合作为大致为圆形水果的榨汁。

如果技术主题涉及的只是设备，而该设备有专有名称，则按产物的方式检索。如果该设备没有专有名称，则最好选择分类法检索。如果分类法也解决不了问题，则用该设备涉及的产物、专有方法或原料关键词，放在数据库文摘或全文字段中检索。

如果技术主题涉及的是方法，而该方法有专有名称，可在数据库发明名称字段中检索。如果该方法没有专有名称，则最好选择分类法检索。如果分类法也解决不了问题，则用该方法涉及的产物、设备或原料关键词，放在数据库文摘或全文字段中检索。

8.1.3 表达技术主题

反映技术主题的语句直接输入计算机检索，漏检的概率在90%以上，因为计算机只是从字面上按照输入的语句找到匹配的文献，而不会理解其内容含义。例如，查找“带有温度显示装置的保温杯”，如果直接把该句子输入中国专利数据库发明名称检索字段，则表8.1中带有温度显示装置的保温杯的专利就不会被命中。

表8.1 带有温度显示装置的保温杯的专利

专利(申请)号	发明或实用新型名称	申请(专利权)人
02273114.8	一种能显示温度的保温杯	谢俊雄
201120270296.0	带温度显示的保温杯	浙江理工大学
200410008730.2	带温度显示的电热保温杯	袁仕杰
200820012186.2	太阳能温度显示保温杯	李明雪
200320118283.7	一种具有温度显示的保温杯	谭培均
200410091038.0	一种带温度显示的电热保温杯	明辉光源科技(深圳)有限公司
200710115684.X	带温度显示和压强显示的保温杯	卜德生
201120103590.2	一种带温度显示和语音提示的保温杯	上海理工大学
201020694628.3	具有水温显示和水位显示功能的保温杯	上海市奉贤中学

如果我们把“带有温度显示装置的保温杯”拆成“温度”、“显示”和“保温杯”三个概念词，然后用“与”组成概念表达式来表征技术主题内容，再把该表达式输入中国专利数据库发明名称检索字段，则上表中前八个专利都能被命中。最后一个专利未命中的原因是同

义词、近义词问题，与具体的数据库有关，因此实际检索时还应该把概念表达式转化为数据库能够识别的具体表达式。

上面已经提到直接句子或句群输入数据库检索会产生大量漏检问题，而对于有语义检索功能的数据库会产生大量噪声。因此，实际检索应当从句子或句群中抽取表征检索主题内容的概念词。选择概念词的基本方法有以下几种。

(1) 选择的概念词能反映实质内容

选择的概念词应该能反映实质内容，而不应选择那些对检索来说没有任何实质意义的高度概括的词语，例如检索“西红柿栽培技术”的专利文献，其中“技术”就不能作为概念词。

(2) 选择的概念词表征内容不重复

如果某一概念词表征的内容已经由其他选出的概念词包含，则这概念词不能选择。例如要查询“治疗胃病的中药”，可以分解出“治疗”、“胃病”、“中药”三个基本概念。而“中药”的功效就是治病，它涵盖了“治疗”的概念，因此概念词只需选择“胃病”、“中药”便可。

(3) 固有特性不应用概念词表征

可以从检索主题中直接地、毫无疑义地确定的内容，这种固有特性不应用概念词表征。例如检索主题是“一种手机，包括扬声器、键盘、麦克风、控制器和天线”，由于手机必然都有天线，因此“天线”这个固有特性就不应选取。再如，检索主题为“一种用于撑开血管的血管支架”，由于“撑开血管”是血管支架的固有特性，因此也不应选择。

(4) 隐性概念显性化

所谓隐性概念，就是在项目中没有文字表达，经分析、推理得到的有检索价值的概念。例如项目“高温下使用的不锈钢”，其显性概念词为“不锈钢”，而隐性概念词为“耐热钢”，因为“高温下使用的不锈钢”就是“耐热钢”。因此，应当把“耐热钢”显性化作为概念词。

(5) 概念词的组合能反映检索主题

检索主题的每一个分主题内容都能有一个概念词表征，检索时这些概念词同时出现，通常用“与”进行组合，使析出的概念词组合在实际检索时能够尽可能又多又准确地找到相关主题的文献，如选择的概念过大，必然造成大量误检；选择的概念过小，则会发生大量漏检。例如检索“西红柿栽培技术”的专利文献，应当选择“西红柿”和“栽培”两个概念词，“西红柿”表征一种具体的物质，“栽培”表征一种方法，两者相与，即“西红柿 AND 栽培”才能完整地反映“西红柿栽培技术”的检索主题。

8.1.4 确定检索范围和数据库

根据检索需求和技术主题，确定专利检索的时间范围和地域范围。例如，作为技术参考的专利技术信息检索，一般选择近几年的发达国家专利。详细内容请参考第 21 章同族专利检索分析流程与报告撰写。

8.1.5 制定检索表达式

表达技术主题内容的检索词主要是关键词和分类号。其选择应当反映项目技术主题的核心内容,同时要满足数据库的实际要求。

8.1.5.1 关键词选择

关键词是属于自然语言的范畴，通常是未经规范化处理的词汇，有时也称自由词。关键词采用自然语言,直观易于理解,但把概念词转化为实际检索关键词难度很大,技巧性要求较高。

由于专利文献撰写者用词习惯不同,不同国家用不同语种表达,造成同义不同形的现象十分普遍。因此,对于概念表达式中的概念词,尽可能全面列举表达该概念词的同义词、近义词、替代词、缩写词、上位词、下位词,以及同一关键词不同表达形式,例如,英文检索词的不同词性、单复数词形、英美不同拼写形式,甚至常见的拼写错误、半角与全角等。

笔者 2013 年 2 月 12 日,在国家知识产权局专利检索与服务系统“检索要素”栏目中分别输入“黏合剂”及其非规范词,得出结果如表 8.2 所示。

表 8.2　国家知识产权局专利检索与服务系统非规范词检索案例

标 引 词	检出条数	标 引 词	检出条数
黏合剂	63 701	黏固剂	157
胶黏剂	13 383	胶合剂	1 061
黏结剂	31 623	黏附剂	641
黏接剂	14 708	黏着剂	1 765
胶结剂	411	黏合剂	2 818
黏胶剂	970		

2013 年 2 月 12 日,笔者在国家知识产权局专利检索与服务系统“检索要素”栏目中分别输入正确用词和错误用词进行对比,得出结果如表 8.3 所示。

表 8.3　国家知识产权局专利检索与服务系统错误词检索案例

正确用词	检出条数	错误用词	检出条数
综合征	9 618	综合症	6 351
活性炭	50 173	活性碳	10 239
菜篮子	110	菜蓝子	3
天然气	14 050	天燃气	464
金刚石	13 151	金钢石	330
水杨酸	9 132	水扬酸	272
蓝宝石	5 786	兰宝石	157
石炭酸	222	石碳酸	203
硬脂酸	39 735	硬酯酸	1 467

8.1.5.2 分类号选择

如前所述，关键词的确定和选择有时候是非常困难的。因此，如果有一个统一完整的分类系统帮助限定词义的范围，会大大提高检索的准确度，节约时间。目前，主要专利分类包括以下 3 种类型。

(1) 国际专利分类

目前国际通用的专利分类方式只有一种，即 IPC。IPC 是根据 1971 年签订的《国际专利分类的斯特拉斯堡协定》编制的，其主要目的是作为一种有效的专利检索工具以便专利审查员和其他使用人员进行检索。由于 IPC 本来就是为专利检索的方便而设计的，因而是一种通用而简便的途径，大多数的政府专利检索网站和商业网站都提供此类检索。但是，IPC 所实行的主要分类标准是技术的功能，即按发明的内在特点与性质进行分类，而不是按照其用途分类。同时分类也不够细。

(2) 国家或地区专利分类

由于国际专利分类号不适用于某些技术种类的检索，特别是以技术的应用来做分类的检索，因此发达国家和地区为了检索的方便，相继制定了一些国家或者地区标准，例如日本特许厅制定的 FI/FT 分类。

欧专局和美国专利商标局合作推出了新的双边专利分类体系，即合作专利分类系统 CPC(Cooperative Patent Classification)。它基于前欧洲的分类系统(ECLA)，是国际专利分类的细分类，保持了 IPC 的所有属性(层次结构、标题、可扩充性)。IPC 有70 000 个条目，ECLA 有 160 000 个条目，而 CPC 共有 250 000 个以上条目，更为精确。2013 年 1 月 1 日以后 CPC 全面取代欧洲专利分类系统(ECLA)在欧专局数据库上使用。过渡期后 2015 年起，CPC 将取代现有的美国专利分类系统(USPC) 在美专局数据库上使用。

(3) 一些商业专利数据库的分类

除了国家和国际组织间的专利分类外，一些商业专利数据库也建立了自己的分类标准，例如全球最权威的专利情报和科技情报机构之一——德温特公司为了方便科研人员的使用，提高标引的一致性，就根据需要制定了自己的分类 DC/MC。

关于各分类体系的详情和使用方法，请参考本书专利分类一章。各分类体系及适用文献和数据库如表 8.4 所示。

表 8.4 国际上主要分类体系及其适用文献

分类体系	适用文献	适用数据库
IPC	国际专利分类已被 100 多个国家采用，在世界范围内公开的发明专利和实用新型专利文献基本都采用 IPC 分类法进行分类	大多数专利数据库
CPC	CPC 分类号已被赋予美国专利(所有美国专利申请，部分美国授权专利)、欧洲专利(专利申请和授权专利)以及 PCT 最低文献量(例如法国、德国和英国)包含的许多数据库。EPO 和 USPTO 都将继续对其专利文献进行 IPC 分类，同时 CPC 将会被全球超过 45 个专利局使用	欧洲专利局数据库 美国专利数据库 (未来有望在更多数据库中采纳)

续 表

分类体系	适 用 文 献	适用数据库
UC	美国专利文献	美国专利数据库
FI/FT	日本专利文献	日本专利数据库
DC/MC	德温特世界专利索引数据库中文献标引	德温特世界专利索引数据库

专利分类在不断地修订，例如 IPC 现行采用 2014 版，根据国际专利分类(IPC)改革后的规定，IPC 高级版每三个月可修订一次。改动后纳入 PCT 最低文献量的专利文献都将被重新分类。如果文献没有按照新版重新分类，还应该按照老版分类号补充检索。

8.1.5.3 关键词和分类号联用

当分类号与技术主题属等同关系，即该分类号下仅含有该技术主题的文献，而该技术主题的文献也仅存在于该分类号下。这时只需选择该分类号作为检索词。例如分类号 A63H3/42 标引的文献都是有关“玩偶会动眼睛的制作”的文献，而该“玩偶会动的眼睛制作”的文献也仅存在于该分类号下。这时只需选择 A63H3/42 作为检索词。

当分类号与技术主题属包含关系，即该分类号下含有该技术主题的文献，还含有其他技术主题的文献，而该技术主题的文献仅存在于该分类号下。这时除了选择该分类号作为检索词外，还应该选择表征该技术主题概念词的关键词形式。通过两者逻辑“与”检索该技术主题的文献。也可以选择表征其他技术主题概念词的关键词形式，然后通过把该分类号与其逻辑“非”获得该技术主题的文献。例如分类号 A63H3/44 标引的文献涉及玩偶的头发、睫毛和眉毛，因此寻找玩偶头发的文献可以采用“A63H3/44 AND 头发”的检索式，而检索玩偶睫毛和眉毛的文献可以采用“A63H3/44 NOT 头发”的检索式，也可以采用“A63H3/44 AND(睫毛 OR 眉毛)”的检索式。

当分类号与技术主题属交叉关系，即该技术主题的文献分置于不同的分类号中，这些分类号还含有其他技术主题的文献。这时除了选择这些分类号作为检索词用逻辑“或”组合外，还应该选择表征该技术主题概念词的关键词形式。通过逻辑“与”检索该技术主题的文献。

当专利申请涉及不同类型的技术主题，并且这些技术主题构成发明信息时，则根据所涉及的技术主题进行多重分类。例如技术主题涉及产品及产品的制造方法，如果分类表中产品和方法的分类位置都存在，则对产品和方法分别进行分类。当技术主题涉及功能分类和应用分类二者时，则既按功能分类又按应用分类。因此，当查新项目属复合技术主题，应该分别选择表征各自技术主题的分类号，并用逻辑“与”组合检索。

为了获得最佳的搜索结果，建议分类号结合在文摘中用关键词联合检索。

8.1.6 实施具体检索

为了提高检索效率，可以按照以下步骤进行：

首先，在分析检索需求的基础上，找出反映技术主题核心内容的概念词，因为概念词是人类的自然语言，容易理解。直接把概念词作为关键词逻辑组配，通常输入数据库发明名称字段，找到技术主题相关度最高的若干文献。

其次，阅读上述文献，在确定技术主题相关的基础上，统计出它们的分类号，并按频次排序。如果发现非常相关的文献，可以直接提取文献上的分类号。对照分类表，核实分类号的准确性。

最后，当分类号与技术主题属等同关系，只需选择该分类号直接检索。当分类号与技术主题属包含关系或交叉关系，除了选择该分类号作为检索词外，还应该选择表征该技术主题概念词的关键词或其他分类号共同检索。这时的关键词应当考虑同义词、近义词等。

8.2 专利技术信息检索案例

下述案例的检索时间为 2014 年 8 月 24 日。

8.2.1 案例 1：玩偶会动眼睛的制作

某玩具厂想开发仿真玩偶，希望查找与“玩偶会动眼睛的制作”相关的文献供参考。

分析技术需求 需要查找国内外所有文献，包括专利文献和非专利文献。

分析技术主题 玩偶会动眼睛的制作。

表达技术主题 玩偶、会动、眼睛、制作，其中“眼睛”是核心概念词，必不可少，“玩偶”是限定性产品名称，首先用于组配。

确定检索范围和数据库 时间不限，选择中国数据库和欧洲数据库。

具体检索 选择中国专利数据库，进入知识产权出版社专利信息服务平台，网址：http：//search. cnipr. com/pages！ advSearch. action。在发明名称字段中输入：玩偶 AND 眼睛。命中 27 件专利，其中实用新型 23 件，发明专利 4 件。从中挑选一篇名称为“玩偶眼睛”，申请号为 95219515. 1 的专利文献详细阅读，确认该篇文献属于高度相关文献。从该文献著录项目中提取国际专利分类号 A63H3/42，对照国际专利分类表：

A63H 3/00 玩偶；

A63H 3/36 • 零件；附属物；

A63H 3/38 • • 玩偶的眼睛；

A63H 3/40 • • • 会动的；

A63H 3/42 • • • 眼睛的制作；

A63H 3/44 • • 玩偶的头发或假发；睫毛；眉毛。

可见，A63H3/42 分类号与“玩偶会动的眼睛制作”技术主题属等同关系，即该分类号下仅含有该技术主题的文献，而该技术主题的文献也仅存在于该分类号下。直接可用分类号 A63H3/42 进行检索。将 A63H3/42 输入中国专利数据库“主分类号”字段检索，命中 11 篇文献，如表 8.5 所示。

表 8.5　A63H3/42 检索命中的中国专利

编　号	申 请 号	名　　　称
1	86101213	日式娃娃头之眼部构造及其制造方法
2	200910302875.6	仿生瞳孔
3	95219515.1	玩偶眼睛
4	201220308068.2	一种玩偶眼珠装配设备
5	88210632.5	玩具动物眼睛多种动作模拟装置
6	88206971.3	玩具之眼、鼻改良构造
7	92225478.8	玩具娃娃或玩具动物的眼球构成
8	86204212	能发声、发光的电子玩偶
9	200920131528.7	仿真玩具眼睛的结构
10	200920131529.1	仿真玩具眼睛的结构
11	92227544.0	玩偶晶体眼睛

对这些文献关键词统计和提取，可以发现“眼睛”的同义词“眼部”、“眼球”、“眼珠”、“瞳孔”、“眼”等；“玩偶”的同义词“娃娃”、“玩具”等。然后用这些同义词去查找中文非专利文献，由此完成中文参考文献的检索。

选择欧洲 Worldwide 专利数据库，含有 90 多个国家或地区的 8 000 多万件专利文献，网址为 http://worldwide.espacenet.com/advancedSearch? locale=en_EP。在国际专利分类号 IPC 字段中输入“A63H3/42”，检索命中 211 件专利。这些专利文献代表着国际各种“玩偶会动眼睛的制作”的技术方案，作为研发参考具有很大的价值。对这些文献关键词统计和提取，可以发现“眼睛”的英文同义词“eye”、“eyeball”等；“玩偶”的英文同义词“doll”、“toy”等；“会动的”的英文同义词“moving”、“active”等。然后用这些同义词去查找英文非专利文献，由此完成英文参考文献的检索。

8.2.2　案例 2：中草药制备的杀虫剂

某企业欲研究开发“用中草药制备的杀虫剂”，委托检索相关的专利文献。

分析技术需求　需要查找国内外所有专利文献供研发参考。

分析技术主题　以中草药作为原料制备杀虫剂。

表达技术主题　中草药、制备、杀虫剂，其中“杀虫剂”是核心概念词，必不可少，“中草药”是限定性产品名称，首先用于组配。

确定检索范围和数据库　时间不限，选择中国数据库（中草药发源地；本国语言较熟悉；已掌握中文关键词），其他选择日本专利数据库和 Derwent Innovations Index 数据库。

难点　技术主题概念词表达成检索词相当困难，比如杀虫剂中，“虫”的下位词有

“蚊”、“蝇”、“蟑螂”等，本例选择通用的杀虫剂，具体下位概念可以根据需要不难举一反三；“杀”的同义词有“灭”、“除”等；“剂”的同义词有“液”、“水”、“药”等。三者任意组配可以产生很多检索词。“中草药”的同义词有“中药”、“草药”、“药草”等。因此，检索成功的关键是利用专利分类法。

具体检索

(1) 中国专利数据库

选择中国专利数据库，进入知识产权出版社专利信息服务平台，网址：http://search.cnipr.com/pages! advSearch.action。在发明名称字段中输入：中草药 AND 杀虫剂。命中发明专利 21 件。聚类以后发现 A01N65/00 是大多数文献采用的分类号，对照国际专利分类表：

A01N 65/00 含有藻类、地衣、苔藓、多细胞真菌或植物材料，或其提取物的杀生剂、害虫驱避剂或引诱剂或植物生长调节剂〔3,2009.01〕；

A01N 65/03 • 水藻〔2009.01〕；

A01N 65/04 • 蕨类植物；真蕨门〔2009.01〕；

A01N 65/06 • 裸子植物，例如丝柏〔2009.01〕；

A01N 65/08 • 双叶子植物纲〔2009.01〕；

A01N 65/10 • • 伞形科，例如欧芹、葛缕子、莳萝、独活草、茴香或蛇床子〔2009.01〕；

A01N 65/12 • • 紫菀科或菊科[紫菀或向日葵科]，例如雏菊、除虫菊、洋蓟、莴苣、向日葵、青蒿或龙蒿〔2009.01〕；

A01N 65/14 • • 卫矛科[南蛇藤或美洲南蛇藤科]，例如卫矛，南蛇藤或雷公藤〔2009.01〕；

A01N 65/16 • • 杜鹃花科[杜鹃花或越橘科]，例如，杜鹃花、杨梅、马醉木、蔓越橘或覆盆子〔2009.01〕；

A01N 65/18 • • 大戟科，例如蓖麻〔2009.01〕；

A01N 65/20 • • 豆科[豌豆或豆荚植物]，例如，豌豆、扁豆、大豆、车轴草、金合欢、皂角、鱼藤或鸡血藤〔2009.01〕；

A01N 65/22 • • 唇形科，例如，百里香、迷迭香、黄芩、夏枯草、薰衣草、紫苏、唇萼薄荷、胡椒薄荷或留兰香〔2009.01〕；

A01N 65/24 • • 樟科，例如，月桂、鳄梨、檫木、肉桂或樟树〔2009.01〕；

A01N 65/26 • • 楝科，例如，桃花心木、椰色木或印楝〔2009.01〕；

A01N 65/28 • • 桃金娘科，例如，茶树或丁香〔2009.01〕；

A01N 65/30 • • 蓼科，例如，辣蓼或大黄〔2009.01〕；

A01N 65/32 • • 毛茛科，例如，獐耳细辛、黄连或白毛茛〔2009.01〕；

A01N 65/34 • • 蔷薇科，例如，草莓、山楂、李子、樱桃、桃、杏或扁桃〔2009.01〕；

A01N 65/36 • • 芸香科，例如，橙、柑(桔)、柠檬、黄檗或花椒〔2009.01〕；

A01N 65/38 • • 茄科，例如，茄、番茄、烟草或红辣椒〔2009.01〕；

A01N 65/40 · 单子叶植物纲〔2009.01〕；

A01N 65/42 · · 百合科，例如，芦荟、藜芦、洋葱、蒜或细香葱〔2009.01〕；

A01N 65/44 · · 禾本科，例如，竹、柠檬草或香茅〔2009.01〕；

A01N 65/46 · · 百部科，例如，金刚大〔2009.01〕；

A01N 65/48 · · 姜科，例如，姜或山柰〔2009.01〕。

可见，A01N 65/00 及其小组分类号与"中草药作为原料制备杀虫剂"技术主题属包含关系，即该分类号下含有该技术主题的文献，还含有其他技术主题的文献，而该技术主题的文献仅存在于该分类号下。这时除了选择该分类号作为检索词外，还应该选择表征该技术主题概念词的关键词形式。通过两者逻辑"与"检索该技术主题的文献。A01N 65/00 及其小组分类号解决了"中草药作为原料"的问题，该企业拥有某一原料优势的话，就可以直接采用更具体的小组分类号。但是，"杀虫剂"的问题没有解决。A01N 65/00 及其小组分类号包含杀生剂、害虫驱避剂或引诱剂或植物生长调节剂三大类，如果加入"虫"关键词，可以排除"植物生长调节剂"和"杀生剂"中的杀植物剂和杀老鼠等其他杀动物剂。

用检索式"A01N65 AND 虫"进行检索，将 A01N65 输入中国专利数据库"主分类号"字段，"虫"输入名称字段检索，命中 871 篇文献。如果进一步排除害虫驱避剂或引诱剂，可以对上述结果进行过滤检索，过滤检索式"驱避 OR 引诱"，命中 825 篇文献。当然，可以按照原料选择分类号，进一步限定结果。

(2) 日本专利数据库

选择日本专利数据库，网址 http://www5.ipdl.inpit.go.jp/pmgs1/pmgs1/pmgs_E。在 FI 字段框中，输入 A01N65 检索，获得日本 FI 分类表的 A01N65 分类位置，在右端可以看到对应的日本 F-term 分类号主题码 4H011。点击该主题码的链接，获得表 8.6。

表 8.6　F-term 分类表 4H011 主题码

4H011	农药和动植物保存								
	A01N1/00-65/48;A01P1/00-23/00								
AA	AA00	AA01	AA02	AA03	AA04	AA05			
	杀微生物	· 杀细菌剂	· · 工业杀细菌剂	· 杀真菌剂	· 杀病毒剂	· 其他			
AB	AB00	AB01	AB02	AB03	AB04				
	植物用	· 除草剂	· · 湿稻田除草剂	· 生长调节剂	· 其他				
AC	AC00	AC01	AC02	AC03	AC04	AC05	AC06	AC07	AC08
	杀虫或蜱	· 杀虫剂	· · 杀蟑螂、蚊子、苍蝇	· · 树木杀虫剂	· 杀螨剂	· 衣服杀虫剂	· 驱虫或螨剂	· 虫或螨诱捕剂	· 其他

续 表

4H011	农药和动植物保存								
	A01N1/00-65/48;A01P1/00-23/00								
AD	AD00	AD01	AD02						
	海洋生物	・海洋生物控制剂	・其他						
AE	AE00	AE01	AE02	AE03	AE04				
	动物用	・杀动物剂如鼠、蛇	・动物驱避剂	・动物诱捕剂	・其他				

从表 8.6 中可以知道杀虫剂的 F-term 分类号为 4H011AC01，与表征中草药的 FI 分类号 A01N65 及其小组联合运用。在 FI/F-term Search 检索界面中输入“A01N65/00 * 4H011AC01”，检索命中 1 358 件专利。

(3) Derwent Innovations Index 专利数据库

Derwent Innovations Index(简称 DII)是由 Thomson Scientific 出版的基于 Web 的专利信息数据库，时间范围 1963 年至 2014 年。在检索界面中，选择“国际专利分类”字段入口，输入“A01N65”，选择添加标题字段框，输入“insecticide OR pesticide”，两输入框之间用“AND”连接，检索命中 750 件专利。对这 750 件专利统计德温特手工代码，比较分类表后确定 C14-B04B(Insecticide General and Other)和 C14-B01(Pesticide)为“杀虫剂”的正确号码。构造最后检索式“A01N65 AND(C14-B04B OR C14-B01)”，检索命中 1 443 件专利。

撰稿：肖沪卫(上海科学技术情报研究所)

第9章 专题专利技术信息检索

9.1 化合物检索

近几十年来,随着化学学科的不断发展,人类发现和人工合成的物质种类呈现爆炸式的增长。化合物检索就是通过化合物中英文名称、编号、分子式或结构式等关键字在数据库中查询到匹配的化合物。

从事化学化工研究工作的人,需要了解一些化学物质的性质、制备方法以及它们所合成的物质是否为新的化合物等。无论是在课题立项、阶段总结还是申请专利,始终离不开文献的检索,因此,掌握查找文献的最佳方法,用最少的时间和精力取得较多所需的信息,对化学研究者有着十分重要的意义。

由于化合物检索在诸多领域具有重要意义,因此,通过化合物检索,我们可以查询到化合物的多方面信息,包括化合物的俗名、别名、化学名、分子量、分子式、结构类型、CAS登录号、化合物的物理性质如晶形、熔点、旋光度、溶解度、光谱性质等、化合物的二维和三维结构、化合物的来源、分离提取方法和生理活性数据、相关文献以及专利信息等。

目前,化合物检索的应用领域主要体现在药物专利申请、侵权检索及科学研究等方面。

药物专利申请 由于药品专利是制药企业发展的重要组成部分,其市场独占性保护具有地域性和时效性,而其中药品专利通常表现为药物化合物专利、药物组合物专利、药物制剂专利等三种形式。研发者通过化合物检索,以确定其研制出的化合物是否具有新颖性。

侵权检索 除了检索制备方法外,要对化合物专利进行全面检索,规避侵权。

科学研究 研究者在项目启动前,需对所研究的化合物进行检索,一是了解拟研究的化合物是否存在,二是了解已存在化合物的结构、反应路线、工艺、谱图等信息,避免重复工作、浪费资源。

9.1.1 化合物概念和类型

化合物(Compound)是指从化学反应中产生,由两种或两种以上元素构成的纯净物

(区别于单质)。化合物是纯物质分类下的一类,与元素和混合物相对。

化合物有几种不同的分类法。一种方法是根据化合物的分子组成进行分类:含碳的物质称为有机物(除碳的氧化物、碳酸和碳酸盐以外);不含碳的物质称为无机物,无机物中,又可根据分子组成的不同分为氧化物、酸、碱、盐。另一种方法是根据分子结构分类:由阴、阳离子构成的化合物叫离子化合物,以共用电子对形成分子的化合物叫共价化合物。再一种方法是根据化合物的导电性分类:把溶于水或熔融状态下能导电的化合物称为电解质,溶于水或熔融状态下不能导电的化合物称为非电解质。三种化合物分类方法的关系如表 9.1 所示。

表 9.1　三种化合物分类方法的关系

<table>
<tr><th colspan="2" rowspan="2">根据分子组成分类</th><th colspan="2">根据分子结构分类</th><th rowspan="2">根据物质导电性分类</th></tr>
<tr><th>离子化合物</th><th>共价化合物</th></tr>
<tr><td colspan="2">有机化合物</td><td>(有机盐归入盐类一栏)</td><td>大多数有机化合物(除有机盐外)是共价化合物、非电解质</td><td rowspan="2">非电解质</td></tr>
<tr><td rowspan="4">无机化合物</td><td>氧化物</td><td>碱性氧化物,如 Na_2O,CaO,MgO 等</td><td>酸性氧化物,如 SO_2,CO_2,P_2O_5 等</td></tr>
<tr><td>酸</td><td></td><td>都是共价化合物,如 HCl,HNO_3,H_2S 等</td><td rowspan="3">电解质</td></tr>
<tr><td>碱</td><td>强碱,如 KOH,$Ba(OH)_2$,$Ca(OH)_2$ 等</td><td>弱碱,如 $NH_3 \cdot H_2O$,$Cu(OH)_2$,$Al(OH)_3$ 等</td></tr>
<tr><td>盐</td><td>大多数盐类,如 $MgCl_2$,$AgCl$,CH_3COONa 等</td><td></td></tr>
</table>

化学物质数量庞大,结构复杂,种类繁多。目前已知的有机化合物超过 1 000 万种,新的化合物还在不断增加。

9.1.2　检索化合物的方法

化学化工文献有其特殊之处,即化学化工文献中常常出现分子式。特别是一些较简单的化学物质,分子式较短时,作者往往喜欢直接写分子式而不写常规中文名词。因此针对不同类型的情况,采取不同的检索方法。

目前,化合物检索途径主要物质名称(化学名称、俗名、商品名)、结构式、分子式、编号(CAS 号、EINECS 号、Beilstein)等。

9.1.2.1　化合物名称检索

名称检索是化合物检索中最广泛使用的检索方式,几乎在所有检索工具和数据库都能使用。

化合物名称检索需要了解化合物的全部名称,包括俗名、常用名、学名、标准命名、甚至包括代码(试验代码)。一种化合物可能有许多种称呼,比如"安乃近" 共有 167 个名称，除了标准命名 Sodium [(1，5-dimethyl-3-oxo-2-phenylpyrazol-4-yl)-methylamino] methanesulfonate之外，其他还有 Dipyrone、Metamizole sodium、Sulpyrine、Methampyrone、Methylmelubrin、Neomelurbrin、Algocalmin、Novalgin、Analgin、Farmolisina 等。因此，名称检索有一定难度，要想查全，不能遗漏任何一种叫法。

9.1.2.2 化合物结构式检索

化学结构式是专业人员直观、唯一地表示化合物的手段，近年来，作为化学信息学的一类核心技术，国际上化学结构式检索技术逐步趋于成熟，广泛应用于计算机辅助新药开发、化学数据库、企业化学品目录的检索。结构式检索是通过绘制结构软件，绘制出物质结构或反应结构式，从而达到检索的目的，包括精确结构检索、亚结构检索、相似结构检索、特征结构检索等(表 9.2)。

表 9.2 结构式检索的三种类型

类型	具有内容	能得到的检索结果
精确结构检索(Exact Search)	检索与用户输入的提问结构完全一致的目标化合物	与检索的结构完全相同，及其多元物质互变异构体
亚结构检索(Substructure Search)	是指检索某一类相同结构片段化合物，检索得到的这类化合物都拥有某些结构上的共同特征，我们将这些共同特征结构片断称为"子结构"	与检索的结构完全相同，及其多元素物质互变异构体，含取代基的物质
相似结构检索(Similarity Search)	将用户输入的提问结构作为一个结构片断，设置目标化合物的其他结构特征，包括结点属性、键属性和环系统属性、分子式结构、立体中心属性、重复单元数等。检索分子骨架包含用户输入的提问结构，并且符合其他结构特征的目标化合物	① 与检索的结构完全相同，及其多元素物质；② 有相似结构的物质，但其元素成分、取代基和其位置与检索的结构不同；③ 两者的结构相似，但并不是其亚结构；物质含有的环数和检索的结构不同(输入 6-5 环时，有可能获得 6-6 环的结果)

如果目标化合物的结构式已经明确，则可以直接进行检索，如果化合物的结构式不明确，则可以通过化学式和化学名称、CAS 号等信息进行确认。

利用化合物专门软件进行画图，目前用得比较多的软件是 ChemDraw 和 ISIS Draw 等，结构绘制完成后将其导入数据库进行检索，如利用 ChemDraw 绘制好的结构式，把它另存为 mol 格式，然后在 SciFinder 的检索界面，点击 File-Open，打开它，即可把它调入 SciFinder 进行检索。大部分含化合物结构检索的数据库自带有画图工具，可直接进行画图。

结构图绘制完成之后，根据不同需求，选择不同检索方式，如精确结构检索、亚结构检索、相似结构检索。

9.1.2.3 化合物分子式检索

分子式是一个包含英文字母和数字组合的字符串，检索得到的信息是包含该字符串的所有结果。针对已经明确分子式的化合物，可以依分子式检索规则直接在数据库中进行检索。针对分子式不明确的化合物，可以通过其他信息如名称来确定目标化合物的分子式，如阿里巴巴的化学字典中，输入中文名称“乙醇”，进行精确检索，即可得到其分子式为 C_2H_6O，然后依分子式检索规则在数据库中进行检索。

在明确化合物的分子式之后，打开数据库，找到分子式检索入口，例如 Scifinder 中的“Molecular Formula”，CA on CD 中的“Formula Hierarchy”。

目前，分子式检索遵循以下规则（Hill System Order）：

(1) 针对单一化合物

如果化合物不含 C 元素：各元素依其英文字母顺序来排列检索，如 H_2SO_4，以 H_2O_4S 排列来检索。

如果化合物含有 C 元素：先排 C 元素，再排 H 元素，其他元素则再依其英文字母顺序来排列检索，例如 $C_9H_8Cl_4NO$。

(2) 针对多重组合化合物

如果组成物中一组成含有 C 元素另一组成不含有 C 元素：将含有 C 元素的组成先排列，再排列不含 C 元素的组成。而每组元素的排列则同上述单一化合物的规则来排列，如 $C_4H_8N_2O_4 \cdot H_2O$。

如果组成物中各组成均含有 C 元素：先依各组中 C 元素的数目来决定，先排 C 元素多的组成，次之再排 C 元素少的组成。若各组成 C 元素的数目皆相同时，则依各组成的 H 元素来决定排列优先级；若各组的 C、H 元素也都相同时，再依各组的其他元素第一个元素的字母顺序来决定优先级。而各组各元素的排列原则可依单一化合物的规则来排列，例如 $C_2H_4Cl_2 \cdot C_2H_4F_2 \cdot C_2ClF_5 \cdot CHClF_2$。

多重组合物为高分子时：若为 homopolymers 时，元素排列先依单一化合物的规则来排列，再在其括号外加上 X 符号即可，如$(C_8H_8)_X$；若为 copolymers 时，各组成的排列先依②的规则来排列，再在括号外加上 X 符号即可，例如$(C_2H_6O_3 \cdot C_2H_3Cl \cdot C_2H_3F)_X$。

若为盐类时：为酸性盐类则其分子式以 H 取代金属，再以分号把金属元素表示出来，例如 sodium acetate 以 $C_2H_4O_2 \cdot NA$ 表示之；为胺盐类则其分子式中把胺盐中的 H 元素转移到阴离子上，使化合物以中性表示出，例如 trimethylammonium chloride 以 $C_3H_9N \cdot ClH$ 表示之。

正确输入检索式之后，浏览检索结果，筛选其目标化合物。目前可以利用分子式来检索化合物资料的数据库并不多，其中所检索的分子式排列需符合 Hill System Order 的要求。在众多的化合物中，由于同分异构体的关系，会造成不同的化合物也会有相同的分子式，所以通过分子式来检索资料会得到非唯一的结果，这时必须配合化合物的命名来一同检索，以缩写检索结果。

9.1.2.4 化合物编号检索

化合物编号有多种，例如 CAS 号、EINECS 号、Beilstein 等，还有部分专业数据库本身对入库的化合物进行了编号，但其不能跨库使用。目前使用比较多的是 CAS 号。CAS 号是美国化学文摘服务社(Chemical Abstracts Service，CAS)为化学物质制订的登记号，该号是检索有多个名称的化学物质信息的重要工具，是某种物质[化合物、高分子材料、生物序列(Biological Sequences)]、混合物或合金的唯一的数字识别号码。一个 CAS 号以连字符"-"分为三部分，第一部分有 2～6 位数字，第二部分有 2 位数字，第三部分有 1 位数字作为校验码。应注意，不同的同分异构体分子有不同的 CAS 号，比如右旋葡萄糖(D-glucos)的 CAS 号是 50-99-7，左旋葡萄糖(L-glucose)是 921-60-8。

利用 CAS 号进行化合物检索之前，首先需要明确化合物的 CAS 号，目前多种网站支持 CAS 号查询功能，如 Anychem 化工词典、Chemicalbook 等(其中 Anychem 化工词典是专业的 CAS 号在线查询工具，通过在搜索框输入 CAS 登录号就可以查找所对应的化学物质，以及该 CAS 号对应物质的详细化学知识，是化工从业人员工作和学习的在线免费工具)如：在输入框中输入 CAS 号 57-55-6 就可以查找到丙二醇以及化学性质、用途、工艺、储运条件等化学知识。

明确 CAS 号之后，打开支持 CAS 号的数据库进行化合物检索。基本无需筛选，即可查找到目标化合物。

如上所述，化合物检索方法有多种，针对不同情形下，采用何种检索方法，或者组合检索方法成为化合物检索的关键。

9.1.3 主要专利数据库中的化合物检索

9.1.3.1 Patentics 数据库

Patentics 数据库由索易互动信息技术有限公司开发，目前整合了全球各大专利局的专利数据，包括中国、中国台湾、美国、日本、韩国、欧洲和 PCT 组织的 3 000 多万件专利全文，以及全球 94 个国家和地区的英文专利摘要，网址 http：//www. patentics. com/indexcn. htm。

(1) 适用于检索化合物

由于 Patentics 可以对中、英文专利库中的关键词进行联想，并且可以对输入的关键词进行翻译后联想，对句子和语义的理解分析后进行搜索，将检索结果根据语义来排序，可以在检索结果非常多的情况下按相关度排序，既可以避免漏检，也省去了扩展关键词的工作。化学领域中很多物质有很多用途，如氧化铝既可以作为吸附剂又可以作为催化剂载体，还能够用作成型黏结剂，如果检索时对一种物质输入所有的用途比较麻烦，而仅输入一部分用途则可能导致漏检，由于 Patentics 可以自动对检索词进行扩展联想，应用 Patentics 则可以解决以上问题。基于这一点，Patentics 适用于化合物的检索。

(2) 适用于检索化学领域的组合物

由于 Patentics 对组合物的每一种组分均进行了索引，并自动对每一组分进行同位词以及下位词的扩展，而化学领域中一种组分可能存在多种表达方式，采用具有自动扩展功能的 Patentics 进行检索，避免了由于关键词扩展不全面而导致的漏检。如输入"氧化铝"进行语义检索，在下位词中出现了酸性氧化铝、α 氧化铝、β 氧化铝、γ 氧化铝以及微粒 α 氧化铝等。

9.1.3.2 Dialog 数据库

Dialog 系统是目前世界上最强大的国际联机检索系统，学科覆盖面广，几乎涉及全部学科范围，包括综合性科学、自然科学、应用科学和工艺学，社会科学和人文科学，时事报道和商业经济等。其数据来源于各种不同的图书、报纸、杂志期刊、技术报告、会议论文、专著、专利、标准、报表、目录、手册等包含的信息。其数据形式包括：文献型——文献的题录和文摘；数值型——统计表、商业财政数据等；名录字典型——手册、指南、名录等；全文型——论文、报告、新闻报道的全文等，拥有近 600 个联机数据库，其中很多是非常著名的数据库，当然也包括 Beilstein 数据库。

美国化学文摘(Chemical Abstracts，简称 CA)从诞生到现在主要经历了四种出版形式：CA 印刷版、CA on CD 光盘版、CA 数据库(在 Dialog 和 STN 国际联机系统中运行)和 CA 网络版 SciFinder Scholar。印刷版由于其检索方法的落后，被人们选择使用的机会已经越来越少。Dialog 国际联机系统和 STN 国际联机系统由于其检索费用的昂贵，在我们国家选择使用的检索机构很少。而光盘版的 CA on CD 由于价格便宜和检索的简便一直受到人们的青睐，但是由于其更新速度较慢、检索范围不够全面等原因已有被 CA 网络版 SciFinder Scholar 逐渐取代的趋势。

Dialog 化学文摘数据库与 CA on CD 基本特点的比较如表 9.3 所示。

表 9.3 Dialog 化学文摘数据库与 CA on CD 基本特点的比较

项　目	Dialog CA Search	CA on CD
文摘信息	无	有
更新周期	每周	每月
主题检索	可	可
普通物质名称	否	否
分子式检索	否	可
结构式检索	可	否
反应式检索	否	否
对结果二次检索	可	否
检索速度	快捷	尚可

9.1.3.3 Derwent Innovations Index 数据库

Derwent Innovations Index (DII，德温特世界专利创新索引)是美国科学情报所(ISI)推出的基于因特网环境的数据库产品，该数据库将 Derwent World Patents Index(WPI，德温特世界专利索引)与 Patents Citation Index(PCI，专利引文索引)加以整合。该数据库按学科分为化学(Chemical Section)、电子电气(Electrical & Electronic Section)、工程技术(Engineering Section)三大部分，为研究人员提供世界范围内的化学、电子电气以及工程技术领域内综合全面的发明信息。

DII 检索途径包括快速检索(Quick Search)、一般检索(General Search)、高级检索(Advanced Search)、被引专利检索(Cited Patent Search)、化合物检索(Compound Search)。DII 的结构检索页面如图 9.1 所示。

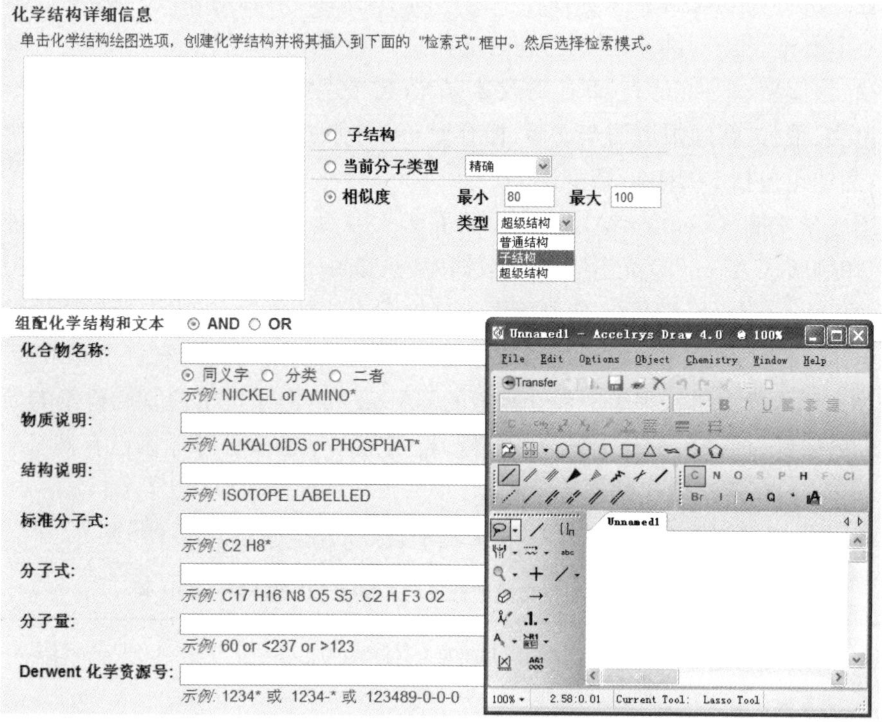

图 9.1　DII 的结构检索页面

化合物检索途径包括三种：文本字段检索、化学结构检索、文本字段和化学结构组配检索。化合结构检索支持子结构、当前分子类型(精确、异构体、互变体、非严格匹配)、相似度检索(通过选择 0～100 之间的值可以定义相似度)。

要检索和查看化合物结构，必须下载并安装 Symyx Draw 和 Symyx Chime 插件。从 Symyx 下载页面可免费获取该插件。只需按其说明下载插件即可。结构输入可通过 Symyx Draw，创建化学结构图像。复制结构图像，然后将其粘贴到"化合物检索"页面的"化学结构详细信息"检索框。如果用户正在使用 ISIS/Draw，那么可以在 ISIS/Draw 中创建化学结构图像。单击传输模式图标将化学结构绘图传输到"化学结构详细信息"检索框中。在 Derwent Chemistry Resource 数据库中检索化合物结构。所有成功的检索均添加至检索历史表。

9.1.3.4　Scifinder Scholar 数据库

SciFinder Scholar 是由美国化学会(ACS)的化学文摘社 CAS(Chemical Abstract Service)编辑出版。CAS 于 1997 年首次推出了 CA 的网络版。它整合了著名的 Medline 数据库、欧洲和美国等 50 多家专利机构的全文专利资料，以及 CA 数据库 1907 年建立至今的所有内容，涵盖了包括应用化学、化学工程、普通化学、物理、生物学、生命科学、医学、聚合体学、材料学、地质学、食品科学和农学等诸多领域，是化学和生命科学研究领域中不可或缺的研究工具，也是世界上信息量最大，最具权威性的检索系统之一。

SciFinder Scholar 的内容包括 CAplus（与 CA 的印刷版及 CA on CD 相对应）、MEDLINE 数据库；另外，SciFinder Scholar 将这两个文献数据库中涉及的物质提炼出来形成了独立的物质数据库 Registry、反应数据库 CASREACT；此外，SciFinder Scholar 对于部分化学物质，还提供了商业来源信息及管制信息，形成 CHEMCATS 商业来源数据库以及 CHEMLIST 管制化学品数据库。

SciFinder Scholar 收录 6 个数据库，涵盖了期刊论文、专利文献、会议论文、化学物质、化学反应等信息，具体内容见表 9.4。

表 9.4　SciFinder Scholar 数据库的收录内容

收录数据库	数据年限	数据库内容	更新频率
CAplus（文献数据库）	1907 年至今 部分为 1907 年以前	化学及相关学科的期刊论文、专利文献等 2 700 万篇	每天
Registry（物质数据库）	1957 年至今	有机和无机物质 3 200 万种	每天
CASREACT（反应数据库）	1840 年至今	单步和多步化学反应 1 370 万种	每周
Medline（文献数据库）	1951 年至今	生物医学期刊文献 1 600 万篇	每周 4 次
CHEMCATS（物质数据库）	最新	全球 750 多家供应商、850 多本化学物质目录的 1 500 万种化学品供应信息	有新信息或修订信息时
CHEMLIST（物质数据库）	1778 年至今	29 万种储备或管制化学物质信息	每周

在 SciFinder Scholar 中，可通过化学结构、分子式及物质标识符三种方式进行物质检索。

通过化学结构检索　如欲检索化学物质，利用绘图工具绘出其结构，点击 Get Substance 按钮便可以开始检索化学物质。在通过化学结构检索物质时有三种检索方式可以选择，即精确结构检索、亚结构检索和相似结构检索。其中精确结构检索结果包含以下各类型的化合物：① 与已绘制的结构完全相同的物质；② 同位素化合物；③ 配位化合物；④ 单体组成的聚合物；⑤ 混合物；⑥ 物质的盐；⑦ 异构体；亚结构检索可以得到物质的修饰信息。相似结构检索可以获得结构相似度在 60 分以上的物质。

通过分子式检索　在 Enter the formula of substance 对话框中输入分子式，点击“OK”便可进行检索。分子式输入规则：① 区分大小写；② 分子式按 Hill 系统规则书写，即 CH 写在前面，其他按照字母顺序排列，输入时不同元素之间最好用空格隔开；③ 输入盐类，可分为酸碱组分以相连；④ 聚合物则输入单体组成以括号加 X，如(C8H8. C4H6)X。

通过物质标识符检索　在 SciFinder Scholar 中，可通过物质标识符定位物质。标识符输入注意事项：① 可输入物质的化学名、俗名、商品名、缩写、CAS 登记号等；② 每行只能输入一个标识符；③ 不区分大小写；④ 可以包括空格和标点符号；⑤ CAS 登记号包含连字符。

SciFinder Scholar 物质检索拥有强大的后处理功能，用来对检索结果进行精确和提炼：① 分析工具可以更好地了解所检物质的结构，而分析其环构造、原子取代和键等，有助于找出理想结构，SciFinder Scholar 提供了 6 种物质分析功能：取代原子分析、可变基团分析、R 基团分析、结构精确度分析、环骨架分析、立体结构分析；② 限定工具在物质检索时，如果检索到的物质太多，可以使用限定功能对检索结果进行精炼，SciFinder Scholar 提供了 7 种物质限定手段：限定化学结构、限定含同位素、限定含金属、限定可获得商业来源、对物质性质限定、限定可获得物质的性质、限定可获得文献。

按照以上检索方法获得检索结果窗口，点击物质记录左上方的显微镜图像，可得到物质的详细信息，包括：登记号、分子式、CA 中标准索引名、其他名称、实验特性数据和计算特性数据及相关资料。物质的详细数据会以默认设定的格式排列显示。另外，在检索结果中还会得到物质的其他信息：① 显示与物质相关的参考文献，并可进行副主题词的选择；② 显示物质的立体结构模型；③ 显示物质的商业来源数据，包括价格、公司联系方式等更详细的商业来源信息，并可把商业来源数据导入 Excel 表中，便于数据的处理和比较；④ 显示物质管制和注册数据；⑤ 显示物质的反应信息。

9.1.3.5 STN 数据库

STN 是由 CAS 和 FIZ Karlsruhe（德国卡尔斯鲁厄能源、物理、数学专业信息中心）两个非营利性机构共同建立的提供最新科技发明信息的平台。自 1984 年开始服务运行，提供近 200 个数据库，涵盖化学、生物、工程、材料、医药、能源等多个学科，还收录了许多重要的科技信息库如 Beilstein、Medline、Inpadoc 等。其中，专利数据库可以全文检索 PCT 申请、美国以及欧洲的专利，例如 PCTFULL、EPFULL、FRFULL、GBFULL、USPATFULL 等。其中，CAplus、Registry、MARPAT 以及 CASREACT 数据库都是非常有特色的检索资源。

STN 是唯一能同时进行 CAplus、INPADOCDB 及 Derwent World Patents Index（DWPI）检索的平台，可以在同一时间进行可专利性、现有技术状态、侵权、专利法律状态的查询。STN 提供了最庞大的基因信息：Registry、GENBANK、DGENE（GENESEQTM）、PCTGEN 及 USGENE。STN 提供专业化学的检索环境、溶剂检索 CAS 号、分子式、结构检索（尤其是 Markush）等。STN 提供了大量的检索工具，包括化学和生物物质检索、多个数据库、连接全文以及相同专利和专利族检索等。

目前 STN 系统内已有各类专利数据库 200 多个，内容涉及化学、能源、物理、数学、生命科学、冶金、生物技术、工程还有知识产权和商业信息等，大约 3.5 亿件的文献覆盖全球各个技术领域，其中专利文献约有 3 000 万件。

在药物的开发、生产、制造过程中，了解最新、最全面的信息是企业将想法转变为产品最重要的步骤之一。STN 提供了整个药物发展过程中的应有信息。药物在整个生产循环周期中，从最初的实验室阶段到投入市场及以后，都需要仔细监控。STN 独特的科技和专利数据库包含了以下信息：新化学品、化学物质的物理性质、药物专利、生物序列、药物名、药理和毒理、法规、市场和经济、药物新闻。

针对化学领域，STN 提供易操作的化学物质检索功能，其入口可以为：CAS 号、化学名、指定的化学结构、化学结构通式（Markush）、化学物性以及生物序列相配、基本和相似检索等。采用 CAS 号为入口进行检索是最为常用也是效率最高的方式。当化学物质结构复杂，较难选择 CAS 号或确定准确命名时，采用常规的检索入口一筹莫展，若采用 STN 提供的结构检索的方式则可大大提高效率，而且使用 CAS 号主要检索评价新颖性的文献，采用结构式检索可以方便检索到评价创造性的文献。

为方便将检索结构精确定位，CAplus 数据库提供了一个检索入口：CA roles，它是指用 3～4 个字母代码描述原文中报道的化学物质（或一类化合物）的新颖性或者独特性的信息，有助于聚焦化学物质的精确和特定研究。CAS 提供 10 种高级职能符（Super roles）和约 70 种特定的职能符（Specific roles），如 ANST、BIOL、CMBI、FORM、OCCU、PREP、PROC、USES、PRPH、RACT 等，其中 PREP 职能符最为常用。例如：需要检索与物质 A 制备有关的文献，当检索到出现物质 A 的文献时，其中含有大量的噪声（如物质 A 用于制备其他化合物的原料或物质 A 的用途或含物质 A 的组合物等）。此时为了消除噪声，快速定位，可以在上述结果中使用 PREP 的 CAS roles，从而得到仅与物质 A 制备有关的文献。

目前，对于具体物质 CA 中给出的 CAS RN 号是不全面的。因为 RN 号并不像通常认为的那样，一个物质自始至终都只存在唯一的一个 RN 号与之对应，这点可以通过 STN 的 Registry 数据库中的记录看出；RN 号不仅有 RN，也有 DR（即被删除的 RN 号）和 new，old。原因在于：由于随着时间的推移，有些物质的 CAS RN 可能被删除，因此可能出现 DR，也可能 CA 在分配 RN 号出现了重复，经过校正之后将之前的 RN 号删除，由此出现了 new 和 old 两个 RN 号。因此在 CA 中采用单一的 CAS RN 号进行检索时存在漏检的可能。STN 很好地解决了这一问题，只要首先在 Registry 数据库中找到某一物质的 RN 号，以该命令的结果转库到 CAplus 中再检索，即可将包含所有 DR、new、old 以及正在使用的 RN 号的文献全部检索到。

STN 相比专利数据库以及 ISI Web of Knowledge 等资源，另一个优势是可以经 ChemPort 直接连接到专利或期刊全文，而不必在检索到摘要之后，还要再通过其他途径获取全文。

9.1.3.6 Reaxys 数据库

Reaxys 数据库，是 Elsevier 公司将原有的 Crossfire Beilstein、Crossfire Gmelin 以及新增的专利化学数据库内容进行整合后的信息资源，数据量增加了 20%，属于 Crossfire 升级产品。Reaxys 中新增加的专利化学数据库（Patent Chemistry database），是来自世界知识产权组织（1978 年至今），欧洲专利局（1978 年至今）以及美国专利局（1976 年至今）的英文专利信息。新增的这部分内容，可以使科学家们获得完整的反应操作步骤、Markush 结构以及专利的用途等。Reaxys 对原始文献中的数据，根据其重要性和相关性进行筛选和整合，提供化学结构、化学反应、相关化学和物理性质以及详细的药理学信息。使科学家们能够更快更准确地得到相关的数据，如表 9.5 所示，Reaxys 服务平台改变了原有 CrossFire 的客户端访问模式，成为基于网络访问的工作流模式。用户只需在网络浏览器输入 www. reaxys. com 就可以直接进入数据库。另外，相比于 Crossfire Commander，Reaxys 的界面也更直观，更人性化。Reaxys 基于 IP 进行访问，用户只要在有效 IP 范围内，均可以快速登录系统。

表 9.5　Reaxys 数据库提供信息内容

数据库	特　色	包含信息
CrossFire Beilstein Database	世界最全的有机化学数值和事实库	◆ 时间跨度从 1771 年至今 ◆ 化学结构相关的化学、物理等方面的性质 ◆ 化学反应相关的各种数据 ◆ 详细的药理学、环境病毒学、生态学等信息资源
Patent Chemistry Database	Beilstein 的完美补充	◆ 涵盖的国际专利类别[IPC](1976 年之后) ◆ C07 有机化学 ◆ A61K 药物(医药、牙医、化妆品制备) ◆ A01N 生物杀灭剂(农用化学品、消毒剂等) ◆ C09B 染料(可能具有药理学活性)
CrossFire Gmelin Database	全面的无机化学和金属有机化学数值和事实库	◆ 1772 年至今，3 个月更新一次 ◆ 详细的理化性质、地质学、矿物学、冶金学、材料学等方面的信息资源

(1) 提供三种检索方式

文献检索(Text、authors and more)　是一种与 SCI 或 EI 等其他数据库比较相似的文献检索方法。包括基本格式(Form-based)和高级检索(Advanced)。基本检索提供了快速检索(Quick Search)功能，指的是对一或两个关键词的检索。以及对作者/专利权人(AuthogAssignee)、刊名(Journal Title)、专利号(Patent Number)、专利号(Patent Country)和出版年(Publication Year)等途径的检索。高级检索是类似于 CrossFire 中的事实检索(Fact Search)的检索方式，需要编写检索式，不过检索式的编写非常方便，检索框下面提供了详细的检索领域，对需要的检索域代码(field code)进行双击，然后填写域值(field value)，当输入的词不确定时，还可以使用截词符。用“*”代替任意多个字符，系统支持左截断或者右截断，然后选择不同域代码间的逻辑关系，逻辑关系(operate)包括“near”、“and”、“next”、“not”、“or”以及“proximity”等 6 种布尔组配。

反应检索(Reactions)　实际上相当于一个反应式检索(Reactions)和条件检索(Conditions)组合的联合检索，当然也可以单独使用反应式检索或条件检索，通过联合检索可以更加准确地得到所需要的反应。

例如：查找产量为 80%以上的阿司匹林合成反应

双击反应检索框，使用画图工具画出阿司匹林的结构式，单击“转换(Transfer)”按钮返回检索界面，或者在已知阿司匹林化学名、化学物质登记号、简化分子线性输入规范或 IUPAC 国际化工标志符的情况下，点击“由名字生成结构按钮(Generate structure from name)”，把上述任何一种标识符输入检索框，点击“提交(Submit)”按钮，就可以快速生成结构图，结构图的右侧提供了对所砌结构的限制条件，可以设定为产物、反应物、任何一个、试剂/催化剂在本题中选择产物。然后，选定所画结构或子结构，为了检索的精确性，选择精确结构检索，然后单击条件[Conditions(form-based)]按钮，在产量(Yield)一栏的运算关系中选择大于号，产量一栏填上 80。然后点击检索按钮，便可以得到 7 个产量在 80%以上的阿司匹林的合成反应。

物质与性能检索(Substances and Properties) 物质与性能检索与反应检索方式相似，是一个物质结构检索和性能检索组合的联合检索，并可单独进行检索，通过联合检索可以更加精确地得到所需要的物质。以化合物结构查询时，有两种输入方式，一种是点击 Generate structure from name 后，在弹出窗口输入化合物名称，再按 Submit 即可。另外一种是使用 MarvinSketch *，于白色处点击两下，会显示绘图程序，绘制完成后，按下 Transfer Query 即可。

(2) 检索时提供三种限定方式

一般条件设定 包含设定化合物角色、衍生物搜寻及结构条件限制。

基本条件设定 简易设定反应数据及参考书目等相关信息配合搜寻。

进阶条件设定 可以关键词搜寻 Reaxys 所有指令并进行组合搜寻。

(3) 检索结果提供多种信息

反应检索结果页面：① 可记录您每一步操作，点击方框可回到该次检索；② 可对此次检索设定新知通报；③ 筛选工具栏帮助您更快速分析检索结果；④ 检索结果可以反应形式或文献形式呈现；⑤ 可以多种文件按模式输出(excel, pdf 等)；⑥ 提供多种排序方式(产率、年份等)；⑦ 点击可显示其他相关反应。如出现 Show Experimental Procedure，可显示该反应之详细实验步骤；⑧ Title/Abstract 可显示文献之题名及摘要；Full Text 直接链接至 SciVerse ScienceDirect；Show Details 会显示该篇文献进一步的信息及与 SciVerse Scopus 链接的被引用次数信息。

化合物性质检索结果页面：① 检索结果以四种形式呈现：Reactions-反应、Substances(Grid)-单纯显示结构、Substances(Table)-显示结构和化合物数据、Citations-显示相关文献；② 观看国外大厂的原料售价；③ 可以使用 Reaxys 内建的 Synthesis Plans 自己建构合成方式；④ 系统自动计算出总制备方法数及总参与反应数；⑤ 选取其中一项可观看详细性质及测试数据。

9.1.3.7 Thomson Reuters Integrity 数据库

Thomson Reuters Integrity 是 Thomson Reuters 公司研发的生物医药信息综合数据库，能够为药物研发一线的科研人员提供可靠、及时、延续和深度的药物研发信息，帮助研发人员在研发早期做出正确的决策，加速“药物发现阶段”向“临床应用阶段”的转化过程，避免药物研发机构和企业研发经费与时间的浪费，最终降低研发风险。

Thomson Reuters Integrity 的信息来源于各种科技文献、专利文件、新闻、科技会议论文、公司报告、各国药物监管部门网站等，提供了查找具有已获论证生物活性的复方药和近10万多个专利记录的途径，并通过建立标引系统和基于工作流的工具帮助药物研究人员快速进行药物发现和分析，且每日更新信息。这些信息可以满足药物研发不同阶段的不同专业人员的信息需求。

Integrity数据库的内容十分丰富，主要包括12个模块，提供了30多万种上市和在研药物(包括化学药和生物药)及其相关的结构信息；关于这些药物的77万多条实验药理学和毒理学数据；40多万条药物动力学和药物代谢数据；9万多个临床实验记录；针对某种疾病已经上市的药物中，2 000多个药物靶标分布以及这些靶点间的相互关系图；100多份疾病的相关综合性评述，包括疾病的流行病学调查数据、疾病的所有可能的治疗方法；近2万个药物合成方法，并且区分出没有专利保护的合成方法；同时还包括10多万药物专利家族；40多个药物、疾病、临床试验、诊断相关的生物标记物；8 000多种药物、疾病相关的基因组学信息；公司新闻；新药研发资讯等信息，如表9.6所示。

表9.6 Thomson Reuters Integrity数据库主要内容

数据库主要内容	收录信息
药物(包括化药与生物药)	>360 000(>330 000化学结构式数据)
药物靶标以及发病通路图	>2 000药物靶标
药物/疾病相关的基因组学信息	>15 000相关基因
化学合成	>22 000合成路线
药物/疾病/临床试验/诊断相关的生物标志物	>10 0004生物标志物
药理/毒理试验数据	>1 000 000药理/毒理
药代动力学/药物代谢试验数据	>500 000药代/药动
临床试验方案/结果	>150 000临床试验
疾病相关的综合性评述	129疾病综述
研发单位	>7 000家企业或研发机构
文献期刊及会议	>1 300 000个记录

Thomson Reuters Integrity的检索主要有三种模式：快速检索、高级检索、结构检索。

快速检索 Integrity的主页上提供了三个快速检索入口，包括快速检索、药物信息快速检索和药物研发阶段快速检索。在快速检索入口，可以输入药物名称、化合物名称、治疗领域、作用机制、靶标、公司名称、专利号等进行检索，检索结果会把包含检索词的相关信息列出；在药物信息快速检索入口，可输入或者借助Index词表选择感兴趣的药物，快速查看其相关药物信息列表；在药物研发阶段快速检索入口，可借助适应症词表快速查看药物名称、适应症、研发阶段等信息列表。

高级检索 Integrity的主页左上方"Knowledge Areas"的12个检索模块提供了高级检索的功能。在此选择一个入口，如点击"Drugs& Biologics"进入检索中心，即可看到表格式检索菜单。根据表格提示设置检索条件，点击"Select Value"或"Optional Value"选择限制条件，如限制适应症、作用机制、研发阶段等信息，然后在检索框直接输入要检索的内容或者借助“Index” 选择标准检索词。设定好检索条件后即可进行检索，得到检索结果列表。可按照组织机构、研发阶段、国家、药物名称等对检索结果进行重新排序。

结构检索 支持包括精确结构、子结构、相似结构检索（相似度在 0～100 之间）三种检索方式，在“Drugs & Biologics”检索界面上，点击“Structure Search” 打开化学结构式的检索面板，双击白色检索框打开绘图面板，绘制化学结构式开始检索，进行结构式检索必须安装 Symyx Draw，Symyx MDL ISIS/Draw，ChemAxon Marvin Applet，CambridgeSoft ChemDraw 等任一化学结构式编辑器。

此外，Thomson Reuters Integrity 支持 CAS 号检索，Thomson Reuters Integrity 医药信息数据 12.11 版本允许从市场主导的化合物结构数据库软件中复制和粘贴分子式来进行药物和中间体的检索。

针对检索结果，点击公司的超链接进入相应的公司报告，包括现有的市场产品、正在进行的临床研究和临床前研究药物、最近的专利信息等。点击收藏号的链接进入药物的研究报告，可以看到该药物的结构、作用机制、适应症、研发历程等详细的研究信息，及围绕该药物相关的专利、药理/毒理学试验数据、药代动力学试验数据、临床试验、相关靶标及路径、合成路线、代谢途径、相关文献、疾病综述等相关信息。在此页面上应用“Options” 下拉菜单功能，可以调整结果显示方式（如显示化学结构）、输出检索结果、设置跟踪、结果相关的专利等相关内容。

9.1.3.8 Thomson Reuters Cortellis 数据库

Thomson pharma 数据库是 Thomson 公司 2005 年推出的一个强大的综合医药信息平台。其信息来源于各种科技文献、专利、新闻及科技会议论文等。目前提供了 31 000 种药物、280 万种化合物、7 500 家公司、330 万项专利、13 000 多个药物靶点、500 万个基因和蛋白序列、超过 6 000 种的专业期刊以及 13 000 多项交易信息。

快速检索（Quick search） 所有页面上都提供一个快速检索入口，有 10 种检索途径，分别为药物名称（Drug name）、化合物名称（Compound name）、专利号（Patent number）、公司（Company）、文彬新闻标题（lit&News title）、作者/发明人（Author/Inventor）、靶点（Target）、治疗领域（Therapy area）、作用机制（Action）和技术类型（Technology）。

表格检索（Form search） 表格检索分为 7 种，包括普通检索（General search）、临床试验检索（Clinical trials）、药物检索（Drug search）、知识产权检索（Intellectual property）、文献和新闻检索（Literatureand news）、序列检索（Sequences）和交易检索（Deals）。用户可以根据不同的需求，从不同入口进入，达到高级检索的目的。

向导检索（Guided search） 便于用户快速高效地一步一步构建检索式，提供了 5 种入口，包括生物学-ADMET（Biology-ADMET），治疗领域竞争性情报（Competitive intelligence-therapy area），药物竞争性情报（Cornpetitive intelligence-drugs），注册和商业（Licensing and business-deal finder），文献引用搜索（Cited reference search）。例如，通过“生物学-ADMET”入口，查找药物吸收、分布、代谢、排泄和毒性的信息，向导检索提示输

入药物的名称或结构，可直接命中目的药物的相关 ADMET 数据，并提供相关文献链接。

自由式检索(Write your own) 目前，此功能只支持“Drug”检索。用户可以自由编写检索式，实现利用其他检索方式无法完成的检索。例如想查找 HlNl 方面的上市药物情况，利用“Form search”检索，会把已经上市的药物和疫苗全部搜出。利用“Write your own”，编写检索式(“influenza virues infection”[Therapy area] and launched[Dev status linked]) not(vaccine[Action])，使用逻辑非(Not)将上市疫苗排除。

9.1.3.9 世界传统药物专利数据库

世界传统药物专利数据库(WTM)收集了自 1985 年以来世界上以中药为核心的天然药物及其提取物的专利信息，收录了来自中国、美国、日本、韩国、印度、俄罗斯、欧洲专利局、世界知识产权组织等超过 20 个国家、组织和地区的包括中药(日本汉方)、藏药、印度药和西方国家的天然药物在内的天然药物专利，其中标引专利信息 11 万余条，共含同族专利 20 万余条，其世界上收录天然药物专利最全的数据库之一。

世界专利药物专利数据库是世界上收录天然药物专利最全的中英文双语种数据库，包括联合用药、制剂方法、新治疗用途、药物制备方法、天然药物种植方法、分析方法等专利，以及兽药、有治疗作用的化妆品和洗涤用品等。详尽收录专利中出现的各种天然药物、药物信息字段包括英文名称、英文别名、中文名称、中文别名、拉丁药名、拉丁植物/动物/矿物名、汉语拼音名、科名、属名、药性归经等字段；制定了特有的天然药物唯一登记代码，使得药物查询更加准确快捷、降低了传统中药中一药多名、多药一名带来的检索错误，提高了药物的查全和查准率。

数据库支持化学结构检索、支持方剂和方剂相似性检索，通过深度加工标引以及多语种互译，可方便读者阅读。WTM 不仅通过化合物名称、编号和分类进行检索，还可以利用化合物结构检索某类化合物及其制备方法。例如，在“化学物质信息检索”界面，点击“化学结构图形检索”，在绘图框中画出黄酮类化合物的母体结构，点击检索得到具有被检索结构的黄酮类化合物。然后在结果列表中的一个或多个化合物信息，点击“职能符”按钮，在下拉框中选中“已知化合物的制备”点击检索即可。

9.1.4 主要非专利数据库中的化合物检索

9.1.4.1 PubChem 数据库

PubChem 是由美国国家卫生研究所(NIH)建立的关于小分子生物活性的公共数据库，PubChem 包括三个 Entrez 数据库——PCSubstance、PCCompound 和 PCBioAssay，它们分别包含了物质信息、化合物的结构信息和生物活性信息。这三个数据库共收录有将近 4 100 万条小分子记录和 1 900 万种结构。PubChem 不仅与 PubMed、PMC 等 Entrez 数据库有链接，还与 Entrez Structure 和 Entrez Protein 有链接，这样就将基因组水平的生物大分子与细胞代谢水平的小分子联系起来了。用户可以使用文本在 PubChem 数据库中进行搜索，也可以使用各种格式的化学分子式或化学结构进行搜索。

PubChem 的检索途径主要分为名称检索和结构检索。文本检索包括分子式和 ID，其中 ID 既可以是 PubChem 的化合物 ID(SID、CID、AID)，还支持外部 ID 检索。PubChem 还可以进行结构检索，并且支持精确检索(Exact search)、子结构检索(Substructure search)和相似性检索(Similarity search)。

用户登录 PubChem 的 Compound 数据库(http://pubchem.ncbi.nlm.nih.gov/)，进入 Structure Search 界面，用户可以通过手工绘制，或输入检索结构的 SMILES、分子式，或在线打开已有的结构文件等多种形式实现检索结构的录入，并且在其下方的 Option 和 Filters 标签里可以对搜索的 ID、相似度、物化性质等细节进行限定。化合物结构检索页面如图 9.2 所示。

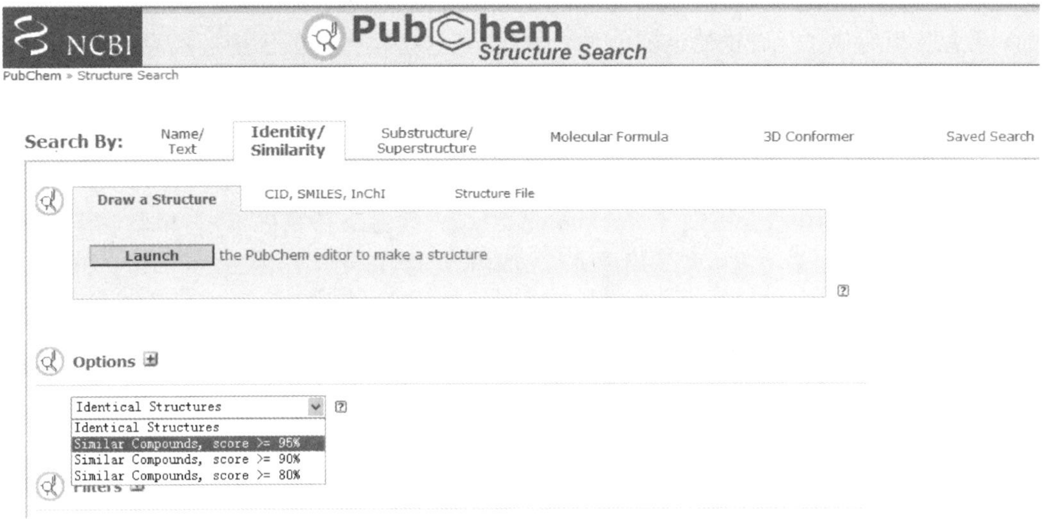

图 9.2 Pubchem 的化合物结构检索界面

还可以使用 Limit 标签进行组合检索，在相关界面也会给出一些工具按钮，可以链接到上述介绍的检索功能，实现连续检索，即把目前的搜索结果作为下一次搜索的基础，检索结果可以以 Asn、Xml 和 Sdf 文件格式进行保存。

PubChem 检索结果包含了分子式、Smiles、2D 和 3D 结构、InChI 和 InChIKey、相对分子质量、脂水分配系数、氢键受体和供体数目、可旋转键数目、互变异构体数目等基本的结构信息和物化性质，除此以外，还可以看到该化合物作为药物的剂型和商品信息、药理性质、毒性、生物活性检测等信息，并通过文献分类副标题可以查看相关文献。

9.1.4.2 ChemBioFinder 数据库

ChemBioFinder 是一个在线的化学和生物学的参考数据库，拥有超过 200 万的化合物索引和相关的其他网站，它为化学家和学生提供了丰富的化学信息。用户登录网址 http://www.cambridgesoft.com/databases/login/? serviceid=128，进入检索页面。

ChemBioFinder 的检索途径包括：化学名称(或俗名)、CAS 编码、分子式、相对分子质量、结构(包括全结构、精确结构和子结构)。用户进行结构检索时，需下载 ChemDraw Plugin 软件，另外也可上传结构式的文件，支持 MDL、RD 和 SD 文件。ChemBioFinder 检索结果包括化合物名称，分子式，CAS 编码，相对分子质量，化合物中的 SMILES、InChI 和 InChIKey 字符串及列出包含该化合物的数据库。

9.1.4.3 Zinc 数据库

网址 http://zinc.docking.org。Zinc 是由美国加州大学旧金山分校制药化学系 Shoichet 实验室提供的一个可以直接用于进行虚拟筛选的免费三维数据库。Zinc 化合物数据库包含 1 400 万个化合物，可用于虚拟筛选，实体化合物很难买到。Zinc 可以运行在多个平台之上，包括 VX-Works、Microsoft Widows、Unix、Xl/Motify、MSDOS。用户无需注册可直接进行检索。

Zinc 数据库其中所收录的化合物来自各大化合物合成公司，因此都是可以商业购买的。数据库既存储了化合物的结构信息，也包含了这些化合物的供应商信息。由于 Zinc 在收录这些化合物的过程中进行了"类药性"过滤，可以以 SMILES、Mol2、SDF 等多种文件格式免费下载，因此特别适用于以分子对接为主的虚拟筛选策略。

Zinc 数据库检索途径包括：结构(Structure)、属性(Properties)、分类(Catalogs)、Zinc IDs、靶点(Targets)和联合检索(Combination)。结构检索支持精确检索，相似性检索(相似性程度可选择)和子结构检索。用户进行结构检索时，可手工绘图，也可上传文件，该数据库支持 SMILES、SDF、MOL2 和 Flexibase 四种格式。

9.1.4.4 eMolecules 数据库

免费检索网站 http://emolecules.com。eMolecules 为广大的化学品使用者和采购者提供了一个高效的搜索平台，补充了 PubChem 的数据。尽管 eMolecules 的重点是可以通过商业手段获得的数据，但是只有部分分子可以指向到供应商的在线目录中。eMolecules 中的大多数条目都是链接到 PubChem 中的。

eMolecules 有以下五个主要特点：

A. **支持结构式或子结构搜索** 不需要特殊软件，不需要注册，用户上网就可以直接画出结构式或子结构(结构片段)搜索所需的化学品。子结构(结构片段)搜索到的化合物还可以为药物化学研究人员提供分子设计的多种可能性和新思路。

B. **收录国内外最新合成结构式并保持每周更新** 研发人员可以利用本数据库的结构式搜索功能了解最新化合物的结构式，给自己的科研工作(化合物结构设计与合成路线的选择等)提供参考。

C. **支持关键词搜索、批量搜索** 不仅支持输入 CAS 号、名称、产品编号、SMILES 等关键词进行搜索，而且还支持上传 SDF、MOL 等文件或者输入/粘贴多个关键词进行批量搜索。批量搜索为大量采购化合物提供便利并节约了大量时间。

D. **并排比较化学品的价格、规格、纯度、供应商等关键信息** 所有供应商均需考核达到标准方可入库，内容翔实、供货迅速。用户可以通过该数据库找到可靠的产品供应信息，迅速做出购买决定。用户还可以推荐/评价供应商，违规供应商经举报调查属实后会被及时删除。

E. **支持多种类型的数据导出** 用户可以使用导出功能把有价值的信息保存到自己的

计算机上，或者发给同事、朋友一起讨论、分享。

9.1.4.5 ChemSpider 数据库

网址 http：//www. chemspider. com。ChemSpider 是一个为化学相关学者与从业人员提供化学结构式相关信息的免费在线搜索服务网站，提供 2 500 万个化合物结构、属性及其相关性质的检索，通过整合和链接来自全球 400 个数据库，使用户能够在单一的网站发现最全面的、免费的、可用的化合物数据。它试运行于 2007 年 3 月，并于一年后的 2008 年 3 月正式发布，2009 年 5 月被英国皇家化学会收购。

ChemSpider 不仅提供文本和结构检索，还提供独特的服务，即用户提供相关信息来改进这些数据。ChemSpider 检索途径包括：名称检索、结构检索、性质检索、用途检索等。结构检索支持绘出结构式检索、上传结构式文件检索及相似结构检索。上传结构式的格式为化学文件（MOL、SDF、CDX、SKC 等）或者图片文件（GIF、JPG、PNG、TIFF 等）。

ChemSpider 检索结果包括分子式、CAS 编码、相对分子质量、密度、熔点、沸点、闪点、溶解度、蒸汽压、蒸汽密度等化合物的基本信息。

9.1.4.6 ChemMine 数据库

网址 http：//chemmine. ucr. edu/。ChemMine 是一个复合挖掘数据库，适用于药物和农用化学品的发现和化学基因组学研究。ChemMine 数据库分为三部分：化合物数据库（Compound Database）、化学信息工作台（Cheminformatic Workbench）和筛选数据库（Screening Database）。ChemMine compound 数据库拥有 620 万多个化合物，无须注册，直接可进行结构检索无须下载画图软件，可直接在线画图，另外也可上传结构式的文件，支持 SDF 和 MOL 文件。

9.1.4.7 中国科学院化学专业数据库

网址 http：//www. organchem. csdb. cn/scdb。化学专业数据库是中科院上海有机化学研究所承担建设的综合科技信息数据库的重要组成部分，是中科院知识创新工程信息化建设的重大专项。上海有机化学研究所的数据库群是服务于化学化工研究和开发的综合性信息系统，可以提供化合物有关的命名、结构、基本性质、毒性、谱学、鉴定方法、化学反应、医药农药应用、天然产物、相关文献和市场供应等信息。

中国科学院化学专业数据库注册后可免费使用，收录了 600 万个化合物的信息，包括化合物的二维和三维结构、SRN（化合物系统编号）、化合物的物化性质。用户通过全结构检索、子结构检索、模糊结构检索及结构特征检索可查出目标化合物的物化性质、二维和三维结构、红外光谱图、质谱谱图、相关参考文献等。

用户进行结构输入和显示均需要 java applet 插件，因此用户的浏览器请勿禁用 java 程序。用户进行化合物结构检索时可直接在页面上输入化合物的二维结构，或者上传化合物的 MOL 文件（可用 MDL 公司的 ISIS/Draw 软件绘制结构，导出为 MOL 文件）。

检索结果页面上除了显示结构、名称之外，还可以看到该化合物在其他数据库的信息，如三维结构、中文文献、英文文献、化学专利、化学反应、红外光谱、质谱谱图、物质毒性、化工产品、生物活性、危害性、MSDS 数据。点击这些链接，即可检索该化合物对应的信息。

9.1.4.8 Web of Science

Web of Science 数据库收录了 11 000 多种世界权威的、高影响力的学术期刊，内容覆盖自然科学、工程技术、生物医学、社会科学、艺术与人文等领域。在 Web of Science 数据库中还包含了两个化学数据库：Current Chemical Reaction®（CCR，1986 年以来新的化学反应的事实性的数据）和 Index Chemicus®（IC，1993 年以来新的化学物质事实性的数据），是专门为满足化学与药学研究人员的需求所设计的数据库。收集了全球核心化学期刊和发明专利的所有最新发现或改进的有机合成方法，提供最翔实的化学反应综述和详尽的实验细节，提供化合物的化学结构和相关性质，包括制备与合成方法。

Current Chemical Reactions(CCR) 包含了化学反应方程、各种不同的反应类型以及化学结构，涉及化学的所有领域，通过跟踪 350 种高影响的期刊以及世界专利来获得新的化学反应，已经超过 900 000 条化学反应（每年45 000条），包括 Institut National de la Proprieté Industrielle 授权的 139 000 条经典反应。

Index Chemicus 是一个合成有机化学化合物的索引，对药理学研究人员来说是一种非常有用的资源，内容新颖。化合物按照以下标准进行选取：作者宣布的新化合物、新分离出的自然产物或者反应中间体；已知的化合物如果被重新命名，或者是在立体化学中的结构被修改或修正则也会被索引。拥有从 120 种期刊提取的 250 万种化合物，并且平均每年增加 180 000 件。需要指出的是，Index Chemicus 并没有试图全面包含所有的化学物质。

化合物检索途径包括三种：文本字段检索、化学结构检索、组配文本字段和化学结构检索。化合结构检索支持子结构、当前分子类型（精确、异构体、互变体、非严格匹配）、相似度检索（通过选择 0～100 之间的值可以定义相似度）。

9.1.4.9 Nist WebBook

网址 http：//webbook. nist. gov/chemistry。Nist WebBook 是对美国国家标准与技术研究所数据汇集进行访问的一个入口，可在线访问 Nist 标准参考数据计划编辑和发布的全部数据。内容包括 4 000 多种有机和无机化合物的热化学数据，1 300 多个反应的反应热，5 000 多种化合物的红外光谱，8 000 多种化合物的质谱，12 000 多种化合物离子能量数据。可通过名称、分子式、CAS 登录号、相对分子质量、电离能或光子亲和力来查找化合物的各类数据。

9.1.5 检索化合物的技巧和案例

本文以手性化合物检索为案例，比较分析分子式检索、物质标示符和化学结构式的优缺点及适用情形。

有机化合物中有很多化合物具有手性，手性分子是化学中结构上镜像对称而又不能完全重合的分子。因此这两种分子互为同分异构体，这种异构的形式称为手性异构，有 R

型和 S 型两种构型，互为手性异构体的两种物质也称为对映异构体或对映体。如果将互为对映体的手性物质等物质的量混合后，偏振光不发生旋转，称为外消旋体或外消旋混合物。

互为手性异构体的物质许多物理化学性质是相同的，但也有一些理化性质有极大的差异，如旋光性、气味等，特别是与生物体相关的性质，如信息活性、生理活性，还有许多与生物体密切相关的生化反应，均和物质的手性相关联。人们使用的药物绝大多数具有手性，被称为手性药物，手性药物与其对映体之间在药力、毒性等方面往往存在差别，有的甚至作用相反。可见，手性物质在有机化学、生命科学和医药等领域有着非常重要的作用，所以在这些领域的查新和检索课题中，不可避免地会遇到手性物质的检索。而这类物质涉及对映异构体、外消旋体等。下面通过案例分析来介绍手性化合物的检索方法。

目前，在查新和检索中使用较多的是其网络版 SciFinder，它提供多种化学物质检索方式。本文以 SciFinder 数据库为检索资源进行手性化合物检索方法介绍。

例如： 检索 2-庚基-炔丙胺(2-heptylpropargylamine)的相关文献

2-庚基-炔丙胺分子式为 $C_{10}H_{19}N$，属于炔丙胺类化合物。2-庚基-炔丙胺分子中含有一个手性碳原子，2-庚基-炔丙胺分子是一个手性分子，具有 R 型和 S 型对映体，如图 9.3 所示。

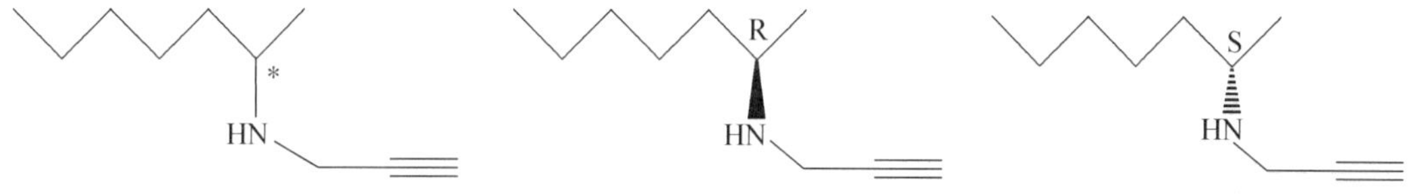

*为手性碳原子　　R型对映体　　S型对映体

图 9.3　2-庚基-炔丙胺的结构式

由于委托客户并没有明确需要哪种对映体的文献，因此两种对映体的文献都要检索，还有外消旋体的文献也要检索。以下检索结果的检索时间为 2014 年 2 月 12 日。

使用 SciFinder Web 进行检索，在利用物质检索方式进行检索前，先通过文献检索下的主题检索对 2-庚基-炔丙胺进行预检，根据委托客户提供的名称(2-heptylpropargylamine)，用“heptylpropargylamine or heptyl propargylamine”进行主题检索，去重后，检索到 10 篇文献。由于这里只使用了委托人提供的 1 种名称，很可能造成漏检，又从文献中获得 2-庚基-炔丙胺的另外两个名称 N-(2-propyn-1-yl)-2-heptanamine 和 N-propargyl-2-heptylamine，再使用“propyn yl heptanamine or propargyl heptylamine”进行主题检索，又获得 8 篇相关文献，其中 2 篇与前面检出的 10 篇文献重复，利用主题检索共检出 16 篇相关文献，这些文献包括 2-庚基-炔丙胺的手性对映体和外消旋体。通过预检，也可以得到 R 型和 S 型对映体及外消旋体的名称和 CAS 登记号，见表 9.7。其中 N-(2-propyn-1-yl)-2-heptanamine 为 CA 采用的命名。

表 9.7　2-庚基-炔丙胺的名称和 CAS 登记号

结　构	名　　称	CAS 登记号
R 型	(R)-2-heptylpropargylamine (R)-N-(2-heptyl)propargylamine N-propargyl-R-2-heptylamine (2R)-N-(2-propyn-1-yl)-2-heptanamine (S)-2-heptylpropargylamine (S)-N-(2-heptyl) propargylamine	215509-52-7
S 型	N-propargyl-S-2-heptylamine (2S)-N-(2-propyn-1-yl)-2-heptanamine 2-heptylpropargylamine	215509-61-8
外消旋体	N-(2-heptyl) propargylamine N-propargyl-2-heptylamine N-(2-propyn-1-yl)-2-heptanamine	7615-82-9

通过预检，初步了解了 2-庚基-炔丙胺的一些基本信息，下面分别利用上述的 3 种物质检索方式进行检索。

(1) 利用分子式检索

2-庚基-炔丙胺的分子式为 $C_{10}H_{19}N$，在 SciFinder Web 版中，利用分子式进行检索，输入分子式 $C_{10}H_{19}N$，检索结果 2 260 条，我们都知道，有机化合物存在同分异构现象，从这么多的同分异构体中找出需要的物质是很不容易的，可见利用分子式对具有多种异构体的有机化合物进行检索并不是可行的办法。

(2) 利用物质标识符检索

A. 利用名称检索　根据委托客户提供的内容和前期主题检索的结果，可以知道 2-庚基-炔丙胺的名称主要有 2-heptylpropargylamine，N-(2-heptyl) propargylamine，N-(2-propyn-1-yl)-2-heptanamine，N-propargyl-2-heptylamine，还有对应的 R 型和 S 型名称，见表 9.7。利用物质检索中"Substance Identifier"方式检索，将上述名称分别输入，2-heptylpropargylamine，N-(2-heptyl) propargylamine 和 N-propargyl-2-heptylamine 都没有命中记录，只有 N-(2-propyn-1-yl)-2-heptanamine 有 47 条命中记录，为与 N-(2-propyn-1-yl)-2-heptanamine 类似的结构，从中选中需要的结构，获取文献。这里输入的名称虽然没有区分 2-庚基-炔丙胺的对映异构体，但在命中的 47 条记录中包括两种对映体和外消旋体的形式，选择这 3 种结构，共得到 23 篇文献。

有一点值得注意，2-庚基-炔丙胺属于胺，呈碱性，容易与酸结合形成盐，如在制备或提纯过程中，有酸加入，产品会以盐的形式得到，所以在选择结构时，其盐的形式也应一起选择，例如 CAS 登记号 7615-82-9 是 2-庚基-炔丙胺的外消旋体，选择该结构，有 8 篇相关文献，CAS 登记号为 7563-08-8 的物质是其盐酸盐，有 3 篇文献。选择上述两个结构，得到文献 9 篇，可见涉及这两个结构的文献中有 2 篇文献是重复的，另外 1 篇通过其盐的形式得到的文献，也是研究脂肪和环脂炔丙基胺的制备和性质的，是需要的相关文献，如果不选择盐的形式就会造成漏检。同样，如果所检索的化合物是酸，易与碱形成盐，也要同时选择其盐的形式，避免漏检。

因此，在选择两种对映体和外消旋体 3 种结构的同时，选择相应的盐酸盐形式，共获得 24 篇相关文献。委托用户没有明确提出需要与 2-庚基-炔丙胺哪种对映体相关的文献，所以选择了三种结构（R 型和 S 型对映体、外消旋体），如果委托用户明确提出需要其中一种对映体的相关文献，至少要选择两种结构（指定的构型和外消旋体），另一种构型可以根据具体情况不选，或作为参考。

B. 利用化学物质登记号检索 根据主题检索和物质标识符中的名称检索，得到各种对映异构体和外消旋体及其盐的 CAS 号，利用得到的 CAS 号进行检索，同样得到 24 篇相关文献。

(3) 利用化学结构式检索

在物质检索中"Chemical Structure"方式下，打开结构式绘图系统，画出 2-庚基-炔丙胺的结构式。在右下角选择精确结构（Exact search），点击确定后，回到检索界面，点击 Search，得到 5 种形式，包括前面提到的 2-庚基-炔丙胺各种对映体和外消旋体及它们的盐酸盐形式，全部勾选后，点击 Get References，获得 24 篇相关文献，与利用物质标识符检索的结构是一致的。在画结构式时，不必区分对映体异构，检出的结构中包括其各种对映体和外消旋体，再进行选择，这样会得到更全面的信息。

利用化学结构式检索，如果是检索某一具体物质，可以选择精确结构，但相关文献过少或为零（如委托客户拟合成的新物质）时，可以放宽选择亚结构或相似结构进行检索。

通过主题检索检出 16 篇文献，与通过物质检索检出 24 篇文献相比较，从数量上看，主题检索出的文献量比物质检索出的文献量少。从内容上看，主题检索出的 16 篇文献中有 8 篇包括在物质检索出的 24 篇文献中，还有 3 篇文献没有包括在其中。在这 3 篇文献中，1 篇是关于炔丙胺的综述，其中涉及(R)-N-(2-heptyl)-N-methyl-propargylamine，并没有提到 N-(2-heptyl)-N-propargylamine，但在名称中却包含了"heptyl propargylamine"，因此检出了这篇文献；另外两篇文献是有关聚合物的研究，均涉及了 poly(propargyl L-glutamate)，是由 heptylamine 引发 L-glutamic acid γ-propargyl ester 得到的，出现了"propargyl"和"heptylamine"，从而检出了这 2 篇文献。可见，这 3 篇文献是不相关的文献。通过物质检索检出的 24 篇文献在内容中都提到了 2-庚基-炔丙胺，所以使用物质检索可以使检出的文献更准、更全。但是利用主题检索进行预检是很有必要的，可以了解所检物质的基本信息，为进行物质检索奠定基础，检出的名称还可以用于其他数据库的检索，因为有时作者使用的物质名称并不在 CA 提供的名称中。

通过分析三种物质检索方式的检索过程和结果发现，检索有机化合物时，尤其是具有手性异构体、多种同分异构体且名称较多的物质，使用分子式检索是不可行的；应用物质标识符检索时，名称要选择 CA 中的命名，否则检不出结果，造成漏检，应用化学物质登记号检索一定要找全各种对映体和结构形式的 CAS 登记号。

在进行物质检索时，还要注意下列问题：① 对于手性物质，要注意异构体的选择，如果委托用户没有明确提出是 R 型还是 S 型异构体，三种结构（R 型、S 型对映体和外消旋体）都需要选择，如果委托用户明确提出其中一种对映体，至少要选择两种结构（指定的构型和外消旋体），另一种对映体可以根据具体情况不选，或作为参考；② 当有机物为酸或碱时，还要考虑选择其盐的形式；③ 利用结构式检索时，如果是检索某一具体物质，可以选择精确结构，但相关文献过少或为零（如委托客户拟合成的新物质）时，可以放宽选择亚结构或相似结构。

撰稿：毛开云（中国科学院上海科技查新咨询中心）

9.2 聚合物检索

9.2.1 聚合物概述

9.2.1.1 聚合物的定义

聚合物即高分子化合物，是指那些一种或几种结构单元以共价键结合而成的化合物。其中，若聚合物的分子量已经很高，再增加几个结构单元并不显著影响其物理机械性能者，称高聚物（泛指的聚合物多是单体通过聚合形成的高聚物）；若聚合物的聚合度很低（几至几十），再增加几个结构单元对其性能有明显影响者，则称低聚物或齐聚物。

聚合物链节本身的结构是由单体决定的，链节之间的连接方式（常称序列结构）对于缩聚物比较确定；若为加聚物，则单元链节的连接方式有头—尾、头—头或尾—尾相接之分，但大多数情况下以头—尾连接为主。对于由两种（或几种）结构单元构成的共聚物，按照各种结构单元在共聚物链中的排列顺序而有不同的链结构。若有超过一种的单体合成共聚合物，其骨干上必定有数种排列的方式，如有单体 A 与单体 B：

随机共聚合物（Random copolymers） AB 随机出现，如：—A—A—A—B—A—B—B—。

交替共聚合物（Alternating copolymers） AB 规则性的出现，如：—A—B—A—B—A—B—。

嵌段共聚合物（Block copolymers） 有明显的 AB 分界处，如：—A—A—A—A—B—B—B—B—。

接枝共聚合物（Graft copolymers） 在连续的 A 中，有一个 A 接出了一串连续的 B，如：

```
—A—A—A—A—A—A— 。
 |
 B—B—B—B—
```

当聚合物的化学组成、排列方式和序列分布不同时，其性能也会出现明显差异。

9.2.1.2 聚合物检索的意义

在上一节中，我们已经对普通化合物检索的数据库及检索方法做了详细的介绍，聚合物作为一种特殊的化合物，其检索方法大多可以借鉴化合物的检索方法，但其检索方法又具有一定的特殊性。目前聚合物正广泛应用于人们日常生活及尖端高科技用品之中，在研究聚合物材料的合成、结构和组成以及高分子材料的开发，新工艺和新应用领域的开辟过程中，掌握如何使用数据库对具有具体结构和/或组成的聚合物进行检索，从而为理论研究提供依据是本节讨论的重点。

9.2.2 聚合物检索方法

聚合物具有高分子量及分子尺寸的多分散性、物质结构的多样性和不确定性等，这些都使得聚合物性能具有多样性。针对不同类型的聚合物及给定不同类型的检索条件，通常采用不同的检索方式。目前常用的检索方法大致可以分为聚合物名称检索、CAS登记号检索、分子式检索、结构检索、物性检索等。

9.2.2.1 聚合物名称检索

聚合物名称检索是最简单的检索方法，几乎适用于所有检索工具与数据库。在利用名称检索之前需了解聚合物的命名规则。① 对于天然高分子化合物均有俗名，如淀粉、纤维素、天然橡胶、蛋白质、木质素等；② 对于合成高分子化合物，若由一种单体加聚所得聚合物，在单体名称前加一个“聚”，如聚乙烯、聚丙烯等；若单体由两种原料聚合所得聚合物，在其原料的名称（简名）后加“树脂”二字，如苯酚与甲醛合成的称（苯）酚（甲）醛树脂，由尿素与甲醛合成的称脲醛树脂等；当两种单体合成的产物可作为橡胶或纤维使用时，可在各单体名称后加“橡胶”、“纤维”二字，如异丁戊橡胶、丁（二烯）苯（乙烯）橡胶、硝酸纤维素、醋酸纤维素；若聚合物结构中含有特征官能团如酯键、酰胺键、醚键等则分别命名为聚酯、聚酰胺和聚醚；③ 常用的商品名称及英文缩写符号命名，如“涤纶”是聚对苯二甲酸乙二醇酯的商品名，“尼龙”是聚酰胺的商品名，PVC表示聚氯乙烯，PE表示聚乙烯等。

检索时只需将聚合物的名称以关键词的形式输入检索框中检索即可。但是通常情况下，作为检索要素的组分都是比较上位的聚合物名称。对于简单的聚合物，名称检索的检索噪声非常大，检索结果较多；对于结构复杂的聚合物或是新合成的聚合物来说，使用聚合物名称检索的方法则可能无法得到相应的检索结果，还需配合其他检索方式对检索结果进行限定。

9.2.2.2 CAS登记号检索

CAS登记号是化合物、高分子材料、生物序列、混合物或合金的唯一的数字识别号码。在化学物质的检索过程中，该号是检索具有多个名称的化学物质信息的重要工具。需要注意的是，对于聚合单体相同、聚合度的不同的聚合物来说，其CAS号有所不同。如三聚氰胺的CAS号是108-78-1，而二聚氰胺的CAS号则为461-58-5。目前多种网站可采用CAS号进行聚合物检索，如anychem、ichemistry等均可通过输入聚合物名称检索CAS号或输入CAS号获得其对应的聚合物信息，如在anychem中输入CAS号108-78-1，则可以搜索到这个CAS号所对应的聚合物中文名称、英文名称、EINECS号、结构式、理化性质、产品用途、生产运输信息等。

CAS 号不仅可用作聚合物基本信息的检索，有些数据库如 CA 中还专门设有 CAS 号检索入口，可以直接输入 CAS 号则能搜索到与该 CAS 号对应的聚合物的相关文献。

9.2.2.3 聚合物分子式检索

对于复杂的聚合物来说，分子式检索是一种相对简便的检索方法。对于聚合物来说：若为均聚物，元素排列先依单一化合物的规则来排列，再在其括号外加上 n 符号即可，如 $(C_{10}H_8O_4)_n$；若为共聚物时，各组成的排列先依次将几个聚合单体的分子式排列好，再在括号外加上 x 符号即可，如 $(C_2H_6O_3 \cdot C_2H_3Cl \cdot C_2H_3F)_x$。

值得注意的是，由于聚合物分子式的表示方式有两种：当只描述了组分单体时，该单体聚合形成的聚合物分子式中括号外用 x 表示；当描述了该聚合物的重复单元时，这种聚合物的分子式中括号外用 n 表示。如在 SciFinder 中的分子式检索入口处输入 $(C_{10}H_8O_4)_x$ 可以搜索到 20 种物质，若输入 $(C_{10}H_8O_4)_n$ 则可以搜索到 24 种物质。但是，分子式检索只能检索到单一聚合度的物质，不能检索全面。

9.2.2.4 聚合物结构检索

聚合物的结构检索相对复杂，通常检索过程包括精确结构检索、子结构检索、化学反应检索。进入数据库结构检索界面，可利用数据库自带的作图插件绘制聚合物结构或通过 ChemDraw 等软件绘制结构，再将绘得的结构文件导入数据库中进行结构检索。当只描述了组分单体时，只需画入单体，然后选定精确结构检索；当描述了该聚合物的重复单元时，可以将一个重复单元绘制出来，并在两端接上重复单元外的结构，使用子结构检索即可；当希望检索该聚合物的制备方法时则使用化学反应检索。相对于分子式检索，结构检索的优势在于，它可以检索出所有聚合度的物质，但是检索噪声较大，会给结果筛选带来一定的难度。

9.2.2.5 聚合物物性检索

对于物理—化学参数限定的聚合物，由于物理—化学参数通常不会出现在文摘信息中，若采用摘要数据库进行检索，检索结果难以尽如人意。如果该物性参数在文献中出现频率较高，在全文数据库中进行检索时，检索噪声将非常大。而 FT 分类表对于物质的一些性能给出了相应的分类号，如 4J246/GC55 对应于含硅聚合物的导电性，如检索主题涉及导电硅橡胶聚合物时，该 FT 分类号就与主题密切相关。此外，FT 分类表对于用途限定或方法限定的高分子聚合物同样具有较高的检索价值。

9.2.3 专利数据库中的聚合物检索及检索实例分析

在化合物检索部分中提及的 Dialog、Derwent Innovations Index、STN、Reaxys 这四个数据库系统均可通过关键词检索或通过绘制聚合物的一个重复单元(子结构)的方式检索得到包含与聚合物相关的专利信息数据。其中 Derwent Innovations Index、Reaxys 和 STN 还可以通过聚合物名称、聚合物编号等检索入口进行检索，或通过几种检索方式相结合来缩小检索范围(见表 9.8)。

表 9.8　四种数据库允许的聚合物检索方法

数据库	Dialog	Derwent Innovations Index	Reaxys	STN
名称检索	—	√	√	√
分子式检索	—	√	—	√
结构式检索	√	√	√	√
编号检索	—	Derwent 化学资源号	CAS 号	CAS 号

在 Dialog、Derwent Innovations Index、Reaxys 这三个数据库中虽然可以检索到聚合物相关的专利信息，但是这几个数据库并非专门针对聚合物检索的数据库。STN 检索平台是一个以化学化工信息和专利信息为特色的数据库系统，该系统由美国、日本、德国三家信息中心组成，形成覆盖全球的国际科学技术信息网络系统。它可提供 190 多个与化学方面相关的数据库，内容极为丰富，涉及催化、化学、晶体学、电化学、化合物识别、材料科学、有机化学、化学反应、谱图数据、化学结构、反应与合成等化学化工方面的信息。该系统中的每个数据库几乎都包含了聚合物信息，其中 REGISTERY 是 STN 数据库系统中收录聚合物信息的数据库，REGISTERY 收录了 1 000 000 多种聚合物信息，包括其 CAS 号，这便于在其他数据库中通过 CAS 号进行该聚合物的相关信息检索，数据信息每日更新。

下面通过一个案例来介绍聚合物专利检索的具体方法。

例 1　检索一种 β-1，4-葡聚糖-6，2，3-硫酸酯，其特征在于其分子式为 $(C_6H_9O_3)_n(SO_3H)_m$，其中，n=3～30，m=7.5～90；其结构式如下：

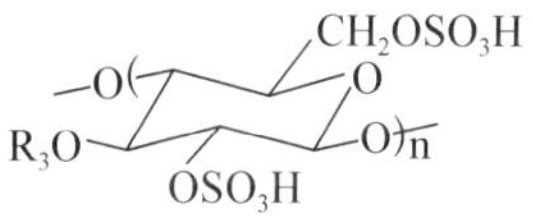

$R_3=SO_3H$ 或 H　n=3～30

对于这个检索课题，可分为以下三步：首先采用关键词检索，其中包含的关键词有：葡聚糖、硫酸酯、纤维素，酯化、磺化、硫、离子液体、离子溶剂、绿色溶剂、均相等，通过将关键词用 AND、OR 等逻辑词进行组配得到检索策略，以关键词为入口进行检索，在该条件下检索得到的专利数量太大，无法直接找到 X、Y 类对比文件。接下来采用关键词与 EC、IC、FT、MC 号相结合的方式进行检索，从而大大缩小了检索结果，并检索到了多篇 X、Y 类对比文件。为了保证查全率和查准率，采用 STN 结构化检索的方法，因为考虑到本申请请求保护的化合物结构式比较特殊，能够体现发明的特征，在此采用该结构进行检索：先以

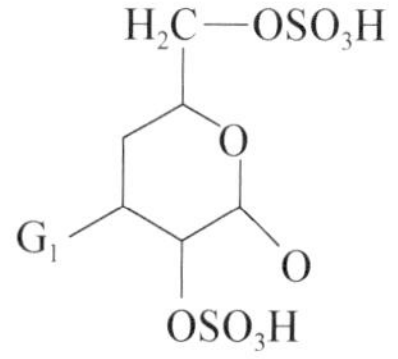

结构为入口进行检索，其中，G1 定义为 H 或 OSO_3H。检索得到对比文件 WO2005117912A1 公开了硫酸化的葡聚糖，并且公开了相应的分子量范围，以及至少一个羟基能够被硫酸酯化。对比文件 EP0230023A1 和 WO2006017726A1 分别公开了硫酸化的葡聚糖和硫酸化的多糖，但没有公开权利要求限定的具体结构式和相应参数。为此，对检索结构做进一步的调整，以

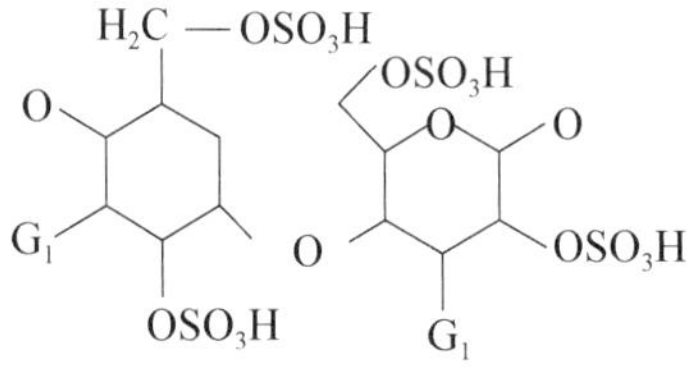

结构为入口重新检索，从检索结果判断，以该结构进行检索得到的检索结果的更加准确，检索得到 EP0649854A1、US4021544、WO9422885A 均为与本申请相关的对比文件。通常情况下，结构式检索一般在无法获得合适的 CAS 号或者在利用 CAS 号无法获得合适检索结果的情况下使用，并且该结构式能够体现发明的特征，否则结构检索效率较低而且可能会出现漏检的情况。

9.2.4 非专利数据库中的聚合物检索及检索实例分析

与聚合物专利检索类似，对于聚合物非专利数据检索，并不存在一个专门针对聚合物的检索平台或数据库。化合物检索章节所提及的 Web of Science 和 SciFinder 是化学研究人员常用的数据库，其中，在 Web of Science 中可以通过输入聚合物的名称、亚结构、反应条件等信息对聚合物进行粗略的检索。在 SciFinder 数据库中，可通过关键词、分子式、结构式和反应式等多种方式进行化合物的检索之外，并可在检索物质类型处勾选“polymer”，从而将检索物质的范围限定在聚合物类别之内。可见，在聚合物检索方面，SciFinder 数据库在一定程度上体现了其优势。下面列举一个在 SciFinder 数据库中进行聚合物相关数据检索的实例。

例 2 在 SciFinder 数据库中检索聚合物：

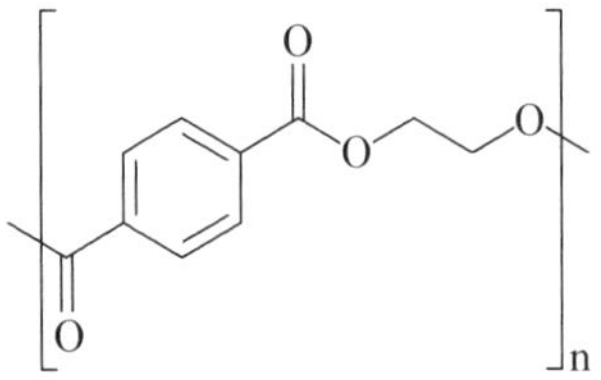

首先，采用结构式检索的方法对该聚合物进行检索，在检索框中绘制需要检索的聚合物的亚结构，并提前设定单一组分以及聚合物检索类别。

检索结果包含了 366 个聚合物结构，在这些聚合物的重复片段中，包含了目标聚合物的重复片段，但是还连接了一些目标聚合物中不存在的官能团。

采用 Atom Attachment 对检索结果进行精炼。在这个聚合物检索的案例中，选择“Other”可以得到末端不确定的所有聚合物，检索结果从原来的 366 个精炼到 163 个。从中挑选出所需要的目标聚合物。

分子式检索方法：在检索入口输入目标聚合物的分子式$(C_{10}H_8O_4)_n$，检索得到 24 个结果。当检索结果较少时，可以直接在检索结果中筛选得到目标聚合物；当检索结果较多时，可通过在结构检索入口处画入部分结构(同结构式检索)，然后用亚结构限定的方法对检索结果进行精炼，从而得到目标聚合物。可见，在用 Scifinder 进行聚合物检索时，可以利用已知信息采用多种检索相结合的方式，从而使检索结果更加精确。

撰稿：杨露、江洪波(中国科学院上海科技查新咨询中心)

9.3 生物序列检索

9.3.1 生物序列专利概述

9.3.1.1 生物序列的定义与由来

生物序列是指生物体内基因的核苷酸序列及其编码的氨基酸序列。由于基因核苷酸序列决定了相应的氨基酸序列，故生物序列主要是指基因的核苷酸序列，并简称基因序列或 DNA 序列。基因序列的产生最早源自 1990 年正式启动、由美国主导的人类基因组计划的实施，该计划 2003 年 4 月正式完成，揭示了人类基因组 30 亿对碱基的序列。

9.3.1.2 生物序列的可专利性

由于生物序列与各种疾病关系密切，有望改变疾病诊断、治疗和预防的健康产业模式，具有巨大的潜在经济效益，导致全球范围内生物序列专利的申请数量不断增长，中国国家知识产权局近年来受理的来自国内外的生物序列专利也在明显增长。按照多数国家(如美国、德国、日本等)的法规，生物序列可以授予专利权。我国自 1993 年专利法修订后，化学物质被列入我国专利法保护的范围，而生物序列也属于生物化学物质，因此跟其他化学物质一样可以被授予专利。2001 年通过的《专利审查指南》也明确规定将基因序列作为一种化学物质加以专利保护。

但是，对源自人体的基因是否应当授予专利权，目前国内外尚有争议。如欧盟 1998 年 7 月 6 日通过的《关于生物技术发明的法律保护指令》明确指出，人类基因序列或部分基因序列的任何简单发现，都不能授予专利权，其可专利性的判定标准应与其他所有技术领域一样，该指令并从新颖性、创造性和实用性的角度，较为详细地描述了生物序列可专利性的判断情形。

9.3.1.3 生物序列专利的几种情形

由于生物序列本身及其相关技术均可能有可专利性，因此，可以将生物序列专利归纳为以下几种情形：① 生物(基因)序列本身；② 基因分离、纯化等方法与技术；③ 生物(基因)序列产品；④ 生物(基因)序列产品的用途；⑤ 转基因动植物新品种；⑥ 转基因微生物。本节内容涉及的专利检索则针对生物(基因)序列本身的专利。

9.3.2 生物序列检索方法

生物序列作为一种海量的科学数据，检索方法相对专业，相应的信息源也较多。目前提供生物序列免费检索的权威信息源主要有三个，分别是美国国家生物技术信息中心(NCBI)的 GenBank，欧洲分子生物学实验室(EMBL)的 ENA(European Nucleotide Archive)和日本国立遗传研究所(NIG)的 DDBJ(DNA Data Bank of Japan)。这三个数据库各自收录全球报道的序列数据，且每天交换数据，从而保持生物序列数据的同步更新。

9.3.2.1 生物序列检索的一般方法

如需要进行生物序列检索，一般会知晓生物种类、基因名称、片段序列等基本信息，而在所有生物序列数据库中无论是快速检索(或简易检索)还是高级检索界面，都提供这几个基本信息的检索入口，而且对检索出的序列结果还提供序列相似性的检索与分析，这大大简化了生物序列的检索过程。

9.3.2.2 生物序列检索的信息源

(1) GenBank

网址 http://www.ncbi.nlm.nih.gov/nuccore/。截至 2014 年 2 月，GenBank 数据库中共收录 157 943 793 171 个碱基和 171 123 749 个序列，数据每天更新。

快捷检索界面 可在文本搜索框内输入任何与目的序列相关的文本，还可以运用限制选项(Limits)来缩小检索范围。限制选项包括：最后发布日期(Published in the last)、最后修改日期(Modified in the last)、限定检索字段(Search Field Tags)、片段序列(Segmented Sequences)、数据库(Source database)、分子(Molecule)、基因定位(Gene Location)等(图 9.4)。

高级检索界面 提供了 32 个检索字段，每个字段检索框后都匹配了一个索引清单(index list)，字段之间可以通过 AND、OR 和 NOT 进行逻辑组配。较为常用的检索字段有注册号(Accession)、作者(Author)、生物样品(Biosample)、生物物种名称(Organism)、基因名称(Gene Name)、蛋白质名称(Protein Name)、文本词(Text Word)等。用户正式注册之后，允许保存、下载和导入历史检索式。

检索结果 显示的信息有标题(DEFINITION)、登录号(ACCESSION)、基因座(LOCUS)、版本号(VERSION)、关键词(KEYWORDS)、来源(SOURCE)、物种(ORGANISM)、参考文献(REFERENCE)、作者(AUTHORS)、标题(TITLES)、期刊(JOURNAL)、特征(FEATURES)、源序列(ORIGIN)。值得一提的是，在右侧菜单中，序列分析(Analyze this sequence)功能菜单通过“Run BLAST”提供相似序列的检索与分析，这为序列的检索提供了极大的便利。

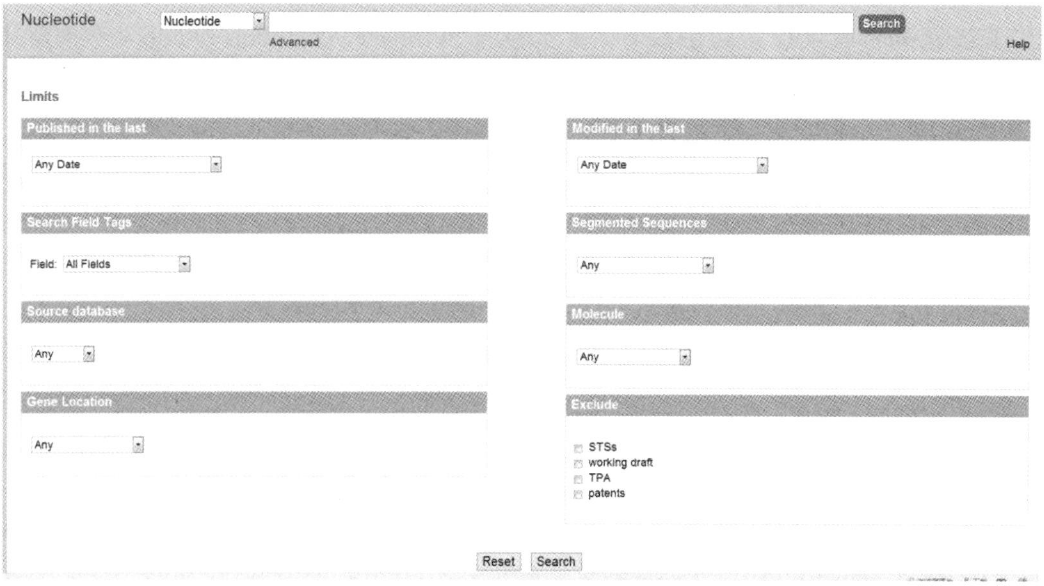

图 9.4 GenBank 限制检索选项界面

(2) EMBL-ENA

网址 http://www.ebi.ac.uk/ena/。快捷检索界面提供了两个检索入口：一是文本检索(Text search)，可以输入序列登录号、生物物种、基因名称等文本属性的词进行检索；二是序列检索(Sequence Search)，可以输入序列或登录号进行检索。

ENA 提供的高级检索界面有两个。一是文本高级检索，主要提供生物序列属性的限制检索选项，包括装配(Assembly)、序列(Sequence)、编码(Coding)、阅读(Read)、分析(Analysis)、性状(Trace)、研究(Study)、物种分类(Taxon)、样本(Sample)、标记(Marker)、非编码(Non-coding)等属性。二是序列高级检索界面，除了可以输入序列或登录号，还可以上传一个核苷酸序列文件供检索，而限制选项主要选择相应的序列数据库。

检索结果显示的信息有：概览(Overview)；来源特征(Source Feature(s))，其中包括生物物种(organism)信息；其他特征(Other Features)，其中包括基因与产品信息；参考文献(References)；序列(Sequence)。值得一提的是，在概览显示的信息中，可以根据需要定制碱基序列的长度，并以图谱的形式直观予以显示。

(3) DDBJ

DDBJ 英语检索网址 http://www.ddbj.nig.ac.jp/searches-e.html。提供了 Getentry、全字段检索(All-round Retrieval of Sequence and Annotation, ARSA)、TXSearch、BLAST、VecScreen、DRASearch 共六个检索入口。

Getentry 提供的检索字段是登录号(ID)，限制选项有 DNA 数据库(DNA Database)，蛋白质数据库(Protein Database)，结果显示格式(Result)，结果输出格式(Output Forma)，结果显示数量(Limit)。

ARSA 提供了序列及标引内容的全方位检索功能。有快速检索和高级检索两个界面，高级检索界面可检索的字段有：主登录号（Primary Accession Number）、登录号（Accession Number）、序列长度（Sequence Length）、分子类型（Molecular Type）、分子形式（Molecular Form）、生物分类（Division）、日期（Date）、描述（Definition）、关键词（Keyword）、物种名称（Organism）、谱系（Lineage）、参考文献作者（Reference Authors）、参考文献标题（Reference Title）、参考文献期刊（Reference Journal）、参考文献号（Reference pubmed ID）、评论（Comment）、特征（Features）、全文本（All Text）。并提供检索设定（Search Settings）功能，包括检索结果排序方式和显示字段的设置等。

TXSearch 提供了生物分类与物种信息的检索功能，字段包括生物分类名称或 ID 号（Taxonomic name or ID number），纲或生物分类名称（Class of taxonomic name），生物分类级别（Taxonomic rank），检索结果显示数量（Max. number of result）。

BLAST 提供了相似序列检索（Homology Search），允许通过上传序列文件和直接拷贝/粘贴序列进行相似性检索，并辅以两个限制选项，一是数据组（Data Sets）限制，包括标准生物分类（Standard divisions）、高通量生物分类（High throughput divisions）、EST 生物分类（EST divisions）和其他分类（Other divisions）；二是其他参数（Optional Parameters），包括分值（SCORES）、比对（ALIGNMENTS）、预期（EXPECT）、过滤（FILTER）的开启与关闭、词语大小（WORD SIZE）等。

VecScreen 实际上是个质粒（Vector）的核苷酸序列数据库，提供了质粒的序列数据检索，允许通过上传序列文件和直接拷贝/粘贴序列进行检索，有两个限制选项，一是数据库（Databases）选择，二是输出格式（Output format）。

DRASearch 提供了关键词和部分字段的检索，检索字段包括登录号（Accession）、物种名称（Organism）、研究类型（Organism）、中心名称（Center Name）、平台（Platform）、关键词（Keyword），显示选项包括数据量和排序方式。

(4) 其他生物序列数据库

除了上述三大数据库之外，还有不少的免费网络数据库可供检索，例如世界知识产权组织（WIPO）发布的生物序列数据库，网址 http：//patentscope. wipo. int/search/en/sequences. jsf。该界面提供了 WIPO 所有序列数据的浏览，内容包括 PCT 申请公开专利中的核苷酸和氨基酸序列，文件格式是 WinZIP 8.0。其浏览功能是通过年份选择来实现，而每年又可选择更新日期。所浏览的信息包括专利号（WO Number）、压缩文件大小（Compressed Size）、下载（Download）和申请人（Applicant）。

再如，美国专利商标局的授权和发布的序列数据库（Issued and Published Sequences，PSIPS），网址 http：//seqdata. uspto. gov/psipsv。提供了两个检索入口，一是文档号（Document Number），一个是日期范围（Date Range）。

9.3.3 生物序列检索方法的发展态势

随着生物物种多样化和测序技术不断升级，使得生物序列数据增长速度加快。生物信息学研究的不断深入，拓展了生物序列数据的标引信息，从而丰富了序列数据的检索入口（或检索字段），同时分析功能也不断加强，反过来又增强了序列检索功能。

撰稿：江洪波、杨露（中国科学院上海科技查新咨询中心）

第10章 专利人信息检索

专利文献中涉及的专利人信息主要有发明人、申请人、专利权人、代理人等。这里所述的专利人既包括自然人,也包括机构。人是专利的主体,是竞争对手和研发团队分析的重要信息源。

10.1 主要专利人信息

10.1.1 专利申请人

(1) 专利申请人概念

专利申请人,是指对某项发明创造依法律规定或者合同约定享有专利申请权的公民、法人或者其他组织。在专利局的审查程序中,审查员对请求书中指明的申请人一般情况下不作审查。申请人是个人的,可以推定该发明为非职务发明,该个人有权提出专利申请。除非专利申请的主题明显不是非职务发明的,才需要通知申请人提供所在单位出具的非职务发明证明。申请人是单位的,可以推定申请专利的发明是职务发明,该申请人有权提出专利申请。除非该单位明显不具有法人地位或者对其法人地位有疑问的,例如,单位是××大学科研处或××研究所××课题组,应当通知该单位提供法人地位的证明文件。申请人是个人的,应当使用本人真实姓名,不得使用笔名或者其他非正式的姓名。申请人是单位的,应当使用正式全称,不得使用缩写或者简称。申请文件中指明的单位名称应当与所使用的公章上的单位名称一致。

但是,如果不是当地的公民、法人或组织,要申请专利就必须具备一定条件。以中国为例,按照我国专利法第十八条规定:“在中国没有经常居所或者营业所的外国人、外国企业或者外国其他组织在中国申请专利的,依照其所属国同中国签订的协议或者共同参加的国际条约,或者依照互惠原则,根据本法办理”。本法在确认申请人是“在中国没有经常居所或者营业所的外国人、外国企业或者外国其他组织”后,应当审查请求书中指明的申请人国籍或者总部所在地国家是否符合下列三个条件之一:① 申请人所属国同我国签订有相互给予对方国民以专利保护的协议;② 申请人所属国是保护工业产权巴黎公约(以下简称巴黎公约)成员国;③ 申请人所属国的法律中,订有依互惠原则给外国人以专利保护的。如果是本国人与外国个人共同申请的,申请人依照本国人审查;本国人与外国单位共同申请的,申请人依照外国人审查。

与专利申请人相对应的是专利权人,即对发明创造提起申请,并被授予专利权的单位或个人。因转让、赠予、继承而被依法确认拥有专利权的单位或个人,也是专利权人。两者间的关系如下:① 申请人是本国人职务发明,申请专利的专利权人是该单位;非职务发明,申请人为发明人,专利权人也是发明人;② 两个以上单位或者个人合作完成的发明创造、一个单位或者个人接受其他单位或者个人委托所完成的发明创造,如果双方约定发明创造的申请专利权归委托方,从其约定,申请被批准后,申请的单位或者个人为专利权人。如果单位或者个人之间没有协议,构成委托开发的,申请专利权以及取得的专利权归受托人,但委托人可以免费实施该专利技术。

(2) 专利申请人相关著录项

专利申请人(或专利权人)通常可通过著录项目代码方便地在专利文献扉页中找到。参照世界知识产权组织(WIPO)发布的相关标准,即 WIPO ST. 9《关于专利及补充保护证书的著录数据的建议》和 WIPO ST. 80《关于工业品外观设计著录项目数据的建议》中对专利文献著录数据代码的原则性规定,与申请人(或专利权人)相关的代码如下:

[71]申请人姓名或名称及地址;

[73]专利权人姓名或名称及地址;

[75]申请人同是发明人的姓名;

[76]申请人同是保护文件获得人和发明人的姓名。

另外,根据不同国家专利法,专利申请人和专利权人在专利说明书中出现的位置也会存在不同。例如在中国专利中,公开说明书中含有专利申请人[71]字段,授权公告说明书中也含有专利权人[73]字段;而在美国专利中,公开说明书中不一定具有专利申请人字段,此时,该专利是以发明人作为申请人出现在[75]字段;而在授权的公告说明书中,则可能指定了一个公司作为专利权人。

(3) 专利申请人类型

专利申请人(或专利权人)的类型主要分为团体和个人两大类。

团体申请人(或专利权人)又可分为政府机构、研究院校、企业等。此外,专利申请人(或专利权人)并不仅限于一个,可以是多个不同类型的团体或个人共同申请,称为共同申请人。这一现象在如今技术发展迅速的行业,或是产学研相结合的项目中屡见不鲜。

10.1.2 专利发明人

(1) 发明人的概念

我国《专利法》所称发明人,是指对发明创造的实质性特点作出创造性贡献的人,应当是自然人,不能是单位或者集体,例如,“××科研组”等。如果是数人共同作出的,应当将所有人的名字都写上。在完成发明创造的过程中,只负责组织工作的人、为物质技术条件的利用提供方便的人或者从事其他辅助工作的人，不应当被认为是发明人或者设计人(《中华人民共和国专利法实施细则》第十二条)。

发明人或者设计人享有以下权利：① 署名权——在专利文件中写明自己是发明人或者设计人的权利；② 属于非职务发明创造的，享有申请专利的权利和专利权；③ 属于职务发明创造的，有获得奖励和报酬的权利。

(2) 专利发明人相关著录项

专利说明书中与专利发明人相关的 INID 专利文献著录数据代码有：[72]发明人姓名、[75]发明人兼申请人的姓名和[76]发明人兼申请人和权利人的姓名。中国专利文献的发明人著录项目编码一般采用“[72]发明人姓名”。

(3) 专利发明人类型

对一件发明来说，按照发明人的人数，可区分为单个发明人和多个发明人：单个发明人意味着该发明由一个人独立完成，不存在研究合作关系；多个发明人则意味着该发明由一个研究团队完成，分为第一发明人和合作发明人，这为通过发明人分析考察研发团队相互协作关系奠定了基础。

专利发明人分为职务发明人和非职务发明人。根据专利法规定，执行本单位的任务或者主要是利用本单位的物质条件所完成的发明创造是职务发明。职务发明和非职务发明在性质上是有所不同的。这种不同主要表现在他们的专利申请权和专利权分别属于两个不同的对象。职务发明的申请权属于该单位，批准后，专利权由单位所有或持有；非职务发明的申请权和专利权归发明人或设计人所有。

10.2 不同类型专利人信息检索要点

10.2.1 自然人名称检索

检索的时候尽量不要使用名字的全称，因为有时候会出现名字的更改和姓名变体现象，如 Susan Smith 改为 Susan Smith-Jones；Frederic Baur 变为 Fredric Baur；Dean Kamen 变为 Dean L. Kamen 等。

名字的缩写在专利中被广泛应用，专利申请人用缩写名来注册自己的专利，例如，Richd(Richard)和 Jos(Joseph)。还有的习惯用昵称，例如，Bob(Robert)、Bert(Elbert)、Harry(Harold)等。

名称中会出现空格、缩写或顺序排列问题，如：章　波＝章波；B. T. 多布利斯＝B. 多布利斯；HU LIQING＝LIQING HU。

拼写错误：专利工作人员并不会更正名字的错误拼写。在检索时要注意这些情况。

翻译问题：在中文专利数据库检索国外个人发明或者申请的专利时，应考虑到多种翻译的情况。在检索非英语国家作者的专利时，除了检索中文对应的英文，有的时候还要考虑到申请人的国籍(非英文拼写方式)。例如，Michael Lazaridis 是行动研究公司(Research in Motion,RIM,黑莓公司之前的名字)的创始人，联合执行总裁，并发明了黑莓手机。Lazaridis 先生拥有很多项专利，但是通过搜索“Michael Lazaridis”，我们不能查询到他的任何专利，因为他是用自己的希腊文名字“Mihal”申请专利。除了提到的 Mihal，还有 Michel(Michael)等。在通过英文数据库检索日文专利时，可以先把西方名字翻译成日本语言，然后再翻译回西方语言。例如：“Suzannu Buaajinia Sumisu”在日本专利申请时，实际上被音译为 Suzanne Virginia Smith。

10.2.2 机构名称检索

在检索机构专利权人或者申请人时，若知道其英文名称，可根据关键词来进行检索。例如：申请人 Services Petroliers Schlumberger，关键词 Schlumberger；申请人 HEELING SPORTS LTD，关键词 HEELING。若不知道其英文名称，可根据公司的主导产品进行检索，在专利检索系统中限定产品名称和国家代码，可显示出该国生产这类产品的公司，从而可找出公司的名称。选用关键词的优点是可减少漏检，缺点是会造成误检。

对于国外公司申请的专利，不同的代理人来代理，翻译的名称也不同，有的用音译，有的用意译。例如，Westing-house Electric Corporation，有的译成“威斯汀豪斯电气公司”，用的音译；大部分译成“西屋电器公司”或“西屋电气公司”的，采用意译。大部分名称翻译差别在词尾上。因此，可以取前面相同的部分，不同的部分不予考虑。例如，Rosemount Inc。译名有“罗斯荣特”、“罗斯曼特”和“罗斯蒙德”三个公司，检索时只输入“罗斯”两个字。为了使检索更接近我们所希望的结果，可在地址段输入该公司所在地址。同理，有的时候在检索国外翻译过来的公司名称，可取其中一部分信息结合地址进行检索。

在外文数据库专利检索机构名称的时候，需要考虑到公司的兼并和并购等情况，因为专利局并不会紧跟各个公司的兼并或并购的情况来实时修改专利文献的相关记录。为了充分检索一家机构的专利，除了利用商业专利软件中的公司代码或公司树等方式进行检索(如 Derwnt 和 Orbit 数据库)，也可以通过 Hoover 公司目录来查找子公司或派生公司的相关信息，还可以通过 Bureau van Dijk 公司的 Zephyr《全球并购交易分析库》检索并购信息。Zephyr 是国际并购研究领域知名的数据库，目前收录了全球各行业 60 万笔并购记录，每年新增约 10 万笔，数据可追溯至 1997 年，并涵盖亚太地区及中国的交易记录，数据库每日更新。

10.2.3 公司代码检索

不同公司在名称上可能产生缩写、全称、翻译甚至是写错的不同版本，如 IBM(International Business Machines)公司，IBM 名称中的 INTERNATIONAL 在专利全文中会有很多错误：INTERANTIONAL、INERNATIONAL、INTERNAIONAL、INTENATIONAL、INTERNATIAONAL、INTERANATIONAL、INTERNATINAL 等。

而一些国际大公司设有多个子公司，在名称上也不统一，如联合利华(Unilever)有很多子公司：4P EMBALLAGES、4P VERPACKUNGEN RONSBERG GMBH、LEVER BROS CO INC、QUEST INT BV、UNIPATH LTD 等，用户很难把这些公司名称收集全。另外，外国申请人申请中国专利时还会存在翻译问题，有些是直接采用音译的叫法，有些又是意译的叫法，也造成了申请人名称不统一。

为了解决这一问题，专利机构和专利系统提供商提出了不同的解决方案。我国就以中华人民共和国知识产权行业标准 ZC 0001-2001 实现专利申请人和专利权人(单位)的代码化管理，以保证中国专利的专利申请人名称统一；而世界著名的 Derwent 专利检索系统同样有着自己规范的 Derwent 公司代码，其推出的 Derwent 专利权人代码通过对全球 22 000 家大公司标识唯一的四位代码，而且，这个代码已包含了该公司所有的子公司专利。例如，用 UNIL 表示 Unilever 公司，IBMC 表示 IBM 公司。这样，用户无须考虑 IBM 公司的名称拼写是否准确，直接用 IBMC 就可以检索到所有 IBM 公司的专利。

德温特公司代码分标准代码(Standard Codes)和非标准代码(Non-Standard Codes)。检索时，首先要检查该专利权人是否有标准代码，如果没有标准代码，则应按照德温特专利权人代码编制规则为其确定代码后再检索。

(1) 标准代码

1970 年开始，德温特为有 1 000 件以上专利的公司分配 4 字母代码，此类公司被称为标准公司(Standard Company)，分配的代码被称为“标准代码”(Standard Codes)，约有 22 000 个公司具有这样独一无二的标准代码。

在标准代码的分配上，母公司及其所有子公司标准代码相同。如：PENNSALT CHEM CORP、PENNSYLVANIA SALT MFG CO、PENNWALT CORP、PENNWALT FRANCE SA、PENNWALT HOLLAND BV、PENNWALT LTD，代码均为 PENN。但也有一些跨国企业集团，每个子公司有各自的标准代码。如：MITSUBISHI MINING & CEMENT CO、TOSHIBA CORP、HITACHI LTD，它们的标准代码分别是：MISD、TOKE、HITA。通过网上检索工具“Patent Assignee Codes Look up Facility”可以很方便地检索到属于某一公司及其下全部子公司的名称和代码。德温特提供有印刷版的按公司名称和按公司代码字母顺序排列的索引，供用户查阅。

当标准公司名称发生变更时，标准代码保持不变，例如，Farbenfab Bayer AG 变为 Bayer AG 后，其公司代码仍为 FARB，这主要是为了满足数据存储的连续性和检索的需要。

当标准公司出现合并、兼并或分拆时，德温特会视具体情况考虑是否分配新的标准代码。例如，Novartis(NOVS)是由 Sandoz(SANO)和 Ciba(CIBA)合并而成，Zeneca(ZENE)是从 ICI(ICIL)分拆而来，均分配了新标准代码。标准公司合并后，若每个公司仍以各自的身份申请专利，则沿用各自合并前的公司代码；若以合并后的身份申请专利，则使用合并后的新公司代码。

(2) 非标准代码

1970 年开始，德温特为标准公司以外专利申请量不大的公司也分配了公司代码，这些公司被称为非标准公司(Non-Standard Company)，所分配的代码称为“非标准代码”(Non-

Standard Codes)。同时规定了非标准代码的编制规则，非标准代码的数量逐渐增多。90%的非标准代码是由专利权人名称中第一个词的前 4 个字母确定。

为减少代码的重复，专利权人名称中某些特定的词在编制代码时可以忽略或进行缩写。即使这样，非标准代码也不是独一无二的，不相关的两个公司其公司代码相同的情况大量存在，这在一定程度上降低了非标准代码在检索中的使用价值，所以有时通过专利权人名称检索反而更准确。

随着专利数量的增加，德温特会将某些公司的非标准代码升级为标准代码。升级后的标准代码，有的与之前的非标准代码相同，只是将非标准代码的标识符"- N"去掉；但若新的代码正在被另一个标准公司使用，则需要重新确定，即从未使用的与该代码相邻的位置再选择一个代码，以保证在累积专利权人索引中，相关公司的代码排在相邻的位置上。

如 CORIXACORP 由 CORI-N 升级为 CORI，3COM CORP 由 THRE-N 升级为 TCOM。一般情况下，非标准代码升级为标准代码后，德温特会将数据库记录中的相应字段进行更新，但也有未及时更新的情况，为了避免漏检，建议检索时升级前后的标准代码与非标准代码同时检索。

10.3 主要专利人信息的数据库检索

10.3.1 专利申请人检索

(1) 中国国家知识产权局专利检索与服务系统

中国国家知识产权局网站的检索系统将申请人和专利权人作为一个统一字段进行检索，在这个字段里既可以输入专利申请人，也可以输入专利权人。可直接输入作为申请人或专利权人的个人或团体进行检索，键入字符数不限。该字段支持模糊检索，模糊部分位于字符串中间时应使用模糊字符"?"或"%"，位于字符串起首或末尾时模糊字符可省略。

检索实例：

已知申请人为吴学仁，应键入"吴学仁"。

已知申请人姓吴，应键入"吴"。

已知申请人名字中包含"仁"，应键入"仁"。

已知申请人姓吴，且名字中包含"仁"，应键入"吴%仁"。

已知申请人为北京某电子遥控开关厂，应键入"北京%电子遥控开关厂"。

(2) 美国专利商标局检索系统

美国专利商标局检索系统分为两个部分：授权专利检索系统和专利申请公开检索系统。在授权专利检索系统中，有四个专利权人检索入口：专利权人国家、专利权人州、专利权人城市和专利权人名。每个检索入口的检索要求不同。对于专利权人城市，如果城市名是多个单词组成的，必须用引号将其作为一个词组进行检索。例如，Los Angles，必须输入“los angles”进行检索。对于专利权人国家，不是输入国家的英语名，而应该输入国家代码，如日本应输入 JP 进行检索。对于专利权人州，同专利权人国家字段类似，该字段也必须输入州代码进行检索。对于专利权人名，如果专利权人是个人，则按照姓—名—首字母的格式输入完整姓名，并加以引号使其成为一个字符串进行检索。如 John E. Doe，应输入 Doe-John-E。如果专利权人是公司，可以输入完整公司名，或采用部分公司名以模糊方式进行检索。

另一个部分是专利申请公开检索系统，其具有与授权专利系统相同的四个专利权人检索入口，检索方式也相同。另外，由于美国专利公开阶段可能存在发明人为申请人的现象。因此，还需要以发明人进行检索。该系统同样提供了四个发明人检索入口：发明人国家、发明人州、发明人城市和发明人名。其检索方式与专利权人检索方式类似。

(3) 日本工业知识产权数字图书馆检索系统

日本专利网站的检索分为日文版和英文版。在英文版中，将题目、文摘和专利申请人（或专利权人）归并为同一检索入口，输入的多个单词间以空格分开，代表 and 关系，也可以用引号将其作为一个完整的申请人名称进行检索。其没有专门的前方一致截词符，系统会自动默认所有单词为前方一致的检索方式。

在日文版中，有两个与申请人或专利权人相关的检索入口：出願人/権利者（申请人/专利权人）和申请人识别号。其检索词必须以日文输入。检索注意事项：

- 一般检索时，直接输入检索名称即可。需要注意的是，检索时应去掉名和姓之间的空格。如检索『特許 一郎』，可以直接在对话框中直接输入“特許一郎”。
- 有的专利拥有多名权利人或者多名发明人，若需要检索筆頭者（第一个权利人或第一个发明人）时，需要在检索名称前面加上“|”，如“|特許一郎”。
- 以日文摘录为检索对象时，日文名称输入应在日文输入法的半角英文状态下执行。
- 若检索的名称中含有拉丁文时，则需要根据拉丁文对照表，输入拉丁文对应的字符，例如检索「Benoi Thevenot」，则需要在对话框中输入「Benoî Thevenot」，详情请见拉丁文对照表（http://www.ipdl.inpit.go.jp/HELP/tokujitu/kouhou_txt/2_1content.html#lat）。

(4) 欧洲专利局 Espacenet 检索系统

在 Espacenet 系统中，具有一个 Applicant(s)的专用字段。当专利申请人为个人时，其检索的格式是：姓氏＋名字＋中间名，姓氏在前，人名在后，比如检索“John Smith”，则应该输入“Smith John”。如果专利申请人是公司，一般是以公司简化名的形式检索。此外，还需要注意几点：该字段中可检索 1 个或多个词（最大不超过 4 个）。若输入多个词，则仅所有词出现者才会命中，AND 作为默认运算符无须键入；可通过引号精确检索词组（例如“Smith Robert John”），其使用的截词符为 *。也可以使用 NOT 运算符，将某些单词排除在检索式之外。注意上述两种情况均不能输入省略号、斜线或连字符，都要用空格代替。

当一项专利已被出售给另一个公司，而数据库中登记的是申请提出之日的专利权人的姓名,因此难以从专利数据库中获得专利权人的准确信息。

(5) Derwent Innovations Index

Derwent Innovations Index(简称 DII)是由 Derwent(全球最权威的专利文献信息出版机构)推出的基于 Web 的专利信息数据库,这一数据库将 Derwent World Patents Index(德温特世界专利索引,简称 WPI)与 Patents Citation Index(专利引文索引)加以整合,以每周更新的速度,提供全球专利信息。其专利申请人(或专利权人)的检索入口是"专利权人或其代码"的字段,可以输入公司或个人名,中间空格表示 AND 关系,也可以用引号将其作为一个完整名称进行检索。另外,在 Derwent 数据库中,还提供了专门的 Derwent 公司代码,如 IBMC 表示 IBM 公司,在该字段也可以用此公司代码进行检索。

在 DII 数据库中,可在专利记录中的"专利权人"字段输入一个或多个专利权人代码和名称、仅代码或仅名称,视情况而定,可使用逻辑运算符连接检索词。有的时候公司专利数量不够,且德温特数据库没有为其分配代码,但该公司还存在兼并和合并的情况时,就需要检索各个分公司或者子公司的情况。

需要注意的是,四字符的专利权人代码可能同时是专利权人名称中的某个单词。如果要将检索限制为专利权人名称,请选择"专利权人—仅限名称"字段。

10.3.2 专利发明人检索

(1) 中国专利检索数据库

发明(设计)人为个人,键入字符数不限。发明人可实行模糊检索,模糊部分位于字符串中间时应使用模糊字符"?"或"%",位于字符串起首或末尾时模糊字符可省略。"?"代替单个字符;"%"代替多个字符。字段内各检索词之间可进行 and、or 运算。

检索实例:

发明(设计)人为丁水波,应键入:丁水波。

发明(设计)人中包含顾学平和曹光群,应键入:顾学平 and 曹光群。

发明(设计)人中包含吴伟南或李会民,应键入:吴伟南 or 李会民。

(2) 德温特世界专利数据库

可在专利记录中的"发明人姓名"字段输入一个或多个用逻辑运算符连接的发明人姓名进行检索,其标准格式为:"姓氏 首个名字首字母 中间名首字母"。

需要注意的是,在许多记录中,姓名包含非字母数字字符的发明人,在发明人字段中会列出两次。一次包含非字母数字字符,另一次则不包含(撇号不用空格替代,但连字号用空格替代)。在检索这些发明人时,检索结果中仅突出显示与检索词相匹配的姓名。

检索实例:

Smith 查找 Smith A,Smith R,Smith J E 等。

Smith A 查找 Smith A,Smith A J,Smith A L 等。

Smith AJ OR Smith A J 查找 Smith A J。

Smith AND Jones 查找 Smith 和 Jones。

Smith NOT Smith A 查找 Smith R,Smith J E,Smith R W 等,但不查找 Smith A。

当检索的发明人名字中包含连字号(-)和撇号(')的姓名时,如 Rivas-Martinez Steve,则应包括这些标记或用空格替代,还可以检索不同的拼写形式。例如:Rivas-Martinez S* OR Rivas Martinez S* 与 Rivas-Martinez Steve 的两种不同形式匹配;O'Brien OR O Brien 与该姓名的两种不同形式匹配。

在大多数姓名检索中,输入空格、连字号(-)或撇号(')将得到相同的记录。检索姓名 O'Brien 可能返回与 O-Brien 和 O Brien 不同的检索结果。建议不要从含有连字号、撇号或空格的姓名中删除这些标记。

注意:自 1998 年的数据开始,在姓氏中保留非字母文字字符(例如 O'Brian 中的撇号)和姓氏中的空格(例如 de la Rosa)。要有效地检索多年的数据,需要确保充分考虑姓氏的所有可能不同拼写形式。

对于非英美姓名的发明人检索,尤其是中国、日本、韩国的发明人,由于其采用姓全称+名首字母的方式,造成同姓异名(名的首字母相同)的发明人无法直接区分。

(3) 欧洲专利局世界专利数据库

一件专利申请中可以有一个或多个发明人。发明人也可以是申请人。发明人的格式是:姓氏+名字+中间名(如 Smith John)。可以使用一个单词或多个单词(最多四个词)进行检索,如果输入一个以上的单词,那么只有那些具有与输入的单词完全相同的发明人信息才会显示出来。同样可以使用双引号进行多姓名查找(如:"Smith Robert John")或精确查找。不能输入省略号、斜线或连字符,要用空格代替它们。

在进行联合检索时,每个检索界面最多 21 个检索词和 20 个运算符。检索申请人和发明人可以使用截词符,截词符包括"*"、"?"、"#",其中"*"表示任意个字符;"?"代表 0~1 个字符;"#"代表 1 个字符。截词符用来检索一个单词的多种形式,例如,复数、所有格或是拼写不确定时。

发明人字段格式为"姓+名",例如,Smith John。可检索 1 个或多个词(最大不超过 4 个)。若输入多个词,则仅所有词出现者才会命中,AND 作为默认运算符无须键入。可通过引号精确检索词组,例如"Smith Robert John"。对于变体,需使用截断符和其他拼法。对斯拉夫字母和希腊字母出版的专利文献,该字段不可检索。

(4) 美国专利商标局专利检索数据库

发明人相关的字段有 IN、IC、IS 和 ICN,其解释和示例见表 10.1。

表 10.1　USPTO 的发明人相关字段

字段代码	字段名	解　释	示　例
IN	发明人姓名	姓—名—首字母	John E. Doe → *Doe -John-E,或 Doe- $,或 Doe-John $,或 Doe-J $*
IC	发明人城市	居住地	Los Angeles →*高级检索:IC/"Los Angeles";表格检索:Los Angeles*

续 表

字段代码	字段名	解　　释	示　　例
IS	发明人州	州代码；对美国国外的发明人无此字段	MARYLAND → MD
ICN	发明人国家	国家代码；对美国国内的发明人无此字段	China P. Rep → CN

10.4　主要专利人信息的利用

10.4.1　申请人信息的利用

专利申请人作为专利文献中的一个重要组成部分，在专利分析中占有举足轻重的地位。通过专利申请人分析，可以挖掘出行业内的领军企业和竞争对手，也可以分析出自身与竞争对手的优势与差距等。因此，专利申请人分析是企业竞争对手情报分析中不可或缺的重要手段。通过专利申请人分析，还可以找到合作伙伴。比如大学、研究院所和个人申请人往往是企业的合作伙伴。

10.4.2　发明人信息的利用

区域竞争和企业竞争归根到底是人才的竞争，人才是经济社会发展的第一资源，谁占据了人才优势，谁就掌握了竞争王牌。专利发明（设计）人是对发明创造的实质性特点作出创造性贡献的自然人，是技术进步的最基本要素和财富创造的原动力。从技术研发的角度，通过专利发明人分析不仅可以迅速了解科技发展的前沿动向，还可以进一步掌握发明人的技术特点及其活动规律，以便于发现技术合作者或竞争者；从企业管理的角度，通过专利发明人分析可以有效掌控公司研发部门的运作绩效，从而有助于提升企业竞争力。

撰稿：李军华（上海海事大学科学技术情报研究所）

第11章 专利引文检索

11.1 专利引文检索概述

11.1.1 专利引文检索的相关定义

专利引证是指专利文献之间或专利与非专利文献之间的引用和被引用现象，所涉及的文献称为专利引文。

专利引证分为被引(Cited)和施引(Citing)，也称为后向引证(backward)和前向引证(forward)。相应的专利引文称为被引文献(Cited Document)和施引文献(Citing Document)。其中，被引文献指被目标专利/族引用的参考文献，施引文献指在参考文献中引用目标专利/族的后来文献。目标专利/族、被引文献和施引文献之间的关系如图11.1所示。

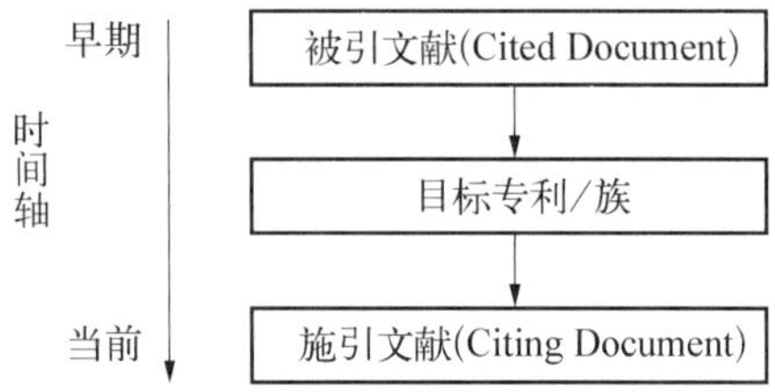

图11.1 目标专利、被引文献和施引文献之间的关系

专利引文检索是指查找专利引文的过程，包括查找目标专利/族的被引或施引信息。广义上来讲，查找的被引和施引信息均包括专利文献和非专利文献，但目前进行的检索工作中，查找的施引信息主要是专利文献，仅有少数数据库可以检索非专利文献的施引信息。

专利引文按照不同的分类标准，如引证主体、专利引文的相关性、专利引文的引证关系，可以分为不同的类型，如表11.1所示。

表11.1 专利引文的分类

分类标准	分类	
引证主体	申请人提出的引用参考文献	◆ 专利说明书的"背景技术" ◆ 专利说明书的"扉页"(引用参考文献)
	审查员在审查过程中提出的对比文件	◆ 专利说明书的"扉页"(对比文件) ◆ 专利检索报告
	由其他人提出的引证文献	◆ 如专利无效宣告请求中由无效宣告请求人提出的证据

续　表

分类标准	分　　类
专利引文的相关性（检索报告中引用文献类型的标识）	◆ X：仅考虑该文献，权利要求所记载的发明不能被认为具有新颖性或创造性 ◆ Y：当该文献与另一篇或多篇此类文献结合，并且这种结合对于本领域技术人员是显而易见时，权利要求所记载的发明不能认为具有创造性 ◆ A：一般现有技术文献，无特别相关性 ◆ D：由申请人在申请中引证的文献，该文献（参考文献）是在检索过程中要参考的，代码"D"应始终与一个表示专利引文相关性的类型相随
专利引文的引证关系	◆ 本专利/族引用的文献列表，即被引文献 ◆ 引用本专利/族的文献列表，即施引文献

11.1.2　专利引文检索的作用

专利引文与申请专利的发明创造密切相关，它记录了发明人在进行发明创造时，以及专利审查员在专利审查过程中的各类智力活动，全面反映了专利文献技术交流的现状与趋势。因此，专利引文检索为开展专利信息的检索分析研究提供了重要的资源和工具，主要有四个作用。

扩大技术信息检索范围　专利引文检索不依赖于检索词汇，因此可以避免同义词或者近义词难以确定的问题，并可以克服由于技术术语发展变化造成的困难。通过专利引文检索，可以获得许多与目标专利有关的专利或非专利引文，极大地拓展了技术信息的检索范围，减少了漏检现象。

追踪前沿技术的发展方向　专利引文检索可以查看后向引证和前向引证信息，检索时也可以对相关专利文献进行统计分析，因此可以准确地掌握专利技术引用和被引的情况，从而看出技术发展的脉络和技术的依赖性，能够有效获取前沿技术的变化信息。

确定某个技术领域的研究热点和核心技术　专利引文检索中，通过统计和排序，可以分析和研究专利技术相互引用与高被引的情况，而被频繁引用的专利必定具备技术发展优势，从而帮助检索者确定某些技术领域的研究热点和核心技术。

掌握竞争对手有关信息　针对某个技术领域进行专利引文检索，然后将检索结果按专利权人进行统计，得出专利引文按专利权人的分布情况，可以准确地掌握竞争对手的技术实力。此外，通过分析专利引用和专利相关度情况，可以确定竞争对手之间的技术联系，以进一步了解竞争环境、竞争对手的能力以及环境预警信息。

11.2　专利引文的检索方法

11.2.1　专利文献中列入引用文献的做法

检索专利引文，首先要考虑的问题是从哪里找引文。由于各国的专利制度不同，其专利法保护的客体以及对各种保护客体采取的审查制度也不同,其结果就是各国对于在何种保护客体的专利文献中列入引用文献的规定也不相同。这里说明主要专利组织在专利文献中列入引用文献的做法。

专利全文的公开出版物,主要包括各种发明专利说明书、实用新型说明书和工业品外观设计说明书;各种发明专利、实用新型和工业品外观设计公报、文摘和索引。在这些公开出版物中,引文信息主要在以下三个位置获取。

一是专利说明书"背景技术"部分引用的参考文献,包括专利文献和非专利文献。

二是专利说明书"扉页"引用的参考文献和对比文件。为了推广在公开出版的专利文献上列入检索过程和专利审查程序中引证的引用文献,使专利文献中引用文献的表示方法标准化,世界知识产权组织国际局于 2001 年 5 月 30 日通过了《标准 WIPO ST. 14——在专利文献中列入引证的参考文献的建议》的修订版。标准中,对于引用文献的标识、引用文献在专利文献中的位置、引用文献的排列顺序,以及引用文献的类型等都做出了具体的要求和规定。中国、欧洲、美国、日本的专利说明书"扉页"上著录项目[56]项都会单独列出现有引文。

三是专利检索报告中的对比文件。世界知识产权局、欧专局、欧亚专利局、英国和法国等将专利检索报告与申请公布说明书一起出版或单独出版。例如,国际申请说明书(A1,A3)和欧洲专利申请说明书(A1,A3),A1 为附有检索报告的申请说明书,A3 为单独出版的检索报告。

主要专利组织在专利文献中列入引用文献的做法的比较如表 11.2 所示。

表 11.2 主要专利组织在专利文献中列入引用文献的做法比较

	国际局	美 国	欧 洲	德 国	中 国	日 本
列入引用文献的专利保护客体类型	发明	发明、植物、设计	发明	发明	发明	发明、实用新型、外观设计
公开文本[①]是否有列入引用文献	有	无	有	有	无	部分有
授权文本是否有列入引用文献	—	有	有	有	有	有
引用文献在专利文献中的位置	检索报告	[56]项[②]	公开文本:检索报告;授权文本:[56]项	公开文本:[56]项;授权文本:[56]项	[56]项[③]	公开文本:检索报告或[56]项;授权文本:[56]项
[56]项是否有引用文献类型的标识[④]	—	否	否	否	否	否
[56]项是否有对引用文献进行划分和排序	—	是	否	否	否	否

续 表

	国际局	美 国	欧 洲	德 国	中 国	日 本
[56]项是否包括申请人引证的引用文献	—	是	否	否	否	否
[56]项中标识的要素	—	美国专利文献：公开号、公开日期、申请人、美国分类号； 外国专利文献：公开号和公开日期； 非专利文献：作者、文章名称、期刊名称、发行期号、文章页码	专利文献：公开号； 非专利文献：期刊名称、文章名称、发行期号、文章页码	专利文献：公开号； 非专利文献：作者、文章名称、期刊名称、发行期号、适用之处	专利文献：公开号、公开日期、分类号； 非专利文献：作者、文章名称、期刊名称、发行期号	专利文献：公开号、发明名称； 非专利文献：作者、文章名称、期刊名称、发行期号

注：① 这里的“公开文本”包括申请公开和经过实质审查后尚未授权公开的两种。

② 美国专利说明书扉页上，著录项[56]标注有 References cited 内容，包括美国专利文献以及其他公开出版的文献，其中，标注有“＊”的文献为美国专利商标局标注的内容，不标注“＊”的是由发明人/申请人提供的引用参考文献。

③ 中国专利说明书中，1997～2003 年期间出版的部分“发明专利说明书”扉页上标注[56]项；2004～2006 年出版的专利说明书扉页上不再标注[56]项；自 2007 年 1 月 3 日起出版的“发明专利说明书”的扉页上重新标注[56]项。

④ 引用文献类型的标识指 X、Y、A、D。

11.2.2 专利引文检索的几种情况

根据检索时已知要素的区别，专利引文检索主要针对专利号（申请号/公开号）、专利权人、专利发明人进行检索。

一般而言，针对上述已知要素的检索，首先要根据检索内容的国家、专利数据库提供的索引入口特点，来确定专利引文检索数据库，接下来，就按照各个数据库的检索入口，进行相应的引文检索，以此获取专利引文。

针对专利号的引文检索 在几种情况中，已知专利号的引文检索最为简单，可以通过专利号中的国家代码，选择相应国家/地区的专利数据库，按照常规的专利检索，就可以获取相应的引证信息。

针对专利权人的引文检索 针对专利权人的引文检索，可以根据目标检索结果分为两种情况。如果希望获取的是该专利权人引证信息的专利集合，可以采用具有该功能的商业数据库实现，如采用 Thomson Reuters 公司的产品 Derwent Innovations Index 的专利权人的专利引证检索入口①。如果该专利权人申请总量较小，并且希望获取具体每篇专

① 笔者注：Derwent 为全世界大约 21 000 家公司分别指定了一个 4 字符的代码，这些公司被视为标准公司（后面标识代码为 C），它们会定期申报大量专利申请。使用这些代码可检索公司的子公司和相关控股公司。至于其他公司和个人专利权人，系统会为其指定一个非标准的由 4 个字符组成的代码，该代码不具有唯一性（后面标识代码为 N、R、I）。因此，建议对标准公司进行专利引证检索时，采用该方式。

利的引证信息，则可以借助专利检索平台检出该专利权人的所有专利，然后按照“针对专利号的引文检索”方法逐篇分析专利引证情况。

针对专利发明人的引文检索 与专利权人的引文检索类似，针对专利发明人的引文检索，也可以按照“针对专利权人的引文检索”中的两种情况进行，其中第一种方式采用 Derwent Innovations Index 的专利发明人的专利引证检索入口，第二种方式则借助专利检索平台检出该专利发明人的所有专利，然后逐篇分析专利引证情况。

11.3 专利引文检索数据库

《科学引文索引(SCI)》于 1964 年首次编制了专利引文索引，但数量很小，仅局限于科技文献中引用的专利文献。近年来，随着专利引文的作用日益被人们所认识，加上计算机及网络技术的发展，各国的专利机构、专利信息提供商等，纷纷投入大量人力、物力建立专利引文检索数据库。

按照是否设置专利引文检索字段，是否设置专利引文查看字段，以及带有专利引文信息的全文数据库，将专利引文数据库分为以下三类。

11.3.1 具有引文检索字段的专利数据库

很多带有分析功能的商业专利数据库，设置有专门的引文检索字段，能够实现引文检索的功能，如 Thomson Reuters 旗下的 Derwent Innovations Index、Thomson Innovation、Innography 以及 Orbit 专利分析平台等，这些平台同时有多种专利分析工具可用于引证分析。此外，还有免费的美国专利专利商标局检索系统，也设置有引文检索字段。本文将这些数据库作为案例，其基本说明见表 11.3。

表 11.3 带有引文检索字段的专利数据库的说明

检索系统	专利引文内容的范围	可检索字段
Derwent Innovations Index	整合了 Derwent 最著名的 World Patent Index 与 Patent Citation Index，其收录了自 1966 年起的世界上约 1 500 万条专利，以及被引和施引专利、被引文献和全文专利数据来源文献	被引专利检索可以查找引用了某项或多项专利的专利，具体检索包括： ◆ 目标专利号的施引专利 ◆ 目标专利家族的施引专利 ◆ 目标专利权人的施引专利 ◆ 目标专利权人名称的施引专利 ◆ 目标专利权人代码的施引专利 ◆ 目标发明人的施引专利 ◆ 目标 Derwent 主入藏号的施引专利
Thomson Innovation	包括全球 70 多个国家和地区、超过 7 800 万篇专利的专利引证信息	Citations、Cited Patents、Relevance Category、Cited Non-Patents

续 表

检索系统	专利引文内容的范围	可检索字段
Innography	包括全球 90 个国家和地区的超过 8 000 万件专利数据、美国专利诉讼数据、美国商标数据、组织机构商业数据等	Citation(Non-Patent)、Citation(Patent)
Orbit	包括了 95 个国家及授权机构的专利数据,51 个国家的法律状态数据,19 个国家的引用与被引用数据	公开号、申请号、优先权号、申请号或优先权号
美国专利数据库	提供 1976 年后美国专利文献的引用数据,申请和审查过程中引用的文献	仅在"专利授权数据库(PATFT: Issued Patents)"中包含专利引文 内容包括: ① 被引文献(References Cited);② 施引专利文献(Referenced By)

11.3.1.1 Derwent Innovations Index

(1) 以专利号为 EP797246 的专利为例,检索其被引和施引专利

登录后,可以直接输入专利号检索目标专利的引用和被引专利。以专利号为 EP797246 为例,检索完毕,得到 EP797246 的专利族列表。点击该专利族后,则得到该专利的施引专利、被审查员引用的专利、被审查员引用的文献(图 11.2)。

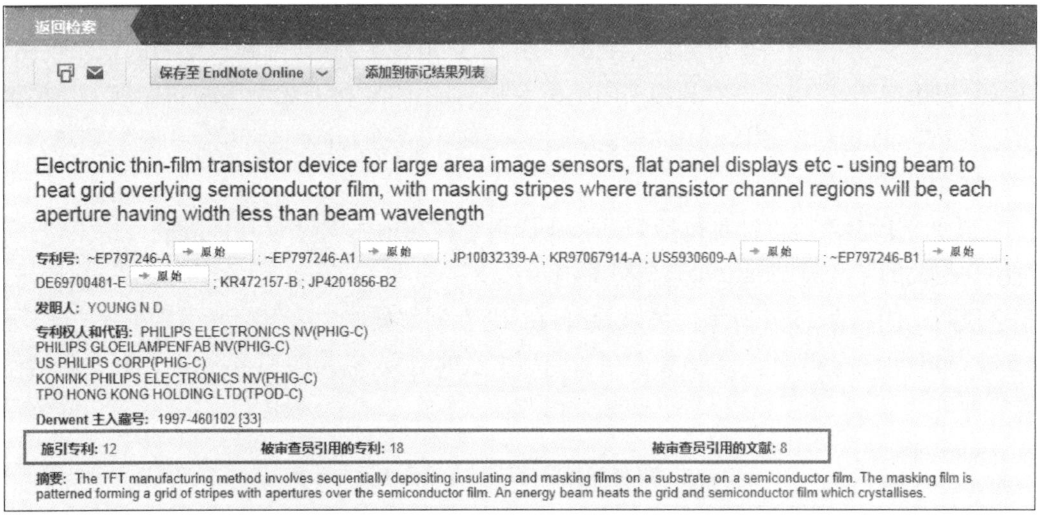

图 11.2 DII 专利检索结果页面的引文信息

(2) DII 的被引专利检索入口

DII 提供专门的被引专利检索入口,即查找引用了某项或多项专利的专利,该检索方式可以对"专利号、专利权人、发明人和/或入藏号"多个字段进行检索,多个字段之间可以使用布尔 AND 运算符组配。

例如,在"被引专利权人"字段输入"XEROX CORP"(图 11.3),则可以检索引用该专利权人的所有专利列表,通过该检索,可以进一步分析引用该专利权人的专利的情况。

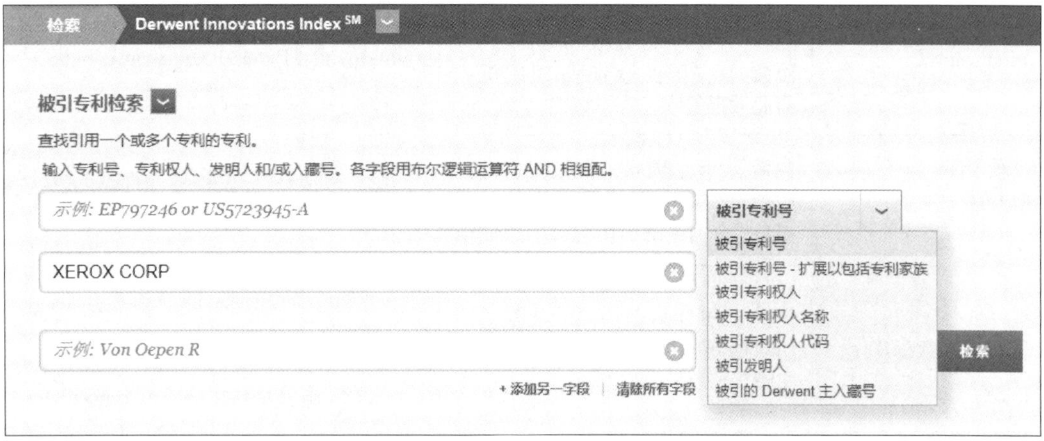

图 11.3 DII 数据库的"被引专利检索"输入框

11.3.1.2 Thomson Innovation(TI)

TI 的检索地址为 https://www.thomsoninnovation.com/login。

(1) 以专利号为 EP797246 的专利为例,检索其被引和施引专利

仍然以专利 EP797246 为例,在 TI 提供的快速检索(Quick Search)、字段检索(Field Search)、专利号检索(Publication Numbers Search)、专家检索(Expert Search)任一入口中输入该专利号,检索后即得到该专利的专利族;点击该专利后,得到该专利的记录视图;切换至引用视图,即得到该专利相关的施引专利、引用的专利以及引用的非专利。切换至引证关系图,即得到该专利相关的施引、被引的引证关系图,并可自行设定引证的层级。

(2) TI 的引文检索入口

TI 的字段检索可以针对包括 Derwent 标引字段在内的大量专利字段进行检索,与专利引文相关的字段有 Citations、Cited Patents、Relevance Category、Cited Non-Patents,检索字段与示例如表 11.4 所示。可以看出,在 TI 专利数据库中可以检索引用某一主题(如 Fiber Optics)的专利;也可以检索引用非专利文献的引文,输入期刊名称、非专利文献的作者等即可。

表 11.4 TI 专利数据库的引文检索字段与示例

字段名称	输入方式举例
Citations	US4995394A|Fiber optics|CAB|Shi Hong
Cited Patents	US4995394A
Relevance Category	US20040214001A1 SAME(X OR Y)
Cited Non-Patents	CAB|Shi Hong|Journal of Mechanics

11.3.1.3　Innography

Innography 的检索地址为 http：//app. innography. com/。

(1) 以专利号为 US4995394 的专利为例，检索其被引和施引专利

登录后，Innography 提供了多个专利检索方式，包括关键字检索(Patent Keyword)、专利号检索(Patent Number)、专利语义检索(Patent Semantics)等。其中，检索某特定专利的被引专利和施引专利，可以通过专利号检索较为快捷的获取。以 US4995394 为例，检索后如图 11.4 所示，可以得到该专利的详细信息。其左上角的 Citation 即为专利引文的进一步检索。点击后，得到如图 11.4 所示的引证信息，图上的每个小圆点代表一篇专利，点击后可以获得具体信息。

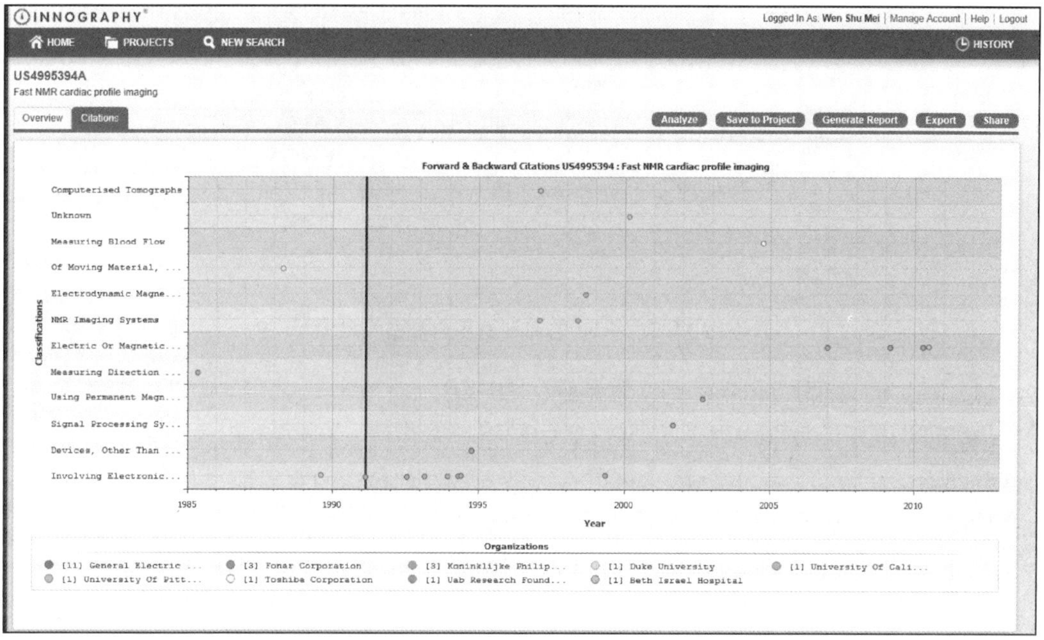

图 11.4　Innography 检索专利号为“US4995394”专利引文的结果

(2) Innography 的引文检索入口

Innography 的关键词检索中，提供引文字段 Citation(Non-Patent)和 Citation(Patent)，其中字段 Citation(Non-Patent)下可以输入某一主题，如 telephone，字段 Citation(Patent)下可以输入专利号。

11.3.1.4　Questel Orbit

Orbit 的检索地址为 http：//www. orbit. com/，登录后，其专利数据库包括三种检索方式：一般检索、专利号检索、引用与被引用检索。

(1) 以专利号为 EP0123456 的专利为例，检索其被引和施引专利

在 Orbit 的检索系统中输入专利号 EP0123456，则得到该专利的检索结果视图，在“引用”选项卡中，即可以查看被引用专利和引用专利情况。

(2) **Questel Orbit 的引文检索入口**

Orbit 系统的引用与被引用检索的字段有公开号、申请号、优先权号、申请号或优先权号，并且提供复选框，可以选择检索引用专利、被引用专利，是否把原专利包含在结果中以及是否显示图表(图 11.5)。若未选择显示图表，则检索后的结果将以列表形式显示相关专利引文。若在检索中选择显示图表，则 Orbit 生成相应的专利引证图表。在生成图表的基础上，可以选择是否显示专利详细信息，颜色按照专利族分类或按照专利状态分类，以及选择专利范围(美国专利/世界知识产权局/欧洲专利/其他专利)。

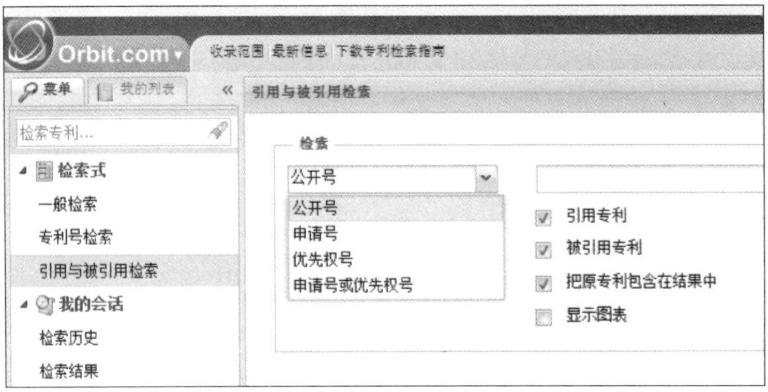

图 11.5　Orbit 的专利引用与被引用检索

11.3.1.5　美国专利商标局检索系统(USPTO)

这里以 PatFT 数据库中 1976 年之后的数据检索为例，说明专利引文检索的方法。输入网址 http://patft.uspto.gov/，可以直接进入该专利检索的主界面，与引文检索相关的字段有三个。在快速检索中，可以直接选择相应字段，输入专利号、作者、期刊名称、文章名称等；在高级检索中，可以按照表 11.5 所示的方式输入。

表 11.5　USPTO 系统高级检索界面中与引文相关的字段

字段代码	字 段 名 称	输入方式举例
REF	Referenced By(引用本专利的)	REF/6436723 REF/0407135
FREF	Foreign References(外国参考文献)	FREF/258463
OREF	Other References(其他参考文献)	OREF/作者 OREF/期刊名称 OREF/文章题名

(1) **以专利号为 5096294 的美国专利为例，检索引用该专利的所有专利**

在快速检索或者高级检索中，在“Ref”字段下检索专利号 5096294，则得到的页面中，可以看到引用该专利的所有美国专利。具体如图 11.6 所示。

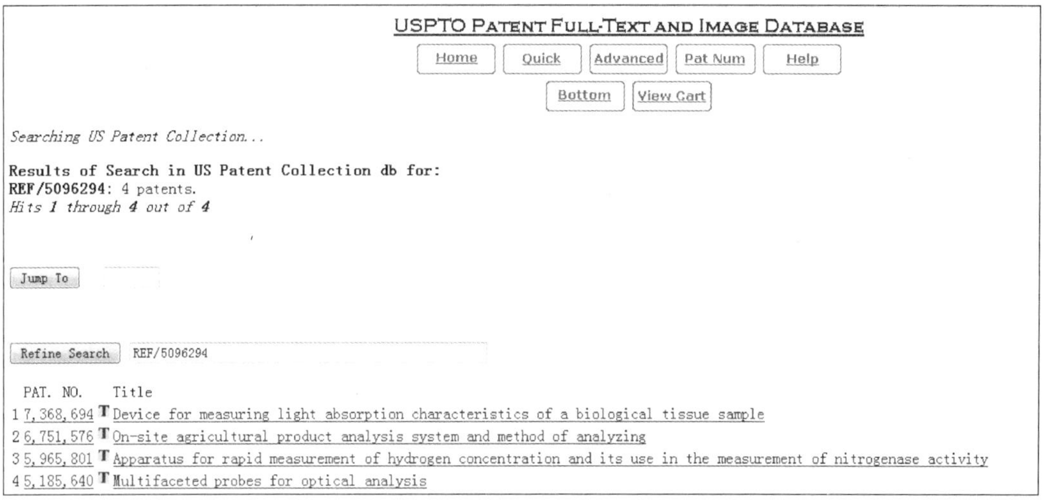

图 11.6 在 USPTO 系统中检索引用特定专利 US5096294 的专利

(2) 以专利号为 7557925 的美国专利为例，检索该专利的引用文献

在快速检索、高级检索或者专利号检索中，在“Patent Number”字段下检索专利号 7557925，则得到的页面中，可以看到该专利的全文，其中“References Cited”即为该专利的被引文献，列表按照引用的美国专利文献（U. S. Patent Documents）、引用的外国专利文献（Foreign Patent Documents）、其他非专利文献（Other References）的顺序列出了该专利的

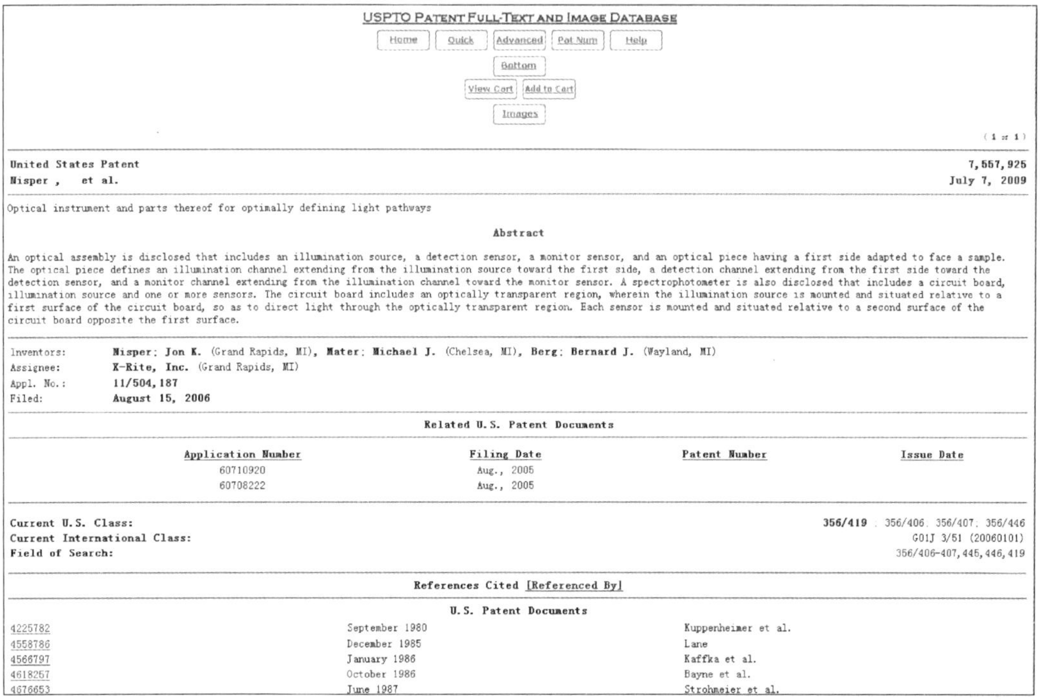

图 11.7 在 USPTO 系统中查看特定专利 US7557925 的被引专利

被引文献。在每条被引文献的记录末尾，写有“cited by applicant”或“cited by other”，可以看出该引文的引证主体，是申请人或是其他人。

同样的，当点击页面上的“[Referenced By]”时，则得到该专利的施引专利。

11.3.2 具有引文查看字段的专利数据库

一些国家或地区的免费专利数据库，如欧洲专利局的 Esp@cenet 与 Register Plus 检索系统、日本的知识产权检索数据库可以检索专利引文，或可以查看引文内容(表 11.6)。

表 11.6 带有引文查看字段的专利数据库的说明

国家或地区	检索系统	专利引文内容范围	引文查看内容	
			被引文献	施引文献
欧洲专利局	Esp@cenet 系统	欧洲专利组织任何成员国、欧洲专利局和世界知识产权组织公开的专利，大于 90 个国家	◆ 检索报告中引用的专利文献和非专利文献 ◆ 申请人引用的专利文献和非专利文献 ◆ 审查过程中引用的专利文献 ◆ 诉讼过程中引用的专利文献和非专利文献 ◆ 其他专利的引用文献 ◆ 其他非专利的引用文献	引用本专利的专利文献
	Register Plus 系统	欧专局自 1978 年成立后所有 EPO 申请，指定欧洲的 PCT 申请	国际检索报告中引用的专利文献和非专利文献	EPO 审查过程中(检索阶段、审查阶段、异议阶段)本专利引用的专利文献和非专利文献
日本	高级知识产权网(AIPN)	提供 1991 年后日本专利文献的专利引文	主要是由审查员提供的“审查对比文件”	无
	日本特许厅“审查书类情报检索”数据库	2003 年 7 月以来的日本专利审批过程中产生的中间文件，有些文件包含日本专利文献的引用数据	均是由审查员提供的“审查对比文件”	无
	日本特许厅“经过情报检索数据库”	1990 年以后日本专利申请审批过程中产生的专利引文	◆ 申请过程中引用的专利文献 ◆ 审查过程中引用的专利文献 ◆ 复审过程中引用的专利文献	无

欧洲专利局网站①上提供多项检索专利的服务功能(在 Searching for patent 菜单中)，

① http://www.epo.org/.

其中免费的在线服务有11种，最主要的两个是Esp@cenet数据库和European Register Plus。下面将分别介绍在Esp@cenet数据库、Register Plus数据库、日本审查书类情报检索数据库、日本经过情报检索数据库、三边共用引文数据库中检索和查看专利引文的方法。

11.3.2.1 Esp@cenet数据库

Esp@cenet数据库中收录欧洲专利组织任何成员国、欧洲专利局和世界知识产权组织公开的专利的题录数据。

输入网址http://ep.espacenet.com/可以直接进入该专利检索的主界面。

以EP0963989为例，检索完毕，系统在窗口显示的检索结果主要有：检索结果列表(即为该检索专利)数据库与检索式匹配的件数。在检索列表中选取文献，在所打开窗口的左侧列出了如图11.8所示的Cited documents与Citing documents，这就是专利EP0963989的被引文献与施引文献。点击相应的内容，被引文献或施引文献以列表的形式显示在窗口中。

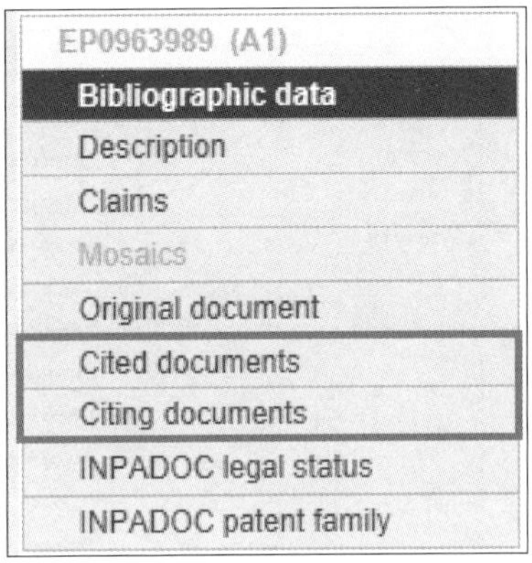

图11.8 Esp@cenet中检索到的引文字段图示

在Esp@cenet数据库中，该专利的引用文献分为检索报告中引用的专利文献(patents cited in the search report)、检索报告中引用的非专利文献(literature cited in the search report)、申请人引用的专利(patents cited by the applicant)，并且可以选择按升序或降序的方式，对优先权日、发明人、申请号和ECLA分类号进行排序。

11.3.2.2 Register Plus检索系统

Register Plus是在Patent Register基础上开发的一个提供欧洲专利局授权程序以及授权后进入各指定国阶段的法律状态信息的一个系统。

输入网址https://register.epo.org/可以直接进入该专利检索的主界面。以EP0676606为例，在Publication number中输入该公开号，检索完毕，系统检索结果的显示界面分为两个区域：左边的显示类别选择区和右下方的数据显示区(图11.9)。系统共设置了六种显示类别，其中Citation即为该专利在国际检索报告中，或在EPO审查过程中引用的专利文献和非专利文献。

在引用文献列表中，按照专利"产生阶段/来源"显示以下内容：① EPO检索阶段(Cited in Search)，EPO审查阶段(Cited in Examination)，EPO异议阶段(Cited in Opposition)中引用的专利文献(patent literature)和非专利文献(non-patent literature)；② 国际检索报告(Cited in International Search)中引用的专利文献(patent literature)和非专利文献(non-patent literature)。

11.3.2.3 日本特许厅审查书类情报检索

日本特许厅的网址为http://www.jpo.go.jp/。进行专利检索时，点击左上角的

图 11.9 Register Plus 中检索到的结果图示

“Industrial Property Digital Library(IPDL)”,即可进入日本工业产权数字图书馆中(网址 http://www.ipdl.inpit.go.jp/homepg_e.ipdl)。点击右上角的“To Japanese Page”可完成英文界面与日文界面的转换。

可以直接通过日文版面 IPDL 的主页面选择“特许·实用新案检索”项目下的子项“审查书类情报检索”,也可以选择网址 http://www.ipdl.inpit.go.jp/Tokujitu/pfwj.ipdl?N0000=118 直接检索。

以专利号 2001-123456 为例,图 11.10 是检索页面,检索后在得到的结果中点击“拒绝理由通知书”,则得到如图 11.11 所示的文本,可见“引用文献等一览”,即是日本专利审批过程中产生的中间文件。

11.3.2.4 日本经过情报检索数据库

可以直接通过日文版面 IPDL 的主页面选择“经过情报检索”项目下的子项“番号照会”,进入如图 11.12 的界面,以专利号 H02-021210 为例,执行检索后跳转到检索结果列表,选择该专利后,默认显示该专利的基本项目,选择该专利的“出愿情报”,则可以看到

图 11.10　日本特许厅审查书类情报检索页面

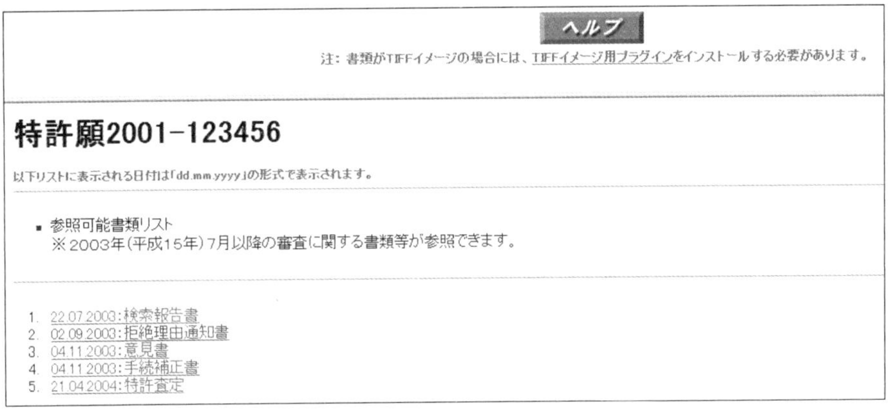

图 11.11　日本特许厅审查书类情报检索结果页面

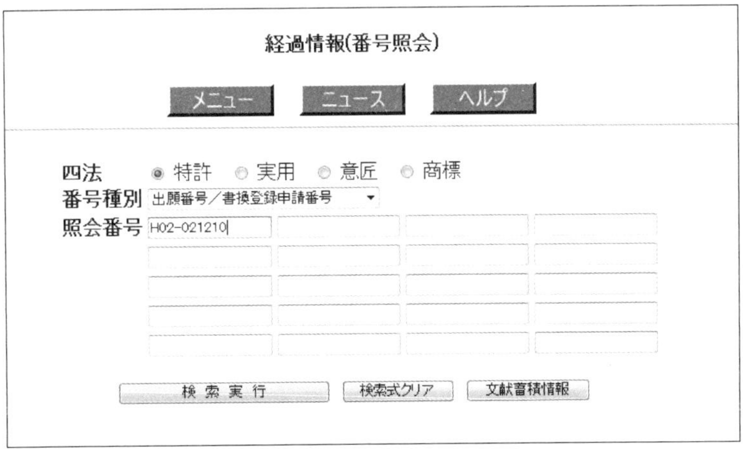

图 11.12　日本特许厅经过情报检索数据库

"引用文献记事"一栏。

11.3.2.5 Common Citation Document 检索系统

另外，与专利引文检索较为相关的系统还有共用专利引文——Common Citation Document①。

共用专利引文服务是由欧洲专利局、日本专利局和美国专利商标局提供的专利族及专利审查过程中所涉及的专利引文检索服务系统，系统将检索结果显示在一个界面中。

检索地址为 http://ccd.trilateral.net/20111223/。

其检索界面较为简单，可以直接在 Number 中输入欧洲、美国或者日本的专利号，检索后得到如下图所示的检索结果。同时，其相关的检索结果可以时间序列的方式展示（见图 11.13）。

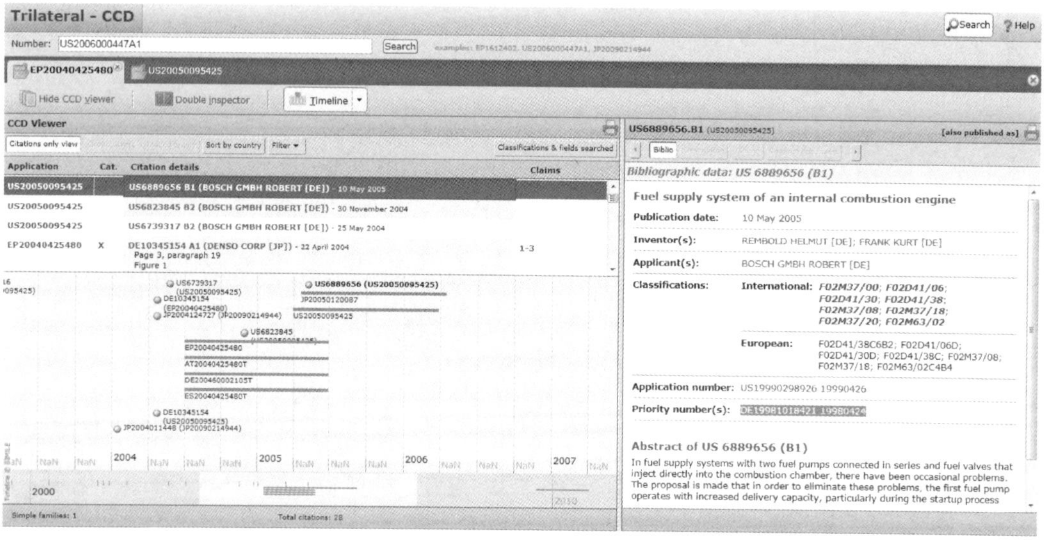

图 11.13　Common Citation Document 检索系统的检索结果图示

11.3.3　带有专利引文信息的全文数据库

正如在定义部分所述，目前引文检索工作查找的施引信息主要是专利文献，仅有少量数据库可以检索非专利文献的施引信息，而这却恰恰是专利引文检索的一大趋势。例如，可以将非专利文献对专利文献的施引情况作为评价指标之一，确定某一技术领域的核心专利。

这里主要介绍运用 Web of Science 核心合集的被引参考文献检索入口，检索非专利文献的施引信息。

Web of Science 的检索地址为 http://apps.webofknowledge.com/。

① 2011 年 11 月 7～10 日在法国举行的第 29 届三边年度会议中，美国专利与商标局（USPTO）、欧洲专利局（EPO）以及日本专利局（JPO）达成一项"共享专利引文"（CCD）协议。此项协议允许由此三国专利局将专利申请的公知技术文件以电子形式揭示公告于共享网址，用于三国专利局中同时待审之相同专利申请案。

以专利号为 EP761691A2 为例，在 Web of Science 核心合集的被引参考文献检索入口，在被引著作字段输入 EP761691A2，则得到被引参考文献索引，点击进入列表页面，则可以看到引用该专利的 9 篇期刊文献。

同样的，也可以在被引标题字段输入专利题名，在被引作者字段输入专利申请人，获取相应的非专利文献的施引信息。

11.4　专利引文检索总结

本章简要介绍了世界各主要国家、国际（地区）型专利组织在专利文献中列入引用文献的不同实施方法，并介绍了部分数据库的专利引文检索方法。

运用本章所述的免费专利数据库检索专利引文，只有美国专利商标局检索系统提供引文检索字段；美国专利商标局检索系统、欧洲专利局的 esp@cenet 系统及 Register Plus 系统和日本特许厅网站提供引文查看字段。

可以看出，商业专利数据库的专利引文检索功能在整体上优于免费数据库，特别是 Thomson Reuters 公司的两个产品建立了专利与非专利文献之间的链接，更容易梳理技术发展的脉络；同时，商业专利数据库提供专利引文结果的可视化界面，提供了更好的展示效果。

广义上来看，检索非专利文献的施引信息也是专利引文检索的内容之一，目前 Web of Science 核心合集提供了这一功能。而随着信息技术的发展，未来专利数据库和非专利数据库的不断集成，可以预见会有越来越多的数据库能够提供这样的功能。

撰稿：陆娇（中国科学院上海科技查新咨询中心）

第12章 失效专利检索

12.1 失效专利概述

失效专利是一种已经失去独占权的公开技术信息。从法律角度看,失效专利已经失去国家法律的保护,但从技术的有效性角度看,失效专利未必已丧失其技术含量和市场价值。国内部分学者将失效专利称为"公知公用"的专利技术,揭示了失效专利潜在的利用价值。

12.1.1 失效专利定义

中国第一张失效专利光盘出现在1998年,有关失效专利的开发利用问题也随之开始引起业界关注,但失效专利至今未有明确的官方解释,关于失效专利概念的定义也有许多。本章通过对现有文献中失效专利的概念进行归纳总结,认为可以从狭义和广义两个角度来定义失效专利。

狭义的失效专利定义是从"所谓失效专利泛指因法律规定的各种原因而失去专利权、不再受专利法律保护的专利"这样的代表性表述而来,即从法律的规范性角度考虑,狭义的失效专利是指失去专利权的专利。狭义的失效专利一般包括:保护期未满的授权专利由于未缴纳费用、自动放弃或被宣告无效等原因而丧失专利权;以及已授权专利由于专利的时效性,随着时间的推移,最终因保护期届满而丧失专利权。

广义的失效专利定义是从"只要是专利文献上所公开的技术,在不享有本国专利权的情况下都属于失效专利的范畴",这样的失效专利特有属性而来,即从实际的应用角度考虑。因此,广义的失效专利不仅包括失去专利权的专利,也包括失去专利申请权的专利,是指专利文献所公开的技术属于不享有或不再享有专利权的发明创造。另外,也有研究表示,因专利权的地域性失去法律保护的专利也是一种失效专利,该研究强调了失效专利的地域性特征,使定义的外延更为广泛,但同样表现了失效专利"公开且不受保护"的特点。

综上所述,无论是直接使用失效专利的技术还是间接通过失效专利信息进行情报分析,研究失效专利的目的都是在于能更好地利用已"失去权利"的"公开技术"。鉴于此原则，本章将失效专利定义为一种通过专利文献形式公开的技术，同时不享有或不再享有目标国专利权的发明创造。根据分析目的和分析对象的不同，可能包括曾经受到专利权保护但现在已经失去专利权的技术，已经申请并公开但最终未能获得专利权的专利申请，以及因为专利的地域性在某些国家或地区丧失专利权的专利技术。

12.1.2 失效专利成因分类

虽然各国的专利法不尽相同，对法律状态的解释也是千差万别，但根据上节中对失效专利的定义，主要可以将失效专利的成因分为四大类：申请阶段失效、授权阶段失效、时效性失效和地域性失效。

申请阶段失效专利 专利申请公开以后因为某种原因而没有能够获得专利的成因，主要包括申请的撤回或放弃、申请被视为撤回、申请被驳回等。

授权阶段失效专利 已经获得专利权的专利在专利保护期限届满之前终止的成因，主要包括专利权人没有按规定缴纳专利维持费、专利权人以书面申明放弃其专利权、专利权的无效及撤销。

时效性失效专利 专利保护期限届满之后专利自然失效的成因。虽然每个国家的专利都具有有效期限，但根据不同国家的国情不同，所制定的专利制度也各有不同，所以它们的专利保护时间也不完全相同。

地域性失效专利 基于专利权地域性特征，未在法定期限内就相同主题的发明创造在某国或某地区提出专利申请，其公开的专利技术情报无法在该国家或该地区得到法律保护而形成的一种失效专利。

12.1.3 检索失效专利的意义

失效专利从某种程度上来说是可以免费应用的技术结晶，但由于人们对知识产权或者专利的普遍认知程度较低，导致社会对失效专利持有偏见，许多人仅从字面意思理解失效专利，认为它包含的专利技术已经失去效用，没有利用价值。而事实上，部分专利在失效后仍是该领域的重要技术，仍然可以创造巨大的经济价值。就中国专利来说，截止到 2014 年 8 月 30 日中国知识产权网上数据库的失效专利数量达到 4 663 848 件，而全部中国专利为 10 731 390 件，失效专利约占全部中国专利的 43.46%。因此，这样一种数量庞大的免费资源集合应该受到人们的足够重视。

国际上通过使用失效专利技术获得实际利益的案例已屡见不鲜：著名的美国苹果公司就是因为美国风险投资家费莱・瓦尔丁在 1972 年查阅到的一份微电脑技术失效专利，并经过冷静分析、合伙投资而发展壮大起来，成为现今世界上最具影响力的高技术企业之一；日本人也有利用地域性失效专利战略获益的经典案例，比如，荷兰飞利浦公司在发明盒式磁带录音机后，由于市场定位和资金不足的问题，放弃了它在多个国家的专利权，日本人则利用该失效专利先后开发出不同档次的各式录音机，在这些国家获得了巨大的经济利益；而在国内也曾有公司收购了一个生产设备齐全但技术落后的企业，因查找到一项因欠缴年费而失效的人造板材新技术，只花费了两个月时间，该公司便运用这项技术生产出该人造板材，获得了广大装饰公司的欢迎。

因此，从专利的技术价值来说，合理利用失效专利可以方便、快捷地进行相关产品的仿制，省去一笔可观的专利转让费或使用费，从而达到低投入、高产出的效果。类似地，合理利用失效专利的企业可以在已有的成熟技术基础上进行二次开发，而无须从头研究，不但节约了开发成本，也保证了技术的实用性。而从专利的情报价值来说，企业引进先进技术时，失效专利检索对专利价值评估也起到了决定性的作用。

12.2 失效专利检索方法

12.2.1 专利(申请)号检索

通过一个或多个指定专利(申请)号进行失效专利的判断是最常用的失效专利检索方法。

(1) 法律状态检索

法律状态是专利中一项重要的参考信息，也是判断专利是否为失效专利的一项重要评判标准。无论是收费或免费专利数据库几乎都收录了法律状态的相关信息，因此，这也是最直接的失效专利检索方法。

一般在包含法律状态字段的专利数据库或检索工具中，直接在相应检索字段输入指定的专利(申请)号，在得到的专利信息中对其当前的法律状态进行判断，符合失效专利成因的即是失效专利。部分不能直接在检索结果中显示法律状态的专利数据库或检索工具，需要通过进入特定的法律检索数据库才能获得其法律状态。

(2) 时域检索

由于部分国家的法律状态中不显示因保护期届满失效的专利状态，因此，如果通过法律状态判断专利为有效状态时，还应该继续通过时间来判断专利是否失效。

一般可以通过申请日或授权日字段进行检索。例如，中国发明专利的专利权有效期限为 20 年，那在 1990 年申请的发明专利，到 2010 年年底已经因期限届满而自然终止成为失效专利。国外大多数国家发明专利的保护期限均为 20 年(见表 12.1)，实用新型专利的保护期限各国之间差别在 5～10 年不等。但在对具体国家进行失效专利的检索时，还应该对该国的专利法进行确认才能获得完整且准确的数据，例如，美国专利的有效期以 1995 年 6 月 8 日为界限分为两种算法：1995 年 6 月 8 日以前的美国专利，其有效期为授权日起 17 年；1995 年 6 月 8 日以后的美国专利，其有效期为申请日起 20 年。

(3) 地域检索

所谓地域检索是针对上文提出的地域性失效专利的检索方法。地域性失效专利无法通过法律状态进行判断，一般当企业希望在特定地区免费利用某项专利技术时，可以进行

表 12.1　各国专利的保护期限

国　家	发明专利	实用新型	外观专利
中　国	申请日起 20 年	申请日起 10 年	申请日起 10 年
美　国	申请日起 20 年	—	发证日起 14 年
日　本	申请日起 20 年	申请日起 6 年	注册日起 15 年
德　国	申请日起 20 年	申请日起 10 年	申请日起 20 年
英　国	申请日起 20 年	—	申请日起 25 年
法　国	申请日起 20 年	申请日起 6 年	申请日起 50 年
加拿大	申请日起 20 年	—	申请日起 10 年
意大利	申请日起 20 年	申请日起 10 年	申请日起 15 年
韩　国	申请日起 20 年	申请日起 10 年	注册日起 15 年
马来西亚	申请日起 20 年	申请日起 10 年	注册日起 15 年
新加坡	申请日起 20 年	—	申请日起 15 年

地域检索。如果该专利要求优先权，可以将指定的优先权号放到目标国家或地区的专利数据库中进行检索，当发现自申请日起 30 个月后在以上数据库中未检出该项技术，则基本可以认定该专利技术未在该目标国家或地区进行申请，该专利即为地域性失效专利；若在 PCT 专利数据库中检出该专利技术，则还要跟踪其在申请日起 48 个月后是否在目标国家公开，若无公开，则检出的专利为地域性失效专利。另外，通过使用 Derwent Innovations Index（简称 DII）等综合型专利数据库，根据同族专利信息也可以判断专利是否为地域性失效专利。

由于专利公开本身具有延迟性以及申请国外专利具有相应的缓冲期，因此实际进行地域检索的时候不能简单地认为没有在目标国家或地区申请的专利就是可以免费利用的失效专利，还需要注意以下两个问题：① 由于国外专利存在一年的优先权可以申请中国专利，同时中国专利法规定申请一般是在申请之后满 18 个月公开，所以判断一个国外专利是否在中国有效，至少要在该国外专利申请日满 30 个月后才会有准确结论，否则是不确定的；② 对于 PCT 专利，如果在申请时指定了中国，由于 PCT 规定 30 个月后进入国家阶段，加入中国专利 18 个月的公开期，所以 PCT 专利在其申请日 48 个月后才能最终确定其在中国是否失效。

实际操作的时候还需要注意在不同国家提出专利申请的年限规定，例如，一般来说只要过了优先权期限（发明和实用新型专利 12 个月，外观设计专利 6 个月），就不能再申请国外专利了。但有两个例外：一是向美国提出的申请，在申请人自己公开后一年内还可以有一个缓冲期，因此，即使优先权期限已过，但如果该专利申请公开还不到一年，仍然可以向美国提出专利申请；二是根据 2007 年 4 月 1 日生效的 PCT 细则中有关优先权恢复的规定，如果还不到 14 个月，可以以所述申请为优先权在中国提 PCT，但是能否进入到你想去的国家，要看该国是否对相应的条款有保留。除此之外，如果要对检索出的地域性失效专利进行实施，还需确认该目标国家或地区是否有与该专利技术相似的专利保护，以免造成侵权。

12.2.2 区域检索

从检索目的来看，一般企业出口产品前必须检索出口国（或地区）有无相同产品已获得该国的专利权，以免产生侵权纠纷。以下主要从不同数据库的角度介绍失效专利区域检索方法。

(1) 国家（地区）官方网站检索

国家（地区）官方网站的专利不论从质量上还是数量上在全球专利中都具有一定优势，且包含较完整的专利信息。

因此，指定区域的失效专利可以直接进入该区域的官方网站进行检索。在国家知识产权局网（http：//www. sipo. gov. cn/）的首页可以获得部分国外或地区的官方知识产权网站链接，包括美国专利商标局、日本特许厅、欧洲专利局、世界知识产权组织、英国专利局、德国专利商标局、瑞士联邦知识产权局、香港知识产权署和澳门经济局。部分其他国家的官方网站见表 12.2。

表 12.2 部分其他国家的官方网站

组织或国家	官方网站
法国专利局	http：//www. inpi. fr/
韩国知识产权局	http：//eng. kipris. or. kr/
加拿大知识产权局	http：//www. opic. gc. ca/

但通过国家（地区）官方网站进行申请区域限定的失效专利检索具有一定的局限性，比如，各个国家（地区）的官方网站结构大不相同，检索方法不具有通用性，部分国家在检索过程中还可能遇到语言障碍。此外，该方法仅适用于数量级较小的失效专利检索，专利情报定量分析时批量获取失效专利有较大难度。

(2) 专题数据库检索

所谓的专题数据库是指将已处于失效状态的专利从常规数据库中独立出来，构建成一种只包含失效专利的专题数据库，适用于失效专利信息的批量检索和获取。它能够以一种相对独立的数据库形式存在，也可以存在于常规数据库中。现有的失效专利专题数据库较少，需要通过查找或平时搜集才能获得，有些甚至需要通过付费购买。下文列举了中国和英国失效专利的专题数据库。

中国知识产权网(CNIPR) CNIPR 是由国家知识产权局知识产权出版社在政府支持下创建的知识产权类专业性网站，访问链接 http：//www. cnipr. com。2012 年改版后的平台将失效专利检索单独列出，构成一个中国失效专利专题数据库（图 12.1）。该数据库检索方法与传统数据库相同，可以选择分别对发明专利、实用新型或外观设计进行检索，通过不同字段组合，可以实现对限定技术主题或限定企业机构中失效专利的批量获取。

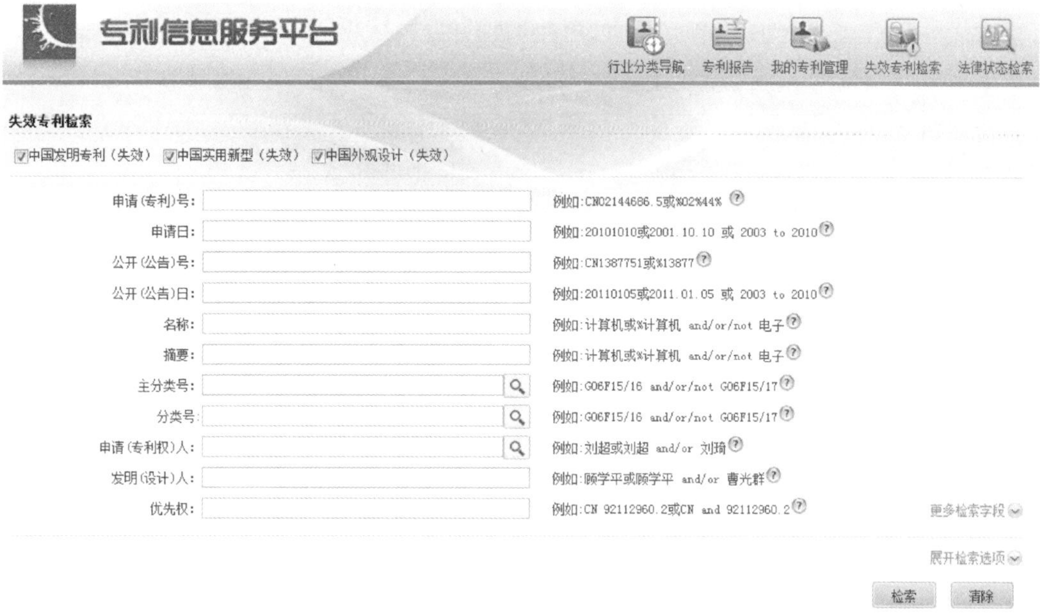

图 12.1　中国知识产权网（CNIPR）失效专利检索界面

另外，中国许多由地方知识产权局建立的专利信息服务平台中也嵌入了失效专利专题数据库，比如大连市专利信息服务平台和汕头市专利信息服务平台，但由于平台的更新和维护比较缓慢，它们的数据量与检索功能尚有待提高。

英国失效专利数据库（NIF）　英国 NIF 数据库（Patents Not In Force Database）是英国知识产权局建立的失效专利专题数据库，访问链接 http://www.ipo.gov.uk/types/patent/p-os/p-dl-notinforce.htm。这个数据库主要包括英国和欧洲专利局中的英国的已经被授予专利权的专利和英国的所有已经公开的专利中具有 NIF 法律状态的专利。需要注意的是这个数据库不包含 1981 年 1 月 1 日之前的专利数据。

NIF 失效专利数据库主要通过 Refine 对某领域进行精炼（图 12.2），可以检索关键词、IPC 分类、申请（专利）号等字段的检索，并支持使用通配符、布尔逻辑运算符和邻近运算符进行精炼检索，但其检索功能仍略显简单。

从 NIF 失效专利数据库的界面上，我们可以直接了解到的失效专利信息包括：专利失效日期、公开号、申请号、失效原因、专利权人、IPC 分类、申请日以及标题。另外，通过点击公开号或申请号，可以直接进入欧专局网站，浏览该条失效专利的详细信息。但该数据库的失效专利数据只能进行手工统计，批量数据分析难度较大。

图 12.2　英国 NIF 失效专利数据库检索界面

(3) 商业数据库

下面介绍运用 Thomson Innovation(简称 TI)进行检索的主要步骤。

A. 通过 INPADOC 法律状态字段检索

限定国家：目前 INPADOC 数据库中包含 55 个国家的法律状态资料。各国依照法律状态的不同，将每个状态给予代码，每个国家的代码不尽相同。因此，要通过 INPADOC 法律状态代码进行检索，必须首先选定目标国家，才能得到统一规范的数据。

明确限定国家的法律状态代码：虽然每个国家的法律状态表达方式不尽相同，但总体来说可分为 21 种类型，其中涉及失效专利的法律状态主要包括：因未缴年份而失效(Lapses)、期满(Expiried)、驳回(Withdrawals)、撤销(Nullification of Parts of Original Rights)等。根据不同国家的法律状态，找出表示已选定国家的失效专利法律状态代码。

综合法律状态代码进行检索：将选定的失效专利法律状态代码以 OR 的形式组合，能检出限定国家所有的失效专利。结合申请年份、专利权人、分类号等字段检索，能实现针对限定技术领域或限定企业机构的失效专利的获取。

另外，Innography 数据库中的高级检索模式中也支持 INPADOC 法律状态字段的检索，具体检索方法与 TI 数据库类似。

B. 通过美国专利维持状态代码字段检索

除上面所介绍的 INPADOC 法律状态字段外，美国专利维持状态代码也是 TI 中一种用于法律状态限定的检索手段，不过只适用于美国专利。

美国专利维持状态代码中主要涉及 4 种失效状态代码：E1、E2、E3 和 W，分别表示为授权后 4 年未缴费失效（美国每 4 年缴费一次）、授权后 8 年未缴费失效、授权后 12 年未缴费失效和撤回（不包括未公开专利）。

值得注意的是，上述失效状态代码中并未涉及保护期限届满失效的美国专利，因此在使用美国专利维持状态代码检索美国失效专利的同时，为获得完整的失效专利信息，还应该加上因保护期限届满失效的专利。根据当前日期，通过对授权日或申请日限定来获取因保护期限届满失效的美国专利。

12.2.3　申请人检索

企业的失效专利数量是判断企业综合实力的重要指标之一，通过对企业失效专利的信息分析可以揭示出大量潜在的竞争情报。因此，申请人限定的失效专利检索在对特定企业进行价值评估、了解企业实际技术实力的时候具有重要意义。

从理论上说，可以通过申请人字段来进行检索。但实际操作中会发现，一家企业的专利申请往往涉及多个国家（地区），由于各个国家（地区）的专利法不同，他们的法律状态也不尽相同，因此在针对特定企业进行失效专利检索时，还需要根据不同国家（地区）的具体情况进行逐一确认。下面主要介绍 Innography 专利分析工具中公司名称限定的检索方法。

运用 Innography 可以方便快捷地获取限定企业或竞争对手的全部失效专利信息，主要因为该数据库具有以下两个特点：① 可以直接通过公司名称进行检索，并且在输入名称的过程中，下拉框会出现与其相近的完整公司名（图 12.3），方便选择，并且防止了输入名与数据库信息有出入所造成的误检、漏检；选择公司名后还能进行子公司和错误拼写的

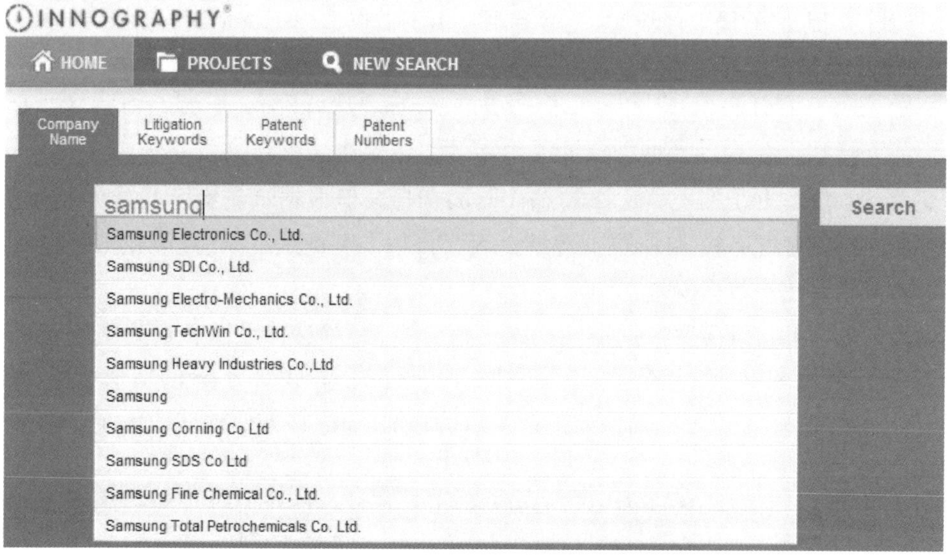

图 12.3　Innography 公司名称检索界面

查看，以确认检索结果与检索目标相同；② Innography 数据库列出限定企业所有有效和失效专利的数量，通过点击 Expired 后的数字，就能检出所有该企业的失效专利，同时可以对这些信息做进一步的统计分析。

12.2.4 其他字段检索

从专利检索的角度来看，上述三种失效专利的检索方法不能满足所有的检索需求，有时我们还需要检索特定技术主题、发明人等相关失效专利信息。此时，可以基于上述三种字段限定的检索方法，对专利的标题、摘要、IPC 分类号、发明人等其他字段进行组合检索或二次检索，实现各种失效专利检索需求。

12.3 失效专利检索总结

12.3.1 检索方法总结

(1) 国内失效专利的检索方法

优先选用向公众开放的免费数据库，如中国知识产权网失效专利库。该数据库具有数据全、检索功能完善的特点，且具有一定的分析功能，虽然不具备法律状态字段来进行检索，但可以通过将信息批量下载后，对法律状态进行统计分析来区分专利失效原因。

商业数据库或者仅限内部使用的专利分析工具往往具有较强大的专利检索和分析功能，便于专利数据的批量获取和大量数据的统计分析，如中国科学院知识产权分析系统，不但能够通过法律状态字段进行检索，还支持自建主题库，方便批量失效专利数据的统计分析，但其使用人群的局限性较大，类似专利分析工具仅适用于特定用户。

(2) 国外失效专利的检索方法

使用支持 INPADOC 法律状态字段检索的数据库是获取国外失效专利信息的有效途径之一，TI 和 Innography 数据库均可以实现。需要注意的是检索时必须限定国家，并根据不同国家来调整 INPADOC 法律状态代码的选择。但根据笔者实际操作经验来看，该方法使用法律状态代码检索时，需要确认是否为该项专利的最终状态，避免产生侵权风险或在定量分析时出现数据偏差。

一般失效专利检索需要根据不同国家进行分别检索，这样难以获得完整的企业失效专利信息。需要针对限定企业或竞争对手进行失效专利分析的时候，可以选用 Innography 数据库，不但可以确保分析企业的精确性，还能够方便地获取该企业全部的失效专利信息。

需要获得某个地区的地域性失效专利时，可以选用容易获得同族专利的综合型数据库，比如 DII 和 TI 等，但需要注意专利公开延迟性和国外申请缓冲期等时间问题。

美国失效专利的获取可以选择通过美国专利状态代码字段检索，但需要注意加上保护期限届满的失效专利。

英国 NIF 数据库中涉及失效时间、失效原因等失效专利的关键信息，但只能进行手工统计，批量数据分析难度较大。

12.3.2 检索和利用失效专利的注意事项

(1) 法律状态更新

由于各国专利数据库均是定时更新，而不是实时更新，因此，从网络数据库获得的失效专利信息存在法律状态信息滞后的问题。在利用法律状态来判断专利是否已失效的检索过程中，不可过分迷信网站数据，应该在了解专利情况后主动与相关知识产权部门联系，确定专利的最终法律状态，避免不必要的麻烦。

(2) 药品专利延长制度

由于创新药的开发往往具有投资多、风险高、审批周期长等特点，许多药品上市销售时其专利有效期也即将届满，制药商难以回收其高额的研发投入。因此，许多国家纷纷出台针对药品专利的延期保护政策，目前，世界上建立药品专利期延长制度的国家和地区有美国、日本、澳大利亚、欧盟、韩国、以色列以及中国台湾等。因此，通过专利保护期限届满来检索药品失效专利时，应该特别注意该专利所在国家是否建立了药品专利期延长制度，以及具体的延长期限。

(3) 避免在先技术侵权

在检索和利用失效专利时，还应该注意其中潜在的侵权问题，避免造成不必要的损失。一些在后申请的实用新型专利技术，往往会由于与在先申请的专利内容相同而被撤销或宣布无效，因此，在使用这类失效专利时应检索在先申请的专利的法律状态。因专利被无效而形成的失效专利往往是由于已有相似在先专利技术，这时使用失效专利中的相关技术就会产生侵权风险。因此，从检索角度来讲，可以通过检索该失效专利的完整名称或相近名称，检索发明人或申请人或对该项目失效专利所涉及的技术进行检索等方法来规避失效专利的雷区。

撰稿：张爱平（中国科学院上海科技查新咨询中心）

第13章 专利诉讼案例检索

13.1 专利诉讼案例的定义及应用价值

13.1.1 专利诉讼案例的定义

本章所述的专利诉讼案例是指各国同专利相关的司法判决和行政决定，如各国法院的专利侵权诉讼判决，我国复审委员会的专利无效宣告和专利复审。

13.1.2 专利诉讼案例的应用价值

大陆法系（或民法法系）和普通法系（或英美法系）是并列的当今世界两大重要法系，覆盖了当今世界的广大区域。英美法系判例法是正式的法律渊源，遵循先例是英美法系的一个重要原则，累积法院先前所作的案例判决结果，作为日后审理案件的参考，由分析案例事实归纳出法律的原理原则。

而中国、德国、法国、日本等是典型的大陆法系国家，成文法是法院审理案件的基本法律依据。但由于《专利法》等成文法所体现出的高度概括性和原则性，使法律不可能囊括现实中已经发生的所有变化或正在变化的情况，使成文法规定出现了相对的滞后性和真空区域。专利诉讼案例是特定历史时期发生的个案，而判决书本身则体现了法院专利法官对案件事实认定和适用法律的把握和理解，具有非常重要的学理研究价值和处理同类案件的指导意义。

因此，无论是大陆法系还是普通法系国家，众多的专利诉讼案例，可以为专利律师迅速锁定商业高风险较高的潜在客户，为尽职调查提供充分数据和资料，对所代理的案件有影响的相关各方进行分析和评估，更有效的提出主张与辩护；为专利法官处理同类案件和提高自身专业素养提供极佳的研究素材和资料；为专利代理人、专利教学研究人员和学生学习与研究专利实务提供良好的实务素材。

13.2 专利诉讼案例的数据库检索

本章中所讨论或提到的专利诉讼案例数据库指的是基于互联网为基础，可以进行检索，并收录大量专利诉讼案例的数据库。除了利用搜索引擎检索外，还可以去各国官方网站检索一次文献，商业数据库检索二次文献。

13.2.1 各国法院网站

官方网站区别于普通网站的最大特点在于其公布政府信息的权威性、准确性和时效性。世界各国并未实现所有裁判文书全部上网。大多数国家的做法是：最高法院的所有裁判文书都在网上公开，高等法院的裁判文书部分公开上网，初审法院裁判文书公开上网的数量较少(表 13.1)。

表 13.1 一些国家的法院网址

法院名称	参考网址
美国联邦最高法院	www. supremecourt. gov
联邦巡回上诉法院	www. cafc. uscourts. gov
欧洲法院判例数据库	curia. europa. eu/juris/recherche. jsf
英国最高法院	supremecourt. uk
德国司法部	www. bmj. de/DE/Home/home_node. html
中国知识产权裁判文书网	ipr. court. gov. cn
日本裁判所	www. courts. go. jp
韩国最高法院	www. scourt. go. kr

以美国为例，美国法院分联邦和州两个系统。根据美国《电子政务法》(*E-Government Act*)第 205 条和美国司法委员会《关于开放案件电子档案的私人查阅和公开的规定》(*Policy on Privacy and Public Access to Electronic Case Files*)的规定，联邦最高法院，联邦巡回上诉法院，及其他联邦下级法院的网站公开所有裁判文书和相关诉讼材料。联邦最高法院网站提供案卷 Docket 检索、2008 年以来的判决书 Opinions，以及获取其他判决书的方式(Where to Obtain Supreme Court Opinions)。联邦巡回上诉法院判决书，都可根据案件名称、上诉案件编号或日期在 CASES 板块下 OPINIONS & ORDERS 查询。

美国州法院系统的裁判文书已经实现全部上网。以加利福尼亚州法院网(网址 www. courts. ca. gov)为例。全州裁判文书可在“判决文书 Opinion”一栏查询，其中加州上诉法院和最高法院的公开判决文书(1850 年至今)可在链接网址 http: //www. lexisnexis. com/ clients/CACourts/中用自然语言单词或词组检索，每次显示最相关的 25

个案例，非公开判决文书只提供加州上述法院 60 天内上诉法院的判决浏览。

13.2.2 商业专利数据库中的诉讼数据检索

商业专利数据库中 Orbit、Innography、TotalPatent、Darts IP 提供专利诉讼信息。

13.2.2.1 Orbit

Orbit 数据库 IP litigation 模块由 Maxval 开发，收录了美国电子案例档案（ECFs）、美国法院电子记录数据库（PACER）、ITC 等信息源 5 万多个案例，每日更新。

检索字段包括案件号码、专利号、产品名称、当事者（选择输入原告、被告、反诉原告、反诉被告名称）、日期（选择输入申请日、案件审判日、最近更新的起止日期范围）、法庭信息（法庭名称、法官名字、代理人、法律事务所）、发明人（发明人名字）。

检索结果以列表方式显示案件编号、案例号、标题、原告、被告、递交时间、最近更新日期等信息。点击案例号，可以显示案例号、原告、被告、递交日、法庭名称、法律事务所、相关案件、专利号、发明人名字、授权日、失效日、IPC 代码、文档类型、关联信息等内容，还提供专利全文和 PACER 的链接。

13.2.2.2 Innography

Innography 收录美国法院电子记录数据库（PACER）提供的专利诉讼案件信息，最早始于 1975 年。PACER 的信息每晚更新，最近两周内诉讼信息都是可以获得的。经过 Innography 的整合，PACER 的信息在 Innography 网站内是可以检索的。Innography 还增加了未决案件的历史查询。如果未决案件在立案后一个月、三个月、六个月内发生案件诉讼信息变化，这些变化都可以查到。

如果用户购买国际诉讼扩展文献模块，可以检索到澳大利亚联邦法院（1977 年起）、加拿大联邦法院（1996 年起）、中国最高人民法院（2006 年起）、法国工业产权局（1974 年起）、德国联邦最高法院（2000 年起）、日本聪宝高等法院 Satoshi Takara High Court（2000 年起）、英国英格兰和威尔士高级法院（1981 年起）诉讼案件信息。

Innography 诉讼检索提供两种检索方式：快速检索和高级检索。

(1) 快速检索

在检索框直接输入前缀@＋英文字段名＋空格＋检索词，在@后添加 * 表示在所有字段内检索，在@和字段之间添加！表示在除该字段外的其他字段内进行检索，使用“”表示引号内的为词组，如输入@title yellow submarine @ * beatles，表示检索在案件名称出现 yellow 和 submarine 并且在整个文档中出现 beatles 的记录。检索字段包括律师名字、反诉原告、反诉被告、法院、被告、诉讼进程、法律文件文本、律师事务所、诉讼当事人、专利标题、专利摘要、专利权利要求、专利全文、原告、案件名称。

此外，快速检索还提供专利分类检索，前缀可选择 usc_、ipc_、cpc_，在前缀后之间输入全部或部分分类号，分类号码由数字和字母组成，无空格。

检索结果以列表方式显示案件编号、标题、法院、诉讼时间等信息，可以按照原告、被告、IPC、US 分类、涉案专利、涉案金额、起诉时间等筛选，并且可以选择案件终止时间或者是否已经终止。检索结果可以按照以上字段进行分组聚类，结果可以按照树图、饼图、线图或柱图等形式显示。内容包括案号、日期、其他案号、当事人、专利、关联判例、发明人、图形、法院（国家）、审级、初始案由、案例性质、语言、分类、法律点、损害赔偿。各记录提供案例全文、专利全文、关联判例、法律点、损害赔偿、案例评论、翻译等内容的链接。

点击诉讼编号查看详细信息，包括诉讼标题和本案涉案专利、诉讼时间、类型、州法院、原被告等信息。在案件概况和法院归档记录都提供了美国法院电子记录的外链接。

检索结果可以导出为 CSV 格式，字段内容包括：案件编号、标题、原告、被告、起诉时间、案件终止时间、法官、法院、案件类型。

任何诉讼案件都可以添加至项目，也可以点击 generate report 生成普通报告。报告内容包括原被告诉讼统计热力图、涉案专利和法院归档记录。

(2) 高级检索

相比快速检索，高级检索可采用多项检索，检索字段增加了时间范围（递交时间和终止时间）和所有当事人。检索结果同快速检索。

13.2.2.3 LexisNexis TotalPatent 和 CourtLink

LexisNexis TotalPatent 数据库本身没有专利诉讼案例检索字段，但在专利著录项目界面包括 CourtLink 按钮，可以显示出所有与该专利相关的美国在诉案件列表，包括案件号、档案描述、法院名称和递交时间，点击单条记录，可以看到案例号、标题、当事人、律师、诉讼进程等信息，但无法浏览案件相关文件的全文。

LexisNexis CourtLink 涵盖近 10～20 年的 4 500 家美国联邦地区、民事、刑事和破产方面的案件数据，每日更新。其中同专利相关案件少数案件最早可追溯到 1980 年，更多案件起始于 2002 年 1 月 1 日。

Courtlink 主要功能有：① 检索——可按案例号、专利号、当事人名称等字段检索；② 诉讼进程书和文件——查看案件发展状态和发展时间表以获取 Dockets 和相关法院文件；③ 追踪服务——案件最新发展状态追踪和文件获取；④ 实时更新服务——预先设定、追踪与案件相关的委托人、律师、其他当事方以及其他重大事件的发展情况；⑤ 战略方案——定制关于诉讼当事人、律所、法官和其他诉讼当事方的诉讼报告。

检索方式有 4 种：① 标准检索——选定法院＞输入诉讼当事人、日期等其他信息＞注意是否选定“确切名字检索”＞给这次检索取一个名字或编辑一个当事人编号＞选择文件到达通知方式＞执行检索；② 案例号检索——选择联邦法院或者州法院＞选择区法院、巡回法院或者特殊法院＞不同的法院系统适用不同的文件模式＞案例编号规则帮助您输入正确格式的案例号＞选择是否接收最新案件进展；③ 文件检索——通过文件类型、案件类型、当事方、诉讼进程关键字、法官等字段检索联邦法院案件的特定文件，或者通过全文检索结合州名、法院名字、递交日期范围、文件类型等字段进行检索；④ 专利检索——通过专利号、专利分类或者选择地区法院名称检索相关案件和文件，并可用递交日期范围加以限制。

专利检索结果以列表方式显示，内容包括专利号、大类、小类、案例描述、法院、案例号、递交时间、获取日期，可根据这些字段进行排序，提供专利全文、分类解释和案例内容的链接。点击案例号，可以看到该记录案例号、标题、当事人、律师、诉讼进程等详细诉讼信息，并诉讼进程文件可以在线获取。

13.2.2.4 Darts IP

Darts IP 专利案例数据库收录了欧洲、美国、中国、印度、澳大利亚、南非、香港、巴西、日本、韩国等各国法院和专利行政部门的 70 多万个专利案例和近 4 万个外观设计案例，其中损害赔偿案例超过 1.2 万个。Darts IP 专利案例数据库提供 3 种检索方式：普通检索、法律点检索、损害赔偿检索，法律点检索和损害赔偿检索可以结合普通检索进行组合检索。数据库特色还包括：判决书全文、自动翻译（Google 翻译）、将重要段落标记为黄色、预警等。

(1) 普通检索

普通检索可选择按当事人检索（选择输入原告或被告公司或所属集团的全部名称或部分名称）、按专利检索（选择输入专利名称、申请人、申请人国家、发明人、专利公开号或申请号、IPC 分类号、产业）、按国家/法院检索（在下拉菜单中选择地区/国家/法院、判决等级、判决类型、时间范围、参考判例）、选择分布代码和/或技术委员会对 EPO 上诉委员会判例检索结果进行过滤、按关键词检索、选择文件类型（如判决、听证、和解）或原告首次行动类型（如行政听证、无效请求等）。

其中关键词检索可选择直接输入一个或多个单词（通配符有?、*），或者选择高级文本检索，有四项输入：包括所有这些单词、包括特定词组、包括任一这些单词、不包含这些单词。

检索结果以列表方式显示，内容包括案号、日期、其他案号、当事人、专利、关联判例、发明人、图形、法院（国家）、审级、初始案由、案例性质、语言、分类、法律点、损害赔偿。各记录提供案例全文、专利全文、关联判例、法律点、损害赔偿、案例评论、翻译等内容的链接。

(2) 法律点检索

法律点检索首先选择适用法律，包括欧洲、美国、英联邦/中国香港、中国、巴西等。之后在该法律体系中可以进行快速检索，如输入新颖性或 novelty，也可以在树状结构法律点上一步步细化寻找，如点击适用法律为中国时的创造性，可进一步细化为“所属技术领域的技术人员”、“创造性评估”、“判断发明创造性时需考虑的其他因素”、“避免‘事后诸葛亮’”。选择法律点后可执行相关检索。

检索方案除同普通检索组合检索外，还有两种修改方式：① 添加其他法律点 Add another point of law，在选择某个法律点后，点击“Add another point of law”按钮，根据前述方法选择另一个法律点；② 在法律点检索条件下，可选择判决结果为“都包含”，或者符合或不符合该法律点，如在创造性法律点下，可选择“都包含”，“inventive step”或者“No inventive step”。

检索结果同普通检索。

(3) 损害赔偿检索

检索字段有侵权行为(计算方式可分为利润损失、合理的使用费、侵权所得/应得利润、加重损害赔偿(2倍/3倍)、未明确的计算方法)、合理费用、和解费用、不正当竞争、职务发明、额外奖酬、违约、非物质损害赔偿和其他,可根据不同损害赔偿类型输入高于、低于、等于某个金额进行检索。金额可选择多种币种,也可将数额都换算成欧元、美元、人民币。

检索结果同普通检索。

13.2.3 综合类法律数据库

综合类法律数据库是指整合法律法规、法律文书、法律学术刊物、法律新闻等多种法律信息的大型法律信息服务数据库。著名法律案例数据库按地区划分,主要有:中国(北大法意、北大法宝、律商中国 LexisNexis、万律 Westlaw),美国(Lexis、WestLaw),德国(Beck-Online、Juris Online),法国(Dalloz、Lextenso. fr、Juris Classeur),日本(Lexis Japan、West Japan),中国台湾(法源、月旦)。本文将介绍 Lexis 和北大法意数据库案例的检索。

13.2.3.1 Lexis 法律数据库

Lexis. com 提供的是已审判完毕并具有法律效力的案件和司法意见,收录美国、欧盟、英国、澳大利亚、加拿大、中国香港地区、马来西亚、新西兰、南非等国家和地区的判例,其中收录美国约300年来的联邦与州的案例、1790年以来的最高法院案例及最高法院上诉案例、1789年以来的地方法院案例。案例提供附加的注释、专家批注和关键分析。

Lexis. com 首界面有4个选项:Search、Get a Document、Shepard's、More。这几个选项都有下拉菜单,显示各自的检索内容和方式。

(1) 在 Search 标签下的几种检索途径

已知主题,查找该主题下的相关资料(By Topic or headnote) 针对需要查找的法律主题确定其来源数据库,并制定检索请求。有两种方式:Recently Used Legal Topics,可以从最近使用过的法律主题中选择需要的主题检索;Look for a legal Topic,可以通过输入关键词检索或按给出的文件夹浏览资源。

数据库与文件名检索(By Dot Command) 已知所需文献的文件名和所在数据库,可直接输入数据库名称和检索指令检索(数据库名称为其缩写,检索指令有 Terms & Connectors 和 Natural Language 两种方式)。

检索导航(By Guided Search Form) 通过导航选择一个特定的主题进行检索。

检索特定的数据库(Find A Source) 想查找某一特定的资源,但不知其名称及其在数据库中的位置。有两种方式:Option1 是输入关键词来查找资源;Option2 是按字母顺序来浏览资源。

(2) 直接获取文档 (Get a Document)

通过引证(Citation)、当事人姓名(Party Name)或者案卷编(Docket Number)三种方

式，使用 Get a Document 可以在 Lexis. com 资料库中轻松获得有用的文档。

(3) 引证分析报告（Shepard's 检索）

可以获得已知案例的被引用情况，由此可以更好地研究判决，掌握案件的发展历程以及变迁。Shepard's 检索方式有两种，一种是点击主界面顶端 Shepard's 检索标签，在框内键入 Citation 引称，点击 Check 即可；第二种方法是直接点击案件中的 Shepard's 标签。

lexis. com 检索结果有 4 种浏览方式：① Cite：显示检索结果的文献列表；② KWIC™：默认值允许页面显示关键词两侧的 25 个单字，也可以按需要在 1～999 个单字之间调整；③ Full：显示全文；④ Custom：自定义欲呈现的区段。在页面上方的精确检索 FOUCUS™可过滤检索结果。

点击单条记录，内容主要包括：

个案分析(Case Summaries) 包括了本案提交法院前的历史简介（Procedural Posture）、法院对案例涉及的法律争点之意见概要（Overview）、核心术语（Core terms）以及法院判决（Outcome）等内容。

核心术语(Core Terms) 由系统针对案件全文中最常提及的字词挑选出来的关键词，可以作为 Segment 进行搜索。

LexisNexis® Headnotes 由拥有律师资格的编辑人员，从案例全文中挑选出重要的法律争点，直接从法院审判意见中提取出来的案件法律关键点。

13.2.3.2 北大法意

北大法意（网址 http：//www. lawyee. net/Case/Case. asp）涵盖大陆法院案例库、台湾民商案例库、香港法院案例库、澳门法院案例库、常用司法文书库、审判适用法规库、两高司法解释库、各地审判政策库等八个数据库。在该数据库中不仅可以查询最高法院、上级法院的先例判决，还可以查询其他辖区各级法院的先例判决。

数据库提供了三种检索方式：案例快速检索、案例高级检索、分类引导。

案例快速检索 可选择名称或全文输入关键词进行检索，支持模糊检索。逻辑算符支持AND、OR、NOT 。

检索结果以列表方式显示，内容包括案例名称、案由、案号、判决时间、审理法院、判决文书链接，判决文书全文需成为法意会员或购买法意检索阅读卡。检索结果支持“结果中搜”功能，也可以根据精品案例选项和权威出处进行过滤。

案例高级检索 先选择案件类型，后进行多项组合检索，可选择并且、或者、不包括。检索字段包括全文关键字、案号、案由、学理词、当事人、专题、权威出处、审理法院、法院级别、文书类型、审理法官、判决时间、审级、法律点、代理律所、代理律师。

分类引导 分类引导分为法院案由引导、专题分类引导、法律点体系引导、法院地域引导。可通过检索树直接查找引导内容，也可以一步步选择目标内容。

13.2.4 主要国家复审委员会判例数据库

专利有效性的确认对于专利侵权等诉讼案件的胜败息息相关。多个国家只能通过向专利局复审委员会或上诉委员会提起专利无效，如中国、韩国、日本、澳大利亚，而美国采取双轨制，即可通过美国专利商标局 USPTO 的行政手段无效专利权，也可以通过法院提起专利权无效诉讼。本节将介绍中国国家知识产权局专利复审委员会、欧洲专利局上诉委员会、美国专利审判与上诉委员会、日本专利局审判部的检索方式。

13.2.4.1 中国国家知识产权局专利复审委员会

在国家知识产权局专利复审委员会网站 http：//www. sipo-reexam. gov. cn/点击“审查决定检索”入口链接，进入审查决定查询页面。

检索字段 审查决定查询提供发明、新型和外观的复审决定，可选择检索全部审查决定、复审决定和无效决定信息，检索结果可以按决定日、决定号、委内编号、申请日、授权公告日和审定公告日的升序或降序排列。检索字段包括：决定号、决定日、请求人、申请（专利）号、发明名称、外观设计名称、国际分类号、外观设计分类号、主审员、申请日、合议组组长、专利权人、授权公告日、审定公告日、法律依据、决定要点。

检索结果 检索结果以列表方式显示，内容包括决定号、申请（专利）号、决定日和专利（申请）名称。单击某条记录的决定号或申请（专利）号可以看到复审决定的详细内容，其中包括复审决定的全文。

13.2.4.2 欧洲专利局上诉委员会 Board of Appeal

欧洲专利局上诉委员会审查决定可以在 European Patent Register、官方公报等途径获取，也可以在其审查决定数据库中检索获得。在欧洲专利局网站 http：//www. epo. org/选择上方的“Law & practice”，点击中间“Search the boards' decisions”入口链接，即可进入审查决定数据库检索页面。数据包括从 1979 年以来的审查决定。

检索方式 上诉判决数据库可采用全文检索或同其他检索字段的组合检索。其他检索字段包括案例号、IPC、申请号、申请人或权利人、申请名称、反对方、关键词、EPC 法规（如 61）、EPC 法条（如 52，56）、ECLI（欧洲判例法编号，代表欧洲或各国法院的判例）、引用目标判决的判决。此外还可以依据判决类型（如扩大上诉委员会、技术上诉委员会等）、技术上诉委员会（机械、化学、物理、电学）、判决在 EPO 网站公开的时间或者判决的某个时间范围、判决书语言、出版物和分布进行限制检索结果。

检索结果显示选项包括是否在结果页面显示元数据，以及选择每页浏览 10 条、20 条、30 条、50 条或 100 条记录。

检索结果 在检索结果页面，可以对检索结果按照时间或相关度进行排序。点击结果列表中的案例号链接，可以获得记录的详细内容，包括欧洲判例法编号、决定日、案例号、申请号、IPC 分类、引用判决、被引判决和判决全文等，并提供判决全文PDF下载和通往 Register 上诉过程信息的链接。

13.2.4.3 美国专利审判与上诉委员会 Patent Trial and Appeal Board(PTAB)

美国专利审判与上诉委员会审查决定主要分布在两个数据库——FOIA Reading Room 中 Patent Trial and Appeal Board Decisions 和 Patent Trial and Appeal Board (PTAB)中 Decisions and Opinions。两者可在 USPTO 网站 http：//www. uspto. gov/>

IP Law & Policy>Boards and Counsel 页面左侧分类栏中找到相关链接。下面分别进行介绍。

(1) Patent Trial and Appeal Board Decisions

该数据库包括 1997 年 7 月 1 日以来 PTAB 以及其前身专利申诉和冲突委员会(BPAI)所做的最终判决,该数据库在美国东部标准时间 AM 1:00 到 AM 5:00(相对于北京时间下午14:00 到 18:00)时间范围内不开放。

检索方式 共有三种检索方式:第一种可选择专利申请号、专利号、上诉号、冲突号、专利公开号、发明人姓名或者案件号进行检索;第二种采用文档全文检索(可采用逻辑算符 AND,OR 和 AND NOT),用户还可以选择希望检索的时间段(可选择决定日、授权日或公开日);第三种为直接浏览过去 30 天的判决。

检索结果可选择每页浏览 60 条、45 条、30 条、15 条或所有记录。

检索结果 该数据库提供PDF版判决全文下载,可在检索结果页面上按照专利申请号、专利公开号、判决日、专利号等类目进行排序。

(2) Decisions and Opinions

该数据库包括委员会一些先例判决、指导性判决和最终判决。其中最终判决包括专利审判与上诉委员会成立后单方重审、双方重审、授权后重审的判决决定,最早的递交日为 2012 年 9 月 16 日。以下介绍最终判决的检索方式和检索结果。

检索方式 可选择在案件号、专利号或专利申请号检索字段输入框输入相关信息进行检索。

检索结果 可以通过页面左侧的过滤检索选项(参与方名称、立案时间、递交时间)进行过滤检索。在检索结果页面,可以按照案例号、递交时间、立案时间、专利号、专利申请号等字段进行排序。

选择检索结果中的案例号,网页弹出该案例涉及的过程文件列表,如证据 exhibit、最终判决 final、通知 notice、回复 reply、委托书 power of attorney、行动 motion。这些过程文件也可以按照名称、类型、递交时间等字段进行排序,并可从网上进行下载。

13.2.4.4 日本专利局审判部

在日本特许电子图书馆网站 http://www.ipdl.inpit.go.jp/homepg.ipdl,点击"审判检索"入口链接,选择进入复审和无效决定公报数据库(审决公报 DB)或复审及无效决定速报(审决速报)页面。复审和无效决定公报数据库(审决公报 DB)可以检索日本专利局审判部的复审或无效决定,复审及无效决定速报指从复审决定作出后 1~2 个月,到复审决定公报发行这一时间段的相关信息。也就是说,通过该数据库,可以提前看到复审决定的内容。"审决速报"每半个月出版一次。下面分别进行介绍。

(1) 复审和无效决定公报数据库(审决公报 DB)

检索方式 可以选择文献类型并通过在输入窗口中输入一个或多个复审公告号进行检索。此外还可以选择检索结果的显示格式:文本/图像显示或者 PDF 显示。

检索结果 点击页面左侧的记录,可以浏览判决全文。

(2) 复审及无效决定速报(审决速报)

检索方式　无效决定检索有两种方式,一种选择审判/异议号、专利申请号、专利号进行检索,另一种进入当事者系审判页面,通过请求人、被请求人、IPC进行逻辑关系为"AND"的检索,同时选择审判类别为无效,还可选择专利类型,包括发明、实用新型和外观设计。

检索结果　检索执行后,在检索页面上方显示命中记录数量,点击一览表示即可进入检索结果列表,可以看到各无效决定有关审判号、分类、专利名称、请求人、被请求人和结论等信息。

点击审判号,可以链接到判决书全文。此外检索结果还提供到专利法律状态信息(经过)的链接。

13.3　四类专利诉讼案例数据库比较分析

各国法院网站虽然是免费的,但它们的实际使用价值不是很高,因为它们收集的判例有限且不能跨网站检索,只有当你知道你所想要的判例是哪一个时,或者你只需看近来某个法院的新判例时,检索这些网站才有意义。

主要国家复审委员会判例数据库为免费数据库,大多通过专利号、专利申请号获得对应复审或无效申请判决,获取判决书全文较方便。

商业专利数据库的判例检索一般提供专利号、当事人检索字段,适合专利从业人员。多数商业专利数据库只提供美国诉讼数据,且不提高全文服务。

综合类法律数据库适合律师等司法工作人员,Lexis、Westlaw 等数据库提供附加的注释、专家批注、引用判例和关键分析,内容丰富,但不提供同专利相关的检索方式。

撰稿:陆斌(上海科学技术情报研究所)

第14章 外观设计检索

外观设计也称为工业品外观设计或工业设计，是受知识产权法律制度保护的一类特殊客体，具有技术性和艺术性相结合的属性。在工业化生产高度发达的今天，外观设计对于提升产品核心竞争力和附加值的作用越来越凸显。目前已有一百多个国家和地区建立了外观设计保护制度，所形成的大量外观设计文献可通过因特网检索获得。

14.1 概　述

14.1.1 外观设计定义

我国《专利法》定义的外观设计，是指对产品的形状、图案或者其结合以及色彩与形状、图案的结合所作出的富有美感并适合工业应用的新设计。从国际范围来看，各国法律条文对外观设计定义的表述不完全一致，但本质上具有多项共同特征，例如，大部分都规定了外观设计的载体是产品，都要求以产品的形状、图案、色彩为设计要素，都强调适于工业应用等。

我国《专利法》规定授予专利权的外观设计应当具有新颖性和创造性。新颖性是指，外观设计专利申请既不属于现有设计，也不存在抵触申请；创造性是指，外观设计专利申请应当与现有设计或者现有设计特征的组合相比，具有明显区别。世界各国外观设计工业产权的实质性授权条件普遍采用新颖性、创造性原则，但具体表述、评价方式等有所不同。

世界各国对外观设计保护期限的规定各不相同(表 14.1)。《与贸易有关的知识产权协议》(TRIPs)要求各缔约国对工业设计的保护期限不低于 10 年。各国关于外观设计保护期限的规定都在向国际惯例靠近。

表 14.1 主要国家和知识产权组织外观设计的保护期限

国家/组织	保 护 期 限	起 算 日
中国	10 年	申请日
美国	14 年	授权日
日本	15 年	核准注册日(即授权日)

续 表

<table>
<tr><th>国家/组织</th><th colspan="2">保 护 期 限</th><th>起 算 日</th></tr>
<tr><td>新加坡</td><td colspan="2">15 年(5 年后可续展 2 次,每次 5 年)</td><td>申请日</td></tr>
<tr><td>马来西亚</td><td colspan="2">15 年(5 年后可续展 2 次,每次 5 年)</td><td>申请日</td></tr>
<tr><td>菲律宾</td><td colspan="2">15 年(5 年后可续展 2 次,每次 5 年)</td><td>申请日</td></tr>
<tr><td>韩国</td><td colspan="2">15 年</td><td>申请日</td></tr>
<tr><td>德国</td><td colspan="2">20 年</td><td>申请日</td></tr>
<tr><td>英国</td><td colspan="2">25 年(5 年后可续展 4 次,每次 5 年)</td><td>注册日</td></tr>
<tr><td>法国</td><td colspan="2">25 年(5 年后可续展 4 次,每次 5 年)</td><td>申请日</td></tr>
<tr><td>西班牙</td><td colspan="2">25 年(5 年后可续展 4 次,每次 5 年)</td><td>申请日</td></tr>
<tr><td rowspan="2">欧盟</td><td>注册制</td><td>25 年(5 年后可续展 4 次,每次 5 年)</td><td>申请日</td></tr>
<tr><td>非注册制</td><td>3 年</td><td>在欧共体内首次为公众可获得之日</td></tr>
<tr><td>WIPO</td><td colspan="2">15 年(5 年后可续展 2 次,每次 5 年)</td><td>国际保存日(国际局收到符合规定形式的申请、与申请同时缴纳的费用以及外观设计的照片或其他图样之日)</td></tr>
<tr><td rowspan="2">澳大利亚</td><td>新法之前</td><td>16 年(6 年后可续展 2 次,每次 5 年)</td><td rowspan="2">申请日
“新法”系指《2003 年外观设计法》</td></tr>
<tr><td>新法之后</td><td>10 年(5 年后可续展 1 次,每次 5 年)</td></tr>
<tr><td>加拿大</td><td colspan="2">10 年</td><td>注册日</td></tr>
</table>

14.1.2 外观设计文献

据世界知识产权组织的数据(表 14.2),1980～2012 年全球各受理机构总共批准注册了将近 710 万件外观设计申请。自 2001 年开始,我国国家知识产权局对外观设计专利的年度授权量超过日本特许厅而跃居世界第一;从 2009 年开始,中国外观设计专利的年度授权量超过当年全球其他国家和知识产权组织外观设计批准注册量的总和。我国成为外观设计专利第一大国,却并不是世界公认的工业设计强国。造成这一现象的主要原因有:① 我国对外观设计专利申请采取形式审查制,申请后极易获得批准;② 我国各地纷纷出台各种鼓励申请专利的政策;③ 其他国家受经济危机的影响,反映在其外观设计注册的活跃程度不高。如此庞大的外观设计批准注册量,随之产生了大量外观设计文献。

(1) 来源途径

外观设计文献来源途径主要有外观设计公报、外观设计因特网数据库。外观设计公报是各国受理机构报道其最新外观设计申请的公开和注册授权情况以及外观设计著录事项变更等信息的定期或不定期连续出版物。各国和知识产权组织的外观设计申请,经审查通过并予注册授权后会第一时间在其外观设计公报中进行公布。我国为外观设计专利公报,美国外观设计专利的内容也包含在其专利公报中。早期的公报形式为书本式,后来主要采用电子版公报，包括CD-ROM形式的公报和因特网上各受理局网站上提供的公报电子文档。世界知识产权组织制定的标准《ST.81关于工业设计公报的内容和版式的建议》(1998年4月版)为以本国工业产权法律或国际工业产权公约为基础的国家、地区和国际工业产权权威机构出版发行工业设计公报的出版格式、目录及版面设计、相关著录项目数据、物理特性(可复制性和可辨认性)的描述作出了相关规定。公报的主要内容有：外观设计的注册或授权(著录项目和图片、照片)及其索引、注册或授权之后的各项登记(无效、权利转移、权利终止、权利恢复、放弃、许可、各项变更)、更正等。

表14.2 1980～2012年主要国家和知识产权组织外观设计的批准注册量

年份	全球	日本	韩国	英国	美国	中国	法国	德国	欧共体	俄联邦
1980～1999	2 390 385	696 011	252 034	151 430	164 075	134 590	35 719	105 218	0	9 371
2000	228 253	40 037	18 845	9 768	17 414	37 919	3 780	14 267	0	1 626
2001	228 008	32 934	18 650	7 828	16 872	43 596	3 686	12 545	0	1 507
2002	251 771	31 503	27 235	9 192	15 451	53 442	3 751	13 855	0	1 920
2003	265 729	31 342	28 380	6 470	16 574	76 166	1 969	9 616	9 196	2 153
2004	251 384	32 681	31 021	3 874	15 695	70 255	938	6 500	14 672	2 229
2005	267 352	32 633	33 992	3 432	12 950	81 349	649	6 798	17 630	2 469
2006	291 927	29 689	34 206	2 738	20 965	102 561	572	5 933	17 818	2 675
2007	336 076	28 289	40 745	4 296	24 063	133 798	493	6 550	18 398	4 020
2008	344 916	29 382	39 858	4 079	25 565	141 601	257	5 721	19 476	3 657
2009	426 382	28 812	32 091	3 239	23 116	249 701	141	4 769	19 119	4 766
2010	511 333	27 438	33 697	不详	22 799	335 243	152	5 715	20 629	3 566
2011	574 405	26 274	42 185	3 989	21 356	380 290	119	5 573	22 816	3 489
2012	729 311	28 349	46 146	4 365	21 951	466 858	158	5 810	80 451	3 381
1980～2012	7 097 232	1 095 374	679 085	214 700	418 846	2 307 369	52 384	208 870	240 205	46 829

近年来，各个国家、地区和国际工业产权组织纷纷建立了外观设计因特网数据库(表14.3)。因特网数据库覆盖了可供检索的全部年份外观设计申请公开和注册授权信息，相比按期出版的外观设计公报，其信息全面、更新及时、检索便捷，是获取外观设计信息的主要途径。

(2) 信息内容

外观设计文献信息主要由文字信息和图片信息组成，文字信息主要包括申请号、产品名称、申请日期、申请人、设计人、专利权人或拥有人地址、公开(公告)日、公开(公告)号、代理人、代理机构、简要说明等信息，图片信息主要是外观设计的图片或照片。

表 14.3　主要国家和知识产权组织的外观设计因特网数据库

国家/地区/国际组织	外观设计数据库名称	网址/检索语言
中国国家知识产权局	中国专利检索系统	http://www.sipo.gov.cn/zljs/　汉语
日本特许厅	工业产权数字图书馆 IPDL→Design Search	http://www.ipdl.inpit.go.jp/Isyou/isyou.htm 英语、日语
韩国知识产权局	韩国工业产权信息服务 KIPRIS→DESIGN	http://engdtj.kipris.or.kr/engdtj/searchLogina.do?method=loginDG　英语、韩语
新加坡知识产权局	外观设计检索 eDesigns Search	http://designsearch.ipos.gov.sg/eDSearch/Search.jsp　英语
加拿大知识产权局	加拿大工业设计数据库	http://www.cipo.ic.gc.ca/app/opic-cipo/id/bscSrch.do?lang=eng　英语、法语
美国专利商标局	USPTO 专利全文和图像数据库 PatFT: Patents	http://appft.uspto.gov/netahtml/PTO/index.html　英语
澳大利亚知识产权局	澳大利亚外观设计数据检索	http://pericles.ipaustralia.gov.au/adds2/adds.adds_simple_search.paint_simple_search　英语
英国工业产权局	在线设计服务 Online Design Services	http://www.ipo.gov.uk/types/design/d-os.htm 英语
法国工业产权局	外观设计检索 Base Dessins et modèles	http://bases-modeles.inpi.fr/Typo3_INPI_Modeles/dessins_recherche_avancee.html　法语
德国专利商标局	德国专利商标局注册信息 DPMAregister → DESIGN	https://register.dpma.de/DPMAregister/gsm/uebersicht?lang=en 英语、德语
世界知识产权组织	海牙快速数据库 Hague Express Database	http://www.wipo.int/hague/en/design_search/ 英语
欧洲内部市场协调局	OHIM 数据库 eSearch plus→DESIGN	https://oami.europa.eu/eSearch/#advanced/designs　英语

各国和组织参照世界知识产权组织发布的标准《ST.80 关于工业设计著录项目数据的建议》，在以任何载体形式（包括纸载体、缩微胶片、磁带或软盘、光盘、联机数据库、计算机网络等）公布或公告的外观设计文献与信息中，均使用国际承认的（著录项目）数据识别代码（Internationally agreed Numbers for the Identification of (bibliographic) Data，英文缩略语为“INID 代码”）（表 14.4）。这样可准确、清晰地标识并有效利用外观设计文献的著录项目信息，并且便捷地存储、检索、获取外观设计文献。

表 14.4　INID 代码表(部分)

(10) 注册/续展数据
(11) 注册号和/或设计文献号
(12) 公布的文献种类名称
(14) 与初始注册号不同的续展号
(15) 注册日/续展日
(16) 注册/续展的预计期限
(18) 注册/续展的预计终止日
(19) 公布或注册该工业设计的机构标识
(20) 申请数据
(21) 申请号
(22) 申请日
(23) 展览名称和地点,以及该工业设计首次展出的日期(展览优先权日期)
(24) 工业设计权利生效日
(27) 申请或保存种类(开放/密封)
(28) 包含在申请中的工业设计号
(29) 工业设计申请提交形式的指示,例如,以工业设计的复制品或者以其样品
(30) 巴黎公约优先权数据
(31) 优先权申请号
(32) 优先权申请日
(33) WIPO 标准 ST.3 规定的双字母代码,标识该优先权申请提出的机构
(40) 公众可获得信息的日期
(43) 在审查之前,以印刷或类似方法,以及任何其他可使公众获悉的方法公布该工业设计的日期
(44) 在审查之后,注册之前,以印刷或类似方法,以及任何其他可使公众获悉的方法公布该工业设计的日期
(45) 以印刷或类似方法,以及任何其他可使公众获悉的方法公布该注册工业设计的日期
(46) 延长期限的届满日期
(50) 其他信息
(51) 洛迦诺分类
(52) 国家分类
(53) 包含在一项组合(成套)申请或注册里的工业设计标识
(54) 工业设计所涵盖的物品或产品的名称,或者工业设计名称
(55) 工业设计的再现(例如,图片、照片)和与再现相关的解释
(56) 现有技术文献目录
(57) 包含色彩指示的工业设计实质特征的描述
(58) 在注册簿中的任何修改的日期记录(例如,权利人变更、名称或地址变更,国际保存放弃、保护期届满)
(60) 有法律关系的其他申请和注册参引
(62) 与分案有关的申请号和申请日,或文献的注册信息
(66) 由本工业设计申请派生的设计申请号或注册号
(68) 转让部分的注册号
(69) 因(企业)合并产生的注册号
(70) 与申请或注册有关的当事人的标识
(71) 申请人的姓名和地址
(72) 设计人的姓名
(73) 权利人的名称和地址
(74) 代理人的名称和地址
(78) 当权利人变更时,新权利人的名称和地址
(80) 按照"关于工业设计国际注册海牙协定"进行国际注册的工业设计的数据及与其他国际公约有关的数据标识
关于指定签约方/相关文本签约方的信息
(81) 相关文本签约方
　Ⅰ按照 1934 年文本指定的签约方
　Ⅱ按照 1960 年文本指定的签约方
　Ⅲ按照 1999 年文本指定的签约方
(82) 包含于国际申请中的声明
(83) 关于是否有复议或上诉的标识
(84) 按照地区性公约指定的缔约国
关于权利人信息
(85) 权利人经常居住地
(86) 权利人国籍
(87) 权利人住所
(88) 权利人拥有真实有效的工业或商业场所的所在国
(89) "申请人所属的签约方"
注释:INID 代码(81)至(88)的数据应当按照 WIPO 标准 ST.3 规定使用的双字母代码标识。

14.1.3　外观设计文献信息的利用价值

检索和利用外观设计文献信息的意义在于:

借鉴现有设计　设计师在设计某种产品的外观时,需要了解国内外相同或相近种类产品的外观设计状况和竞争对手的情况,吸取相关的设计经验和灵感;对于那些保护期届满、权利终止或者非有效地域范围的外观设计注册或专利,在确保不受其他法律法规约束

的前提下可以借鉴使用；

外观设计注册或专利申请　外观设计文献可用于评价拟提出的外观设计申请是否符合实质性授权条件，从而判断授权前景和权利稳定性，避免盲目申请造成人、财、物力浪费；在了解现有设计状况的基础上，容易更客观地表达设计要点，有利于权利保护；

避免外观设计侵权　为避免发生产品外观设计侵权纠纷，应围绕产品的外观设计主动进行外观设计文献检索，找出可能构成侵权的外观设计注册或专利，并制定相应的规避侵权措施；

应对外观设计侵权诉讼　对权利人而言，应通过外观设计文献检索来确定外观设计注册或专利的稳定性；对被控侵权人而言，应通过外观设计文献检索进行不侵权抗辩，包括被控侵权产品的外观是否属于现有设计、权利人的外观设计注册或专利是否存在被宣告无效的理由。

14.2　检索外观设计的方法

检索外观设计文献信息的方法可以分为两大类：基于文本的检索和基于图像的检索。基于文本的检索是针对除 INID 码 55(外观设计图形表述)以外的著录项目数据进行检索，其原理与一般专利检索相似，主要包括关键词检索、分类检索、机构人员检索、号码检索和日期检索。这一方法完全依靠人脑对外观设计图形进行判断。基于图像的检索系通过计算机系统判断外观设计图形的相关性，涉及对图像信息进行有效查询、索引、浏览、搜索和特征提取等技术，因其直观(图形描述)、高效(相似性匹配)、通用(与领域知识无关)等特点，近年来在国内外均是一个热门研究课题，但是目前尚无成熟的外观设计图像检索系统可供使用。

14.2.1　关键词检索

关键词检索是针对使用外观设计的产品名称(INID 码 54)和简要说明(INID 码 57)中的信息进行单独、逻辑组配的精确或者模糊检索。外观设计关键词检索有一些特殊性需要加以注意。

我国《专利审查指南》规定，外观设计专利申请的产品名称一般应当符合国际外观设计分类表中小类列举的名称，通常应避免这些情形：① 含有人名、地名、国名、单位名称、商标、代号、型号等；② 概括不当、过于抽象的名称，如“炊具”、“乐器”等；③ 描述技术效果、内部构造的名称，如“增高鞋垫”、“装有新型发动机的汽车”等；④ 附有产品规格、大小、规模、数量单位的名称，例如“21 英寸电视机”、“中型书柜”、“一副手套”等；⑤ 以外国文字或无确定的中文意义的文字命名的名称，例如“克莱斯酒瓶”，但已经众所周知并且含义确定的文字可以使用，例如“DVD 播放机”、“LED 灯”、“USB 集线器”等。因此，在选择关键词进行产品名称检索时，应当参考国际外观设计分类表中小类列举的名称，同时注意规避上述五种情形。需要说明的是，尽管出于查全率的考虑应当避免采用商标、代号、型号、技术效果、内部构造等作为名称关键词，出于查准率的考虑应当避免采用过于抽象的名称作为名称关键词，但实际上这五种情形在外观设计专利文献中并未完全杜绝，有时出于综合考虑亦不妨一试。表 14.5 列出了一些规则外的情况。

表 14.5　产品名称的规则外情况（举例）

专　利　号	使用外观设计的产品名称
ZL200730172232.6	显示器（26 英寸）
ZL201130036140.1	洗衣机（美的单桶型）
ZL200730085180.9	包装瓶（佰草集霜）
ZL201230185636.X	声控开关
ZL201030572563.0	增高鞋垫
ZL201030696365.5	乐器
ZL201330144797.9	炊具

根据专利法实施细则第二十八条的规定，简要说明包括下列内容：① 外观设计产品的名称，简要说明中的产品名称应当与请求书中的产品名称一致；② 外观设计产品的用途，有多种用途的，应当写明所述产品的多种用途；③ 外观设计的设计要点，即与现有设计相区别的产品的形状、图案及其结合，或者色彩与形状、图案的结合，或者部位；④ 指定一幅最能表明设计要点的图片或者照片。

此外，下列情形应当在简要说明中写明：① 请求保护色彩或者省略视图的情况；② 对同一产品的多项相似外观设计提出一件外观设计专利申请的，应当在简要说明中指定其中一项作为基本设计；③ 对于花布、壁纸等平面产品，必要时应当描述平面产品中的单元图案两方连续或者四方连续等无限定边界的情况；④ 对于细长物品，必要时应当写明细长物品的长度采用省略画法；⑤ 如果产品的外观设计由透明材料或者具有特殊视觉效果的新材料制成，必要时应当在简要说明中写明；⑥ 如果外观设计产品属于成套产品，必要时应当写明各套件所对应的产品名称。简要说明不得使用商业性宣传用语，也不能用来说明产品的性能和内部结构。因此，在选择关键词进行简要说明检索时，除了上文提到的产品名称关键词外，还可采用产品用途关键词、设计特征关键词、材料特征关键词等。

下面以检索路灯相关的中国外观设计专利为例，说明关键词检索外观设计的方法（表 14.6），采用的数据库为知识产权出版社的专利信息服务平台（检索日期 2014 年 2 月 20 日）。

按照上述关键词检索方法，检出结果大部分是准确的，但仍存在噪声。例如，在检索涉及散热部位的路灯外观设计专利时，命中结果 185 项中竟然包含 15 件用于灯具散热的散热器（散热装置）外观设计专利，相对检索需求的路灯而言属于不同种类的产品（表 14.7）。显然，仅用关键词检索无法将它们剔除在外。

表 14.6　路灯相关的中国外观设计专利关键词检索

检索需求	关键词类型	检　索　式	命中数
路灯	产品名称关键词、用途关键词	标题=(灯+照明) and 摘要=(路灯+道路+街道)	4 396
包含散热部位的路灯	产品名称关键词、用途关键词、部位关键词	标题=(灯+照明) and 摘要=(路灯+道路+街道) * 散热	185
包含色彩设计的路灯	产品名称关键词、用途关键词、设计特征关键词	标题=(灯+照明) and 摘要=(路灯+道路+街道) * (颜色+色彩+彩色)	91
包含透明材料部件的路灯	产品名称关键词、用途关键词、材料特征关键词	标题=(灯+照明) and 摘要=(路灯+道路+街道) * 透明	180
LED 路灯	产品名称关键词、用途关键词、技术特征关键词	标题=(灯+照明) and 摘要=(路灯+道路+街道) * (LED+发光二极管)	1 218

表 14.7　关键词检索具有散热部位的路灯外观设计专利噪声(举例)

专利号	使用外观设计的产品名称	简　要　说　明
ZL201330316641.4	散热器(路灯)	① 本外观设计产品的名称：散热器(路灯)；② 本外观设计产品的用途：本外观设计产品用于灯具散热；③ 本外观设计产品的设计要点：散热器的形状、图案及其结合……
ZL201330086332.2	路灯散热器壳(楔形)	① 本外观设计产品的名称：路灯散热器壳(楔形)；② 本外观设计产品的用途：本外观设计产品用于路灯照明；③ 本外观设计产品的设计要点：产品的形状……

14.2.2　分类检索

分类检索是针对外观设计洛迦诺分类(INID 码 51)和国家分类(INID 码 52)中的信息进行检索。洛迦诺分类是目前几乎所有国家和地区组织都在使用的外观设计分类法。美国、日本和韩国除了使用洛迦诺分类以外，还同时使用本国的国家分类。分类信息表明了产品用途，在评价外观设计是否符合实质性授权条件以及外观设计侵权判定中都有至关重要的作用。

外观设计分类一般遵循用途原则，产品的用途可以从外观设计的产品名称、图片或者照片，以及产品的使用目的、使用领域、使用方法等信息中获知。确定产品的类别，应当按照先大类再小类的顺序进行。一件外观设计产品的类别应属于包含其产品用途的大类和该大类下的小类。对于产品的零部件，有专属类别的，应当将该零部件分入其专属的类别；没有专属类别的，且通常不应用于其他产品的，应当将该零部件分入其上位产品所属的类别。确定产品的零部件是否具有专属的类别，并不限于与分类表中的具体产品项一一对应。

产品外观设计分类号的确定，主要有这几个途径：① 利用关键词在外观设计数据库中检索得到密切相关的外观设计文献，在外观设计文献中获得相应的分类号；② 查询浏览外观设计分类表中的大类、小类表确定分类号；③ 利用关键词在外观设计分类号查询系统中检索确定分类号；④ 已知一种分类体系的分类号，利用不同分类体系对照表获得另一种分类体系的分类号。

外观设计分类检索通常与其他检索方法结合运用，如分类检索与关键词检索相结合、分类检索与机构/人员检索相结合，这样可以快速、准确地获得相关文献。但是，对防止侵权检索、无效宣告检索等查全率要求极高、对抗性极强的场合，往往不得不采取单独分类号检索进行搜索排查，这样可以最大限度地降低漏检可能性，尽管这样既耗时又费力。例如，在检索涉及散热部位的路灯外观设计专利时，对表 14.6 中的关键词检索策略再以分类检索限定，新的检索策略为"标题=(灯+照明) and 摘要=(路灯+道路+街道)＊散热 and 主分类号=26－03"，命中 152 件，表 14.7 的散热器外观设计专利均被排除在外了。

14.2.2.1 国际外观设计分类(洛迦诺分类)

1968 年 10 月 8 日，《保护工业产权巴黎公约》全体成员国缔结了《建立工业品外观设计国际分类洛迦诺协定》(简称《洛迦诺协定》)，制定了《国际外观设计分类表》(又称《洛迦诺分类表》)。截至 2013 年 2 月 28 日，共 52 个成员国加入了洛迦诺协定。世界知识产权组织(WIPO)、非洲知识产权组织(OAPI)、比荷卢知识产权组织(BOIP)、欧洲内部市场协调局(OHIM)也在使用洛迦诺分类。目前最新的第 10 版洛迦诺分类自 2014 年 1 月 1 日起生效，替代之前的版本。但是对已有的外观设计记录分类信息并不按照最新版洛迦诺分类进行重新分类。

第 10 版洛迦诺分类按照用途共设 32 个大类、219 个小类、7157 个产品项(表 14.8)。产品项是按产品的英文名称首字母进行排序的索引表，包含小类、英文序号、物品说明和法文序号，它将产品的用途、功能、技术特性等进一步细化了。大部分国家的外观设计文献上只标出大类号和小类号，如 26－03。关于洛迦诺分类表的信息及其检索，可访问世界知识产权组织的洛迦诺分类。网页 http：//www. wipo. int/classifications/nivilo/locarno/index. htm? lang=EN＃。

表 14.8 洛迦诺分类表

产品大类表	
01 类	食品
02 类	服装、服饰用品和缝纫用品
03 类	其他类未列入的旅行用品、箱包、阳伞和个人用品
04 类	刷子
05 类	纺织品、人造或天然材料片材
06 类	家具和家居用品

续 表

产 品 大 类 表	
07 类	其他类未列入的家用物品
08 类	工具和五金器具
09 类	用于商品运输或装卸的包装和容器
10 类	钟、表及其他计量仪器、检测仪器、信号仪器
11 类	装饰品
12 类	运输或提升工具
13 类	发电、配电和变电的设备
14 类	记录、通信、信息检索设备
15 类	其他类未列入的机械
16 类	照相设备、电影摄影设备和光学设备
17 类	乐器
18 类	印刷和办公机械
19 类	文具、办公用品、美术用品和教学用品
20 类	销售设备、广告设备和标志物
21 类	游戏器具、玩具、帐篷和体育用品
22 类	武器、烟火用品、用于狩猎、捕鱼及捕杀有害动物的器具
23 类	液体分配设备、卫生设备、供暖、通风和空调设备、固体燃料
24 类	医疗设备和实验室设备
25 类	建筑构件和施工元件
26 类	照明设备
27 类	烟草和吸烟用具
28 类	药品、化妆用品、梳妆用品和器具
29 类	防火灾、防事故、救援用的装置及设备
30 类	动物的管理与驯养设备
31 类	其他类未列入的食品或饮料制备机械和设备
32 类	图形符号、标志、表面图案、纹饰

26 类照明设备下属的产品小类表	
26-01	烛台和烛架
26-02	手电、手提灯和灯笼
26-03	公共场所照明装置(注：包括户外灯、舞台灯光设备、探照灯)
26-04	光源、电或非电器具(注：包括电灯泡、发光板、灯管和蜡烛)
26-05	灯、落地灯、枝形吊灯、墙壁和天花板装置、灯罩、反光罩、照相和电影聚光灯
26-06	车辆照明设备
26-99	其他杂项

“Lamp(灯)”相关的产品项(部分)			
小类	英文序号	物　品　说　明	法文序号
26 - 04	L0033	灯	L0210
26 - 04	L0034	弧光灯	L0031
12 - 11	L0035	自行车或摩托车灯支架	S0439
…	…	…	…
26 - 04	L0039	灯丝电灯	F0118
26 - 04	L0040	荧光灯	L0048
10 - 05	L0041	用于照蛋的灯	L0035
26 - 05	L0042	医疗用途的照明灯	L0038
26 - 05	L0043	用于摄影或电影的灯	L0055
26 - 03	L0044	庭院灯	L0041
26 - 02	L0045	铁格子保护的便携灯	B0047
26 - 02	L0046	手提灯	L0053
23 - 03	L0047	用于加热的红外灯	L0036
26 - 05	L0048	非便携的灯	L0051
26 - 04	L0049	油灯	L0034
10 - 06	L0050	信号灯	L0044
26 - 04	L0051	钠蒸气灯	L0039
26 - 03	L0052	太阳能庭院灯	L0042
26 - 05	L0053	落地灯	L0028
26 - 03	L0054	路灯	R0219

例如,需确定路灯的洛迦诺分类,可在洛迦诺分类网页的检索框中输入“street and lamp * ”查询,命中三个产品项分别是 L0029“Lamp posts(Street —)”灯杆(路灯)、L0054“Lamps(Street —)”灯(路灯)和 S0861“Street lamps”路灯,它们均隶属于 26 - 03 小类。由此确定路灯对应的洛迦诺分类号应为 26 - 03。

14.2.2.2　欧共体外观设计分类(欧洲洛迦诺分类)

欧洲内部市场协调局(OHIM)对欧共体的注册式外观设计采用欧洲洛迦诺分类(Euro Locarno)。该分类是在洛迦诺分类的基础上形成,最新的 2012 年版欧洲洛迦诺分类包含与前述第 10 版洛迦诺分类相同的 32 个大类和 219 个小类,只是将洛迦诺分表中的产品项扩展到了约 11 000 个。产品项按照大类→小类→产品说明的顺级排列(表 14.9)。

表 14.9　欧洲洛迦诺分类的产品项

“Lamp(灯)”相关的产品项(部分)			
标识号	大类	小类	产品说明
…	…	…	…
N3172	26	3	用于公路照明的灯
4233	26	3	投光器
N6706	26	3	照明支柱
N3407	26	3	户外照明
H0140	26	3	公共照明灯具
4228	26	3	公共照明灯具
N1412	26	3	反射体[公共照明]
7667	26	3	搜索探照灯
N7562	26	3	太阳能灯
7802	26	3	太阳能庭院灯
7668	26	3	聚光灯
4229	26	3	舞台灯光
4235	26	3	街道灯
A7030	26	3	街道灯(街道灯的部分)
N7064	26	3	街道灯底座保护器
N3925	26	3	街道灯
N1413	26	3	塔灯
6562	26	4	弧光灯
N7261	26	4	香熏灯
…	…	…	…

关于欧洲洛迦诺分类的详细信息及其检索，可访问 OHIM 的欧洲洛迦诺分类网页 https：//oami. europa. eu/eurolocarno/。

14.2.2.3　美国外观设计分类

美国外观设计分类位于美国专利分类表中发明专利分类之后，有 35 个大类、5 000 多个小类条目(表 14.10)。与发明专利分类相似，美国外观设计专利分类采用“大类/小类”的形式，其详细分类表中用“缩位点”进一步反映其分类等级和上下位关系。例如，大类“D26 照明”下设“D26/1 光源”、“D26/9 烛台”、“D26/24 照明组件”这三个小类，每个小类又按照功能、结构、形状等特征被细分成多级从属小类：D26/61 是 D26/24 的一级缩位小类，D26/62 是 D26/24 的二级缩位小类(也是 D26/61 的下级小类)。每一个大类的最后都有检索附注，阐明分类表中相关主题所包含的范围。

关于美国外观设计分类的详细信息及其检索，可访问美国专利商标局的美国专利分类网页 http：//www. uspto. gov/patents/resources/classification/index. jsp。该页面还

表 14.10　美国外观设计分类

产品大类表	D26 照明大类的下属小类
D01　食品	**1　光源**
D02　服装和男用服饰用品	2　·电灯泡(34)
D03　旅行用品、个人用品和行李物品	3　··荧光的
D04　刷子类	4　··模拟的
D05　纺织品或纸品，片材	5　···蜡烛或火焰
D06　家具	6　·蜡烛
D07　其他类未包括的用于制备或提供食品、饮料的设备	7　··模拟的
D08　工具和五金件	8　·手电筒
D09　物品包装和容器	**9　烛台**
D10　测量、测试或信号仪器	…　…
D11　珠宝、徽章和装饰品	**24　照明组件**
D12　运输	…　…
D13　用于生产、分配或转换能源的设备	61　·铰接的或可调节的(9)
D14　记录、通信或信息检索设备	62　··鹅颈管型
D15　其他类未包括的机器	63　··枢接运动
D16　照相和光学设备	64　···并且直线运动
D17　乐器	65　···多个枢接点，例如超过 1 个枢椎
D18　印刷和办公设备	66　··直线运动
D19　办公用品，艺术家和教师的材料	67　·用于柱连接或插入地面的(10)
D20　销售和广告设备	68　··连同灯杆的(11)
D21　游戏、玩具和运动物品	69　···多个独立的灯光单元
D22　武器、烟火、打猎和钓鱼设备	70　··多个放射状排列的灯光单元或其附件
D23　环境取暖和制冷、流体处理和卫生设备	71　··轴向偏移的单个灯光单元(12)
D24　医用和实验室设备	72　·可安装到高处或竖直表面的，如天花板或墙壁(13)
D25　建筑组件和结构件	…　…
D26　照明	**D26 大类的检索附注**
D27　烟草和吸烟用具	…
D28　化妆品和盥洗用品	(9) 包含导轨式灯
D29　安全、防护和救援设备	(10) 连接件可以在装置的顶部或底部
D30　畜牧	(11) 与特定标记组合的灯见 51 小类。柱杆本身见 D25 - 126＋。臂杆本身见小类 143 或者 145
D32　洗涤、清洗或干燥机器	(12) 悬臂本身见小类 143 或者 145
D34　材料或物品的处理设备	…
D99　杂项	(34) 包含摄影用闪光灯泡

提供美国外观设计分类与洛迦诺分类的对照(US-to-Locarno Concordance)。

14.2.2.4 日本外观设计分类·D-term

日本外观设计(意匠)分类的主要思想是根据物品的用途分类,必要时考虑产品的功能特征,若再继续细分时,则根据产品的外形进行分类。分类表的编排结构依次是:部、大类、小类、外形分类,共4级。现行日本外观设计分类·D-term设有13个部、77个大类,每个大类按照物品的用途、功能等特征被划分成很多从属小类,有的小类下面再按照物品的外形继续细分出若干D-term并且以字母标识于小类末尾(表14.11)。例如,小类"D3500便携式照明灯具"被细分成D3500AA、D3500AB、D3500AC、D3500AD、D3500BA和D3500BB这六个D-term。每一个小类和D-term都有定义卡(PDF文件),说明相关类别与旧版意匠分类的对应关系,同时以"定义"的形式阐明相关类别所包含的主题范围,有的还附图例说明。

表14.11 现行日本外观设计分类·D-term

各部一览表	
A部	制造食品及嗜好品
B部	衣服及随身用品
C部	生活用品
D部	住宅设备用品
E部	趣味娱乐用品及体育比赛用品
F部	办公用品及销售用品
G部	运输及搬运机械
H部	电气、电子元件及通信机械器具
J部	一般机械器具
K部	产业用机械器具
L部	土木建筑用品
M部	不属A~L部的其他基础产品
N部	不属于其他部的物品

D部大类表	
D0	不属于D3~D9的其他家庭设备用品
D3	照明设备和发光元件
D4	空调或通风设备的加热和冷却机
D5	卫生用品及厨房设备用品
D6	室内整理用家具和工具
D7	家具
D9	住宅设备用品的配件和饰品

D3大类的下属小类·D-term	
D30	照明设备和其他的发光装置
D3200	燃料为基础的照明设备
D32200	油灯,气灯
D32200A	手提灯的类型
…	…
D340	室外照明灯具
D34100	路灯等
D34100A	只有灯头、不包括灯柱的类型
D34190	路灯等的配件和零件
D34200	庭院灯
D34200A	只有灯头、不包括灯柱的类型
D3430	门灯
D3500	便携式照明灯具
D3500AA	前照灯类型
D3500AB	圆筒型
D3500AC	袖珍型
D3500AD	灯笼型
D3500BA	手柄一体型
D3500BB	其他功能型
D3590	便携式照明设备的配件和零件
D3600	特殊用途照明灯具
…	…

关于日本外观设计分类的详细信息，可访问日本工业产权数字图书馆的意匠检索网页 http://www.ipdl.inpit.go.jp/Isyou/isyou.htm。该页面提供了丰富的外观设计分类信息，包括分类表和分类对照表(图 14.1)。日本外观设计分类・D-term 表仅有日文版本，不熟悉日文的用户可根据已经掌握的洛迦诺分类号、美国外观设计分类号或韩国外观设计分类号，借助于相应的外国分类对照表来确定日本外观设计分类号及其 D-term 分类号。

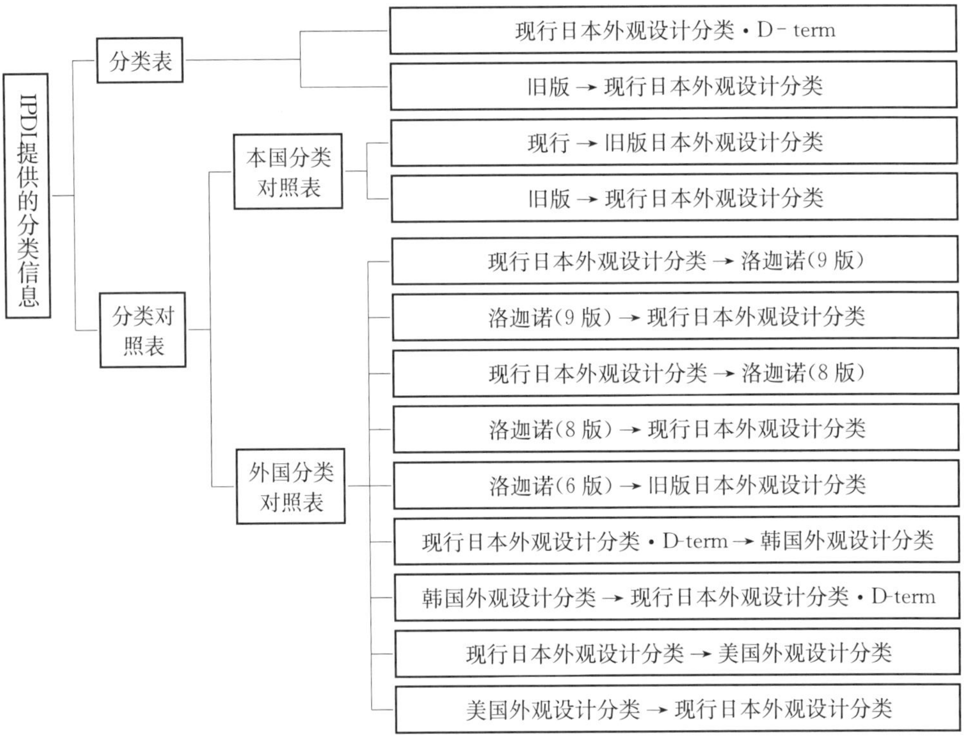

图 14.1　IPDL 提供的分类信息

14.2.2.5　韩国外观设计分类

韩国外观设计的分类思想、编排结构与日本外观设计分类相同，只是编号格式有略微差异，另外前者较后者多一个部(即 S 部：图像设计)。韩国外观设计分类共有 14 个部，其中前 13 个部(字母 A～N 表示)包含 75 个大类，每个大类按照物品的用途被划分成很多从属小类，每个从属小类按照形态进一步被划分成形态分类(表 14.12)。例如，小类“D3410 路灯和庭院灯”被细分成 D3410A、D3410B、D3410BA 这三个形态分类。第 14 个部(S 部)目前设有 105 个大类，形态分类表尚在建设之中。

关于韩国外观设计分类的详细信息，可访问其外观设计高级检索界面 http://kdtj.kipris.or.kr/kdtj/searchLogina.do?method=loginDG 并点击“분류정보(分类信息)”右侧的小图标，系统随即提供分类查询(输入分类号或产品名称)、分类表(逐级浏览)、按大类浏览产品(大类号、小类号及其产品范围、对应的洛迦诺分类号、分类的定义，并举例韩

国外观设计注册，说明产品各部件的名称）的服务功能。分类信息全部采用韩语提供。

表 14.12　韩国外观设计分类

各部一览表	
A 部	食品和奢侈品制造
B 部	服装及个人用品
C 部	家居用品
D 部	房屋设备配件
E 部	趣味娱乐用品及体育比赛用品
F 部	办公及销售用品
G 部	运输及搬运机械
H 部	电子和电气设备，通信设备
J 部	通用机械设备
K 部	工业机械和设备
L 部	土木建筑用品
M 部	其他基础产品
N 部	不属于其他部的物品
S 部	图像设计

D3 大类的下属小类	
0	其他灯泡和照明设备
10	气体灯，灯泡
110	电灯
111	白炽灯
112	装饰灯灯泡
1130	特殊用途的灯泡
…	…
40	室外照明灯具
410	路灯和庭院灯
4190	路灯，庭院灯零部件及配件
4191	路灯，庭院灯灯头
50	便携式照明设备
510	手电筒等
…	…

D 部大类表	
D0	其他家庭设施产品
D1	小型洁净室设备
D2	家具
D3	灯泡和照明设备
D4	通风或空调设备
D5	卫生设备和厨房设备用品

D>3>410：路灯和庭院灯形态分类	
D3410A	路灯和庭院灯（中心轴型）
D3410B	路灯和庭院灯（轴侧型）
D3410BA	路灯和庭院灯（悬吊式）
D3410	路灯和庭院灯

14.2.3　人员和机构检索

人员和机构检索是针对与外观设计申请或注册有关的当事人姓名/名称、地址信息进行的检索，具体包括申请人（INID 码 71）、设计人（INID 码 72）、权利人/持有人（INID 码 73）、代理机构和代理人（INID 码 74）、变更后的新权利人（INID 码 78）检索。可以使用姓名、名称的全部或部分进行检索，使用时应注意不同数据库的名称格式规定（如全拼、缩写、空格、前后次序）并多次尝试验证，避免漏检。

有些外观设计数据库为权利人设定了标准代码，如日本外观设计数据库的申请人识别代码、韩国外观设计数据库的申请人代码和代理人代码。代码检索大大提高了人员和机构检索的质量和效率。

单独的人员和机构检索可用于跟踪某个设计人或者设计机构的设计特点和动向，如与其他方式组合则缩小了检索范围，有利于提高检索的准确性和针对性。

14.2.4 号码检索

号码检索是针对外观设计的注册号或授权公告号(INID码11)、申请号(INID码21)、巴黎公约优先权申请号(INID码31)等进行检索,通常是为了获得特定号码所对应的外观设计文献。先确定号码类型,然后在数据库的相应号码字段中正确输入号码,便可直接获取某项外观设计文献。大部分数据库还支持号码模糊检索,模糊部分可位于号码字符串的起首、中间或者末尾。有些数据库带有智能检索功能,当不确定号码类型而无法选定检索字段时,可将号码置于智能检索框中检索。号码检索单独使用的情形比较常见,但是,如果所掌握的号码信息极为有限,亦可结合其他检索方式进一步限定。

14.2.5 日期检索

日期检索是针对外观设计的申请日(INID码22)、审查前的公开日(INID码43)、审查后注册前公开日(INID码44)、注册公告日/授权公告日(INID码45)、延长期限的届满日期(INID码46)、注册日/续展日(INID码15)、注册日/续展日的预计终止日(INID码18)、展览优先权日(INID码23)、工业设计权利生效日(INID码24)、巴黎公约优先权申请日(INID码32)等日期信息进行检索。日期包含年(Y)、月(M)、日(D)三项信息,可用全部三项信息检索,也可用其中一项或两项信息检索。另外,年、月、日信息排序方式和格式也有区别,有YYYYMMDD、DDMMYYYY、YYYY-MM-DD、DD-MM-YYYY等多种,视不同数据库规则而定。

日期检索很少单独使用,通常与关键词、分类、机构人员等检索方式组合使用,以便获得特定时间范围的外观设计文献信息。

14.2.6 图像检索

图像检索是针对产品外观设计的图片或者照片(INID码55)进行检索。图片或者照片是确定一项外观设计知识产权保护范围的基础。对于平面产品的外观设计,当产品设计要点涉及一个面时,相应的图像至少包含该面正投影视图;当产品设计要点涉及两个面的,相应的图像包含两面正投影视图。对于立体产品的外观设计,当产品设计要点涉及六个面时,相应的图像包含六面正投影视图;当产品设计要点仅涉及一个或几个面时,相应的图像包含所涉及面的正投影视图和立体图。此外,外观设计图像还可以包括产品的展开图、剖视图、剖面图、放大图以及变化状态图等。

产品外观设计的类型有六种:单纯形状的外观设计、单纯图案的外观设计、形状和图案结合的外观设计、形状和色彩结合的外观设计、图案和色彩结合的外观设计,以及形状、图案和色彩结合的外观设计。与之对应的图像特征主要有颜色特征、形状特征、纹理特征、轮廓特征、空间关系特征、结构特征、局部特征等。图像检索一般首先是对图像库中的图像抽取特定特征生成特征向量并形成图像数据库;然后对图像数据库中的图像特征建立索引,以提高查询效率;接着计算待检索图像与图像数据库中图像的距离,以得到最相似的图像；最后还包括人机交互，即利用用户使用过程中的反馈信息及时调整并优化排序。

知识产权出版社有限公司正在开发的图像资源检索系统整合了中国外观设计专利、机械制图、商标、商品四大类图像数据，具有单视图检索和局部特征检索功能，可设定从颜色、形状、纹理、结构四种角度强化检索。另外，国内还开发了“广东省外观设计图像检索服务平台”、“广东省家具行业外观设计专利图像检索服务平台”，但是使用范围均不大。国外一些大学也在开展外观设计图像检索系统研究，但目前尚无商业化图像检索系统问世。

14.3 基于因特网的外观设计检索

基于本书 14.1.2 部分的描述，实际检索外观设计以其因特网数据库为主。下面介绍中国、美国、日本、韩国、新加坡、加拿大、澳大利亚、英国、法国、德国这十个国家以及世界知识产权组织、欧洲内部市场协调局的外观设计数据库检索情况，以及 Orbit 十四国/组织外观设计检索平台。由于因特网上公布的外观设计公报大都也可运用类似的方法逐期浏览或者检索，因此不再专门介绍。各国外观设计保护制度的差异，在外观设计文献检索中亦有所体现。

14.3.1 合并在专利数据库中的外观设计检索

中国、美国、俄罗斯、我国台湾地区等对外观设计立法保护的特点是它的“不独立性”，即外观设计没有单独立法，而是作为专利法的一部分。例如，《中华人民共和国专利法》将外观设计与发明、实用新型并列为三种类型的专利，《美国专利法》将外观设计与发明、植物新品种并列为三种类型的专利。因此，检索中国、美国的外观设计专利应访问其专利数据库。

14.3.1.1 中国外观设计专利检索

国家知识产权局的中国专利公布公告检索系统网址 http：//epub. sipo. gov. cn/。其中，包含的中国外观设计专利信息有：自 1985 年 9 月 10 日以来公告的外观设计专利著录项目、简要说明及指定视图，其更正的著录项目、简要说明及指定视图（2011 年 7 月 27 日及以后），及外观设计全部图形（2010 年 3 月 31 日及以前）或外观设计专利说明书（2010 年 4 月 7 日及之后）（均包括更正），以及它们的事务数据。

该系统提供四种检索方式，即简单查询、高级查询、LOC 分类查询和事务查询。在简单查询和高级查询方式下，选定专利类型为“外观设计”后再进行相关的检索。在 LOC 分类查询方式下，可在查询入口输入关键词获得相关的洛迦诺分类号，或者输入洛迦诺分类号获得对应分类号的含义；还可通过点击洛迦诺分类号树状结构查询需要的洛迦诺分类号；确定洛迦诺分类号后，点击“选择”，则进入“高级查询”界面，可以直接查询或配合其他条件进行查询。在事务查询方式下，选定专利类型为“外观设计专利”，然后结合事务类型、申请号、事务数据公告日和事务数据信息进行外观设计专利检索。

以上四种检索方式，以高级查询方式最为常用，下面进行具体说明。

检索方式 先选定专利类型为“外观设计”;然后选择排序方式为“公布公告日”或者“申请日”的升序“▲”/降序“▼”;接着确定检索字段,并输入相应的检索条件;最后点击“查询”执行检索,或者点击“清空”清除当前输入的检索条件。14 个外观设计可检字段及其输入规则详见表 14.13。如在多个检索字段的输入框中写入检索条件的,系统默认该多项检索条件以逻辑和的关系组合。

表 14.13 中国专利公布公告检索系统的外观设计专利检索字段

序号	字段类型	字段名称	规则说明和举例
1	公布公告	公开(告)号	支持?代替 1 个字符,%代替多个字符的查询。例如:3333313、33333、%33333%、33?33?3
2		公开(公告)日	输入 20131002 或通过日历选择,输入 201310 或通过日历选择 20131001 和 20131031。至少应输入完整的年份。自左至右匹配查询
3	申请信息	申请号	支持? 代替 1 个字符,%代替多个字符的查询。例如:02367392.3、023?739 2.3、%36739%。自左至右匹配查询
4		申请日	输入 201310301 或通过日历选择,输入 201303 或通过日历选择 20130301 和 20130331。至少应输入完整的年份。自左至右匹配查询
5		申请(专利权)人	支持?代替 1 个字符,%代替多个字符的查询。例如:浙江大学、惠普、董?君、马克%公司
6		发明(设计)人	支持?代替 1 个字符,%代替多个字符的查询。例如:“朱云杰”、“云杰”、“朱?杰”、“A%尔布赖”
7		地址	支持?代替 1 个字符,%代替多个字符的查询。例如:北京市海淀区、北京市海?区、北京市%西直门
8	分类	分类号	支持?代替 1 个字符,%代替多个字符的查询。例如:26-03、26、2?-03、%03。自左至右匹配查询。还可通过“LOC 分类查询”获得分类号后直接查询
9	文本	名称	可进行 and、or、not 运算,且 and、or、not 前后应有空格。例如:照明、街道 and 照明
10		摘要/简要说明	
11	专利代理	专利代理机构	支持?代替 1 个字符,%代替多个字符的查询。例如:中国国际贸易促进委员会专利商标事务所、中国%委员会
12		代理人	支持?代替 1 个字符,%代替多个字符的查询。例如:张华辉、张?辉
13	优先权、分案、生物保藏	优先权	支持?代替 1 个字符,%代替多个字符的查询。例如:001793621、001793%EM、001793621 2010.12.14 EM
14		分案原申请	支持?代替 1 个字符,%代替多个字符的查询。例如:2011301813478、201130181347、201130181347.8 2011.06.14

结果显示 系统返回的检索结果页面左栏包含"类型选择"、"排序方式"两项内容，中间主要部分为三种模式的结果显示。"类型选择"给出专利类型及对应的命中结果数；"排序方式"提供申请日升序、申请日降序、公布公告日升序和公布公告日降序这四种方式可选。一种专利类型查询结果超过 10 000 条则不再排序。结果显示的三种模式分别为公布模式、列表模式和附图模式。公布模式下，系统为每条外观设计专利记录提供其一副代表性视图、著录项目、全部数据超链接和事务数据超链接，可选每页显示 3 条或者 10 条记录，分页显示全部命中结果。列表模式下，系统为每条外观设计专利记录提供其序号、申请号、申请(专利权)人和设计名称，其中后三项均带有超链接，点击超链接进入详情页面；可选每页显示 10 条或者 20 条记录，分页显示全部命中结果。附图模式下，系统为每条外观设计专利记录提供其一副代表性视图、申请号和分类号，其中申请号带有超链接，点击该超链接进入详情页面；可选每页显示 8 条或者 16 条记录，分页显示全部命中结果。

14.3.1.2 美国外观设计专利检索

USPTO 专利全文数据库网址 http://patft.uspto.gov/netahtml/PTO/search-bool.html。其中包含的外观设计专利是：D1 - D242,880(1790～1975 年)、D242,583 - current(1976 年至今)。全文数据库中有一些外观设计专利号缺失，缺失的号码见 http://patft.uspto.gov/netahtml/PTO/help/dmiss.txt。

检索方式 数据库提供三种检索界面，分别是快速检索、高级检索和专利号检索。美国外观设计专利的检索字段、输入格式与美国发明专利检索基本相同，区别在于，单独检索美国外观设计专利必须将申请类型指定为外观设计。具体而言，在快速检索界面，应在检索框中输入"4"、相应字段选为"Application Type"，然后与其他检索条件以逻辑和相连接；在高级检索界面，应在检索框中输入"APT/4"，并与其他检索条件以逻辑和相连接；在专利号检索界面，应输入字母"D"(大、小写均可)并紧接 6 位数字的外观设计专利号。但是，如果采用外观设计分类号作为检索限定条件，则无须进行上述申请类型的限定。例如，于快速检索界面的检索框内输入"D26/24"、相应字段选为"Current US Classification"，抑或在高级检索界面的检索框中输入"CCL/D26/24"；再如，于快速检索界面的检索框内输入"2603"、相应字段选为"International Classification"，抑或在高级检索界面的检索框中输入"ICL/2603"，系统均全部返回外观设计专利命中结果。

结果显示 完成检索输入和检索条件设置后点击"Search"，系统便返回检索结果的命中数，并列表显示命中外观设计的专利号及其专利名称。点击某一个专利号或专利名称超链接，进入该记录详细页面，系统提供文本格式的外观设计专利著录项目，点击"Images"可查看单页或全本形式的外观设计专利说明书。

14.3.2 单独的外观设计工业产权数据库检索

大部分国家和知识产权组织设立了专门法来保护外观设计，例如，日本的《意匠(外观设计)法》、韩国的《外观设计保护法》、法国的《工业品外观设计法》、英国的《1988 年版权、外观设计与专利法》、德国的《外观设计注册法》、澳大利亚的《2003年外观设计法》、欧盟的《共同体外观设计条例》、世界知识产权组织的《工业品外观设计国际注册海牙协定》等，于是外观设计成为平行于专利、商标的知识产权类型。相应地，这些国家和知识产权组织的外观设计工业产权也有专门的外观设计数据库检索。

14.3.2.1 日本外观设计检索

日本工业产权数字图书馆(IPDL)的外观设计检索包含英文、日文两个界面，提供了丰富的检索途径。英文界面有两个数据库，分别是外观设计公报数据库和外观设计分类检索。日文界面有9个数据库，分别是外观设计公报数据库、设计公报号码索引查询、外观设计公报文本检索、日本外观设计分类·D-term检索、外观设计公报分类检索(英文显示)、外观设计公开资料查询、外观设计公开资料文本检索、本国分类表和外国分类表。其中，日文界面进入外观设计公报分类检索(英文显示)数据库即为英文界面的外观设计分类检索。分类表相关信息见§14.2.2.4的“日本外观设计分类·D-term”。

(1) 外观设计公报数据库(英文界面)

网址 http://www4.ipdl.inpit.go.jp/Isyou/dgde_top.ipdl?N0000=3100。随外观设计公报的出版同步更新，提供两种类型文献——注册的外观设计(类型代码为“S”，也包括类似外观设计①)和协议不成立的外观设计(类型代码为“3”)。数据范围(截至2014年2月24日)：S类型文献的起止号为0000001～1491221，其中1057346以后的文献提供机器翻译；3类型文献的起止号为1999-000148～2012-016207，全部提供机器翻译。

检索方式 检索时需同时输入类型代码和序号，提供12组检索框，一次最多输入12个号码，互为逻辑或的关系。显示模式有两种，通过下拉式菜单选定“One design(单一设计)”、“Similar designs(包含单一设计及其类似设计)”中的一项。例如，需检索注册号为1030711的外观设计注册及其类似外观设计注册，应输入类型代码为“S”及注册号“1030711”，并选定显示模式为“Similar designs”，点击“Search”后系统返回两条检索结果，分别是JP,1030711,S和JP,1030711-001,S②。

结果显示 点击命中结果的文献号超链接，即可查看对应外观设计的图像和著录项目数据(英文显示)。若点击“Japanese”，可查看日文版Gif格式的外观设计公告图像，需逐页翻看，每页图像可进行标准、放大、旋转或黑白反转操作后查看。

(2) 外观设计分类检索(英文界面)

网址 http://www.ipdl.inpit.go.jp/Isyou/iktze.ipdl，包含“S”、“3”两种类型的外观设计文献，与前述英文界面外观设计公报数据库收录范围的差异是S类型文献的起止号为0668214～1491221(截至2014年2月24日)。

检索方式 检索时，首先在“Gazette name(公报名称)”一栏选择公报类型，即在“Publication of Registered Design(注册的外观设计公报)”和“Publication of Disagreed

---

① 日本类似外观设计是指同一个申请人申请的同一类外观设计。

② 日本类似外观设计注册号编号形式为：1030711－1。“1030711”是原始外观设计文献号，“1”是指该外观设计的第一个类似外观设计，可以有多个类似外观设计。

Consultation on Design Application(协议不成立的外观设计公报)"之中择其一。然后,在检索框中输入检索条件。共有四组检索框,每一组均包含下拉菜单式检索字段选项("Retrieval item selection")、检索词输入框("Retrieval key word")和下拉菜单式逻辑算符选项("Method"),各组之间默认逻辑和("AND")的运算关系。检索字段选项是在表14.14的5个字段中择其一,检索词输入框内可输入多个检索词并以空格分开,逻辑算符选项是为前述多个检索词选择逻辑和("AND")或者逻辑或("OR")的运算关系。

表14.14 英文界面日本外观设计分类检索字段一览表

序号	可检字段	输入检索词举例(检索需求已知条件→输入内容)
1	Locarno classification(洛迦诺分类)	半角输入 完全匹配:12-01→"1201" 前方一致:前两位是12→"12?"
2	Japanese design classification/D-term(日本外观分类/D-term)	半角输入 完全匹配:① 外观分类A1-12345→"A112345";② D-term分类A1-12345ABC→"A112345ABC" 计算机显示图像分类检索:H7-1210W→"H71210W" 前方一致:① 大类A1→"A1?"② 所有计算机显示图像外观设计→"W"
3	Registration date(注册日)	半角输入。日期格式为yyyymmdd 完全匹配:2010年1月1日→"20100101"或"H220101" 范围指定:① 2010年1月1日～2011年10月10日→"H220101:H231010"或"20100101:20111010"或"H220101:20111010";② 2009年12月31日以前(含)→":20091231"或":H211231";③ 2010年1月1日以后(含)→"20100101:"或"H220101:"
4	Filing date(申请日)	
5	Publication date(公告日)	

结果显示 完成检索词输入后点击"Search",系统便返回命中数。命中数不超过500条时可显示命中记录详情。选择显示格式为文本型("TEXT")或PDF型("PDF"),然后点击"list",便以一览表的形式显示命中结果。结果全部用日文显示,一览表上的每条记录均显示序号、外观设计注册号、外观设计权人和代表性视图。点击外观设计注册号或代表性视图超链接后,显示该外观设计注册的著录项目数据和图形,每页显示50条记录,翻页显示其余。

(3) 外观设计公报数据库(日文界面)

网址 http://www.ipdl.inpit.go.jp/Isyou/isogodb.ipdl?N0000=102。其数据范围、检索界面、检索方式均与英文界面外观设计公报数据库基本相同,区别在于:① 语种,日文界面的所有信息均用日语提供;② 显示格式选择,日文界面提供可选的显示格式(文本型或PDF型);③ 显示方式,日文界面的检索结果除了提供Gif图像格式的外观设计公报(逐页翻看)以外,还提供单页版("PDF表示")和完整版("文献单位PDF表示")的PDF格式外观设计公报;④ 信息内容,日文界面的检索结果显示中提供法律状态信息("経過情報")。

(4) 外观设计公报号码索引查询(日文界面)

网址 http://www.ipdl.inpit.go.jp/Isyou/ibansaku.ipdl? N0000=111。数据范围(2014 年 2 月 24 日更新)包括:申请号 1 484 071 件(昭 39-000002～2013-028207)、复审号 28 187 件(昭 40-005493～2013-018967)、注册号 1 484 071 件(0108683～1491221)。

检索方式 检索时先通过下拉菜单选择号码类型,然后输入相应的文献号。界面提供 5 组检索框,一次最多输入 5 个号码,互为逻辑或的关系。输入格式见表 14.15。

表 14.15 日文界面外观设计公报号码索引查询字段一览表

序号	種別(号码类型)	文献番号(文献号)举例(检索需求已知条件→输入内容)
1	出願(申请号)	意願平 5-032009 → H05-032009 或 H05-32009 或 1993-032009 或 1993 - 32009
2	審判(复审号)	審判平 07-011273 → H07-011273 或 H07-11273 或 1995-011273 或 1995-11273
3	登録(注册号)	意匠登録 1030711 → 1030711;意匠類似 1030711-001 → 1030711-1 或 1030711-01 或 1030711-001

结果显示 完成文献号输入后点击"照会(检索)",系统返回命中结果。以列表的形式,对每项命中的外观设计给出对应的申请号、复审号和注册号三项数据。同时,还以"テキスト/イメージ表示(文本/图像格式)"或"PDF 表示(PDF 格式)"显示复审决定书、注册公告的全文或首页。显示出版物的类型、格式和范围都是可选的。提供的注册公告信息包括著录项目文本数据、Gif 图片格式或 PDF 格式的公告单页、PDF 格式的公告全文以及法律状态信息。每页 Gif 图像可进行标准、放大、旋转或黑白反转操作后查看。

(5) 外观设计公报文本检索(日文界面)

网址 http://www.ipdl.inpit.go.jp/Isyou/ikta.ipdl? N0000=117。数据范围(截至 2014 年 2 月 24 日)包括:外观设计注册公报 440 992 件(0668214～1491221)、协议不成立的外观设计 842 件(平 11-000148～2012-016207)。

检索方式 检索时,首先选择公报类型为注册的外观设计公报("意匠公報")或者协议不成立的外观设计公报("協議不成立意匠出願公報")。然后,在检索框中输入检索条件。初始界面共有四组检索框,每一组均包含下拉菜单式检索字段选项("検索項目選択")、检索词输入框("検索キーワード")和下拉菜单式逻辑算符选项("検索方式"),各组之间默认逻辑和(AND)的运算关系。检索框的数量可增加到至多 20 个。检索字段选项是在表 14.16 的 19 个字段中择其一,检索词输入框内可输入多个检索词并以空格分开,下拉菜单式逻辑算符选项是为前述多个检索词选择逻辑和(AND)或者逻辑或(OR)的运算关系。检索界面右侧提供日本外观设计分类表及各种分类对照表信息的链接。

表 14.16　日文界面外观设计公报文本检索字段一览表

<table>
<tr><th>序号</th><th>检 索 字 段</th><th>输入检索词举例(检索需求已知条件→输入内容)</th></tr>
<tr><td>1</td><td>意匠に係る物品
(外观设计产品名称)</td><td rowspan="4">全角输入
部分匹配：产品名称包含“汽车”→“自動車”</td></tr>
<tr><td>2</td><td>意匠に係る物品の説明
(外观设计产品的说明)</td></tr>
<tr><td>3</td><td>意匠の説明(外观设计说明)</td></tr>
<tr><td>4</td><td>参考文献</td></tr>
<tr><td>5</td><td>出願人/意匠権者
(申请人/外观设计权人)</td><td rowspan="3">全角输入。名字中间的空格去掉
完全匹配：松本　孝太郎→“松本孝太郎”
部分匹配：包含“孝太郎”→“孝太郎”</td></tr>
<tr><td>6</td><td>創作者(设计人)</td></tr>
<tr><td>7</td><td>代理人</td></tr>
<tr><td>8</td><td>(现行)日本意匠分類・Dターム
(现行日本外观设计分类・D-term)</td><td>半角输入
完全匹配：① 外观分类 A1-12345→“A112345”；② D-term 分类 A1-12345ABC→“A112345ABC”
计算机显示图像分类检索：① H7-1210W→“H71210W”；② 所有图像设计→“W”。
前方一致：大类 A1→“A1?”</td></tr>
<tr><td>9</td><td>旧日本意匠分類
(旧版日本外观设计分类)</td><td>半角输入
完全匹配：旧版外观分类 H3-112→“H3112”。
前方一致：大类 H3→“H3?”</td></tr>
<tr><td>10</td><td>国際意匠分類
(洛迦诺分类)</td><td>半角输入
完全匹配：12-01→“1201”。
前方一致：前两位是 12→“12?”</td></tr>
<tr><td>11</td><td>旧 Dターム
(旧版 D-term)</td><td>半角输入
完全匹配：HCACB01→“HCACB01”
前方一致：前几位是 HCA→“HCA?”</td></tr>
<tr><td>12</td><td>申請人識別番号(申请人识别代码)</td><td>半角输入
完全匹配：391009671→“391009671”
序号前 0 省略：000005326→“5326”或“0005326”或“000005326”</td></tr>
<tr><td>13</td><td>出願番号(申请号)</td><td>半角输入
完全匹配：意願 H09-123456→“H09-123456”或“1997-123456”
序号前 0 省略：H08-002001→“H08-2001”</td></tr>
<tr><td>14</td><td>審判番号(复审号)</td><td>半角输入
完全匹配：① 審判番号『不服 2000-12345』→“H12-12345”或“2000-12345”；② 審決公報『不服 2007-123456』→“H19-123456”或“2007-123456”
序号前 0 省略：H08-02001→“H08-2001”</td></tr>
<tr><td>15</td><td>出願日(申请日)</td><td rowspan="3">半角输入。日期格式为 yyyymmdd
完全匹配：2010 年 1 月 1 日→“20100101”或“H220101”
范围指定：① 2010 年 1 月 1 日～2011 年 10 月 10 日→“H220101:H231010”或“20100101:20111010”或“H220101:20111010”；② 2009 年 12 月 31 日以前(含)→“:20091231”或“:H211231”；③ 2010年 1 月 1 日以后(含)→“20100101:”或“H220101:”</td></tr>
<tr><td>16</td><td>登録日(注册日)</td></tr>
<tr><td>17</td><td>公報発行日(公告日)</td></tr>
</table>

续 表

序号	检索字段	输入检索词举例(检索需求已知条件→输入内容)
18	登録番号(注册号)	半角输入 外观设计注册　完全匹配：意匠登録 1234567→"1234567"。范围指定：从『意匠登録 1234567』到『意匠登録 1234667』→"1234567：1234667"。序号前 0 省略：0002001→"2001" 类似外观设计注册　完全匹配：意匠類似 1234000-001→"1234000-001"。序号前 0 省略：0002001-001→"2001-001"
19	優先権主張番号(优先权号)	半角输入 完全匹配：優先権主張番号『83304359.9』→"83304359.9" 如果有空格的优先权申请号,用单引号括起来：『19854819 2』→"'19854819 2'"

结果显示　检索条件输入完成后点击"検索",系统返回命中数。命中数不超过 500 条时,可点击"一覧表示"列表显示结果。有两种列表显示方式可供选择,分别是有图像的一览表("一覧表示(図面あり)")和无图像的一览表("一覧表示(図面なし)")。有图像的一览表,每条记录显示其序号、外观设计文献号、外观设计名称、申请(外观设计权)人和代表性视图。无图像的一览表则缺省代表性视图。有两种"表示形式"可供选择,分别是"項目表示"和"PDF 表示",前者可显示文本型的著录项目数据,后者仅显示 PDF 文件。点击打开某一项外观设计文献详情界面后,既可查看文本型著录项目数据、JPG 格式的单张图片,也可查看并获取 PDF 格式的公告单页和公告全文,还能查看法律状态信息。

(6) 日本外观设计分类 D-term 检索(日文界面)

网址 http：//www.ipdl.inpit.go.jp/Isyou/idtermb.ipdl? N0000＝106。数据范围(截至 2014 年 2 月 24 日)包括：外观设计注册公报 1 721 492 件(0000001～1491221)、协议不成立的外观设计 839 件(平 11-000148～2012-016207)。

检索方式　检索限定条件及输入规则见表 14.17。检索界面底部提供日本外观设计分类表及各种分类对照表信息的链接。

表 14.17　日本外观设计分类・D-term 检索字段一览表

序号	检索字段	输入检索词举例(检索需求已知条件→输入内容)
1	登録日/出願日 (注册日/申请日)	可选。① 1993 年 8 月 10 日→"19930810～19930810"或"H050810～H050810"或"H050810～19930810"或"19930810～H050810"；② 1993 年 7 月 1 日至 1993 年 8 月 10 日→"19930701～19930810"或"H050701～H050810"或"H050701～19930810"或"19930710～H050810"；③ 1993 年 7 月 1 日以后→"19930701～"或"H050701～"；④ 1993 年 8 月 10 日以前→"～19930810"或"～H050810"
2	登録番号 (注册号)	① 1234567→"1234567～1234567"；② 1234567 至 1250000→"1234567～1250000"；③ 1234567 以后→"1234567～"；④ 1234567 以前→"～1234567"；⑤ 序号前 0 省略：0000403→"403"

续 表

序号	检索字段	输入检索词举例(检索需求已知条件→输入内容)
3	検索対象資料 (检索对象范围)	单击复选框选中,表示只检索部分外观设计。如不选,则检索全部外观设计。1999 年开始出现部分外观设计申请
4	画像意匠 (图像设计)	检索分类号使用"W"的情况下,可以指定该检索范围。单击复选框选中,表示检索范围是包含图像设计追溯数量或图像设计分类的文献。如不选,则检索全部外观设计。图像设计追溯数量,是指 2005 年 1 月 1 日至 2007 年 3 月 31 日期间申请、但未获注册的图像外观设计文献
5	類似・関連照会 (类似、相关外观设计检索)	选中"全て"检索全部外观设计;选中"本意匠-類似"检索本外观设计以及与本外观设计对应的类似外观设计注册,以降序排列;选中"本意匠-関連"检索本外观设计以及与本外观设计相关的外观设计注册,以降序排列;选中"類似・関連なし"检索单独的外观设计注册(不含类似与相关的外观设计注册),以降序排列
6	テーマ (主题)	可选。仅支持旧版 D-term。输入 3 位数的字母主题,半角输入,大小写均可,例:HCA 或 hca
7	条件	必须输入。选择现行分类・D-term 或者旧版分类・D-term。现行分类・D-term 适用于申请日在 2005 年以后的外观设计文献。旧版分类・D-term 适用于申请日在 2004 年以前的外观设计文献。 逻辑运算符:+(OR)、*(AND)、−(NOT)。 前方一致、完全匹配、W 图像设计分类检索同表 14.16。 指定排除 D-term 授权文献的符号,现行分类后加"!",例:检索现行 J0-2 分类下不含 D-term 的授权文献→"J02!"。 点击"現行→旧分類変換"可将输入框内的现行分类号自动变换成旧版分类号

结果显示 检索条件输入完成后点击"検索",系统返回命中数。点击"クリア"为清除当前输入的检索条件。命中数不超过 1 000 条时,可点击"リスト"列表显示结果。系统返回带图像的一览表,每条记录显示其序号、外观设计文献号、外观设计名称、申请(外观设计权)人和代表性视图。每页显示 50 条记录,点击"次の50 件"显示后 50 条记录,点击"前の50 件"显示前 50 条记录。点击打开某一项外观设计文献详情界面后,既可查看文本型著录项目数据、JPG 格式的单张图片,也可查看并获取 PDF 格式的公告单页和公告全文,还能查看法律状态信息。

(7) 外观设计公开资料查询(日文界面)

网址 http://www.ipdl.inpit.go.jp/Isyou/dpdj_top.ipdl?N0000=3500。数据范围见表 14.18(2014/02/19 更新)。

检索方式 检索时需同时选择文献类型("検索項目選択")并输入号码("番号"),提供 12 组检索框,一次最多输入 12 个号码,互为逻辑或的关系(表 14.19)。

表 14.18　日文界面外观设计公开资料查询数据范围

文献类型	检索可能范围	数　量	备　注
(日本)国内杂志	HA0100000100～HA2500788700	598 597 件	—
外国杂志	HB0100000100～HB2500531400	478 361 件	—
(日本)国内商品目录	HC0100000100～HC2560074400	964 749 件	—
国外商品目录	HD0100000100～HD2500447400	545 520 件	—
互联网信息	HJ1400000100～HJ2590000900	636 569 件	—
新产品目录	HN0500000100～HN1302542400	170 682 件	—
外国外观设计公报	HH1450000000～HH2543609700	776 583 件	美国外观设计专利 244 512 件,韩国外观设计注册 532 071 件

表 14.19　日文界面外观设计公开资料查询字段和输入方式

序号	検索項目選択(文献类型)	番号(号码)举例(检索需求已知条件→输入内容)
1	公知資料番号 (公开资料编号)	国内杂志(HA)、外国杂志(HB)、国内商品目录(HC)、国外商品目录(HD)、互联网信息(HJ)、新产品目录(HN)、外国外观设计公报(HH) 例如:HH2543609700→"HH2543609700"
2	登録番号(US公報) (美国外观设计专利号)	例如:USD531400→"531400"

结果显示　输入完成后点击"番号照会",系统返回命中结果列表。列表内容包括序号、公开资料编号、文献名称、产品名称/原文产品名称、公知日期/发行日期。点击某条记录的公开资料编号,可查看其详细著录项目信息、图形(如果有),有"原文表示"链接的可进一步查看电子原文。

(8) 外观设计公开资料文本检索(日文界面)

网址 http://www.ipdl.inpit.go.jp/Isyou/dpsj_top.ipdl?N0000=3700。数据范围见表 14.18(2014/02/19 更新)。

检索时,首先选择资料类型,有一般出版物(一般刊行物)、美国外观设计专利(米国公報)、韩国外观设计注册(韓国公報)三种,可多选。然后在检索对象资料(検索対象資料)项中,如勾选"イメージ公開が許諾された資料のみ"表示仅检索数据库中包含图像的资料,如不勾选则检索全部资料。接着输入检索条件。共有四组检索框,每一组均包含下拉菜单式检索字段选项(検索項目選択)、检索词输入框(検索キーワード)和下拉菜单式逻辑算符选项(検索方式),各组之间默认逻辑和(AND)的运算关系。字段选项是在表 14.20 的 5 个字段中择其一,检索词输入框内可输入多个检索词并以空格分开,下拉菜单式逻辑算符选项是为前述多个检索词选择逻辑和(AND)或者逻辑或(OR)的运算关系。检索界面右侧提供日本外观设计分类表及各种分类对照表信息的链接。

表 14.20　日文界面外观设计公开资料文本检索字段一览表

序号	检索字段	输入检索词举例(检索需求已知条件→输入内容)
1	物品名/原語物品名 (产品名称/原文产品名称)	全角输入 部分匹配：产品名称包含汽车→“自動車”
2	(現行)日本意匠分類・Dターム(现行日本外观设计分类・D-term)	半角输入 完全匹配：① 外观分类 A1-12345→“A112345”；② D-term 分类 A1-12345ABC→“A112345ABC” 图像分类检索：① H7-1210W→“H71210W”；② 所有图像设计→“W”。 前方一致：大类 A1→“A1?”
3	旧日本意匠分類 (旧版日本外观设计分类)	半角输入 完全匹配：旧版外观分类 H3-112→“H3112”。 前方一致：大类 H3→“H3?”
4	公知資料番号 (公开资料编号，其组成为：資料区分+和暦年+通番+枝番)	半角输入 完全匹配：HC0100000100→“HC0100000100” 范围指定：从『HC0100000100』到『HC0100010000』→“HC0100000100:HC0100010000” 枝番部分 00 可以省略：HC0100000100→“HC01000001”
5	公知日/発行日/受入日 (公知日期/发行日期/收录日期)	半角输入 完全匹配：平成 11 年 1 月 1 日→“19990101”或“H110101” 范围指定：① 平成 11 年 1 月 1 日～平成 12 年 10 月 10 日→“H110101：H121010”或“19990101：20001010”或“H110101：20001010”；② 平成 11 年 1 月 1 日以前→“:19990101”或“:H110101”；③ 平成 11 年 1 月 1 日以后→“19990101:”或“H110101:” 平成=H、昭和=S、大正=T、明治=M

结果显示　输入完成后点击“検索”，系统返回命中数。命中数不超过 1 000 条时，可点击“一覧表示”列表显示结果。有两种列表显示方式可供选择，分别是有图像的一览表(一覧表示(図面あり))和无图像的一览表(一覧表示(図面なし))。有图像的一览表对每条命中记录显示其序号、公开资料编号、文献名、产品名称/原文产品名称，以及一幅代表性视图。无图像的一览表对每条命中记录显示其序号、公开资料编号、文献名、产品名称/原文产品名称，以及公知日期/发行日期/收录日期。点击公开资料编号超链接后，进入对应外观设计文献的详情界面，可查看详细著录项目信息和图形(如果有)，有“原文表示”链接的可进一步查看电子原文。

14.3.2.2　韩国外观设计检索

韩国知识产权局通过 KIPRIS(Korea Intellectual Property Rights Information Service，韩国工业产权信息服务)提供韩国外观设计信息查询服务，具有英文、韩文两个检索界面。

(1) 英文界面

网址 http://engdtj.kipris.or.kr/engdtj/searchLogina.do?method=loginDG。包含的外观设计统计信息见表 14.21。选择知识产权类型为“Design”。

表 14.21 韩国外观设计统计信息(截至 2014.03.04)

类 型	编码日期	时 限	数 量
外观设计申请公开	公开日	1996.08.30～2014.03.04	34 885
注册的外观设计	公告日	1948.11.20～2014.03.04	603 337

检索方式 系统提供基本检索和高级检索两种方式。

基本检索是在一个检索框内自由输入各种检索词,例如产品名称、申请人名称、申请号等,可用韩语、英语或号码输入,可使用逻辑运算符 AND(＊)、OR(＋)、NOT(!)以及词组检索("")。点击输入框右侧的"Expand"可在弹出的对话框中输入复杂的算术表达式。例如:("Light Emitting Diode"＋LED)＊chip、LED! chip。

高级检索具有下面这些特点,于是又被称为智能检索(Smart Search)。

- 字段逻辑组配:可从 15 个字段(表 14.22)中选择 1 个或多个进行检索,每个字段右侧都有一个"AND"或者"OR"选框,所有选择"AND"的字段之间以逻辑和连接,所有选择"OR"的字段之间以逻辑或连接,"AND"字段和"OR"字段之间以逻辑或。
- 跨语言检索:选中"Eng-Kor"选框,则系统将输入的英语关键词翻译成韩语关键词,然后同时以英语关键词和韩语关键词进行检索。
- 可选的法律状态限定(Administrative Status):可在未经审查(Unexamined)、公布(Publication)、驳回(Rejected)、决定予以注册(Registered)、因保护期满或未付年费而终止(Ended)、被无效视为自始不存在(Invalidated)、申请人撤回(Withdrawn)、放弃外观设计权利(Abandoned)这八种状态选框中选定一项或多项,也可以选择全部(All)覆盖所有法律状态类型。
- 可选的外观设计类型(Type):可在类似外观设计(Similar design)、部分外观设计(Part of the design)、其他(单独、基本、完整外观设计)[Etc(single, basic, whole design)]这三种类型选框中选定一项或多项。
- 导航检索功能:在分类检索(Category)、号码检索(Number)、日期检索(Date)的右侧有导航选项(Guide),点击进入后可在系统帮助下确定相应的检索词,并自动置入检索页面的正确位置,详见表 14.22。正确利用导航检索,有利于提高查全率和查准率。

结果显示 检索结果基本以韩语提供,仅少数包含英语信息。该数据库的结果显示功能十分强大,不仅提供了多种可选的显示模式,还提供针对外观设计类型或法律状态的二次检索,另外还提供依照各种字段两级排序的功能。

系统提供四种显示模式:① 缩略图显示(Thumbnail View),列表显示命中记录,每条记录显示法律状态、产品名称、设计代码、申请人、申请号、申请日、公开号、申请公开日、注册号、注册日、设计人、代理人信息以及一幅代表性视图;② 文本显示(Txt View),相比 A 的情形,缺省了代表性视图,而增加设计要点的文字说明;③ 图像显示(Image View),以图像一览显示命中记录,每条提供一幅代表性视图、申请号、法律状态标识;④ 所有图像显示(Image View),以图像一览显示命中记录,每条提供产品名称、7 幅视图、法律状态标识、申

表 14.22　英文界面韩国外观设计检索字段一览表

序号	可检字段		输入检索词举例(检索需求已知条件→输入内容)
1	Indication of Product(IT)(产品名称)		算符用半角,字母用半/全角、大/小写均可。支持*、+、!、“” 例如:LED *(lamp+light)、LED! CHIP、Light * Emitting * Diode、(“Light Emitting Diode”+LED) * chip
2	Full Text(全文)		
3	Category(分类)		Design Code(DC)韩国外观设计代码 方式一:直接输入,例如:D3410 方式二:点击“Guide”,系统弹出分类号查询对话框,可输入已知完整或部分分类号,也可用韩语输入产品名称进行检索,系统返回正确的分类号和产品名称说明,点击一个或多个命中的分类号,自动以逻辑或连接,点击“Query Selection”,系统自动将该分类号检索词置入检索页面的正确位置
4	号码	Application No.(AN)(申请号)	申请号:30(代表外观设计,下同)+四位申请年代码+7 位数字(本年度申请序号),例:3020100028341。公开号:30+四位公开年代码+7 位数字(本年度公开序号),例:3020100001048。注册号:30+7 位数字(连续编制的注册序号)+4 位校验码,例:3006210000000。优先权号:数字,例:001060735、2004301039792 方式一:按照上述格式在输入框内直接输入号码 方式二:点击“Guide”,系统弹出号码选择对话框,对申请号、公开号、注册号和公告号,分别首先选择年份,然后输入序号,接着点击“Check Number”,系统返回校验过的号码,单击“Query Selection”,系统自动将该校验过的号码置入检索页面的正确位置
5		Open publication No.(ON)(公开号)	
6		Registration No.(RN)(注册号)	
7		Priority No.(PRN)(优先权号)	
8	日期	Application Date(AD)(申请日)	由年、月、日三部分组成:“年”为 4 位数字,“月”和“日”为 2 位数字,各部分之间没有间隔符。 方式一:按照上述格式在输入框内直接输入年、月、日 方式二:点击输入框右下方的日历选框,分别选定年、月、日 方式三:点击“Guide”,在系统弹出的日历选框中分别选定年、月、日
9		Open Pub. Date(OD)(公开日)	
10		Registration Date(RD)(注册日)	
11		Publication Date(PD)(公告日)	
12		Priority Date(PRD)(优先权日)	
13	名称/代码/地址	Applicant(AP)(申请人)	可使用右截断、OR(+)、AND(*),有逗号的应去掉逗号。 方式一:直接输入申请人名称或代码,例:SAMSUNG ELECTRONICS CO, LTD→“SAMSUNG ELECTRONICS”或“119981042713” 方式二:点击“Guide”,输入申请人、申请人代码或申请人地址进行检索,系统返回相应的申请人代码、名称和地址列表。单击一个或多个命中的申请人代码,系统自动以逻辑或连接,点击“Query Selection”,系统自动将该申请人检索词置入检索页面的正确位置

续 表

序号	可检字段		输入检索词举例(检索需求已知条件→输入内容)
14	名称/代码/地址	Inventor(IV) (设计人)	可使用右截断、OR(+)、AND(*),有逗号的应去掉逗号 方式一:直接输入发明人姓名,例:Jody, AKANA→"Jody AKANA"(系统默认为 Jody*AKANA) 方式二:点击"Guide",输入发明人姓名、地址进行检索,系统返回相应的发明人姓名、地址列表。单击一个或多个命中的发明人姓名,系统自动以逻辑或连接,点击"Query Selection",系统自动将该发明人检索词置入检索页面的正确位置
15	名称/代码/地址	Agent(AG) (代理人)	可使用右截断、OR(+)、AND(*),有逗号的应去掉逗号 方式一:直接输入代理人姓名或代码,例:WEE, Hye Suk→"WEE Hye Suk"或"919980003774" 方式二:点击"Guide",输入代理人代码、姓名、地址进行检索,系统返回相应的代理人代码、姓名、地址列表。单击一个或多个命中的代理人代码,系统自动以逻辑或连接,点击"Query Selection",系统自动将该代理人检索词置入检索页面的正确位置

请号和外观设计类型。每页显示条数为 30/60/90/150 可选。

二次检索功能是针对全部检索结果,在三个类型(Type)选项和九个法律状态(Status)选项中任选一个或多个进行限定,以缩小命中范围。

排序(Sort)功能是在 16 个字段中选择其一,然后选择以升序或降序排列(一级排序)。这 16 个字段分别是:申请号、申请日、公开号、申请公开日、公告日、注册号、注册日、优先权号、优先权日、法律状态、设计代码、形态分类、设计人、申请人、代理人、产品名称。如果需要的话,还可以再选择一个字段,同时指定升序或降序,作为二级排序。

点击某一条记录进入详细界面,系统提供文本格式的著录项目信息、外观图像、设计要点、设计说明、法律状态过程信息、PDF 格式的外观申请公开、PDF 格式的外观注册公告、关于注册的详细信息、审查管理过程信息。

(2) 韩文界面

网址 http://kdtj.kipris.or.kr/kdtj/searchLogina.do?method=loginDG。韩文界面的检索方式、结果显示均分别与其英文界面基本相同,区别只是所有检索字段和功能选项均用韩语表达,但是韩语检索字段的英文缩写与英语检索字段的英文缩写是一致的,另外检索字段多了"形态分类(형태분류(FC))",在本书 14.2.2.5 部分已经做了相应介绍。

14.3.2.3 新加坡外观设计检索

新加坡知识产权局(IPOS)的 eDesigns 系统提供由 IPOS 授权注册的外观设计信息检索,网址 http://designsearch.ipos.gov.sg/eDSearch/Search.jsp。但是 eDesigns 不包括国际注册指定新加坡的外观设计信息,后者须检索 WIPO 的 Hague 系统。该数据库检索和显示全部为英语界面。

检索方式 检索字段有 7 个，见表 14.23。设定多个检索字段时，相互间以逻辑和相连接。

表 14.23 新加坡外观设计检索数据库字段一览表

序号	检 索 字 段	输入检索词举例(检索需求已知条件→输入内容)
1	Design Number (外观设计注册号)	格式为：外观设计注册类型 YYYY(公元年份)/数字序号/字母标识，例如 D 2000/4/F、DU2000/62/F、D2013/1333/C 等 注册类型——D、DU 两种可选，D 是 IPOS 批准注册的外观设计，DU 是英国注册的外观设计。YYYY——在 2000～2014 之间选一。数字序号——以自然数输入。字母标识——以 26 个字母之一输入。数字序号、字母标识两项缺省可显示所选年份、所选类型的全部外观设计注册
2	UK Design Number (英国外观设计号)	2000 年 11 月 13 日前在英国注册的外观设计自动在新加坡获得注册保护。格式为：7 位数字，例如 2064655、2011817、2087292 等
3	Applicant's Name (申请人名称)	可使用 and、or、not、输入词组，例如"KONINKLIJKE and PHILIPS"、"(PHILIPS ELECTRONICS) not KONINKLIJKE"、"KONINKLIJKE or ELECTRONICS"、"KONINKLIJKE PHILIPS ELECTRONICS"等
4	Article Name (产品名称)	可使用 and、or、not 输入词组，例如"(electronic or electric) and device"、"(electronic device) not loudspeaker"等
5	Filing Date From Filing Date To (申请日 自…至…)	格式为：DD/MM/YYYY。 方式一：按照上述格式在输入框内直接输入日期，例如 28/03/2010 方式二：点击输入框右下方的日历选框，分别选定年、月、日
6	Class No(洛迦诺分类的大类号)	通过下拉式菜单选择大类号、小类号。点击"Open Full class list"可打开并浏览洛迦诺分类表
7	Sub-Class No (洛迦诺分类的小类号)	

结果显示 完成检索条件输入后点击"Search"，系统返回命中数，并以一览表的形式显示命中结果。命中超过 1 200 条时仅显示前 1 200 条。分页显示，每页显示 25 条。一览表上的每条记录均显示外观设计注册号和一幅代表性视图。点击代表性视图，可放大查看该视图及其所属的外观设计注册号。点击外观设计注册号，进入该项外观设计注册的详情页面，提供的信息包括外观设计注册号、申请人名称、申请日、分类号、优先权日/优先权国、续展到期日、届满日、当前状态、产品名称、申请人对该外观设计的权利、公报的期号和日期、新颖性说明、免责声明、申请人详情(名称、地址、机构类型、国籍、注册州、电话、传真)、代理机构详情(代码、名称、地址、电话、传真)、后续行为，点击"View Images"可查看全部视图。

14.3.2.4 加拿大外观设计检索

加拿大知识产权局网页上提供该国自 1861 年以来全部注册外观设计的数据库检索，具有英语、法语两个检索界面。法语界面相比英语界面，除了界面语言不同之外，内容和形式完全相同。通过加政府提供的 TERMIUM Plus® 双语数据库，在任一界面均可实施英、法双语检索。这里仅介绍英语界面。

检索方式 提供 Basic search(基本检索)、Advanced search(高级检索)、Status search(状态检索)三种检索方式。可使用截词，" * "代表 0 个或多个字母，如"pharm * "代表 pharmacy 和 pharmaceutical，" * national"代表 national 和 international；"?"代表单个字母，例如 organi? ation"代表 organization" or "organisation"。

A. **基本检索** 网址 http://www.cipo.ic.gc.ca/app/opic-cipo/id/bscSrch.do?lang=eng，提供一组检索输入框和字段选项，即仅支持表 14.24 所示 9 个字段的单一字段检索。在输入检索词并选定检索字段后，再选择是否使用双语检索(bilingual search)。如选用，则通过下拉菜单中选择"Yes"，并按照系统提示选择"英语到法语(English to French)"或"法语到英语(French to English)"，随后点击"Search"按钮，被链至 TERMIUM Plus® 数据库，选择"Yes"，便以等同术语继续检索。双语检索功能仅对 Description 和 Title 这两个字段有效。

表 14.24 加拿大外观设计基本检索数据库字段一览表

序号	检索字段	输入检索词举例(检索需求已知条件→输入内容)
1	Classification code (分类代码)	形式为：大类-子类。现有 172 个大类(2014-03-13 更新)和约 860 个子类(包括一级子类、二级子类)。大类下设若干一级子类，有的一级子类下设若干二级子类。例如：001-05、004-04-02
2	Classification text (分类文本)	检索特定形状的产品，可参考分类表中的文字描述，例如：Circular Shaped Lighting
3	Client reference number (客户参考号)	指定给客户的参考号。如 64869-2028、64869-1980、64869-1932(均为 PHILIPS ELECTRONICS LTD. 的外观设计注册)
4	Court order number (法院指令号)	加拿大联邦法院指定的法庭裁决指令号
5	Current owner (当前所有人)	工业设计局记录的当前所有人名称
6	Description (说明)	说明外观设计是关于产品的全部外观还是部分外观
7	Interested parties (利益相关方)	工业设计的所有人，或参与所有、许可的当事人(例如申请人、过去和现在的所有人和被许可人)。例如：PHILIPS ELECTRONICS LTD. →"PHILIPS ELECTRONICS"
8	Registration Number (注册号)	在工业设计局正式注册的工业设计注册号。例如：90060、29893、8697、288
9	Title(标题)	使用该设计的产品

B. 高级检索　网址 http://www.cipo.ic.gc.ca/app/opic-cipo/id/dsplySrch.do?lang=eng。相比基本检索界面，高级检索界面除了增加检索限定条件外，还增加了结果显示方式的可选性。

除了如基本检索界面那样的一组检索输入框和字段选项之外，还提供附加检索选项、分类代码、状态选项、注册日和结果显示选项。附加检索选项为另外两组检索输入框及其字段选项，输入方式和字段同表 14.24。附加检索条件可以逻辑和(and)、逻辑或(or)、逻辑非(but not)的方式与基本检索条件进行组合。分类代码项提供 PDF 格式和文本格式的代码表，还提供产品名称检索。状态选项为下拉菜单式，在全部(all)、注册的(Registered)、公共领域的(Public domain)三个选项中择其一。注册日的两个选项分别是起始日"Select the date from(YYYY-MM-DD)"和截止日"Select the date to(YYYY-MM-DD)"。

C. 状态检索　网址 http://www.cipo.ic.gc.ca/app/opic-cipo/id/dsplySttsSrch.do?srchTyp=status&lang=eng。可输入申请号/注册号进行检索。

结果显示

A. 基本检索的结果显示　系统返回命中结果包含两个部分。第一部分给出检索词、检索字段、注册日期范围(默认自 1861-01-01 至系统最近更新日)、法律状态类型(默认全部)、排序(默认按注册日降序排列)信息。第二部分以一览表的形式显示命中记录，每条记录均显示一幅代表性视图、注册号、标题、注册日、所有人。每页显示 24 条记录，翻页显示其余。

对每条记录，点击代表性视图，可逐页查看其各个视图，并有放大、缩小、旋转全屏查看、保存等功能。点击标题则进入详细页面，提供注册号、当前状态、标题、加拿大分类、说明、利益相关方(申请人、注册所有人、当前所有人、客户参考号、代理机构、先前的所有人)、保护期限、维持费支付情况、勘误、优先权、转让信息、视图。能查看和下载图像格式或者 PDF 格式的视图、申请书和注册证书，包含全部著录项目数据和视图。

B. 高级检索的结果显示　结果显示内容与基本检索界面完全相同。只是通过高级检索界面的四个条件选项设置，增加了检索结果的排序功能和显示方式的多样性。四个条件中，一是显示内容，可选带视图的方式(Registration, title and design)或不带视图的方式(Registration, title and Owner(s))；二是排序方式，共有九种可选，分别是所有人升/降序、注册号升/降序、注册日升/降序、标题升/降序、相关性；三是返回记录的数量，可选 100/200/500/1 000/2 000/5 000 之一；四是每页显示的记录数，可选 9/15/24 之一。需同时对这四个条件做出选择。

C. 状态检索的结果显示　仅提供申请号/注册号对应外观设计的法律状态，如注册的、公共领域的。

14.3.2.5 澳大利亚外观设计检索

澳大利亚知识产权局通过 ADDS(AU Designs Data Searching)系统提供其外观设计数据检索。该库每晚自 IP Australia 中央数据库进行更新，数据范围是自 1986 年以来的所有外观申请和外观注册，以及那些 1973～1985 年间获得注册、在 1985 年仍然有效的外观注册。

检索方式 提供 SIMPLE SEARCH（简单检索）、COMMON SEARCHES（普通检索）、ADVANCED SEARCH（高级检索）、NAME LIST SEARCH（人名或机构名录）、AGENT OR ATTORNEY LIST SEARCH（代理机构或代理人名录检索）五个检索界面。

A. **简单检索** 网址 http：//pericles. ipaustralia. gov. au/adds2/adds. adds_simple_search. paint_simple_search。有四个可选字段（表 14. 25），每次只能选择一个字段输入检索条件并执行检索。

表 14. 25 澳大利亚外观设计简单检索界面字段一览表

序号	检索字段	输入检索词举例
1	Application/Design Number（申请/设计号）	外观设计申请时指定的号码，例如：201411300、200412478
2	Registration Number（注册号）	外观设计注册时指定的号码，例如：339710，330125
3	Article/Product Name（物品/产品名称）	出现在标题中的词，例如 street lamp
4	Classification Code（分类代码）	洛迦诺分类号，例如 02、02-、02-***、26-03

B. **普通检索** 网址 http：//pericles. ipaustralia. gov. au/adds2/adds. adds_common_search. paint_common_search。有五个检索类项，字段及输入方式见表 14. 26。每次只能在五个检索类项中选择一个类项输入检索条件并执行检索。

表 14. 26 澳大利亚外观设计普通检索界面字段一览表

序号	检索字段	输入检索词举例
1	Article/Product（物品/产品）	在(54)产品名称中检索，可在四个输入框中输入总共至多 4 个检索词，可选逻辑和（AND）、逻辑或（OR）算符，例如检索产品名称包含圆形、照明两个概念的外观设计→分别输入 light、circular，并点选“AND”
2	Classification Code（分类代码）	输入洛迦诺分类号，可选地同时限定注册日起讫日期（YYYY. MM. DD）。例如：Classification Code=“26-03”并且 Registered From Date（起始注册日）“2010. 01. 15”、To Date（终止注册日）“2010. 05. 20”
3	Lodgements（提出申请）	检索在一定日期范围内提出的外观设计申请，例如：Lodgements Captured From Date（起始申请日）“2010. 01. 15”、To Date（终止申请日）“2010. 05. 20”

续 表

序号	检索字段	输入检索词举例
4	All Changes（所有变化）	通过下拉菜单可选 App/Des Number（申请号）、Registration Number（注册号）、Name（人名或机构名）三个字段之一进行检索，可选地同时限定变化的起讫日期
5	Status（状态）	通过下拉菜单可选 10 种状态之一进行检索，分别是：G—在宽限期内注册的；L—申请待定的；LF—在申请期间的-等待手续；N—当前失效；P—续展待定的；R—注册的；RR—注册的-请求审查的；RU—注册的-审查中；RX—注册的-颁证的；U—公告的。可选地同时限定提出申请的起讫日期

C. **高级检索** 网址 http://pericles.ipaustralia.gov.au/adds2/adds.adds_adv_search.paint_search。提供四组这样的检索条件设置：可选括号选项（Bracket（Optional））—检索字段选项（Search Field）—算符选项（Operator）—检索词输入框（Value）—可选括号选项（Bracket（Optional））—算符选项（Operator）。下拉菜单式检索字段选项的 24 个字段见表 14.27。下拉菜单式算符选项的 7 种运算符是：等于（EQUALS）、不等于（NOT＝）、小于（＜）、大于（＞）、小于等于（＜＝）、大于等于（＞＝）、包含（INCLUDES）。

表 14.27 澳大利亚外观设计高级检索界面 24 字段一览表

Registration Number（注册号）	App/Des Number（申请号）	Classification Code（分类代码）	Name（人名或机构名）
Article/Product（物品/产品）	Date Registed（注册日）	Lodgement Captured（申请录入 ADDS 库的日期）	Lodgement Date（申请日）
Published Date（公告日）	Certified Date（颁证日）	Agent/Attorney Name（代理机构/代理人姓名）	Agent/Attorney Code（代理机构/代理人代码）
Convention ID（优先权号）	Convention Country（优先权国）	Convention Date（优先权日）	Name Changes（人名或机构名变化）
Status Changes（状态变化）	Other Changes（其他变化）	Official Notice Changes（公报变化日期）	Register Change Notices（注册变化公告）
All Changes（所有变化）	Ceasing Date（终止日期）	Lapsed Date（失效日期）	Current Owner（当前所有人）

D. **人名或机构名录检索** 输入人名或机构名称的全部或部分词检索，提供两个检索框（Name includes），相互之间可选三种逻辑运算关系（Operator）之一，分别是逻辑和（AND）、逻辑或（OR）、逻辑非（AND NOT）。检索针对当前申请人/所有人、曾经申请人/所有人、抵押权人、被许可人和设计人。

E. **代理机构或代理人名录检索** 输入代理人名、代理机构名称的全部或部分词检索，提供两个检索框(Agent includes),相互之间可选三种逻辑运算关系(Operator)之一,分别是逻辑和(AND)、逻辑或(OR)、逻辑非(AND NOT)。检索针对代理机构、代理人。

结果显示 在各个检索界面,完成检索条件输入后点击“SEARCH”执行检索,点击“Clear Page”为清除当前页面的输入内容。界面底部有“Continuous Output”、“Don't Display Representations”选框。选中“Continuous Output”表示以单页滚屏显示命中结果,未选中则将分页显示命中结果。选中“Don't Display Representations”表示以无缩略图的方式显示命中结果,同时在设计记录详情页面中也不再出现视图。此外,各个界面的结果返回形式并不完全一致。

A. 简单检索、普通检索和高级检索的结果显示 三者结果显示方式基本一致。系统将检索结果分为两部分,第一部分是命中的外观设计申请,第二部分是命中的外观设计注册。申请类列表展示的内容有申请号、产品名称、分类、状态、选中标记框(Select);注册类列表展示的内容有一幅代表性视图、注册号和选中标记框。点击某一申请号或者注册号,则分别进入该项外观设计申请或者外观设计注册的详情页面。如在多个选中标记框中标记“√”,然后点击“View Details”,则可显示多项外观设计申请或者外观设计注册的详情,通过“Next Design(下一设计)”和“Prev Design(前一设计)”逐件浏览不同项命中记录。

详情信息页面顶端为(11)Registration(注册号)、(21)Design Number(申请号)信息,底端为表 14.28 所示的 12 个选项卡标签。点击某一选项卡标签,则在页面中部显示对应的内容。

表 14.28 澳大利亚外观设计检索结果详情信息一览表

序号	选项卡	内容	外观设计申请	外观设计注册
1	Representations(视图)	提供注册号 90 000 至今(1NNNNN,按照先前设计法)以及注册号 300 000(按照 2003 年设计法)之后的外观设计视图。也提供注册前公开的设计视图	—	Y
2	Main(主要细节)	Status(状态)	Y	Y
		Renewed to Date(续展至日期)	—	Y
		(22)Lodged(申请日)	Y	Y
		(45)Registered(注册日)	—	Y
		(43)Published(公开日)	—	Y
		(40)Certified(颁证日)	—	Y
		(62)Divisional Of(分案信息)、Conversion Details(转换详情)	Y*	Y*
		(51)Classification(分类号)	Y	Y
		(74)Agent/Attorney(代理机构/代理人)、Address For Service(服务地址)	Y	Y
		(54)Article/Product Name(物品/产品名称)	Y	Y
		(71)Current Owner(当前所有人)	Y	Y

续 表

序号	选 项 卡	内　　容	外观设计申请	外观设计注册
3	Monopoly(独占性)	声明外观设计的新颖性、独特性	—	Y
4	Designer(设计人)	设计人姓名	Y	Y
5	Convention(优先权)	(31)Number(优先权号)、(32)Date(优先权日)、(33)Country(优先权国)	Y*	Y*
6	Related Art(相关设计)	(56)ADDS 数据库中与该外观设计相似的其他外观设计	—	Y
7	Divisional(部分设计)	(62)自本外观设计中分出去的享有单独权利的外观设计	Y*	Y*
8	Ownership(所有权)	(71)本外观设计所有权的变迁记录	Y	Y
9	Licensee(许可)	本外观设计注册的许可记录	—	Y
10	Mortgage(抵押)	本外观设计注册的抵押情况	—	Y
11	Notices(公告)	官方公报中出版的相关公告	Y	Y
12	Status(状态)	包含申请相关信息和注册相关信息两部分内容。 6 种状态：Application/Design Pending(申请待定)、Published(申请公开但没有权利)、Registered(注册的)、Registered, In Grace Period(注册的，在宽限期内)、Registered, Renewal Pending(注册的，待续展的)、Currently Not In Force(当前失效的) Renewed to Date(续展期至)	Y	Y

* 如申请时提供相关信息或提出要求。

B. **人名或机构名录检索的结果显示**　结果将按字母顺序显示命中的个人或者机构名称。点击某一个人或者机构名称超链接，将列表显示相关的设计申请或者注册。点击"Select"选中框，然后点击"View Details"，将进入相关设计申请或者注册的"Main(主要细节)"页面。

C. **代理机构或代理人名录检索的结果显示**　结果将按字母顺序显示命中的代理机构或代理人名称。点击某一代理机构或代理人名称超链接，将列表显示相关的设计申请或者注册。点击"Select"选中框，然后点击"View Details"，将进入相关设计申请或者注册的"Main(主要细节)"页面。

14.3.2.6　英国外观设计检索

英国工业产权局的在线设计服务(Online Design Services)包括"Find designs"和"Designs Journal"，分别提供外观设计检索和外观设计公报。外观设计检索网址 http://www.ipo.gov.uk/types/design/d-os/d-find.htm，提供当前已被注册的全部外观设计著录项目信息和图像，该数据库不显示尚未被批准注册的外观设计，也不显示现已终止的外观设计注册。如需查找已终止的外观设计信息，可联系 sales@ipo. gov. uk 请求旧的外观设计公报副本。

检索方式 有四个检索入口，分别是 By number（通过号码）、By product（通过产品）、By proprietor（通过权利人）、By class（通过分类），除了号码检索以外，后三者的检索界面完全一致并且可进行逻辑检索（表 14. 29）。需要说明的是，即便是通过产品检索，也必须在确定大类、小类的前提下进一步选择产品，系统不提供在外观设计产品名称中检索的功能。

表 14. 29 英国外观设计检索界面信息表

检索入口	说　　明
By number	仅提供一个号码输入框。需输入七位数字（包括起首的 0）。0500000～0699999 为 2006 年以前注册的纺织品和饰带外观设计。1000000 以后是 2006 年前注册的其他类型外观设计，以及 2006 年后注册的全部外观设计，例如：4032421
By product	提供洛迦诺分类/权利人检索（Locarno Classification/Proprietor Search）、设计号检索（Design Number Search）两大途径。设计号检索同上。 洛迦诺分类/权利人检索包括多个输入条件： ◆ Edition：指洛迦诺分类版本，可选 All（全部）、6（第 6 版）、7（第 7 版）三者之一 ◆ Main：指洛迦诺分类的大类号，可从下拉式菜单的 32 个大类及其释义中择其一 ◆ Sub：指上述选中的洛迦诺大类下属的小类，可从下拉式菜单的小类及其释义中择其一 ◆ SubSub：指上述选中小类下属的产品，可从下拉式菜单中选择“All”或者根据列出的产品号及其释义中择其一 ◆ Proprietor：将在权利人的个人姓氏和公司名称中查找检索词，因此请勿输入个人的名（西方人名的第一个字）。系统将按照输入词的拼写执行检索，因此不确定时需要尝试各种变化的可能 ◆ Type of search：指执行权利人检索的类型，通过下拉式菜单在“Starts with（以……起首）”和“contains（包含）”两种方式中择其一。 ◆ Combination：指组合检索的情形，有五种：① Locarno Only，仅以分类号检索；② Proprietor Only，仅以权利人检索；③ Proprietor AND Locarno，权利人与分类号以逻辑和检索；④ Proprietor OR Locarno，权利人与分类号以逻辑或检索；⑤ Proprietor AND Locarno，权利人与分类号以逻辑非检索
By proprietor	
By class	

结果显示 在“By number”检索界面输入专利号，点击“View Details”，进入该外观设计详情页面，可查看全部著录项目信息和所有视图。

在“By product”、“By proprietor”、“By class”三个检索界面的底端，有“Images/Screen”选项，通过下拉式菜单选择每页显示记录条数，可选 8、16、32、64、128 之一。完成检索条件输入后点击“Submit”执行检索，点击“Clear”为清除当前输入的检索条件。系统将以列表的形式显示命中记录，每条记录显示一张代表性视图、注册号、权利人信息。点击某一张图片，进入该项外观设计的详情页面。详情页面提供该项外观设计的全部视图、七位数号码、申请日、注册日、授权日、届满日、产品说明、权利人（名称/地址/国家）、代理机构

(名称/地址/国家)、洛迦诺分类号及其版次,如果点击该页面的“View full bibliography”,将显示全部著录项目信息详情并查看所有视图。

14.3.2.7 法国外观设计检索

法国工业产权局(INPI)外观设计检索(Base Dessins et modèles)服务提供的信息包括:① 公开的著录项目、行政管理和法律信息,覆盖自 1910 年以来出版的法国外观设计(数据来源 INPI)、自 1979 年以来出版的国际外观设计(数据来源 WIPO 和 INPI);② 允许查看副本图像信息,覆盖 1910～1959 年间和 1976 年以后公布的法国外观设计(数据来源 INPI)、自 1985 年以来出版的国际设计。法国外观设计每 15 天更新,国际外观设计每周更新。

检索方式 有分类检索(Recherche par classe)和高级检索(Recherche avancée)两个界面,界面语言为法语。

A. **分类检索** 网址 http://bases-modeles.inpi.fr/Typo3_INPI_Modeles/dessins_recherche_classe.html,采用洛迦诺分类法。首先选择数据库,有法国外观设计(D&M Français)、国际外观设计(D&M Internationaux)两个数据库可供选择,可任选其中一个或同时选中两个。选中“Limiter la recherche à la dernière mise à jour”表示增加检索最近更新的限制条件。在“Classes”字段,通过下拉式菜单提供的 32 个洛迦诺分类的大类号及其释义,选定检索的大类;在“Sous-classes”字段,下拉式菜单提供上述选中大类下属的全部小类,可从中择其一。点击“Recherche”执行检索,“Effacer”为清除当前检索条件。

B. **高级检索** 网址 http://bases-modeles.inpi.fr/Typo3_INPI_Modeles/dessins_recherche_avancee.html。相比分类检索界面的区别是有 8 个检索字段和 2 个显示选项(表 14.30)。当输入文本关键词检索法国外观设计时,应当使用法语关键词。当输入文本关键词检索国际外观设计时,既可用英语关键词,也可用法语关键词,两种语言检索结果稍有差异,为查全起见最好两种语言的检索词都用,例如“lampe OU lamp”。可使用逻辑算符、通配符、算术运算符。

逻辑算符:ET(逻辑和)、OU(逻辑或)、SAUF(逻辑否);

通配符:*(0 或 n 个字符)、?(0 或 n 个字符)、#(1 个可变字符);

算术运算符:>、>=、<、<=、:(表示时间段)。

结果显示 对分类检索和高级检索,完成检索条件输入后点击“Recherche”,系统返回命中结果数,并分页列表显示记录概要。每页结果数(Résultats par page)、排序方式(Trier par)可通过下拉式菜单自选,选项内容同表 14.30 最后两项。显示(Affichage)方式也可通过下拉式菜单在两项中自选其一:① 详细著录信息(détaillée)方式,对每条记录列出其产品名称、申请人、注册号、分类号和视图数量;② 缩略图(vignette)方式,对每条记录列出一幅代表性视图、分类号、申请人和视图数量。在详细著录信息显示方式下点击产品名称,或者在缩略图显示方式下点击某一记录的代表性视图(或另外三项信息),将进入全记录显示页面。

表 14.30　法国外观设计高级检索界面输入信息一览表

序号	字　段	内　　容
1	N° d'enregistrement （注册号）	法国外观设计 ◆ 1910～1979 年：与年份无关的连续号码，例如 127765 ◆ 1980～2009 年：2 位申请年份＋4 位年度序号，例如 933282 ◆ 2010 年以后：4 位申请年份＋4 位年度序号，例如 20115264 国际外观设计 ◆ 按照 34 号法：NNNNN，例如 77443 ◆ 按照 60 号法：DM / NNNNNN or NNNNNN，例如 DM/050695
2	N° de publication （公开号）	仅对检索法国外观设计有效。一件外观设计申请，可包括 100 多个不同的外观设计图，其中每个图均单独给予一个公开号 ◆ 1910～1922 年：字母“D”＋注册号＋“_(下划线)”＋3 位设计号，例如 D284_001、D114_009 ◆ 1922 年以后：递增编号，例如 6988、57971、912035
3	Déposant/titulaire （申请人/权利人）	支持逻辑检索、双引号词组检索，例如 swatch、“RENAULT S. A. S.”
4	Mandataire （代理人或代理机构）	支持逻辑检索、双引号词组检索，例如 white、“Cabinet Chaillot”
5	Objet（物品名称）	支持逻辑检索、截词符、双引号词组检索，例如 montre ET bracelet、montre?、rampe ET escal＊、zebr＃
6	Date de depot（申请日）	检索格式有 YYYY、YYYYMM（或 YYYY-MM）、YYYYMMDD（或 YYYY-MM-DD），支持算术运算符，例如 2008、200801、20080123、＜2000、＞＝2003、2003：2008
7	Date de publication （公开日）	
8	Classification de Locarno （洛迦诺分类号）	支持逻辑检索，例如 12、1208 ET 1216
9	Trier les résultats par （结果排序）	可根据自己的喜好对结果进行排序： ◆ Date de publication croissante 公开日升序 ◆ Date de publication décroissante 公开日降序 ◆ Date de dépôt croissante 申请日升序 ◆ Date de dépôt décroissante 申请日降序 ◆ nom de déposant（A～Z）申请人名字按字母升序 ◆ nom de déposant（Z～A）申请人名字按字母降序
10	Nombre de résultats par page （每页结果数）	可选 20、50、100 或 200 之一

全记录显示页面顶部有“打印（Imprimer）”、“返回结果列表（Retour à la liste de résultats）”、“修改检索（Reformuler votre recherche）”三个功能按钮，点击“＜”或“＞”超链接分别查看前一件或后一件外观设计。功能按钮行的下方显示命中结果数量及对应的检

索条件。然后给出全记录信息。全记录信息右侧有“加入我的清单(Ajouter à ma liste)”，点击后将当前记录加入页面左侧的“我的列表(Ma liste)”，点击“Ma liste”打开超链接，将列表显示全部标记记录。法国外观设计、国际外观设计的全记录显示页面内容不完全相同(表 14.31)。

表 14.31　两种外观设计全记录显示信息一览表*

	特有信息项目	共有信息项目
法国外观设计	呈递局(Lieu de dépot)、产品名称(Objet)、代理人或代理机构(Mandataire)、优先权(Priorité)、公开类型(Type de publication)、外观设计说明(Description)	参考号(Référence du modèle)、注册号(Numéro d'enregistrement)、申请日(Date de dépôt)、届满日(Date de fin de validité)、洛迦诺分类号(Classification de Locarno)、申请的总数量(Nombre total de modèle dans le dépôt)、申请人(Déposant)、公告发布(Bulletin de publication)、公开日(Date de publication)、视图数量(Nombre de reproduction du modèle)、视图
国际外观设计	指定国家(Pays Désignés)、指定国家(英语)[Pays Désignés(en anglais)]、申请性质(Nature du dépot)、产品名称(Objet)、产品名称翻译(Objet Objet traduit)、公司所在国家(Pays de la société)、发明人/创作人(Inventeur/Créateur)、保护色彩请求(Reproduction déposé en couleur)	

* 除了加下划线部分为英语显示外，其余项目均为法语显示。

分类检索途径和高级检索途径结果显示的区别在于结果列表页面，后者页面左侧增加了“结果过滤(Affiner votre recherche)”功能：系统对命中结果按照分类号(Sous-Classes)、申请人/权理人名称(Nom du déposant/titulaire)进行分项统计和排序(按命中记录数由多到少)，点击某一分项内容，则只给出符合该分项条件的记录列表。

14.3.2.8　德国外观设计检索

德国专利商标局 DPMAregister 提供自 1988 年 7 月 1 日以来向该局申请并注册的全部外观设计基础数据。对 1998 年 1 月 1 日以后注册的外观设计提供详细的过程信息，之前注册外观设计的历史数据可能不全。对 2004 年 6 月 1 日及其后注册的外观设计提供全套图片，对之前注册的外观设计，一项设计提供至少一幅图片。如请求延期公布图片并且该延期请求仍然有效的，以及被指定作为基本设计的变化设计的，则不公布图片。民主德国外观设计不能在线检索获取。DPMAregister 服务具有英语、德语两个检索界面。德语界面相比英语界面，除了界面语言不同之外，内容和形式完全相同。这里以英语界面为例进行介绍。

检索方式　有初学者检索(Beginner's search)、专家检索(Expert search)和监视(Monitoring)三个界面。

A. 初学者检索　网址 https://register.dpma.de/DPMAregister/gsm/einsteiger，包括“输入检索条件(Enter search query)”、“配置结果列表(Configure result list)”两个栏目。输入检索条件栏包括五个常用字段和两个检索范围选项(表 14.32)，如在多个字段输入检索条件，相互之间为逻辑和的关系。文本类检索字段需输入德语检索词。

表 14.32　德国外观设计初学者检索界面"输入检索条件(Enter search query)"栏一览表

序号	字　段	说　　明
1	Register number/File number/Design number(注册号/申请号/设计号)	◆ 注册号：缩写 RN,8 位或 12 位数字,例如 402011002162 ◆ 申请号：缩写 AKZ,10 位或 14 位数字字符串,包含特定的注册号、点和校验数字,不能输入多个申请号,例如 402011002162.5 ◆ 设计号：缩写 GSNR,包含特定的注册号和 4 位数(序列)设计号,例如 402011002162-0001
2	Date of registration(注册日)	缩写 ET,对于 2004 年 6 月 1 日以后申请的外观设计,注册日为保护开始的日期。对于 2004 年 5 月 31 日以前申请,并且 2004 年 6 月 1 日以后注册的外观设计,由最初禁制抄袭的有限保护,扩展到自注册日起的全面保护,例如 11.07.2011
3	Description/Product(s)(说明/产品)	◆ 说明：缩写 BE,申请人随图片一起提交的文本描述。2008 年 10 月以前仅根据请求公布。2008 年 11 月以后全部公布 ◆ 产品：缩写 ERZ,仅 2004 年 6 月 1 日以后注册的外观设计有完整的产品名称字段,此前注册外观设计该字段为空。例如 Leuchte
4	Owner(所有人)	缩写 INH,所有人的名称和所在地。用德语输入
5	Class of goods(产品分类)	缩写 WKL,洛迦诺分类号,例如 26-03。有三个输入框,可分别输入一个分类号,相互以逻辑或连接
6	Skip non active designs(忽略失效外观设计)	选中表示检索结果不包含失效外观设计
7	Skip designs with deferred publication of representation(忽略延迟公开图片的外观设计)	选中表示检索结果不包含请求延迟公开图片的外观设计

配置结果列表栏供用户自定义结果列表的内容和形式。默认状态下,结果列表包含 Data file、Design number 和 File number 三项内容,除此之外用户还可勾选其他选项(表 14.33 的)以增加列表信息。

在"结果列表排序 Sort result list by"选项,用户可选择对表 14.33 中除 First reproduction 项以外的 14 个字段,选择以升序(ascending)或降序(descending)排列。在"每页结果数(Results/page)"选项,选择 10、25、50、100、250、1000 中的一个。在"最大显示结果数(Max. number of results)"选项,选择 100、250、500、1000 中的一个。在"查看 View"选项,在三种方式择其一：① 矩阵式(Matrix),以矩阵的形式显示选中的字段信息；② 图库式(Image gallery),仅显示设计号和代表性视图；③ 表格式(Table),以记录行的形式显示选中的字段信息。

表 14.33　德国外观设计初学者检索界面“配置结果列表(Configure result list)”栏部分选项

Data file(数据文件,DB)	Design number(设计号,DNR)	File number(申请号,AKZ)
Data Pool(数据池,BA)	Designation/Product(s)(产品名称,TI/ERZ)	First reproduction(第一视图)
Class(es) of goods(物品分类,WKL)	Design status(设计状态,DST)	Application date(申请日,AT)
Date of registration(注册日,ET)	Publication date(公开日,VT)	Owner(拥有人,INH)
Designer(设计人,ENTW)	Representative(代理机构,VRT)	Number of reproductions(视图数量,ZD)

在检索页面的底端,点击“Start search”执行检索,点击“Reset”为清空当前已输入的查询条件以及已设定的结果列表配置。

B. **专家检索**　网址 https://register.dpma.de/DPMAregister/gsm/experte。包括“输入检索条件(Enter search query)”、“配置结果列表(Configure result list)”两个栏目。输入检索条件栏为一个输入框(Entry field)。点击下方的“Show input tools(显示输入工具)”,通过在“Available fields(可用字段)”、“Operators and wildcards(运算符和通配符)”和“Values(值)”这三类选项(见表 14.34)中选择需要的项目,并在输入框中填入相关的检索词,即可完成检索式构造并提交。

表 14.34　德国外观设计专家检索界面“输入检索条件(Enter search query)”栏一览表

类	选　项	可选内容说明
Available fields(可用字段)	Master data(基本数据)	**数据文件** (19)Data file(DB)数据文件 **注册基本数据** ()Design number(DNR)设计号、(21)File number(AKZ)申请号、(11)Register number(RN)注册号、()Design status(DST)设计状态、()Deferment status(AUF)延迟状态、(32)Priority date(PRD)优先权日、(33)Priority country(PRC)优先权国、(31)Priority file number(PRN)优先权申请号、(23)Exhibition priority(APR)展览优先权、(54)Designation(TI)产品名称、(51)Class of goods(WKL)物品分类、()Number of reproductions(ZD)视图数量、(54)Description(BE)说明、(73)Owner(INH)拥有人、(74)Representative(VRT)代理机构、()Address for service(ZAN)服务地址、(72)Designer(ENTW)设计人、()Interest to grant licences(LIZ)授予许可权益、()Basic design(GM)基本设计、()Variation(ABW)变化、(17)Term of protection obtained(BSD)获得保护的期限、()Kind of fee(ZF)费用类型 **注册基本数据-日期字段** (22)Application date(AT)申请日、(15)Date of Registration(ET)注册日、()Date of capture in the IT system(EDVT)在 IT 系统内获取日期、()Due date(FT)到期日、(45)Publication date(VT)公开日、()Date of cancellation(LT)注销日期、(180)Expiry of term of protection(VED)保护期届满日

续 表

类	选 项	可选内容说明
Available fields（可用字段）	Procedures（程序）	**所有程序** ()Kind of procedure(VART)程序类型、()Publication year(PJ)公开年、()Issue(HN)公布、()Legal status(VST)法律状态、()Date of capture in the IT system(EDVT)在IT系统内获取日期、(45) Publication date(VT)公开日 **变更记录** (72) Designer(ENTW)设计人、(73) Owner(INH)拥有人、() Former owner(INHF)前拥有人、()Address for service(ZAN)服务地址 **分案** ()New file number(AKZ)新的申请号、()Old file number(AKZF)旧的申请号
Operators and wildcards（运算符和通配符）	Boolean Operators（布尔算符）	AND(逻辑和)、OR(逻辑或)、NOT(逻辑非)
	Comparison Operators（比较算符）	可选项包括：(、)、{、}、<=、>=、<、>、= 如 AT >=15. 11. 2009 UND AT <=30. 11. 2009；再如 WKL=12-16 UND (VT = KW49-2009 ODER { VST = bekannt-nachgeholt UND VT=KW49-2009 })
	Proximity Operators（邻近算符）	(W)：特定顺序，中间没有词；(#W)：特定顺序，中间间隔0-#个词；(NOTW)：特定顺序，中间间隔1个或多个词 (A)：前后互置，中间没有词；(#A)：前后互置，中间间隔0-#个词 (L)：适用于"Owner"、"Designer" and "Representative"字段中存在共同拥有人/设计人/代理机构的情况，这些字段形式为人名+城镇、公司名+城镇。例如：Heinz(L) Meier将检索到"Heinz Peter Meier"，但不会检索到共同拥有人"Heinz Schulz"和"Uwe Meier"的情况
	Wildcard（通配符）	?：前方一致或后方一致，如 snowboard? 代表 Snowboard、Snowboards，Snowboardstiefel、Snowboard-Stiefel；再如? stiefel 代表 Stiefel、Skistiefel、Winterstiefel !：替代中间一位可变字符，如 de! or 代表 Dekor、Decor #：替代中间多位可变字符，如 s##istiefel 代表 Skistiefel、Schistiefel
Values（值）	Data pool（数据池）	Active designs 有效外观设计 Non active designs 失效外观设计
	Design status（设计状态）	Design registered 外观设计被注册 Design registration cancelled 外观设计注册被注销 Reinstatement requested 请求恢复 Design registered cancelled, paper file deleted 外观设计注册被注销，纸件档案被删除

续 表

类	选 项	可选内容说明
Values(值)	Deferment status (延期状态)	No deferment 无延迟 Deferment requested and effective 请求延迟并且该请求有效 Deferment had been requested and is no longer effective 请求延迟但该请求失效
	Possible procedures (可能的程序)	Registration 注册;Subsequent publication 后续公布;Renewal 续展;Cancellation 注销;Reinstatement 恢复 **变更记录** New owner details 新拥有人详情;New representative details 新代理人详情;Change of address for service 改变服务地址、New designer details 新设计人详情 Division 分案;Invalidity 无效
	Possible legal status (可能的法律状态)	**注册** The design has been registered 设计已被注册 **后续公布** The representation of the design has been published subsequently 设计图片后续公布 **续展** Renewal for the 6th to 10th year 续展至第 6～10 年 Renewal for the 11th to 15th year 续展至第 11～15 年 Renewal for the 16th to 20th year 续展至第 16～20 年 Renewal for the 21th to 25th year 续展至第 21～25 年 **注销** Cancellation due to expiry of term of protection 因保护期届满而注销 Cancellation request of owner 拥有人请求注销 Cancellation request of third parties 第三方请求注销 Cancellation due to nullity 因无效而注销 Cancellation due to file division 因分案申请而注销 **恢复** Reinstatement has been requested 提出了恢复请求 Reinstatement has been granted 恢复请求被批准 Reinstatement has been rejected 恢复请求被拒绝 **变更记录** **新拥有人详情** Owner(s) detainls have been modified 拥有人详情被更改 **新代理人详情** Details of representative(s) have been modified 代理人详情被更改 **变更服务地址** Address for service was changed 服务地址被更改 **新设计人详情** Designer(s) details have been modified 设计人详情被更改 **分案** File divided, design has received a new file number 被分案,外观设计获得一个新的申请号

续　表

类	选　项	可选内容说明
Values(值)	Possible legal status (可能的法律状态)	**无效** Invalidity-request filed 无效—提出请求 Invalidity of design established/declared 外观设计无效成立/被宣告的 Invalidity-request refused 无效—请求被拒绝 Invalidity-otherwise concluded 无效—其他结论 Invalidity-bringing an action 无效—正在起诉 Invalidity-action dismissed 无效—起诉被驳回
	Possible terms of protection obtained(获得的可能的保护期限)	有 18 个月、30 个月、5 年、10 年、15 年、20 年、25 年这几个选项供选择
	Possible Kind of fee(可能的费用类型)	Extension fee(protection for the first 5 years)延期费(前 5 年保护) Renewal fee for the 6th to 10th year(without surcharge)第 6～10 年续展费(不含滞纳金) Renewal fee for the 6th to 10th year(with surcharge)第 6～10 年续展费(含滞纳金) Renewal fee for the 11th to 15th year(without surcharge)第 11～15 年续展费(不含滞纳金) Renewal fee for the 11th to 15th year(with surcharge)第 11～15 年续展费(含滞纳金) Renewal fee for the 16th to 20th year(without surcharge)第 16～20 年续展费(不含滞纳金) Renewal fee for the 16th to 20th year(with surcharge)第 16～20 年续展费(含滞纳金) Renewal fee for the 21th to 25th year(without surcharge)第 21～25 年续展费(不含滞纳金) Renewal fee for the 21th to 25th year(with surcharge)第 21～25 年续展费(含滞纳金)

配置结果列表栏的内容、形式与初学者检索完全相同。在检索页面的底端，点击"Start search"执行检索，点击"Reset"为清空当前已输入的查询条件以及已设定的结果列表配置。

C. **监视**　网址 https://register.dpma.de/DPMAregister/gsm/monitoring，包括"输入检索条件(Enter search query)"、"配置结果列表(Configure result list)"两个栏目。检索条件输入栏包括三个字段，即监视周期(Monitoring period)、所有人(Owner)和产品分类(Class of goods)。监视周期是在"当前周(Current week)"、"当前月(Current month)"、"前一周(Previous week)"、"前一月(Previous month)"四项中择其一。所有人、产品分类输入同表 14.32。

配置结果列表栏的内容、形式与初学者检索完全相同。在检索页面的底端，点击

"Start search"执行检索,点击"Reset"为清空当前已输入的查询条件以及已设定的结果列表配置。

结果显示 初学者检索、专家检索、监视三个检索界面的结果界面是一样的。在系统返回的结果界面,将提供检索式、结果数,并根据用户在检索界面上"配置结果列表"一栏所选定的内容、形式来显示结果一览表。点击"Download result list"可以下载 txt 格式的结果列表。在"Selection"方框"□"内勾选一条或多条记录,然后点击底部"Show selection",于是仅给出选中记录的一览表。

点击一览表中某项设计号(Design number),进入该项设计的详情页面。提供的内容包括:当前状态(Design status)、设计视图(Reproductions of the design)、基本数据(Master data)、程序数据(Procedural data)。这两类数据的主要内容可参见表 14.34。点击页面底部 PDF-download,可下载 PDF 格式的外观设计详情文件(德文)。

14.3.2.9 世界知识产权组织外观设计检索

《工业品外观设计国际保存海牙协定》是关于提交一项外观设计国际申请以在多国获得保护的国际协定。《海牙协定》于 1925 年 11 月 6 日在海牙缔结,于 1928 年生效,并成立了"海牙联盟"。该协定自签订后做过多次修订,有 1925 年海牙文本、1934 年伦敦文本、1960 年海牙文本、1967 年斯德哥尔摩文本(1979 年经修订补充),最近的修改文本是 1999 年的日内瓦文本。目前,工业品外观设计国际注册海牙体系共有 62 个缔约方。缔约方的外观设计申请人通过向一个主管局(WIPO 国际局)申请,使用一种语言、缴纳一种货币(瑞士法郎)就可得到国际注册。该体系还大大简化了工业品外观设计的后期管理,申请人可以通过在 WIPO 国际局进行的简便程序,来登记后期变更以及续展,并在全部或部分指定国生效。目前我国、美国和日本还没有加入《海牙协定》。

Hague Express 数据库每周更新一次,提供著录项目数据;对于专属或部分属《海牙协定》1999 年文本和/或 1960 年文本的国际注册,提供这部分国际注册工业品外观设计的图片,这些图片是国际登记簿(International Register)中所记载的,并且通过第 1/1999 期以来的《国际外观设计公报》进行了公布。已经失效的国际注册不会被从数据库中剔除。Hague Express 数据库具有英语、西班牙语和法语三种语言界面,它们的内容和形式完全相同。这里以英语界面为例进行介绍。

检索方式 有结构化检索(Hague Express Structured Search)和简单检索(Hague Express Simple Search)两个界面。其中,结构化检索界面较为常用。

A. 结构化检索 网址 http://www.wipo.int/ipdl/en/hague/search-struct.jsp,包括"结果排序(Sort Results)"、"查询条件(Query)"和"显示选项(Display Options)"三个栏目。

结果排序方式可在"时间顺序(Chronologically)"与"按相关度(By Relevance)"之间择其一。

查询条件栏设有 8 组条件框,每组条件框包括可选的字段名称(九选一)和内容输入框(表 14.35),各组条件之间可选择合适的逻辑运算符。提供五选一的逻辑运算符分别是：AND(逻辑和)、OR(逻辑或)、AND NOT(逻辑非)、XOR(逻辑异或)、NEAR(邻近算符，两词之间间隔不超过 5 个词)。

表 14.35　国际注册工业品外观设计结构化检索界面的查询条件一览表

<table>
<tr><th>序号</th><th>字段名称</th><th>输入内容说明</th></tr>
<tr><td>1</td><td>Registration number(注册号)</td><td>支持模糊检索，如 DM/084547、84547、8454 *</td></tr>
<tr><td>2</td><td>Indication of Product(s)(产品名称)</td><td rowspan="2">支持模糊检索，如 LED lamp(默认为词组)、elec *、matshushita electric(默认为词组)</td></tr>
<tr><td>3</td><td>Holder(持有人)</td></tr>
<tr><td>4</td><td>Applicant's Contracting Party(申请人的缔约方)</td><td rowspan="2">输入缔约方代码，如 DE、FR、HU</td></tr>
<tr><td>5</td><td>Designated Contracting Parties(指定缔约方)</td></tr>
<tr><td>6</td><td>Locarno Classification(洛迦诺分类)</td><td>支持模糊检索，如 26-03、如 26-0 *</td></tr>
<tr><td>7</td><td>Priority Data(优先权数据)</td><td>可输入：缔约方代码，如 EM;优先权号，如98 03 21 *;优先权日，如 26. 03. 1998、26. 03. 1998。支持模糊检索</td></tr>
<tr><td>8</td><td>Publication Date(公开日)</td><td rowspan="2">格式为：YYYYMMDD(如 19981201)、DD. MM. YY 或 DD. MM. YYYY(如 1. 12. 97 或 1. 12. 1997)、DD/MM/YY 或 DD/MM/YYYY(如 1/12/97 或 1/12/1997)、DD-MM-YY 或 DD/MM/YYYY(如 1/12/97 或 1/12/1997)。
支持范围检索，如 1. 11. 97－>12. 5. 01，检索 1997 年 11 月 1 日(含)至 2001 年 5 月 12 日(含)</td></tr>
<tr><td>9</td><td>International Registration Date(国际注册日)</td></tr>
</table>

在显示选项栏，用户可选择每页显示结果数(10/25/50 择其一)。

设置好上述三个栏目条件，点击“search”执行检索，点击“Reset”为清空当前已输入的查询条件。

B. **简单检索**　网址 http://www.wipo.int/ipdl/en/hague/search-simp.jsp，仅提供“查询内容(Search for)”和“结果必须包含(Results must contain)”两项条件输入。

在“查询内容(Search for)”项，用户可输入多个词，中间用空格分开，支持模糊检索，如 LED lam *；在“结果必须包含(Results must contain)”项，用户可选择“任一词(Any of these words)”、“全部词(All of these words)”和“该精确词组(This exact phrase)”中的一个。

点击“search”执行检索，系统对命中结果自动按相关性排序(相关性最高的在前)，点击“Reset”为清空当前已输入的查询条件。

结果显示　结构化检索、简单检索两个检索界面的结果显示界面是一样的。结果显示界面的顶部“检索概况(Search Summary)”显示检索条件、命中数、当前显示记录范围，还可通过“修改检索(Refine Search)”功能重置检索条件并执行新的检索;中间部分为按照事先选定的排序方式提供检索结果一览表,一览表的内容是各命中记录的序号、注册号和标题;底部“检索概况(Search Summary)”显示检索条件、词频、命中数和检索时间。

点击某一命中记录的超链接后,即在新的页面中显示该项工业品外观设计国际注册的著录项目数据和图片。著录项目数据以INID码标识,具体含义请参见本书表14.4。

14.3.2.10 欧盟注册制共同体外观设计检索

2001年12月,欧盟理事会通过了一项针对欧盟外观设计保护的理事会法规(Council Regulation EC6/2002)——共同体外观设计法(Community Design Regulation)。该法规制定的目的在于统一欧盟各国对外观设计的保护标准,使经欧盟内部市场协调局(OHIM)获准的外观设计可同时在奥地利、德国、英国、法国、意大利、西班牙等15个成员国及扩展国受到保护。共同体外观设计分为两种制度——非注册制共同体外观设计和注册制共同体外观设计。

非注册制共同体外观设计(Unregistered Community Design, UCD) 指外观设计自在欧盟公开日起,无须提交任何申请文件或费用,即自动享有3年保护期,由于此种外观设计的保护期较短,因此适合于流行的产品设计。非注册制共同体外观设计制度已于2002年3月6日正式生效。非注册制共同体外观设计在公开后12个月内可改请注册制外观设计,这一阶段称为“宽限期”。

注册制共同体外观设计(Registered Community Design,RCD) 于2003年4月1日正式生效。注册制共同体外观设计必须向OHIM或成员国的工业产权局提出注册申请,经OHIM形式审查合格后,方可获准注册。注册制外观设计保护期为自申请日起5年,期满后可续展4次,每次5年,最长保护期限为25年。此外,申请人还可要求OHIM延迟公开,最长可延迟30个月,但需交纳规费;其申请语言可使用欧盟11种语言中的一种,但必须指定OHIM所使用的官方语言英、法、德、西班牙和意大利文中的一种为第二语言。每项注册制外观设计的费用为每5年保护期350欧元。共同体外观设计分类采用洛迦诺工业品外观设计国际分类体系。

自2013年12月开始,OHIM将欧盟商标检索、注册式欧盟外观设计检索、权利人检索、代理人检索以及官方公报检索统一整合在其官方数据平台eSearch plus之上。目前,eSearch plus仅提供英语版界面,未来还将提供西班牙语、德语、法语和意大利语版界面。

检索方式 eSearch plus提供的注册制共同体外观设计检索有基本检索(basic search)和高级检索(Advanced search)两种模式。但是,基本检索往往无法精确查找到用户需要的信息,因此通常使用高级检索。下面介绍高级检索的方法。

网址 https://oami.europa.eu/eSearch/#advanced/designs。该页面左栏“Add search criteria from below(自以下添加检索条件)”提供了可供用户手动添加的全部检索条件(表14.36),右栏“Search criteria(检索条件)”则是用户已经选取的检索条件。

表 14.36　注册制共同体外观设计高级检索界面的左栏全部检索条件一览表

类　型	字段名称	输入内容说明
Design information(设计信息)	Design number(设计号)	连接符四种选一：Contains(包含)、is(是)、Starts with(起首为)、ends with(终止为),输入框内输入检索词,下同。如 contains 21779
	Verbal element(文字要素)	连接符、输入框同上。如,contains lighting
	Designer number(设计人号)	连接符、输入框同上。如,is 2646
	Designer name(设计人姓名)	连接符、输入框同上。如,contains Alessandro
	Design status(设计当前法律状态)	七种选一：Registered and fully published(A. 1.)(已注册并完全公开)、Registered and subject to deferment(A. 2.)(已注册但延迟公告)、Lack of effects(被视为自始无效)、Design surrendered(设计被放弃)、Invalidity procedure pending(无效程序进行中)、Design declared invalid(设计被宣告无效)、Design lapsed(设计已失效)
	Reference(案号)	连接符、输入框同上。如,ends with 3049
	Recordal number(备案号)	连接符、输入框同上。如,ends with 7715
Classification(分类)	Locarno classification(洛迦诺分类)	可输入文本进行检索(Type to search),系统跳出多个匹配分类号供选择。如 26.03
	Vienna classification(维也纳分类)	可输入文本进行检索(Type to search),系统跳出多个匹配分类号供选择。如 13.01.25
	Publication section(公告类型)	可输入文本进行检索,如 A.1、C.1、C.2
	Indication of the product(产品名称)	连接符、输入框同上。如,contains lamp
Owners and Representatives(权利人和代理人)	Owner ID number(权利人 ID 号)	连接符、输入框同上。如,is 9806
	Owner name(权利人名称)	连接符、输入框同上。如,contains philips。输入检索词时,系统跳出多个匹配权利人姓名
	Owner country(权利人国家)	通过下拉式菜单选择国家。如,选中 AT-Austria
	Representative ID number(代理人 ID 号)	连接符、输入框同上。如,is 10753
	Representative name(代理人名称)	连接符、输入框同上。如,starts with PHILIPS
Dates(日期)	Filing date(申请日)	From ... to ...,根据日历表选日期
	Publication date(公开日)	From ... to ...,根据日历表选日期
Dates(日期)	Expiry date(到期日)	From ... to ...,根据日历表选日期
	Registration date(注册日)	From ... to ...,根据日历表选日期

续 表

类型	字段名称	输入内容说明
Priority（优先权信息）	Priority date(优先权日)	From... to...，根据日历表选日期
	Priority country(优先权国家)	通过下拉式菜单选择国家。如，选中 AT-Austria

右栏顶部"Sort results by(按照……排序)"旁边的下拉式菜单提供四个排序项供选择，分别是"Design number(设计号)"、"Filing date(申请日)"、"Publication date in A. 1. (A1 公开日)"和"Registration date(注册日)"，每个排序项可选"Ascending(升序)"或者"Descending(降序)"。

需要添加检索条件时，点击左栏相应的检索条件，则选中的检索条件就会相应出现在右栏。需要删除某一检索条件时，点击右栏相应检索条件右侧的"×"即可删除该条件。多个检索条件之间以"and"、"or"或者"not"进行逻辑组合。

在填写完检索条件并确定了检索结果排序方式之后，即可点击"Search(检索)"并获得相应检索结果。如点击"Clear critera(清除条件)"，则将清除当前已输入的检索内容，但是不改变当前设置的检索字段条件。如点击"Reset to default(重置恢复默认)"，则将清除当前所选定的检索字段条件和已输入的检索内容。

结果显示 系统返回的检索结果界面顶部提供检索条件概述、检索结果命中数、检索结果页数和检索时间信息，同时提供每页显示记录数选择(5/10/15/25/50/100 可选)、RSS 订阅、命中结果一览 PDF 保存以及比较有特色的"See filters(查看过滤)"功能。展开"See filters"功能，系统对命中记录自动按照设计当前法律状态、公告类型、权利人国家、洛迦诺分类号分别进行聚类，方便用户缩小范围、聚焦感兴趣的记录。点击"Hide filters(隐藏过滤)"可收起该聚类结果。

系统返回的检索结果界面主体部分是以一览表的形式显示命中结果，显示顺序为按照高级检索界面右栏顶部的排序条件，显示记录数即按照用户在检索结果界面顶部所选择的每页显示记录数。对每条记录，提供一幅代表性图片，并展示其设计信息、权利人信息和代理人信息。点击某条记录图片上方的设计号超链接，系统将以一个新的页面提供完整的"RCD file information(注册制共同体外观设计档案信息)"。档案信息页顶部左侧显示当前设计号，右侧显示当前记录号以及总的记录数，同时通过"Certificate(证书)"和"Print(打印)"功能。档案信息页的主体内容为当前设计的 16 部分信息，详见表 14.37。

表 14.37 注册制共同体外观设计档案信息内容一览表

序号	部分	具体内容
1	Timeline(时间轴)	以时间轴的形式展现自收到 RCD 申请之日起、至设计保护期届满之日的中间事件及其发生日期
2	Actions and communications(与官方通讯往来)	向注册用户提供行动与官方通讯

续 表

序号	部 分	具 体 内 容
3	Graphic representations（外观设计图片）	提供全部外观设计图片
4	Design information（设计信息）	Design number（设计号）、Verbal element（文字要素）、Name（名称）、Filing language（申请语种）、Second language（第二语种）、Filing date（申请日）、Registration date（注册日）、Vienna Classificatin(维也纳分类)、Expiry date(届满日)、Design status(设计当前法律状态)、Reference(案号)、Recordal number(备案号)
5	Indication of the product(产品名称)	Locarno(洛迦诺分类号)、Values(分类号释义)、Eurolocarno(欧洲洛迦诺分类超链接)。“Values(分类号释义)”可选德语、丹麦语、意大利语、希腊语、芬兰、葡萄牙语、法语、瑞典语、英语、西班牙语或荷兰语之一 点击“Eurolocarno”超链接可在新页面中通过分类号检索对应的产品项，或者根据产品项检索对应的分类号，产品项可选多种语言
6	Owners(权利人)	权利人名称、ID(权利人 ID 号)、Organisation(机构)、Legal status(法律状态)、Country(国家)、State/county(州/县)、Town(镇)、Post code(邮编)、Address(地址)、Correspondence address(通讯地址)、电话、传真、邮箱
7	Representative(代理人)	代理人名称、ID(代理人 ID 号)、Organisation(机构)、Legal status(法律状态)、Type(代理人类型)、Country(国家)、State/county(州/县)、Town(镇)、Post code(邮编)、Address(地址)、Correspondence address(通讯地址)、电话、传真、邮箱
8	Designers(设计人)	Name(名字)、ID no(ID 号)
9	Exhibition priority(展会优先权)	略
10	Priority(优先权)	Country(优先权国)、Filing number(优先权申请号)、Date(优先权日)、Status(状态)
11	Publications(公告)	Bulletin number(公报号)、Date(日期)、Section(部分)、Description(部分描述)。点击“Bulletin number”超链接可在新页面中查看相关公报内容
12	Recordals(备案)	Bulletin number(公报号)、Date(日期)、Section(部分)、Filing number(备案号)、Title(标题)。点击“Bulletin number”超链接可在新页面中查看相关公报内容
13	Appeals(申诉信息)	略
14	Decisions(决定)	略
15	Renewals(续展)	Title(标题)、Filing number(文档号)、Status(状态)和 Status date(状态日)
16	Documents(文件)	Date(日期)、Type(类型)、Entity(实体)、File(设计号)、Portfolio(文件包)、Language(语种)、Pages(页数)

撰稿：路炜(上海科学技术情报研究所)

第15章 专利语义检索

15.1 专利语义检索解决的问题

传统专利检索依赖于关键词匹配方式，检索结果的好坏完全依赖于检索者个人的知识掌握程度和对问题分析的透彻程度，存在以下三个方面无法回避的问题。

“忠实表达”问题 检索者很难用简单的检索词或者检索词的组合来表达自己所需要检索的真正内容，导致检索困难。现在虽然有很多检索工具提供了“相似检索”的功能(例如 SooPAT 专利检索)，但是这些工具仍然停留在关键词匹配的简单功能上，无法实现对于用户检索词的语义理解。

“表达差异”问题 人类的自然语言中，随着时间、地点和环境的变化，对于同一事物的描述是不一致的。这就导致了专利信息中对于同一技术或者概念的描述会发生一定的变化(例如，对于“钢管”的描述，在专利中会有“焊管”、“无缝钢管”、“油井管”、“OCTG”、“ERW”、“特殊扣”、“UOE”、“套管”等多种表达方式)，同时，有些专利为了保护自己的利益，会在专利说明书中尽可能多地使用晦涩难懂的法律术语(例如“梯子”被描述成“攀登的工具”等)，在这种情况下，检索者如果利用自己理解的关键词去进行检索，很可能导致遗漏了其他描述形式的内容，导致检索失败。

“词汇孤岛”问题 人们在检索时，除了希望获得与自己输入的检索词完全匹配的信息外，还希望能够获得与检索词相关的其他信息。但是传统的专利检索无法满足检索者的这一要求，其特点决定了检索结果一定是包含检索词的文档和信息，而用户的检索词无法得到扩展，造成了“词汇孤岛”现象，从而降低了检全率。

语义检索则运用人工智能(AI)和自然语言处理(NLP)等技术，将领域概念和推理机制融入检索过程中，让计算机从语义层面理解用户的检索请求，并利用概念间的关系和推理规则进行辅助检索，力图从根本上解决传统检索中遇到的一系列问题。

语义检索技术的实现需要涉及搜索引擎、语义网、人工智能等多个技术领域，主要包括：① 图理论，作为语义网的基础，RDF 模型以图的形式构建，其中弧和路径中都包含了各种信息，在语义检索过程中则需要不同形式的图遍历方法，例如查询实例的推理、概念的等级扩展等；② 匹配算法，语义检索会频繁使用到检索词与本体中概念或实例的匹配算法，用于快速定位检索词在本体中的位置；③ 逻辑推理，OIL、DAML＋OIL、OWL 等本体描述语言对语义网中的信息资源进行了有效描述，语义检索则运用分类、属性、关联等关系对与检索词匹配的概念和实例进行逻辑推理，使检索过程更加智能。

15.2 专利语义检索的特点

相对于传统检索，语义检索扩大了检索的内容，提高了检索效果。总的来说，具有以下特点。

检索结果更加全面准确 除了能够检索出与用户关键词完全匹配的结果之外，语义检索还能够利用语义网（或本体）对检索词进行扩展推理，从而得到更加理想的检索结果。例如，当用户用“计算机”进行检索时，语义检索引擎不但会使用“计算机”去搜索结果，还会扩展到“显示器”、“鼠标”、“键盘”等术语，使检索结果更加全面准确。

检索过程更加智能 构建语义网的目的是让计算机理解人类的语言，语义检索的过程实际上也是让计算机理解人类检索意图的过程。当用户输入由 2～3 个词组成的词组时，语义检索引擎会根据词之间的位置去语义网中搜索词与词之间的关系，以推理出用户的检索意图，从而找到更加适合用户需要的结果。例如，用户使用“汽车板 轧制”进行检索，其目的是检索“汽车表面用钢板在轧制过程中所使用的工艺”，语义检索引擎根据语义网中“汽车板”和“轧制”之间的关系，则能够顺利检索得出用户所需要的结果，这是传统检索无法实现的。

语义检索较之于传统检索的进步主要在于，能系统表达和处理信息的语义内容，从而实现基于语义的匹配和推理，具有可以实现知识检索的优势。因此，语义检索技术在近几年得到了快速发展，众多专家学者和数据库商纷纷尝试构建语义检索引擎，实现数据库的语义检索。

15.3 专利语义检索类型

语义检索的目的在于帮助用户发现知识，提高检索的效果，从总体上看，大致可分为基于本体的信息检索和基于语义网的信息检索两种类型。其中基于本体的信息检索主要用于帮助传统信息检索从词型匹配到概念匹配的转变，提高检索的准确性；基于语义网的信息检索的目的则是根据检索帮助用户发现知识，体现知识获取的能力。

15.3.1 概念扩展检索

概念扩展主要是利用已经建立好的本体（或知识库）中概念分类关系对用户输入的检索词进行上下级类的概念扩展，同时利用本体中的概念间非分类关系进行相应的非分类扩展。例如用户输入检索词“不锈钢”，经过上下级和同级概念扩展后，可拓展为“铁素体”、“奥氏体”、“双向”等不锈钢子类概念，同时可以根据需要向上级扩展为“钢铁”，从而形成“不锈钢＋铁素体＋奥氏体＋双向＋钢铁”的检索词组合，扩大检索结果的查全率。

目前已经有一些专利数据库采用了概念扩展的功能，以帮助用户提高检索准确性。其中以 TotalPatent 专利数据库的概念扩展功能最为强大。该数据库提供了专利的“语义检索”界面，对用户输入的检索词进行概念扩展，以云图方式显示扩展结果，同时允许用户进行相关概念的增删和权重的调整，并提供了扩展检索后的结果预览功能，见图 15.1。

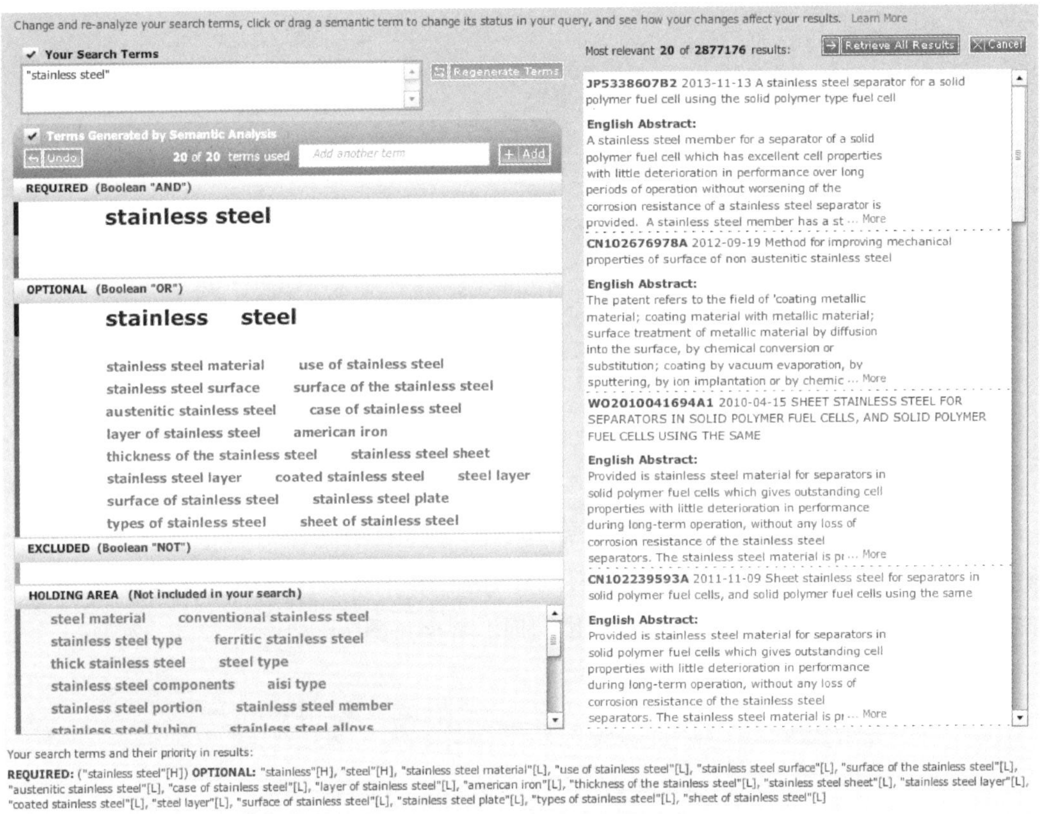

图 15.1　TotalPatent 专利数据库语义扩展功能

另外，Orbit 专利数据库也同样具备概念扩展功能，但在可操作性上稍弱于 TotalPatent。用户在进行关键词检索时，数据库会提供“关键词检索助手”选项，在“检索助手”内，系统会根据用户输入的检索词进行扩展，扩展结果分为 2 层，第一层为与检索词相似的相关概念，第二层为该概念下级的各类术语，用户可以根据需要从中挑选扩充与检索词相关的术语进行检索，界面见图 15.2。

除利用本体之外，有些系统还可以利用数据库的检索历史来进行概念扩展。通过分析数据库用户的检索历史和检索用词的词频，把与目标检索词相关的高频词组合归并为一个类，在用户检索时通过对此类进行扩展，从而提高检索性能。目前国内某大型企业的

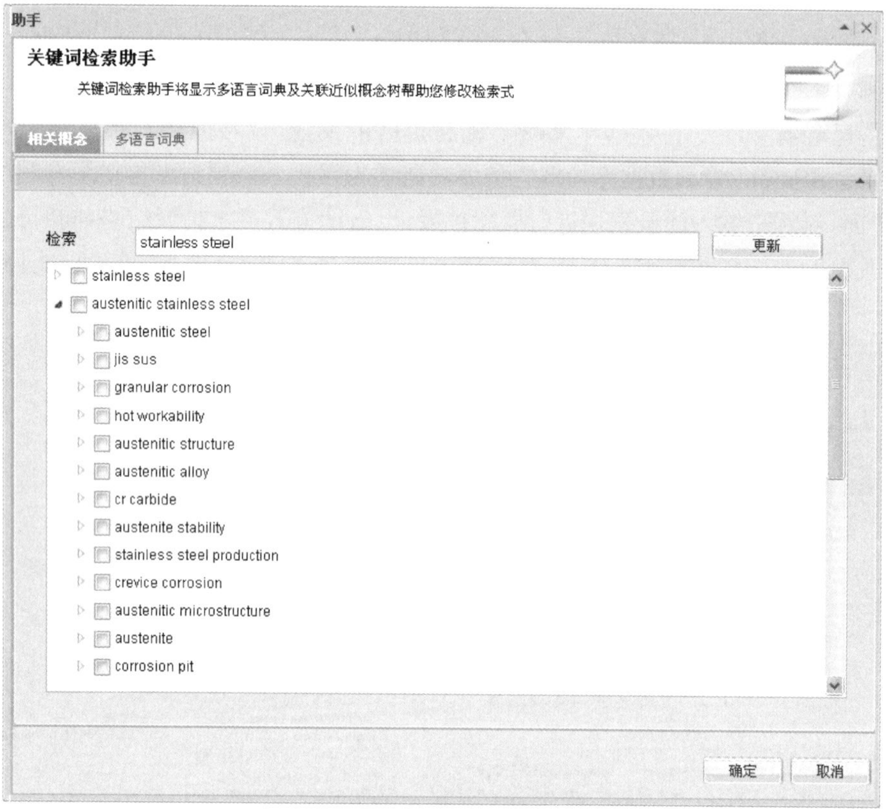

图 15.2　Orbit 专利数据库的概念扩展功能

数字图书馆检索系统已初步实现该功能，该系统从用户的检索历史中提取高频词，由人工确定高频词集合的分类名称，并提供给用户使用，界面见图 15.3。

图 15.3　国内某大型企业数字图书馆概念扩展检索界面

此外，概念扩展还包括非分类关系的扩展，利用"……的材料"、"……作用"、"……的性能"等已经存在于本体中的关系和属性对检索词进行扩展和推理，并在检索结果中对扩展结果进行标识。例如用户输入检索词"不锈钢"，根据本体中相应的属性和非分类关系，可以扩展为"制作不锈钢的原料"、"不锈钢的用途"，"不锈钢在列车车厢上的应用"等关系。上述关系经语义推理后，得到相关概念并参与检索，从而提高计算机对用户检索意图的理解程度。

15.3.2　自然语言检索

在检索过程中，用户不需要构建复杂完整的检索策略，而是把一个句子(或者一段文字)提交给计算机，计算机在得到这种句群后，通常经过如下处理步骤：① 通过分句、分词、去除停用词等处理，形成检索词集合；② 根据句式进行分析，得出句子中的主语、谓语和宾语；③ 根据检索词所在位置为集合中的检索词设定不同的权重，交由后台进行检索。

TotalPatent 的语义检索具备自然语言检索的功能，用户可在检索框中输入一段文字，系统会对文字中的术语进行提取和扩展，并反馈给用户，用户也可对识别出的概念进行调整，以提高检索准确性。界面见图 15.4。

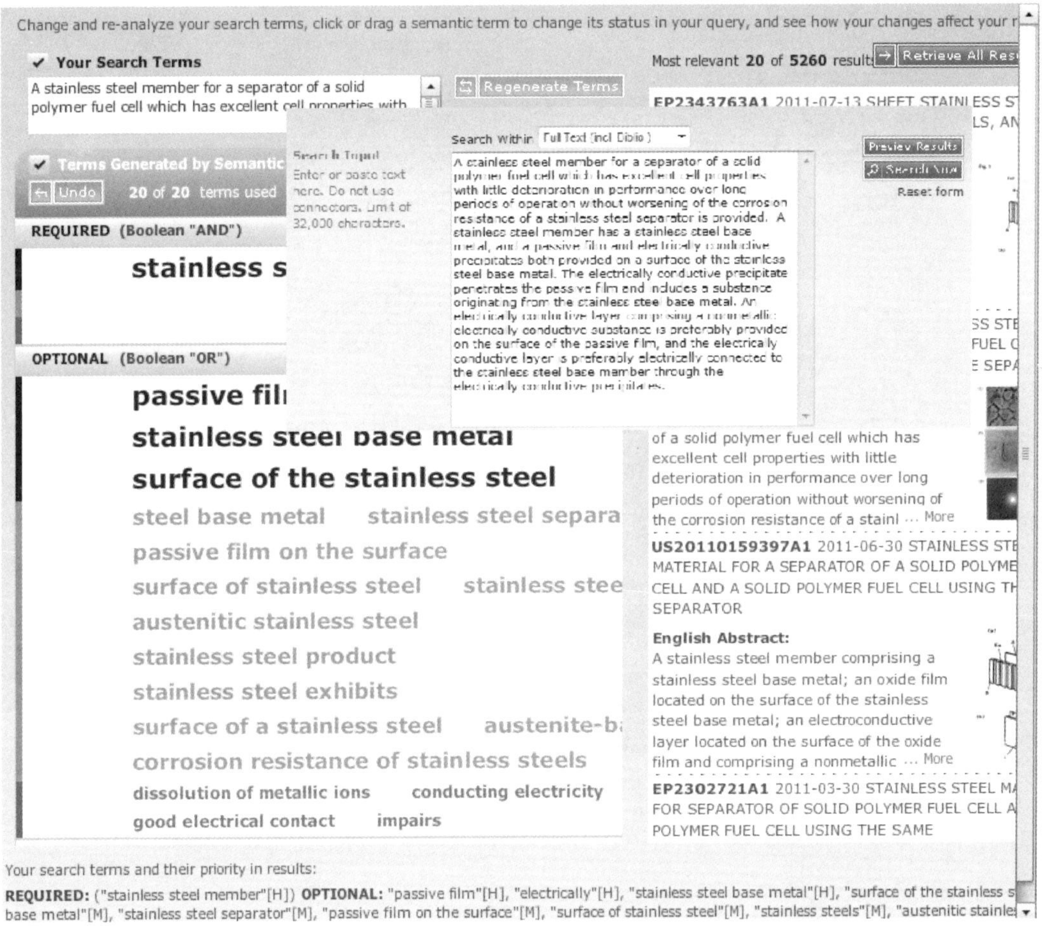

图 15.4 TotalPatent 自然语言检索

具备自然语言检索功能的专利检索系统还包括由德国 INFOAPPS 公司开发的 Sem-IP 系统。该系统支持对用户输入的句子进行理解，用户无需关心同义词、近义词和语种等问题，系统会自动对概念进行抽取和扩展，确定每个概念的权重并按照权重进行匹配，最终按相关度的高低展示检索结果，界面见图 15.5。

另外，美国 Pantros IP 公司开发的 ProSEARCH 专利检索系统同样拥有自然语言检索的功能。该系统对全球包括美国、日本、欧洲、德国、法国、WIPO 等近 20 个国家和组织的官方专利数据进行了语义标注，提供语义检索功能，允许用户在系统中输入一段文字进行检索。系统按照句法对用户输入的文字进行概念抽取，并按照概念之间的位置关系确

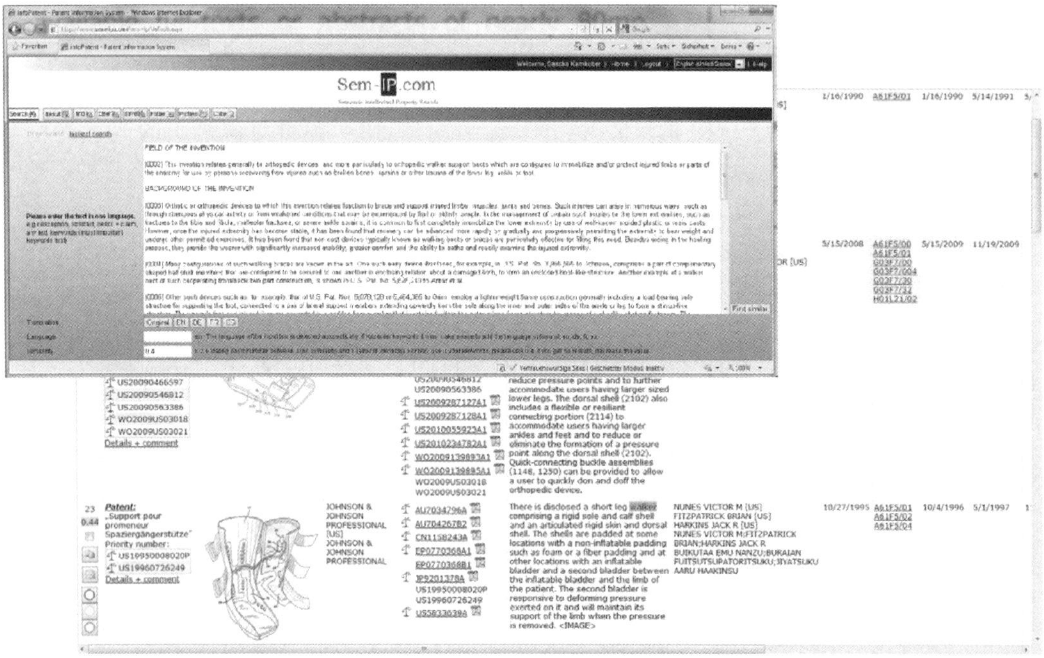

图 15.5　Sem-IP 自然语言检索

定每个概念的权重后进行后台检索，最后按相关度从大到小的顺序向用户展示检索结果。界面见图 15.6。

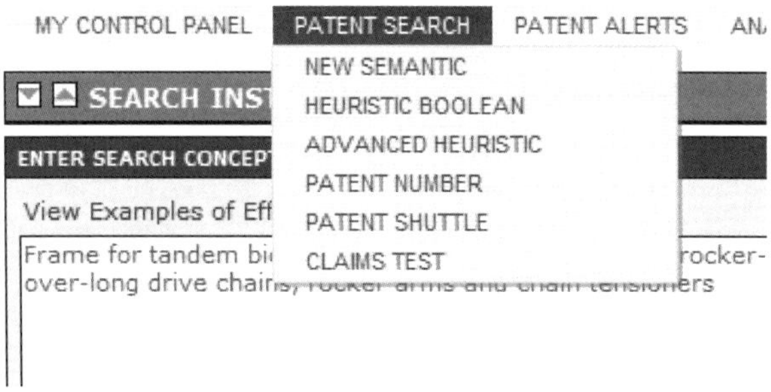

图 15.6　ProSEARCH 自然语言检索

自然语言检索的优势在于用户不需要具备很强的检索能力，录入一个句子或一段文字即可进行检索。但是其缺点也很突出，现有的信息技术很难让计算机去真正理解用户的检索意图，使得检索结果的规模过于庞大，从而导致检索失败。因此，一般在进行自然语言检索的同时，通常会将处理后的检索词和句式与本体进行匹配，从而发现检索的重点，以提高检索结果的准确率。

15.3.3　结果语义处理

检索结果的语义处理主要是让计算机按照用户的检索意图是对检索结果进行推理，

从而起到帮助用户拓宽或聚焦检索目的。检索结果语义处理的主要方式为检索结果聚类。

对检索结果进行聚类，有利于帮助用户发现核心知识，从而对他们优化检索起到一定的辅助作用，当检索结果规模较大时，聚类的作用尤为明显。目前对检索结果聚类有两种方式，分别为按属性聚类和按概念聚类。

按属性聚类　是将检索结果按照申请国、申请年、公开年等属性进行分类汇总，形成诸如国别（“中国”、“日本”、“美国”），时间（“2013 年”、“2012 年”）等统计结果，便于用户从中进行筛选。

按概念聚类　是对检索结果中的专利名称、摘要、权利要求等自然语言文本进行处理，通过分词、去除停用词、同义词近义词合并等处理之后形成向量矩阵，再利用层次聚类或 K 均值聚类等方法进行聚类的过程，其中每一层的聚类标签通过综合相似度计算或词频计算得到。聚类的结果成树状结构，便于用户发现核心概念和知识。

在常用的专利数据库中，Thomson Innovation 专利数据库提供了检索结果的聚类。相对于其他专利数据库，该系统提供的聚类功能交互性较强，用户可以自由选择参与聚类的字段。聚类结果以树状结构展示，类标签由一个或多个词组成，每个大的类簇下显示有和文档数量，便于用户筛选浏览。界面见图 15.7。

图 15.7　Thomson Innovation 聚类结果

Orbit 也对检索结果提供聚类功能，聚类结果以“云图”的方式显示。其中每个词（词组）均代表一类概念，字体越大表示类簇中文档数量越多，从而能帮助用户快速找到当前检索结果中的核心概念，界面见图 15.8。

Acid fracturing(121) | Acrylic acid methacrylamide copolymer(42) | Alkene tail(63) | Bet surfactant (53) | Borate crosslinked gel(40) | Breaker aid(62) | Brine tolerance(50) | Carboxymethyl hydroxypropyl(138) | Cationic viscoelastic surfactant(60) | Cetylmethyl bis(41) | Clay stability(40) | Clustering ability(40) | Coiled tubing(443) | Crushed nut shell(66) | Down hole(618) | Drill flexure(52) | Drill occurrence(49) | Drill steering(67) | Drilling trajectory(71) | Energized fluid (70) | Erucyl bis(45) | Erucylamidopropyl betaine(59) | Fibrillated synthetic(67) | Fracturing fluid(378) | Fracturing operation(157) | Fracturing treatment(249) | Galactose branch(39) | Galactose sugar(81) | Hydraulic fracture(165) | Hydraulic fracturing(407) | Hydraulic fracturing goal(40) | Invista corp(68) | Lwd module(68) | Mirataine bet o(50) | Mwd module(75) | Non collinear condition(53) | Oleylamidopropyl betaine(60) | Partially hydrolyzed polymethacrylamides (42) | Prop pant back property(43) | Prop pant concentration(100) | Proppant particle(58) | Proppants mixture(41) | Pumping schedule(49) | Reservoir stimulation(77) | Rheology enhancer(42) | Roto steerable subsystem(40) | Stabilizer touch(47) | Subterranean formation(565) | Viscoelastic surfactant(234) | Well bore(840) |

图 15.8　Orbit 聚类结果

ProSEARCH 专利检索系统由于其对收录的专利信息都进行了语义标注，因此聚类结果更加准确。该系统提供了聚类引擎，能够帮助用户对当前检索结果按技术领域进行快速聚类。其中聚类标签以一个或多个关键词显示，并给出了类簇的文档数量。除此之外，聚类引擎还对检索结果中的分类号、申请人、申请日、公开日、国家等属性进行了聚类，信息提供更加全面。界面见图 15.9。

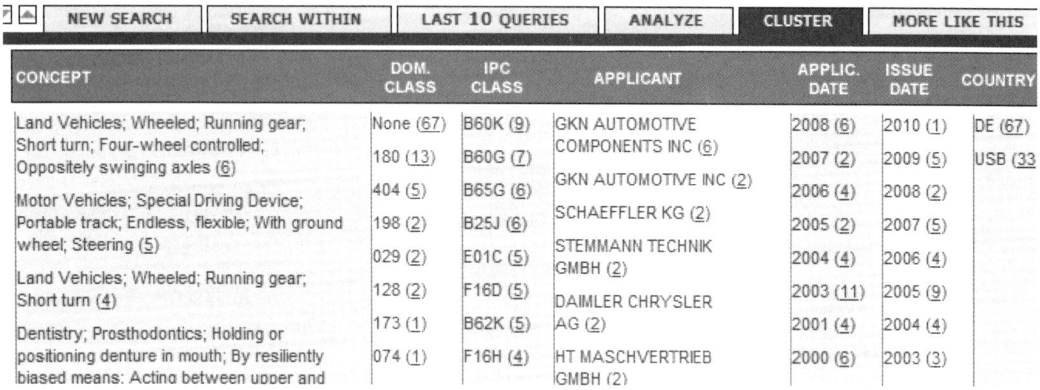

图 15.9　ProSearch 聚类结果

15.4　TotalPatent 专利语义检索

现在市场上有很多提供语义检索服务的专利数据库，检索方法大体相同，其检索的效果主要依赖于后台本体(或知识库)的规模和完整性,检索的功能本身对其影响较小。因此,本节就 TotalPatent 专利数据库的语义检索方法进行简要介绍。

"TotalPatent 世界专利索引"数据库在 2009 年便增加了语义检索功能,旨在通过语义扩展帮助用户提高检索结果的准确性。该系统的语义检索具有三大特点:

所见即所得 用户输入的检索词系统均会把语义扩展的过程和结果充分展示出来,便于用户理解。

交互功能 面对语义扩展的结果,用户可以根据自身需要对扩充后的概念集合进行新增、修改、删除等操作,并可以人工设定每个扩展概念在检索中所占据的权重。

可扩展性 语义检索所依赖的知识库的提取范围包括美国专利商标局的专利数据库和 Elsevier 期刊数据库,另外还涵盖了其他网页和网络数据库的技术信息,并且该知识库还在不断扩展中。

15.4.1 语义检索入口

用户进入 TotalPatent 数据库后,可以选择菜单栏上的"Search"菜单,并选择"Semantic Search"选项卡,进入语义检索界面,见图 15.10。

用户可以在输入框中输入单词,词组和句子(字符数不超过 32 000 个),选择检索范围为名称,摘要,权利要求和全文。与普通检索一样,为了得到更加准确的语义扩展结果,可以用引号将检索词包含起来,这样系统将会将引号中的词(词组)作为一个整体进行检索。类似高级检索,语义检索还提供了以下扩展功能:

- 可以同时在机器翻译的内容(英文)中进行检索;
- 可以对专利家族进行合并;
- 可以使用 IPC、公开时间、发明人等其他字段进行限定检索;
- 可以限定专利国家检索;
- 可以限定检索的专利文献类型(申请、授权等);
- 可以定义检索结果列表的显示字段。

当输入检索词后,可以点击"Preview Results"按钮进入语义扩展结果界面,也可以点击"Search Now"按钮直接进入检索结果界面。

15.4.2 语义扩展结果

在语义扩展结果界面,系统利用"语义引擎"对用户输入的检索词进行语义扩展,用户可以在界面上的检索词集合进行调整,包括新增检索词,修改检索词和删除检索词,同时还可以对每个检索词在本次检索中所占据的权重进行调整,以便得到更为准确的检索结果。界面见图 15.11。

语义扩展结果共有 7 个区域组成,分别为:用户输入的检索词,系统生成的检索词,语义扩展结果,用户排除的检索词,用户新增的检索词,其他相关技术领域,检索结果预览。

A. **用户输入的检索词** 该区域显示了用户在检索框输入的检索词,用户可以根据需

图 15.10　语义检索入口

要调整检索词，并点击“Regenerate Terms”按钮重新进行语义扩展。

B. **系统生成的检索词**　该区域中的检索词是系统对用户的检索词经处理后生成的核心词汇，是系统检索所必需的，在检索式中的连接符为“AND”，用户也可以根据需要对连接符和词的权重进行重新调整。

C. **语义扩展结果**　系统根据用户输入的检索词，经语义扩展后，形成一个与用户检索意图相关的检索词集合，检索词集合中分为大、中、小三种字体，大字体的检索词权重最

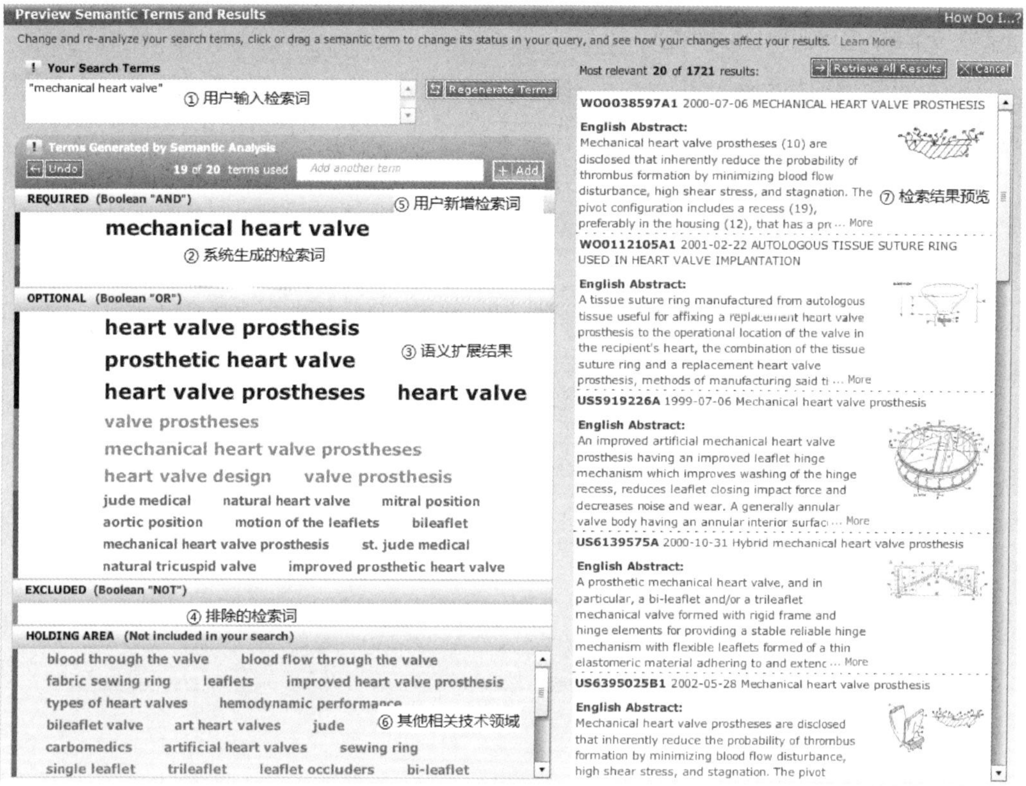

图 15.11　语义扩展结果

高，中字体其次，小字体权重最小。该区域中出现的词是系统检索时的可选项，在生成的检索式中以“OR”进行连接，用户可根据需要对其进行删除、调整权重、修改连接符等操作，界面见图 15.12。

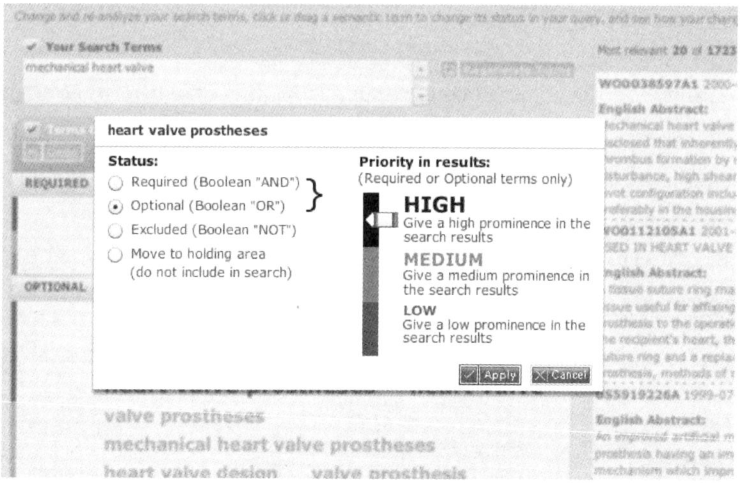

图 15.12　权重调整页面

D. **排除的检索词** 用户可以将语义扩展结果中的词移动至该区域，从而在检索中予以排除，在检索式中以“NOT”进行连接。

E. **用户新增的检索词** 用户如果对当前语义扩展结果不满意，可以手动新增与之关联的检索词进入语义扩展结果区域，同时进行调整权重，修改连接符等操作。

F. **其他相关技术领域** 系统根据本次语义扩展的结果推理出与之相关的其他技术领域的词汇，用户可以根据需要将其他领域的检索词纳入语义扩展结果，进而扩充检索结果的范围。

G. **检索结果预览** 系统为语义检索的结果提供了预览功能，用户可以在该区域方便地看到检索结果中最相关的前 20 篇文档，从而有依据的调整语义扩展的内容，使得检索结果更加准确。

15.4.3 获取检索结果

当用户调整好语义扩展结果后，可以点击“Retrieve All Results”按钮，得到本次检索的结果文档，见图 15.13。

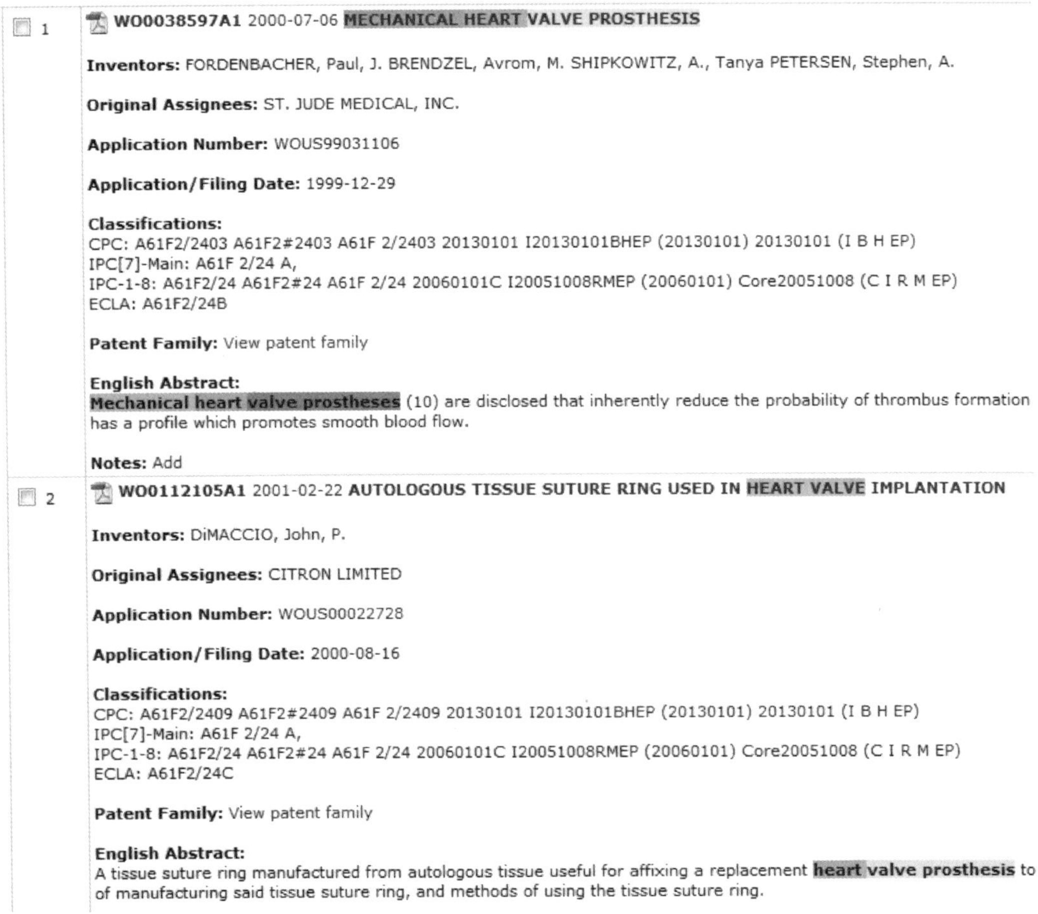

1 **WO0038597A1** 2000-07-06 **MECHANICAL HEART VALVE PROSTHESIS**

Inventors: FORDENBACHER, Paul, J. BRENDZEL, Avrom, M. SHIPKOWITZ, A., Tanya PETERSEN, Stephen, A.

Original Assignees: ST. JUDE MEDICAL, INC.

Application Number: WOUS99031106

Application/Filing Date: 1999-12-29

Classifications:
CPC: A61F2/2403 A61F2#2403 A61F 2/2403 20130101 I20130101BHEP (20130101) 20130101 (I B H EP)
IPC[7]-Main: A61F 2/24 A,
IPC-1-8: A61F2/24 A61F2#24 A61F 2/24 20060101C I20051008RMEP (20060101) Core20051008 (C I R M EP)
ECLA: A61F2/24B

Patent Family: View patent family

English Abstract:
Mechanical heart valve prostheses (10) are disclosed that inherently reduce the probability of thrombus formation has a profile which promotes smooth blood flow.

Notes: Add

2 **WO0112105A1** 2001-02-22 **AUTOLOGOUS TISSUE SUTURE RING USED IN HEART VALVE IMPLANTATION**

Inventors: DiMACCIO, John, P.

Original Assignees: CITRON LIMITED

Application Number: WOUS00022728

Application/Filing Date: 2000-08-16

Classifications:
CPC: A61F2/2409 A61F2#2409 A61F 2/2409 20130101 I20130101BHEP (20130101) 20130101 (I B H EP)
IPC[7]-Main: A61F 2/24 A,
IPC-1-8: A61F2/24 A61F2#24 A61F 2/24 20060101C I20051008RMEP (20060101) Core20051008 (C I R M EP)
ECLA: A61F2/24C

Patent Family: View patent family

English Abstract:
A tissue suture ring manufactured from autologous tissue useful for affixing a replacement heart valve prosthesis to of manufacturing said tissue suture ring, and methods of using the tissue suture ring.

图 15.13 语义检索结果

系统把语义扩展之后的检索词进行了组合，按照语义扩展检索中每个词所在的区域进行拼接(见图 15.11)，在区域②中的检索词按照“AND”方式拼接，在区域③中的检索词以“OR”方式拼接，在区域④中的检索词按照“NOT”方式拼接，同时，还根据系统或用户设定的检索词权重进行调整。最终得到如下形式的检索式：

(“mechanical heart valve”[H]) AND(valve[H] OR “mechanical heart”[H] OR prosthesis[M] OR bileaflet[M]... prosthesis[L])

其中[H]、[M]、[L]分别表示高、中、低三种权重。

拼接好的检索式提交后后台进行检索，在检索结果中，与用户检索词及其语义扩展后的词汇匹配的词均予以高亮显示，以帮助用户识别和筛选。

15.5 语义检索的发展方向

语义检索是未来互联网检索发展的方向，国内外很多专家学者也纷纷投入到了专利语义检索的研究中，出现了部分语义检索方面的科研成果；一些优秀的专利数据库也逐步将简单的语义检索功能加入到数据库中，但是总的看来，还有待进一步发展。

15.5.1 建立适用于专利文献的领域本体以提高检索准确性

领域本体(或知识库)是语义检索的核心和保障，完整和全面的领域本体能够保证语义检索的准确性。目前语义检索系统的主要问题在于：① 语义检索所依赖的领域本体规模较小，无法涵盖所有技术领域；② 部分学者使用通用本体(例如 WordNet)，缺乏对专业技术领域(特别是专利领域)知识的系统标注，检索准确性难以保证；③ 部分专利数据库使用系统用户的检索历史作为检索语义扩展的依据，难以形成完整的结构体系。

因此，需要根据现有的技术领域建立若干个适用于专利文献的领域本体，可以以点带面，从几个具有代表性的技术领域开始，构建领域本体，并利用本体的可扩展性，对其不断丰富和完善，以满足语义检索的需要。

15.5.2 利用云计算技术提高处理速度

由于语义检索需要使用到计算机的运算资源，无论是提问式处理(前处理)还是检索结果处理(后处理)，均需要耗费大量的资源，普通的服务器难以满足大数据量快速检索和推理的需求。具体表现在：① 在提问式处理过程中，一方面用户的检索词需要进入本体进行语义扩展，得到相关概念，另一方面，自然语言检索过程中，文本需要经过分句、分词、权重确定等过程，有可能还需要进一步概念扩展，需要耗费大量的计算资源；② 在检索结果处理过程中，不论是语义推理还是聚类处理，普通的服务器均很难快速得到结果。

因此，以云计算技术作为语义检索的基础技术，利用“云端”服务器集群的大规模数据处理能力和超快的计算速度，降低语义检索的处理时间，提高用户体验。

随着专利信息的爆发式增长和计算机技术的不断进步，越来越多的数据库供应商和专家学者加入到了专利语义检索的研究行列中，尝试通过语义检索，使计算机能够正确理解用户的检索意图，从而避免普通专利检索中易出现的“忠实表达”、“表达差异”及“词汇孤岛”等问题，提高检索的效果。总的看来，语义检索将会是未来专利检索发展的一个重要方向，但是依旧存在一些问题有待发展和突破，诸如构建大规模领域本体、提高运算速度等，需要进一步深入发展，才能真正满足人们的专利检索需求。

撰稿：谷俊（宝钢研究院情报中心）

第16章 国内外专利检索技术的最新进展

随着互联网、计算机技术的发展和专利应用的不断深入，专利检索技术在最近几年有了很多新的发展，在语义检索、跨语言检索和概念检索等领域取得了新的突破。

16.1 语义检索

传统的专利检索，需要根据专利主题内容，去总结和找出关键词，再通过关键词制定检索式进行检索，而语义检索则是输入一段有关专利主题内容的任意文字(字词及组合、句子、句群、文本段落)作为检索内容，系统会根据文字的智能识别，从数据库中搜索出用

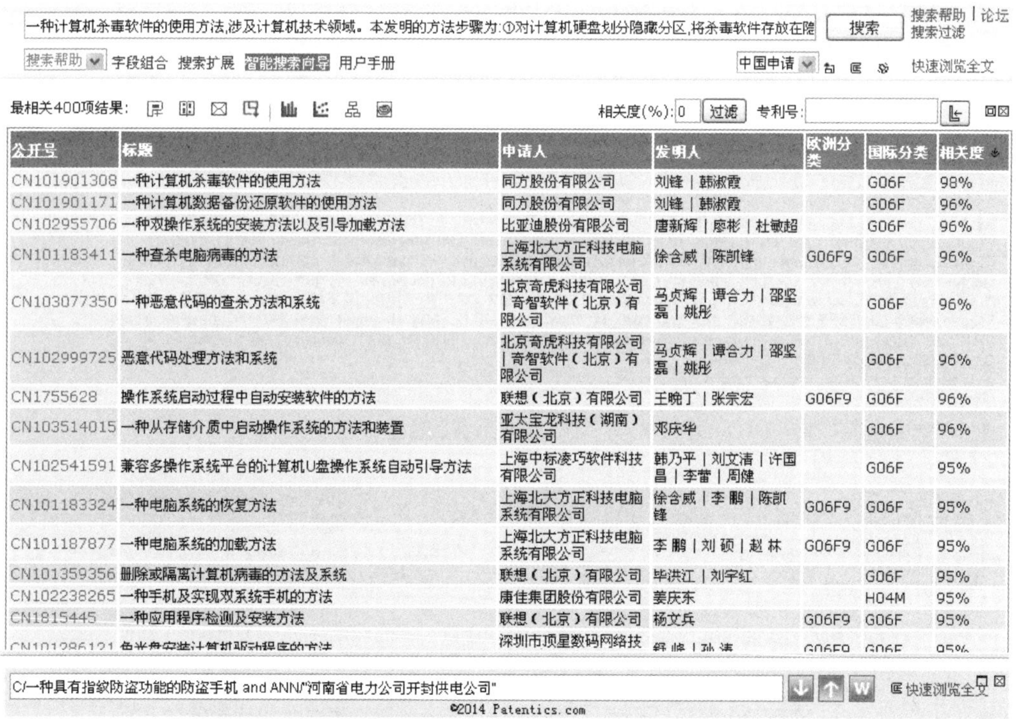

公开号	标题	申请人	发明人	欧洲分类	国际分类	相关度
CN101901308	一种计算机杀毒软件的使用方法	同方股份有限公司	刘锋 | 韩淑霞		G06F	98%
CN101901171	一种计算机数据备份还原软件的使用方法	同方股份有限公司	刘锋 | 韩淑霞		G06F	96%
CN102955706	一种双操作系统的安装方法以及引导加载方法	比亚迪股份有限公司	唐新辉 | 廖彬 | 杜敏超		G06F	96%
CN101183411	一种查杀电脑病毒的方法	上海北大方正科技电脑系统有限公司	徐含威 | 陈凯锋	G06F9	G06F	96%
CN103077350	一种恶意代码的查杀方法和系统	北京奇虎科技有限公司 | 奇智软件(北京)有限公司	马贞辉 | 谭合力 | 邵坚磊 | 姚彤		G06F	96%
CN102999725	恶意代码处理方法和系统	北京奇虎科技有限公司 | 奇智软件(北京)有限公司	马贞辉 | 谭合力 | 邵坚磊 | 姚彤		G06F	96%
CN1755628	操作系统启动过程中自动安装软件的方法	联想(北京)有限公司	王晚丁 | 张宗宏	G06F9	G06F	96%
CN103514015	一种从存储介质中启动操作系统的方法和装置	亚太宝龙科技(湖南)有限公司	邓庆华		G06F	96%
CN102541591	兼容多操作系统平台的计算机U盘操作系统自动引导方法	上海中标凌巧软件科技有限公司	韩乃平 | 刘文清 | 许国昌 | 李蕾 | 周健		G06F	95%
CN101183324	一种电脑系统的恢复方法	上海北大方正科技电脑系统有限公司	徐含威 | 李鹏 | 陈凯锋	G06F9	G06F	95%
CN101187877	一种电脑系统的加载方法	上海北大方正科技电脑系统有限公司	李鹏 | 刘硕 | 赵林	G06F9	G06F	95%
CN101359356	删除或隔离计算机病毒的方法及系统	联想(北京)有限公司	毕洪江 | 刘宇红		G06F	95%
CN102238265	一种手机及实现双系统手机的方法	康佳集团股份有限公司	姜庆东		H04M	95%
CN1815445	一种应用程序检测及安装方法	联想(北京)有限公司	杨文兵	G06F9	G06F	95%
[illegible]	[illegible]	深圳市顶星数码网络技	[illegible]	[illegible]	[illegible]	[illegible]

图 16.1 语义检索按照语义相关度给出排列好的检索结果示例

户所需要的专利信息，并按照相关度进行排序。

例如，在 Patentics(http://www.patentics.com/)专利检索系统的检索框中输入“一种计算机杀毒软件的使用方法，涉及计算机技术领域……本发明中杀毒软件与可扩展固件 EFI 结合而不依赖于 MBR 的启动方式，具有安全可靠、操作简便的特点。”这样一段专利全文去查看相关专利，系统会自动识别文字，并根据与检索文字的相关度给出排列好的检索结果(图 16.1)。

专利检索领域中较为常见的语义检索系统还有 TotalPatent 和大为 Innojoy 等。

16.2 跨语言检索

传统的专利检索，如果需要检索中国、美国、日本等不同语言的专利数据库，则检索者要运用不同语言的关键词逐一进行检索。跨语言专利检索则是输入一种语言的关键词作为检索词，跨语言专利检索系统自动把该关键词翻译成不同语言的同义词，实现多语种专利间的联合检索。

例如，在 WIPO 专利检索系统(http://patentscope.wipo.int/)中，选择“跨语言检索”，以中文的“花盆”作为检索词，输出的结果不仅有关于中文的“花盆”相关的专利，还有英文、韩文、日文等其他 WIPO 专利检索系统支持的跨语言的不同语种的专利(图 16.2)。

图 16.2　跨语言检索自动把关键词翻译成不同语言关键词示例

支持跨语言检索的专利检索系统主要有 PatBase 和中华人民共和国国家知识产权局的专利检索与服务系统等。

16.3 概念检索

传统专利检索时，由于考虑到查全率，对于具有多种概念表述的关键词，需要对关键词的所有概念表述进行检索，找出所有的同义词，造成检索的工作量较大。概念检索通过输入关键词的某一表述作为检索词，就可以检索出关键词的所有表述所包含的专利。例如在检索系统中输入"非典"概念集合中任意一词，都可以以集合中所有的词：非典型性肺炎、非典、SARS 等作为检索点进行检索。

例如，在 WIPO(http://patentscope.wipo.int/)的"跨语言检索"中输入中文"土豆"作为检索词进行检索，在检索中，不仅会以中文的"土豆"以及与其具有相同概念的"马铃薯"作为检索词进行检索，还会包括在不同语种中(如英语、日语、法语和德语等)与"土豆"具有相同概念的翻译词作为检索词进行检索，这是 WIPO 中跨语言检索技术和概念检索技术的结合使用(图 16.3)。

图 16.3 WIPO 中跨语言检索技术和概念检索技术的结合使用

16.4 专利分类

在以前的专利检索过程中，主要采用的是 IPC 分类，现在 CPC 体系（http：//www.cooperativepatentclassification.org/cpcSchemeAndDefinitions.html）作为一个目的在于使检索更加有效，针对专利文献的全球专利分类体系（或称“合作专利分类”），自 2010 年提出之后，取得了广泛的认可和使用，是专利分类发展的最前沿。

CPC 分类表的编排参照 IPC 标准，形式上更接近 IPC 分类表。CPC 建立在 ECLA 的基础上，保留了 ECLA 的全部内容和结构，同时沿用了 ECLA 的分类方法、分类原则和规则，其新增内容有：合并 ICO 标引码（由 EPO 对计算机领域标引的代码）和一些关键词码，并增加部分 UC 分类号，例如商业方法类号、交叉文献的参考类号（XRACs）、别类类号（degests）等。

CPC 分类条目多达 25 万条，CPC 分类表分为 9 个部（A～H、Y），其中，A～H 部分别对应于目前 IPC 的 A～H 部，其 CPC 类号由主干类号（Main trunk）和引得码（Indexing codes）组成。与现有 IPC 一样，CPC 同样包含“分类定义”，CPC 发行版共有 626 条 CPC 定义，以超过 5 万页的篇幅来提供有关如何使用 CPC 进行分类和检索的信息，使该体系完全清晰明了。

CPC 分类体系与 IPC 分类体系在分类标准和层级结构设置上保持了一致，容易被广泛使用 IPC 分类体系的全球用户接受。CPC 分类体系的引入，为专利分类拉开了崭新的一幕，同时也为推进共同混合型分类（CHC）迈出了重要的一步。

16.5 链接技术

在以前的专利检索过程中，检索系统中展示出的只有专利文献，没有相应的其他链接入口供用户去进行分析等操作。现在，链接技术通过在各模块之间传递参数和控制命令，并把它们组成一个可执行的整体，从一个网页指向一个目标的连接关系，所指向的目标可以是另一个网页，也可以是相同网页上的不同位置，还可以是图片、电子邮件地址、文件等来方便用户进行操作。

例如，在 PATSEEK 专利检索系统（http：//www.osti.gov/eprints/）中，以“phone”作为检索词进行检索，检索结果列表以外，包括各种超链接：PDF 专利文献、主题、作者、出版物、日期以及专利涉及的领域统计，这样有利于用户对于检索的结果进行下一步的下载、筛选等操作（图 16.4）。

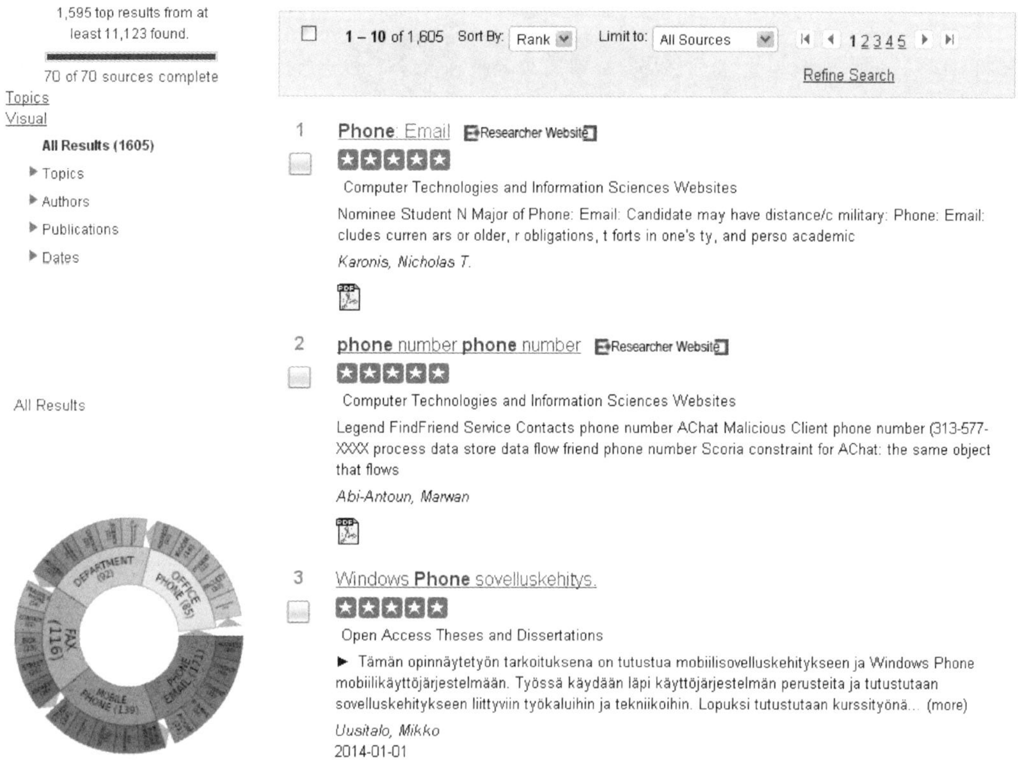

图 16.4　PATSEEK 专利检索系统检索结果各种超链接

16.6　跨 库 检 索

以前在专利的检索过程中，就某一检索主题而言，为了考虑到查全率，会针对相关的各个专利库进行逐一检索，工作量比较大。跨库检索则可以在一个跨库检索系统中输入检索词，并选择需要检索的相关数据库，系统会自动去所有选择的数据库检索，并集成、去重和排序检索结果，最后以统一的格式展现给用户。跨库检索可以缩短检索的时间，增添便利性，提高检索的效率。

例如，国内的大为 Innojoy 专利检索系统(http://www.innojoy.com/)，可以在检索条件中选择中国发明专利、美国、WO、EP 等 41 个专利数据库，实现中外专利数据库的联合统一检索(图 16.5)。

其他跨库检索平台主要有 SurfIP、IPEXL 和上海知识产权(专利信息)公共服务平台检索系统等。

图 16.5 Innojoy 专利检索系统的跨库检索

16.7 图像检索

现在的检索基本上是利用文字作为检索的唯一对象。基于图像检索的检索系统开发，让用户可以以图像作为检索对象进行检索。

例如，在 Pubchem 检索系统（http://pubchem.ncbi.nlm.nih.gov）中，包涵包括 3 个数据库 Pcsubstance，Pccompound 和 PCBioAssay，对具体的检索条件进行图像的绘制和检索，能够更好的检索出目标文献。首先利用 PubChem SketcherV2.4（http://pubchem.ncbi.nlm.nih.gov/edit2/index.html）绘制所要检索的图像，然后用所绘制的图像进行检索，就可以检索出相关文献。

用于搜索美国专利数据库的基于图像内容的专利检索系统 PATSEEK，致力于检索美国专利数据库中的专利图像。该系统线性的扫描图像数据库中所有图像，比较检索图像与库中每一幅图像的相似性，按照相似性大小返回检索结果。该系统所用图像特征是边缘方向自相关图（Edge Orientation Autocorrelogram，EOAC），该特征主要用来描述线条图。中国外观设计专利智能检索系统由国家知识产权局开发，自 2008 年 4 月 26 日正式对社会公众开放以来，不断地完善功能和更新数据。中国外观设计专利智能检索系统是基于图形内容的检索系统，用户可以直接对图形要素（形状、色彩、纹理等）进行检索，无需标引。

总体来看，图像检索处于探索阶段。

16.8 自动翻译

专利检索时很多检索到的专利是外文文献，需要后期专门进行翻译，工作量比较大。

现在专利检索系统中的自动翻译工具则直接可以对专利文献进行翻译。

例如，在Orbit(http：//orbit.com/)中，可以支持多种语言的专利文献进行自动翻译，在专利文献检索完成后，只需要选择需要翻译的语言，就可以实现专利文献的自动翻译，获得翻译后的专利文献，极大地减少了用户在使用外文文献时所要花费的翻译时间，提高工作效率。

此外，欧洲专利局即时智能翻译工具于2012年2月投入使用，目前能够实现英语同其他14种语言的专利文献互译；中华人民共和国国家知识产权局专利信息服务平台，用户可以使用具有结合专利文献翻译服务的特点研发出来的在线机器翻译技术、将多语言翻译解决方案成功应用至B/S构架系统的专利信息服务平台，可以不仅保证翻译质量，同时还能提高翻译的效率；北京彼速专利搜索引擎可实现英文、日文专利名称、摘要、权项、描述的自动翻译。

16.9　专利搜索引擎

以前在专利的检索过程中，就某一检索主题而言，为了考虑到查全率，会对不同的专利库进行检索，工作量大且成本较高。专利检索引擎则是在一个搜索引擎中进行一次检索，即可得到多个专利数据库中的专利信息，这样大大节省了检索时间，提高了检索效率。

例如，在百度专利搜索引擎(http：//zhuanli.baidu.com/)中输入“一种加密手机”作为检索词，基于其搜索引擎技术(如“爬虫工具”等)，能够简单、方便、快速地查询中国各领域的基于该检索词的各种专利信息，且结果按照相关度等进行智能排序。

此外，典型的网站还有大型互联网公司Google专利检索系统，专业的专利搜索引擎SOOPAT等。这类专利检索网站除了提供传统的文献搜索、浏览外，还基于其技术优势，将专利检索与专利分析有机地结合起来，为专利工作者提供了极大的便利。具体请参考专利搜索引擎一章。

撰稿：陈枫(上海大学图书情报档案系)

查 新 篇

查新是通过检索文献判定项目创新性的一种情报咨询服务。新颖性(Novelty) 是科技创新的灵魂，也是查新工作的核心。正确地理解和认识新颖性的内涵，是判断查新项目的技术方案是否具有创新性的前提。查新是申请科技立项、成果鉴定、申报奖励、专利申请、技术引进、新产品开发之前必须经过的环节。严谨认真的查新工作有助于技术人员吸取信息中的技术精华,为技术创新项目的管理提供依据,使技术创新更加科学化和规范化。

专利查新是国际上广泛采用的查新形式,在技术研发、引进转让、专利申请、侵权诉讼、出口贸易等方面应用十分广泛,代表着科技查新的发展方向,也是提升现有科技查新水平的重要抓手。面对专利侵权纠纷日益频繁之势,一方面应提高专利侵权的防范意识,另一方面即使在被控侵权之后也应采取合理措施化解侵权纠纷。在众多知识产权问题解决方案中,专利侵权检索(Infringement Search)已成为非常重要的环节。据不完全统计,各国因未查阅专利文献,使研究课题失去价值,每年造成的损失数以十亿美元计,间接损失就更多了。

本篇所述的查新是指涉及专利分析的广义上的查新,包括专利新颖性和创造性查新、专利侵权查新、专利法律状态查新、同族专利查新、专利二次开发查新和自主知识产权查新。

第17章
专利查新流程分析及其报告撰写

本章所称的专利查新(Patentability Search),是指狭义上的专利新颖性和创造性分析,又称为可专利性检索,指通过检索和对比分析,对某一发明或实用新型的可专利性作出文献评价。根据专利法第二十二条第一款的规定,授予专利权的发明和实用新型应当具备新颖性、创造性和实用性,此三个条件又称为"可专利性"。由于实用性不必通过检索判定,因此专利查新实际上是判定发明或实用新型(以下简称查新项目)新颖性和创造性,理论上应当检索所有的国内外文献,包括专利文献和非专利文献。专利查新的一般流程如图 17.1 所示。

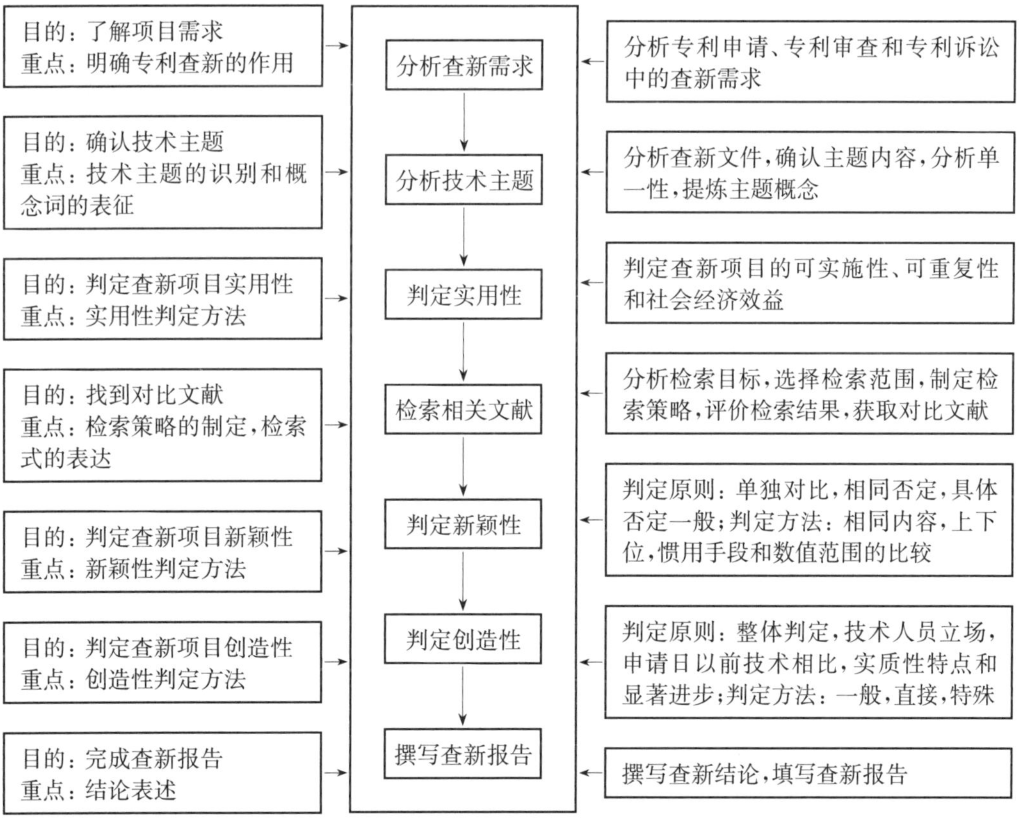

图 17.1 专利查新流程

17.1　分析查新需求

专利查新主要解决两类问题：一是解决发明创造能否授权的问题；二是解决授权专利的权利有效性问题。因此，专利查新需求大体可以分为三大类。

(1) 专利申请需要查新

技术研发、产品生产和上市的各个环节都可能申请专利，都需要专利查新。

专利申请人在申请专利前对发明创造进行专利查新的好处是：① 明确专利申请的授权前景，避免浪费时间，支付不必要的专利申请费，使技术中合理的部分能够在保密状态下继续加以提高或改进；② 参考检索到的资料，修订申请文件，增加专利申请的获准率；③ 在发明专利申请审查过程中用以帮助申请人向专利局提交参考资料。中华人民共和国专利法第三十六条规定：发明专利的申请人请求实质审查的时候，应当提交在申请日前与其发明有关的参考资料。发明专利已经在外国提出过申请的，国务院专利行政部门可以要求申请人在指定期限内提交该国为审查其申请进行检索的资料或者审查结果的资料；无正当理由逾期不提交的，该申请即被视为撤回。

因此，这种专利查新不但要判断发明创造有无专利性，而且应当寻找有助于改进发明创造的技术文献。即使确认有专利性，也还是要找到一些相关的背景文献，以便于在专利申请审查过程中向专利局提交参考资料。该项查新依据的文件是技术交底书或专利申请资料。

(2) 专利审查需要查新

每一件发明专利申请在被授予专利权之前都应当进行专利查新，它既是发明专利申请实质审查程序中的一个关键步骤，也是专利审查员的一项主要工作，其目的在于找出与专利申请密切相关或者一般相关的现有技术中的对比文献，或者找出抵触申请文件和防止重复授权文件，以确定专利申请是否具备新颖性和创造性，或者是否符合专利法第九条第一款的规定，即同样的发明创造只能授予一项专利权。每一件发明专利申请在继续审查(包括复审后的审查)中，审查员可能还要进行补充查新。

因此，这种专利查新主要是判断专利申请有无专利性，在我国由专利局审查员负责。由于审查量越来越大，大多数专利机构都缩小文献检索范围，采用世界知识产权组织的最低文献量的规定，导致漏检的可能性增大。不少国家如美国和日本开始认定中介机构帮助开展这种专利审查性质的查新。该项查新依据的文件是经过专利局初审的发明专利申请说明书。

(3) 专利诉讼需要查新

专利诉讼中涉及专利权人(原告)和被控侵权人(被告)双方，在专利权人决定诉讼或被控侵权人被起诉侵权以后，如何诉讼便成为一个非常关键的问题。原告如何实现自己的诉讼请求，被告又如何化被动为主动，其中专利查新非常重要。

专利局授予专利权后，原告拿着专利证书到法院打官司，法院假定凡是经过专利局审批授予的专利，都符合专利法关于授予专利的要求，都是有效的专利。但是，专利的有效性只是一个假定，而不是绝对的。由于审批专利是一项十分复杂的工作，而且审批质量还受专利局馆藏文献量、审查员的业务水平等因素的影响，因此任何国家的专利局都不能保证它所授予的专利均完全符合专利法规定的授权条件。按照我国专利法规定，对实用新型和外观设计专利申请并不进行全面的实质审查，而只进行初步审查，故而其不符合专利性的可能性更大。

我国专利法第六十一条第二款规定：专利侵权纠纷涉及实用新型专利或者外观设计专利的，人民法院或者管理专利工作的部门可以要求专利权人或者利害关系人出具由国务院专利行政部门对相关实用新型或者外观设计进行检索、分析和评价后作出的专利权评价报告，作为审理、处理专利侵权纠纷的证据。上述条款说明实用新型专利或者外观设计专利的原告在专利诉讼时可能被要求专利查新。另外，发明专利的原告也最好在提起诉讼前进行专利查新，以确认专利权稳固性很强，避免诉讼过程中专利被无效掉，承担较高的诉讼费和可能的赔款，结果“赔了夫人又折兵”。

在专利侵权诉讼中，被告既可以采用不侵权抗辩检索，也可以采用无效检索。不侵权抗辩检索是针对侵权指控的对抗性检索，目的是从现有技术文献中找出能够说明被控侵权对象属于自由公知技术的证据。无效检索是针对原告专利开展专利查新，目的是找出能够证明原告的专利不具有新颖性或创造性因而是无效的文献。所以，被告要收集一切可以证明自己不侵权或将原告专利无效掉的证据，这些证据包括专利文献、销售发票、产品广告、公开使用证明等。有资料显示，在诉讼过程中，经美国专利商标局授权的专利大约有 46 %左右被宣告无效。欧洲专利局所授权的专利中，德国的专利也有大约 30%被宣告无效。我国已授权的专利中，无效专利的比例还要高于上述数值。特别是对实用新型专利和外观设计专利，由于在专利审查中并没有经过实质审查程序，其专利无效概率非常高，事实上实用新型专利被请求无效后约有一半会被宣告无效。

因此，这种专利查新是一种进一步的确权查新，主要判断已经授权的专利是否真的有专利性，目标是找出任何否定专利性的文献。该项查新依据的文件是目前专利权依然有效的专利说明书。所以，在专利查新之前应当对该专利先进行法律状态查新。

17.2　分析技术主题

技术主题是指查新项目的主要技术内容，是查新需求具体化的表现。技术主题分析的目的是，根据查新需求将技术主题分解成主次分明的各个单元概念，排除与主题无关的信息，从而确定反映技术主题内容的概念表达式。技术主题承载于查新文件中，因此准确理解技术主题应当首先分析查新文件。

17.2.1 分析查新文件

查新文件即表达技术主题的书面文件，是整个查新过程中开展专利性判断的文件依据，主要有技术交底书、专利申请资料、专利公开文件和授权专利文件。

(1) 技术交底书

技术交底书是用户提交的在专利申请文件形成前描述发明技术初步构思的一种技术性文件。申请人向专利查新员提供技术交底书，就是让查新员明确其打算申请专利的发明的初步构思，了解发明的创新内容，把握查新主题，提炼主题词，完成检索，最后选定与发明申请相关的对比文献。这一系列操作，都是以发明人提供的这种技术交底书为基础的。只有根据清楚、完整记叙发明技术方案的技术交底书，查新员才能检得与发明创新内容相关性较好的对比文献，并且从专利申请文件撰写一开始，就能规避一些与发明创新技术相关性较为密切的已有专利，调整创新内容，避免日后可能出现的侵权风险，提高专利授权的可能性。技术交底书，也可能只是包含申请专利发明要点的查新委托单、技术报告等文件。但无论何种形式，都必须能给查新员提供清晰的查新主题，帮助查新员理解"查什么"的问题。

(2) 专利申请资料

专利申请资料是指完成发明构思后初步形成的包括权利要求书、说明书、摘要、附图在内的准备向知识产权局正式递交申请的技术资料。与技术交底书不同，专利申请资料是经过内容梳理、提炼和反复推敲之后，按照申请专利的要求所形成的。相对而言，其技术方案更加明确，能给检索提供较为清晰的查新主题，能使查新员更深入地吃透发明实质内容，选择更贴切的主题词，拟定更恰当的检索式，进行更有针对性的检索。这样进行检索，可使检得的对比文献与发明申请的新颖性和创造性的相关性更明确、说服力更强。利用这些对比文献，申请人可以重新评估专利申请资料中表达创新内容范畴的权利要求书初稿，规避一些可能产生误解和引起侵权的已有专利，及时对申请文件进行必要的修改，减少专利审查阶段出现一些不必要的麻烦，提高专利申请的授权前景。

(3) 专利公开文件

发明专利申请资料一旦向国家知识产权局正式递交经初步审查合格后，自申请日起18个月后公开，也可应申请人请求提前公开。凡经公开出版的专利申请文件便称为专利公开文件。若申请人在自申请日起3年以内的任何时间提出实审请求的话，则该公开的专利申请即可进入实质审查程序。而在实审阶段，知识产权局审查员通常会要求申请人提供与公开的专利申请相关的国内外文献，这时一些原先未进行专利查新的申请人往往会以专利公开文件作为专利查新依据，向专利查新机构提出专利查新请求。

与前两类查新依据相比，专利公开文件由于已经知识产权局的初步审查，文件相对更加规范，而作为反映发明技术创新点的权利要求书也相对固定，因此查新主题更为直接、明确。在检索策略较为科学、合理的条件下，其检索结果也较为明晰、可信。但其不足在于：申请人这时不能根据查新结果，随意对申请文件做较大的修改，特别是不能超出其申请日提交申请文件记载内容的范围，修补、改动的余地明显减小。

(4) 授权专利文件

在发生专利诉讼时，应当以授权文本为依据。确定专利权保护范围时，应当以国家授权机关最终公告的专利权利要求书文本或者已发生法律效力的复审决定、撤销决定、无效决定等所确定的专利权利要求书文本为准。

17.2.2 确认主题内容

上述查新文件虽然承载着技术主题，但文件每一部分从不同的侧面揭示技术主题，应该有重点的仔细研读，核心是技术方案。

(1) 重点研读的文件部分

尽管要根据查新文件的全部文本(例如：权利要求书、说明书、附图)来确定技术主题，但在研读时应该有重点地循序渐进。技术方案的主题内容主要来自权利要求书，因此权利要求书是我们查找文献和判定专利性的基本内容依据。

首先，研读独立权利要求，以独立权利要求所限定的技术方案作为查新的主题，把重点放在独立权利要求的发明构思上，而不应当只限于独立权利要求的字面意义，当然也不必扩展到考虑说明书及其附图的内容后得出的每个细节。

其次，当查新后发现独立权利要求所限定的技术方案不具有新颖性或者创造性时，还需要以从属权利要求进一步限定的技术方案作为查新的主题，评价其新颖性和创造性。当检索结果显示独立权利要求所限定的技术方案具有新颖性和创造性时，一般不需要再对其从属权利要求所限定的技术方案作进一步的检索。

同样，在从属权利要求进一步限定的技术方案缺乏新颖性和创造性的情况下，有时还应当针对说明书及其附图中的其他实质性内容进行检索，因为专利申请人在修改权利要求时，可能把它们补充到权利要求中去。

(2) 技术主题的确定

技术主题具体化的表现是技术方案。技术方案是对要解决的技术问题所采取的利用了自然规律的技术手段的集合。技术手段通常是由技术特征来体现的。每一项权利要求都确定了一个技术保护范围，该范围由记载在该权利要求中的所有技术特征来界定，这些技术特征的总和构成了该权利要求保护的技术方案。根据权利要求书确定技术主题时，应当完整地理解权利要求书中所记载的技术内容。下面以独立权利要求为例说明技术主题的确认方法。

发明或者实用新型的独立权利要求应当包括前序部分和特征部分，按照下列规定撰写：① 前序部分，写明要求保护的发明或者实用新型技术方案的主题名称和发明或者实用新型主题与最接近的现有技术共有的必要技术特征；② 特征部分，使用“其特征是……”或者类似的用语，写明发明或者实用新型区别于最接近的现有技术的技术特征，这些特征和前序部分写明的特征合在一起，限定发明或者实用新型要求保护的范围。因此，以独立权利要求来确定技术主题时，一般将其前序部分记载的技术特征和特征部分记载的技术特征结合起来确定。

技术主题表达的基本形式是技术特征＋主题名称。一般以独立权利要求中前序部分的主题名称为主，将技术特征看作是对主题名称的限定。例如：一种棉织机减震器，其特征是在钢板上粘有粘弹材料，两者结合成一体。该技术主题为：以钢板上粘有粘弹材料并且两者结合成一体为特征的棉织机减震器。当独立权利要求中前序部分所描述的主题名称在分类表中没有确切的分类位置时，可以选择具有分类位置的反映发明创造技术主题的要素作为主题名称，将技术特征看作是对该新主题名称的限定。例如：一种计时钟，包括外壳和机芯，其特征是该外壳用陶瓷材料制成，外壳的外形为……。技术主题为：一种计时钟用的陶瓷材料制成的外形为……的外壳。

(3) 技术主题的类型

了解查新项目的技术主题类型，对于深刻理解主题、分析单一性、分门别类有重点有步骤地检索和对比有积极的意义。

按照形式划分，查新项目的技术主题可以分为产品、方法、设备或材料四大类。应当以最宽泛的含义来理解这些技术主题的类型。产品发明是指经过人工制造、以有形形式出现的发明，包括化合物、组合物、织物等。产品发明可以是一件独立的产品，也可以是其他产品的一部分。方法是指有时间先后的一连串动作的集合，包括聚合、发酵、分离、成形、输送、纺织品的处理、能量的传递和转换、建筑、食品的制备、试验、设备的操作及其运行、信息的处理和传输等。方法是为解决某一特定技术问题所采取的步骤；最常见的是制造产品的方法，它是利用自然规律作用于一个物品或物质，使之发生新的质变或成为另一种物品或物质的方法发明。“设备”是与某种预期的用途或目的联系在一起的产品，例如用于产生气体的设备、用于切割的设备。材料包括组成混合物的各种组分等，材料本身也可以构成产品。

按照解决问题的多少划分，查新项目的技术主题可以分为单一主题和多主题两大类。如果一个查新项目解决的技术问题只有一个，那么就是单一主题，例如一种剃须刀。如果一个查新项目解决的技术问题有多个，那么就是多主题，例如一种剃须刀及其制造方法。

17.2.3 分析单一性

单一性，是指一件发明或者实用新型专利申请应当限于一项发明或者实用新型，属于一个总的发明构思的两项以上发明或者实用新型，可以作为一件申请提出。专利申请应当符合单一性要求的主要原因是：① 经济上的原因，为了防止申请人只支付一件专利的费用而获得几项不同发明或者实用新型专利的保护；② 技术上的原因，为了便于专利申请的分类、检索和审查。

同理，专利查新也要求查新项目技术主题符合单一性。在对一件查新项目中的两项以上发明主题进行检索之前，应当首先判断它们之间是否明显不具有单一性。如果这几项发明主题没有包含相同或相应的技术特征，或所包含的相同或相应的技术特征均属于本领域惯用的技术手段，则明显不具有单一性。

单一性判定方法：① 将第一项发明的主题与相关的现有技术进行比较，确定体现发明对现有技术作出贡献的特定技术特征；② 判断第二项发明中是否存在一个或者多个与第一项发明相同或者相应的特定技术特征，从而确定这两项发明是否在技术上相关联；③ 如果在各项发明之间存在一个或者多个相同或者相应的特定技术特征，即存在技术上的关联，则可以得出它们属于一个总的发明构思的结论；相反，如果各项发明之间不存在技术上的关联，则可以作出它们不属于一个总的发明构思的结论，进而确定它们不具有单一性。

某些项目的单一性可以在检索之前确定，而某些项目的单一性则只有在检索之后才能确定。例如，一件申请中包括除草剂和割草机两项独立主题，由于两者之间没有相同或者相应的技术特征，因而明显不具有单一性，检索前即可得出结论。下面举一些例子以提高对单一性的认识。

例 1

主题 1：一种传送带 X，特征为 A。

主题 2：一种传送带 Y，特征为 B。

主题 3：一种传送带 Z，特征为 A 和 B。

主题 1 和主题 2 没有记载相同或相应的技术特征，因此它们在技术上没有相互关联，不具有单一性。主题 1 中的特征 A 是体现项目对现有技术作出贡献的特定技术特征，主题 3 中包括了该特定技术特征 A，两者之间存在相同的特定技术特征，具有单一性。类似地，主题 2 和主题 3 之间存在相同的特定技术特征 B，具有单一性。

例 2

主题 1：一种灯丝 A。

主题 2：一种用灯丝 A 制成的灯泡 B。

主题 3：一种探照灯，装有用灯丝 A 制成的灯泡 B 和旋转装置 C。

与现有技术文献公开的用于灯泡的灯丝相比，灯丝 A 是新的并具有创造性，而该三项主题均具有相同的特定技术特征灯丝 A，因此它们之间有单一性。

例 3

主题 1：一种制造产品 A 的方法 B。

主题 2：一种制造产品 A 的方法 C。

主题 3：一种制造产品 A 的方法 D。

如果与现有技术相比，产品 A 是新的并具有创造性，则产品 A 是上述三项主题的相同的特定技术特征，这三项方法 B、C、D 之间有单一性。如果产品 A 是已知的，则其不能作为特定技术特征，这时应重新判断这三种方法的单一性。

例 4

主题 1：一种化合物 X。

主题 2：一种制备化合物 X 的方法。

主题 3：化合物 X 作为杀虫剂的应用。

第一种情况 当化合物X具有新颖性的时候，化合物X是这三项主题相同的技术特征，由于它是体现项目对现有技术作出贡献的技术特征，即特定技术特征，因此主题1至3存在相同的特定技术特征，主题1、2和3有单一性。

第二种情况 通过检索发现化合物X与现有技术相比不具有新颖性，虽然主题2和3之间的相同技术特征仍为化合物X，但是由于化合物X对现有技术没有作出贡献，故不是相同的特定技术特征。因此，主题2和3之间不存在相同或相应的特定技术特征，缺乏单一性。

有单一性的几个主题放在一起查新，检索和下判断都比较容易，不会多花很多时间和经费。比如例4中，我们若查到主题1(一种化合物X)具有新颖性，则主题2(一种制备化合物X的方法)和主题3(化合物X作为杀虫剂的应用)必定具有新颖性。

17.2.4 提炼主题概念

提取主题名称作为基本概念词。当权利要求的主题名称不能准确表达权利要求技术方案的主题时，需要结合该权利要求的技术内容来确定能够体现其主题的"名称"作为基本概念词，如从权利要求前序部分共有特征中提取与特征部分发明点密切相关、却未隐含在主题名称之内的概念词，或者从权利要求特征部分提取与现有技术相区别的体现发明点的概念词。

(1) 自共有特征中提取概念词时要考虑发明点

权利要求的技术主题可以用主题名称＋共有特征＋特有特征的形式来表示。如果其中某些共有特征并不是特有特征部分发明点改进的对象，则原则上不从该共有特征提取概念词。例如，一项涉及照相机的发明，其权利要求的前序部分为"一种照相机，包括布帘式快门、透镜和取景窗，其特征是布帘式快门采用……的结构"。由于该发明的实质在于照相机布帘式快门的改进，因此不需要将其他共有特征，例如透镜和取景窗作为概念词提取出来。这样做的原因是，独立权利要求的前序部分中，除写明要求保护的发明或者实用新型技术方案的主题名称外，仅需写明那些与发明或实用新型技术方案密切相关的、共有的必要技术特征。所以上例中透镜和取景窗亦完全可能不写入前序部分。

(2) 功能、用途限定主题名称的概念词提取问题

许多专利查新项目的主题名称中含有功能、用途的限定，如表17.1。

一般来说，主题名称中用于限定的功能和用途是技术方案(本质)本身必然产生的结果(表象)，而非技术方案的组成与结构。例如，一种中药配方，只要含有茜草、紫珠、栀子、庶虫、王不留行、野菊花，就可以否定相同配方的名称上出现"治疗高血压"的药物组合物的新颖性。因此，理论上应当从主题名称和技术特征中挑选概念词。换句话说，概念词应当反映技术方案的组成或结构。有极少数发明，因组成或结构特征尚未完全明确而不得不采用功能、用途补充限定的情况例外。

尽管理论上应当从技术方案中挑词，可许多情况下技术方案中很难选到表征性较强的词，这时可以尝试选择功能或用途限定词作为概念词进行检索。功能或用途(表象)是

表 17.1　主题名称中含有功能、用途限定的专利查新项目举例

主题名称	特 征 部 分	说　　明
一种磁性合金	含有 10%～60%(重量)的 A 和 90%～40%(重量)的 B	用“磁性”对合金进行功能限定
用于钢水浇铸的模具	其特征是……	用“钢水浇铸”对模具进行用途限定
一种丁烯脱氢催化剂	含有 Fe_3O_4 和 K_2O……	用“丁烯脱氢催化”对催化剂进行用途限定
一种治疗高血压的药物组合物	主要由茜草、紫珠、栀子、庶虫、王不留行、野菊花天然中草药制成	用“治疗高血压”和“药物”对“组合物”进行用途限定
一种防氡环保乳胶漆	含水 24%～28%、羟乙基纤维素 0.2%～0.4%、防冻剂 0.3%～0.5%、防霉剂 0.3%～0.5%、聚醋酸乙烯酯 26%～35%	用“防氡”对“乳胶漆”进行用途限定；用“环保”对“乳胶漆”进行功能限定

由技术方案(本质)决定的。一种功能或用途的产品可能只有几种技术方案，这时用功能或用途词限定十分有效，把检索到的几种方案的专利文献一篇一篇人工过一下就可以了。例如，主题名称为“用于钢水浇铸的模具” 的权利要求，其中“钢水浇铸”用途的模具文献不会太多，可以把“钢水浇铸”作为概念词尝试。当然，应该明白，选择技术方案之外的词组成概念表达式，对于检索而言只具有否定新颖性或创造性的意义，而不具有肯定新颖性或创造性的意义，即：找到密切相关文献，检索式正确，技术方案没有新颖性或创造性；没有找到密切相关文献，不能说明不存在密切相关文献，不能推断技术方案具有新颖性或创造性。因此，功能或用途作为概念词只有相对的意义，但却大大增加了选词的容易性。

(3) 功能、用途限定技术特征的概念词提取问题

权利要求中应当尽量避免使用功能或者效果特征，其特征部分不得单纯描述功能。只有在某一技术特征无法用结构特征来限定，或者技术特征用结构特征限定不如用功能或者效果特征来限定更为恰当，而且该功能或者效果在说明书中有充分说明时，使用功能或者效果特征来限定才可能是允许的。对于权利要求中所包含的功能性限定的技术特征，应当理解为覆盖了所有能够实现所述功能的实施方式。

例： 专利的权利要求 1 为“一种电池外壳的制造方法”，其特征包括以下步骤：① 制备预定长度的管通；② 用模具把所述管通向两边拉伸至所要求形状的筒形；③ ……；④ 所述模具包括斜楔型上模和下模；⑤ 所述下模主要由斜楔型滑块和限位装置组成。

对类似于上例中权利要求 1 所述“限位装置”等功能性技术特征的含义，应当将其权利要求中的相关部件作“覆盖了所有能够实现该功能的实施方式”的一般性解释。因此，提取概念词一般有两种方法：① 把表达功能性技术特征的各种概念词找出来进行逻辑或；② 功能性技术特征的概念不提取，从而扩大表达范围。

(4) 等同特征的概念词提取问题

在确定反映技术方案的概念词时，不仅要考虑技术方案中明确的技术特征，必要时还应当考虑技术方案中的某些技术特征的等同特征。等同特征是指与所记载的技术特征相比，以基本相同的手段，实现基本相同的功能，达到基本相同的效果，并且所属技术领域的技术人员能够联想到的特征。在等同特征情况下，查新项目的技术方案相对于现有技术不具备创造性。在确定等同特征时，应当考虑说明书中描述的各种变型实施例、说明书中不明显排除的内容等因素。具体提取一般有两种方法：① 把表达等同特征的各种概念词找出来进行逻辑或；② 等同特征的概念不提取，从而扩大表达范围。

17.3 判定实用性

实用性(Utility)，是指发明或者实用新型能够制造或者使用，并且能够产生积极效果。发明或者实用新型是否具备新颖性和创造性，只有在其具备实用性后才予以考虑。因此，查新项目在确认技术主题后，应当对该主题的实用性作初步判断。

首先，查新项目必须具有可实施性，也就是说能够在产业上制造或者使用。这要求查新项目的技术方案已经完成，达到了所属技术领域中具有中等水平的专业人员可以依据说明书予以实施的程度。当然不是要求该查新项目的技术方案必须达到完美无缺的程度。该查新项目必须符合自然规律和科学原理。违背自然规律的发明创造，如所谓永动机的发明，是根本不可能实现的，不具有可实施性。其次，查新项目的技术方案必须在规定的条件下可以重复实施。这种重复实施不得依赖某种随机因素，其实施的结果必须是相同的。因此，如果某项查新项目的制造或者使用，只能在独一无二的自然条件下才能实现，或者完全取决于人力所无法控制的自然条件，或者依赖于特定少数人的特殊技能，那么它就不具有再现性，也就不具有实用性。最后，查新项目的应用应该能够取得良好的经济效益和社会效益。它的应用必须有助于提高劳动生产率，提高人类的物质或者精神福利。

17.4 检索相关文献

判定完实用性后，接下来进入检索阶段。检索是指从文献资料、网络信息等信息集合中查找到与查新项目技术主题最接近的信息或资料的过程。

17.4.1 分析检索目标

专利检索目标在于找出与查新项目技术主题密切相关的现有技术中的对比文献，或者找出抵触申请文献和防止重复授权的文献。

(1) 现有技术(Prior art)文献

现有技术(也称为已有技术、在先技术)是指查新项目申请日(有优先权的,指优先权日)以前在国内外出版物上公开发表、在国内外公开使用或者以其他方式为公众所知的技术。现有技术应当在申请日以前处于能够为公众获得的状态,公众从中能得知实质性技术内容。但申请日当天公开的技术内容不包括在现有技术范围内。实际上,专利查新主要就是找出现有技术中的国内外出版物上公开发表的文献。

所谓出版物公开就是说某种技术已经在出版物上刊载。出版物是指通过印刷或者其他机械、化学方法大量复制并向社会公开发行的信息载体。就载体形式而言,它不仅包括各种印刷、打印或手抄的纸件,而且还包括其他各种以光、电、磁或照相等方式制成的有形载体,如磁带、磁盘、光盘、缩微胶片或平片等,还可以是以其他形式存在的资料,例如存在于互联网或其他在线数据库中的资料等。就内容而言,出版物包括专利文献、科技刊物、科技著作、学术论文、专业文献、技术手册、教材、技术专题报告、产品样本乃至产品广告等。专利查新时要对这些出版物进行全面检索,只有那些在已有出版物中检索不到的技术才有可能被认为具有新颖性。

出版物不受地理位置、语言或者获得方式的限制,也不受年代的限制。出版物的出版发行量多少、是否有人阅读过、申请人是否知道是无关紧要的。出版物的印刷日视为公开日,有其他证据证明其公开日的除外。印刷日只写明年月或者年份的,以所写月份的最后一日或者所写年份的 12 月 31 日为公开日。

处于保密状态的技术内容不属于现有技术。所谓保密状态,不仅包括受保密规定或协议约束的情形,还包括社会观念或者商业习惯上被认为应当承担保密义务的情形,即默契保密的情形。然而,如果负有保密义务的人违反规定、协议或者默契泄露秘密,导致技术内容公开,使公众能够得知这些技术,这些技术也就构成了现有技术的一部分。印有"内部资料"、"内部发行" 等字样的出版物,确系在特定范围内发行并要求保密的,不属于公开出版物。

(2) 抵触申请文献

根据专利法第二十二条第二款的规定,在发明或者实用新型新颖性的判断中,由任何单位或者个人就同样的发明或者实用新型在申请日以前向专利局提出并且在申请日以后(含申请日)公布的专利申请文件或者公告的专利文件损害该申请日提出的专利申请的新颖性。为描述简便,在判断新颖性时,将这种损害新颖性的专利申请,称为抵触申请。抵触申请还包括申请日以前由任何单位或者个人提出、并在申请日之后由专利局作出公布或公告的且为同样的发明或者实用新型的国际专利申请。

专利查新确定是否存在抵触申请,不仅要查阅在先专利或专利申请的权利要求书,而且要查阅其说明书(包括附图),应当以其全文内容为准。注意抵触申请仅指在申请日以前提出的,不包含在申请日提出的同样的发明或者实用新型专利申请。

(3) 防止重复授权的文献

第三次修改的中华人民共和国专利法于 2009 年 10 月 1 日起施行。禁止重复授权原则是此次修改的专利法中新增加的内容。专利权是一种具有强烈排他性的无形财产权,垄断性、独占性的特征决定了对于同样发明创造专利的授予必须保证只允许一项有效的专利权存在，这也正是专利法禁止重复授权原则的法理基础。对于同样的发明创造，无论是同一人还是不同人分别提出两件以上专利申请，即使在符合授予专利权条件的情况下，也不能授予两项以上专利权，否则这些专利权之间就会发生冲突。这就是“禁止重复授权原则”。“同样的发明创造只能被授予一项专利权”理解为“不同时存在两项以上的有效专利权”，即采用“有效专利权唯一性”标准。

专利查新要找出防止重复授权的文献。对于重复授权的判断，《专利审查指南》第二部分第三章的 6.1 节规定：“判断时，如果一件专利申请或专利的一项权利要求与另一件专利申请或专利的某一项权利要求保护范围相同，应当认为它们是同样的发明创造。找到重复授权的文献后一般根据不同的情形做不同的处理。同一申请人同一天就同样的发明创造提出专利申请，应当就这两件申请分别通知申请人进行选择或者修改。申请人期满不答复的，相应的申请被视为撤回。对于同一申请人同日（仅指申请日）对同样的发明创造既申请实用新型又申请发明专利的，在先获得的实用新型专利权尚未终止，并且申请人在申请时分别做出说明的，除通过修改发明专利申请外，还可以通过放弃实用新型专利权避免重复授权。不同申请人同一天就同样的发明创造提出专利申请，应当在收到国务院专利行政部门的通知后自行协商确定申请人。申请人期满不答复的，其申请被视为撤回；协商不成，两件申请均予以驳回。同一申请人先后就同样的发明创造提出专利申请以及不同申请人先后就同样的发明创造提出专利申请，由于新修改的专利法扩展了抵触申请的范围，使之包括了同一申请人提交的在先申请，因此申请日不同时根据先申请原则，申请人在后提交的申请会因缺乏新颖性而不能获得授权。

17.4.2 选择检索范围

针对查新项目的技术主题，确定合理的文献检索范围，包括检索的专业范围、地域范围和时间范围。专业范围：不同专业的项目必须检索专业的核心数据库，如化工专业必须查《化工文摘 CA》，医学专业必须查《医学文摘 MEDLINE》，金属冶炼应该查《金属文摘》等。地域范围是全世界。下面对检索的文献范围和时间范围作进一步阐述。

(1) 文献范围

专利查新要检索的最低文献范围 由于专利申请量远远超过审查检索能力，世界知识产权组织（WIPO）专利合作条约（PCT）实施细则制定了专利审查必须检索的最低文献量的规定。目前必须检索的专利文献是指 1920 年以来美国、英国、法国、德国、瑞士、日本、中国、韩国、俄联邦（包括前苏联）、欧洲专利局和专利合作条约组织官方出版的专利文献；必需检索的非专利文献时有调整，由国际局公布文献清单，一般是上述国家和专利组织的 100 多种科技期刊。根据最新的 WPO 世界知识产权信息和文献手册报道，145 种期刊被列入 PCT 检索的最低非专利文献量范围。2012 年 7 月 1 日起中国专利文献纳入 PCT 最低文献量，标志着我国专利文献事业进入了一个新阶段，将有利于各国专利审查员检索到更完整的现有技术文献，提高 PCT 检索的效率和质量，推动中国专利文献走向世界。目前，许多专利审查机构采用最低文献量规定。我国还规定中国专利的审查还应当检索中国期刊文献。

专利查新尽可能检索的最大文献范围 在时间、资源允许的条件下，专利查新应最大限度地扩大检索范围，以保证查全率。专利数据库是可以利用的主要文献检索资源。一般优先选用各国政府知识产权局网站、国际或地区间专利合作组织网站提供的公益性专利数据库资源，包括中国专利、美国专利、日本专利、欧洲专利等进行操作。在有条件的情况下，可考虑选择数据含量大、检索功能强的商业性专利数据库，如英国 Derwent 公司的世界专利索引(简称 WPI)。非专利文献数据库是可以利用的另一大类主要文献检索资源。国内可选择万方数据股份公司、清华同方知网技术有限公司或重庆维普资讯公司提供的数据库系统，这些数据库收录了期刊全文、学位论文、会议论文、科技成果、新产品等多种信息，涵盖面非常广泛，基本上能够满足对国内非专利文献的资源要求。国外非专利文献可以利用著名检索系统 Dialog 中 411 文档，进行相关文献的预检索，从中挑选出相关文献分布较多的数据库作为正式检索的数据库范围。有关数据库的选择，包括具体数据量、年限、网址、进入方法详见本书附录部分。

互联网资源已成为专利查新重要的检索范围 互联网作为一种通讯媒介，既可以检索专利数据库，也可以检索非专利数据库。这里所说的专利查新互联网资源主要指网页信息。通常可以利用网络上检索功能强大的搜索引擎，如谷歌(Google)、百度(Baidu)、雅虎(Yahoo)等进行检索，从而在更广泛的范围内更全面地获得关于发明申请的公开信息，以此对专利检索中可能存在的某些不足进行补救。面对互联网上的海量信息，在进行新颖性审查时，已经有国家通过立法将其纳入了现有技术检索的视野。《日本专利法》中明确规定了互联网信息可以构成现有技术。美国将互联网公开的相关内容规定在专利商标局(USPTO)的《专利审查程序手册》(MPEP)中，其规定：互联网公开如果可为相关文献所属领域的人员获得，则可以认为属于美国专利法意义下的“印刷出版物”。此外，USPTO 还发布了《互联网使用政策》，为审查员出于专利审查目的的互联网检索与引证操作提供引导性意见。美国专利和商标局在专利检索模板上明确把 GOOGLE 和 YAHOO 搜索引擎囊括在其中。

对于技术方案新颖性的判定，任何人发表的信息，只要和查新项目相同或实质相同并且确认为现有技术，都可以作为否定项目新颖性的依据。利用互联网信息判定时，需要采取必要的措施：① 对于互联网上的文章或信息没有注明发表日期、并且难以通过其他途径确定其发表日期的，这时应当以检索日作为时间依据；② 对于检索到的对比文献注明转载于其他刊物，应当追溯原始文献加以确认；③ 互联网上的文献随时可能变化，要注意及时打印、保存对比文献，必要时还得进行公证。

(2) 时间范围

理论上检索时间应该是申请日或优先权日之前所有国内外文献。但实际操作中不可能把先前的文献全部穷尽地查一遍，只是时间起点尽量早一点。专利合作条约(PCT)实施细则提出了专利检索最低文献量的时间起点：即 1920 年以来美国、英国、法国、德国、瑞士、日本、中国、韩国、俄联邦(包括前苏联)以及欧洲专利局和世界知识产权组织出版的专利文献;近 5 年的 100 多种期刊。

判定查新项目新颖性,还要确认它有无抵触申请,因此需要检索申请日或优先权日之后的中国专利文献。注意可能出现的构成抵触申请的两种时间界限。

任何单位或者个人就同样的发明或者实用新型在申请日以前向国务院专利行政部门提出过申请,并记载在申请日以后公布的专利申请文件或者公告的专利文件中,将使该发明的专利申请丧失新颖性。考虑到通常发明公开 18 个月的延期,这种抵触申请理论上要求专利查新的检索讫止时间从“申请日”延长至 18 个月后,实际上还可以延至 24 个月后,以避免由于专利申请公开流程、发行过程的时间差而遗漏抵触申请。

任何单位或者个人在该发明申请日之前向 PCT 国际受理局提交的,并且在该发明申请的申请日后(含申请日)进入中国国家阶段并公布的相同内容的国际专利申请,将使该发明的专利申请丧失新颖性。考虑到通常通过 PCT 途径进入国内阶段最晚需要 30 个月,专利查新时注意将检索讫止时间从该发明的“申请日”延长至 30 个月后,最好能延长至 36 个月后,以避免 PCT 专利自国际阶段转入国家阶段的运作流程和国内阶段的公开流程、发行过程等时间延滞而遗漏抵触申请。

17.4.3 实施具体检索

找对比文献的目标应当是分阶段实施的,通常分三步:① 寻找相同内容的发明创造的文献;② 寻找其他否定新颖性的文献;③ 寻找否定创造性的文献。

(1) 寻找相同内容的发明创造的文献

如果查新项目与对比文献所公开的技术内容完全相同,或者仅仅是简单的文字变换,则认为两者相同。这里相同内容的发明创造的文献包括三种情况:① 同样的发明或实用新型,即对比文献属专利文献,其权利要求保护的技术方案与查新项目相同;② 不是同样的发明或实用新型但相同内容的文献,即对比文献的技术方案虽与查新项目相同,但对比文献属非专利文献,或者虽是专利文献,但其技术方案不属于权利要求的保护范围;③ 对比文献的技术方案是查新项目更为具体的技术方案,其特征覆盖查新项目所有特征。寻找相同内容的发明创造的文献,首先应当在技术主题所属的技术领域中寻找,其次可以用表征查新项目所有技术特征的检索式查找。例如,查新项目的权利要求是特征 A、B 和 C 组合的,应当对 A+B+C 的技术方案进行检索。同时,所有的概念词应当表达成实际的检索词。

(2) 寻找其他否定新颖性的文献

如果没有找到相同内容的发明创造的文献,就应该针对各个特征寻找下位概念词构建实际表达式进行检索。如金属特征可以用铜、铝、铁等进行检索。

查新项目权利要求通常有两种概括的方式,不同概括方式的检索方法不相同。

对于用上位概念概括的特征,例如用“气体激光器”概括氦氖激光器、氩离子激光器、一氧化碳激光器、二氧化碳激光器等,应当对其本身及其所包含的下位概念进行检索。意即，用“或”将上位概念“气体激光器”和下位概念氦氖激光器、氩离子激光器、一氧化碳激光器、二氧化碳激光器等组配起来检索。检索到任一个下位概念特征，都可以否定上位概念概括的特征的新颖性。

对于用并列选择法概括的特征，即用“或者”或“和”并列几个必择其一的具体特征，例如“特征 A、B、C 或者 D”以及“由 A、B、C 和 D 组成的物质组中选择的一种物质”等，当采用并列选择法概括时，被并列选择概括的具体内容应当是等效的，不得将上位概念概括的内容用“或者”与其下位概念并列。对于这种概括方式，应当对并列选择概括的具体特征分别进行检索。意即，用“或”将特征 A、B、C 或者 D 组配起来检索。检索到任一个下位概念特征只能否定该下位概念特征的新颖性。

(3) 寻找否定创造性的文献

确认查新项目具有新颖性，还要判断其是否具有创造性。具体检索方法有：① 用上位概念的词组配检索；② 用较少特征的检索式检索；③ 对相近主题领域检索；④ 针对等同特征进行扩展检索；⑤ 采用近义词检索。

用上位概念的词组配检索，如：铜、铝或铁的特征可以用上位的金属特征进行检索。

用较少特征的检索式检索，如：权利要求是特征 A、B 和 C 的组合，应当首先对 A+B+C 的技术方案进行检索，如果未查找到可评述其新颖性、创造性的对比文献，则应当对 A+B、B+C、A+C 的分组组合以及 A、B 和 C 单个特征进行检索。

对相近主题领域检索，是指在专利查新主题所属的技术领域中没有找到密切相关文献的情况下，应当把检索扩展到功能类似的技术领域。功能类似的技术领域是根据查新文件中揭示出的主题所必须具备的本质功能或者用途来确定，而不是只根据查新文件的主题名称或者明确指出的特定功能来确定。例如，茶叶搅拌机和混凝土搅拌机属于功能类似的技术，因为搅拌是两者都必须具备的本质功能；同理，切砖机和切饼干机也是功能类似的技术。再如，某一查新项目的独立权利要求限定了具有某种结构特征的电缆夹子。如果在电缆夹子所属的技术领域中检索不到相关的文件，那么应当把检索扩展到有关管夹和其他类似的夹子的技术领域，因为这些夹子具有与电缆夹子类似的本质功能，因此很可能具有查新项目的独立权利要求中限定的结构特征。也就是说，进行扩展检索时，对于可能包含有与查新项目技术主题的全部或者部分特征相关的内容的文献都应当检索。

针对等同特征进行扩展检索。在专利性检索中需要考虑的等同特征的常见方式包括相对于查新项目的方案中的某技术特征在结构、位置关系、材料、工艺过程等方面进行简单替换，且最终能够实现基本相同的功能和基本相同的效果的特征。就专利文献本身而言，实施例部分通常会给出多个变形实施例，这在客观上也有利于进行这类扩展检索。等同特征扩展检索主要是为了防止遗漏通过已知手段的等效替代即可得到查新项目技术方案的现有技术。

17.4.4 评价检索结果

检索初步实施后，应当对检索结果的有效性初步评价：发现密切相关文献可确定本次检索有效;仅发现一般相关文献可确定本次检索部分有效,需进一步优化检索策略确认是否真的不存在密切相关文献;未发现相关文献多数可确定本次检索无效,需重新梳理检索过程。对于后两种情况,可以分别从关键词途径和分类途径检索,然后对检索结果互相验证。

17.4.5 获取对比文献

对比文献是指为判断查新项目新颖性或创造性等所引用的相关文献,包括专利文献和非专利文献。引用的对比文献可以是一份,也可以是数份;所引用的内容可以是每份对比文献的全部内容,也可以是其中的部分内容。找到的文献如果可用来否定查新项目的新颖性或创造性,则称为密切相关文献;找到的文献如果与查新项目的部分特征相同,则称为一般相关文献。对于密切相关文献原则上都应调取,而一般相关文献可能数量比较多,应从不同的分侧面各选 1～3 篇为宜。

从以下几个角度可以确定最合适的对比文献:① 能破坏新颖性或创造性的文献;② 不能破坏新颖性或创造性,但是相同技术特征数目最多的文献;③ 与实施例最接近的文献;④ 容易与其他文献结合否定创造性的文献。

保存所有对比文献的相关信息,数据输出格式应全面、规范。一般文献的输出字段应包括有题名、作者、机构、关键词、出处(年卷期页)、摘要;专利文献输出字段应包括专利申请号、公开号或公告号、专利权人、发明人、专利申请日、公开日或公告日、国际专利分类号、专利摘要;网络新闻或技术报道输出字段应包括网页题目、公司或作者、报道日期、网址或其他出处、内容摘要等。

引用对比文献判断查新项目的新颖性和创造性时,应当以对比文献公开的技术内容为准。该技术内容不仅包括明确记载在对比文献中的内容,而且包括对于所属技术领域的技术人员来说,隐含的且可直接地、毫无疑义地确定的技术内容。但是,不得随意将对比文献的内容扩大或缩小。另外,对比文献中包括附图的,也可以引用附图。引用附图时必须注意,只有能够从附图中直接地、毫无疑义地确定的技术特征才属于公开的内容;由附图中推测的内容,或者无文字说明、仅仅是从附图中测量得出的尺寸及其关系,不应当作为已公开的内容。

17.4.6 停止检索

理论上说,任何完善的检索都应当是既全面又彻底的检索。但是,用于检索的时间、精力和成本与预期可能获得的结果要相称,因此从合理性角度考虑,检索要有一定的限度,要随时根据已经检索出的对比文献的数量和质量决定是否应当停止检索。检索过程中,出现下列情况之一时可以停止检索:

① 找到一份与查新项目的技术主题密切相关的对比文献,并且认为它清楚地公开了查新项目的全部主题的全部技术特征,或者由它所公开的内容使所属技术领域的技术人员能够得出权利要求书中的全部技术方案,即该对比文献单独影响申请的全部主题的新颖性或创造性,构成查新报告中的 X 类文件或 E 类文件。

② 找到两份或者多份与查新项目技术主题密切相关的对比文献，所属技术领域的技术人员能够容易地把它们结合起来，得出权利要求书中的全部技术方案，即这些对比文献结合起来影响查新项目全部主题的创造性，构成检索报告中的Y类文件。

③ 查新员根据其知识和工作经验，认为不可能找到密切相关的对比文献，或者认为预期的结果与需要花费的时间、精力和成本相比十分不相称，不值得继续检索。

④ 从公众提供的资料中，或者从申请人提交的外国为其申请进行检索的资料或者审查结果的资料中，发现了上述①或②所述的密切相关的对比文献（通常为检索报告中的X或Y类文件）。

17.5 判定新颖性

新颖性，是指该发明或者实用新型不属于现有技术；也没有抵触申请。判断查新项目是否具有新颖性应当针对权利要求限定的技术方案进行。

17.5.1 判定原则

(1) 单独对比原则

判断新颖性时，应当将查新项目的各项权利要求分别与一项现有技术或抵触申请的相关技术内容单独地进行比较，不得将其与几项现有技术或者抵触申请内容的组合，或者与一份对比文献中的多项技术方案的组合进行对比。

单独对比原则实际上是技术方案的单独对比，是对每项权利要求来讲的。通常当一项独立权利要求被判断具有新颖性时，从属于该独立权利要求的从属权利要求就自然具有新颖性。

(2) 相同否定原则

申请日之前同样的发明或实用新型以及内容相同的对比文献，将使查新项目丧失新颖性。同样的发明或实用新型是指与查新项目的技术领域、所解决的技术问题、保护的技术方案和预期效果实质上相同。除了同样的发明或实用新型外，内容相同的对比文献是指其他的发明或实用新型在非权利要求如说明书部分公开了与查新项目相同的技术内容，或非专利文献公开了与查新项目相同的技术内容。所述的相同包括技术内容完全相同，也包括仅仅是简单的文字变换。

"相同"一词并不意味着对比文献所公开的技术方案与查新项目要求保护的技术方案相比必须不多不少，而是指前者覆盖了后者。上述相同的内容应该理解为包括可以从对比文献中直接地、毫无疑义地确定的技术内容。例如查新项目的权利要求是"一种电机转子铁心，所述铁心由钕铁硼永磁合金制成，所述钕铁硼永磁合金具有四方晶体结构并且主相是 $Nd_2Fe_{14}B$ 金属间化合物"，如果对比文件公开了"采用钕铁硼磁体制成的电机转子铁心"，就能够使上述权利要求丧失新颖性，因为该领域的技术人员熟知所谓的"钕铁硼磁体”即指主相是 $Nd_2Fe_{14}B$ 金属间化合物的钕铁硼永磁合金,并且具有四方晶体结构。

(3) 具体否定一般原则

如果查新项目与对比文献相比,其区别仅在于前者采用一般(上位)概念,而后者采用具体(下位)概念限定同类性质的技术特征,则具体(下位)概念的公开使采用一般(上位)概念限定的查新项目丧失新颖性。例如,对比文献公开某产品是“用铜制成的散热器”,就使“用金属制成的散热器”的查新项目丧失新颖性。

17.5.2 判定方法

判定查新项目的新颖性,实质上是判定技术方案的新颖性。技术方案是对要解决的技术问题所采取的利用了自然规律的技术手段的集合,技术手段通常是由技术特征来体现的。因此,查新项目与对比文献的比较,实际上是对技术特征的比较。需要首先确定两项技术方案中技术特征如何划分,然后对划分的技术特征所限定的范围进行确认。

(1) 技术特征的划分

专利权的保护范围应该由权利要求所记载的所有技术特征的整体所组成的技术方案来确定,不仅包括特征部分的技术特征,还包括前序部分或引用部分的技术特征。技术特征可以是构成发明或者实用新型技术方案的组成要素,也可以是要素之间的相互关系,见表 17.2。

表 17.2 权利要求中特征的构成

	要素特征	关系特征
权利要求主要构成	组成要素(属性)	要素之间的相互关系
产品权利要求构成	各个组成部分	各组成部分之间的位置关系、连接关系或作用关系
方法权利要求构成	各个步骤和条件	各个步骤之间的位置关系、连接关系或作用关系;条件的附属关系

由于技术方案完成发明创造的总体功能,而技术特征完成各项子功能,所以应当以功能为主、兼顾效果,进行技术特征的划分。要素及其关系是有层次的,因此特征也是分层次的,直接隶属于产品或方法的特征为第一层次特征,而隶属于第一层次特征的为第二层次特征即子特征,依次类推。文献对比时应当同层次比较。

产品技术特征划分举例:

一种热敏电阻器,具有由氧化锰、氧化铜和氧化钛组成的基体,且所述基体有镀银电极层。

划分特征时,可以先从组成要素划分特征,一共有 5 个要素,即镀银电极层、基体、氧化锰、氧化铜及氧化钛,各自有独立的功能,分成 5 个要素特征,其中基体和镀银电极层直接组成产品热敏电阻器,属第一层要素特征,而组成基体的氧化锰、氧化铜和氧化钛属于热敏电阻器的第二层次,为子要素特征;然后从组成要素之间的关系划分,可以划成 3 个特征,即热敏电阻器由基体和镀银电极层组成,银镀在基体表面上,构成第一层关系特征,基体由氧化锰、氧化铜和氧化钛组成构成第二层子关系特征,见表 17.3。

表 17.3　热敏电阻器特征构成一览表

名　称	要素特征	子要素特征	子关系特征	关　系　特　征
热敏电阻器	基　体	氧化锰	基体由氧化锰、氧化铜和氧化钛组成	热敏电阻器由基体和镀银电极层组成；银镀在基体表面上
		氧化铜		
		氧化钛		
	镀银电极层			

方法技术特征划分举例：

一种中草药浓缩液提取方法，其特征是：步骤 1：加热后过滤，步骤 2：浓缩，……。

尽管权利要求将技术特征划分成步骤 1、步骤 2，但步骤 1 包含两个动作：加热和过滤，可以拆成两个步骤特征。另外，这些步骤之间位置顺序也是一个特征。

(2) 判定是否属于相同内容

分析查新项目与对比文献的技术方案是否实现相同的功能，如果不是实现相同的功能就是不同的技术方案。如果两个技术方案所实现的功能相同，则将两个技术方案对比综合考虑其总体功能是由哪几项子功能的结合来实现的，这样逐层递进，以使两个对比技术方案中的功能或子功能最大限度地对应，同时按照前述方法划分技术特征。

判断同样的发明或实用新型　将查新项目的权利要求与对比文献的权利要求相比，如果两者技术方案的对应子功能相同，对应特征相同，则查新项目的技术方案与对比文献公开的技术方案实质上相同，所属技术领域的技术人员根据两者的技术方案可以确定两者能够适用于相同的技术领域，解决相同的技术问题，并具有相同的预期效果，可以认为两者为同样的发明或者实用新型。

例：

查新项目的权利要求是"一种热敏电阻器，具有由氧化锰、氧化铜和氧化钛组成的基体，且所述基体有镀银电极层。"

对比文献的权利要求是"一种基本上由基体和基体上镀银电极层构成的热敏电阻器，其中基体由氧化锰、氧化铜和氧化钛组成。"

尽管两者权利要求的文字表述不一样，但将其技术方案的特征进行对应比较后表明，两者属于同样的发明或实用新型。

如果一件专利申请或专利的一项权利要求与另一件专利申请或专利的某一项权利要求保护范围相同，应当认为它们是同样的发明或实用新型。两件专利申请或专利说明书的内容相同，但其权利要求保护范围不同的，应当认为所要求保护的发明创造不同。例如，两件专利申请的说明书都记载了一种产品以及制造该产品的方法，其中一件专利申请的权利要求书要求保护的是该产品，另一件专利申请的权利要求书要求保护的是制造该产品的方法，应当认为两者要求保护的是不同的发明创造。要注意的是，权利要求保护范围仅部分重叠的，不属于同样的发明或实用新型。例如，权利要求中存在以连续的数值范围限定的技术特征的，其连续的数值范围与另一件发明或者实用新型专利申请或专利权利要求中的数值范围不完全相同的,不属于同样的发明或实用新型。

判断相同内容的技术主题 如果查新项目与对比文献所公开的技术内容完全相同,或者仅仅是简单的文字变换,则认为两者相同。

例 1:

查新项目的权利要求是"一种治疗贫血的药物,包括人参和文无。"

对比文献公开的内容是"一种治疗贫血的药物,包括人参和当归。"

尽管对比文献没有提及文无,但是文无就是当归的别称,两者仅仅是简单的文字变换。因此可以确定查新项目与对比文献属相同内容的技术主题。

查新项目与对比文献所公开的技术内容完全相同,应该理解为包括可以从对比文献中直接地、毫无疑义地确定的技术内容。认定可以从对比文献中直接地、毫无疑义地确定的技术内容,应当满足两个条件:① 该技术内容是公知的;② 该技术内容是唯一确定的。

例 2:

查新项目的权利要求是"一种手机,包括扬声器、键盘、麦克风、控制器和天线。"

对比文献公开的内容是"一种手机,包括扬声器、键盘、麦克风、控制器。"

尽管对比文献没有提及天线,但是该领域的技术人员熟知所谓的"手机"一定是有天线的。因此可以确定两者属相同内容的技术主题。

查新项目与对比文献所公开的技术内容完全相同,还应该理解为包括可以从对比文献中推定公开的内容。以化合物新颖性判定为例,如果在一份对比文献里已经提到该化合物,即推定该化合物不具备新颖性,委托人能提供证据证明在申请日之前无法获得该化合物的除外。

这里所谓"提到"的含义是:明确定义或者说明了该化合物的化学名称、分子式(或结构式)、理化参数或制备方法(包括原料)。若一份对比文献所公开的化合物的名称和分子式(或结构式)难以辨认或者不清楚,但该文件公开了与查新项目要求保护的化合物相同的理化参数或者鉴定化合物用的其他参数等,即推定该化合物不具备新颖性。若一份对比文献所公开的化合物的名称、分子式(或结构式)和理化参数不清楚,但该文件公开了与查新项目要求保护的化合物相同的制备方法,即推定该化合物不具备新颖性。

(3) 判断上下位概念的技术主题

将查新项目的技术特征与对比文献的技术特征一一对应,如果查新项目的技术特征采用一般(上位)概念,而对比文献的对应特征采用具体(下位)概念,则具体(下位)概念的公开使采用一般(上位)概念限定的查新项目丧失新颖性。例如:查新项目技术特征是A+B两个特征,而对比文献公开A+b两个特征,其中b是B的下位特征,则查新项目没有新颖性。具体案例如表17.4。

反之,一般(上位)概念的公开并不影响采用具体(下位)概念限定的查新项目的新颖性。例如,对比文献公开了"用金属制成的散热器",并不能使"用铜制成的散热器"的查新项目丧失新颖性。当然,铜散热器的公开并不使铜之外的其他具体金属(如铁)制成的散热器的查新项目丧失新颖性。

表 17.4 机器人行走机构查新项目与现有技术特征对比

	主题名称	特征 1	特征 2	结　论
查新项目	机器人行走机构	电机接传动机构	传动机构的输出轴上装有驱动轮	无新颖性，因为下位否定上位
对比文献	机器人行走机构	电机接齿轮传动机构	齿轮传动机构的输出轴上装有驱动轮	
关系	相同	上位与下位	上位与下位	

(4) 惯用手段的直接置换

如果发明或者实用新型与对比文献的区别仅仅是所属技术领域的惯用手段的直接置换，则该发明或者实用新型不具备新颖性。例如，对比文献公开了采用螺钉固定的装置，而要求保护的发明或者实用新型仅将该装置的螺钉固定方式改换为螺栓固定方式，则该发明或者实用新型不具备新颖性。

(5) 数值和数值范围情况下的新颖性判定

一般情况下，权利要求中包含有数值范围的，其数值范围应尽量以数学方式表达，例如："≥25℃"、"＞5"等。通常，"大于"、"小于"、"超过" 等理解为不包括本数；"以上"、"以下"、"以内" 等理解为包括本数。

查新项目如果其余特征与对比文献相同，并存在以数值或者连续变化的数值范围限定的技术特征，例如部件的尺寸、温度、压力以及组合物的组分含量，则其新颖性的判断可以按照以下方法进行：① 分析对比文献的数值或者连续变化的数值范围，将该数值或者数值范围明确的端点作为公开点；② 查新项目的某一数值与公开点相同，该数值特征不具有新颖性；③ 公开点落入查新项目的某一连续变化的数值范围以内，该数值范围的特征不具有新颖性；④ 查新项目如果所有以数值或者连续变化的数值范围限定的技术特征都不具有新颖性，则查新项目没有新颖性。

下面通过案例进一步理解常见的几种情形。

A. 对比文献数值公开点落在查新项目的数值范围以内，破坏新颖性。

例如： 查新项目的权利要求为一种铜基形状记忆合金，其组分数值范围与对比文献比较(表 17.5)可以看出，对比文献各组分的数值分别落入查新项目的对应组分数值范围内，则上述对比文献破坏该查新项目权利要求的新颖性。

表 17.5 查新项目铜基形状记忆合金组分数值范围与对比文献比较

组　成	查新项目	对比文献	比　较	结　论
锌(重量%)	10～35	20	落入范围	查新项目不具有新颖性
铝(重量%)	2～8	5	落入范围	
铜	余量	余量	—	

B. 对比文献数值范围端点的公开点落在查新项目的数值范围以内，破坏新颖性。

例如：查新项目的权利要求为一种氮化硅陶瓷的生产方法，其烧成时间为 1～10 小时。如果对比文献公开的氮化硅陶瓷生产方法中的烧成时间为 4～8 小时，由于对比文献烧成时间范围的两个端点为 4 小时和 8 小时，这两个端点 4 小时和 8 小时任一个落在该查新项目权利要求烧成时间为 1～10 小时，都可以破坏查新项目的新颖性。

再如：查新项目的权利要求为一种等离子喷涂方法，喷涂时的喷枪功率为 20～50 kW。如果对比文献公开了喷枪功率为 50 ～80 kW 的等离子喷涂方法，因为两者的端点 50 kW 相同，则该对比文献破坏该查新项目的新颖性。

C. 如果查新项目的技术特征为离散数值，则对比文献数值范围公开点（端点）仅破坏查新项目中与该公开点相同的数值的新颖性。

例如：查新项目权利要求为一种二氧化钛光催化剂的制备方法，其干燥温度为 40℃、58℃、75℃或者 100℃。如果对比文献公开了干燥温度为 40～100℃的二氧化钛光催化剂的制备方法，则该对比文献破坏干燥温度分别为 40℃和 100℃时权利要求的新颖性，但不破坏干燥温度分别为 58℃和 75℃时权利要求的新颖性。

D. 查新项目技术特征的数值或者数值范围落在对比文献公开的数值范围内，并且没有共同的端点，则对比文献不破坏查新项目的新颖性。

例如：查新项目的权利要求为一种内燃机用活塞环，其活塞环的圆环直径为 95 毫米，如果对比文献公开了圆环直径为 70～100 毫米的内燃机用活塞环，则该对比文献不破坏查新项目权利要求的新颖性。

再如：查新项目的权利要求为一种乙烯-丙烯共聚物，其聚合度为 100～200，如果对比文献公开了聚合度为 50～400 的乙烯-丙烯共聚物，则该对比文献不破坏查新项目权利要求的新颖性。

(6) 化合物的新颖性判定

化合物新颖性判定时要注意推定的内容，前面已经说明如果在一份对比文献里已经提到该化合物，即推定该化合物不具备新颖性。

通式不能破坏该通式中一个具体化合物的新颖性。一个具体化合物的公开使包括该具体化合物的通式权利要求丧失新颖性，但不影响该通式所包括的除该具体化合物以外的其他化合物的新颖性。一系列具体的化合物能破坏这系列中相应的化合物的新颖性。一个范围的化合物（例如 $C_{1\text{-}4}$）能破坏该范围内两端具体化合物（C_1 和 C_4）的新颖性，但若 C_4 化合物有几种异构体，则 $C_{1\text{-}4}$ 化合物不能破坏每个单独异构体的新颖性。

天然物质的存在本身并不能破坏查新项目发明物质的新颖性，只有对比文献中公开的与发明物质的结构和形态一致或者直接等同的天然物质，才能破坏该发明物质的新颖性。

(7) 组合物新颖性判定

组合物权利要求应当用组合物的组分或者组分和含量等组成特征来表征。组合物权利要求分开放式和封闭式两种表达方式。开放式表示组合物中并不排除权利要求中未指出的组分;封闭式则表示组合物中仅包括所指出的组分而排除所有其他的组分。开放式和封闭式常用的措辞如下:① 开放式,例如"含有"、"包括"、"包含"、"基本含有"、"本质上含有"、"主要由…… 组成"、"主要组成为"、"基本上由……组成"、"基本组成为"等,这些都表示该组合物中还可以含有权利要求中所未指出的某些组分,即使其在含量上占较大的比例;② 封闭式,例如"由……组成"、"组成为"、"余量为"等,这些都表示要求保护的组合物由所指出的组分组成,没有别的组分,但可以带有杂质,该杂质只允许以通常的含量存在。

仅涉及组分时的新颖性判断 这时查新项目有无新颖性主要取决于开放或封闭式的写法。假设一份对比文献公开了由组分(A+B+C)组成的组合物,而查新项目的权利要求写法不同,结论不一样,如表 17.6。

表 17.6 仅涉及组分的查新项目与对比文献的比较及其结论

查新项目	对比文献	结 论
含有 A、B(开放式)	由 A、B、C 组成,且目的相同	无新颖性
由 A 和 B 组成(封闭式)	由 A、B、C 组成	有新颖性
含有 A、B,但不含有 C(排除开放式)	由 A、B、C 组成	有新颖性

涉及组分含量时的新颖性判断 涉及组分含量时的新颖性判断适用本部分通用规定。当组分含量用相对值如份数来表示时,应将其转换成绝对含量如百分含量后再进行比较。

例如: 查新项目的组合物由 A、B、C 三种组分构成,其中 A 为 6~10 份、B 为 2~5 份、C 为 4~9 份;对比文献中公开的组合物也是由 A、B、C 三种组分构成,其中 A 为 10 份、B 为 6~10 份、C 为 10~11 份。

如果用份数相对值直接对比,则对比文献似乎不影响查新项目的新颖性(如表 17.7 所示)。

表 17.7 组分含量用相对值如份数来表示时直接对比的结果

	组分特征	含量特征 1	含量特征 2	含量特征 3
查新项目	A、B、C	A 为 6~10 份	B 为 2~5 份	C 为 4~9 份
对比文献	A、B、C	A 为 10 份	B 为 6~10 份	C 为 10~11 份
比较	相同	相同端点	无交集	无交集
结论	无新颖性	无新颖性	有新颖性	有新颖性
最终结论	似乎可以得出查新项目技术方案有新颖性			

但其实,对比文献是影响查新项目新颖性的。我们把两者转化成百分含量后再进行

比较。把含量中几个最大值相加后作为分母，如对于查新项目，含量特征 1 中的 10 加上含量特征 2 中的 5，再加上含量特征 3 中的 9，得到 24 最大份数值，然后其他值除以该最大份数值再乘以百分比后得到：A25％～41.7％；B8.3％～20.8％；C16.6％～37.7％。同理可以得到对比文献的组合物的百分含量：A32％；B19％～32％；C32％～35.5％。对比后可以发现对比文献影响查新项目的新颖性(如表 17.8 所示)。

表 17.8 转化成百分含量后再进行比较就能得出正确的结论

	组分特征	含量特征 1	含量特征 2	含量特征 3
查新项目	A、B、C	A25％～41.7％	B8.3％～20.8％	C16.6％～37.7％
对比文献	A、B、C	A32％	B19％～32％	C32％～35.5％
比较	相同	落入范围	19％点落入范围	32％、35.5％点落入范围
结论	无新颖性	无新颖性	无新颖性	无新颖性
最终结论	查新项目技术方案无新颖性			

(8) 化学产品用途发明的新颖性

一种新产品的用途发明由于该产品是新的而自然具有新颖性。

一种已知产品不能因为提出了某一新的应用而被认为是一种新的产品。例如，产品 X 作为洗涤剂是已知的，那么一种用作增塑剂的产品 X 不具有新颖性。但是，如果一项已知产品的新用途本身是一项发明，则已知产品不能破坏该新用途的新颖性。这样的用途发明属于使用方法发明，因为发明的实质不在于产品本身，而在于如何去使用它。例如，上述原先作为洗涤剂的产品 X，后来有人研究发现将它配以某种添加剂后能作为增塑剂用。那么如何配制、选择什么添加剂、配比多少等就是使用方法的技术特征。这时，应当评价该使用方法本身是否具备新颖性，而不能凭产品 X 是已知的而认定该使用方法不具备新颖性。

对于涉及化学产品的医药用途发明，其新颖性判定应考虑以下方面：① 新用途与原已知用途是否实质上不同，仅仅表述形式不同而实质上属于相同用途的发明不具备新颖性；② 新用途是否被原已知用途的作用机理、药理作用所直接揭示，与原作用机理或者药理作用直接等同的用途不具有新颖性；③ 新用途是否属于原已知用途的上位概念，已知下位用途可以破坏上位用途的新颖性；④ 给药对象、给药方式、途径、用量及时间间隔等与使用有关的特征是否对制药过程具有限定作用，仅仅体现在用药过程中的区别特征不能使该用途具有新颖性。

17.5.3 新颖性判定的归纳

将查新项目与对比文献的技术方案对应划分技术特征，然后将技术特征一一对比，当所有的技术特征都没有新颖性，则技术方案没有新颖性。通常技术方案没有新颖性，查新项目也就没有新颖性(表 17.9)。

表 17.9 常见技术特征比较的几种情况

查新项目特征	对比文献特征	两 者 关 系	查新项目新颖性
A,B,C	A,B,C	ABC=ABC	无
A,B,C	A,B,c	c 是 C 的下位特征	无
A,B,c	A,B,C	C 是 c 的上位特征	有
A,B,C	A,B,C,D	ABCD>ABC	无
A,B,C	A,B	AB<ABC	有

17.6 判定创造性

一件发明或实用新型只有在具备实用性和新颖性后,才进行创造性的评价。

创造性(Inventiveness)在不同国家的专利法中用不同的术语来表达。《欧洲专利公约》的成员国大都使用“创造性”或“进步性”(Inventive step),美国使用“非显而易见性”(Unobviousness),德国则使用“本质性区别”。虽然这些术语不同,但是表达的都是一个意思:能够获得专利的发明创造与现有技术相比,不仅要更新颖,而且要更先进;它不能仅仅是从现有技术中简单地演绎出来的,而必须与现有技术存在着本质上的不同;它对一个在相同技术领域具有一般技术水平的人而言,必须不是一看就知道的,亦即不是显而易见的。

17.6.1 判定原则

申请专利的发明和实用新型具备创造性是授予其专利权的必要条件之一。本章仅对发明的创造性进行判定,其基本原则和判定方法对实用新型有借鉴作用。对于发明来说,创造性是指同申请日以前已有的技术相比,该发明有突出的实质性特点和显著的进步。因此,评价发明创造性应当采用以下原则。

(1) 对权利要求限定的技术方案整体判定

将发明作为一个整体看待,不仅要考虑发明的技术方案本身,还要考虑发明所属技术领域、所解决的技术问题和所产生的技术效果。应当针对权利要求所限定的技术方案整体进行评价,而不是评价某一技术特征是否具备创造性。如果判定一项独立权利要求不具有创造性,那么还要判定其从属权利要求的创造性;如果一项独立权利要求具备创造性,则不再判断其从属权利要求的创造性。

(2) 站在所属技术领域的技术人员立场上判定

所属技术领域的技术人员,是指一种假设的“人”,假定他知晓申请日或者优先权日之前发明所属技术领域所有的普通技术知识,能够获知该领域中所有的现有技术,并且具有应用该日期之前常规实验手段的能力,但他不具有创造能力。评价应当基于所属技术领域的技术人员的知识和能力进行。判定发明的创造性时，由于查新员是在了解了发明内容之后才作出判断，因而容易对发明的创造性估计偏低，从而犯“事后诸葛亮”的错误。应当牢牢记住，对发明的创造性评价是由发明所属技术领域的技术人员依据申请日以前的现有技术与发明进行比较而作出的，以减少和避免主观因素的影响。

(3) 与申请日以前的现有技术相比

发明的创造性，是指与现有技术相比，而抵触申请不属于现有技术，因此判定发明的创造性时不必考虑抵触申请。与新颖性“单独对比”的原则不同，判断创造性时需将一份或者多份现有技术中的不同的技术内容组合在一起对要求保护的发明进行评价。

(4) 突出的实质性特点和显著的进步

发明具有突出的实质性特点是指对本领域的技术人员来说并非显而易见。如果发明是所属技术领域的技术人员在现有技术的基础上仅仅通过合乎逻辑的分析、推理或者有限的试验可以得到的，则该发明是显而易见的，也就不具备突出的实质性特点。发明具有显著的进步，是指发明与现有技术相比能够产生有益的技术效果。

17.6.2 判定方法

17.6.2.1 一般判定方法

(1) 判断查新项目是否具有突出的实质性特点

即判断查新项目相对于现有技术是否显而易见，通常可按照以下三个步骤进行。

A. **确定最接近的现有技术** 最接近的现有技术，是指现有技术中与查新项目最密切相关的一个技术方案，它是判断查新项目是否具有突出的实质性特点的基础。确定最接近的现有技术时，首先考虑相同的(没有相同的，则考虑相近的)技术领域，所要解决的技术问题、技术效果或者用途最接近，或公开了发明的技术特征最多的现有技术；其次，再考虑技术领域不同，但能够实现查新项目的功能，并且公开查新项目的技术特征最多的现有技术。对于一个查新项目来说，可能存在很多现有技术，这些现有技术从不同的侧面体现了其与该查新项目的接近。相对于不同的最接近的现有技术，确定出来的查新项目的区别特征和发明实际解决的技术问题可能各不相同，在判断查新项目对本领域的技术人员来说是否显而易见时对结合启示有无的分析也不相同。

B. **确定查新项目的区别特征和实际解决的技术问题** 首先分析查新项目与最接近的现有技术相比有哪些区别特征，然后根据该区别特征所能达到的技术效果确定查新项目实际解决的技术问题。基于最接近的现有技术重新确定的查新项目实际解决的技术问题，可能不同于查新文件中所描述的技术问题。任何技术效果都可以作为重新确定技术问题的基础。

C. **判断查新项目对本领域的技术人员来说是否显而易见** 从最接近的现有技术和发明实际解决的技术问题出发，判断要求保护的发明对本领域的技术人员来说是否显而易见。判断过程中，要确定的是现有技术整体上是否存在某种技术启示，即现有技术中是否给出将区别特征应用到最接近的现有技术以解决其存在的技术问题的启示。如果现有技术存在这种技术启示，则发明是显而易见的，不具有突出的实质性特点。

下述情况，通常认为现有技术中存在技术启示：① 所述区别特征为公知常识，例如本领域中解决该技术问题的惯用手段，或教科书或者工具书等披露的解决该技术问题的技术手段；② 所述区别特征被最接近的现有技术的不同部分披露，例如，查新项目有 4 个区别特征，找到一份最接近的现有技术对比文献，查新项目中 3 个特征被对比文献的权利要求书披露，而另一个特征被同一份对比文献的说明书披露；③ 所述区别特征被其他对比文献披露，例如，将对比文献 1 和对比文献 2 相结合即可得到查新项目的技术方案，则认为现有技术中存在技术启示。

(2) 判断查新项目是否具有显著的进步

在评价发明是否具有显著的进步时，应当主要考虑查新项目是否具有有益的技术效果。以下情况，通常应当认为发明具有有益的技术效果，具有显著的进步：① 发明与现有技术相比具有更好的技术效果，例如质量改善、产量提高、节约能源、防治环境污染等；② 发明提供了一种技术构思不同的技术方案，其技术效果基本上达到现有技术的水平；③ 发明代表某种新技术发展趋势；④ 尽管发明在某些方面有负面效果，但在其他方面具有明显积极的技术效果。

17.6.2.2 直接判定方法

如果发明出现以下四种情形，可以直接断定创造性，而不必进行区别特征比较。

(1) 发明解决了人们一直渴望解决但始终未能获得成功的技术难题

这种发明具有突出的实质性特点和显著的进步，具备创造性。例如，自有农场以来，人们一直期望解决在农场牲畜(如奶牛)身上无痛而且不损坏牲畜表皮地打上永久性标记的技术问题，某发明人基于冷冻能使牲畜表皮着色这一发现而发明的一项冷冻“烙印”的方法成功地解决了这个技术问题，该发明具备创造性。

(2) 发明克服了技术偏见

技术偏见，是指在某段时间内、某个技术领域中，技术人员对某个技术问题普遍存在的偏离客观事实的认识，它引导人们不去考虑其他方面的可能性，阻碍人们对该技术领域的研究和开发。如果发明克服了这种技术偏见，采用了人们由于技术偏见而舍弃的技术手段，从而解决了技术问题，则这种发明具有突出的实质性特点和显著的进步，具备创造性。例如，对于电动机的换向器与电刷间界面，通常认为越光滑接触越好，电流损耗也越小。一项发明将换向器表面制出一定粗糙度的细纹，其结果电流损耗更小，优于光滑表面。该发明克服了技术偏见，具备创造性。

(3) 发明取得了预料不到的技术效果

发明取得了预料不到的技术效果，是指发明同现有技术相比，其技术效果产生“质”的变化，具有新的性能；或者产生“量”的变化，超出人们预期的想象。这种“质” 的或者“量”的变化，对所属技术领域的技术人员来说，事先无法预测或者推理出来。当发明产生了预料不到的技术效果时，一方面说明发明具有显著的进步，同时也反映出发明的技术方案是非显而易见的，具有突出的实质性特点，该发明具备创造性。

(4) 发明在商业上获得成功

当发明的产品在商业上获得成功时，如果这种成功是由于发明的技术特征直接导致的，则一方面反映了发明具有有益效果，同时也说明了发明是非显而易见的，因而这类发明具有突出的实质性特点和显著的进步，具备创造性。但是，如果商业上的成功是由于其他原因所致，例如由于销售技术的改进或者广告宣传造成的，则不能作为判断创造性的依据。

17.6.2.3 特殊判定方法

(1) 开拓性发明

开拓性发明，是指一种全新的技术方案，在技术史上未曾有过先例，它为人类科学技术在某个时期的发展开创了新纪元。开拓性发明同现有技术相比，具有突出的实质性特点和显著的进步，具备创造性。例如，蒸汽机、白炽灯、雷达、激光器、电话、电视、计算机等。

(2) 组合发明

组合发明，是指将某些技术方案进行组合，构成一项新的技术方案，以解决现有技术客观存在的技术问题。组合发明创造性的判断通常需要考虑：组合后的各技术特征在功能上是否彼此相互支持、组合的难易程度、现有技术中是否存在组合的启示以及组合后的技术效果等。

显而易见的组合　如果查新项目要求保护的发明仅仅是将某些已知产品或方法组合或连接在一起，各自以其常规的方式工作，而且总的技术效果是各组合部分效果之总和，组合后的各技术特征之间在功能上无相互作用关系，仅仅是一种简单的叠加，则这种组合发明不具备创造性。例如，一项带有电子表的圆珠笔的发明，发明的内容是将已知的电子表安装在已知的圆珠笔的笔身上。将电子表同圆珠笔组合后，两者仍各自以其常规的方式工作，在功能上没有相互作用关系，只是一种简单的叠加，因而这种组合发明不具备创造性。

如果组合仅仅是公知结构的变型，或者组合处于常规技术继续发展的范围之内，而没有取得预料不到的技术效果，则这样的组合发明不具备创造性。

非显而易见的组合　如果组合的各技术特征在功能上彼此支持，并取得了新的技术效果；或者说组合后的技术效果比每个技术特征效果的总和更优越，则这种组合具有突出的实质性特点和显著的进步，发明具备创造性。其中组合发明的每个单独的技术特征本身是否已知并不影响对该发明创造性的评价。

(3) 选择发明

选择发明，是指从现有技术中公开的宽范围中，有目的地选出未提到的窄范围或个体的发明。选择发明创造性的判断，主要考虑选择所带来的预料不到的技术效果。

如果发明仅是从一些已知的可能性中进行选择，或者发明仅仅是从一些具有相同可能性的技术方案中选出一种，而选出的方案未能取得预料不到的技术效果，则该发明不具备创造性。

如果发明是在可能的、有限的范围内选择具体的尺寸、温度范围或者其他参数，而这些选择可以由本领域的技术人员通过常规手段得到并且没有产生预料不到的技术效果，则该发明不具备创造性。

如果发明是可以从现有技术中直接推导出来的选择，则该发明不具备创造性。

如果选择使得发明取得了预料不到的技术效果，则该发明具备创造性。

(4) 转用发明

转用发明，是指将某一技术领域的现有技术转用到其他技术领域中的发明。转用发明的创造性判断通常需要考虑：转用的技术领域的远近、是否存在相应的技术启示、转用的难易程度、是否需要克服技术上的困难、转用所带来的技术效果等。

如果转用是在类似的或者相近的技术领域之间进行的，并且未产生预料不到的技术效果，则这种转用发明不具备创造性。例如，将用于柜子的支撑结构转用到桌子的支撑，这种转用发明不具备创造性。

如果转用能够产生预料不到的技术效果，或者克服了原技术领域中未曾遇到的困难，则这种转用发明具备创造性。

(5) 已知产品的新用途发明

已知产品的新用途发明，是指将已知产品用于新的目的的发明。已知产品新用途发明的创造性判断通常需要考虑：新用途与现有用途技术领域的远近、新用途所带来的技术效果等。

如果新的用途仅仅是使用了已知材料的已知的性质，则该用途发明不具备创造性。例如，将作为润滑油的已知组合物在同一技术领域中用作切削剂，这种用途发明不具备创造性。

如果新的用途是利用了已知产品新发现的性质，并且产生了预料不到的技术效果，则这种用途发明具备创造性。例如，将作为木材杀菌剂的五氯酚制剂用作除草剂而取得了预料不到的技术效果，该用途发明具备创造性。

(6) 要素变更的发明

要素变更的发明，包括要素关系改变的发明、要素替代的发明和要素省略的发明。要素变更发明的创造性判断通常需要考虑：要素关系的改变、要素替代和省略是否存在技术启示，其技术效果是否可以预料等。

要素关系改变的发明　要素关系改变的发明，是指发明与现有技术相比，其形状、尺寸、比例、位置及作用关系等发生了变化。

如果要素关系的改变没有导致发明效果、功能及用途的变化，或者发明效果、功能及用途的变化是可预料到的，则发明不具备创造性。例如，现有技术公开了一种刻度盘固定不动、指针转动式的测量仪表，一项发明是指针不动而刻度盘转动的同类测量仪表，该发明与现有技术之间的区别仅是要素关系的调换，即“动静转换”。这种转换并未产生预料不到的技术效果，所以这种发明不具备创造性。

如果要素关系的改变导致发明产生了预料不到的技术效果，则发明具有突出的实质性特点和显著的进步，具备创造性。例如，一项有关剪草机的发明，其特征在于刀片斜角与公知的不同，其斜角可以保证刀片的自动研磨，而现有技术中所用刀片的角度没有自动研磨的效果。该发明通过改变要素关系，产生了预料不到的技术效果，因此具备创造性。

要素替代的发明　要素替代的发明，是指已知产品或方法的某一要素由其他已知要素替代的发明。

如果发明是相同功能的已知手段的等效替代，或者是为解决同一技术问题，用已知最新研制出的具有相同功能的材料替代公知产品中的相应材料，或者是用某一公知材料替代公知产品中的某材料，而这种公知材料的类似应用是已知的，且没有产生预料不到的技术效果，则该发明不具备创造性。例如，一项涉及泵的发明，与现有技术相比，该发明中的动力源是液压马达替代了现有技术中使用的电机，这种等效替代的发明不具备创造性。

如果要素的替代能使发明产生预料不到的技术效果，则该发明具备创造性。

要素省略的发明　要素省略的发明，是指省去已知产品或者方法中的某一项或多项要素的发明。

如果发明省去一项或多项要素后其功能也相应地消失，则该发明不具备创造性。

如果发明与现有技术相比，发明省去一项或多项要素（例如，一项产品发明省去了一个或多个零部件或者一项方法发明省去一步或多步工序）后，依然保持原有的全部功能，或者带来预料不到的技术效果，则具备创造性。

(7) 化学产品用途发明的创造性

新产品用途发明的创造性　对于新的化学产品，如果该用途不能从结构或者组成相似的已知产品预见到，可认为这种新产品的用途发明有创造性。

已知产品用途发明的创造性　对于已知产品的用途发明，如果该新用途不能从产品本身的结构、组成、分子量、已知的物理化学性质以及该产品的现有用途显而易见地得出或者预见到，而是利用了产品新发现的性质，并且产生了预料不到的技术效果，可认为这种已知产品的用途发明有创造性。

(8) 等同特征的判定

查新项目有一个或者一个以上技术特征与对比文献技术特征相比，从字面上看不相同，但经过分析可以认定两者是相等同的技术特征，可以认定查新项目不具有创造性。等同物应当是具体技术特征之间的彼此替换，而不是完整技术方案之间的彼此替换。

例如：

查新项目专利权利要求为，一种机器人的移动机构，其特征在于：

- 具有六个沿圆周方向均匀分布的驱动臂；
- 驱动臂内设置有电机；
- 电机经齿轮传动接位于驱动臂端部的驱动轮。

对比文献公开的一种机器人的移动机构为：

- 具有六个沿圆周方向均匀分布的驱动臂；
- 驱动臂内设置有电机；
- 电机经链条传动接位于驱动臂端部的驱动轮。

尽管对比文献缺少专利权利要求中的齿轮传动特征，但是由于链条传动属于齿轮传动的等同替换,所以查新项目不具有创造性。

17.6.3 新颖性与创造性比较方式的差别

表 17.10 新颖性与创造性比较方式的差别

	新 颖 性	创 造 性
比较对象不同	现有技术、抵触申请	现有技术
比较方式不同	单独对比	可以组合对比
区分程度不同	有无差异性	差异性大小

17.7 撰写查新报告

专利查新报告又称专利检索报告(Patent Search Report),是通过专利查新得出的反映查新结果的文件。它是对查新项目新颖性和创造性的评价,反映了查新员对该技术的价值评判标准,有重要的专利权强度判定和技术参考价值。

专利查新报告按出具机构大致可以分成两大类别:一类是各国专利行政主管机关下辖检索机构出具,另一类是由民间检索机构出具。若按专利类型划分,可分为发明专利检索报告、实用新型检索报告和外观设计检索报告。我国对实用新型、外观设计采用不完全审查即初步审查的方式,不需要进行实质审查式的专利检索,仅在发生实用新型或外观设计专利侵权纠纷时,要求提供相应的评价报告。因此发明专利查新报告占绝对多数。

一份详细的检索报告,通常包括检索要点、检索范围与检索策略、检索结果、对比文献相关性、检索结论这五个基本栏目。下面对查新结论做进一步阐述,其他各栏目填写的内容用斜体字予以阐释说明。

查新结论是专利查新报告中最重要的一个元素,通常采用两种不同的方式展示:一种是在查得的对比文献列表上,增加一列表示对比文献与发明相关性的栏目,通过使用赋予一定定义的标识符反映两者相关性的密切程度,这就是用"列表式"表达查新结论的形式;另一种方法则在列表式结论表述方式的基础上,再用文字形式对项目与检索结果进行对比分析,最后得出两者相关程度的检索结论。

(1) "列表式"结论

作为检索结果的对比文献,蕴含了发明申请与现有技术的相关程度。检索结果分析就是帮助用户分析、"读懂"这种相关性,明确发明的专利性。

通过列表采用标识符表示对比文献与项目相关程度的方法,是目前国内外专利审查机构普遍采用的方式,尽管选用的类型有所差异,但都可大大简化检出对比文献与项目相关性的表述,也能使检索报告简明扼要。配以报告中检索结果的著录内容,使专利行政机构业内人士或专利检索专业人员看起来一目了然。如在列表中发现带有 X 字母标识的文献，则表明其可单独影响权利要求的新颖性或创造性，应仔细分析其与项目之间的相关性，重点突出相关部分与项目技术方案或权利要求之间的相同点，即可明白对比文献影响项目新颖性或创造性的原因。这样，根据列表中不同的字母标识，就可明白对比文献与发明申请的相关关系及相关部分，大大节约比较、分析的人力、物力，提高工作效率。

参照 PCT 的规定，采用英文字母作为标识符表示对比文献与发明申请的相关程度。这是一种直观、简单的表达方式，对比文献与发明构思的相关程度从本质上讲都可以归纳成一定的关系类型，每一种关系类型均使用一英文字母加以标志，形成一个系列。通常有：

- "X"表示单独影响权利要求的新颖性或创造性的文件；
- "Y"表示与该检索报告中其他 Y 类文件组合影响权利要求创造性的文件；
- "R"表示在申请日或申请日后公开的同一申请人的属于同样发明创造的专利或专利申请文件以及他人在申请日前向专利局提交的、属于同样发明创造的专利申请文件；
- "A" 表示背景技术文件，即反映权利要求的部分技术特征或者现有技术一部分的文件；
- "E"表示单独影响权利要求新颖性的抵触申请文件；
- "P"表示其公开日在申请的申请日与所要求的优先权日之间的文件，或者需要核实该申请优先权的文件。

(2) 文字式检索结论

检索结论的另一种形式，就是用文字叙述方式较为详细地比较、分析对比文献与项目的相关程度，在此基础上得出项目是否具有新颖性、创造性的结论，通常包括以下四个方面的内容。

A. 对项目技术方案作一个概括性介绍

B. 对相关文献的情况进行简单扼要的描述　根据对比文献与项目的相关程度，将其划分成密切相关文献和一般相关文献。凡是影响项目新颖性或创造性的文献称为密切相关文献，而仅提供项目技术背景的对比文献称为一般相关文献。

C. 对项目与相关文献逐条进行详细分析、比较　比较时，一般应遵循先密切相关文献、后一般相关文献的次序。在充分比较发明领域、技术方案、技术效果的基础上，找出两者的联系与区别。归纳两者的共同点主要是为了揭示两者的比较基础，说明两者是否属于同类技术或相关技术、是否具有可比性，从而确定引用文献作为对比文献的合理性。而分析两者的不同点，则是从两者的差异性来判断项目是否具有新颖性和创造性。

D. 对项目给出是否具有新颖性或创造性的结论　应根据发明新颖性和创造性的判断原则，在仔细分析比较项目与对比文献在技术领域、所解决的技术问题、技术方案和预期效果几方面的实质差异的基础上作出项目有无新颖性、创造性的结论，供用户参考。如仅发现不影响项目专利性的一般相关文献，也应在分析、比较的基础上，实事求是地作出项目具有新颖性、创造性的结论。

下面结合具体案例展示上海科学技术情报研究所出具的专利查新报告样式和填写内容，该报告基本涵盖了国际上现有专利查新报告的著录内容，供参考。

ISTIS

国科证字（008）号　　　　**编号:××××**

专利检索报告

项目名称：中国实用新型专利 ZL02271627 无效查新

委托单位：××××

委托日期：×年×月×日

完成日期：×年×月×日

上海科学技术情报研究所

(国家一级科技查新咨询单位)

报 告 说 明

一、委托人需填写委托单，说明本项目要解决的技术问题、技术方案和技术效果，内容反映在本报告“专利检索要点”栏目上，并提交相应的技术背景资料。

二、一般应检索委托日或专利申请日之前公开出版的专利文献和非专利文献（期刊、论文、科技报告等）。

三、检索报告内容包括：

1. 检索单位根据项目技术内容确定的检索主题词和专利分类号；
2. 专利和非专利检索工具名称及检索的年限范围；
3. 相关专利或相关技术方案所在的非专利文献的名称、页码；
4. 密切相关技术方案的内容摘要；
5. 对委托项目与检索结果进行对比分析作出检索结论并加盖公章。

四、在检索过程中检索单位、检索员对受托检索的项目，应采取严肃、认真和实事求是的科学态度做出明确的结论。对受托检索项目的技术内容，检索单位负有保密的责任，未经权利人或发明者许可，任何人不得泄露、使用。

五、本报告由封面、报告说明、检索要点、国际专利分类号、检索主题词、检索到的专利文献和非专利文献附件、对比文献相关性说明和检索结论组成，缺页无效。

六、本报告无本机构检索员、审核人签名无效。

七、本报告未盖上海科学技术情报研究所专用章无效。

八、本报告涂改无效。

本机构通讯处：

地址：上海永福路 265 号　邮政编码：200031

电话：021－64332247;64312840　传真：021－64377626

网站：Http：//www. chinaconsult. com

检　索　要　点	
检索主题词	*根据用户提供的检索要点，提炼出表达项目基本特征的检索主题词，包括中文和英文的同义词或近义词，填入本栏目。* 杯；温度；显示
国际专利分类号	*依据国际专利分类表和分类方法，根据检索要点内容的技术功能特征和应用领域，给出受检项目的国际分类号，填入本栏目。* A47J41/00

检索要点栏目，主要包括四方面的内容：

1. 项目所属的技术领域

2. 项目要解决的技术问题（目的）

3. 解决技术问题采取的手段，即技术方案，多个技术特征的集合

4. 项目取得的有益效果

检索要点主要取自下述资料：

1. 委托单

2. 技术交底书

3. 用户申请文件

4. 专利文件

检索要点的中心是技术方案，主要摘自专利权利要求书。

要求通过查新，确认中国实用新型专利 ZL02271627（申请日为 2002 年 7 月 11 日）是否具有新颖性或创造性。其权利要求为：

1. 一种能显示温度的保温杯，包括杯体和盖体，其特征在于所述盖体设有一空腔，所述空腔内设有一温度显示器。

2. 按照权利要求 1 所述的一种能显示温度的保温杯，其特征在于所述空腔的上表面为透明盖面，且与所述盖体的上表面处于同一平面。

检索范围与检索策略

本栏目的著录内容反映检索过程，使熟悉检索的业内人士从中可以大致判断检索的合理性、科学性。可按照数据库名称、年限和检索式分成三列填于本栏中。

检索的数据库可分国内、国外两部分依次填写。国内数据库著录内容包括中文名称、汉语拼音缩写；国外数据库著录内容包括英文缩写库名、中文名称。每个数据库后面填写文献覆盖的年限。

列入查新报告的检索式，一般无需展示试检摸索过程，只列出最终优选的检出效果较好的一个检索式或几个分步检索式即可。国内外文献查新应将中文检索式和英文检索式分别列出，以计算机可识别的实际检索式为准。

数据库名称	年限	检索式
中国专利 （http：//www. cnipr. com）	1985—2012	杯 AND 温度 AND 显示

检 索 结 果

检索结果栏列出检索到的文献，通常可将文献按照与检索要点相关性密切程度、文献类别、公开或出版年份排序列出，使相关人员可以按图索骥找到检出文献。

如检出文献是专利文献，通常可填写专利文献的名称、专利号或公开号、申请日期、公开或授权日期，如有优先权的则填写优先日期、优先国家，优先号，以及摘要和附图等(应把全文中的关键内容补充到摘要中)。

如检出文献是非专利文献，可填写书名或篇名、出处、出版日期，以及摘要和附图等(应把全文中的关键内容补充到摘要中)。

1. 名称：自动显示温度保健杯

专利号：ZL99251366.9

公告日：2000.10.04

申请日：1999.10.29

摘　要：公开了一种自动显示温度保健杯，包括杯身和杯盖，在杯身或杯盖内设有一个温度显示器。杯盖 2 可为双层结构，在杯盖 2 的夹层设有一个水银温度计 3。

附　图：

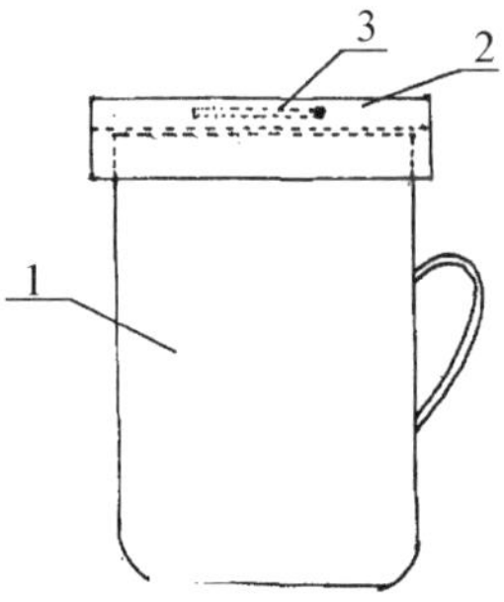

图1

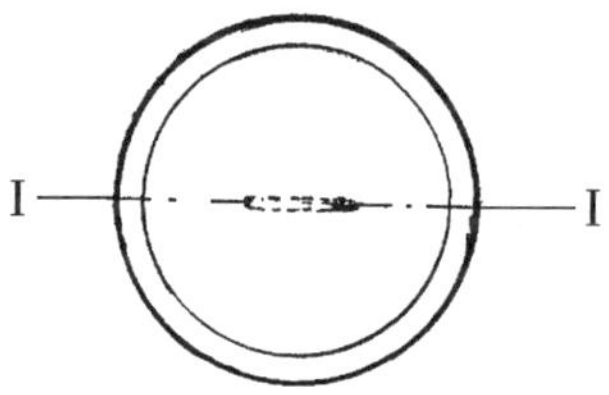

图2

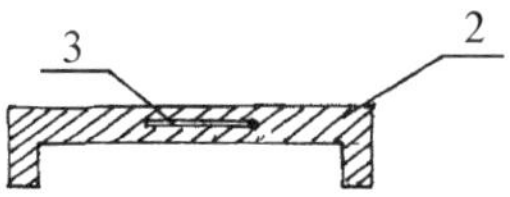

图3

对比文献相关性					
类型 *	文献号或书名	公开/出版/发行日期	分类号	相关部分	相关的权利要求编号
X	ZL99251366.9/自动显示温度保健杯	公告日：2000.10.04	B65D23/16；A47G19/22	全文	1—2

* 对比文献的类型：

“X”单独影响权利要求的新颖性或创造性的文献；

“Y”与检索报告中其他Y类文件组合影响权利要求创造性的文献；

“R”任何单位或个人在申请日向专利局提交的、属于同样的发明创造的专利或专利申请文件；

“A”背景技术文献，即反映权利要求的部分技术特征或者有关的现有技术一部分的文献；

“E”单独影响权利要求新颖性的抵触申请文件；

“P”中间文件，其公开日在申请的申请日与所要求的优先权日之间的文件，或者需要核实该申请优先权的文件。

检 索 结 论
本栏目可用文字形式分析查新项目与对比文献的相关性，通常将检出对比文献分成密切相关文献与一般相关文献两大类别，着重分析比较查新项目与对比文献的相同点与不同点。相同点表明对比文献与查新项目技术要点有比较基础，而不同点则是查新项目的新颖性和创造性部分。 *新颖性判定参见 17.5；创造性判定参见 17.6。* *在分析的基础上，对查新项目的新颖性作出明确的结论，并以检索结论形式填写在本栏目内。* *本页最后部分由检索报告的有关责任人，主要是进行实际检索的检索员、负责审核报告的审核员确认。分别签名于检索员和审核员栏目内，并在职务、职称栏内写上各自的职务或职称。* *最后，填写报告完成日期，由检索机构盖章。*

检 索 结 论

本查新要求判定申请日为 2002 年 7 月 11 日的中国实用新型专利 ZL02271627 是否具有新颖性或创造性。查到上述日期前的密切相关文献为中国实用新型专利(附件 1),公告日:2000.10.04。

附件 1(参见其说明书及附图)公开了一种自动显示温度保健杯,包括杯身和杯盖,在杯身或杯盖内设有一个温度显示器。杯盖 2 可为双层结构,在杯盖 2 的夹层设有一个水银温度计 3。在附图 1 - 3 中可以看到,其杯盖的夹层内设有温度计,盖体的上表面为平面。

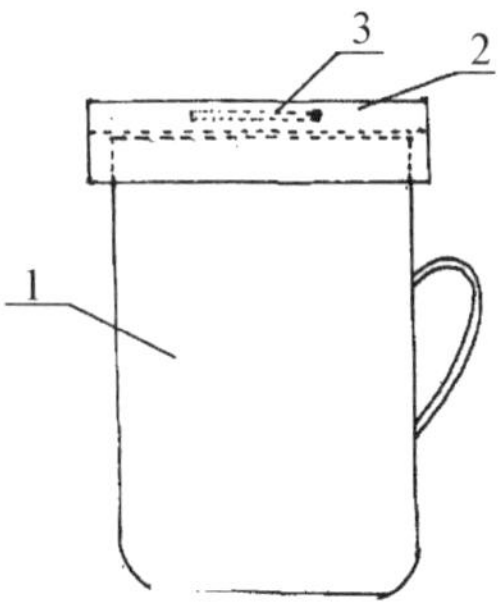

图1

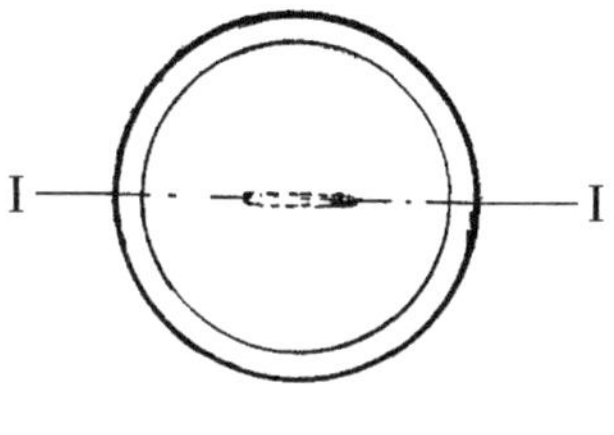

图2

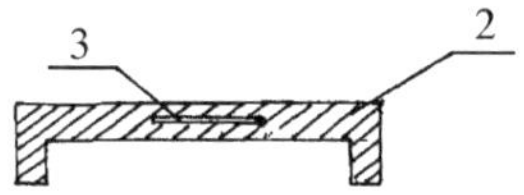

图3

查新项目权利要求 1 为:一种能显示温度的保温杯,包括杯体和盖体,其特征在于所述盖体设有一空腔,所述空腔内设有一温度显示器。将附件 1 公开的上述内容与该权利要求 1 比较,附件 1 中的杯盖的夹层相当于该查新项目盖体内的空腔,因此附件 1 公开了该查新项目权利要求 1 的全部技术特征,即该查新项目权利要求 1 不具有新颖性。

该查新项目权利要求 2 进一步限定的技术内容为:所述空腔的上表面为透明盖面,且与所述盖体的上表面处于同一平面。将附件 1 公开的内容与该权利要求 2 比较,附件 1 的杯盖为双层结构,其夹层相当于该查新项目盖体内的空腔,由说明书附图 1 - 3 可以看出其夹层的上表面与杯盖的上表面处于同一平面。附件 1 虽然没有明示其夹层上表面为透明盖面,但是对于本领域普通技术人员来说,看到附件 1 的说明书及附图 1 - 3,很容易就能想到为了读取温度计的数值,夹层上表面应该为透明盖面。因此,该查新项目权利要求 2 与现有技术相比没有实质性特点和进步,不具有创造性。

检 索 员		职务、职称	
审 核 员		职务、职称	
检索单位	(盖 章) 年 月 日		

17.8 主要国家或地区专利查新报告样例

纵观国内外各种向公众公开的专利查新报告，可以发现其呈现的内容已经简化，通常包括两大部分：第一部分除一些基本的专利信息外，记载了检索数据库、关键词和专利分类号；第二部分则采用列表方式记载检索结果，用“A”、“E”、“L”、“O”、“P”、“T”、“X”、“Y”、“&”九个标识符号表示检得的对比文献与发明主题相关性的类型。每个标识符号代表的文献相关性类型含义国际上通用，使了解专利知识的人士透过这些简单的标识符号，就能大体了解该发明申请的新颖性和创造性。

专利查新报告表现形式有两种，即报告书形式和著录项目形式。以报告书形式出版查新报告的专利组织和国家有：欧洲专利局、世界知识产权组织、瑞士、英国、法国等，其可以与专利申请说明书同时出版，也可以单独出版。以专利文献著录项目的形式刊登在说明书扉页上的形式刊出查新报告的国家有：奥地利、澳大利亚、德国、美国、日本等。这两种查新报告的作用基本相同，但在形式和信息量上有所区别。

17.8.1 世界知识产权组织专利检索报告

世界知识产权组织(WIPO)管理的《专利合作条约》(Patent Cooperation Treaty，简称PCT)主要涉及专利申请的提交、检索及审查以及技术信息传播的合作。PCT 不对“国际专利授权”：授予专利的任务和责任仍然只能由寻求专利保护的各个国家的专利局或行使其职权的机构掌握(指定局)。其宗旨是简化国际间专利申请手续和程序。目前全世界已有 187 个国家与地区加入该条约。

国际申请日(或优先权日)起满 18 个月后，国际局将公布 PCT 国际专利申请和国际检索单位作出的检索报告，并将该申请连同检索报告送交该 PCT 专利申请要求的“指定国”的专利局。出版物有两种：小册子和公报。公布的形式包括纸件和电子件。公布语种：阿拉伯、中、英、法、德、日、韩、葡萄牙、俄、西班牙 10 种语言。公布文本：扉页、说明书、权利要求书、修改的权利要求书、附图、序列表、检索报告、其他规定公布的内容。公布种类见表 17.11。

表 17.11 PCT 国际申请公布代码(附加代码用斜体表示)

代 码	公 布 内 容
A1	国际申请和国际检索报告一同公布
A2	国际公布中只有国际申请缺少国际检索报告
A2	国际申请和根据条约第 17(2)(a)的宣布一同公布
A3	稍后公布的国际检索报告和扉页
A4	稍后公布的修改的权利要求和/或声明，与扉页一起公布
A8	国际申请扉页有关著录项目信息的更正版
A9	国际申请或国际检索报告的更正版、变更或补充文件(参见 WIPO 标准 ST.50)

根据 PCT 的规定，每件公开发表的国际申请都应附有检索报告（申请人不愿公开或申请文件不符合要求的除外），世界知识产权组织网上迄今已公开了差不多 200 万份检索报告。世界知识产权组织的国际申请检索报告列出了检索发现的所有与发明有关的“在先技术”，并表明两者之间的相关程度。将检索报告作为说明书的一部分加以公开的专利说明书的文献识别代码为 A1；检索报告也可不与说明书一起出版即分别出版，此时单独出版的检索报告的识别代码为 A3。A1 文献附有的检索报告和 A3 检索报告在互联网上公开，任何人在网上都能方便地阅读查看。

17.8.2 欧洲专利局的专利检索报告

欧洲专利组织（EPO）是 1977 年 10 月 7 日依据欧洲专利公约（EPC）成立的地区性国家间专利合作组织，经过 30 多年的发展，目前已拥有 38 个成员国。EPO 由欧洲专利局（European Patent Office，简称 EPO）和行政委员会（Administrative Council）负责日常管理。与国际合作条约组织（PCT）不同，它是目前世界上唯一具有受理、审查和授权功能的区域性专利组织，但其不具备对欧洲专利的维持、行使、保护以及他人请求宣告欧洲专利无效的功能，这些功能均由专利的各授权国依照各自的国家法进行。

根据公约规定，欧洲专利局的任务是授予欧洲专利。欧洲专利局由局长领导，局长由行政委员会决定任命，就该局的活动向行政委员会负责。欧洲专利局总局设在慕尼黑，分局设在海牙，欧洲专利局设立下列各部门：受理处、检索部、审查部、异议部、法律部、申诉委员会、扩大申诉委员会。受理处设在海牙分局，负责对每一欧洲专利申请是否符合形式上的要求进行审查，并负责公布欧洲专利申请及欧洲检索报告。检索部设在海牙分局，负责撰写欧洲检索报告。自成立以来，至 2012 年 1 月 18 日，欧洲专利局已经受理和公开了 2 408 288 份专利申请。根据欧洲专利公约的规定，在对发明申请进行专利形式审查之后都要对其新颖性和创造性进行检索，因而公开出版的专利说明书一般都附有检索报告。根据这一点，迄今为止其出具的专利检索报告至少已有 240 多万份，其中尚不包括该局受理检索的 PCT 国际申请专利。据 2011 年出版的“国际专利制度 PCT 年度审查”报道，欧洲专利局作为 PCT 的检索单位，在 2010 年共出具 68 672 份国际检索报告，占 PCT 该年度国际检索报告总量的 43.7%。

欧洲专利检索报告的内容包括：① 欧洲专利检索报告引用在作出检索报告之日欧洲专利局所掌握的、评价作为欧洲专利申请对象的发明的新颖性和创造性的文献；② 每次引用的文献都应是涉及权利要求的相关文献，必要时指出引用文献的有关部分（如指出页数、段落、行数或附图）；③ 欧洲专利检索报告应把所引用的优先权日前公开的文献、优先权日和申请日之间公开的文献及以后公开的文献区别开；④ 一切关系到口头公开、使用公开和提出欧洲专利申请日之前任何一种其他方式公开的文献，在欧洲检索报告引用时应指出文献的公开日期（如果有公开日的话）以及非书面公开日期；⑤ 欧洲专利检索报告同欧洲专利局其他申请文件一样，使用的法定文字为英、德、法三国文字，如果申请文件不是使用上述三国文字的话，则可任选其中一种；⑥ 欧洲专利检索报告中对欧洲专利申请按国际分类法分类。

在实施检索之前，审查员与申请人互通意见，确保将需要保护的主题作为检索重点。关于包含多项独立权利要求的申请，根据新增补的《实施细则》第 62a：如果 EPO 认为提交的欧洲专利申请的权利要求不符合《实施细则》相关规定，将要求申请人在 2 个月内予以说明。欧洲专利局(EPO)将对符合规定的权利要求撰写检索报告。若申请人未在规定期限内提交说明，EPO 将根据每项发明的第一项权利要求撰写检索报告。若无不当情形，审查部将要求申请人把权利要求限定为所检索的主题。

关于不完全检索，根据修订后的《实施细则》第 63 条：如果 EPO 认为欧洲专利申请不符合《欧洲专利公约》的规定，从而不可能对部分或所有权利要求的现有技术进行有意义的检索，EPO 将要求申请人在 2 个月内提交需检索主题的声明。若申请人未在规定期限内提交声明，EPO 将公开一份不能对部分或所有权利要求的现有技术进行有意义检索的理由充足的声明，或尽量撰写局部检索报告。在后续程序中，该声明或局部检索报告将被视为欧洲检索报告。一旦局部检索报告被作出，在无不当情形的前提下，审查部将要求申请人把权利要求限定为所检索的主题。

关于发明缺乏单一性的欧洲检索报告，如 EPO 认为该欧洲专利申请不符合发明单一性要求，EPO 将制定一份针对权利要求中首先提到的那些符合第 82 条(单一性)之单个或多重发明部分的局部检索报告。EPO 将通知申请人，如要求对其他发明进行欧洲检索，那么应在 2 个月内再交纳每一发明的检索费。欧洲检索报告应针对专利申请中那些已交纳检索费的发明部分来作出。在欧洲专利申请的审查过程中，如审查部发现前款中信息传递失当、并且申请人请求退还的，则前款中已缴纳费用将被全部退还给申请人。同 PCT 一样，检索报告如果与欧洲专利说明书结合在一起出版，则以文献类型识别代码 A1 表示；当不能一起出版时，则以后单独出版，以文献类型识别代码 A3 表示。EPO 对 PCT 国际申请检索报告，并不是简单地一味认同，而是在其认为有必要的情况下，如专利权项的变动超出了 PCT 国际申请检索的范围时，还要进行补充检索，这种补充检索报告文献类型识别代码 A4，表明其对专利检索的严肃态度和重视程度，以及相对严格的要求。

17.8.3 中国国家知识产权局专利检索报告

据国家知识产权局统计报告，截至 2014 年 8 月，国家知识产权局共授权国内发明专利 1 466 864 件。由此可见，截至目前国家知识产权局在审查专利时出具的专利检索报告已经超过 146 万份。

国家知识产权局提供的专利检索报告，原来主要用于该局发明专利的专利性审查。但在 2001 年 7 月 1 日实施的第二次修改后的《专利法》实施细则中，新增加了实用新型检索报告的程序，即为涉及侵权纠纷的实用新型专利出具专利检索报告，扩大了专利检索报告的应用范围。此外，国家知识产权局的专利检索报告还可用于申报香港知识产权局的短期专利。作为 PCT 国际检索单位，该机构还承担着为专利国际申请提供专利检索报告的任务。

众多的使用实例、长期的实践检验，使国家知识产权局设计并使用的检索报告逐渐发展成为形式多样、内容完善、日渐成熟的权威性版本。其中，为发明人申请 PCT 专利出具的检索报告采用 PCT 设计的通用报告版式；而为国内发明专利、实用新型、香港短期专利设计的检索报告尽管在内容上、形式上有所差异，但由于它们都是采用由国家知识产权局自主设计的检索报告版式，因此在本质上有一定的共同之处。

样例1～3分别给出了世界知识产权组织专利检索报告、欧洲专利局的专利检索报告、中华人民共和国国家知识产权局香港短期专利申请检索报告的样张，供读者参考。

样例1：世界专利合作条约(PCT)专利检索报告 A3

专 利 合 作 条 约

PCT

国际检索报告

(PCT 第18条和细则43和44)

申请人或代理人的档案号 **PDF090123**	**关于后续行为** 见PCT/ISA/220表和适用时，见下面第5项	
国际申请号 **PCT/CN2011/081742**	国际申请日 *(日/月/年)* **03.11 月 2011(03.11.2011)**	(最早的)优先权日 *(日/月/年)* **13.1 月 2011(13.01.2011)**
申请人 **深圳市奔马电子科技有限公司 等**		

按照条约第18条，本国际检索报告由本国际检索单位做出并送交申请人。报告副本送交国际局。

本国际检索报告总计 5 页。

☐ 它还附有本报告所引用的各现有技术文件的副本。

1. **报告的基础**

 a. 关于语言，进行国际检索基于：

 ☒ 国际申请提交时使用的语言。

 ☐ 该国际申请的_____语言译文，为了国际检索的目的提供该种语言的译文(细则12.3(a)和23.1(b))。

 b. ☐ 本国际检索报告考虑了本单位许可或被通知的根据细则91所做出的明显错误更正。(细则43.6之二(a))。

 c. ☐ 关于国际申请中公开的任何**核苷酸和/或氨基酸序列，见第I栏**。

2. ☐ **某些权利要求被认为是不能检索的**(见第II栏)。

3. ☐ **缺乏发明的单一性**(见第III栏)。

4. 关于**发明名称，**

 ☒ 同意申请人提出的发明名称。

 ☐ 发明名称由本单位确定如下：

5. 关于**摘要，**

 ☐ 同意申请人提出的摘要。

 ☒ 根据细则38.2(b)，摘要由本单位制定，如第IV栏中所示。自本国际检索报告发文日起一个月内，申请人可以向本单位提出意见。

6. 关于**附图，**

 a.随摘要一起公布的**附图**是：图1

 ☒ 按照申请人建议的。

 ☐ 由本单位选择的，因为申请人没有建议一幅图。

 ☐ 由本单位选择的，因为该图能更好地表示发明的特征。

 b. ☐ 没有与摘要一起公布的附图

PCT/ISA/210表(第1页)(2009年7月)

第 IV 栏　摘要正文(续第 1 页第 5 项)

一种 AC 交流数码万能充电器。推动滑盖（36）的中部设置有按钮弹簧（37）和推动按钮（38）。推动滑盖（36）的前部设置有压力挡板（28），压力挡板（28）上设置有 AA 负极弹簧（39）、压力弹簧（40）和 AA 负极五金件（41）。定位插销（30）与定位块（31）相连接。卡扣插销（32）与压力卡扣（33）插接。推动滑盖（36）的下部通过 AA 负极连接螺丝（34）和 AA 负极连接五金件（35）固定有定位块（31）和压力卡扣（33）。卡扣插销（32）还与推动按钮（38）的下端插接。在接电源的情况下，把电池放置在电池区域，调整充电器推钮，使五金件与电池接触，把推动按钮按下推动滑盖，把电池压紧，放开推动按钮，从而将电池定位并使电池充电。充电器采用交流电输入，给各种数码电池充电，例如手机的电池，同时兼容 MP3、MP4 等数码产品。

国际检索报告

国际申请号
PCT/CN2011/081742

A. 主题的分类

H02J 7/00 (2006.01) i

按照国际专利分类(IPC)或者同时按照国家分类和 IPC 两种分类

B. 检索领域

检索的最低限度文献(标明分类系统和分类号)

IPC: H02J, H01M

包含在检索领域中的除最低限度文献以外的检索文献

在国际检索时查阅的电子数据库(数据库的名称，和使用的检索词（如使用))

CNPAT, CNKI, WPI, EPODOC: 充电, 万能, 通用, 多功能, 连接, 壳, 螺丝, 弹簧, 导轨, 支架, 卡扣, 插销, 挡板, 胶垫, 壳, charg+, versatile, universal, multifunctional, multipurpose, screw, spring, rail, supporter, clasp, fastener, bolt, plug, baffle, pad, cover, case, shell, housing

C. 相关文件

类 型*	引用文件，必要时，指明相关段落	相关的权利要求
PX	CN 102142698 A (深圳市奔马电子科技有限公司) 03.8 月 2011 (03.08.2011) 见权利要求 1-8	1-8
PX	CN 201985563 U (深圳市奔马电子科技有限公司) 21.9 月 2011 (21.09.2011) 见权利要求 1-3、说明书第 0004-0010 段	1-8
A	CN 101820083 A (深圳市奔马电子科技有限公司) 01.9 月 2010 (01.09.2010) 见说明书第 2 页、附图 1	1-8
A	CN 101707267 A (潘金海) 12.5 月 2010 (12.05.2010) 见全文	1-8
A	US 2010/0171462 A1 (YANG F) 08.7 月 2010 (08.07.2010) 见全文	1-8

☒ 其余文件在 C 栏的续页中列出。　　☒ 见同族专利附件。

* 引用文件的具体类型：

"A" 认为不特别相关的表示了现有技术一般状态的文件

"E" 在国际申请日的当天或之后公布的在先申请或专利

"L" 可能对优先权要求构成怀疑的文件，或为确定另一篇引用文件的公布日而引用的或者因其他特殊理由而引用的文件（如具体说明的）

"O" 涉及口头公开、使用、展览或其他方式公开的文件

"P" 公布日先于国际申请日但迟于所要求的优先权日的文件

"T" 在申请日或优先权日之后公布，与申请不相抵触，但为了理解发明之理论或原理的在后文件

"X" 特别相关的文件，单独考虑该文件，认定要求保护的发明不是新颖的或不具有创造性

"Y" 特别相关的文件，当该文件与另一篇或者多篇该类文件结合并且这种结合对于本领域技术人员为显而易见时，要求保护的发明不具有创造性

"&" 同族专利的文件

国际检索实际完成的日期	国际检索报告邮寄日期
09.1 月 2012(09.01.2012)	**16.2 月 2012 (16.02.2012)**
ISA/CN 的名称和邮寄地址： 中华人民共和国国家知识产权局 中国北京市海淀区蓟门桥西土城路 6 号 100088 传真号： (86-10)62019451	受权官员 李晓艳 电话号码：(86-10) **62411798**

PCT/ISA/210 表(第 2 页) (2009 年 7 月)

国际检索报告

国际申请号
PCT/CN2011/081742

C(续). 相关文件

类 型	引用文件，必要时，指明相关段落	相关的权利要求
A	JP 2008-43088 A (SANYO ELECTRIC CO LTD) 21.2 月 2008 (21.02.2008) 见全文	1-8
A	US 5162719 A (FUJITSU LTD) 10.11 月 1992 (10.11.1992) 见全文	1-8

PCT/ISA/210 表(第 2 页续页) (2009 年 7 月)

国际检索报告

关于同族专利的信息

国际申请号
PCT/CN2011/081742

检索报告中引用的专利文件	公布日期	同族专利	公布日期
CN 102142698 A	03.08.2011	无	
CN 201985563 U	21.09.2011	无	
CN 101820083 A	01.09.2010	无	
CN 101707267 A	12.05.2010	CN 101707267 B	27.07.2011
US 2010/0171462 A1	08.07.2010	US 7999508 B2	16.08.2011
JP 2008-43088 A	21.02.2008	无	
US 5162719 A	10.11.1992	JP 4345772 A	01.12.1992
		JP 2735401 B2	02.04.1998

PCT/ISA/210 表(同族专利附件) (2009 年 7 月)

样例 2：欧洲专利局(EPO)专利检索报告 A3

(19) Europäisches Patentamt
European Patent Office
Office européen des brevets

(11) **EP 2 383 865 A3**

(12) **EUROPEAN PATENT APPLICATION**

(88) Date of publication A3:
11.07.2012 Bulletin 2012/28

(43) Date of publication A2:
02.11.2011 Bulletin 2011/44

(21) Application number: **11162919.2**

(22) Date of filing: **19.04.2011**

(51) Int Cl.:
H02J 13/00 (2006.01)
B62J 6/18 (2006.01)
H04B 3/54 (2006.01)
B60R 16/023 (2006.01)

(84) Designated Contracting States:
AL AT BE BG CH CY CZ DE DK EE ES FI FR GB GR HR HU IE IS IT LI LT LU LV MC MK MT NL NO PL PT RO RS SE SI SK SM TR
Designated Extension States:
BA ME

(30) Priority: **28.04.2010 JP 2010104568**

(71) Applicant: **Shimano Inc.**
Sakai City, Osaka 590-8577 (JP)

(72) Inventors:
- **Nishihara, Taihei**
  Osaka 590-8577 (JP)
- **Suzuki, Takafumi**
  Osaka 590-8577 (JP)
- **Kou, Shun**
  Osaka 590-8577 (JP)

(74) Representative: **Sonnenberg, Fred**
24IP Law Group
Sonnenberg Fortmann
Patent- und Rechtsanwälte
Herzogspitalstraße 10a
80331 München (DE)

(54) **Bicycle electrical system**

(57) A bicycle electrical system is provided with a first electric component, a second electric component, and a third electric component. The first electric component includes a first electric power line communication section. The second electric component includes a second electric power line communication section. The third electric component includes a third electric power line communication section. The first and second electric power line communication sections are connected with a first electric power line such that the first and second electric power line communication sections conduct communications via the first electric power line. The second and third electric power line communication sections are connected with a second electric power line such that the second and third electric power line communication sections conduct communications via the second electric power line.

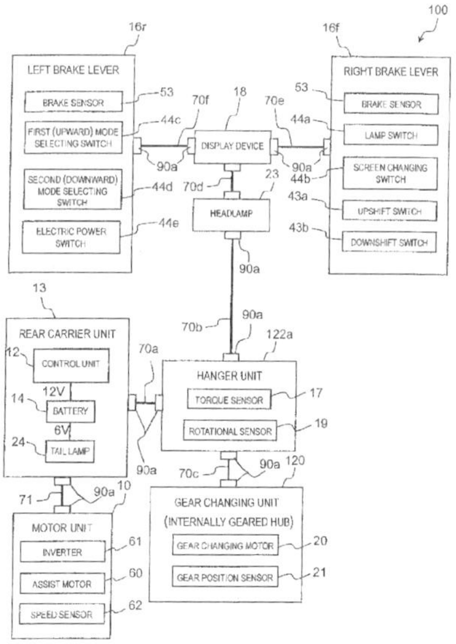

FIG. 6

EP 2 383 865 A3

Printed by Jouve, 75001 PARIS (FR)

Europäisches Patentamt
European Patent Office
Office européen des brevets

EUROPEAN SEARCH REPORT

Application Number
EP 11 16 2919

DOCUMENTS CONSIDERED TO BE RELEVANT

Category	Citation of document with indication, where appropriate, of relevant passages	Relevant to claim	CLASSIFICATION OF THE APPLICATION (IPC)
X Y	EP 1 394 031 A2 (SHIMANO KK [JP]) 3 March 2004 (2004-03-03) * paragraphs [0018], [0019], [0028]; claims 1,15,16,19,22; figures 1,3,4 * -----	1-3,6-13 4,5	INV. H02J13/00 B62J6/18 H04B3/54 B60R16/023
X	DE 199 06 095 A1 (OPEL ADAM AG [DE]) 17 August 2000 (2000-08-17) * claims 1-6; figure 1 * -----	1-5,8-13	
X	EP 1 357 678 A1 (SHIMANO KK [JP]) 29 October 2003 (2003-10-29) * claims 1,15,16; figure 3 * -----	12,13	
X	US 2003/195668 A1 (RADTKE MATTHIAS [DE] ET AL) 16 October 2003 (2003-10-16) * paragraph [0042]; figures 1b, 2 * -----	1-3,6, 8-11	
X Y	FR 2 882 483 A1 (PEUGEOT CITROEN AUTOMOBILES SA [FR]) 25 August 2006 (2006-08-25) * pages 4,5; claims 1,7,10; figure 1 * -----	1-3 4,5	TECHNICAL FIELDS SEARCHED (IPC)
X	US 2006/061329 A1 (DAWSON THOMAS P [US]) 23 March 2006 (2006-03-23) * paragraphs [0011], [0014], [0019.0020]; claims 1,5,8; figures 1,2 * -----	1-3,6	H02J B62J H04B B60R

The present search report has been drawn up for all claims

Place of search	Date of completion of the search	Examiner
Munich	30 May 2012	Tchegho Kamdem, A

1

CATEGORY OF CITED DOCUMENTS

X : particularly relevant if taken alone
Y : particularly relevant if combined with another document of the same category
A : technological background
O : non-written disclosure
P : intermediate document

T : theory or principle underlying the invention
E : earlier patent document, but published on, or after the filing date
D : document cited in the application
L : document cited for other reasons

& : member of the same patent family, corresponding document

EPO FORM 1503 03.82 (P04C01)

ANNEX TO THE EUROPEAN SEARCH REPORT ON EUROPEAN PATENT APPLICATION NO. EP 11 16 2919

This annex lists the patent family members relating to the patent documents cited in the above-mentioned European search report.
The members are as contained in the European Patent Office EDP file on
The European Patent Office is in no way liable for these particulars which are merely given for the purpose of information.

30-05-2012

Patent document cited in search report		Publication date	Patent family member(s)			Publication date
EP 1394031	A2	03-03-2004	CN	1488545	A	14-04-2004
			EP	1394031	A2	03-03-2004
			JP	3645876	B2	11-05-2005
			JP	2004090781	A	25-03-2004
			TW	I231279	B	21-04-2005
			US	2004115962	A1	17-06-2004
DE 19906095	A1	17-08-2000	NONE			
EP 1357678	A1	29-10-2003	AT	395754	T	15-05-2008
			CN	1453182	A	05-11-2003
			EP	1357678	A1	29-10-2003
			JP	2003312570	A	06-11-2003
			TW	I229041	B	11-03-2005
			US	2003197480	A1	23-10-2003
US 2003195668	A1	16-10-2003	DE	10216564	A1	23-10-2003
			US	2003195668	A1	16-10-2003
FR 2882483	A1	25-08-2006	NONE			
US 2006061329	A1	23-03-2006	NONE			

EPO FORM P0459

For more details about this annex : see Official Journal of the European Patent Office, No. 12/82

样例 3：中华人民共和国国家知识产权局香港短期专利申请检索报告
HK 1081382 A

中华人民共和国国家知识产权局

香港短期专利申请检索报告

HK：06090

检索名称：可更换鞋帮的鞋子		
权利要求数目：20	说明书页数：6	附图页数：4
审查员确定的 IPC 分类号：A43B3/06		
审查员实际检索的 IPC 分类号：　A43B　A43C		
机检数据（数据库名称、检索词等）：WPI　EPODOC　PAJ　CNPAT 更换，可换，replaceable,renewable,removable,changeable		
缩微平片号		

专利局 2006.3.24 发文

相关专利文献

类型	国别以及代码[11]给出的文献号	代码[43]或[45]给出的日期	IPC 分类号	相关的段落和/或图号	涉及的权利要求
X	CN2386661Y	2000.7.12	A43B3/06	全文	1
X	CN2207099Y	1995.9.13	A43B3/12	全文	1
X	CN2329208Y	1999.7.21	A43B3/12	全文	1
X	CN2754401Y	2006.2.1	A43B3/12	全文	1
X	CN2501342Y	2002.7.24	A43B13/28	全文	1
X	CN2444460Y	2001.8.29	A43B9/12	全文	1
A	US4936028A	1990.6.26	A43B13/36	全文	1-20
A	US20050034332A	2005.2.17	A43C13/00	全文	1-20

HK 1081382 A

相 关 非 专 利 文 献					
类型	书名(包括版本号和卷号)	出版日期	作者姓名和出版者名称	相关页数	涉及的权利要求
类型	期刊或文摘名称(包括卷号和期号)	发行日期	作者姓名和文章标题	相关页数	涉及的权利要求

表格填写说明事项：

1. 说明书的页数，在有附图的情况下应当包括附图的页数，但不包括权利要求书和摘要的页数。
2. 审查员实际检索领域的 IPC 分类号应当填写到大组和／或小组所在的分类位置。
3. 当被审查的是外国申请量，审查员应当检索缩微平片，并填写平片号。
4. 期刊或其它定期出版物的名称可以使用符合一般公认的国际惯例的缩写名称。
5. 相关文件的类型说明：

   X：一篇文件影响新颖性或创造性

   Y：与本报告中的另外的 Y 类文件组合而影响创造性

   A：背景技术文件　　E：抵触申请　　P：中间文件

审查 5 部 3 室	审查员签字：	完成检索日期：2006.3.17

撰稿：肖沪卫(上海科学技术情报研究所)

第18章 防止专利侵权查新流程分析与报告撰写

防止专利侵权查新，又称专利侵权主动查新，是指为避免发生专利侵权纠纷而主动对某一项技术或者产品进行专利检索，目的是要找出可能受到其侵害的专利。可能受到其侵害的专利也称为侵权专利或者障碍专利，包括有效专利和具授权前景的专利申请。

在制造、销售（包括许诺销售）、进口或使用一项怀疑存在专利的产品之前，需要进行防止专利侵权查新。许诺销售包括做广告、在商店橱窗中陈列或者在展销会上展出等方式。

防止专利侵权查新包括圈定可疑侵权点、检索侵权专利、判断是否落入专利权保护范围和撰写侵权查新报告这四个关键步骤。

18.1 圈定可疑侵权点

由委托方提供拟实施产品或技术的交底材料，由查新员对交底材料中的技术方案进行梳理。交底材料是以书面方式提供的详细的技术信息披露，需要时应包含视图、流程图、框图等，以便于查新员理解。对技术信息的理解决定了检索的范围和之后对检索结果的分析。在梳理技术方案时，查新员可用逆向分析的方式，即首先理解整体技术方案的目的和所能实现的技术效果，然后分割出实现整体技术效果的各个技术环节，这些技术环节应该具有相对独立的功能、实现相应的技术效果，最后科学地划分出技术特征。所谓技术特征，是指技术方案中能够相对独立地执行一定的技术功能、并能产生相对独立的技术效果的最小技术单元或者单元组合。

出于时间、成本的考虑，针对全部技术特征均分别进行侵权检索分析有时是不明智的，实践中往往有选择地围绕那些必不可少且怀疑有专利的技术特征（称为可疑侵权点）开展防止专利侵权查新。可疑侵权点是通过以下步骤确定的：① 划分技术特征，将一项完整的技术方案拆解成多个技术特征；② 确定必要技术特征，自前述多个技术特征中确定必要技术特征（若缺少该技术特征，则技术方案不能实现其目的），其余为非必要技术特征；③ 圈定可疑侵权点，自前述必要技术特征中选定那些怀疑存在专利的技术特征或者技术特征组合作为可疑侵权点，从而与那些早已进入自由公知领域的技术特征相区别，后者一般可以直接排除侵权风险而不必做检索分析，非常规应用或者产生意想不到的效果的除外。

可疑侵权点的圈定，既可以听取委托方工程技术人员的专业技术意见，也可以由查新员通过检索阅读相关综述性文献进行合理的判断得出并获委托方的认可。上述技术方案的梳理结果以表格形式加以记录(表 18.1)，最终确定委托方技术方案由可疑侵权技术特征 A、B、C 等组成。

表 18.1　委托方技术方案的梳理

技术方案描述	技术特征划分	是否为必要技术特征	是否为可疑侵权点	梳 理 结 果
	技术特征 1	否	否	—
	技术特征 2	是	否	—
	技术特征 3	是	是	可疑侵权技术特征 A
	技术特征 4	是	是	可疑侵权技术特征 B
	技术特征 5	是	是	可疑侵权技术特征 C
	…	…	…	…

18.2　检索侵权专利

检索侵权专利的目标是发现那些可能被侵权的专利或专利申请文献，为后续侵权风险分析提供证据支持。它是决定防止专利侵权查新质量的关键，其过程包括确定范围、执行检索、检索终止这三个阶段。

18.2.1　确定检索范围

防止专利侵权查新的检索范围包括专利类型、时间范围、地域范围三个方面。专利类型包括世界各国和知识产权组织的发明、实用新型或外观设计专利及专利申请。

时间范围和地域范围是分别由专利权“三性”中的时间性和地域性决定的。各国专利法对于专利权的有效保护期均有各自的规定，而且计算保护期限的起始时间也各不相同。大部分国家自提交专利申请之日起的专利保护期为 20 年。我国《专利法》第四十二条规定：“发明专利权的期限为 20 年，实用新型和外观设计专利权的期限为 10 年，均自申请日起计算。”一般情况下，委托方会指定一个时间，通常是实施产品制造、销售、进口和使用的时间，简称实施日(委托方没有指定实施日的，以查新委托日代替实施日)。那些申请日早于该实施日前 20 年的专利通常已经超出了专利保护期限而失效，不会构成侵权专利。因此，查新员应当检索实施日前 20 年以内的专利文献。不过在一些国家，某些领域专利申请的保护期可以续展或延长，例如药品和食品，原因是在其投放市场之前须履行行政批准程序，从而专利所有人在被授予专利后的相当一段时期内无法享有其专利权。在这些情况下，检索的时间跨度还应延长。

由于专利权的地域性，即一个国家依照其本国专利法授予的专利权，仅在该国法律管辖的范围内有效，对其他国家没有任何约束力，外国对其专利不承担保护的义务，这决定了防止专利侵权查新的检索地域范围是依实施产品制造、销售、进口和使用的地域而定，该地域应由委托方指定。因此，查新员应当检索该地域所在国的本国专利以及将该国作为指定国的地区或者国际专利组织专利。例如针对一项技术在中国实施的防止专利侵权查新，除了应检索国家知识产权局授权的专利和受理的专利申请之外，还应当检索向世界知识产权组织提出的指定国包含中国但是未及进入中国并在国内公布的 PCT 专利申请。需要注意的是，检索上述 PCT 专利申请的时间范围是实施日前 4 年内，原因是 PCT 国际申请自递交本地申请后 30 个月进入国家阶段，进入中国国家阶段后又有 18 个月的公布期。

18.2.2 执行检索及其优化

在执行检索之前，查新员应当首先分析技术主题，并据此确定技术领域、专利分类。然后，选择合适的数据库执行检索并不断优化检索结果。

18.2.2.1 选择数据库

防止专利侵权查新的数据库选择应遵循这些原则：① 地域吻合，所选数据库应包含上述地域范围的专利文献；② 数据完整，所选数据库应包含相关技术领域的全部专利文献并且保持更新，世界各国知识产权局、地区和国际知识产权组织的官方网站专利检索入口一般提供了最全面、及时的基础专利信息，包括著录项目信息、说明书全文、法律状态信息等；③ 功能完善，包括是否支持全文检索或者权利要求项检索，是否提供独特的专业检索功能（如检索复杂结构化合物时可使用美国化学文摘数据库提供的化学物质登记号 CAS No. 检索功能）；④ 方便易用，当地域范围涉及多个国家、多个语种时，可选用综合性专利数据库平台如 Espacenet、PATENTSCOPE、Orbit 等，在提高检索效率的同时也克服了语言障碍。

18.2.2.2 制定策略并执行检索

防止专利侵权查新的检索思路主要为三种：一是通过技术方案检索；二是通过机构或者人员检索；三是将技术方案与机构人员组合检索。

(1) 通过技术方案检索

根据本书18.1部分的描述，从技术方案中梳理出的非必要技术特征、已进入自由公知领域的技术特征通常不用检索，除非这些特征单独地或者组合地产生了意想不到的新的技术效果。在针对可疑的侵权点进行检索时，每个技术特征点应当尽可能从多个角度进行表达，如用关键词、分类号、化学结构式等，将每种角度表达的检索结果通过逻辑或的关系合并后，作为针对该侵权点的检索结果。需要注意的是，除了以相同的概念（如同义词、缩写、全称、音译、俗名等）直接描述以外，一个技术特征点还可能以其上位概念、功效特征、使用环境等形式出现在权利要求项中。因此，对每个技术特征点还应当考虑从其上位概念、功效特征、类别属性等角度进行表达和检索，以防止遗漏。可以按照表 18.2 整理检索词。

表 18.2　委托方技术方案的检索词

技术特征	关键词表达			分类号表达	其他特征表达	备　注
	相同概念	上位概念	下位概念			
A						
B						
C						
…						

如果委托方的一项技术方案包含多个可疑侵权点(A、B、C、…)，那么出于检索效率优先的考虑，可先将各个可疑侵权点的检索结果进行“逻辑和”组合运算(A and B and C and …)，该组合结果由于包含的相同技术特征点最多，因而很可能从中发现最接近委托方技术方案的专利，需要优先重点关注。后续逐渐减少进行“逻辑和”运算的可疑侵权点的数量甚至单独考虑各个可疑侵权点的检索结果(A or B or C or …)，这样逐步扩大侵权风险排查的范围，以便最大可能地避免遗漏。

就数据库检索的字段而言，在权利要求项中检索无疑是首选的。但如果数据库没有提供权利要求项检索功能，而只能进行文摘检索，那么将多个可疑侵权点的检索结果进行“逻辑和”组合运算造成遗漏的概率大大增加，此时应尽可能将各个侵权点单独在文摘中检索。如果数据库不仅提供权利要求项检索功能，还提供全文检索功能，则将各个可疑侵权点进行“逻辑和”组合后置于全文中检索，对提高检索结果的针对性是有利的。

(2) 通过机构或者人员检索

很多情况下，委托方提供的产品或技术方案即为已知商业竞争对手、潜在合作伙伴或者发明人的产品或技术方案。此时，应重点排摸这些机构或者人员申请的专利。对机构而言，需要掌握其公司名称、子公司名称、母公司名称，如有并购历史的还需将并购对象的名称梳理清楚。涉及人员的，应注意各数据库中人员姓名的表达方式。

就数据库检索的字段而言，机构信息应置于申请人或者权利人字段中检索，人员信息应置于申请人或者权利人、发明人字段中检索。除了检索这些专利著录项目信息外，还应当查询专利许可与转让数据库，对相关机构或者人员的专利活动进行全面了解。机构或者人员检索的好处是，可将申请人、权利人或者发明人的专利情况一览无余地揭示出来，克服了技术方案检索容易遗漏的弊端。

(3) 将技术方案与机构人员组合检索

当技术方案检索的命中数过多或者主题不够集中时，可增加机构或者人员信息限定，以使结果更具有针对性。同样，当机构或人员检索的命中数过多或者主题不够集中时(例如对大型企业集团)，可增加技术主题或者技术特征的限定，以快速获得所需要的专利信息。

18.2.2.3 检索优化

在检索过程中，查新员可以随时根据查得的相关文献进行针对引用文献、被引用文献、作者、机构、专利发明人、专利申请人等的跟踪检索，以便找到进一步相关的专利文献。

18.2.3 检索终止

查新员可根据已经检索出的专利文献的数量和质量决定是否应当中止检索。检索过程中出现下列情况之一时，查新员可以与委托方沟通告知检索结果，在对方知情同意的前提下中止检索：

- 查新员已经找到一份或多份使委托方技术方案落入其权利要求范围的专利文献，查新员根据其知识和工作经验，认为不可能再找到更多的这样的文件；
- 查新员已经找到一份或多份使委托项目技术方案落入其权利要求范围的专利文献，但是该专利在委托人指定的地域范围和时间范围内不受保护；
- 查新员已经发现一份或多份现有技术文献，使得委托项目技术方案属于自由公知技术；
- 查新员根据其知识和工作经验，经过大量的合理检索以后，认为不可能找到密切相关的对比文献，且委托方也无法提供进一步检索的线索与方向。

18.3 判断是否落入专利权保护范围

判断委托方技术方案是否落入专利权保护范围是防止专利侵权查新的核心内容。对于检索到的可疑侵权的专利，查新员应采用单独对比的原则，即将委托方技术方案与检出的各篇专利文献逐一进行比对，并就技术方案是否落入相关的专利权保护范围作出判断，从而综合评判委托方技术方案的专利侵权风险。

专利侵权判定是各国普遍面临的司法难题。我国最高人民法院于 1993、2001 和 2009 年分别出台了有关的司法解释，即《关于审理侵犯专利权纠纷案件应用法律若干问题的解释》，对专利侵权判定给出了指导性意见。同时，各地方高级法院也在其自身司法实践的基础上提出了一些地方性指导意见。例如，北京市高级法院在 2013 年 9 月发布了《北京市高级人民法院专利侵权判定指南》(以下简称“北高院指南”)，对专利侵权案件的等同原则、功能性技术特征、禁止反悔原则、共同侵权几大问题进行了指南性规定。这些规定可以为查新员判断委托方技术方案是否落入专利权保护范围提供参考。

查新员在判断委托方技术方案是否落入专利权保护范围时，应当首先核查专利的有效性，然后针对那些有效专利和具有授权前景的专利申请逐一进行侵权分析，具体步骤依次为确定专利权保护范围、特征点比对和侵权分析判定。

18.3.1 确定专利权是否有效

根据专利权有效原则，在权利人据以主张的专利权未被宣告无效之前，其权利应予保护。专利登记簿副本，或者专利证书和当年缴纳专利年费的收据可以作为证明专利权有效的证据。查新员应当对检索出的专利进行法律状态和同族专利核查，然后仅对那些在委托方指定的时间、地域范围内有效的专利和具有授权前景的专利申请进一步开展侵权风险分析，对那些失效专利或者在指定时间、地域范围内不受保护的专利，可直接排除侵权风险。

18.3.2 确定专利权保护范围

确定专利权的保护范围，是指对相关的权利要求进行解释。各国在解释专利权利要求时的具体做法不完全相同。下面以中国专利为例，说明查新员在理解和解释权利要求时应遵循的方法和原则。

18.3.2.1 解释对象

我国《专利法》第五十九条规定，发明或者实用新型专利权保护范围应当以权利要求书记载的技术特征所确定的内容为准。由于司法解释中对等同侵权的确立，因此前述专利权保护范围也包括与所记载的技术特征相等同的技术特征所确定的内容。技术特征是指在权利要求所限定的技术方案中，能够相对独立地执行一定的技术功能、并能产生相对独立的技术效果的最小技术单元或者单元组合。

查新员在确定专利权保护范围时，通常应当对保护范围最大的专利独立权利要求作出解释。专利权人可能主张以从属权利要求确定保护范围的，查新员应以该从属权利要求记载的附加技术特征及其直接或间接引用的权利要求记载的技术特征，一并确定专利权保护范围。

18.3.2.2 解释原则

查新员在确定专利权保护范围时应当考虑折衷原则、整体原则、禁止反悔原则和捐献原则。

折衷原则 解释权利要求时，应当以权利要求记载的技术内容为准，根据说明书及附图、现有技术、专利对现有技术所做的贡献等因素合理确定专利权保护范围；既不能将专利权保护范围拘泥于权利要求书的字面含义，也不能将专利权保护范围扩展到所属技术领域的普通技术人员在专利申请日前通过阅读说明书及附图后需要经过创造性劳动才能联想到的内容。

整体原则 应将权利要求中记载的全部技术特征所表达的技术内容作为一个整体技术方案对待，记载在前序部分的技术特征和记载在特征部分的技术特征，对于限定保护范围具有相同作用。

禁止反悔原则 在专利授权或者无效程序中，专利申请人或专利权人通过对权利要求、说明书的修改或者意见陈述的方式，对权利要求的保护范围作了限制或者部分放弃，从而在侵犯专利权诉讼中，在确定是否构成等同侵权时，禁止专利申请人或专利权人将已放弃的内容重新纳入专利权保护范围。专利申请人或专利权人限制或者部分放弃的保护范围，应当是基于克服缺乏新颖性或创造性、缺少必要技术特征和权利要求得不到说明书的支持以及说明书未充分公开等不能获得授权的实质性缺陷的需要。专利申请人或专利权人不能说明其修改专利文件原因的，可以推定其修改是为克服获得授权的实质性缺陷。

捐献原则 对于仅在说明书或者附图中描述而在权利要求中未概括的技术方案，应视为专利权人放弃了该技术方案。专利权人以等同侵权为由主张专利权保护范围包括该技术方案的，不予支持。被诉侵权技术方案属于说明书中明确排除的技术方案，专利权人主张构成等同侵权的，不予支持。

18.3.2.3 解释方法

确定专利权保护范围时，应当以国务院专利行政部门公告授权的专利文本或者已经发生法律效力的专利复审请求审查决定、无效宣告请求审查决定及相关的授权、确权行政判决所确定的权利要求为准。权利要求存在多个文本的，以最终有效的文本为准。

解释权利要求，可以使用专利说明书及附图、权利要求书中的相关权利要求、专利审查档案以及生效法律文书所记载的内容；以上述方法仍不能明确权利要求含义的，可以结合工具书、教科书等公知文献及所属技术领域的普通技术人员的通常理解进行解释。说明书对技术术语的解释与该技术术语通用含义不同的，以说明书的解释为准（内部证据优先原则）。同一技术术语在权利要求书和说明书中所表达的含义不一致时应以权利要求书为准。

解释权利要求应当从所属技术领域的普通技术人员的角度进行。所属技术领域的普通技术人员，亦可称为本领域的技术人员，是一种假设的“人”，他知晓申请日之前该技术领域所有的普通技术知识，能够获知该领域中所有的现有技术，并且具有运用该申请日之前常规实验手段的能力。

专利说明书及附图可用以对权利要求字面所限定的技术方案的保护范围作出合理的解释，即把与权利要求书记载的技术特征等同的特征解释进专利权保护范围，或者依据专利说明书及附图对某些技术特征作出界定。摘要的作用是提供技术信息，便于公众进行检索，不能用于确定专利权的保护范围，也不能用于解释权利要求。当权利要求中引用附图标记时，不应以附图中附图标记所反映出的具体结构来限定权利要求中的技术特征。当专利文件中的印刷错误影响到专利权保护范围的确定时，可以依据专利审查档案进行修正。对于明显的语法错误、文字错误等，能从权利要求或说明书的整体及上下文得出唯一理解的，应依据实际情况予以解释。

以下是针对一些特定类型权利要求及技术特征的解释方法，均出自于“北高院指南”，供查新员参考。

功能性技术特征 权利要求中以功能或者效果表述的功能性技术特征，应当结合说明书和附图描述的该功能或者效果的具体实施方式及其等同的实施方式，确定该技术特征的内容。功能性技术特征，是指权利要求中的对产品的部件或部件之间的配合关系或者对方法的步骤采用其在发明创造中所起的作用、功能或者产生的效果来限定的技术特征。下列情形一般不宜认定为功能性技术特征：① 以功能或效果性语言表述且已经成为所属技术领域的普通技术人员普遍知晓的技术名词一类的技术特征，如导体、散热装置、黏结剂、放大器、变速器、滤波器等；② 使用功能性或效果性语言表述，但同时也用相应的结构、材料、步骤等特征进行描述的技术特征。在确定功能性技术特征的内容时，应当将功能性技术特征限定为说明书中所对应的为实现所述功能、效果所必须的结构、步骤特征。

方法专利权利要求 方法专利权利要求对步骤顺序有明确限定的，步骤本身以及步骤之间的顺序均应对专利权保护范围起到限定作用；方法专利权利要求对步骤顺序没有明确限定的，不应以此为由，不考虑步骤顺序对权利要求的限定作用，而应当结合说明书和附图、权利要求记载的整体技术方案、各个步骤之间的逻辑关系以及专利审查档案，从所属技术领域的普通技术人员的角度出发，确定各步骤是否应当按照特定的顺序实施。

以方法特征限定的产品权利要求 方法特征对于专利权保护范围具有限定作用。

实用新型专利权利要求中包含非形状、非构造技术特征 实用新型专利权利要求中包含非形状、非构造技术特征的，该技术特征用于限定专利权的保护范围，并按照该技术特征的字面含义进行解释。非形状、非构造技术特征，是指实用新型专利权利要求中记载的不属于产品的形状、构造或者其结合等的技术特征，如用途、制造工艺、使用方法、材料成分(组分、配比)等。

应用领域、用途 产品发明或者实用新型专利权利要求未限定应用领域、用途的，应用领域、用途一般对专利权保护范围不起限定作用。产品发明或者实用新型专利权利要求限定应用领域、用途的，应用领域、用途应当作为对权利要求的保护范围具有限定作用的技术特征。但是，如果该特征对所要求保护的结构和/或组成本身没有带来影响，也未对该技术方案获得授权产生实质性作用，只是对产品或设备的用途或使用方式进行描述的，则对专利权保护范围不起限定作用。

使用环境特征 写入权利要求的使用环境特征属于必要技术特征，对专利权保护范围具有限定作用。使用环境特征是指权利要求中用来描述发明所使用的背景或者条件的技术特征。被诉侵权技术方案可以适用于产品权利要求记载的使用环境的，应当认定被诉侵权技术方案具备了权利要求记载的使用环境特征，而不以被诉侵权技术方案实际使用该环境特征为前提。

18.3.3 特征点比对

2009 年最高人民法院《关于审理侵犯专利权纠纷案件应用法律若干问题的解释》第七条规定了专利侵权判定的全面覆盖原则，因此查新员在分析判断委托方技术方案是否落入专利权的保护范围时也应遵循此原则审视专利权利要求所记载的全部技术特征，并以权利要求中记载的全部技术特征与委托方技术方案所对应的全部技术特征逐一进行比较。委托方技术方案包含与权利要求记载的全部技术特征相同或者等同的技术特征的，应当认定其落入专利权保护范围;被诉侵权技术方案的技术特征与权利要求记载的全部技术特征相比,缺少权利要求记载的一个或多个技术特征,或者有一个或一个以上技术特征不相同也不等同的,应当认定其没有落入专利权保护范围。

查新员在进行特征点比对时可采用汇总表的形式(表18.3)。与委托方技术方案的技术特征A、B、C、…相对应,专利1权利要求中的相应技术特征为A1、B1、C1、…,专利2、3等以此类推。查新员应当就每件专利,分别判断委托方技术方案的各项技术特征与专利权利要求中的相应技术特征(例如A-A1、B-B1、C-C1…)是否相同,所谓"相同"特征不仅包括两者完全相同,还包括委托方下位概念特征与专利上位概念特征"相同"等情形,具体可参考本书18.3.4.1"相同侵权"部分;如对应技术特征不相同的,需进一步判断二者是否等同,关于"等同"特征的判断可参考本书18.3.4.2"等同侵权"部分。

表18.3 技术特征比对一览表

	特征1	特征2	特征3	…
委托方技术方案	A	B	C	…
专利1权项#	A1 (A-A1相同?等同?)	B1 (B-B1相同?等同?)	C1 (C-C1相同?等同?)	…
专利2权项#	A2 (A-A2相同?等同?)	B2 (B-B2相同?等同?)	C2 (C-C2相同?等同?)	…
专利3权项#	A3 (A-A3相同?等同?)	B3 (B-B3相同?等同?)	C3 (C-C3相同?等同?)	…
…	…	…	…	…

需要注意的是,专利文献如有对应专利产品的,不应以专利产品与委托方技术方案直接进行比对,但专利产品可以用以帮助理解有关技术特征与技术方案。委托方技术方案有专利的,一般不能将双方专利产品或者双方专利的权利要求进行比对。对产品发明或者实用新型进行专利侵权判定比对,一般不考虑被诉侵权技术方案与专利技术是否为相同技术领域。

18.3.4 侵权分析

经过特征点比对,查新员可按照相同侵权、等同侵权两项原则进行侵权分析。

18.3.4.1 相同侵权

相同侵权,即文字含义上的侵权,是指被诉侵权技术方案包含了与权利要求记载的全部技术特征相同的对应技术特征。查新员应当就每件专利,分别将委托方技术方案的技术特征A、B、C、…与专利权利要求中的各项对应技术特征A1、B1、C1、…是否相同进行分析判断。在分析判断是否构成相同侵权时应遵循如下原则。

当权利要求中记载的技术特征采用上位概念特征,而委托方技术方案的相应技术特征采用的是相应的下位概念特征时，则被诉侵权技术方案落入专利权保护范围。

委托方技术方案在包含了权利要求中的全部技术特征的基础上，又增加了新的技术特征的，仍然落入专利权保护范围。但是，如果权利要求中的文字表述已将增加的新的技术特征排除在外，则不应当认为委托方技术方案落入该权利要求的保护范围。

对于组合物的封闭式权利要求，委托方技术方案在包含权利要求中的全部技术特征的基础上，又增加了新的技术特征的，则不落入专利权保护范围。但是，委托方技术方案中新增加的技术特征对组合物的性质和技术效果未产生实质性影响或该特征属于不可避免的常规数量杂质的情况除外。

对于包含功能性特征的权利要求，如果委托方技术方案不但实现了与该特征相同的功能，而且实现该功能的结构、步骤与专利说明书中记载的具体实施方式所确定的结构、步骤相同的，则委托方技术方案落入专利权保护范围。

在后获得专利权的发明或实用新型是对在先发明或实用新型专利的改进，在后专利的某项权利要求记载了在先专利某项权利要求中记载的全部技术特征，又增加了另外的技术特征的，在后专利属于从属专利。实施从属专利落入在先专利的保护范围。下列情形属于从属专利：① 在后产品专利权利要求在包含了在先产品专利权利要求的全部技术特征的基础上，增加了新的技术特征；② 在原有产品专利权利要求的基础上，发现了原来未曾发现的新的用途；③ 在原有方法专利权利要求的基础上，增加了新的技术特征。

18.3.4.2 等同侵权

等同侵权，是指被诉侵权技术方案有一个或者一个以上技术特征与权利要求中的相应技术特征从字面上看不相同，但是属于等同特征，应当认定被诉侵权技术方案落入专利权保护范围。等同特征，是指与权利要求所记载的技术特征以基本相同的手段，实现基本相同的功能，达到基本相同的效果，并且所属技术领域的普通技术人员无需经过创造性劳动就能够想到的技术特征。基本相同的手段，一般是指在被诉侵权行为发生日前专利所属技术领域惯常替换的技术特征以及工作原理基本相同的技术特征。申请日后出现的、工作原理与专利技术特征不同的技术特征，属于被诉侵权行为发生日所属技术领域普通技术人员容易想到的替换特征的，可以认定为基本相同的手段。基本相同的功能，是指被诉侵权技术方案中的替换手段所起的作用与权利要求对应技术特征在专利技术方案中所起的作用基本上是相同的。基本相同的效果，一般是指被诉侵权技术方案中的替换手段所达到的效果与权利要求对应技术特征的技术效果无实质性差异。被诉侵权技术方案中的替换手段相对于权利要求对应技术特征在技术效果上不属于明显提高或者降低的，应当认为属于无实质性差异。无需经过创造性劳动就能够想到，即对所属技术领域的普通技术人员而言，被诉侵权技术方案中替换手段与权利要求对应技术特征相互替换是显而易见的。

在相同侵权不成立的情况下，查新员应当判断委托方技术方案是否构成等同侵权。在分析判断是否构成等同侵权时，应对手段、功能、效果以及是否需要创造性劳动依次进行判断，同时注意下列问题。

等同特征的替换应当是具体的、对应的技术特征之间的替换，而不是完整技术方案之间的替换。等同特征，可以是权利要求中的若干技术特征对应于委托方技术方案中的一个技术特征，也可以是权利要求中的一个技术特征对应于委托方技术方案中的若干技术特征的组合。等同特征替换既包括对权利要求中区别技术特征的替换，也包括对权利要求前序部分中的技术特征的替换。

查新员判断委托方技术方案的技术特征与权利要求的技术特征是否等同的时间点，应当以本书 18.2.1 部分中的实施日为界限。

权利要求与委托方技术方案存在多个等同特征的，如果该多个等同特征的叠加导致委托方技术方案形成了与权利要求技术构思不同的技术方案，或者委托方技术方案取得了预料不到的技术效果的，则一般不宜认定构成等同侵权。

对于包含功能性特征的权利要求，如果委托方技术方案相应技术特征不但实现了相同的功能，而且实现该功能的结构、步骤与专利说明书中记载的具体实施方式所确定的结构、步骤等同的，应当认定构成等同特征。该等同的判断时间点应当为专利申请日。

对于包含有数值范围的专利技术方案，如果委托方技术方案所使用的数值与权利要求记载的相应数值不同的，不应认定构成等同。但有证据能够证明委托方技术方案所使用的数值，在技术效果上与权利要求中记载的数值无实质差异的，应认为构成等同。

对委托方技术方案中的技术特征与权利要求中的技术特征是否等同进行判断时，查新员可以专利权人对该等同特征已经放弃、应当禁止其反悔为由做出不侵权判断(详见本书 18.3.2.2 部分)。换言之，如果委托方技术方案属于仅在说明书或者附图中描述而在权利要求中未概括的技术方案，或者属于说明书中明确排除的技术方案，则认为不构成等同侵权。

将委托方技术方案与专利保护的技术方案进行技术特征对比时，查新员可先判断明显落入或不落入权利要求保护范围的技术特征；再对不属于明显落入或不落入权利要求保护范围的技术特征给出判断。表 18.4 列举了一些侵权分析判定的情形。

表 18.4　专利侵权分析判定表

委托方产品或技术分解	相关专利权项分解	比较过程	全面覆盖	等同原则	侵权判定	风险等级
A+B+C	A+B+C	技术特征完全相同	是	×	侵权	高
A+B+C+D	A+B+C	产品或方法比相关专利增加一项或一项以上的技术特征	是	×	侵权	高
A+B+D	A+B+C	C 和 D 可能具有非实质性区别	否	可能	可能侵权	中
A+B	A+B+C	产品或方法比相关专利减少一项或一项以上的技术特征	否	否	不侵权	无
A+B+E	A+B+C	C 和 E 确定具有实质性区别	否	否	不侵权	无
D+E+F	A+B+C	技术特征完全不同	否	否	不侵权	无

18.4　撰写防止专利侵权查新报告

撰写防止专利侵权查新报告的目的是将相关的检索、分析过程和结果全面翔实地传递给委托方及相关法律人员。一份完整的防止专利侵权查新报告,应包括首页、内容和附件。首页上载明报告编号、报告性质、项目名称、委托人名称、检索委托日期、服务机构名称、完成日期。内容部分主要包括查新项目技术要点(即委托方提交的技术方案)、检索要求(即委托方对时间、地域、专利类型等提出的要求)、文献检索范围及检索策略(即检索员对委托项目进行检索的计算机检索系统、文档、数据库、年限、检索词、分类号和手工检索的工具书、年限、主题词、分类号等)、检索结果和检索结论。附件为查新报告中涉及的全部专利文献纸质/电子文档。

检索结果和检索结论是本报告的核心。检索结果部分应对相关性较密切的检出专利文献进行描述,列出专利文献基本信息(即标题、专利号、申请日、公开日、授权公告日、专利权人)、权项信息(至少独立权利要求)、附图信息(如有)、法律状态信息(如有效性、保护期限、权利人变更、许可转让等)、同族专利信息。

检索结论部分应采用文字描述、列表等方式客观论述委托项目技术方案是否落入专利权保护范围并确定侵权风险等级,具体包括以下几个方面的内容:① 梳理委托方提交的技术方案,确定可疑侵权的技术特征或技术特征组合(详见本书18.1部分);② 对检出的相关性较密切的专利文献情况进行总体性描述,例如风险专利的数量、专利权人、专利有效性等;③ 对每项风险专利,依次进行专利保护范围分析(详见本书18.3.2部分)、与委托方技术方案的特征点比对(详见本书18.3.3部分)和侵权分析(详见本书18.3.4部分),给出侵权风险判定结论;④ 对委托方技术方案侵权风险进行总结,并提出应对意见或建议。

撰稿:路炜(上海科学技术情报研究所)

第 19 章 被控专利侵权查新流程分析与报告撰写

当有人拿着授权专利上法院或直接通知被控侵权人其产品侵犯专利权时，被控侵权人应当及时针对该授权专利(又称侵权专利、障碍专利或者涉讼专利)展开研究，查证侵权专利的法律状态，判断被控侵权产品是否落入侵权专利的权利要求范围，查找现有技术，分析能否进行现有技术抗辩和专利无效抗辩，最后撰写侵权查新报告。当发现拟开发或上市的产品有可能侵犯某授权专利或落入某专利申请的保护范围时，也可以按照上述流程处理。

19.1 查证侵权专利的法律状态

利用专利文献号查证侵权专利的法律状态，这是排除侵权风险最快捷的手段。需要查证的内容包括：① 该侵权专利是否有效，如存在专利权超过保护期、被专利权人放弃、被专利局撤销或者被专利复审委员会宣告无效等情形之一的，被控侵权人可保留相关的证据并不再进行其他检索，即可进行专利权无效抗辩，从而完全排除侵权风险；② 该侵权专利主体是否适格，如果存在专利权转让或者指控方与实际专利权利人不一致的，则指控方就没有控告资格。以上信息可自相关的法律状态数据库中查询(须注意以专利登记簿信息为准)，也可由委托方提供专利登记簿副本、由查新员加以解读和确认。

19.2 判断被控侵权产品是否落入侵权专利的权利要求范围

如侵权专利有效、主体适格，则判断被控侵权产品是否落入侵权专利的权利要求范围。这里必须强调应当用具体的产品与授权的侵权专利进行比较，更具体地说是分析侵权产品(产品本身或产品的方法)的技术方案是否落入侵权专利的权利要求范围。在规避设计时，应当考虑采用的技术方案所生产的产品在上市时有无侵权的可能。切记不能用两个专利进行比较考虑侵权问题。参照本书 18.3.2～18.3.4 节分别确定专利权保护范围、开展特征点比对(表 19.1)和进行侵权分析(表 19.2)。

表 19.1 技术特征比对一览表

	特征 1	特征 2	特征 3	…
侵权物技术方案分解	A	B	C	…
侵权专利的权项分解	A1	B1	C1	…
分析比对	A - A1 相同？等同？	B - B1 相同？等同？	C - C1 相同？等同？	…

在下列情形下，应认为被控侵权产品技术方案未落入侵权专利的权利要求范围，不构成侵犯专利权（或者可以排除侵权风险）。

- 侵权产品技术方案的技术特征与权利要求记载的全部技术特征相比，缺少权利要求中记载的一项或一项以上技术特征。
- 侵权产品技术方案的技术特征与权利要求中对应技术特征相比，有一项或者一项以上的技术特征既不相同也不等同的。所称技术特征不相同不等同是指：该技术特征使被控侵权产品技术方案构成了一项新的技术方案；该技术特征在功能、效果上明显优于权利要求中对应的技术特征，并且所属技术领域的普通技术人员认为这种变化具有实质性的改进，而不是显而易见的。
- 侵权产品技术方案省略权利要求中个别技术特征或者以简单或低级的技术特征替换权利要求中相应技术特征，舍弃或显著降低权利要求中与该技术特征对应的性能和效果从而形成变劣技术方案。

表 19.2 是否落入专利权保护范围的分析判定

侵权产品特征	侵权专利权项特征	比 较 过 程	全面覆盖	等同原则	是否落入专利权保护范围
A+B+C	A+B+C	技术特征完全相同	是	×	是
A+B+C+D	A+B+C	侵权产品技术方案比侵权专利增加一项或一项以上的技术特征	是	×	是
A+B	A+B+C	侵权产品技术方案比侵权专利减少一项或一项以上的技术特征	否	否	否
A+B+E	A+B+C	E 和 C 既不相同也不等同（包括 E 为简单或低级的技术特征以代替 C，从而形成变劣技术方案的情形）	否	否	否
D+E+F	A+B+C	技术特征完全不同	否	否	否

19.3 查找现有技术

如判断被控侵权产品落入侵权专利的权利要求范围，则考虑查找现有技术，尝试通过分析现有技术排除侵权风险。除少数国家的专利法采用“先发明制”以外，包含我国在内的绝大多数国家的专利法均采用“先申请制”。“先申请制”专利法中的现有技术一般是指专利申请日以前在国内外为公众所知的技术。查新员查找现有技术的目标是尽最大可能地发现那些导致侵权专利技术方案公开的出版物，从而为后续开展现有技术抗辩、专利无效抗辩提供证据支持。它是决定被控专利侵权查新质量的关键，其过程包括确定范围、执行检索、检索终止、分析判定这四个阶段。

19.3.1 确定检索范围

检索对象为公开出版物，无地域限制。出版物是指记载有技术或设计内容的独立存在的传播载体，并且应当表明或者有其他证据证明其公开发表或出版的时间。出版物可以是各种印刷的、打字的纸件，例如专利文献、科技杂志、科技书籍、学术论文、专业文献、教科书、技术手册、正式公布的会议记录或者技术报告、报纸、产品样本、产品目录、广告宣传册等，也可以是用电、光、磁、照相等方法制成的视听资料，例如缩微胶片、影片、照相底片、录像带、磁带、唱片、光盘等，还可以是以其他形式存在的资料，例如存在于互联网或其他在线数据库中的资料等。出版物不受地理位置、语言或者获得方式的限制，也不受年代的限制。印有“内部资料”、“内部发行”等字样的出版物，确系在特定范围内发行并要求保密的，不属于公开出版物。出版物的印刷日视为公开日，有其他证据证明其公开日的除外。印刷日只写明年月或者年份的，以所写月份的最后一日或者所写年份的12月31日为公开日。

查新员检索出版物的时间界限一般是公开日在该侵权专利的申请日(有优先权的指优先权日，下同)以前(排除申请日当天)。

19.3.2 选择检索工具

被控专利侵权查新能否提供关键性理由和证据，将对专利侵权诉讼案件的结果产生直接影响。鉴于诉讼双方强大的博弈对抗性，使得“撒下天罗地网”寻找密切相关文献成为被控专利侵权查新的应有之意。体现在检索工具的选择上，应使所覆盖的文献范围突破“PCT最低文献量”和审查员检索范围。尤其对于侵权专利为发明专利的情形，由于在授权之前已经历过实质性审查，因此查新员须格外重视可能被专利审查员忽视的文献，如教科书、技术手册、标准、产品样本等。

选择被控专利侵权查新的检索工具时应遵循这些原则：① 专利和非专利数据库具有同等重要性，原因是现有技术对公开文献的类型没有限制；② 兼顾通用类和专业类检索资源，以便尽最大可能地覆盖相关技术领域的全部文献；③ 功能完善，包括是否支持全文检索，是否提供独特的专业检索功能(如检索复杂结构化合物时可使用美国化学文摘数据库提供的化学物质登记号 CAS No. 检索功能)，原因是侵权专利的技术方案有可能在全文中出现；④ 方便易用，选用一些综合性数据库平台如 Espacenet、Web of Science 等，既提高检索效率也有助于克服语言障碍。表19.3给出了通用类和专业类检索资源列表。

表 19.3 通用类和专业类检索资源列表

<table>
<tr><td colspan="3">通　用　类</td></tr>
<tr><td colspan="2">专利数据库</td><td>中国专利检索数据库、美国专利检索数据库、日本专利检索数据库、世界知识产权组织专利数据库、欧洲专利局专利检索数据库、DWPI 世界专利索引、Orbit 检索平台等</td></tr>
<tr><td rowspan="5">非专利数据库</td><td>期刊</td><td>中国知网中国期刊全文数据库、维普中文科技期刊数据库、万方数字化期刊数据库、Springer Link 期刊全文数据库、Science Direct 全文电子期刊数据库、EBSCOhost 学术期刊全文数据库、Ovid 电子期刊全文数据库、Wiley Online Library</td></tr>
<tr><td>学位论文</td><td>中国学位论文文摘/全文数据库(CDDB/CDDBFT)、中国优秀硕博士学位论文全文数据库(CDMD)、ProQuest 博硕士论文数据库(PQDT)、ProQuest 博士论文全文数据库</td></tr>
<tr><td>会议论文</td><td>中国学术会议论文数据库(CACP)、中国学术会议论文全文数据库(PACC)、中国重要会议论文全文数据库(CPCD)、ISI Proceedings(包括 ISTP、ISSHP)、Conference Paper Index(CPI)、Inside Conferences</td></tr>
<tr><td>标准</td><td>中外标准题录数据库、IHS 世界各国标准索引</td></tr>
<tr><td>科技报告</td><td>中国科技成果数据库(CSTAD)、美国政府报告数据库(NTIS)</td></tr>
<tr><td colspan="2">互联网搜索引擎</td><td>百度、谷歌、雅虎等</td></tr>
<tr><td colspan="3">专　业　类</td></tr>
<tr><td colspan="2">化学与化工</td><td>中国化工文摘数据库(HGWZ)、中国化学文摘数据库(CCBD - D)、美国化学文摘(CA)、美国工程索引(EI)、金属文摘(METADEX)、分析文摘(AA)、陶瓷文摘(Ceramic Abstracts)、铝工业文摘(AIA)、环境文摘(EA)、工程材料文摘(EMA)、化学工程与生物技术文摘(CEABA)、橡胶/塑料/黏合剂与多聚物(RAPRA)、石油文摘(PA)、纸化学文摘(PAPERCHEM)、包装造纸印刷出版与无纺工业文摘(PIRA)、化学工业札记(CIN)、腐蚀文摘(Corrosion Abstracts)、世界表面涂层文摘(WSCA)、世界纺织文献(World Textiles)、污染文摘(Pollution Abstracts)、化学物质名称索引(CHEMSEARCH/CHEMNAME)、英国科学文摘(INSPEC),以及相关的专业网站</td></tr>
<tr><td colspan="2">机械与电子</td><td>美国工程索引(EI)、英国科学文摘(INSPEC)、机械与运输工程文摘(MECHENG)、金属文摘(METADEX)、汽车工业研究(MIRA)、宇航与高技术数据库(Aerospace & High Technology Database)、SAE 数字图书馆、电子与通讯文摘(ELCOM)、IEEE 会议录全文数据库、IEEE ASPP 全文电子期刊数据库、流体工程文摘数据库(FLUIDEX)、新技术工程文摘(ANTE)、中国机械工程文摘数据库,以及相关的专业网站</td></tr>
<tr><td colspan="2">计算机科学与技术</td><td>中国计算机文献库、光纤通信文献、Gale Group Computer Database、Computer and Information Systems、CMP Computer Fulltext、MathSci 数学文献数据库、DIALOG 电讯时事通讯数据库、Computer News Fulltext、Ei Compendex®、Inspec、IEEE POPALL 会议录数据库、IEEE ASPP 全文期刊数据库,以及相关的专业网站</td></tr>
<tr><td colspan="2">生物与医学</td><td>中国生物学文摘数据库、中国生物医学文献数据库、中文生物医学期刊文献数据库、中国药学文摘数据库、Biosis Previews、Biological Sciences、Biotechnology and Bioengineering Abstracts、Chemical Engineering and Biotechnology Abstracts、Derwent Biotechnology Abstracts、Life sciences collection、EMBASE、Medline、ADIS R&D Insight、The Derwent Drug File、Drug Information Fulltext、IMS R&D Focus、International Pharmaceutical Abstracts,以及相关的专业网站</td></tr>
</table>

续 表

专　业　类	
农业与食品	中国农业科技文献数据库、AGRICOLA、AGRIS International、Aquatic Sciences and Fisheries Abstracts、CAB ABSTRACTS、Zoological Records、Food Science and Technology Abstracts、Foodline，以及相关的专业网站
交通与建筑	中国城建数字图书馆、中国建材文献数据库、中国船舶科技文献数据库、中国科技成果库、美国工程索引（EI）、土木工程文摘库（CEA）、SAE数字图书馆、国际建筑数据库（ICONDA）、建筑学数据库（Architecture）、国际土木工程文摘库（ICEA）、ASCE-CEDB数据库、区域规划和城市与建筑数据库（RSWB）、交通文摘数据库（TRIS）、道路和运输信息数据库（ITRD）、机械与交通工程文摘库（MTEA）、地理文摘库（GEOBASE）、建筑期刊索引数据库（Avery Index）、科学技术文献速报（CBST），以及相关的专业网站

19.3.3　制定策略并执行检索

首先，查新员应仔细阅读侵权专利的说明书，正确理解发明的主题和需要检索对比的权利要求，还应找出并阅读这些文件：① 各种对比文献，包括发明人在说明书中引用的参考文献、审查员引用的审查对比文献、检索报告中的印证文件（尤其是其中对申请的新颖性、创造性有影响的文件）；② 专利授权或无效程序（这里主要是部分无效程序）中的过程文件，包括由审查员作出的审查意见通知书、检索报告，以及由专利权人作出的意见陈述书、补正书、修改文件等。查新员根据对侵权专利发明主题的理解，同时参考上述对比文献和过程文件，从而确定检索的技术领域，找准对应的专利分类号。

其次，在上述基础上，查新员应进一步分析侵权专利的技术要点，分析和分解权利要求技术方案的技术特征组合（A+B+C+…），同时确定技术领域、技术问题、技术手段和技术效果等基本检索要素，并将各个技术特征和检索要素转换成相应的检索词。每个技术特征或检索要素应当尽可能地从多个角度进行表达，如用关键词（包括相同概念、上位概念、下位概念）、分类号、化学结构式等，将每种角度表达的检索结果通过逻辑或的关系合并后，作为针对该技术特征或检索要素的检索结果。在必要时还应当考虑技术方案中某些技术特征的等同特征。可以按照表19.4整理检索词。

表19.4　侵权专利权利要求技术方案的检索词列表

技术特征或检索要素	关键词表达			分类号表达	其他特征表达	备　注
	相同概念	上位概念	下位概念			
A						
B						
C						
…						

再次，查新员可对上述技术特征和检索要素进行逻辑组合检索。检索时，出于检索效率优先的考虑，可先将各项技术特征和检索要素进行“逻辑和”组合运算（A and B and C and …），该组合结果由于包含的相同技术特征点最多，因而很可能从中发现最接近侵权专利技术方案的文献并予优先考虑。如未发现破坏新颖性的文献或者检出文献不理想，可尝试减少进行“逻辑和”运算的技术特征和检索要素的数量，这样可使检索范围变宽且检出文献数量增加。

就数据库检索的字段而言，在著录项目和文摘中检索会使结果较为准确。但将多个技术特征“逻辑和”组合置于上述字段检索时比较容易漏检，此时宜将该技术特征“逻辑和”组合后置于全文中检索。各种对比文献（包括发明人在说明书中引用的参考文献、审查员引用的审查对比文献、检索报告中的印证文件）在检索结果中出现与否，可作为检验检索词是否准确、检索式是否合理的手段。

在检索过程中，查新员可随时根据相关文献进行针对引用文献、被引用文献、作者、机构、专利发明人、专利申请人等的跟踪检索，以便找到进一步相关的文献。

最后，查新员还应手工查阅相应的专业文献、教科书、技术手册，以便完整地了解相关技术的发展脉络和最新动态，避免因单纯技术特征检索“只见树木不见森林”而遗漏重要线索。

19.3.4 检索终止

查新员可根据已经检索出的文献的数量和质量决定是否应当终止检索。检索过程中出现下列情况之一时，查新员可与委托方沟通告知检索结果，在委托方知情同意的前提下终止检索：

- 查新员发现侵权专利已经终止或者失效；
- 查新员发现被控侵权（或者拟实施的）技术方案未落入权利要求范围，不构成侵犯专利权；
- 查新员已经找到一份与侵权专利主题密切相关的对比文献，并且认为它清楚地公开了侵权专利主题的全部技术特征，或者由它所公开的内容使所属技术领域的技术人员能够得出权利要求书中的技术方案，即该对比文献单独影响侵权专利的主题的新颖性或创造性，构成查新报告中的 X 类文件或 E 类文件；
- 查新员已经找到两份或者多份与侵权专利的主题密切相关的对比文献，并且认为，侵权专利所属技术领域的技术人员能够容易地把它们结合起来，得出权利要求书中的技术方案，即这些对比文献结合起来影响侵权专利主题的创造性，构成检索报告中的 Y 类文件；
- 查新员已经发现一份或多份现有技术文献，使得被控侵权（或者拟实施的）技术方案属于现有技术；
- 查新员根据其知识和工作经验，经过大量的合理检索以后，认为不可能找到密切相关的对比文件，且委托方也无法提供进一步检索的线索与方向。

19.4　现有技术抗辩

现有技术抗辩，又称公知技术抗辩，是指在专利侵权诉讼中，被控侵权人针对原告的侵权指控举证证明自己实施的是与原告专利申请日前的公知技术相同或等同的技术，以免除侵权责任，是被控侵权人维护自己合法权益的一种应诉措施。

现有技术抗辩与专利无效存在本质区别。现有技术抗辩与专利权的有效性无关，仅是被控侵权人在专利侵权诉讼中对抗原告向其行使专利权的主张。即，并非去否定原告专利权的有效性，而仅仅是通过审查被控侵权技术与现有技术的关系来否定原告专利权的行使。换言之，现有技术抗辩是否认原告专利权行使的抗辩，这与专利的无效存在本质区别。现有技术抗辩与权利要求无关，即被控侵权技术属于专利权的权利保护范围与否在所不问，只要被控侵权人所实施的技术属于现有技术，即不构成侵犯专利权。

现有技术抗辩与专利无效亦不相抵触。专利侵权判断中往往会涉及侵权专利、被控侵权产品及现有技术三者之间的三角关系。在侵权专利与被控侵权产品之间，会涉及主审法官对侵权专利权利要求进行解释的问题，这属于法院的判断权限；若被控侵权人提起无效宣告；此时就会涉及侵权专利与现有技术之间的对比判断，这是专利复审委员会的职权，法院不能涉及；而在现有技术与被控侵权产品之间，并不涉及专利无效程序，法院可自由裁量，这也正是现有技术抗辩能够实施的基础。可见，现有技术与被控侵权产品之间的判断对比与前述两种判断关系之间存在明显区别。采用现有技术抗辩并不意味着需要存在专利无效的事由为前提。所以，在专利侵权诉讼当中运用现有技术抗辩，并没有与专利无效相抵触。

如果落入侵权专利保护范围的被控侵权产品的全部技术特征，与一项现有技术方案中的相应技术特征相同或者等同，或者所属技术领域的普通技术人员认为被控侵权技术方案是一项现有技术与所属领域公知常识的简单组合的，应当认定被控侵权产品属于现有技术，被控侵权人的行为不构成侵犯专利权。

为了进行现有技术抗辩，应将落入侵权专利保护范围的被控侵权产品的全部技术特征与本书19.3部分查找到的现有技术进行特征点比对(表19.5)，然后分析被控侵权产品的技术方案是否属于现有技术(表19.6)，属于现有技术的则不构成侵犯专利权。

表19.5　被控侵权技术方案与现有技术的技术特征比对

	特征1	特征2	特征3	…
被控侵权产品的全部技术特征	A	B	C	…
现有技术的相应技术特征	A1	B1	C1	…
分析比对	A-A1相同？等同？	B-B1相同？等同？	C-C1相同？等同？	…

表 19.6　现有技术抗辩的分析判定表

被控侵权产品的全部技术特征	现有技术的相应技术特征	比较过程	是否属于现有技术	是否构成侵犯专利权
A+B+C	A1+B1+C1	A-A1、B-B1、C-C1 均分别相同或者等同	是	否
A+B+C	A1+B1+C1	A-A1、B-B1、C-C1 中有一项或一项以上既不相同也不等同	否	疑是
A+B+C+D	A1+B1+C1	A-A1、B-B1、C-C1 均分别相同或者等同，D 为公知常识，并且 A+B+C 与 D 系简单组合	是	否
A+B+C+D	A1+B1+C1	A-A1、B-B1、C-C1 均分别相同或者等同，D 不是公知常识	否	疑是
A+B+C+D	A1+B1+C1	A-A1、B-B1、C-C1 均分别相同或者等同，D 是公知常识，但 A+B+C 与 D 不是简单组合	否	疑是

19.5　专利无效抗辩

如被控侵权人实施的产品或方法确已落入侵权专利的保护范围，且现有技术抗辩也不适用，则考虑把侵权专利无效掉。根据专利法的规定，专利权被授予后，任何单位或者个人认为该专利权的授予不符合专利法规定的，都可以请求专利行政部门宣告该专利权无效。经专利行政部门审理，如果该请求的无效理由成立，则应作出决定，宣告专利权无效，并给予登记和公告。被宣告无效的专利权被视为自申请日起即不存在。

以中国专利为例，向国家知识产权局专利复审委员会提出无效宣告请求的理由包括：被授予专利的发明创造不符合专利法第二条（三种专利的定义）、第二十条第一款（向国外申请专利应先报经保密审查）、第二十二条（发明和实用新型专利的实质性授权条件）、第二十三条（外观设计的实质性授权条件）、第二十六条第三款（说明书充分公开）、第四款（权利要求书得到说明书支持）、第二十七条第二款（外观设计的图片或者照片）、第三十三条（修改不得超范围）或者专利法实施细则第二十条第二款（独立权利要求不能缺少必要技术特征）、第四十三条第一款（分案申请不得超范围）的规定，或者属于专利法第五条（违反法律、社会公德和妨害公共利益）、第二十五条（专利法排除的可专利的对象）的规定，或者依照专利法第九条（重复授权）规定不能取得专利权。

在实践中常以该授予专利权的发明不具备新颖性或创造性为由提出无效宣告请求，原因是大部分国家对实用新型专利在授权之前不进行实质性审查，从而被无效或部分无效的概率比较高；而发明专利尽管经历了实质审查，但由于种种原因也难以保证没有错漏，仍然有可能被无效或部分无效。为此，查新员应将侵权专利权利要求的技术方案与本书19.3部分检索到的现有技术进行比对,同时还应确定是否存在影响侵权专利新颖性的抵触申请。以侵权专利为中国专利为例,查新员除了按照本书19.3部分的描述检索现有技术以外,还需要检索:(1) 所有由任何单位或个人在该申请的申请日之前向专利局提交的,并且在该申请的申请日后十八个月内已经公布或公告的相同或相近技术领域的专利申请或专利文件;(2) 所有由任何单位或个人在该申请的申请日之前向国际申请受理局提交的,并且在该申请的申请日后十八个月内作出国际公布的相同或相近技术领域的指定中国的国际申请,以便检索出与该申请相同的、可能会按照专利合作条约(PCT)的规定进入中国国家阶段而成为该申请的抵触申请的国际申请。本书17.5部分、17.6部分详细提供了判定发明新颖性、创造性的原则和方法,在此全部引用并不再赘述。

除了围绕侵权专利的新颖性、创造性进行检索评价外,查新员还可进一步分析据以提出无效宣告请求的其他理由。

19.6 撰写被控专利侵权查新报告

撰写被控专利侵权查新报告的目的是将相关的检索、分析过程和结果全面翔实地传递给委托方及相关法律人员。一份完整的被控专利侵权查新报告应包括首页、内容和附件。首页上载明报告编号、报告性质、项目名称、委托人名称、检索委托日期、服务机构名称、完成日期。内容部分包括检索要点(即委托方提交的侵权专利著录项目和权利要求、被控侵权或拟实施的技术方案)、检索范围与检索策略(即查新员对委托项目进行检索的计算机检索系统、文档、数据库、年限、检索词、分类号和手工检索的工具书、年限、主题词、分类号等)、文献附件(即对比文献的基本著录信息)、对比文献相关性(即以 X、Y、R 等标识符表示对比文献与侵权专利相关程度,详见本书17.7部分中的"列表式"结论)、检索结论这五个基本栏目。附件为查新报告中涉及的全部文献纸质/电子文档。

下面对查新结论做进一步阐述。查新结论应包括以下五个方面的内容:① 对侵权专利的法律状态进行分析(包括专利权的期限、专利权是否终止或转移、核实优先权等),详见本书19.1部分;②对被控侵权(或者拟实施)技术方案是否落入侵权专利的权利要求范围进行分析,前提是用户提供了该被控侵权(或者拟实施)技术方案,详见本书 19.2部分;③对现有技术相关文献的情况进行简单扼要的描述,包括相关程度(密切相关和/或一般相关)、文献号、出版日(是否早于申请日或优先权日);④ 对被控侵权(或者拟实施)技术方案是否属于现有技术进行分析,详见本书19.4部分;⑤对侵权专利是否存在被无效宣告的理由进行分析(主要分析侵权专利是否具备新颖性和创造性,还可就侵权专利存在其他被无效的理由和证据进行分析),详见本书 19.5 部分。

撰稿:路炜(上海科学技术情报研究所)

第20章 专利法律状态检索分析流程与报告撰写

随着国内外技术、经济竞争的加剧，专利技术的利用和贸易极为活跃，但因不重视或不了解专利法律状态引发的各种问题日益凸显。本章旨在解析专利法律状态检索与分析流程，剖析专利法律状态检索是什么（概念）、做什么（需求解读）、如何做（选择检索途径·检索重点·结论分析·报告撰写），以帮助企业或研发机构等在专利技术贸易中规避侵权、减少经济损失，合理、有效利用专利技术。

20.1 概 述

一件发明创造，依照专利法向专利局提出专利申请、并被受理之日起，便有了法律属性，表征专利法律属性的信息即为专利法律信息。

20.1.1 专利法律信息

专利法律信息自受理日起产生，伴随着各个法定程序和法律活动而动态变化；有的专利申请经初审就被驳回；有的专利虽然曾经被授权，但后续有可能被他人宣告无效；有的专利权尽管曾经被终止，但也有可能恢复等。法定程序通常包括专利申请审查阶段与授权后阶段。其中专利申请审查阶段包括申请阶段、审查阶段、复审阶段、授权阶段。各阶段包括的专利法律信息如下：

(1) 专利申请审查阶段

申请阶段 专利申请阶段的法律信息主要包括：申请日、优先权日、申请人、发明人、权利要求书、请求提前公开、要求优先权的声明、优先权要求的撤回、专利申请撤回、申请权转移、国际申请进入国家阶段、著录项目变更等。其中，申请日（有优先权日的，指优先权日）具有重要的法律意义，它确定了提交申请时间的先后，按照先申请原则，当存在多个内容相同的申请时，申请日的先后决定了专利权的最终授予对象；它还确定了检索现有技术的时间界限，这在审查中对决定申请是否具有专利性关系重大；申请日是审查程序中一系列重要期限的起算日。权利要求书作为专利申请的核心，直接确定专利的保护范围。

审查阶段 审查阶段的法律信息主要包括：专利申请撤回、专利申请视为撤回、要求优先权的声明、优先权要求的撤回、发明专利申请公布、公开日、请求实质审查、实质审查的生效、审查员做出审查意见书、申请人答复审查意见书、申请文件的补正、分案申请、(部分)继续申请、申请权转移、申请人主动修改、专利申请被驳回、撤销驳回、检索报告、其他相关事项等。

复审阶段 复审阶段的法律信息主要包括：请求复审、撤回复审请求、复审请求视为未提出、复审请求视为撤回、维持原驳回决定的复审决定、撤销原驳回决定等。

授权阶段 授权阶段的法律信息主要包括：授予专利权的通知、授权公告、授权公告日、专利证书的颁发、专利权人、视为放弃取得专利权、其他有关事项等。

(2) 授权后阶段

授权后阶段的法律信息包括：维持费的支付、专利权的终止、专利权的恢复、专利权的主动放弃、请求宣告专利权的无效、专利权的全部(或部分)无效宣告、专利权的转移、保护期延长、专利实施许可合同备案的生效、变更及注销、专利实施的强制许可、专利权的质押、保全及解除、专利权的异议(如欧洲专利)、专利证书的更换、其他有关事项等。

20.1.2 专利法律状态

(1) 专利法律状态的概念

专利法律状态是指一项专利申请在某一时刻的特定法律属性，包括主体属性与客体属性。其中主体属性包括专利申请权归属、专利权归属、发明权归属；客体属性包括专利权是否获得、专利权是否有效、专利权的保护范围以及专利权在哪里有效。

在主体属性中，“专利申请权”不同于通常所述的“申请专利的权利”。所谓申请专利的权利，是指自然人、法人或者其他组织依据法律的规定或者合同的约定就发明创造可以向专利局申请专利的权利。而专利申请权从本质上讲属于一种期待权，体现的是将来具备一定条件后获得某种权利的可能性，是一种正处于形成过程之中、但尚未形成的权利的过渡形式。通俗地讲，专利申请权是指申请人享有从专利申请日至专利授权日期间的权利，包括撤销专利申请的权利、主动修改专利申请的权利、发明专利公开后的临时保护权利、转让申请权的权利等。专利申请权随着申请号的获得而形成，同时也随着专利申请的撤回、视为撤回、驳回而消失。职务发明的专利申请权原则上归属单位，有约定的从其约定；非职务发明的专利申请权归属为发明人或者设计人。专利权归属专利权人，专利申请一旦获得专利局的授权，申请人就成为专利权人。但授权以前若存在专利申请权转让的，在授权后则受让人将成为专利权人。专利申请权和专利权可以转让、赠与或继承。发明权是指发明人或设计人享有在专利申请文件及相关专利文献中写明自己是发明人或设计人的权利，以及获得奖金、报酬的权利。发明权不能转让或继承。

在客体属性中，“专利权是否获得”是最基本的属性。从专利申请的提出到专利权的获得，该属性的外在状态不断变化，如涉及专利申请尚未公开、专利申请公开、专利申请视为撤回、专利申请撤回、专利申请驳回、专利授权等。在专利授权后，“专利权是否有效”这一属性的外在状态也会动态变化，如涉及专利权维持有效、专利权终止、专利权放弃、专利权全部或部分无效、专利权届满等。不同专利在其生命周期中,“专利权是否有效”的外在状态会经历不同的变化过程,例如有些专利的变化过程为从专利授权到专利权终止;而有些专利的变化过程为从专利授权到专利权部分无效、再到专利权届满等。对于大多数授权专利而言,在专利保护期内,“专利权的保护范围”不发生变化,但也有部分专利的保护范围在授权以后会因专利部分无效、专利权人主动修改等原因发生变化。对于“专利权在哪里有效”,是指专利受保护的地域范围。专利权具有地域性,只有依一定地域内的法律才得以产生并在该地域内受到法律保护。一般来说,由国家专利审批机构授权的专利,仅在该国范围内有效,在专利有效期内地域范围不变。而由某些区域性专利组织授权的专利,在专利保护期内其地域范围会时有变化。例如欧洲专利局授权一件欧洲专利后,该专利可在多个欧洲国家有效,但在该专利的保护期内,其在部分国家的专利有效性会发生变化,从而使该专利权的地域范围也随之动态变化。

(2) 专利法律状态的类型

根据专利法律状态的主体属性和客体属性,专利法律状态可以分为三种类型:与主体属性相关的,属于专利权属性状态;与客体属性中“专利权是否获得”、“专利权是否有效”、“专利权的保护范围”相关的,属于专利有效性状态;与客体属性中“专利权在哪里有效”相关的,属于专利地域性状态。其中,专利有效性状态涉及的情形比较多,总体上可以分为四大类别:

待审类 包括专利申请尚未公开、专利申请公开、请求实质审查、实质审查的生效、PCT 申请进入国家阶段等。

有效类 包括专利授权、权利恢复、专利权部分无效、专利权维持、保护期延长、专利权质押、专利权保全、专利权许可等。

失效类 包括申请撤回、视为撤回、申请驳回、专利权撤销、专利权视为放弃、专利权全部无效、专利权终止、专利期满等。

质疑类 包括异议(如欧洲专利)、上诉驳回、请求复审、无效宣告等。

表 20.1 为我国常见的专利法律状态释义。

表 20.1 我国常见专利法律状态及释义

专利申请尚未公开	专利申请尚未通过初步审查,或已通过初步审查但未及进入公布流程,未公开专利申请公布说明书
专利申请公开	专利申请已通过初步审查且已进行公布,但尚未授予专利权。可以检索到专利申请公开说明书,但不能检索到专利授权说明书
专利申请撤回	有两种情况:一种为申请人的主动撤回,即授予专利权之前,申请人随时可以主动要求撤回其专利申请;另一种为被专利局视为撤回,主要指在专利申请、审批过程中,因申请人未能在规定期限内完成规定手续或履行相应程序性义务而被撤回。例如:申请人无正当理由逾期不请求实质审查;申请人无正当理由逾期不答复专利局审查意见通知书或不提交相关资料等
专利申请被驳回	专利局认为专利申请不符合专利法授予专利的条件,或者在申请人答复专利局意见后认为仍然存在专利法规定的实质性缺陷,因而做出拒绝授予专利权的决定

续　表

实质审查的生效	专利申请已进入实质审查程序
专利授权	发明专利申请经实质审查、实用新型和外观设计专利申请经初步审查，没有发现驳回理由，专利局作出授予专利权的决定，颁发专利证书，并同时在专利登记簿和专利公报上予以登记和公告
视为放弃专利权	专利局发出授予专利权的通知书和办理登记手续通知书后，申请人在规定期限内未按照规定办理登记手续的，应当发出视为放弃取得专利权通知书。该通知书应当在办理登记手续期满一个月后作出，并指明恢复权利的法律程序。自该通知书发出之日起四个月期满，未办理恢复手续的，或者专利局作出不予恢复权利决定的，将专利申请进行失效处理。对于发明专利申请，视为放弃取得专利权的，还应当在专利公报上予以公告
专利权有效	专利申请已获授权，并且一直缴纳费用维持该权利
专利权终止	有几种情形：一种是因专利权保护期限届满而终止；另一种是由于没有按照规定缴纳年费或专利权人以书面声明放弃专利权，专利权在有效期尚未届满时提前终止。专利权终止意味着专利技术转变为公有技术，任何人均可无偿使用该项技术
专利权有效期届满	专利权有效期已超过专利法规定的期限(包括超过延长的期限)
专利权无效或专利权部分无效	专利权无效或者部分无效宣告理由成立，被专利局判定为无效或部分无效。宣告无效的专利权视为自始即不存在
专利申请权或专利权转移	申请人(或专利权人)因权利的转让、赠与，或者因权属纠纷发生权利转移并提出变更请求，且向专利局提交转让、赠与合同，或者全体当事人签字或者盖章的权利转移协议书
专利权质押	债务人(或第三人)将其专利权向债权人进行担保的方式。专利权质押后，专利权仍归属原专利权人，但该专利权已成为有负担的权利，权利的行使受到限制
专利权保全	是指在民事诉讼中，人民法院对于可能因当事人一方的行为或者其他原因使判决不能执行或者难以执行的案件，根据对方当事人的申请或者自行裁定对专利权采取保全措施，由国家知识产权局协助执行的法律制度。专利权保全后，权利人不能行使放弃、转让、许可等权利

20.1.3　专利法律状态检索

专利法律状态检索是指对一项专利或专利申请自申请日起的各阶段及其产生的法律状态信息的检索。

由于世界各国专利制度的完善程度、专利审批流程存在差别，不同国家的专利法律状态信息在数量上有较大差异。世界上法律状态信息最多的国家为建立现代专利制度最早的英国。近年来，欧洲专利局不断对从全球几十个国家专利局收集来的专利法律状态进行标准化编码。从代码数量看，截至 2014 年 1 月，法律状态代码数量最多为英国，达 745 项，最少的国家目前仅列出 1 项法律状态代码，如菲律宾。表 20.2 为部分国家法律状态代码数量。

表 20.2　部分国家专利法律状态代码数量

国家/地区	GB	DE	EP	FR	WO	US	AU	JP	CN	SE	CU	PH
状态数量	745	395	306	105	98	93	98	92	46	23	3	1

虽然各国的专利法律状态信息及其代码在总体数量上有别，但从内容来看，基本上可以归为以下三大属性。

(1) 专利有效性，反映专利申请是否已被授权、授权专利是否有效

专利有效性是专利法律状态的最重要属性，也是决定专利权价值的关键特性。只有当该专利申请获得授权、处于保护期内（表 20.3）并按规定缴纳年费，该专利技术才能得到专利法的保护，专利权人才能拥有该专利权的独占权、转让权、许可实施权；而专利权一旦无效或终止，专利权人就不再拥有各种权利，尽管专利技术本身仍可能具有一定的使用价值，但专利权价值殆失，专利技术进入公知公用领域。因此，在与专利有关的贸易、经营事务中，必须搞清楚相关专利的有效性。

表 20.3　专利保护期限

国家或地区	专利类型	保护期限	起　算　日
中　国	发　明	20 年	申请日
	实用新型	10 年	申请日
	外观设计	10 年	申请日
韩　国	发　明	20 年	申请日
	实用新型	10 年	申请日
	外观设计	15 年	注册日
日　本	发　明	20 年	申请日
	实用新型	6 年	申请日
	外观设计	15 年	注册日
新加坡	发　明	20 年	申请日
	外观设计	15 年	申请日
马来西亚	发　明	20 年	申请日
	实用新型	10 年	申请日
	外观设计	15 年	注册日
美　国	专　利	17 年	1995 年 6 月 8 日以前，自授权日起算
		20 年	1995 年 6 月 8 日以后，自申请日起算
	植物专利	20 年	自申请日起算
	设计专利	14 年	自授权日起算

续 表

国 家	专利类型	保护期限	起 算 日
加拿大	发 明	20 年	申请日
	外观设计	10 年	申请日
欧 洲	发 明	20 年	申请日
	外观设计	5 年/25 年	自申请日起算，期满后可以 5 年为期续展，最长 25 年
英 国	发 明	20 年	申请日
	外观设计	5 年/25 年	自申请日起 5 年，可有 4 次 5 年期续展
法 国	发 明	20 年	申请日
	实用新型	6 年	申请日
	外观设计	5 年/25 年	自申请日起 5 年，可有 4 次 5 年期续展
德 国	发 明	20 年	申请日
	实用新型	10 年	申请日
	外观设计	20 年	申请日
意大利	发 明	20 年	申请日
	实用新型	10 年	申请日
	外观设计	15 年	申请日

(2) 专利权属性，表明一项专利的申请权或专利权的当前实际归属

专利权作为一种在一定期限内依法享有的独占实施权，在专利申请授权前，由专利申请人独享专利申请权；在专利授权后，专利权人独享专利财产权，即独占权、许可权、转让权。专利申请权和专利权可以转让出卖、赠与、抵押，也可以作价投资入股。专利申请权人或专利权人并不是一成不变的。当专利申请权或专利权发生上述转让出卖等活动后，专利申请人或专利权人也随之改变。因此，在专利技术贸易或经营活动中，需要核实专利申请人和专利权人，以避免上当受骗。

(3) 专利地域性，反映专利技术申请获得保护的国家范围

专利法作为一种国内法，其法律效力只能在本国主权管理的范围内有效，在地域保护范围之外，该专利技术不受专利法保护，使用该专利技术不构成侵权。一般来说，申请专利时，申请人经常会在专利产品或专利技术即将销售或输入的国家做好专利申请布局，利用该国的专利法保护自己的产品或技术。

以上专利法律状态信息的属性与法律状态类型相对应，只有通过各类属性法律状态信息的检索才能明确判断各种类型的法律状态。

因此，要全面了解一项专利的法律状态，必须明晰专利法律状态的三类属性，即专利有效性、专利权属性与专利地域性；需要进行三种类型的检索，即专利有效性检索、专利权属性检索和专利地域性检索。专利有效性检索是指对一项专利或专利申请当前所处的法律状态进行的检索，其目的是了解专利申请是否被授权，授权专利是否有效。专利权属性检索是指对一项专利或专利申请的申请人、专利权人及其变更情况的检索。专利地域性检索是指对一项专利或专利申请在什么国家或地区提交了申请并获得授权的检索，其目的是确定该项专利或专利申请(可能)获得保护的国家范围。

20.2 解读检索需求

一般来说，专利法律状态检索需求的提出都是为了解决特定的问题，例如，有的为了避免在专利技术引进时受骗上当，有的为了无偿借鉴利用专利技术指导研发，有的为了确认竞争对手专利是否对己方产品构成威胁等。解决的问题与应用场合不同，需要检索的法律状态信息会有所侧重，检索类型也随之有别。针对某些需求，仅选择专利有效性检索、专利权属性检索和专利地域性检索中的一种类型，查证部分法律状态信息即可；针对某些需求，则需要结合多种检索类型，获取全面的法律状态信息。因此，在进行专利法律状态检索前，首先要确认检索目的，了解真正的应用场合，以选择相应的检索类型。

对于接受委托的检索员来说，应从以下几个方面着手，准确地解读需求：首先，仔细阅读需求方填写的委托单、提供的背景资料，与需求方进行充分地沟通交流，了解其实际目的、希望解决的具体问题；其次，在全面分析检索要求、明确应用场合与检索目的的基础上，确定需开展的检索类型；再次，提炼检索主题，如专利(申请)号、专利权(申请、发明)人、关键词等(图 20.1)。

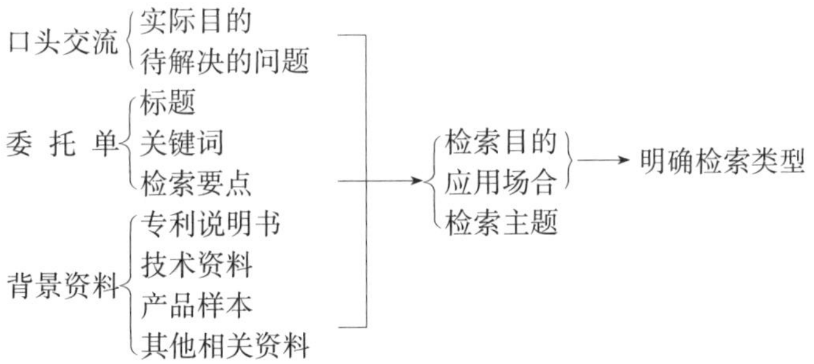

图 20.1 解读需求

例如，A 公司计划从日本 B 公司获得几项专利的普通实施许可，但又不放心，担心受骗上当、有风险，希望核实这几项专利的真伪、是不是处于有效期内、剩余保护期还有多久，以便在价格谈判时做到心里有数。本案中，A 公司的实际目的是为了避免受骗上当、规避专利许可风险；待解决的问题是核实专利的真伪、是否失效、保护期还剩多久；应用场合为专利技术引进，检索目的是检索相关专利的当前专利权(申请)人、申请日、是否授权、当前是否有效等。

在实际工作中，专利法律状态检索的应用场合主要涉及专利技术的利用、与专利技术有关的经营与贸易。常见的应用场合有：技术研发、专利技术引进或转让、产品国内上市或出口、侵权诉讼，以及与专利有关的投资、质押、合资、合作、并购、出资入股、融资担保等。各类场合的法律状态检索需求如表 20.4。

表 20.4　不同场合的法律状态检索需求

应用场合	检　索　需　求
技术研发	在立项或研发阶段，研发人员经常需要查阅文献，了解该领域的研发现状，并借鉴他人技术方案、找到一些研发线索、获得研发启示，尤其希望能找到一些可免费利用的具有高价值的专利技术，进行直接利用或者在其基础上做一定改进。这样不但可以节约研发经费，还可以缩短研发周期、减少研发人力。 技术研发时可利用专利的有效性和地域性规则，充分利用现有的专利技术。一项专利能否直接利用，需要进行法律状态检索加以明确其在本国是否属于失效专利或保护期届满专利。有的专利在国外属于有效专利，但经检索确认其未在中国申请过专利，那么在中国可免费利用之。因此，在失效专利的检索与甄别中，专利法律状态的检索重点为专利有效性检索、专利地域性检索
专利技术引进或转让	在专利技术引进或转让中，通常需要了解以下一些关键问题：许可方或出让人是否为专利权人，专利权是否获得、是否有效，专利权类型是什么，权利要求的保护范围是什么，专利权剩余保护期有多长，是否涉及质押、保全等专利权行使受限问题，是否涉及对外专利许可，专利技术保护的地域范围是什么等。因此，专利技术引进或转让中，必须进行专利有效性检索、专利地域性检索、专利权属性检索
产品上市或出口	产品在国内上市或出口前，企业应注意的关键问题为产品是否存在专利侵权隐患。为了避免产品上市或出口后侵犯他人专利权，一般在事前要明确上市国是否存在产品可能侵权的密切相关专利。若存在这样的专利，就要对这些专利进行专利有效性检索。若能确认该专利权无效，方可确保产品上市后不侵权。如果该专利为处于保护期内的有效专利，则要等到其保护期届满后才能上市
侵权诉讼	随着科学技术的日新月异，国际专利申请量逐年提升，专利侵权诉讼也大幅增加。当被告接到原告的侵权诉讼时，采取的主要应对措施是宣告原告专利权无效。主动应诉的第一步是确认原告是否为涉案专利的专利权人。第二步是通过专利法律状态检索确定该专利是否属于无效专利。若是，则无效宣告胜诉有望；可以将专利无效检索报告作为应诉的重要材料。作为侵权诉讼中的原告，也应该进行专利法律状态检索，进一步核实自身专利的有效性，以提高胜诉概率。因此，侵权诉讼中的检索重点是权属性检索、有效性检索
无形资产评估	在投资、合资、合作、并购、专利权质押、出资入股、融资担保等企业活动中，当涉及专利无形资产价值评估时，一般需要了解以下等信息：专利权人是否为上述企业专利主张方；专利申请是否授权；专利权是否有效、是否提前终止、是否届满；专利类型是什么；是否涉及专利权保全、专利权质押、诉讼等问题；是否对外发放过专利许可；专利技术保护的地域范围是什么等。在专利无形资产评估中，必须进行专利有效性检索、专利地域性检索、专利权属性检索

以上各类场合中，涉及专利技术引进或转让、专利无形资产评估等需要进行专利价值

评估的，必须对专利的法律状态做全面的了解，以下进行详细阐述。

(1) 专利技术引进或转让

专利所处法律状态直接影响专利的价值。因此，在专利技术引进或转让中尤其要重视专利法律状态的检索。被许可方或受让方通常需要确认以下一些关键问题。

A. **许可方或出让人是否为专利权人**　在专利技术引进或转让中，首先要确认许可方或出让人是否为该专利的当前全部专利权人。有的专利申请在授权前就已经将申请权转移，有的专利在授权后也发生了专利权转移。这些信息的变化在专利说明书中经常不予以体现，因此需要通过专利法律状态检索来确定。

B. **专利权是否获得、是否有效**　专利权的有效性直接影响着许可或转让的决策。在专利技术许可或转让之前，首先要确认拟许可或转让对象是否为专利技术。一项尚处于公开阶段的专利申请还不能称之为真正意义上的“专利”，理由是它的授权前景仍不明朗，在审查阶段很有可能出现视为撤回、主动撤回、驳回等各种情形从而导致其最终不能获得专利权；而且，处于公开阶段的专利申请，其专利保护范围不稳定，原因是专利申请在初步审查阶段并不对具体的权利要求范围进行审查，而到了实质审查阶段，申请人可能会为了顺利获得授权而缩小专利的权利要求范围。可见，对法律状态的了解有利于甄别拟许可或转让对象是否为一项真正的专利，以避免引进非专利技术，造成不必要的经济损失。

当一项专利申请被授予专利权后，并不意味着其在保护期内一定持续有效，后续有可能发生因未及时缴纳专利年费等原因而造成专利权提前终止、专利被宣告无效等。因此，当确认拟许可或转让的专利已授权后，还要进一步确认专利权当前是否有效。当一项专利成为失效专利时，它即属于公共资源，无需引进或转让。

一项授权专利虽然在有效期内，但若该专利正处于被他人宣告无效、异议等状态，则应该等待状态稳定后再考虑许可或转让，否则该专利将来被无效了，就白白浪费钱财。

C. **专利权类型是什么**　目前国际上大部分国家都包含两种或两种以上类型的专利，例如中国专利分为发明、实用新型和外观设计三种，各类专利的保护对象及其保护期不同，本身蕴含的价值也不同。因此在许可或转让费用谈判时，要注意专利的类型。

D. **权利要求的保护范围是什么**　专利的权利要求范围直接决定专利的价值。权利要求范围较小，他人通过简单的回避设计就可以轻易地绕过；如果引进或转让的专利技术属于可以被轻易回避的技术，那么市场竞争力就不强，价值就不高。

E. **专利权剩余保护期有多长**　专利的价值与保护期长短有着直接关系，剩余保护期越短，专利价值越低。因此在引进、许可或转让专利技术时，除了确保该专利为有效专利外，还要看该专利的剩余保护期还有多长。专利的维持费用是逐年增长的，而专利的价值则随着有效期限的缩短而降低。专利许可费、转让费应按所剩保护期的长短来支付。出资方明确专利的有效期限有利于在谈判中压低交易价格。

F. 是否涉及质押、保全等专利权行使受限问题 专利权质押、专利权保全是当前专利权实施受限的主要形式。其中，专利权质押已成为我国当前获得银行贷款等的融资方式之一。当专利权质押后，专利权虽然仍归属于原专利权人，但此时该专利权已成为有负担的权利，权利的行使受到限制。另外，在民事诉讼中，人民法院对于可能因当事人一方的行为或者其他原因使判决不能执行或者难以执行的案件，会根据对方当事人的申请或者自行裁定对专利权采取保全措施。当专利权被法院“冻结”后，权利人就不能行使转让、许可等权利。因此在专利许可、转让等活动中，要注意排除专利权受限的情形，以避免转让、许可行为无效，浪费精力和财力。

G. 是否涉及对外专利许可 在专利技术引进中，如果交易的方式不是独占许可或排他许可，而是普通许可，就需要了解该专利是否已经有过对外的普通许可。如果曾经许可过，就意味着在同一市场上可能还存在着其他的竞争对手。竞争对手越多、竞争对手的实力越强大，被许可方要占领市场获取利润的难度就越大。

H. 专利技术保护的地域范围 在引进或转让专利技术时，不仅要查证该专利是否有效、考查技术水平，同时还应该核查该专利技术保护的地域范围。专利权具有地域性，在中国申请的专利只在中国有效，在美国申请的专利只在美国有效。如果你打算买来专利在中国制造产品，则要了解该项专利技术在中国是否得到保护。若在中国未申请过专利，则在中国可免费使用，不必许可或转让；同时还要了解该专利技术在其他国家是否得到保护，以方便今后专利产品的销售与出口。因此在专利技术引进或转让中，需要全面了解专利的法律状态信息，进行三种类型的检索，即专利有效性检索、专利地域性检索和专利权属性检索。充分了解引进或转让目标专利的法律状态，有利于在许可或转让谈判中为降低费用提供有力依据。

(2) 无形资产评估

在投资、合资、合作、并购、专利权质押、出资入股、融资担保等企业活动中，当涉及重要专利时，通常都要对专利进行价值评估。由于专利的法律状态直接影响专利的价值，因此专利法律状态信息成为调查的重要内容，一般需要解决下面这些问题。

- 上述活动中专利主张方与实际专利权人是否完全一致？
- 专利申请是否授权？
- 专利权是否有效？是否提前终止？是否届满？
- 专利类型是什么？
- 是否涉及专利权保全、专利权质押、诉讼等问题？
- 是否对外发放过专利许可？
- 专利保护的地域范围？

透过以上问题，首先应核实相关主体所主张专利的权属问题，即上述活动中专利主张方是否为实际的全部专利权人，以免上当受骗。其次应核实专利的有效性问题，即明确专利是处于申请阶段还是已获权、获权专利是否有效、剩余保护期还有多长等，这些状态均直接影响专利权的价值。接着要注意该专利权是否受限，如专利权保全、专利权质押等，当专利权处于这些状态时，权利的行使将受到限制，从而影响了价值。若该专利权已向他人实施普通许可，也会一定程度影响该专利技术剩余市场的利润空间。当专利权涉及诉讼，价值难以保证。如果出资方收购的是一项在法律上存在争议的专利，那么在交易后可能会被牵涉入不必要的诉讼或纠纷中。如果专利正在被其他人提出异议，买方则更须谨慎考虑，因为专利局一旦采纳该异议并宣告专利无效，则价值归零，出资方将会陷入竹篮打水一场空的尴尬境地。最后，专利保护的地域范围与专利权价值有较大关联，保护地域范围广的专利技术通常价值较高。

因此，根据专利无形资产评估中需要了解的信息，在执行中需要进行三类专利法律状态检索，即专利有效性检索、专利地域性检索和专利权属性检索。

20.3 选择检索途径

明确专利法律状态的检索目的、检索类型之后，即可着手选择检索信息源。相比常见的专利检索数据库具有数据标引规范、检索功能强大且涵盖国家广泛等特点，专利法律状态检索的信息源则呈现出多样化、散在分布的特点。各国和区域组织的专利法律状态信息源载体，公开内容及形式都不统一，目前仅部分国家或地区的专利法律状态通过网络公开，而商业化法律状态数据库涵盖的国家范围不多且存在更新滞后、信息不全等情况。因此在专利法律状态检索中，选择信息源时应遵循的一般原则是，要选择包含该国专利法律状态的信息源，最好结合多个信息源进行检索、互相验证；但最终应该以各国或地区专利局的专利登记簿为准。

20.3.1 专利法律状态信息源载体与特点

(1) 专利法律状态信息源载体

专利法律状态信息源载体一般包括各国或地区专利局的纸质登记簿、专利公告、专利说明书、网上登记簿或检索系统，以及商业数据库等。

各类载体各具特点，但若考虑信息的易得性、便捷性，应用最多的信息源为各国或地区专利局的网上登记簿或检索系统、商业数据库。各国或地区专利局的网上登记簿或检索系统的优点是信息更新较为及时、准确度较高；缺点是一般以该国的官方语言公开，一般公众不熟悉，而且许多国家专利局在网上公开的信息还不太全面。商业数据库的优点是涵盖的国家范围广、数据集中、检索方便、大多以英文为主便于阅读；缺点一是存在信息缺失可能，原因是有些国家专利局未能共享专利法律状态数据，或由于数据获取或加工成本过于昂贵，数据商放弃了部分数据；缺点二是更新滞后，原因是商业数据库的数据通常是在各国的一次信息源公开后才能获取，并需要做标准化、质量核对等加工处理。尽管如此，商业数据库、免费的网上登记簿或检索系统由于信息获取方便而仍然受到公众的极大青睐。各种专利法律状态载体的特点如表20.5所示。

表 20.5 各类专利法律状态载体特点

载体		数据范围	特点
专利局服务	专利登记簿（纸质）	公开自专利申请、申请公开或授权开始的所有法律状态信息（不同国家开始登记的时间不同）	及时准确、信息集中、数据全面
	网上登记簿、检索系统	包括主要法律状态信息	更新快、数据集中、易获取、以国家官方语言公开、可检索
	专利公报	公布自申请日起的所有法律状态信息	信息准确、但不集中
	专利说明书	扉页包括部分法律状态信息	易获取、一般不更新、不全面
商业数据库		收录各国专利局专利公报上公开和公告的法律状态信息	涵盖国家范围多、数据集中、可检索、一般可用英语检索、但更新滞后

(2) 法律状态信息源特点

相比非专利文献数据库和专利数据库，专利法律状态信息源具有以下一些特点。

A. **通常采用各国的官方语言** 尽管一些国家专利局尝试将标准元素（如专利文献著录项目统一代码 INID 码等）翻译为英语以帮助对语言不熟悉的用户，但是由于语言障碍的问题，许多国家的专利法律状态登记簿仍然很难理解。

B. **检索手段有限** 目前对于大多数专利法律状态数据库而言，支持数据库的搜索引擎提供的检索手段通常非常有限。大部分数据库仅能通过申请号、公开号、专利号等号码检索，而不能采用更宽泛的检索条件如受让人、优先权或分类号等进行检索。此外，各国专利局的网上登记簿或检索系统虽然数据更新及时，但检索功能不强。例如，当需要回答诸如“A 公司在 B 国家有多少件有效专利?”之类的问题时，一般只能先通过专利数据库检索并整理出专利列表，再通过登记簿核对专利列表中的专利是否有效；或者只有通过收费的商业数据库检索才能比较方便地获得这些答案。目前，仅有少数国家或地区如中国、美国、日本、欧洲提供可检索的专门的法律状态检索系统或网上登记簿，大部分国家的专利法律状态信息包含于该国专利局专利检索系统的检索结果中，只能通过检索结果页面浏览。

C. **法律状态数据库是“事件驱动”而非“文献驱动”** 数据库中新记录的产生或者已有记录的修改系根据专利申请的生命期内相关事件的出现而变化。例如，有些申请仍处于审查未决，有些申请已经授权。事件包括申请人提交的要求、实质审查期间审查意见书的做出，或者申请人对审查意见书的答复、维持费支付等。记录的“事件驱动”本质上有两个含义：第一，不同法律状态信息源有时可以获取同一项专利申请在其生命期内的不同事件，这意味着为了获得一件专利申请的所有事件，有时需要检索多个信息源；第二，在国家专利法允许的情况下，法律状态的后续部分记录可能与前序部分记录相冲突，例如，在 PCT 申请未进入国家阶段通知后，可能紧接着是该国的授权通知，这是因为后续有可能发生接受进入国家阶段的中间事件。

D. **法律状态信息源的内容反映了授权机构的管辖权** 通常专利局不处理的事件不包含于登记簿中。涉及的相关事件不少，例如授权后诉讼，由于诉讼不会导致权利要求的改变，因此通常仅在官方公报中公告，也可能出现在数据库中，但通常在登记簿中不予以记录。又如保护期延长的授予，在欧洲辅助保护证书 SPCs 由国家专利局执行，而在其他国家则可能由政府卫生机构执行，而与专利局无关。在有些司法管辖区，虽然对专利局记录某些事件无强制性要求，但是登记簿中这样一些记录的省略却不能作为事件未发生的结论证据，例如在有些国家，专利局不要求专利权人登记专利授权后的再变更。

E. **如果当地法律允许，法律状态内容可以从登记簿中移除** 例如，欧洲专利公约实施细则第 147 条规定欧洲专利局保留全部文件档案的时间期限为自下列事件发生年末以后至少 5 年：专利申请被驳回、撤回或视为撤回、专利被 EPO 撤销、专利在最后一个指定国终止。这意味着一旦超出法定保存期限，在后续证据使用时，审查过程中的有用信息（例如，审查员对于现有技术的评论、驳回理由等）获取将存在风险。不过在实际中，这些文档的保留普遍超过 5 年。

20.3.2 专利局的网上登记簿（或检索系统）

专利局登记簿是用来登记专利手续和专利法律状态变更的法律文件，是证明专利的法律状态变化以及专利有效性的最权威文件。目前除了少数国家仅有纸质登记簿外，许多国家已实现专利登记电子化。不同国家专利登记簿记录的专利法律状态信息有所不同，例如有的国家从专利申请公开前就开始记录，有的国家从专利申请公开开始记录，还有的国家则从授权公告开始记录，见表 20.6。专利登记簿对每一件专利申请及时记录其法律状态活动、事件及其变化。登记方式分两种：一种是由专利局依职权登记；另一种是由当事人提出请求以后，依据当事人的请求进行登记。专利权授予并公告之后，任何人都可以向专利局请求出具该专利登记簿副本。请求出具专利登记簿副本的，应当缴纳费用。

表 20.6 各国专利登记簿专利法律状态记录范围

记录范围	国家与地区
从专利申请开始	澳大利亚、比利时、芬兰、匈牙利、冰岛、意大利、俄罗斯、沙特阿拉伯等
从专利申请公开开始	白俄罗斯、保加利亚、加拿大、瑞士、智利、中国、哥伦比亚、捷克、德国、丹麦、厄瓜多尔、爱沙尼亚、埃及、欧洲、西班牙、法国、格鲁吉亚、希腊、中国香港、克罗地亚、印度尼西亚、爱尔兰、以色列、日本、肯尼亚、斯里兰卡、立陶宛、拉脱维亚、莫桑比克、荷兰、挪威、秘鲁、菲律宾、葡萄牙、罗马尼亚、瑞典、新加坡、斯洛伐克、土耳其、美国、乌拉圭等
从授权公告开始	蒲隆地、古巴、约旦、吉尔吉斯斯坦、哈萨克斯坦、马来西亚、斯洛文尼亚、特立尼达和多巴哥、乌兹别克斯坦等

因特网的出现对于各国专利局信息的应用发生了革命性的改变。许多国家专利局通过网络免费公开官方登记簿信息。但是到目前为止，除了美国、日本和欧洲专利局以外，

大部分国家专利局仅通过网络公开部分官方登记簿信息。从信息内容角度看，各国专利局提供的登记信息分为几类：类型最简单的登记簿仅提供专利授权日的著录项目记录，可通过授权公告号检索，这是巴黎公约12(2)(a)条款规定的最低强制性信息；另一类是较为细化的登记簿，能提供包括再转让、维持费支付、证书授予、届满和保护期延长等授权后事件信息；更全面的登记簿会提供专利申请的审查历史及中间文件，提供申请人和专利局之间的交流信息，包括从专利申请(或优先权申请)到授权通知及其后续活动，附带分案申请、继续申请等。目前，国际上功能最强大的网上登记簿是美国专利商标局的以图像文件包(IFW)著名的PAIR系统登记簿和欧洲专利局的European Patent Register数据库登记簿。

从展示形式看，有的国家专利局登记簿或检索系统以单独访问网址的形式提供专利法律状态信息，如中国、日本、美国、瑞士和比利时。也有的国家专利局通过整合服务的形式提供专利法律状态信息，即通过专利检索系统的统一检索结果界面同时提供专利著录项目信息及其法律状态信息，其中有些仅在统一检索结果界面上提供法律状态标签并将具体的登记簿信息展示于单独网页，有些则将登记簿信息直接展示于著录项目页的底部(如加拿大、澳大利亚的登记簿)。

为了方便专利信息用户使用，荷兰专利信息用户组(WON)开发了一个极为有用的网址分类目录，即WON公共登记簿信息源目录(图20.2)。该目录汇集了世界上近60个国家和地区的登记簿链接，并将这些链接按照区域性的、欧洲、北美、拉丁美洲、中东和北非、亚洲、大洋洲、非洲进行分类。该目录的检索方法为在荷兰专利信息用户组(Dutch Patent Information Users Group)网站主页面，选择“Links”下的“Public data”，即可进入该目录界面。

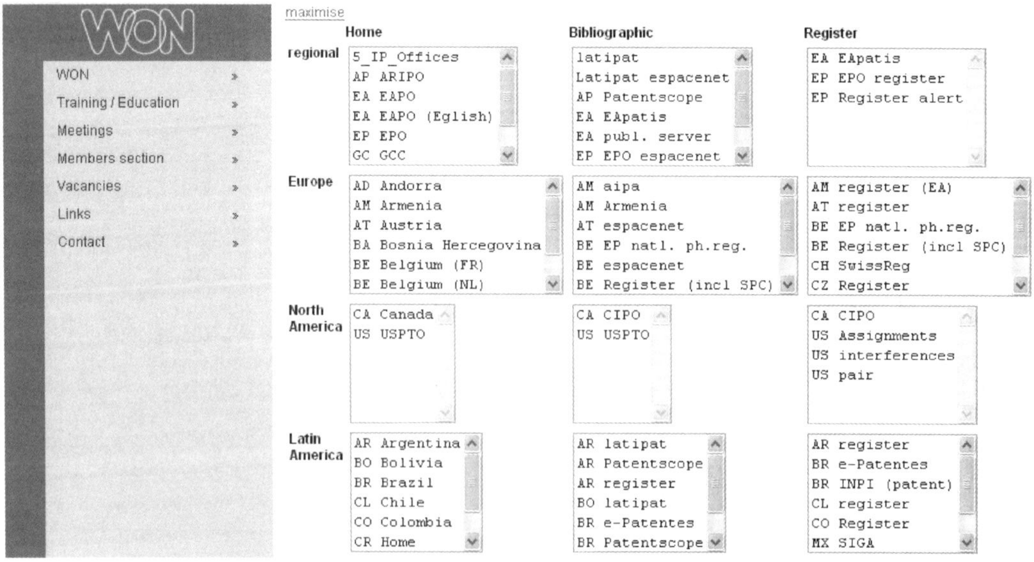

图20.2　WON公共登记簿信息源目录(部分)

近年来，亚洲的大部分国家和地区正在尝试通过互联网免费向公众提供各国法律状态信息。这些国家和地区包括中国、中国香港、印度、韩国、马来西亚、菲律宾、新加坡、日本、中国台湾和越南等。各国专利局一般以网上登记簿或检索系统的形式公开官方法律状态信息。目前，这些网上登记簿或检索系统通常仅以事件目录的形式公开主要的法律状态信息，而不公开审查中间文件。亚洲主要国家和地区的网上登记簿或检索系统所在网址如表 20.7。

表 20.7　亚洲部分国家和地区的法律状态网上登记簿(或检索系统)

代　码	国家和地区	网　　址
CN	中　国	http：//epub. sipo. gov. cn/flzt. jsp
HK	中国香港	http：//ipsearch. ipd. gov. hk/patent/index. html
IN	印　度	http：//ipindiaservices. gov. in/patentsearch/search/index. aspx
KR	韩　国	http：//eng. kipris. or. kr
MY	马来西亚	https：//pantas. myipo. gov. my/workflow/ENG/(专利局) https：//iponline. myipo. gov. my/ipo/main/search. cfm
PH	菲律宾	http：//onlineservices. ipophil. gov. ph/ipophilsearch/patents. aspx
SG	新加坡	http：//www. epatents. gov. sg/PE/
JP	日　本	http：//www. ipdl. inpit. go. jp/
VN	越　南	http：//iplib. noip. gov. vn/WebUI/WSearchPAT. php

20.3.2.1　中国专利法律状态检索系统

国家知识产权局网站和国家知识产权局知识产权出版社网站是获取中国专利法律状态信息的主要途径。此外，通过国家知识产权局专利复审委员会网站上的审查决定查询系统，可以获取发明、实用新型和外观设计专利的复审和无效审查决定。但由于网络信息公开一般会存在滞后性，因此各类网上信息仅供参考，及时准确的法律状态信息应以国家知识产权局出具的专利登记簿记载的内容为准。因此，当遇到重要事件时，应向国家知识产权局请求出具相关专利的登记簿副本。以下主要介绍国家知识产权局网站提供的法律状态信息查询服务和专利复审委员会网站提供的审查决定查询服务。

(1) 国家知识产权局网站专利法律状态信息检索系统

在国家知识产权局(SIPO)网站首页上，点击“专利检索与查询”，下设“专利检索与服务系统(公众部分)”、“专利公布公告”、“中国专利查询系统”和“专利查询”系统。除了“专利检索与服务系统(公众部分)”不涉及法律状态信息外，其他三个系统都包括法律状态信息。其中“专利公布公告”系统包括事务数据查询数据库，是当前主要的中国专利法律状态检索系统。

A. **事务数据查询数据库**

"专利公布公告"检索系统包括"公布公告查询"、"高级查询"、"IPC 分类查询"、"LOC 分类查询"和"事务数据查询"数据库。其中"事务数据查询"的数据范围包括发明、实用新型和外观设计三类专利从申请公开到授权及后续过程中发生的事务信息，每周更新。该数据库的检索入口包括事务类型、申请号、事务数据公告日和事务数据信息这四个检索字段，字段之间为逻辑"与"关系。事务类型包括：所有事务类型、实质审查的生效、专利局对专利申请实质审查的决定、发明专利申请公布后的驳回、发明专利申请公布后的撤回、发明专利申请公布后的视为撤回、保密专利专利权授予、保密专利的解密、专利权的视为放弃、专利实施的强制许可、专利权的无效、部分无效宣告、宣告专利权部分无效审查结论公告、专利权的终止、专利权的主动放弃、避免重复授权放弃专利权、专利申请或者专利权的恢复、专利申请权、专利权的转移、著录事项变更、专利实施许可合同备案的生效、变更及注销、专利权质押合同登记的生效、变更及注销、专利权的保全及其解除、专利权人的姓名或者名称、地址的变更、文件的公告送达、更正、其他有关事项。各检索字段的检索方式、检索结果如表 20.8 所示。

表 20.8　国家知识产权局事务数据查询数据库检索方式与检索结果

检索字段	检索方式	检索结果
事务类型	采用下拉列表方式选择	以列表形式提供事务数据查询结果，并分别显示发明、实用新型和外观设计三种类型专利的命中数量；列表内容包括申请号、事务数据公告日、事务数据；可按申请号升序、申请号降序、事务数据公告日升序或者事务数据公告日降序进行排序。其中"申请号"设有链接。点击"申请号"，即可获得该专利申请的主要事务数据。这些数据按事务公告日降序排列，其中第一项事务数据为该专利申请的最新法律状态，分析时需重点关注
申请号	可实行模糊检索，详见本书附录 不支持字段内的逻辑算符 and、or、not	
事务数据公告日	输入举例： 2003 年 1 月 22 日，可键入"20030122"或"2003.01.22" 2003 年 1 月，可键入"200301"或"2003.01" 2003 年某月 22 日，可键入"2003..22" 某年 1 月 22 日，可键入".1.22" 2002 年，可键入："2002" 某年 10 月，可键入".10" 某年某月 5 日，可键入"..5"	
事务数据信息	可实行模糊检索，详见附录	

事务数据查询数据库的主要特点为：① 设有"事务数据信息"检索字段，可直接以具体的法律状态作为限制条件进行检索，目前国际上除商业数据库以外，仅少数国家的专利法律状态检索系统能实现针对"法律状态"字段的检索；② 单库检索，通过单库检索即可获取一项专利申请的主要法律状态信息，但不包括审查过程文件，也不提供复审和无效审查决定文件。

B. **中国专利查询系统**

国家知识产权网站首页的"专利检索与查询"下设"中国专利查询系统"。中国专利查询系统是为满足申请人、专利权利人、代理机构和社会公众对专利申请的查询需求而建设的网络查询系统，主要定位为专利审查信息的查询。该系统包括 2 个查询子系统，即电子申请注册用户查询系统和公众查询系统。用户分为注册用户和普通用户。注册用户是指电子申请注册用户，登陆注册用户系统后可查询该注册账号下专利申请的相关信息。普通用户是指社会公众，进入公众查询系统后可查询专利的基本信息、审查信息和公布公告信息，还可以对专利申请的内容或审查结果提出自己的评论。该系统可查询的具体内容见表 20.9。

表 20.9　国家知识产权局中国专利查询系统的查询内容

		注　册　用　户	普 通 用 户
查询内容	基本信息	发明创造名称；申请号、优先权在先申请号、申请国际阶段国际申请号、国际公布号等号码信息；申请日、国际申请日、国际公布日等日期信息；主分类号；案件状态；申请人、发明人及代理人相关信息；著录项目变更信息等	除无联系人信息外，其他信息与注册用户基本相同
	费用信息	应缴费信息、已缴费信息、退费信息	无
	审查信息	案件信息（申请文件、中间文件、通知书），可查阅文件图形文档；发文信息；退信信息、专利证书发文信息	案件信息（对于已经公布但尚未公告的发明专利申请，可以查阅申请文件和通知书文件的图形文档；对于已经公告的专利，还可以查阅中间文件的图形文档）；发文信息；退信信息；专利证书发文信息
	公布公告信息	发明公布/授权公告（公告/公布号、卷期号、公告/公布日），提供下载；事务公告（事务公告类型、公告卷期号、公告日），可以查阅详情	同注册用户，但不提供下载、不可查阅事务公告详情
	专利授权证书信息	可查阅专利授权证书图形文件，并可以下载 PDF 格式的图形文件	无
数据更新		每天更新	每周更新
图形文档		至 2014 年 4 月，只提供申请日在 2010 年 2 月 10 日之后的专利申请文件的图形文档	

C. **专利查询系统**

国家知识产权网站首页的“专利检索与查询”下设“专利查询”服务。专利信息查询包括 7 个查询子系统，即收费信息查询、代理机构查询、专利证书发文信息查询、通知书发文信息查询、退信信息查询、事务性公告查询和年费计算系统，为公众（申请人、专利权人、代理人、代理机构）提供每周更新的专利公报信息、法律状态信息、事务性公告信息、缴费信息、专利证书发文信息、通知书发文信息、退信信息、代理机构备案信息以及年费缴纳与减缓信息。各查询子系统的检索方式与检索结果如表 20.10。

表 20.10 国家知识产权局专利信息查询系统子系统检索方式与检索结果

查询类型	检索字段	检索结果
收费信息查询	◆ 申请号 ◆ 系统提供输入帮助	目前提供网上查询的缴费信息是起始于 2005 年 8 月 1 日之后进行正式会计记账的数据。检索结果包括：申请号、缴费日期、费用种类、金额、缴费人信息、处理状态以、收据号及挂号号等
代理机构查询	◆ 关键词 ◆ 地区(包括 31 个地区) ◆ 性质(全部、国内、国防)	检索结果显示代理机构列表。每个代理机构的信息包括机构代码、机构名称、当前法律状态、邮编、地址、负责人、联系电话、合伙人/股东、代理人等；以及其分支机构信息，包括分支机构代码、分支机构名称、分支机构地址、负责人、电话、代理人等。 该查询系统检索界面还提供一个地区名称列表，点击各每个地区名称链接，可获得该地区的所有代理机构信息
专利证书发文信息查询	◆ 申请号 ◆ 收件人	提供专利证书发文信息，起始发文日期为 2006 年 5 月 3 日。国家知识产权局专利局的发文日为每周三。该系统每周一进行更新。检索结果包括专利证书发文的发文日、挂号号码、收件人和收件人地址
通知书发文信息查询	申请号	可查询的通知书发文信息，起始发文日期为 2006 年 5 月 12 日。国家知识产权局专利局的发文日为国家规定的工作日。该系统每周一进行更新。 检索结果包括通知书发文的发文日、挂号号码、收件人、收件人地区和通知书类型代码
退信信息查询	申请号	退信信息可供申请人、代理人参考。检索结果包括发文日、申请号、挂号号、通知书类型、收件人和退信日期
事务性公告查询	◆ 申请(专利)号 ◆ 事务公告类型：可选项包括实质审查请求的生效、著录事项变更、地址不明通知、专利申请驳回、专利申请的撤回、专利申请的视为撤回、专利申请的视为放弃、专利权的无效宣告、全部	检索结果包括申请(专利)号、公告日、事务公告类型、公告卷期号、公告内容等，以公告日降序排序

(2) 专利复审委员会网站审查决定查询系统

国家知识产权局专利复审委员会的网址为 http：//www. sipo-reexam. gov. cn/。在专利复审委员会网站上，单击“审查决定检索”链接，即可进入审查决定查询系统。该系统可以选择检索发明、实用新型和外观设计专利中的一种或多种专利类型，查询其全部审查决定、复审决定或者无效决定(三选一)信息，决定的内容如维持驳回、撤销驳回、专利权部分无效、专利权无效等，均属于重要的法律状态信息。审查决定查询系统的检索入口、检索方法与检索结果如表20.11所示。

表20.11 中国专利审查决定查询系统的检索方法与结果

检索字段	检索方法	检索结果
决定号、申请(专利)号、决定日、申请日、授权公告日、审定公告日、请求人、专利权人、主审员、会议组组长、发明名称、外观设计名称、国际分类号、外观设计分类号、法律依据、决定要定	各检索字段均支持模糊检索,多个检索字段之间按逻辑“与”关系进行组合检索	检索结果以列表形式显示,包括决定号、申请(专利)号、决定日、名称。检索结果可按决定日、决定号、委内编号、申请日、授权公告日和审定公告日的升序或降序排列。其中,委内编号是专利复审委对复审和无效请求的决定的编号;决定号、申请(专利)号均设有链接,打开链接显示该专利申请的复审或无效决定书。决定书内容包括该专利(申请)的名称、申请(授权公告)日、申请(专利)号、请求人等基本信息外,还包括法律依据、决定要点及决定全文,其中决定全文包括案由、决定的理由、决定

20.3.2.2 日本工业产权数字图书馆法律状态检索系统

日本专利法律状态信息主要通过日文版的日本工业产权数字图书馆网站(网址 http://www.ipdl.inpit.go.jp/)上的“經過情報檢索(法律状态信息检索)”数据库获得;也可以通过英文版的日本工业产权数字图书馆网站中的专利数据库检索获得。

(1) 英文版网页法律状态信息检索

英文版网页上有四个数据库可以提供日本专利法律状态信息检索,分别为:专利与实用新型公报数据库(Patent & Utility Model Gazette DB)、专利与实用新型对照索引(Patent & Utility Model Concordance)、分类检索(FI/F-term Search)、日本专利英文文摘(PAJ)。各数据库包含的法律状态信息的检索方式与检索结果如表20.12。

表20.12 英文版日本专利数据库的法律状态信息检索方式与检索结果

数据库	检索方式	检索结果
专利与使用新型公报数据库 专利与实用新型对照索引 FI/F-term 分类检索 日本专利英文文摘 PAJ	单击检索结果页面上的“法律状态(Legal Status)”标签	包括1990年以后的日本专利申请法律状态信息:申请信息(申请号、提交日期);公开信息(公开号、公开日期);申请详细信息(审查员决定类型、最终决定类型、审查阶段最终决定日期);请求审查日期、审查员驳回决定发送日期;上诉/复审信息(上诉/审判阶段最终决定结果等);登记信息(专利号、登记日期、权利终止日期);法律状态更新日期

该数据库的主要特点是可以提供日本专利申请关键环节中法律状态信息的最后决定,且所有信息在一个界面中显示。在检索结果中,申请详细信息中的最终决定类型、上诉/复审阶段最终决定结果、专利权终止日期等均为决定该专利是否有效的重要法律状态信息。

(2) 日文版网页法律状态信息检索

日文版日本工业产权数字图书馆网页上有三个数据库可提供日本专利的法律状态信

息检索，分别为：法律状态信息检索（經過情報檢索）、复审检索（審判檢索）、审查文件信息检索（審査書類情報照会）。

法律状态信息检索（經過情報檢索） 可以提供日本发明、实用新型和外观设计三种类型专利的法律状态信息。具体可以通过“号码查询（番号照会）”、“范围指定（範囲指定）”、“最终处理对照索引（最终处分照会）”三个子库进行检索。“号码查询（番号照会）”数据库收录自1990年以来的日本专利法律状态信息，包括日本发明、实用新型和外观设计专利的基本著录信息、申请及审查过程信息、专利复审过程中的信息和分案申请信息等。“范围指定（範囲指定）”数据库以“种类”和“日期范围”为检索条件进行检索，查看一定时间范围内处于某种法律状态的所有专利列表。其中，“种类”设有20种专利法律状态类型可供选择，具体见表20.13。

表20.13 日本专利法律状态检索系统“範囲指定”的法律状态种类

法律状态（日文）	法律状态（中文）
予告登録一覧（特許・実用新案）	授权专利复审公告一览（发明・实用新型）
付与後異議（特許・実用新案）	授权后异议公告（发明・实用新型）
審決確定登録一覧（特許・実用新案）【審決確定または取下年月日】	复审决定公告一览（发明・实用新型）【审决确定或撤回日期】
出願公告後審査前置の規定による特許査定一覧（出願公告後にした特許法第121条第1項の審判請求に係るもの）	申请公告后经前置审查的发明专利授权一览（按专利法121条第1款）
出願公告後審査前置による実用新案登録査定一覧（出願公告後にした実用新案法第35条第1項の審判請求に係るもの）	申请公告后经前置审查的实用新型授权一览（按实用新型法第35条第1款）
異議申立取下一览（特許、实用新型）	异议申请撤回一览（发明、实用新型）
実用新案法第14条の2の規定による公報掲載	实用新型按专利法第14条第2款规定公报刊登
特許権の存続期間の延長登録の出願	专利权期限延长的登记申请
特許権の存続期間の延長登録	专利权期限延长登记
予告登録一覧（意匠）	外观设计复审公告一览（包括无效、判定等）
審決確定登録一覧（意匠）【審決確定または取下年月日】	复审决定公告一览（外观设计）【审决确定或撤回日期】
判定請求	判定[注]请求
判定	判定[注]
公示送達	公告送达
審査請求一覧（特許）	审查请求一览（发明）
審査請求一覧（実用新案）	审查请求一览（实用新型）
特許一览	发明专利一览

续　表

法律状态(日文)	法律状态(中文)
登録実用新案一覧	实用新型授权一览
出願公開後における拒絶査定、出願放棄・取下・却下一覧	专利申请公开后的驳回、申请放弃・撤回・不受理一览
技術評価書請求一覧(実用新案)	技术评价书请求一览(实用新型)

注：日本的“判定”是与中国的“专利确权咨询”、“专利侵权咨询”相似，主要是对专利权的技术范围等问题给出专家意见，并没有法律约束力。

“最终处理对照索引(最终处分照会)”数据库可以查询专利申请在审批阶段的最终结果，其中仅包含该专利申请是否曾经授权。

复审检索(審判検索)　可以检索复审阶段的详细信息，包括三个子库，即“复审决定公报数据库(審决公報 DB)”、“复审决定快报(審决速報)”、“复审决定、撤销、诉讼判决集(審决取消訴訟判决集)”。其中，“复审决定公报数据库(審决公報 DB)”可以检索日本专利复审委员会的复审决定，收录信息范围包括：审决(昭和 15 年～)；抗告(昭和 15 年～)；补正(昭和 38 年～)；判定(昭和 33 年～)；再审(昭和 37 年～)；除斥(昭和 47 年～)；忌避(昭和 53 年～)；证据保全(昭和 56 年～)；发明和实用新型的异议决定(平成 9 年～)；和判决(平成 12 年～)。“复审决定快报(審决速報)”数据库设有复审决定公报(審决公報)、诉讼决定公报(判决公報)和复审决定/诉讼决定公报(審决/判决公報)这三类公报选项，可以检索自复审决定作出后至复审决定公报发行这一时间段内的相关信息；“复审决定、撤销、诉讼判决集(審决取消訴訟判决集)”可以查询平成 9 年 3 月至平成 11 年 3 月间对复审决定不服而进行的相关诉讼信息。

审查文件信息检索(審査書類情報照会)　收录了自 2003 年 7 月以来专利审批过程中产生的中间文件，包括检索报告。该数据库的检索是从日文版主页面选择“特许・实用新型检索”项目下的子项“審査書類情報照会”进入。

以上各数据库的检索方法和检索结果详见表 20.14。

表 20.14　日文版日本专利法律状态检索系统的检索方式与检索结果

数据库		检索方法	检索结果
經過情報検索	号码查询(番号照会)	可利用申请号、公开号、公告号、注册号、公表号、复审・异议号、优先权号、国际申请号、国际公开号、诉讼案件号等进行检索。共有 20 个号码输入框	包括基本项目(著录数据及审批过程等)、申请信息(出願情報)、授权信息(登録情報)、分案申请信息(分割出願情報)，有的还包括侵权诉讼信息(侵害訴訟情報)、复审信息(審判情報)等
	范围指定(範囲指定)	包括“种类”和“日期”两个检索入口。“种类”：下拉列表有近 20 个专利法律状态字段供选择；“日期”：时间范围小于 184 天(约 6 个月)	包括在要求检索的时间范围内处于某种法律状态的所有专利列表，点击号码链接可显示该项专利的详细法律状态信息

续 表

数据库		检索方法	检索结果
經過情報檢索	最终处理对照索引(最终处分照会)	包括申请号、公开号、公表号、审判号、公告号和登録号	记录了对案卷做出各种决定的号码与日期及审批阶段的最终结果。其中“最终处分”一栏记载了本案是否曾经授权
審判檢索	复审决定公报数据库(審決公報 DB)	包括两类检索入口： ◆ 文献种类入口：复审决定公报、诉讼决定公报、复审决定/诉讼决定公报 ◆ 文献号码入口：20 个文献号输入框 文献号输入格式：半角英文：① 公元年四位数字＋系列号码，例如 2001-65001；② 年号＋历年 2 位数号码＋系列号，例如 H02-50001	包括日本专利复审委员会的复审决定或法院的诉讼决定。例如包括对审查决定不服的审判、无效宣告、修订审判等的复审决定、发明和实用新型授权后异议决定以及诉讼判决等。结果可以文本或图像显示(按首页、次页依次显示文档内容)，也可以 PDF 格式导出
	复审决定快报(審決速報)	包括两种检索途径： ◆ 号码检索：可检索号码类型包括复审·异议号、申请号、专利号等。一次只可选择一类号码，在检索框中可同时输入多个号码，号码之间用“or”隔开。 ◆ 各种项目检索：包括三类项目检索，即当事者系审判、查定系审判、授权后异议。其中：①“当事者系审判”检索的审判种类包括：无效宣告、修订审判、判定请求等。检索字段包括：请求人、被请求人、IPC 分类、日本外观设计分类等；②“查定系审判”检索的审判种类包括驳回不服审判、补正驳回不服审判。检索字段包括：请求人、IPC、外观设计分类；③“授权后异议”的检索字段：申请人、权利人、IPC、专利类型	包括从复审决定做出后 1～2 个月到复审决定公报发行这一时间段的相关信息和相关公报，可以提前看到复审决定的内容。每半个月出版一次。通过号码检索得到的结果为网页文本格式的审决书全文。通过项目检索得到的结果为列表格式，包括专利类型、审判号码、分类、请求人、被请求人、结论。点击“审判号码”，显示文本格式的审决书全文。点击结论中的“經過”链接，可显示该专利的法律状态详细内容
	复审决定、撤销、诉讼判决集(審決取消訴訟判決集)	根据事件号码查看	包含对复审决定不服而进行的诉讼的相关信息(平成 9 年 3 月至 11 年 3 月)。单击事件号码，显示详细内容
審查書類情報照会		检索入口为号码。包括以下类别号码：专利申请、专利公开(A)、专利公告(B)、专利公表(A)、实用新型申请、实用新型公开(U)、实用新型申请公布(U1)、实用新型公告(Y)、实用新型注册(Y)、实用新型公表(U)等	包括与专利申请相关的审查过程文件。单击链接，显示详细信息

相比英文版页面法律状态信息检索系统，日文版页面提供的法律状态数据库可获得更为全面的过程信息。日文版页面提供的法律状态数据库的主要特点为：① 能提供较为全面的法律状态信息，基本包含于“經過情報檢索”，主要信息包括申请、授权、分案、复审、判定、诉讼等；② 审查流程、复审流程的过程文件信息详细；③ 可提供法院诉讼决定信息；④ 复审决定公开早于公报发行；⑤ 可利用“范围指定”数据库规定的“法律状态”字段进行检索。

20.3.2.3 美国专利商标局法律状态检索系统

目前，国际上还没有可供一次检索到一件美国专利（申请）各类法律状态信息的数据库。为了全面获得一件美国专利（申请）的法律状态信息，需要检索美国专利商标局网站上的五个不同数据库，即专利申请信息检索系统（Patent Application Information Retrieval，PAIR）、撤回专利数据库（Withdrawn Patent Numbers、Withdrawn PG Publication Numbers）、专利权转移数据库（Assignments on the Web for Patents，AOTW-P）、延长专利保护期数据库（Patent Terms Extended）和有效期已满专利数据库（Expired Patents）。各数据库的网址如表 20.15。

表 20.15 美国专利法律状态检索系统网址

数据库		进入途径
专利申请信息检索		网址 http://portal.uspto.gov/pair/PublicPair; 首页» PATENTS» Tools» AppFT» Public PAIR 首页» PATENTS» Tools» PAIR» Public PAIR 首页» POPULAR LINKS» Patent Online Services» Public PAIR
撤回专利检索	专利号撤回	网址 http://www.uspto.gov/patents/process/search/withdrawn.jsp 首页» PATENTS» Popular Links» Withdrawn Patents 首页» PATENTS» Patent Classification» List of withdrawn patent numbers
	授权前公开号撤回	网址 http://www.uspto.gov/patents/resources/classification/pgpubwd.jsp 首页» PATENTS» Patent Classification» All With-drawn PGPubs
延长专利保护期检索		网址 http://www.uspto.gov/patents/resources/terms/index.jsp 首页» PATENTS» Resources and Guidance» Patent Term Extensions 首页» PATENTS» Popular Links» Extended Patent Terms
专利权转移检索（收录 1980 年至今的专利转移数据）		网址 http://www.uspto.gov/patents/process/changeownership.jsp 首页» PATENTS» Patent Process» Change Ownership 首页» PATENTS» Tools» AOTW-P
有效期已满专利信息检索		网址 http://www.uspto.gov/patents/process/expform.jsp 首页» PATENTS» Popular Links» Expired Patents

通过上述五个数据库，可以确认美国专利申请是否授权，是否在申请公布前被撤回、专利申请是否在授权前被撤回，确认是否因未及时缴费而提前失效，还可以通过查找专利

保护期延长的具体时间来确定专利的最终失效日期，以及查找该专利申请是否有相关的继续申请、部分继续申请、分案申请等，确定专利权转移等变更情况。

(1) 专利申请信息检索系统(Public PAIR)

在以上数据库中，专利申请信息检索系统（PAIR）包含大部分的法律状态信息，是最常用的美国专利法律状态信息查询系统。其针对一般公众、独立发明人、专利代理人等不同用户开发了两种形式的系统，即公共 PAIR（Public PAIR）系统及个人 PAIR（Private PAIR）系统。其中，公共 PAIR 系统向公众开放，可检索大部分美国专利申请自公开阶段之后的法律状态记录。个人 PAIR 是一个加密系统，仅对授权用户开放，这些用户即时查看信息的先决条件是：必须是专利代理人、专利律师、独立发明人；必须有用户编号、数字 PKI 证书及相关软件。

早期公共 PAIR 系统的最大缺陷是不能用临时申请号检索，而“继续数据”标签的引入后得到了很大改善。该标签含有专利申请的临时申请号，记录中包含分案申请、继续申请或部分继续申请，通过这些信息可以容易地构建美国国内专利族的复杂结构。

公共 PAIR 系统为检索人员提供了专利申请审查过程中的大量信息，如以“审查事务处理历史（Transaction History）”、“专利缴费信息（Fees）”等标签形式展现。但这些信息仍未完全涵盖其审查历史，为此，美国专利商标局推出了“图像文件包（Image File Wrapper，IFW）”服务，作为单独标签整合到 PAIR 系统之中，提供美国专利申请文件的案卷信息。目前国际上仅有美国、日本、欧洲等少数国家或地区的专利局实现该功能。

一般公众通过公共 PAIR 系统可以检索得到一项专利的申请信息、审查事务处理历史、申请文件电子案卷、专利保护期调整、继续申请数据、国外优先权信息、专利缴费信息、公开文件以及代理人地址信息等。不同专利的信息内容有所不同。该系统的检索方法与检索结果如表 20.16 所示。其中，审查事务处理历史中的主要事务记录如表 20.17 所示。

表 20.16 美国专利商标局 Public PAIR 系统的检索方法与检索结果

检索方法	检索结果
该数据库包括一个输入框、5 个号码检索字段，具体为：申请号、公开号、控制号、专利号、PCT 申请号（已进入美国国家阶段的申请）；数据库首页有各号码输入格式帮助	◆ 申请数据（Application Data）：是数据库默认打开的选项，主要内容包括：申请号、申请日或 371(c) 日期、申请类型、审查员姓名、技术组、确认号、代理人案号、分类号、第一发明人姓名、客户号、法律状态、记录法律状态日期、申请文件存放地点、存放日期、早期公开号、早期公开日、专利号、专利授权日期、发明名称等信息。其中“371(c) 日期”是指符合美国专利法 371(c) 条规定的日期，为国际申请案在进入美国国内审查阶段时，费用、誓言（或声明）和翻译等文件递交齐全的日期。“技术组”是负责审查此案的审查员团队，由多位审查员组成，负责审查特定技术领域的申请案。“确认号”是用来配合申请号、作为申请案确认的依据 ◆ 事务处理历史（Transaction History）：包括申请案送交审查员以来、与该申请相关的事务处理记录信息，包括审查员做出的审查意见通知书与审查决定、专利申请人的审查意见通知书答复与事务请求以及专利局的各种程序事务等。使用者可以从这些记录信息中了解申请案的审查进度、审查历史等。为方便读者，表 20.17 介绍了从申请案送交审查委员到寄出专利证书期间的主要事务

续　表

检索方法	检　　索　　结　　果
该数据库包括一个输入框、5 个号码检索字段，具体为：申请号、公开号、控制号、专利号、PCT 申请号(已进入美国国家阶段的申请)；数据库首页有各号码输入格式帮助	◆ 申请文件电子案卷(Image File Wrapper, IFW)：提供申请案相关纸质档案文件的扫描电子版信息。IFW 将包括缴费记录、摘要、权利要求书、说明书、附图、在先参考文献、誓言或声明、信息公布声明、修正、专利局的活动及其相关文件等经过扫描后作为电子图像文件进行存储。目前 IFW 包括 2003 年 6 月 30 日以来的所有申请案，同时，正在回溯扫描以往申请案的纸质档案；对于一些复杂申请案，这些图像文件有可能达数百页，可以提供申请人和专利局之间在专利申请处理过程中的所有完整记录。对于个人 PAIR 用户，既可以查看他们自己的未公开专利申请的电子档案，也可以查看所有已公开申请案的公开记录 ◆ 专利保护期调整(Patent Term Adjustment)：显示专利保护期调整的历史及相应数据，包括申请人及美国专利商标局对专利保护期限的调整 ◆ 继续申请数据(Continuity Data)：提供与该申请相关的源继续申请数据(Parent Continuity Data)，和子继续申请数据(Child Continuity Data)。其中源继续申请是指先于本申请提出的相关申请；子继续申请是指基于本申请的在后申请，主要包括继续申请、部分继续申请、分案申请等。无在后申请的，则不显示该标签 ◆ 外国优先权(Foreign Priority)：有外国优先权的，显示外国优先权国家、优先权号、优先权日；无外国优先权的，不显示此项 ◆ 专利缴费信息(Fees)：点击标签后，链接至"有效期已满专利数据"，可以获取专利的缴费情况及缴费时间，根据缴费状况可以判断该件专利(申请)目前所处的有效性状态 ◆ 公开文件(Published Documents)：提供专利申请不同公布级的说明书全文，如专利公开说明书、专利说明书等 ◆ 律师/代理人及地址：提供律师/代理人的姓名/名称、电话及地址信息 ◆ 补充内容(Supplemental Content)：提供与申请案相关的序列号信息、元表(metatables)和其他类型的补充内容 ◆ 显示引用文献(Display References)：提供申请人、审查员引用的参考文献，申请人提供的信息披露书

表 20.17　事务处理历史中的主要事务

事务(英文)	事务(中文)	事　务　说　明
Initial Exam Team nn	初步审查组 nn	专利申请送交初步审查组 nn。nn 为小组代号
IFW Scan & PACR Auto Security Review	文件扫描与安全检查	美国专利商标局会将专利申请中的文件扫描为电子档案放入专利申请资料库，并进行安全检查，确保专利申请中没有泄漏美国国家安全机密
Application Dispatched from OIPE	申请从初步审查室送出	初步专利审查室(OIPE)除了对申请做初步审查之外，还会决定该申请应该送交给哪一技术组进行审查。申请在通过初步审查后，就由初步审查室送出
Case Docketed to Examiner in GAU	案件归档给技术组的审查员	代表专利申请已经归档给技术组(GAU)的审查员

续 表

事务(英文)	事务(中文)	事 务 说 明
Information Disclosure Statement filed	提交信息披露书	信息披露书是指专利申请方(包括发明人、受让人、代理人等)用来告知专利局、其所知道的与发明可专利性相关的文件资料
Non-Final Rejection	非最终驳回	当审查员认为专利申请有不清楚的地方或不具有可专利性,会驳回专利申请。非最终驳回通常是第一次驳回,但有时也会出现在第二次驳回中
Mail Non-Final Rejection	寄出非最终驳回意见书	审查员给申请人寄出非最终驳回的审查意见书
Change in Power of Attorney (May include Associate POA)	变更代理人信息,其中可能包括其他代理人信息	可能是申请人更换代理人,或者是代理人的信息有所变更
Request For Extension of Time	请求延长答复时间	当专利申请被审查员驳回后,申请人需在三个月内寄出答辩书回复美国专利局,若超过三个月,需支付费用要求专利局延长答复时间,最长可以延至六个月
Response after Non-Final Action	答复非最终审查意见书	答复非最终审查意见书时,申请人会有较大的答辩和修改请求项的空间
Date forwarded to Examiner	转交审查委日	代表文件实际转交给审查员的时间
Final Rejection	最终驳回	通常第二次收到的驳回会是最终驳回;此时审查员会已经无意继续审查,提出最终驳回
Mail Final Rejection	寄出最终驳回意见书	审查员向申请人寄出最终驳回审查意见
Amendment after Final Rejection	最终驳回后的修改	审查员提出最终驳回后,申请人可以依照审查员最终驳回的内容做修改,争取授权空间。但答复最终驳回的请求项的修改空间非常有限
Advisory Action(PTOL - 303)	建议书	审查员在收到申请人对最终驳回后的答复(或者修改)后,仍不认为申请案具有可专利性,可能会寄出建议书以说明其立场
Workflow — Request for CPA — Begin	提出延续审查申请	申请人收到最终驳回之后,其中一项选择就是提出延续审查申请,但必须在最终驳回后六个月内提出。另外,延续审查申请不适用于 2000 年 5 月 29 日以后提出的发明专利申请、植物专利申请,但设计专利无此限制
Express Abandonment (during Examination)	表明放弃	提出延续审查申请之后就视同放弃原专利申请
Requirement for Restriction / Election	限制/选择要求	当审查员认为请求项中有多个发明时,审查员会提出限制要求,要求申请人选择其中的一项发明进行审查

续 表

事务(英文)	事务(中文)	事务说明
Response to Election / Restriction Filed	回复限制/选择要求	申请人收到审查员的限制/选择要求后,通常会依照审查员的指示,选择其中的一项发明要求进行审查
Request for Continued Examination(RCE)	请求继续审查	在申请人收到最终驳回之后,可以在六个月内请求继续审查,但前提是专利必须为2000年5月29日以后提出的发明专利申请或植物专利申请
Express Abandonment (for Entry of CPA / RCE / Rule129)	视同放弃	视同放弃原申请。提出继续审查后并不会真的放弃原申请,但是由于申请人提出继续审查后,审查员不能终止审查,因此为补偿审查员的额外工作负担,美国专利局会将收到继续审查的请求视为是放弃原申请,给审查员计取业绩
Mail Notice of Allowance	寄出授权通知	审查员寄出授权通知。在审查通过后,审查员就会寄出授权通知,并通知申请人缴纳费用
Dispatch to Publications	送至专利出版部	专利授权通知寄出后,专利申请就会送到专利出版部,由专利出版部负责美国专利公告的事宜
Issue Fee Payment Recorded	缴纳领证费记录	申请人在收到专利授权通知后,需缴纳领证费。专利局在收到领证费后会安排专利公告的事项
Workflow — Drawings Sent to Contractor	附图送至承包商	附图送至承包商。申请人可在收到专利授权通知后的指定期限内,提交正式附图,出版部在收到正式附图后,会将附图送交承包商进行排版印刷
Application Is Considered Ready for Issue	申请被认为可以公告	在收到有关授权的费用后,若申请已经符合所有授权要求,专利申请就会被认为可以公告
Weekly Patent Issue Receipt	专利公告周确认	美国专利局在每周二,将所授权的专利公告。这里意指授权的申请已被指定在某一周的周二公告。美国专利局会在公告日的八天前寄出通知,告知申请人预定的专利公告(授权)日
Recordation of Patent Grant Mailed	寄出专利证书	专利公告后,美国专利局即向申请人寄出专利证书

(2) 撤回专利数据库

美国专利商标局的撤回专利数据库包括两种类型,即授权前公开号撤回(Withdrawn Pre-Grant Publication Numbers)和专利号撤回(Withdrawn Patent Numbers)。

授权前公开号的撤回,是指一项专利申请在授权前由申请人主动撤回或由专利局判定视为撤回。在"授权前公开号撤回数据库"中,公布之后撤回的公开号后标记"＊",以这些公开号为检索条件,在"专利申请公布数据库"中检索,检索结果仅显示公开号,不显示标题和说明书文本。在"Public PAIR"中,以数据库中所有撤回公开号为检索条件,检索结果仅为在检索页面上方显示"Sorry, the entered Publication Number is not available",无其他检索结果。

专利号的撤回,是指某些被分配了专利号的专利申请在授权时,美国专利商标局或专利申请人因故撤回了专利申请。这些撤回专利号不同于授权专利号,美国专利商标局在“专利授权数据库”中会去除相应的专利文献,不再使用分配的专利号。若利用撤回专利号在“专利授权数据库”中进行检索,检索结果显示“0”。在“Public PAIR”中,以撤回专利号为检索条件,检索结果仅为在检索页面上方显示“Sorry, the entered Patent Number is not available”,无其他检索结果。

以下介绍专利号撤回数据库、和授权前公开号撤回数据库的检索方式和检索结果。

表 20.18 美国专利商标局撤回专利数据库的检索方式与结果

数据库	检索方式	检索结果
专利号撤回	检索页面无检索入口,利用浏览器“查找”功能进行查询	显示 1790 至今的所有“撤回专利号”列表。“撤回专利号”包括撤回的发明专利号、外观设计专利号、依法注册的发明号、植物专利号、再公告号及防卫性公告号等
授权前公开号撤回	检索页面无检索入口,利用浏览器“查找”功能进行查询	显示 2001 年 3 月 15 日至今的“撤回公开号”列表。列表中的号码仅包括撤回的发明专利公布号,不涉及植物专利和外观设计专利。对于公布之后撤回的专利申请,列表中的公开号后标有“*”

(3) 延长专利保护期数据库

通常,美国专利的保护期可以延长,其中医药专利最多可以延长 5 年。为此,美国专利商标局在其网站上提供了专门的数据库供用户查询哪些专利的保护期延长及延长的具体时间,从而明确专利的最终失效日期。因此,在进行美国专利法律状态检索时,应核实所检索专利的保护期是否延长。

目前,美国专利商标局主要提供依据美国法典 35-155、35-166 延长专利保护期的专利检索。检索网址见表 20.15。延长专利保护期数据库的检索方式和检索结果如表 20.19。

表 20.19 美国专利商标局延长专利保护期数据库的检索方式与结果

检索方式	检索结果
包括两个选项: ◆ 根据美国法典 35-155 延长专利保护期(Patent Terms Extended Under 35 USC § 155) ◆ 根据美国法典 35-156 延长专利保护期(Patent Terms Extended Under 35 USC § 156) 点击各选项链接即进入相应的专利目录页面,在目录页面中利用查找功能查询专利号	◆ 点击“根据法典 35-155 延长专利保护期”:显示根据该法条延长保护期的专利号(Patent No)、公报日期(OG DATE)、延长时间(Extension)和经核准的产品(Approved Product)等信息 ◆ 点击“根据法典 35-156 延长专利保护期”:显示根据该法条延长保护期的专利号(Patent No)、经核准产品的商品名(Tradename of Approved Product)、最初的保护期届满日((Original Exp. Date)(Note 1))、延长时间(Extension)、批准日[Approval Date(If Relevant)(Notez)]和延长保护期后的届满日(Extended Expiration Date)。专利号下设超链接,点击可打开“保护期延长证书”(PDF 电子文档)。上述介绍的 Public PAIR 也可以获取专利保护期延长的申请信息 ◆ 另外,该数据库不包括那些仅根据 § 156(e)(2)或 § 156(d)(5)(被批准暂时延长保护期的专利)延长保护期的专利。关于人类药物产品专利期届满日的信息可以从美国“药物评估和研究中心”的“食品和药物部”获取

(4) 专利权转移数据库

专利权转移数据库(Assignments on the Web for Patents，AOTW-P)收录了自1980年8月以来的所有美国专利的权利转移或权利人名称变更数据。该系统收录的专利信息主要包括美国已授权和公布的专利记录，不包括在审查过程中或已经放弃专利权的专利记录。通过该数据库，可以查询某一美国专利申请的权利转移情况、某个发明人的美国专利转移信息，以及某公司的美国专利权利转移信息。表20.20介绍专利权转移数据库的检索方法与检索结果。

表20.20 美国专利商标局专利权转移数据库的检索方法与结果

<table>
<tr><th colspan="2">检 索 方 法</th><th rowspan="2">检 索 结 果</th></tr>
<tr><th>检索入口</th><th>输入方式</th></tr>
<tr><td>案卷号</td><td>例如：012195/0222
要求：卷号和结构号上至少输入1位阿拉伯数字</td><td>显示该案卷号相关专利的权利转移详细信息页(Patent Assignment Details)。包括案卷号、登记日、转让内容、该专利的部分著录信息(即专利号及授权日、申请号、申请日、公布号、公布日、发明人、标题)、出让人、受让人及通信方式、生效日。其中案卷号、专利号、公布号、出让人、受让人均提供超级链接。“案卷号”链接至权利转移详细页面。“专利号”或“公布号”链接显示该专利的全部转移详细信息；“出让人”或“受让人”链接显示其作为“出让人”或“受让人”进行出让或受让的专利权总数，以及所有出让或受让专利的信息，包括各次专利权利转移的案卷号、专利号、出让人、受让人及地址、登记日、生效日等</td></tr>
<tr><td>专利号</td><td>例如：6754343
要求：不超过7位数字，不足可前方补0；其他种类专利，应将种类代码前置</td><td rowspan="2">显示该专利权转移的名称摘要页(Patent Assignment Abstract of Title)，包括该专利的部分著录信息、该专利权转移的总次数，以及各次转移的详细信息。在摘要页中，专利号下的超级链接可链接至Public PAIR系统；各次转移详细信息项中的案卷号、出让人、受让人均提供超级链接。具体链接内容同“案卷号”检索结果</td></tr>
<tr><td>公布号</td><td>例如：20020018559
要求：仅输入11位数字</td></tr>
<tr><td>专利出让人姓名</td><td>例如：SMITH，DAVIS KEVIN
要求：
◆ 必须输入至少2个字符(字母和/或数字)
◆ 为了减少噪音，应输入更为具体的检索条件；如输入“SMITH”，将显示姓名中包含“SMITH”的全部记录；若输入“SMITH，”仅显示以“SMITH”开头的记录
◆ 个人姓名按“姓氏+名字或名字首字母”
◆ 一般情况下不能使用引号“”，除非姓名本身包括引号
◆ Mr.，Mrs.，Dr. 等不应作为检索条件</td><td rowspan="2">显示专利出让人或受让人概要页，包括转移专利权的总数，以及转移的相关专利列表目录。目录包括：申请号列、专利号列、公布号列、姓名列。其中专利号、公布号及姓名提供超级链接。链接内容同“案卷号”检索结果</td></tr>
<tr><td>专利受让人姓名</td><td>同出让人姓名</td></tr>
</table>

续表

检索方法		检索结果
检索入口	输入方式	
专利出让人/受让人姓名	同“出让人姓名”	显示专利出让人/受让人概要页(Patent Assignor/Assignee Summary),包括转移的专利权总数以及专利列表目录。目录包括四列,即:专利号列及其出让人姓名列,专利号列及其受让人姓名列、其中专利号、出让人、受让人均提供超级链接。链接内容同“案卷号”检索结果
专利出让人索引	必须输入至少1个字符(字母和/或数字)	显示出让人索引页(Patent Assignor Index)专利目录,包括申请号列、专利号和/或公布号列、姓名列,除申请号外,其他都提供超级链接,链接内容同“案卷号”检索结果
专利受让人索引	同“专利出让人索引”	显示受让人索引页(Patent Assignee Index)专利目录,目录内容同“专利出让人索引”检索结果

(5) 有效期已满专利数据库

有效期已满专利数据库(Expired Patents)收录了自1980年12月12日以后申请的专利缴纳维持费的信息。一件美国专利在其保护期内,专利权人需要缴纳3次维持费,分别为从授权日起计第4年、第8年、第12年。具体为:从专利授权日起计算,后推三年(如果那天恰是非工作日则顺延)的相应日为“第4年”缴费年度开放日(Open Date),以开放日起计一年为缴费期限,所以恰在专利授权日后推四年的相应日为“第4年”缴费年度关闭日(Close Date)。“第8年”缴费年度、“第12年”缴费年度情况也如此。由于大多数的美国失效专利是由于未缴纳维持费而导致,因此,在查询一项美国专利的法律状态时,要特别注意其目前的缴费状况,进而判断其有效性。表20.21介绍有效期已满专利数据库的检索入口及其输入方式与检索结果。

表20.21 美国专利商标局有效期已满专利数据库的检索方式与结果

检索入口及其输入方式	检索结果
包括专利号、申请号两个检索入口,两个号码必须同时输入。输入格式如下:专利号:不能输入逗号,如6754343;申请号:2位序列号+6位顺序号,如09864781;不能输入逗号、斜杠或其他非数字字符	检索结果显示四个信息输入框按钮,可提供以下信息: ◆ 提供缴纳维持费信息(Retrieve Fees to Pay):缴费起始日、滞纳金缴纳日、最终缴费日,应缴纳的费用年代及具体金额等 ◆ 获得著录项目数据(Get Bibliographic Data):基本著录数据,以往及现在的缴费信息 ◆ 显示缴纳维持费的时间窗口(View Payment Windows):提供缴费日期 ◆ 显示缴费信息(View Statement):可选择缴费年份4,8或12,显示各年份缴费收据

综观以上内容，可以发现美国专利法律状态检索具有以下一些主要特点。

A. **专利有效性需要结合多个数据库判定** 授权信息初判：当检索员拿到一件美国专利的申请号、公布号或专利号后，首先可以利用"Public PAIR"进行检索，若不显示具体检索结果的，则应用"专利撤回数据库"核实以上号码是否属于撤回的公开号或撤回的专利号。若通过"Public PAIR"检索，检索结果能显示该专利的申请信息数据的，可以通过"状态(STATUS)"项和"专利号"项等初判是否授权。

授权信息核实：若初判已授权，应进一步查询"缴费(Fees)"项，即进入"有效期已满专利数据库(Expired Patents)"进行检索。根据著录项目数据和三次(4年、8年、12年)维持费缴纳信息(View Statement)，若在当前规定的缴费窗口期限内表明已缴纳相关费用，并显示缴费明细，且还处于有效期，则可确认该专利为有效专利；若著录项目数据显示专利因未缴费而失效："Patent Expired for Failure to Pay Maintenance Fees"，且缴费信息查询(View Statement)中未显示相应年份的缴费收据，则可确认该专利因未交年费而提前失效。

由于美国对专利保护期限有特殊的规定(表20.22)，因此对于授权专利应根据PAIR系统著录项目中的申请日、授权日，同时结合其保护期具体规定，初步计算该专利的届满日。

表20.22 美国专利保护期限规定

专 利 申 请	保 护 期 限
1995.6.8生效或公布、且于该日之前提出的发明或植物专利申请	专利授权后17年，或申请日起20年，取时间长者
1995.6.8前提出国际申请进入美国国家阶段的授权专利	专利授权后17年，或国际申请提出日或更早申请日起20年，取时间长者
1995.6.8及以后提出的发明或植物专利申请	专利申请日或最早申请日起20年
1995.6.8以后提出国际申请进入美国国家阶段的授权专利	国际申请日起20年
1995.6.8以后提出继续、部分继续或分案申请的授权专利	最早申请日起20年
国际申请的继续或部分继续申请	国际申请日起20年
有外国优先权的申请	美国申请日起20年
设计专利	授权日起14年

B. **具有独特的保护期延长法规及数据库** 对于一项已授权的美国专利，根据申请日或授权日计算的届满日有可能还不是其最终的保护期限，由于美国具有根据法典35-155或35-156延长专利保护期的规定，因此还应关注该专利是否存在保护期延长。因此，对于授权的美国专利，要进一步检索"延长专利保护期数据库(Patent Terms Extended)"，核实

保护期是否延长，确认最终保护期。

C. **具有单独的专利权转移数据库** 目前国际上仅有美国专利商标局开发了单独的专利权转移数据库。该数据库不仅可以检索一项专利（申请）的全部权利转移情况，而且可以查询任一出让人的所有专利出让信息，以及任一受让人的所有专利受让信息等。

D. **具有单独的费用缴纳数据库** 美国专利商标局开发的“有效期已满专利信息检索”，是目前国际上少有的向公众免费开放的费用缴纳查询数据库之一，由此可以核实专利权利的维持情况。

通过以上美国专利各类法律状态数据库检索，可以获取美国专利申请的主要法律状态信息，如申请撤销、授权后撤回、授权、保护期延长、专利权终止、专利权转移、继续申请、分案申请等。

20.3.2.4 欧洲专利登记簿

欧洲专利登记簿（European Patent Register）由欧洲专利局开发，为公众免费提供1978年以来公开的欧洲专利申请或指定欧洲的PCT申请自其申请递交到专利授权或权利终止等过程中的所有审查、异议、上诉等数据，包括专利代理人与欧洲专利局之间的交流记录及文件。

该系统的网址为 https：//register. epo. org/espacenet/regviewer?，也可以通过欧洲专利局首页上“Searching for patents”中的“Free online services”，点击其下的“European patent register”进入。以下简要介绍该数据库的检索方法及检索结果。

检索方法 European patent register 数据库包含三类检索方式，即快速检索、高级检索与智能检索，具体检索字段与方法如表20.23。

表 20.23 European Patent Register 系统检索方法

检索类别	检索字段	检索方法
快速检索	申请号、公布号、申请日	提供3个输入框，检索项总共不能超过20个，其中每个输入框最多输入10个检索项。检索项之间空格默认OR，同一检索字段间可以运用逻辑运算符AND、OR、NOT。各检索字段输入方式如下： ◆ EP申请号：应输入2位或4位年份，可去除代码EP和序列号前的0。例如EP99203729可输入EP99203729、99203729、99203729.1、EP19990203729、EP1999203729 ◆ PCT申请号：输入格式为WO+4位年份+国家代码+5位序列号；例如PCT/IB2007/51010可输入WO2007IB51010 ◆ EP公布号：EP+7位数字序列号，例如EP1023455 ◆ PCT公布号：WOyynnnnn（1978～2002.6.30），WOyynnnnnn（2002.7.1～2003.12.31），WOyyyynnnnnn（2004.1～） ◆ 申请日：yyyymmdd，例如20050216

检索类别	检索字段	检索方法
高级检索	申请号、公布号、申请日、公布日、优先权号、优先权日、申请人、发明人、代理人、异议人、IPC 分类号和标题	提供 12 个输入框，检索项共计不能超过 20 个。同一检索字段输入框内的多个检索项之间可以运用逻辑运算符 AND、OR、NOT。对于号码、日期字段，空格默认“或”，其他字段空格默认“与”。标题和名称字段可用截词符 *、?、#，分别代表任意长度、0 或 1 个字符、1 个字符，* 前至少输入 3 个字符，后两个截词符前至少要输入 2 个字符。各检索字段输入方式如下： ◆ 申请号、公布号、申请日的输入格式同快速检索 ◆ 优先权号：国家代码＋4 位年份＋7 位序列号，例如 NL19981010536 ◆ 优先权日：yyyymmdd ◆ 申请人、发明人、代理人、异议人：姓＋名，例如 Smith John ◆ IPC 分类号：例如 A63、A63B、A63B49、A63B49/02 ◆ 标题：可用英语、德语、法语输入 1～10 词，其他输入格式同 Espacenet 专利检索数据库
智能检索	基本同高级检索	提供一个输入框，最多输入 20 个检索项，其中每个检索字段最多可输入 10 个检索项，可使用逻辑算符 AND、OR、NOT 连接，支持右截词，用引号检索短语，可使用字段标识符，如 ti=“electric car”。其他输入格式规定同上

检索结果 European Patent Register 数据库的检索结果包括 6 大类别内容，即关于本申请（About this file）、法律状态（Legal Status）、事务历史（Event History）、引文（Citations）、同族专利（Patent Family）、全部文件（All Documents），具体如表 20.24。

表 20.24 European Patent Register 系统法律状态检索结果

结果类别	具体内容
关于本申请	基本著录项目、状态、最近事件、检索报告公布时间、指定国、进入欧洲阶段、审查程序、异议程序、上诉程序、费用缴纳、失效国、引文等
法律状态	提供较重要的法律状态信息，包括指定国、最近审查程序、费用缴纳及 INPADOC 数据等
事务历史	按时间升序顺序提供从申请、公开到授权以及授权后的异议、上诉等过程的事务信息列表
引　　文	包括欧洲专利申请或指定欧洲的 PCT 申请在审查程序中审查员检索引用的文献列表，或者申请人引用的文献列表
同族专利	参见本书第21 章
全部文件	按时间降序顺序提供从提交申请、审查、授权及后续异议、上诉等过程中欧洲专利局发出、收到的全部文件列表及其全文

综观以上内容，可以发现 European Patent Register 数据库提供的专利法律状态信息具有以下一些特点。

信息全面 第一，法律状态信息涉及面广，基本包含于“关于本申请”栏目；第二，各流程中涉及的文件全面、详尽，方便读者查阅；第三，整体过程事务活动表达有序，让读者能一目了然地了解当前所处程序，及过往事务。

分类清晰 该数据库的重要特点是对各类法律状态信息进行分类表达，如将所有指定国、失效国、费用缴纳等分别集中在一起显示，方便用户快速了解，避免按时间顺序显示带来的信息混乱。

重点突出 将最新法律状态及最近发生的事件，显示于检索结果默认页“关于本申请”的最上方，使得使用者对该专利（申请）的当前状态一目了然；对重要的法律状态信息进行单独表达，集中显示于“法律状态”栏目。

单库检索 各类法律状态信息均能在检索系统中通过一次检索即可获得，无需再到其他专门的数据库中检索。

界面集中 各种分类信息集中整合于一个界面、采用不同标签栏显示，方便用户浏览。

除了提供欧洲专利登记簿服务外，欧洲专利局网站还提供登记簿预警服务（Register Alert Service）。用户登记注册后，注册人最多可设定自动监控 1 000 个专利申请，只要这些申请的法律状态有任何变动，系统就会发出电子邮件通知，通知对象除了使用者自己的电子邮箱外，还可以额外设定 4 个电子邮箱，即一次最多可以通知 5 个人。

20.3.2.5 欧洲成员国专利局的专利登记簿

在欧洲，虽然欧洲专利局具有优势，但是欧洲各成员国的国家专利登记簿也非常重要。这是因为登记簿是这些国家专利法律状态变化的最早公告者；同时，国家登记簿是未被欧洲专利局授权的所有其他专利的重要信息源，例如实用新型专利。

从著录信息角度看，国家专利登记簿可能包含无法从专利申请公开中获得的信息。典型例子是德国专利检索报告，德国专利申请公开时，检索报告还未完成（在德国，专利检索可以推迟超过 18 个月）。德国专利局已实现新登记簿 DPMAregister 取代旧的 DPINFO 服务，网址为 http：//register. dpma. de/，相应的预警服务为 DPMAkurier。DPMAregister 登记簿中许多内容已被翻译成英文，相关信息可通过英文界面获得。

法国的专利登记簿信息也已被翻译并可通过英文界面获得。法国登记簿以短句形式提供法律状态事件，每个事件都链接一个代码，代码不仅适用于法语版数据库也适用于英文版数据库。这些代码有助于理解事件含义。登记簿可以由法国专利局 INPI 首页的“Status des brevets”链接，或直输入网址 http：//regbrvfr. inpi. fr/portal 进入。检索入口包括申请号和申请日、公开号和公开日、优先权日和授权日，但不包括优先权号。其检索内容可包括自 1993 年以来的欧盟药品补充保护证书 SPC 申请和授权。

如前所述的荷兰专利信息用户组(WON)网站上的公开数据分类目录(http://www.won-nl.org/public/en/patinf.shtml)是一个方便获取欧洲各国登记簿的信息源。WON目录可链接到以下欧洲国家的专利登记簿：德国、法国、澳大利亚、保加利亚、克罗地亚、捷克共和国、丹麦、爱沙尼亚、芬兰、匈牙利、爱尔兰、意大利、立陶宛、卢森堡、摩尔多瓦、荷兰、挪威、葡萄牙、俄罗斯联邦、斯洛伐克、斯洛文尼亚、西班牙、瑞典、瑞士、乌克兰和英国。另外 WON 目录可以链接至欧亚专利局,后者代表九个前苏联国家受理专利申请并授权,登记簿地址 http://www.eapatis.com。

20.3.2.6 世界知识产权组织 PATENTSCOPE 检索系统

世界知识产权组织 WIPO 开发的 PATENTSCOPE 检索服务系统,可以用来查询以国际专利申请的形式首次公开的新技术信息。该数据库的覆盖范围包括 PCT 申请、部分 PCT 进入国家阶段的专利文件。这些专利的检索结果中均包含一些法律事件数据。其中进入国家阶段的信息仅建立在 PCT 相关成员国自愿提供的基础上。

该数据库的网址 http://www.wipo.int/patentscope/search/en/structuredSearch.jsf。检索方式包括简单检索、高级检索和字段组合检索。具体检索方法见本书附录 2《复合专利数据库》的第 2.1.2 部分。

在 PATENTSCOPE 检索系统的检索结果中,每项专利的检索结果详细显示页都包括 PCT 著录项目数据(Biblio Data)、文本格式说明书(Description)、文本格式权利要求书(Claims)、国家阶段(national phase)、通告(Notices)和文件(Documents)六大内容,其中国家阶段、通告和文件涉及专利法律事件信息。“国家阶段”涉及该 PCT 申请进入各指定国的信息,包含所进入的国家局、进入日期、专利号码、国家处理状态;“通告”包含专利局给出的通知和公告,“文件”包含国际申请的状态(International Application Status)、公布的国际申请(Published International Application)、和国际局公布的相关文件(Related Documents on file at the International Bureau)。其中“国际申请的状态”包括最新著录数据、重要的状态日期、有关撤回的信息(如国际申请的撤回)、优先权利要求的撤回、国际检索报告、国际初步审查报告和补充的国际检索报告等信息。以上检索结果均可以为 PCT 申请能否在指定国授权提供重要参考。

近年来,WIPO 已与许多国家和区域专利局签订协议,将进入国家阶段数据纳入 PATENTSCOPE 检索系统。截至 2014 年 1 月,PATENTSCOPE 已囊括了 48 个国家和区域的国家阶段数据(表 20.25)。通过“国家阶段(National Phase)”标签显示,许多国家和区域的“专利号码”下设有超链接,可以直接链接至该国家或区域专利局登记簿;有些国家阶段信息直接显示于“国家处理状态”标签。但以上信息的更新频率与各国专利局是否及时提交密切相关。因此,在检索结果中,某专利局的信息缺失有时不一定意味着 PCT 专利未进入该国。

表 20.25 PATENTSCOPE 包含的 PCT 进入国家阶段范围

代码	国家或地区	起始年月	最近更新	代码	国家或地区	起始年月	最近更新
AP	非洲地区知识产权组织	1996-07	2008-08	MY	马来西亚	2008-06	2010-09
				MX	墨西哥	2004-01	2008-12
AU	澳大利亚	1997-12	2013-09	NZ	新西兰	1985-12	2011-11
AT	奥地利	1980-11	2011-11	PH	菲律宾	2002-01	2012-12
BY	白俄罗斯	2007-01	2007-06	PL	波　兰	2007-05	2012-05
BZ	伯利兹	2002-08	2007-02	KR	韩　国	1997-01	2012-11
BG	保加利亚	2004-01	2007-12	MD	摩尔多瓦	2008-01	2008-10
CA	加拿大	1994-02	2013-06	RO	罗马尼亚	1990-01	2008-01
CN	中　国	1998-01	2011-05	RU	俄罗斯联邦	2001-07	2013-02
HR	克罗地亚	1999-11	2013-01	SG	新加坡	1995-02	-
CU	古　巴	2009-11	2011-06	SK	斯洛伐克	1993-01	2011-06
CZ	捷　克	1990-11	2013-08	SI	斯洛文尼亚	2001-01	2011-10
EG	埃　及	2008-01	2011-02	ZA	南　非	1999-12	2008-02
EA	欧亚专利组织	2006-11	2009-09	ES	西班牙	1990-05	2011-06
EP	欧洲专利局	1980-05	2013-07	SE	瑞　典	1982-12	2010-07
FI	芬　兰	1980-01	2011-12	CH	瑞　士	2008-07	2013-07
GE	格鲁吉亚	2002-10	2013-08	TH	泰　国	2010-09	2012-12
DE	德　国	1980-11	2011-08	TR	土耳其	1996-03	2005-07
HU	匈牙利	2007-01	2011-04	UA	乌克兰	2005-12	2013-06
IN	印　度	1999-02	2008-12	AE	阿联酋		2010-09
IL	以色列	1996-12	2013-05	UK	英　国	2000-01	2013-12
JP	日　本	1991-04	2013-07	US	美　国	1991-02	2013-06
KE	肯尼亚	1998-01	2006-05	UZB	乌兹别克斯坦	2001-01	2006-06
LV	拉脱维亚	1998-01	2008-05	VN	越　南	1995-04	2008-04
LT	立陶宛	1995-04	2011-03				

20.3.3 免费多国范围法律状态检索系统

欧洲专利局是国际上对专利信息的集成利用与开发最为重视的专利机构之一。其在线专利法律状态服务，除了欧洲专利登记簿以外，还包括 Espacenet 专利检索系统、开放式专利服务(Open Patent Services)，后两者是目前可以免费获取法律状态信息国家范围最多的途径。

20.3.3.1 欧洲专利局 Espacenet 专利检索系统

Espacenet 检索系统是专利信息用户常用的专利检索系统，通过该系统可以获取包括多国范围的 INPADOC 法律状态数据。

INPADOC（International Patent Documentation Center，国际专利文献中心），由世界知识产权组织和奥地利政府于 1972 年在维也纳建立，旨在为 PCT 成员国提供集中化的专利文献服务，1978 年推出将专利族系统与法律状态相结合的世界法律状态服务（Worldwide Legal Status Service）。1991 年 1 月后 INPADOC 归属于欧洲专利局，从此 INPADOC 改名为 EPIDOS，即欧洲专利信息和专利文献服务中心（European Patent Infotmation and Documentation System，简称 EPIDOS），但是习惯上仍称为 INPADOC。

INPADOC 的法律状态信息来源于各国或区域组织的专利公报。欧洲专利局将来自各个专利局的不同种类的法律状态标记了不同的代码，即为 PRS Code，通过代码来规范法律状态信息。一个国家的各类专利法律状态的代码均是唯一的。一个国家的一个事件的代码描述有可能完全不同于另一个国家相近的事件的代码描述。各国专利法律状态代码表和解释表可以在欧洲专利局网站下载，下载网址 http：//www. epo. org/searching/essentials/data/tables. html。

这里所述的 PRS（Patent Resister Service 的简称）专利登记簿服务，是 EPIDOS 专门提供的一种专利法律状态信息缩微平片，是欧洲专利局对世界各国或地区专利法律状态信息的集中化服务。截至 2014 年 2 月，该服务系统已收录世界上 64 个国家或地区的专利法律状态信息。该系统信息的全面性、准确性主要依赖于各国提供的数据，其中部分国家提供的数据有时存在缺失。该系统数据每周更新，一般于每周三晚上到周四早上更新。由于提供专利法律状态数据的合作局官方出版物即专利公报的出版频率不同，日期差异可达 2 天至 3 个月，因此会造成不同国别数据的更新会有一定的时间差。

在欧洲专利局 Espacenet 检索系统中，在每件专利的检索结果显示页面上，均有"INPADOC Legal Status"链接，显示该专利的法律状态。以下介绍通过 Espacenet 专利检索系统获取 INPADOC 法律状态信息的过程。

检索方法　在 Espacenet 专利检索系统中，首先选择高级检索、智能检索等中的一种检索方式，检索某件专利或专利申请。在每件专利的检索结果页面上，均包含"INPADOC legal status"标签，点击该标签，即可以显示该专利的 INPADOC 法律状态信息。

检索结果　"INPADOC legal status"按时间顺序列出一件专利申请的法律状态变化情况。其中每项法律状态按"PRS Date"、"PRS Code"、"Code ExpL"、"EFFECTIVE DATE"顺序列出相关信息。表 20.25 为该系统显示的欧洲专利 EP1360387A2 的法律状态信息中的两项状态信息。其中，PRS Date 指专利登记簿服务日期，即 PRS 数据库收到该法律状态数据的日期，PRS Code 指法律状态代码，Code Expl 是对该法律状态代码的释义，Effective Date 指法律状态生效日期。在代码释义前，系统会有一个

“＋”或者“－”，表示该项法律状态是正面信息还是负面信息，通过这些符号可以帮助使用者快速查看相关消息。例如需要查找“失效”信息，则只需查看前面标注“－”的信息。

表 20.25　欧洲专利 EP1360387 A2 的法律状态信息

Event date	2009/05/22
Event code	REG HK GR
Code Expl.	＋ STANDARD PATENTS GRANTED IN HONG KONG
CC OF CORRESP. PAT.	HK
CORRESP. PATENT D.	1056588
Event date	2009/05/29
Event code	PG25 NL
Code Expl.	－ LAPSED IN A CONTRACTING STATE ANNOUNCED VIA POSTGRANT INFORM. FROM NAT. OFFICE TO EPO
EFFECTIVE DATE	20090114
FURTHER INFORMATION	LAPSE BECAUSE OF FAILURE TO SUBMIT A TRANSLATION OF THE DESCRIPTION OR TO PAY THE FEE WITHIN THE PRESCRIBED TIME-LIMIT

综上，Espacenet 专利检索系统中法律状态信息检索的主要特点为：

- 可以检索多国专利的法律状态信息，为国际上首个免费提供多国范围法律状态信息的数据库；
- 对每个法律状态类型都做出具体释义；
- 可以采用常规专利检索字段进行检索，但不能以“法律状态”、“异议人”、“出让人/受让人”等带有法律状态特征的字段进行检索；
- 部分国家的专利法律状态信息数据不全；
- 检索结果按法律状态时间升序排列，由于其未对检索结果做分类处理，因此在法律状态信息分析中，需要对同类信息进行筛选与梳理。

公众除了通过欧洲专利局 Espacenet 专利检索系统获取 INPADOC 法律状态信息以外，还可以通过商业收费数据库，如 DIALOG、STN 或 ORBIT 检索系统等获取。

20.3.3.2　欧洲专利局开放式专利服务

开放式专利服务(Open Patent Services，OPS)是欧洲专利局最新开发的一种 Web 服务，它提供了标准 XML 接口以获取欧洲专利局(EPO)的原始数据，与来自 Espacenet 和 European Patent Register 的数据同源。OPS 可以获取的数据包括著录项、专利族、法律状态、各国专利文档的图像副本、欧洲专利局登记簿数据和 ECLA 分类数据等。对于 Espacenet 检索系统和欧洲专利登记簿来说，仅需要有一个因特网浏览器就可以进行检索，而 OPS 则需要通过编程来获得服务。

用户可以利用 OPS 开发定制客户端，并且可以将 OPS 上的数据和自己的数据集成到一起。但是，欧洲专利局并不提供进入 OPS 的客户端，用户需要自己编写或使用他人编写的客户端来和 REST 架构的 XML 接口通信。

OPS 每天 24 小时每周 7 天都能提供免费使用。它利用一个 REST 风格架构执行所有的服务。用户可以在欧洲专利局官方网站上找到关于 OPS 的技术描述、架构和其他支持文档。但是要使用 OPS，通常需要熟悉 web 服务和相关程序设计。需要注意的是，OPS 不传输大量数据。如果需要大数据集或数据库，则应该考虑购买欧洲专利局的原始数据产品。

OPS 服务有它的局限性。它可能会在工作时间（欧洲中部时间 7:00～19:00）相当繁忙和缓慢。在默认状态下，OPS 只显示排列在前的 25 个结果。如果想要看到更多结果，可以通过代码改变范围参数，但总共只能显示 2 000 个结果。如果在结果列表里有超过 2 000 个命中数，则需要限制查询来减少结果数。目前，REST 风格的 OPS 也提供通过公开数据服务的文档和著录项的批量检索，但检索上限是 100 个文档。如果用户想利用 OPS 进行商业开发，必须和欧专局签署许可协议。

20.3.4　商业数据库

相比各国和地区专利局的网上登记簿或检索系统，商业数据库的优点是包含的国家范围广、检索功能强、英文版居多，可读性好。以下介绍几类用于法律状态检索的常用商业数据库。

20.3.4.1　法国 ORBIT 专利检索系统

法国 Questel 公司开发的 ORBIT 专利检索系统属于收费检索系统。该系统除了收录欧洲专利局的 INPADOC 数据以外，还向多国专利局购买了法律状态数据。该系统的检索方式见本书附录 2《复合专利数据库》的 2.2.2 部分。

在 ORBIT 系统中，可以采用以下几种方式检索专利法律状态：

已知专利号码　可以直接利用“号码”字段进行检索。在每项专利的检索结果页面中，包括基本著录项目、权利要求、说明书、专利族、法律状态、时间表等标签以及专利族信息，点击“法律状态”标签，即显示该专利的法律状态。

未知专利号码　可以利用“关键字”、“分类”、“姓名/名称”、“日期 & 国家”或“其他检索项”字段进行检索，在检索得到的专利的检索结果中包含法律状态信息。

利用“法律状态”字段检索　包括三类检索字段：① “状态”字段，包括有效、失效、无限制三种选项，其中“有效”选项下进一步包括授权、申请中、无限制三个子项供选择，“失效”选项下进一步包括过期、失效、被驳回、任意理由等四个子项供选择，同时还可以选择国家范围；② “法律事件”字段，下拉菜单中提供的选项包括异议、专利授权、专利权延长、专利转让、提交到国家阶段、无异议、指定国等，同时可以选择国家范围；③ “届满日”字段，包括起始日期、终止日期、无限制三个选项，同时可以选择国家范围。

在采用“法律状态”字段检索时，也可以结合“号码”、“关键字”、“分类”、“姓名/名称”、“日期 & 国家”、“其他检索项”等字段进行检索，使得检索功能更为强大。

例 1：检索发生专利权转让的所有燃料电池中国专利

检索策略可结合：“法律事件（专利转让）”、“标题”、“专利公开国”等检索字段。

例 2：检索美国杜邦公司 2000 年以来的失效专利

检索策略可结合：“状态（失效）”、“专利权人”、“过期日”等检索字段。

例 3：检索专利权延长的 A 药物专利

检索策略可结合：“法律事件（专利权延长）”、“关键字”、“分类号”等检索字段。

20.3.4.2 INPADOC/Family and Legal Status 数据库

多年以来，INPADOC 已成为全球最重要的专利法律状态检索工具。当前，它仍然非常重要，因为它能很便利地检索专利族以及大量在专利局网站难以简单获得的文献。目前 INPADOC/Family and Legal Status 数据库包含 4 400 万个专利法律状态活动，是可以检索的国家范围最多的专利法律状态数据库。据欧洲专利局统计数据，截至 2014 年 4 月作为欧洲专利局原始数据源的 INPADOC/DOCDB 已收录 64 个国家或地区的专利法律状态信息，收录的国家范围见表 20.26。

表 20.26 欧洲专利局 DOCDB/INPADOC 数据库收录的国家或地区及其法律状态内容

名 称	收录时间		国家或地区代码			法律事件类型						备 注
	起 始	截 至 目 前	国家代码	EP	WO	失效	恢复	异议	转让	PCT 进入	SPC/保护期延长	
非洲地区工业产权组织 AP	1996/7/1	2008/8/6			WO					√		PCT 申请国际阶段
阿根廷 AR	2004/1/8	2013/10/31	AR			√						发明和实用新型
奥地利 AT	1970/11/15	2014/2/15	AT			√	√	√	√		√	发明、实用新型和 SPCs
	1995/2/1	2011/11/30			WO					√		PCT 申请国际阶段
	1995/2/1	2011/11/30			WO					√		PCT 申请进入国家阶段
澳大利亚 AU	2000/1/6	2004/11/11	AU			√		√	√		√	临时和完全申请、专利
	2002/11/28	2014/2/20	AU		WO	√		√	√	√	√	临时和完全申请，标准和革新专利
	1998/12/10	2012/9/25			WO					√		PCT 申请国际阶段

续 表

名 称	收录时间		国家或地区代码			法律事件类型						备 注
	起 始	截至目前	国家代码	EP	WO	失效	恢复	异议	转让	PCT进入	SPC/保护期延长	
比利时 BE	1984/7/31	2013/11/30	BE	EP		√	√	√		√		专利数据
保加利亚 BG	2001/1/2	2010/4/30			WO					√		PCT 申请进入国家阶段
	2001/1/2	2007/12/19			WO					√		PCT 申请国际阶段
巴西 BR	1995/3/1	2014/2/18	BR		WO	√	√	√	√	√		发明、实用新型；PCT 申请进入国家阶段
	2003/1/8	2008/1/2			WO					√		PCT 申请国际阶段
白俄罗斯 BY	2007/6/15	2008/2/28			WO					√		PCT 申请国际阶段
伯利兹城 BZ	2002/8/27	2007/3/23			WO					√		PCT 申请国际阶段
加拿大 CA	1989/3/10	2004/7/9			WO					√		PCT 申请进入国家阶段
	1999/8/1	2002/2/24			WO					√		PCT 申请未进入国家阶段
	1979/12/27	2014/2/12	CA			√	√			√	√	
	1993/4/1	2012/6/8			WO					√		PCT 申请国际阶段
瑞士 CH	1971/12/31	2014/2/14	CH	EP		√			√		√	发明专利，1996/03/31 前无 SPC 数据
	2001/1/4	2013/10/30			WO					√		PCT 申请进入数据
中国 CN	2002/1/1	2008/11/20			WO					√		PCT 申请国际阶段
	1985/9/10	2013/11/27	CN			√			√		√	发明、实用新型、PCT 申请进入国家阶段
	1985/10/10	2012/12/26			CN				√			转让和更正
哥伦比亚 CO	2003/1/31	2013/9/18	CO			√						发明专利
哥斯达黎加 CR	1980/1/3	2014/2/10	CR			√						发明专利
古巴 CU	2009/11/20	2013/8/12	CU			√						发明专利
捷克 CZ	2000/6/14	2014/2/19	CZ			√					√	发明、实用新型
	1995/2/21	2013/11/11								√		PCT 申请国际阶段

名称	收录时间		国家或地区代码			法律事件类型						备注
	起始	截至目前	国家代码	EP	WO	失效	恢复	异议	转让	PCT进入	SPC/保护期延长	
德意志民主共和国 DD	1992/7/5	2003/12/18	DD				√					发明专利
	2004/4/28	2004/4/28	DD							√		转让
德国联邦共和国 DE	1971/4/22	2014/2/20	DE		WO	√	√	√	√	√	√	发明和实用新型，PCT 未进入国家阶段和 SPCs
	1993/1/1	2011/8/18			WO					√		PCT 申请国际阶段
丹麦 DK	1983/3/18	2014/2/17	DK	EP		√	√	√			√	发明和实用新型
欧亚专利局 EA	1998/8/27	2014/1/30	EA			√	√		√			发明和实用新型
	2007/4/18	2010/9/30			WO					√		PCT 申请国际阶段
爱沙尼亚 EE	2003/2/17	2014/2/17	EE			√						专利
埃及 EG	2008/8/3	2011/2/28	EG							√		PCT 申请国际阶段
欧洲专利局 EP	1978/12/20	2014/2/12	EP		WO	√	√	√	√	√		发明专利
	1987/5/20	2014/1/31	EP			√	√					国家阶段失效和费用支付
西班牙 ES	1992/1/1	2014/2/21	ES	EP		√	√		√			发明和实用新型
	1999/1/1	2007/11/16	ES								√	SPC
	1990/5/30	2011/6/30			WO					√		PCT 申请进入国家阶段
	1990/5/30	2011/6/30			WO					√		PCT 申请国际阶段
芬兰 FI	1993/1/4	2013/12/31	FI			√	√		√		√	发明、SPC
	1981/5/19	2013/10/28			WO					√		PCT 申请国际阶段
法国 FR	1969/11/28	2014/2/14	FR	EP		√	√	√	√		√	发明专利
英国 GB	1969/11/28	2014/2/19	GB	EP		√	√	√	√		√	发明
	1998/4/1	2013/12/19			WO					√		PCT 申请进入国家阶段
	1989/9/21	2013/10/31			WO					√		PCT 申请国际阶段
格鲁吉亚 GE	1998/8/31	13/12/2013			WO					√		PCT 申请进入国家阶段
	2007/7/2	2013/12/10			WO					√		PCT 申请国际阶段

名称	收录时间		国家或地区代码			法律事件类型						备注
	起始	截至目前	国家代码	EP	WO	失效	恢复	异议	转让	PCT进入	SPC/保护期延长	
希腊 GR	1989/1/1	1997/12/31		EP								EP 进入国家阶段
中国香港 HK	2004/12/15	2004/12/15	HK	EP CN GB								更正等
	2004/5/21	2014/2/21	HK	EP CN GB		√	√		√			专利和实用新型
克罗地亚 HR	2000/7/21	2013/10/29	HR							√		PCT 申请国际阶段
匈牙利 HU	1990/6/28	2014/1/28	HU			C	√		√		√	发明专利
	2006/11/3	2011/4/6			WO					√		PCT 申请国际阶段
爱尔兰 IE	1993/1/13	2012/4/11	IE	EP							√	发明专利
	1993/1/13	2014/2/12	IE	EP		√	√		√			发明专利
以色列 IL	1996/3/31	2014/1/30	IL			√	√		√		√	发明专利
	2013/1/2	2013/5/30			WO					√		PCT 申请国际阶段
意大利 IT	1990/1/31	2000/11/20	IT			√						发明和实用新型;授权,撤回,驳回
	1992/11/13	2000/11/30	IT	EP							√	SPCs(医药品)
	1997/2/19	2000/10/4	IT	EP							√	SPCs(除草剂)
	1999/1/30	2001/12/4		EP								欧洲专利局翻译
	1999/10/27	1999/10/27	IT									费用支付
日本 JP	1996/9/1	2014/1/31			WO					√		PCT 申请进入/未进入国家阶段
	2002/1/1	2013/1/31			WO					√		PCT 申请国际阶段
	2004/9/9	2013/12/14	JP			√	√	√	√		√	发明和实用新型
肯尼亚 KE	1995/12/11	2013/11/18			WO					√		PCT 申请进入国家阶段
	2004/1/7	2006/5/5			WO					√		PCT 申请国际阶段
韩国 KR	2000/1/1	2000/12/31			WO					√		PCT 申请进入国家阶段
	2000/1/1	2000/12/31			WO					√		PCT 申请未进入国家阶段
	1997/1/3	2007/4/13			WO					√		PCT 申请国际阶段

续 表

名称	收录时间		国家或地区代码			法律事件类型						备注
	起始	截至目前	国家代码	EP	WO	失效	恢复	异议	转让	PCT进入	SPC/保护期延长	
立陶宛 LT	1995/5/25	2014/1/27	LT	EP		√			√		√	发明专利，EP 无效，LT/EP 失效，SPCs
	1997/7/1	2012/1/25			WO					√		PCT 申请进入国家阶段
	1995/4/12	2011/3/8			WO					√		PCT 申请国际阶段
卢森堡 LU	1986/1/9	2014/1/27	LU	EP							√	SPCs
拉脱维亚 LV	1998/1/1	2007/7/30			WO					√		PCT 申请进入国家阶段
	2005/11/22	2006/6/10			WO					√		PCT 申请国际阶段
摩纳哥 MC	1972/10/16	1992/7/23	MC									发明专利
摩尔多瓦 MD	2006/6/1	2012/10/31	MD			√	√		√			实用新型，发明；2010.9 起无实用新型和短期专利
	2008/1/10	2008/10/17			WO					√		PCT 申请国际阶段
墨西哥 MX	2005/12/21	2008/12/9			WO					√		PCT 申请国际阶段
马兰西亚 MY	2007/3/9	2010/9/30			WO					√		PCT 申请国际阶段
荷兰 NL	1973/5/15	2014/2/19	NL	EP		√	√	√	√		√	发明专利 and SPCs
挪威 NO	2001/1/2	2014/2/17	NO			√	√	√	√		√	发明专利
新西兰 NZ	2001/6/29	2012/12/21	NZ			√	√		√			发明专利+转让
	2001/5/1	2011/11/30			WO					√		PCT 申请国际阶段
	2001/6/29	2012/12/21	NZ				√			√		来自公报的登记条目
秘鲁 PE	2007/1/1	2013/12/27	PE			√						发明专利
菲律宾 PH	1990/6/18	1997/7/31	PH									发明专利
	2002/3/14	2008/12/19			WO					√		PCT 申请国际阶段
波兰 PL	2002/12/22	2012/5/31			WO					√		PCT 申请国际阶段
	2007/1/31	2014/1/31				√						发明专利
葡萄牙 PT	1991/3/20	2013/12/31	PT			√	√	√	√			发明和实用新型

名　称	收录时间		国家或地区代码			法律事件类型						备　注
	起　始	截　至 目　前	国家 代码	EP	WO	失 效	恢 复	异 议	转 让	PCT 进入	SPC/保 护期延长	
罗马尼亚 RO	2002/1/1	2013/11/29			WO					√		PCT 申请进入国家阶段
	2004/12/17	2008/1/28			WO					√		PCT 申请国际阶段
	2006/3/17	2013/11/28		EP								EP 专利在罗马尼亚无效
俄罗斯 RU	2002/1/3	2013/10/31			WO					√		PCT 申请进入国家阶段
	2004/3/24	2012/10/31			WO					√		PCT 申请国际阶段
	2005/1/10	2014/2/10	RU	SU		√	√		√	√	√	发明和实用新型
瑞典 SE	1985/8/18	2010/7/7			WO					√		PCT 申请国际阶段
	1995/1/31	2014/2/18	SE	EP		√	√	√			√	法律事件来自瑞典公报
斯洛文尼亚 SI	2004/12/31	2014/1/31	SI	EP		√			√			发明专利
	2001/1/1	2011/10/18			WO					√		PCT 申请国际阶段
斯洛伐克 SK	1993/1/1	2014/1/7			WO					√		PCT 申请进入国家阶段
	2008/9/10	2011/6/9			WO					√		PCT 申请国际阶段
	2010/1/7	2014/2/4				√			√		√	发明,实用新型,SPCs
萨尔瓦多 SV	1971/5/4	2012/3/26	SV			√						发明专利
中国台湾 TW	2000/1/1	2014/2/21	TW			√						发明和实用新型
乌克兰 UA	2005/7/20	2013/10/23			WO					√		PCT 申请国际阶段
美国 US	1980/8/5	2014/2/18	US			√	√					专利数据来自网络
	1980/8/5	2014/2/18	US					√				再审查和勘误
	1982/2/1	2014/2/13	US						√			转移
	2003/7/8	2011/5/30	US								√	保护期延长
	1981/1/1	2014/2/17	US			√	√					费用支付
	1992/7/14	2013/6/11			WO					√		PCT 申请国际阶段
乌兹别克斯坦 UZ	2001/01/02	2006/6/30	WO							√		PCT 申请进入国家阶段
世界知识产权组织 WIPO	1978/12/7	2014/2/17			WO	√						PCT 申请,电子输入
南非 ZA	1999/12/21	2008/2/7			WO					√		PCT 申请国际阶段

（数据来源：欧洲专利局网站，2014 年 4 月）

INPADOC 数据库除了可以在 Espacenet 专利检索系统中免费获得以外，还被长期运用于商业数据库中如 Proquest Dialog 检索系统、STN 检索系统之中。截至 2014 年 4 月，Dialog 系统 INPADOC 数据库收录了 50 个国家或地区专利局的法律状态信息；STN 系统 INPADOCDB 数据库收录了 59 个国家或地区专利局的法律状态信息，其中包括 48 个国家的专利法律状态信息和 PCT/EP 进入 11 个国家的国家阶段信息。

与免费的 Espacenet 检索系统相比，应用于商业数据库的 INPADOC/Family and Legal Status 检索字段更为丰富。其中，在 STN 系统的 INPADOCDB 数据库中，包含著录项目检索字段 110 个，法律状态检索字段近 30 个，具体见表 20. 27。Dialog 系统的 INPADOC 数据库包含的检索字段多达 60 多个，其中多个字段带有"法律状态"特征，如法律状态（Legal Status）、法律状态代码（Legal Status Code）、法律状态日期、新专利权人、再转让日期、再转让信息等，而且可以采用指令检索，检索策略灵活，因而具有更强大的检索功能。其中"法律状态"字段可以检索法律状态公告日、法律状态代码、法律状态代码释义及注解等；"法律状态代码"字段可以检索法律状态代码、及代码释义。

表 20. 27　STN-INPADOC 数据库的法律状态检索字段

检索字段代码	检索代码	检 索 实 例	代码显示
Enty Date New Publication and/or New Legal Status	/EDLS	S EDLS=FEB 2009	not displayed
Entry Week Legal Status	/EWLS	S 200641-200642EWLS	LS2
Legal Status Basic Index (contains legal status agent (LSAG), legal status free fomat text(LSFT), legal status inventor (LSIN), legal status patent opponent(LSOP), and legal status patent assignee (LPSA) fields)	/LSBI	S LASER?/LSBI S ANACOMP/LSBI S OPPOSITE/LSBI	LS
Legal Status Code (code and text)	/LSC	S EP111L/LSC	LS
Legal Status Code Category	/LSC2	S NIF/LSC2	LS
Legal Status Code Country (WIPO code and text)	/LSCC	S BE/LSCC	LS
Legal Status Country (WIPO code and text)	/LSCY	S UNITED KINGDOM/LSCY	LS
Legal Status Date in Force	/LSDF	S LSDF=20050109	LS
Leagl Status Date INPADOC GAZETTE	/LSD	S LSD=JAN 2002	LS
Legal Status Designated States (WIPO code and text)	/LSDS	S AU/LSDS S AUSTRALIA/LSDS	LS
Legal Status Free Format Text	/LSFT	S TELECOMMUNICATION/LSFT	LS
Legal Status Indicatior	/LSCI	S POSITIVE/LSCI AND L3	LS
Legal Status IPC	/LSIC	S 41J320/0/LSIC	LS
Legai Status Patent Assignee	/LSPA	S (MAN CERAMICS)/LSPA	LS

通过 DIALOG、STN 系统等，检索人员可以同时输入多个专利号，通过一次性检索同时获得多个专利的法律状态；也可以利用“法律状态”或“法律状态代码”字段，针对指定的活动，一次性检索出某类法律状态的所有专利，无需利用专利号作为检索条件一个一个地检索与核对。例如，可以构建一个检索策略，检索在指定年份因未交维持费而权利终止的所有英国专利。检索人员也可利用主题词或申请人检索，通过一次操作，就能找到大量专利的法律状态，核对有效、失效等。利用 Proquest Dialog 检索系统，不仅可以得到一个专利的法律状态，而且检索结果中同时包含所有同族专利的法律状态。

由于 PCT 信息的重要性，近年来，INPADOC 的服务范围有了实质性的扩展。利用它能够跟踪一项 PCT 申请是否进入国家阶段，而当前 PCT 申请公开说明书扉页的指定国列表并不能指示是否进入国家阶段。其中 PCT 申请进入以下国家即保加利亚、格鲁吉亚、希腊、日本、肯尼亚、韩国、俄罗斯、拉脱维亚、斯洛伐克共和国、乌兹别克斯坦等的国家阶段信息包含于世界知识产权组织的法律状态中。

INPADOC 数据的进一步扩展是包括了许多国家的药品保护补充证书 SPC 信息（或等同的药物有效期延长信息），目前已包括的国家范围如有奥地利、保加利亚、瑞士、德国、丹麦、西班牙、法国、英国、爱尔兰、以色列、意大利、立陶宛、卢森堡、马来西亚、荷兰、瑞典、美国等。

20.3.4.3 其他商业数据库

(1) 美国

除了 PAIR 和 INPADOC 能提供美国专利法律状态信息外，检索人员还可以利用商业数据库获取美国专利法律状态数据。最知名的是 Thomson 公司提供的 Litalert 和 PAST 以及 IFI 公司提供的 CLAIMS/CPLS。

Litalert 数据库可以在 Dialog、STN、Questel 和 Westlaw 系统中应用。它包括 1973 年以来美国 94 个地区法院的专利诉讼记录。记录结构相当简要，可以用专利号、专利名称、发明人名称、专利权人和分类号检索，该数据库目前包含近 7 万条美国法院专利诉讼数据。

PAST(Patent State)数据库的范围更聚焦于非法院的授权后活动，例如证书修正公告、要求再审等。目前，大部分的信息可以从 PAIR 中获取，或者在 USPTO 网站上的电子公报上直接浏览。

CLAIMS/CPLS(Current Patent Legal Status)数据库也聚焦于授权后活动。它的信息来源于美国专利商标局的官方公报，包括证书更正、再转让、复审请求、和保护期延长、未交维持费的权利终止、权利恢复、再版要求、放弃权利声明等，在 Dialog 和 Questel 检索系统中均包含 CLAIMS/CPLS 数据库。

(2) 日本

除了日本工业产权数字图书馆网站能提供日本专利法律状态的检索服务以外，日本另一专利法律状态深度服务系统为 Patolis(Patent On Line System)，它是由日本专利信息组织 1978 年开发完成，为基于 Web 的商业检索工具。其收录的专利类型包括发明、实用新型和外观设计。收录的年限为发明专利自1955年起，实用新型自1960年起，外观设计自1965年起。通过该系统，可以快速获得日本特许厅及INPADOC所含的国家和国际机构的专利信息。该数据库暂无英文界面。Patolis公司公开日本保护期延长药物专利的目录，目前仅出版印刷版。

20.3.5 其他法律状态信息源

20.3.5.1 专利公报

目前，世界上绝大多数国家和区域专利局都提供专利公报，其出版的时间周期有所不同，包括周刊、半月刊、月刊、双月刊、季刊、半年刊等。专利公报主要公开或公告与申请、审批、复审、授权及后续事务等有关的各类通知、公告，以及索引。与专利登记簿不同的是，专利公报是按时间顺序公告一定时间内众多专利的变更情况，而不是按照每一件专利申请公告其法律状态信息的变更。经世界知识产权组织2011年对世界上87个国家的调研结果表明，共有71个国家或地区(组织)实现电子化公开(以PDF、HTML等格式)专利公报(表20.28)，其中66个国家或地区(组织)可通过网络公开相应的电子出版物(表20.29)。

表20.28 提供电子化专利公报的国家或地区(组织)

公布周期	国家或地区(组织)
周刊	阿根廷AR、澳大利亚AU、巴林BH、巴西BR、加拿大CA、智利CL、中国CN、捷克CZ、德国DE、丹麦DK、阿尔及利亚DZ、欧洲EP、法国FR、英国GB、中国香港HK、日本JP、荷兰NL、挪威NO、菲律宾PH、巴基斯坦PK、瑞典SE、美国US等
半月刊	芬兰FI、格鲁吉亚GE、匈牙利HU、阿曼OM、乌克兰UA等
月刊	亚美尼亚AM、奥地利AT、比利时BE、保加利亚BG、布隆迪BI、哥伦比亚CO、古巴CU、厄瓜多尔EC、埃及EG、欧洲EP、希腊GR、克罗地亚HR、印度尼西亚ID、以色列IL、冰岛IS、日本JP、肯尼亚KE、吉尔吉斯斯坦KG、哈萨克斯坦KZ、立陶宛LT、拉脱维亚LV、摩洛哥MA、摩尔多瓦MD、墨西哥MX、巴基斯坦PK、罗马尼亚RO、新加坡SG、斯洛文尼亚SI、斯洛伐克SK、土耳其TR、乌拉圭UY、乌兹别克斯坦UZ、南非ZA等
双月刊	白俄罗斯BY、阿尔及利亚DZ、欧亚专利组织EA、莫桑比克MZ等
季刊	阿塞拜疆AZ、波斯尼亚和黑塞哥维那BA、意大利IT、马来西亚MY、巴布亚新几内亚PG、沙特阿拉伯SA等
半年刊	叙利亚SY

表20.29 提供网络版专利公报的国家或地区

亚美尼亚、阿根廷、奥地利、澳大利亚、阿塞拜疆、波斯尼亚和黑塞哥维那、比利时、保加利亚、不丹、白俄罗斯、加拿大、瑞士、智利、中国、哥伦比亚、哥斯达黎加、古巴、捷克、德国、丹麦、阿尔及利亚、欧亚专利组织、厄瓜多尔、爱沙尼亚、埃及、欧洲、西班牙、芬兰、法国、英国、格鲁吉亚、希腊、香港、匈牙利、印度尼西亚、爱尔兰、以色列、冰岛、意大利、约旦、日本、吉尔吉斯斯坦、斯里兰卡、立陶宛、拉脱维亚、摩洛哥、摩尔多瓦、黑山共和国、墨西哥、莫桑比克、荷兰、挪威、秘鲁、菲律宾、巴基斯坦、罗马尼亚、俄罗斯联邦、沙特阿拉伯、瑞典、新加坡、斯洛文尼亚、斯洛伐克、叙利亚、美国、乌兹别克斯坦、南非等

我国专利公报分为《发明专利公报》、《实用新型公报》和《外观设计公报》三种，1985 年 9 月创刊，开始为月刊，自 1990 年起，改为周刊。在国家知识产权局网站上可获取电子版专利公报。

20.3.5.2　专利说明书

专利说明书包括专利申请公布说明书、授权专利说明书，也是专利法律状态信息源之一。专利说明书的主要目的不仅向公众公开了发明的技术内容，而且规定了发明的保护范围。专利说明书中的扉页、说明书、权利要求和检索报告都包含法律状态信息。其中，说明书扉页的著录项目中包含着部分法律状态信息，例如申请日、公开日、授权公告日、优先权日、申请人、专利权人等；但当专利申请人、专利权人变更时，专利说明书不做更正。伴随着专利申请公布说明书而出版的检索报告也是重要的法律状态信息源，从中可以获得该专利申请能否被授予专利权的相关信息。因各种原因而更正的说明书，或因异议等活动而修正的说明书等也都隐含着专利法律状态信息。

随着当前出版物趋于电子化，使得专利法律状态信息更容易修改、更新和传播。在现代 IT 环境下，专利登记簿、专利公报、专利检索系统等各类不同的信息源趋向于合并成为单一的电子出版物平台。

20.3.6　主要专利法律状态数据库特点比较

如上所述，记载专利法律状态信息的各类载体各具特点，具体见表 20.30。

表 20.30　主要专利法律状态数据库特点比较

数据库	数据范围	数据库构成	检索字段	检索结果特点
中国国家知识产权局法律状态检索系统	中国专利	单库	◆ “法律状态”字段：事务类型、事务数据公告日、事务数据信息 ◆ 其他字段：申请号	◆ 提供主要流程法律状态，部分已公告专利的审查中间文件； ◆ 当检索结果为多项专利列表时，可按申请日或事务数据公告日升序或降序排列。 ◆ 每件专利的法律状态检索结果按事务数据公告日降序排列
日本工业产权数字图书馆法律状态检索系统	日本专利	单库为主，多库辅助	◆ “法律状态”字段：指定的法律状态字段(範囲指定数据库) ◆ 其他字段：专利号码	◆ 主要流程法律状态集中显示； ◆ 审查、复审流程过程文件详细； ◆ 复审决定公开早于公报发行
美国专利商标局法律状态检索系统	美国专利	多库结合	◆ “法律状态”字段：专利出让人、专利受让人 ◆ 其他字段：专利号码	◆ 专利有效性需要结合多个数据库判定 ◆ 具有独特的保护期延长法规及数据库 ◆ 具单独的专利权转移数据库 ◆ 具单独的费用缴纳数据库 ◆ 审查事务历史清晰、文件案卷详细

续 表

数据库	数据范围	数据库构成	检索字段	检索结果特点
欧洲专利局Espacenet系统	60多个国家	单库	常规字段：关键字(标题、摘要)、号码、日期、人名或机构、欧洲分类、国际分类等	◆ 国家范围广 ◆ 对法律状态原因做出具体释义 ◆ 按时间升序排列，未做分类合并
欧洲专利登记簿Register系统	欧洲专利、指定欧洲的PCT申请	单库	常规字段：号码、日期、人名或机构、IPC分类号和标题等	◆ 信息全面 ◆ 分类清晰 ◆ 单库检索 ◆ 界面集中
世界专利组织PATENTSCOPE系统	PCT申请、PCT进入国家阶段和部分国家申请	单库	常规字段：扉页内容、全文、号码、国际专利分类号、公开日期、人名或机构、关键字(摘要、标题)等	包含PCT申请进入指定国的国家阶段信息、专利局给出的通告、国际申请的状态、国际检索报告、国际初步审查报告和补充的国际检索报告等
ORBIT系统	超过60个国家	单库	◆ “法律状态”字段：法律状态、法律事件、过期日 ◆ 常规字段：关键字、分类、人名或机构、日期、国家、其他检索项等	◆ 国家范围广 ◆ 检索功能强 ◆ 包括主要阶段法律状态，不提供审查流程中间文件
DIALOG、STN系统—INPADOC	60多个国家	单库	包括60多个检索字段 ◆ “法律状态”字段：法律状态、法律状态代码、法律状态日期、新专利权人、再转让日期、再转让信息等 ◆ 常规字段：关键字、号码、日期、分类号、人名或机构等	◆ 国家范围广 ◆ 可采用指令检索，检索功能强大 ◆ 提供主要法律状态信息，不提供审查中间文件

在实际应用中，为了快速得到结果，一般会选择具有检索功能的数据库作为首选信息源。在数据库选择中，应当挑选数据范围包含目标专利对应的国家或地区范围且信息全面的数据库。由于数据库提供商在信息资源收集实力、数据处理技巧与归类等方面各具

特点，检索人员应根据检索目的选择合适的数据库。最好能够结合不同的数据库进行检索与核实，确保所得信息的准确性。

20.4 制定检索策略

从现有的法律状态数据库看，检索字段各有不同，如表20.30所示。因此在专利法律状态检索中，检索策略的制定还要结合所选数据库的规定。例如有的法律状态数据库检索入口只包含常规字段，不能用“法律状态”字段检索，如欧洲专利登记簿、欧洲专利局Espacenet专利检索系统；有的数据库虽然包括“法律状态”检索字段，但不能自由输入检索条件，只能采用数据库指定的法律状态特征字段检索，且只能结合规定的时间范围检索，如日本工业产权数字图书馆法律状态检索系统；有的数据库虽然仅有指定的法律状态特征字段，但其他常规字段丰富，特征字段可与常规字段结合检索，例如ORBIT数据库所给出的“状态”(三个选项)、“法律事件”(七个选项)以及“届满日”这三类法律状态特征字段都可以与各类常规字段结合检索，因此检索灵活度较高。有的数据库不仅包含法律状态特征字段，而且可以自由输入各种法律状态检索条件，并与大量其他字段结合检索，体现出强大的检索功能，如DIALOG、STN系统中的INPADOC数据库等。

通常，专利法律状态检索的对象比较明确，大多已知专利申请号，或者专利文献号，如公开号、授权公告号、专利号等。在检索前，要核实专利号码的准确性，然后选择其中一个号码按照数据库的要求输入即可。

但是，当检索的目的不是为了获取已知专利号的法律状态，而是为了得到某一主题下的专利法律状态时，则不仅要明确需检索的主题，如关键词、机构或人的名称、时间、法律事件等，还要选择具备相应检索字段、包含相关国别专利的数据库，然后选取相应的检索词以逻辑组配关系建立表达式，制定检索策略。

当检索主题为“某机构专利的法律状态”时，由于有些机构在申请专利时不采用标准化的格式，有时会采用各种变换形式的名称，因此在制定检索策略时，尽量使用名称的核心部分，不要搜索Corp、Inc、Ltd、KK或GmbH等；可以使用截词符，将机构名称中的主干截断，如“electr?”，以便适用于多字结尾；使用所有可能的名称变换形式，如首字母缩写词、全名等机构名称的各种版本；有时还要包括母公司或子公司的名称等。

例1： 检索IBM公司申请的美国专利的转让情况

由于检索的对象是美国专利，因此可以选择美国专利商标局专利权转移数据库，选择“出让人”字段。考虑到IBM公司的主干名称有时用缩写IBM，有时用全称“International Bussiness Machines”，因此，在设计检索策略时要全面考虑。

例2： 检索IBM公司2000年以来申请的专利在全球的转让情况

由于IBM公司在世界上许多国家都有分公司，申请的专利国别范围涉及多国，转让情况可能涉及不同国家，因此应选择国家范围广的数据库，如INPADOC数据库、ORBIT数据库等。以上问题的检索策略应包括三项检索词，一为“IBM 公司”（出让人字段），二为“转让”（法律状态字段），三为“2000 年以后”（申请日字段），以“逻辑与”的关系建立检索式，获取 IBM 公司的专利转让情况。

当检索主题是为了获取某法律事件下的相关专利时，经常需要将法律状态字段与常规字段相结合。

例 3： 检索因未缴纳年费而专利权终止的腈纶相关专利

由于该问题涉及多国专利，且涉及的法律状态为“未缴纳年费而专利权终止”，需要自由输入该法律状态特征词如“年费”或利用相关的法律状态代码进行检索，因此宜选择 INPADOC 数据库。该问题的检索策略应包括两层概念，一是未缴纳年费而专利权终止；二是腈纶。可选择法律状态字段（LS）与标题字段（TI），两者以“逻辑与”建立关系。表达前者概念的检索词可选择“fee?”、“lapse?（失效）”或者 “cease?（终止）”；后者概念即腈纶有多个同义词，如“polyacrylonitrile fiber”、“acrylonitrile fiber”、“acrylic fiber”，而且纤维也有两种同义词，即“fiber”、“fibre”。因此，可设计以下检索策略进行检索：TI ((polyacrylonitrile or acrylonitrile or acrylic) NEAR/1(fiber? or fibre?)) and LS((lapse? or cease?) and fee?)。

20.5 执行具体检索

如本书第 20.2 部分所述，不同的应用场合对专利法律状态信息的需求有所不同。为了提高检索效率、使得到的信息针对性强、利用率高，检索人员应该针对检索目与应用场合明确法律状态的检索类型（表 20.31）。

表 20.31 不同场合应进行的法律状态检索类型

应用场合	法律状态检索类型
技术研发	有效性检索、地域性检索为主
引进或转让	有效性检索、权属性检索、地域性检索
产品上市或出口	有效性检索为主
侵权诉讼	有效性检索、权属性检索
专利无形资产评估	有效性检索、权属性检索、地域性检索

20.5.1 专利有效性检索

专利有效性信息是各类应用场合中最重要的法律信息。专利有效性检索最直接的目标是判断专利申请是否已经授权，授权专利当前是否有效；进一步的目标是评估有效专利的当前稳定性、剩余保护期的长短、专利权行使是否受限等；更高的目标是为了评估专利的价值。

与有效性相关的信息包括很多，例如申请公开、视为撤回、撤回、驳回、授权、专利权终止、专利权放弃、无效、异议、专利保护期延长、届满、专利权质押、专利权保全等，这些信息对应用者来讲都非常重要。为了确认某专利(申请)当前处于什么状态，有时只要获得简单的信息就可终止检索。例如，为了确定一项中国专利是否届满，则只需检索专利说明书，根据专利说明书上的申请日，即可判断该专利的保护期是否届满，无需再做其他检索。又如，若检索到“视为撤回”状态(原因是申请人未按期缴纳申请维持费和滞纳金)，且在规定期限内无补交费用信息时，由于状态明确，即可停止有效性检索。但有时面对重要场合如专利技术引进、项目投资等时，由于涉及专利价值评估，因此需要全面调研与有效性有关的各类信息，如当前所处阶段、审查事务处理历史、审查过程中的中间文件、检索报告、继续申请、保护期调整、付费情况、异议、无效、上诉、复审过程及判定文件等，才能全面对一项专利的有效性及其前景或趋势做出全面、客观的判断。

专利有效性检索的第一步，是先检索专利说明书，一来是为了核实专利，如核实专利名称、专利申请号、专利号、申请人或专利权人、权利要求书等；二来是可以初步判断该专利是处于申请公开、还是已经授权公告的状态。第二步，选择合适的法律状态信息源检索获取各类信息。由于向各国专利局办理登记簿副本需要一定周期，为了快速获得相关信息，可以先选择网上信息源进行检索。为了保证信息的全面性、准确性与及时性，一般来讲，首先选择该专利所在国的专利局网站的以下服务：即网上登记簿、带有法律信息的专利检索系统，或者专门的法律状态检索系统；再结合一些其他的包含该国专利法律状态信息的免费数据库或商业数据库进行检索，将多个数据库的检索结果做互相验证。

在全面的有效性检索中，应该进行以下信息检索与分析。

第一，分析该专利申请目前处于申请未公开、申请公开、授权、还是失效状态？如果处于申请公开的话，可以进一步查看审查流程历史及审查文件、检索报告等信息，这些信息有助于初判专利授权前景。对于已经授权的专利，要进一步核实其年费缴纳情况；各国专利局都有缴纳专利年费的时间规定，如果权利人没有及时交费，专利局会终止专利权。对于失效专利，则要了解失效原因，如撤回、视为撤回、驳回、未按期缴纳年费、异议、无效宣告、届满等。当专利申请曾经发生视为撤回、专利权终止等情况时，还需要了解在审查流程中是否有权利恢复请求记录，是否存在权利恢复。

第二，对于已授权、当前仍然有效的专利，除了要明确授权公告日外，还要核查申请日和专利类型，初步判断该专利的保护期；此外，还要分析该专利权是否存在保护期延长，即是否享有各国专利保护期延长制度、专利期限补偿制度(如美国、日本等)所规定的延长期限，以及是否存在通过继续申请、分案申请、优先权申请的方式延长相关技术的保护期等。例如，对于一个药品，其专利的保护对象包括新开发的原料药(即药用活性成分)、药物制剂、制备工艺、配方、用途等，可以申请产品专利、方法专利和用途专利。因此除了最基本的化合物专利外，还可以就以上一系列保护对象申请专利。按照单一性要求，以上一系列保护对象都可以在一个专利申请中提出合案申请，也可以分成数个专利申请进行分案申请。在适当的时候提出分案申请往往会有意想不到的延长药品保护期的效果。又如，申请人有时也会利用优先权申请方式延长专利的保护期。申请人在首次申请专利后，在优先权期限行将届满前提出要求在先申请优先权的在后申请，申请批准后，专利权期限从在后申请的申请日起计算，从而使专利保护期限延长了自在先申请的申请日至在后申请的申请日这样一个时间段。因此，只有通过全面分析，才能确认专利的实际保护期和最终届满日。

第三，对于授权后专利，还要核查是否存在异议（如欧洲专利）、无效宣告请求、诉讼，以及专利权质押、专利权保全、专利权许可等，以综合判断该专利权的维持前景以及专利权实施是否受限、专利权剩余的市场价值空间等。

一项专利的法律状态及其有效性是不断变化的，这意味着专利价值也是动态变化的。因此对于重要专利，需要对其法律状态的变化进行长期跟踪。

20.5.2 专利权属性检索

专利权属性检索，是为了核实一项专利（申请）从申请日至检索日期间，其专利申请人或专利权人是否发生变化。

在专利技术的引进与转让、专利侵权诉讼，或与专利有关的投资、合资、合作、并购、专利权质押、出资入股、融资担保等企业活动中，都需要进行专利权属性检索。在实际操作中，一般可以先检索专利说明书，初步核实专利出让人、许可人或专利主张方是否为原申请人或专利权人。其次，通过法律状态数据库检索，或者最好向国家专利局请求办理专利登记簿副本，核实专利申请权、专利权是否转移。

20.5.3 专利地域性检索

专利地域性检索的目的是为了确认该项专利提交申请或者获得保护的国家范围。对于各个国家的专利（申请），由于专利申请号或者专利文献号上标明的国家代码，已清楚地表明该专利申请（可能）获得保护的国家。而对于 PCT 专利、欧洲专利等通过地区性专利组织申请的专利，则应进一步检索进入指定国信息，才可以明确该专利申请保护的地域范围。例如，对于欧洲专利的指定国信息，可以先检索欧洲专利说明书，通过欧洲专利说明书扉页上的著录项“指定缔约国（Designated Contracting States）”预判，再利用“欧洲专利登记簿”进行核实。对于 PCT 专利，由于其公开说明书扉页的指定国列表并不能指示是否进入国家阶段，因此对于 PCT 专利的指定国信息，需要通过法律状态数据库进行检索，比如欧洲专利局 Espacenet 专利检索系统、世界知识产权组织的 PATENTSCOPE 检索系统、商业数据库中的 INPADOC 等进行检索与跟踪。

20.5.4 综合性检索要点

面对各具特点的专利法律状态检索数据库、繁多的法律状态，如何进行有效的检索与分析，快速、准确地获取有用的法律状态信息，显得非常重要。

(1) 基于信息点的横向关联

为了能对一项专利（申请）的法律状态做出准确判断，有时需要选择多个数据库，对多个信息点进行横向关联检索、分析与核实，才能最终确定。

例 1：欧洲专利 EP1366680 的地域有效性检索

2012 年 2 月，使用 European patent register 数据库检索该专利，检索结果“关于本申请(About this file)”的第一栏即状态栏中显示“在规定期限内没有人提出异议”，经“法律状态”栏目中的“欧洲专利授权”项核实，该专利于 2006 年 1 月 4 日授权。但为了说明该专利的地域有效性，还需查询指定国与失效国信息。经查询，在“指定国”栏目中显示该专利共指定了 27 个国家，包括 AT、BE、BG、CH、CY、CZ、DE、DK、EE、ES、FI、FR、GB、GR、HU、IE、IT、LI、LU、MC、NL、PT、RO、SE、SI、SK、TR。在“失效国”栏目中显示，该专利在其中的 17 个国家已经失效。按照该数据库的检索结果可以判定，该欧洲专利已在 17 个国家失效，但在另外 10 个国家有效。

为了核实检索得到的信息，本次检索中又采用了 Espacenet 系统检索该专利的 INPADOC 法律状态信息，结果显示该欧洲专利已在 27 个指定国全部失效，失效原因是未在规定时间内缴纳费用。

在本次检索中，为了确认 EP1366680 的地域有效性，联合采用了 European patent register 系统中的状态栏、授权栏、失效国与指定国信息，以及 INPADOC 法律状态信息等。同时，也确证了不同数据库的更新时间会有差异，因此在检索中应尽量采用多个数据库进行互相核实。

例 2：世界专利 WO2004/033332 的指定国法律状态检索

该项检索需要联合查询以下几种信息，即该 PCT 申请进入哪几个国家阶段、进入国家阶段的授权情况、后续有效性。

A. **查询 PCT 申请进入国家阶段**　首先，检索 WO2004/033332 可能进入哪几个国家阶段。选择 Espacenet 系统检索 WO2004/033332，发现该 PCT 申请公布有两个同族专利申请，即 JP4457013(B2)、AU2003272917(A1)。利用以上两个专利文献号进行检索，由著录项目信息表明它们均属该 PCT 申请的进入国家阶段申请。其次，检索 WO2004/033332、JP4457013(B2)、AU2003272917(A1)三个专利申请的法律状态。通过查询 WO2004/033332 的 INPADOC 法律状态表明，该 PCT 申请于2005.03.11 年进入日本国家阶段，2004.06.16 指定欧洲专利申请，2005.12.07 指定欧洲专利申请未进入欧洲阶段。查询 AU2003272917 的 INPADOC 法律状态表明，该专利申请于 2004.05.04 失效- PCT 申请未进入国家阶段。查询 JP4457013 的 INPADOC 法律状态，无相关数据显示。根据 Espacenet 系统的检索结果得出初步结论，该 PCT 申请实际进入国家阶段申请只有一个，即日本国家阶段申请。再次，选择世界知识产权组织 PATENTSCOPE 数据库核实国家阶段。检索到该专利的“国家阶段”信息为 2005.3.11 进入日本国家阶段、日本申请号为 2004542823。

B. 进入日本国家阶段申请的法律状态 选择日本专利局 IPDL 日文网站，在“經過情報検索（番号照会）”中输入“出愿番号 2004 - 542823”或“国际公开番号 WO2004/033332”，查询该 PCT 申请进入日本国家阶段的法律状态信息。经检索表明，“公表・再公表记事”项显示，该 PCT 申请于 2006 年 2 月 9 日被日本专利局公告；“審査記録”项显示，2006 年 9 月 27 日申请人向日本专利局提出审查请求，并于 2006.9.28 交纳审查费，最终于2010.2.12授权；目前无上诉事件。

(2) 基于流程线的纵向跟踪

在专利法律状态检索中，横向信息的关联检索固然很重要，但同时基于审查流程的纵向跟踪也极具价值。对一项专利或专利申请，按照时间顺序检索其流程信息、事件历史，能清楚地呈现一项专利（申请）从申请起法律状态的动态变化过程。例如，美国专利法律状态检索系统中就设置了专门的审查事务处理历史。从这种变化过程中，有时可以挖掘出专利的重要价值。

例如：美国专利 US7075002 是一项关于晶体硅薄膜太阳能电池的专利，该专利只有 1 次被自身引证的信息，专利权人也没有就该发明在国外申请过同族专利，也没有发生过诉讼案件，那么这项专利是否价值平平呢？

选择美国专利商标局“专利申请信息检索（PAIR）”系统，检索该专利申请的审查事务处理历史，在显示记录中发现，该专利从申请到授权公告花费了近 9 年时间，经历了 4 次专利申请驳回、取消驳回审查，这些信息反映了此专利经过了艰难的审查历程才最终取得了专利权。对于专利权人而言，必定是认识到该专利的重要性，才愿意为该专利付出大量的时间、人力和物力，多次的取消驳回也反映了该专利受到了更多的重视。综合以上信息，可以判断该专利是一篇重要专利。

(3) 基于信息面的综合集成

在一项专利（申请）的法律状态检索中，有时不仅仅需要某几个信息点，或某一个流程的法律状态信息，而是需要全面获取各类法律状态信息，这就需要选择多个与本次检索相关的数据库进行分别检索，获取每个数据库中所有与检索点相关的法律状态信息，及各种文件包括审查与复审文件、检索报告、专利说明书等，对不同信息进行分类整理，对不同数据库获得的数据进行互相核实，建立该专利（申请）的法律状态信息面，做相关分析，从而对当前的法律状态做出全面、立体、准确的判断。严格来讲，还需要获取专利登记簿副本进行核实。

20.6 撰写检索报告

一份完整的“专利法律状态检索报告”是由封面、报告说明、检索目的、检索要点、检索工具和数据库、检索结果、检索分析结论及检索附件目录等组成，其中检索结果、检索分析结论是整个报告的关键部分。

一项专利(申请)的法律状态信息的种类及内容繁多,在检索结果中,要选取与检索要点密切相关的信息进行罗列。为了让阅读者对不同数据库的检索结果一目了然,可以按数据库分类,分别罗列检索得到的信息。由于有些数据库给出的法律状态信息内容杂乱、未做分类处理,因此检索员应对其进行分类表达。若审查、复审流程中的相关文件、检索报告等中涉及与法律状态相关的内容时,应该对相关的内容做摘要表述。

检索分析结论是整个报告的核心,不仅要对检索得到的信息进行整理、归纳、综合分析,而且要给出结论。一般来讲,检索分析结论要包括三个部分,即检索要点的简略说明、结果分析、结论与建议。对于不同的应用场合,结果分析应该有所侧重:在技术研发环节主要针对专利的有效性分析,判断专利是否失效及失效原因,或外国有效专利是否过了进入中国的期限等;在产品上市环节应主要针对密切相关专利的有效性做出分析,以判断是否可能侵权;在被诉专利侵权的情况下,主要目的是帮助宣告无效,因此只要对目标专利做出有效性分析即可;在专利技术引进或转让、专利无形资产评估过程中均需要对专利的价值做出评价,因此需要对相关专利的有效性、地域性、权属性做出全面分析。基于结果分析,应给出法律状态检索的结论,并对用户提出的检索目的给出可行性建议。

以下通过一个案例来了解法律状态检索报告撰写的主要过程。

案例:中国甲公司打算引进韩国乙公司的4件专利(A、B、C、D),计划于2012年10月签订技术许可合同,合同年限5年,每件专利许可费500万元,共计专利许可费2 000万元。现需了解各专利的法律状态。

A. **实际目的** 避免受骗上当、规避风险。

B. **待解决的问题** 专利许可谈判前需要核实专利的真伪、是否失效、保护期还剩多久等。

C. **检索目的** 检索相关专利的当前专利权(申请)人、申请日、是否授权、当前还是否有效等。

D. **应用场合分析** 专利技术引进。

E. **检索类型分析** 专利有效性检索、专利地域性检索、专利权属检索。

F. **检索前专利国别分析** 经甄别专利A为韩国专利,专利B为中国专利,专利C、D为PCT专利申请。

G. **检索途径选择** ① 根据四件专利国别,可初步选择韩国专利局专利检索系统、中国国家知识产权局专利检索系统及法律状态检索系统、欧洲专利局Espacenet专利检索系统,在检索过程中根据具体情况可增加其他数据库;② 各专利说明书。

H. **检索过程** ① 经韩国专利局专利检索系统检索,韩国专利A处于申请公开状态,申请日为2006.8.20,由于目前INPADOC数据库不涵盖韩国专利的法律状态信息,因此选用ORBIT数据库核实,核实结果与上述一致,且未查询到同族专利信息;② 经中国国家知识产权局法律状态检索系统检索,中国专利B为发明专利,申请日为1997.8.9;通过Espacenet系统检索该专利的同族专利,发现其在日本申请了同族专利;查询其"INPADOC legal status"信息,表明该日本专利已授权,无异议信息;经日本工业产权数字图书馆法律状态检索系统确认，该日本专利属有效授权专利；③ 经 Espacenet 系统检索，专利 C、D 为韩国乙公司 2009.6.9 申请的 PCT 专利，有中国同族专利，查询 INPADOC legal status 数据表明，以上 PCT 申请均已进入中国国家阶段。经在中国国知局专利法律状态检索系统确认，以上进入中国国家阶段的 PCT 专利申请已获中国国家知识产权局授权，没有无效宣告信息。

I. 检索分析结论

(a) 简单阐述委托要点(略)

(b) 专利有效性、地域性及权属性分析

韩国专利 A：为发明专利，正处于专利申请公开阶段，未授权；且未向中国国家知识产权局申请专利，已失去申请中国专利的机会，因此在中国相当于无效专利。该专利的权利人为乙公司。

中国专利 B：为发明专利，申请日 1997.8.9，已在中国授权，在中国属于有效专利。该专利的权利人为乙公司。

PCT 专利 C、D：为发明专利，申请日 2009.6.9，已获中国国家知识产权局授权，在中国属于有效专利。该专利的权利人为乙公司。

(c) 结论与建议

专利 A 在中国相当于无效专利，在中国可免费使用，建议谈判时去除专利 A 的 500 万元许可费。

专利 B 保护期 20 年，其专利权于 2017 年 8 月 9 日届满。甲、乙两公司合同若在 2014 年 1 月份签订，许可年限为 5 年，合同将于 2019 年 1 月终止。因此在 2017 至 2019 年的 2 年中，专利 B 在中国已为失效专利。建议甲公司在谈判时只为专利有效期内的许可付费，去除 2 年失效期的许可费，约 200 万元。

建议甲公司在谈判时，在合同中加入：乙公司应维护专利的有效性。若在合同期内 B、C、D 专利的法律状态失效，则甲公司将停止支付以上专利的许可使用费。

撰稿：瞿丽曼(上海科学技术情报研究所)

第21章 同族专利检索分析流程与报告撰写

同族专利检索分析是指找出与一项专利(申请)同属一个专利族的其他专利(申请)并加以剖析利用的过程。同族专利的检索与分析,有助于克服专利文献阅读中的语言障碍,了解专利技术演变、专利(申请)的市场价值、竞争对手的市场策略或某项技术的国际市场垄断范围、产品侵权的地域范围等,因此同族专利检索分析在技术创新与企业经营贸易中具有重要作用。

21.1 概　　述

21.1.1 专利族概念的产生

专利族(Patent Family)的概念首次出现于1883年的《保护工业产权巴黎公约》。公约规定,巴黎联盟各成员国给予本联盟任一国家的专利申请人一种优惠权——优先权,即联盟内某国的专利申请人已在某成员国第一次正式就一项发明创造申请专利,当申请人就该发明创造在规定的时间内向本联盟其他国家申请专利时,申请人有权享有第一次申请的申请日期。发明和实用新型的优先权期限为12个月,外观设计的优先权期限为6个月。在后申请的成员国出版专利文献时,在专利说明书扉页上刊出优先权项著录项目及代码"(30)优先权数据",内容包括优先权号和优先权日。通过优先权项显示该专利族成员与母专利之间的关联。

根据优先权原则,一项发明在规定的期限内要求相同的优先权,可以在不同国家多次申请专利或公开,从而形成一组由不同国家出版、内容相同或基本相同的专利文献。由此出现一组组标有相同优先权的专利文献——专利族。

21.1.2 专利族及同族专利的概念

一般而言,由至少一个共同优先权相互联系的一组专利文献,称之为一个专利族。同一专利族中的每件专利文献被称作专利族成员,同一专利族中各件专利互为同族专利。

在一个专利族中,只有公开或公告的专利文献才可以称为专利族成员;若仅有专利申请,后续无公开或公告的,则该专利申请不形成专利族成员。图 21.1 为同族专利形成的时间线示例。在该专利族中,荷兰专利申请 NL9001075 为首次申请,以该专利申请作为优先权,分别在美国、欧洲、日本申请专利,并分别公开或授权公告,其中欧洲专利又指定了奥地利与德国。图 21.1 中带黑框的专利申请公开文献、专利授权公告文献均为该专利族的成员。由图 21.1 可知,该专利族有 6 个同族专利,分别为 US5165396-A、EP455300-A1、JP4-225965-A、EP455300-B1、AT124403-E 和 DE69110749-T2。

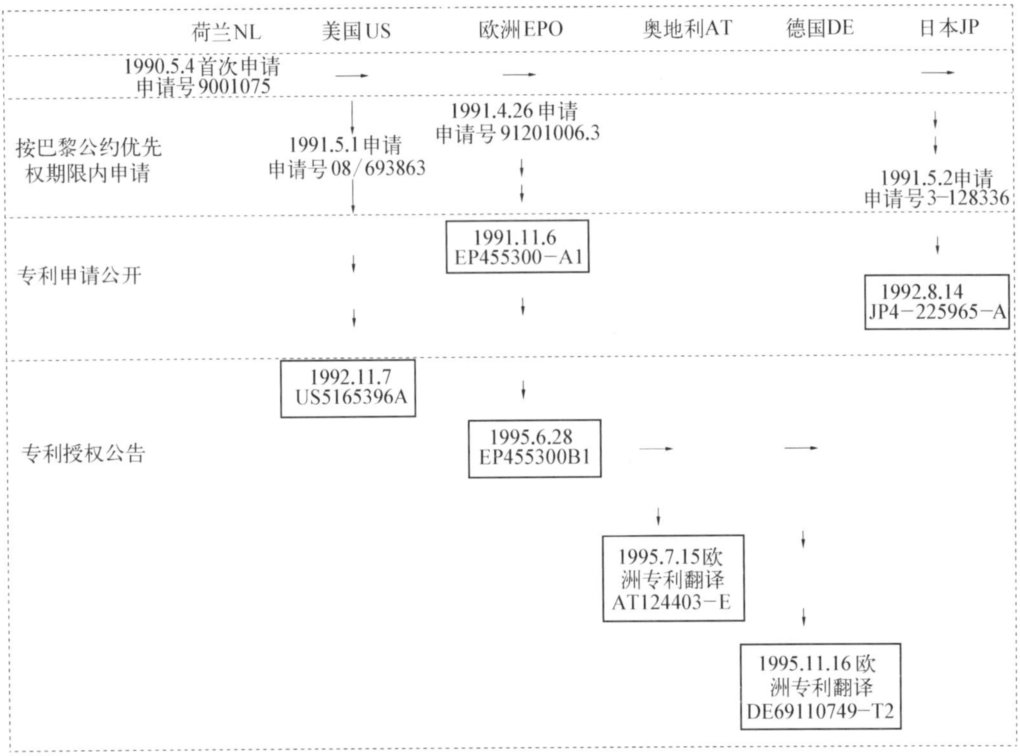

图 21.1　同族专利形成时间线示例

然而,专利族的定义并非依据法律来定义,在实际应用中,每个数据库生产商为了自己的便利会做出不同的定义。目前,国际上同族专利生产商的专利族定义主要包括三类。

(1) 专利族的宽泛定义(Broad Definition)

INPADOC 数据库给出了一个宽泛的专利族定义,即通过一个优先权直接或间接联系的所有专利文献,属于一个专利族。

表 21.1 中所示的 5 项专利中,D1、D4、D5 虽然优先权不同,但是相互之间具有间接关系,D1 与 D2、D3 都具有优先权 P1,D4 与 D2、D3 都具有优先权 P2,D4 与 D5 都具有优先权 P3。因此,根据 INPADOC 定义,D1～D5 属于一个专利族。

(2) 专利族的中间定义(Middle Definition)

德温特世界专利索引(DWPI)数据库和美国化学文摘社 CAplus 数据库对专利族的划分采取中间定义,即与基本专利有共同优先权的所有专利公开或公告,属于一个专利族。

但两者在专利族的具体规定上仍有所区别。

表 21.1 INPADOC 数据库专利族示例

专利文献 D1	优先权 P1			专利族 P1
专利文献 D2	优先权 P1	优先权 P2		
专利文献 D3	优先权 P1	优先权 P2		
专利文献 D4		优先权 P2	优先权 P3	
专利文献 D5			优先权 P3	

其中，在 DWPI 数据库中，专利族以相同的发明为基础，专利族成员之间的关系是以优先权或要求保护的具体内容为纽带。德温特对专利族的界定采取以下原则："1992 年第 16 周以前，如果专利文献 A 与已经记录在德温特系统中的专利文献 B 具有同样的最近优先权，则专利文献 A 被视为等同专利，加入到同一专利族。自 1992 年第 16 周开始，一件专利文献的所有优先权必须与某专利族中专利文献的优先权完全匹配，才将该件专利文献归到该专利族。不符合以上标准的专利文献将设置为一个独立的数据库记录。"

DWPI 在数据加工处理中，采用"一个发明一条记录"的原则，当收到一件专利文献时，根据德温特内部的专利优先权数据登记文档来进行"基本"/"等同"检索。如果新收到专利文献中的优先权数据与先前处理过的任何一件专利文献的优先权数据都不匹配，则该专利文献被确定为描述了一个新的发明、被指定为"基本专利"，并且以一个新的、唯一的入藏号创建一条新的 DWPI 记录。值得一提的是，德温特所指的基本专利并非该发明的第一次公开，而是该系统收录的某一专利族的第一个专利族成员。如果新收到的专利文献的优先权数据与已经列在内部登记文档中的一件发明的优先权数据相匹配，则将其指定为"等同专利"，并将其著录项目数据添加到已有的专利族记录中。

对于分案申请和继续申请，WPI 数据库的处理原则为与原始状态保持一致。具体来说，当 GB1 为基本专利，则 GB1 的分案申请 GB2 也作为基本专利，单独成为专利族。然而，若 GB1 为已收录于 WPI 数据库中其他专利的等同专利，那么 GB2 也将作为等同专利加入该专利族。在 WPI 数据库中，专利族关系将由专利收录的先后次序而定。

此外，WPI 数据库将"非常规"的等同专利文件也添加到专利族中。这些"非常规"等同专利文件是在巴黎公约条款规定之外(在 12 个月的优先权期限之后或由非缔约国)申请的、没有优先权信息的文件。这些"非常规"等同专利主要通过人工核查来确定。WPI 对原始专利数据进行如上智力性整理是使专利信息增值的重要途径之一。

美国化学文摘社提供的 CAplus 数据库类似于 DWPI 数据库，对收到的数据记录进行摘要重写及特殊标引。截至 2014 年 4 月，CAplus 数据库收集了来自世界上 62 个国家或国际组织专利局的专利数据，该数据库将收到的具有独特申请和优先权数据的记录作为基本专利，并进行摘要编写；将随后收到的、优先权信息与基本专利有关联的记录作为该基本专利的等同专利加入到数据库，不做额外标引。亦即，若收到的记录中，其优先权信息与数据库中的记录都不匹配，则成为基本专利。

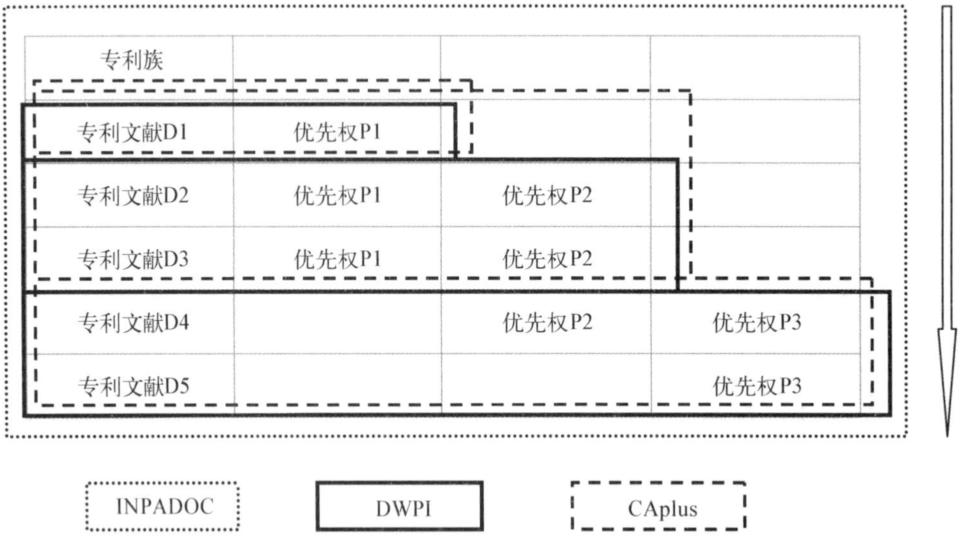

图 21.2 INPADOC、DWPI、CAplus 三大数据库的专利族理论示例

(3) 专利族的狭窄定义(Narrow Definition)

欧洲专利局 Espacenet 数据库给出了一个较为狭窄的专利族定义。该数据库认为，所有专利文献具有一个或多个相同优先权的，称为一个专利族。Espacenet 数据库将具有此类特征的专利族成员作为等同专利，认为所有专利的内容基本相同，示例见表 21.2。在表 21.2 中，专利文献 D1、D4、D5 优先权不同，不是等同专利，而 D2、D3 具有相同的优先权组合，因此属于等同专利。

表 21.2 Espacenet 数据库等同专利示例

专利文献 D1	优先权 P1			专利族 P1
专利文献 D2	优先权 P1	优先权 P2		专利族 P1 - P2
专利文献 D3	优先权 P1	优先权 P2		专利族 P1 - P2
专利文献 D4		优先权 P2	优先权 P3	专利族 P2 - P3
专利文献 D5			优先权 P3	专利族 P3

根据《保护工业产权巴黎公约》，数据库生产商将相同内容专利文献归入一个专利族的主要技术标准为优先权。然而，值得强调的是，有时这个方法也并不准确，主要原因为：

每个数据库生产商对于专利族有自己的定义。由于应用规则不同，因此不同数据库建立的专利族结构会有所区别。对于大多数专利族而言，结果较为相似。产生变化的主要原因是当专利族中的一个或多个专利要求了多项优先权。在这种情况下，有些数据库会将这些专利分成几个族，而有些数据库会将这些专利归为一个大族。

另外，利用优先权数据进行专利族成员分组，不排除专利族成员中权利要求存在差异的可能性。例如，根据某个国家专利局的审查要求，有时一项专利申请的权利要求可能会被部分驳回，而其他国家专利局在审查中可能不驳回或驳回的内容不同。这种因审查产生的主题变化不会反映在作为分组标准的优先权数据中。此外，对于一个专利族来讲，所有专利族成员披露的技术内容基本相同，但是每个专利族成员的可实施权利有时并不一定相同。

21.1.3　专利族的类型

世界知识产权组织在《WIPO 工业产权信息与文献手册》中，对专利族做出较为全面的分类。根据专利族的不同特点，WIPO 将专利族分为 6 种类型，即简单专利族、复杂专利族、扩展专利族、本国专利族、内部专利族和人工专利族。具体含义见表 21.3。

表 21.3　专利族类型

专利族类型	含　　义	示　例
简单专利族	专利族成员以共同的一个或共同的几个专利申请为优先权的专利族	见表 21.4
复杂专利族	专利族成员至少以一个共同的专利申请为优先权的专利族	见表 21.5
扩展专利族	每个专利族成员与该组中的至少一个其他专利族成员至少拥有一个共同优先权，构成扩展专利族	见表 21.6
本国专利族	由同一原始申请的增补专利、继续申请、部分继续申请、分案申请等原因产生的、由同一国家公布的一组专利文献构成的专利族	见表 21.7
内部专利族	同一专利机构公布的同一专利申请的不同公布级的专利文献，构成内部专利族	见表 21.8
人工专利族	也称仿专利族、智能专利族、非常规专利族，即内容基本相同，但并非以共同的一个或几个专利申请为优先权，而是根据专利文献的技术内容人为地进行归类并组成的一组由不同国家出版的专利文献所构成的专利族	见表 21.9

表 21.4　简单专利族

专利文献	优先权	专利族说明
D1	P1	F1（拥有一个共同的优先权）
D2	P1	
D3	P1+P2	F2（拥有多个共同的优先权）
D4	P1+P2	

表 21.5　复杂专利族

专利文献	优先权	专利族说明
D1	P1	虽然 D1、D2、D3 要求的优先权都不完全相同，但是所有专利文献 D1、D2、D3 均拥有共同优先权 P1，构成复杂专利族
D2	P1+P2+P3	
D3	P1+P3+P4	

表 21.6 扩展专利族

专利文献	优先权	专利族说明
D1	P1	该专利族中，虽然有些专利族成员如 D1、D5 之间的优先权完全不同，但 D1 与 D2 拥有共同优先权 P1，D2 与 D3 拥有共同优先权 P2，D3 与 D4 拥有共同优先权 P3，D4 与 D5 拥有共同优先权 P4，所有专利族成员之间有直接或间接的优先权关系，构成扩展专利族
D2	P1+P2	
D3	P2+P3	
D4	P3+P4	
D5	P4	

表 21.7 本国专利族

专利文献	文献关系	优先权	专利族说明
D1		P1	D1～D5 均由同一国家公布；D2～D5 为源自 D1 的继续申请、分案申请；其中有些文献虽然没有要求优先权，但因与母专利 D1 具有分案申请或继续申请等关系，可归于本国专利族
D2	D1 的部分继续申请	P1	
D3	D1 的分案申请	无	
D4	D1 的分案申请	P1	
D5	D1 的部分继续申请	无	

表 21.8 内部专利族

专利文献		优先权	专利族说明
D1	EP1683828(A2)	JP20050017050	专利文献 D1、D2、D3 为欧洲专利申请 EP20060001182 在审查过程中的不同公布级，属于内部专利族
D2	EP1683828(A3)	JP20050017050	
D3	EP1683828(B1)	JP20050017050	

表 21.9 人工专利族

专利文献	专利族说明
文献号：FR2551451A1；优先权：无 申请日：1983.8.31；公布日：1985.3.8； 名称：Composition d'injection pour le colmatage ou la consolidation des sols 发明人：Michel Soreau Daniel Siegel 申请人：Societe Francaise Hoechst-FR	三件专利文献虽然都没有优先权申请信息，但其发明人、申请人相同，名称主题相同，权利要求相似，因此可归为人工专利族
文献号：GB2170838A；优先权：无 申请日：1985.2.11；公布日：1986.8.13； 名称：Injection composition for filling or reinforcing grounds 发明人：Michael Soreau；Daniel Siegel 申请人：Societe Francaise Hoechst(France)	
文献号：DE3506095A1；优先权：无 申请日：1985.2.21；公布日：1986.8.21； 名称：Injektionszusammensetzung zum Abdichten von Böden 发明人：Soreau，Michael；Siegel，Daniel 申请人：Societe Francaise HOECHST，FR	

21.1.4 专利族的标引

DWPI、INPADOC、CAplus 和欧洲专利局 Espacenet 等数据库生产商利用优先权机制来识别重复和专利族分组。通过这种方法，数据库生产商只需对一个发明标引一次，后续相关主题的专利可以被添加至该组，不需要做进一步的评论，即可形成所谓的专利族。这种方法不仅可以降低生产商的成本，而且可以节省检索人员的时间，减少检索结果的手工去重工作。

有些数据库生产商使用“基本”和“等同”概念辅助定义专利族。首次出现的专利文献被认定为基本专利（如 WPI、CAplus），通常会进行全面的摘要和标引。后续公开的与基本专利具有相同优先权的专利文献被认定为等同专利，进行关联处理，添加到同一专利族中，使标引工作量达到最小。这意味着标引工作主要聚焦新的专利文献，专利族的其他成员由于被放入同一数据库记录，因此也可以看成被做了完全标引，同样可以被检索到。

值得注意的是，基本专利不一定是发明国公开的专利文献。例如，依照美国专利法旧法，2001 年以前美国专利没有早期公开，只有授权后才公布，公布周期很长；因此许多美国专利申请往往首次公开于其他国家，后续公开的美国专利族成员被分类为等同专利。

在同族专利中，有时优先权申请国的专利族成员不一定会公开。例如，欧洲专利公约成员国的申请人经常会先在一个国家（如荷兰）申请专利，以此作为优先权在欧洲专利局申请欧洲专利，然后又放弃在荷兰提出的母专利申请，并通过欧洲专利指定，在其他成员国获得专利保护，而最先提出的荷兰优先权申请未得到公开。

21.2 解读需求

同族专利是一种重要的竞争情报，对于研发机构或企业来说，关心的不仅是其中包含的技术信息，更重要的是其中包含的市场信息。同族专利检索可应用于技术研发、产品出口、专利技术引进或转让、专利技术的市场价值分析、竞争对手的专利战略分析等，不同的应用场合对专利族信息的需求侧重点有所区别。

21.2.1 技术研发

查阅专利文献、利用专利文献启发思路是研发中的常规工作。当研发人员检索到语言不熟悉的专利，例如查到一篇密切相关的西班牙专利，但不懂西班牙语时，可以利用同族专利检索，查找一篇语言文种熟悉（如中文或英文）、内容基本相同的同族专利进行阅读，解决语言不通带来的阅读障碍。

在技术研发中，研发人员有时需要了解某类技术的演变过程、最新技术发展趋势等，为确定研发方向提供参考。这些信息经常反映于同族专利中。简单同族专利虽然内容基本相同，但是本国专利族（如部分继续申请、分案申请、增补专利、再颁专利等）、复杂专利族、扩展专利族等的权利要求及技术方案通常会有变化，按照时间顺序对这些专利的权利要求与说明书进行全面分析，可以了解该专利技术的演变过程、与最新进展，为研发人员提供启迪。

21.2.2 产品上市或出口

随着世界各国对知识产权越来越重视，专利申请量逐年提高，同时专利侵权诉讼案件数量也急剧上升。为了防止侵犯他人专利权并引发侵权纠纷，企业在国内上市新产品，或产品出口前，应检索是否存在可能侵权的专利，再通过同族专利检索，了解该侵权专利在上市国、出口目的国是否有同族专利，并进一步通过专利法律状态检索确认其是否有效。经检索确定在上市国、出口目的国不存在可能侵权的专利后，方可进行产品上市或出口。

21.2.3 专利技术引进或转让

在市场经济高速发展的今天，产品更新换代快、寿命周期短、时效性强，引进或转让专利技术不失为一种能在较短的时间内、用较少的投入获得较强竞争优势的策略。

企业在引进某项专利技术时，不仅应该考虑引进专利的技术水平与技术成熟度，同时还应发挥同族专利检索的作用，了解以下一些关键问题。

一是利用同族专利检索，了解专利技术的市场价值。通常，专利技术引进或转让的主要目的是为了成果转化，因此其市场价值评价非常重要。由于同族专利蕴含着重要的经济价值信息，因而可以用于市场价值分析。同族专利文献的分布状况，反映了该发明创造潜在的国际技术市场。通常越是重要的发明创造，申请保护的国家范围越广，权利人希望垄断的国际市场份额也越大。因此，对一项发明创造的同族专利情况进行分析，可以在一定程度上了解其市场价值。

二是利用同族专利检索，核实专利技术保护的地域范围；了解该专利技术在中国是否受到法律保护，以及还在哪些其他国家受到法律保护，防止将来产品上市或出口后陷入侵权纠纷。

三是利用同族专利检索，确认专利技术引进或转让的必要性。若经同族专利检索发现，该专利技术在中国无专利申请且已超过申请中国专利的期限，则该专利技术在中国可以免费使用，不必引进或转让；或者同族专利中虽然有中国专利申请、但该中国专利已经失效，也不必引进或转让；若能查找到其他国家同族专利存在被驳回、无效宣告等信息，可作为无效中国专利的理由，不必引进或转让。

21.2.4 竞争对手的战略分析

在市场经济条件下，充分利用专利申请的各种战术方法占领行业内关键的技术领域，正逐渐成为企业控制产品市场的重要武器。对行业内一些主要竞争对手的同族专利情况分析，可以从中剖析其对于某产品采用的研发战略、市场战略等。对所有同族专利按申请日期进行技术演变分析，可以分析其技术发展路径、产品更新轨迹或方向。专利发明人反映了一项专利技术的主要研发团队，因而对所有专利族成员的发明人的分析，可以看出一家公司在该技术领域的研发团队实力及其变化趋势。从竞争对手利用同族专利申请规则采取专利保护的国家分布情况，可以看出其市场布局策略和重点竞争区域。

为了在市场竞争中占据主导地位，许多企业会利用同族专利申请策略，构筑自己坚固的专利阵地，不给竞争对手留有插足之地。例如，在药品行业，一些知名药企通常会将最新开发的原料药申请第一个专利，同时在全球各国申请大量的同族专利，此后再通过继续申请、部分继续申请、分案申请等形式，将改进技术、药物制剂、制备工艺、配方、用途等也申请专利，并通过国际申请使这些专利进入有潜在市场的国家。药企通过这种方式对基本化合物、及以上一系列保护对象申请专利，从而建立一个严密的专利保护体系，在竞争中处于绝对优势地位。

对于一些重要技术，有些申请人还会利用优先权制度想方设法延长专利的保护期。申请人在首次申请专利后，在优先权期限行将届满前提出一个要求在先申请优先权的在后申请，申请批准后，专利权期限从在后申请的申请日起计算，从而使专利保护期限延长了自在先申请的申请日至在后申请的申请日这样一个时间段。

21.2.5 为专利申请、专利审查、专利无效提供参考

当一项发明创造的价值较高时，申请人为了获得更多的市场份额，经常会在多个国家申请同族专利。不同国家、国际组织专利局的审批速度会有一定差别。若最先审批国家或组织专利局的审查意见、检索报告等信息表明该申请具有可专利性时，申请人可将这些信息提供给其他国家、国际组织专利局，有利于审查人员参考，加快专利审批速度。当获取的最先审批信息不利于专利授权，即存在影响专利新颖性、创造性的信息时，申请人应尽快就其他同族专利申请向各专利局主动提出修改要求，若修改超过原始申请文件的范围时，可以原专利申请为优先权进行再次申请，以缩短专利申请与授权进程。

审查员在审查专利申请时，可以借助同族专利共享其他专利局在审批该相同发明技术主题专利申请时的检索结果和报告，参考其审批结果以及申请人对专利保护范围和申请文件的修改等。

此外，同族专利信息在专利无效中也可以起到重要作用。例如，当某公司希望利用中国专利 A，或者希望许可某国外专利 B，但该专利还处于有效期时，可以尝试了解该专利在其他国家是否有同族专利申请，并进一步获取其他国家或国际组织专利审批机构的审查意见或检索报告，若其中表明该申请有不符合专利申请要求，或者不符合新颖性、创造性要求的，可以利用这些信息就专利 A 或专利 B，向我国国家知识产权局或者某外国专利局提出无效宣告，以达到无偿使用、消除他人专利障碍的目的。

21.3 选择检索系统

自巴黎公约优先权规定启动以来，以“优先权”为纽带的专利文献大量重复出版。

1972 年国际专利文献中心(INPADOC)在维也纳成立,才实现使用自动化系统检索同族专利。此后,专利检索依靠计算机和通信技术迅速发展。

为了方便公众检索与利用专利族信息,国际上多个专利组织建立了专门的同族专利数据库,或在专利检索数据库的结果显示中设置了专门的专利族记录。目前同族专利检索系统包括两类,一类为免费检索系统,包括欧洲专利局 Espacenet 专利检索系统、欧洲专利局 European Patent Register 检索系统、印度国家信息中心同族专利检索系统;另一类为收费检索系统,主要包括德温特世界专利索引(DWPI)数据库、ORBIT-Fampat 数据库、CAplus、DIALOG 和 STN 检索系统等。以下对各类同族专利检索系统做简要介绍。

21.3.1 欧洲专利局 Espacenet 检索系统

欧洲专利局 Espacenet 专利检索系统中的同族专利检索,主要通过该系统中的 Worldwide 数据库获得,该数据库的网址为 http://worldwide.espacenet.com/。该数据库可选择智能检索、高级检索与分类检索中的任何一种检索方式进行检索。在该数据库的每件专利检索结果著录项目页面上,可以通过两种途径获得该专利的同族专利信息。

第一种途径为通过检索结果著录项目页面上的"Also published as"项。通过该项获得的专利族是 Espacenet 数据库定义的等同专利,也即优先权相同的简单专利族,其中包括不同公布级的国内专利族,通常认为此项显示的所有专利的内容基本相同。例如,在 Espacenet 专利检索系统中检索美国专利 US5402857,点击检索结果著录项目页上的"Also published as",显示该专利有 10 项等同专利,包括 US5564509(A)、NO950585(A)、NO311232(B1)、NL9500301(A)、NL194733(B)、NL194733(C)、GB2286615(A)、GB2286615(B)、CA2142536(A1)、CA2142536(C)。

第二种途径为通过检索结果著录项目页面上的"INPADOC patent family"标签,点击该标签即可显示欧洲专利局原始数据源 INPADOC 的同族专利信息列表。例如,检索以上美国专利 US5402857,通过"INPADOC patent family"标签,则显示该专利有 46 项同族专利。列表中包含该专利的同族专利数量,显示每个同族专利的名称、发明人、申请人、分类号、公开/公告号、优先权日期;每个同族专利的不同公布级合并为一条记录,不作为单独的专利族成员,即不单独列出内部专利族成员。点击各个同族专利名称链接,可显示该专利的著录项目。至 2014 年 4 月,INPADOC 可检索 101 个国家的同族专利信息,收录 3 630 万个专利族,每个专利族可包括扩展专利族,即与优先权申请有直接或间接联系的所有同族专利,还包括明显属于人工专利族的专利(申请)。INPADOC 同族专利信息除了可以通过 Espacenet 系统获取外,还可以通过一些商业数据库获得,如 DIALOG、STN、ORBIT 等。

21.3.2 欧洲专利局 European Patent Register 检索系统

European Patent Register 检索系统是欧洲专利局开发的免费检索系统,该数据库对专利数据进行了全面、深度加工,除了用于查询欧洲专利申请或指定欧洲的 PCT 专利申请的法律状态之外，也是查询欧洲专利申请或指定欧洲的 PCT 专利申请的同族专利信息的重要数据库。

该系统的网址为 https：//register. epo. org/espacenet/regviewer?。受数据库覆盖范围所限，该系统检索字段中的公开号、申请号字段只可检索欧洲专利申请与指定欧洲的 PCT 申请，不能检索其他国家或国际组织的专利申请，但优先权号字段可检索各国优先权。该检索系统的同族专利信息包含于检索结果中，结果显示页面包含六大内容标签，即关于本申请（About This File）、法律状态（Legal Status）、事务历史（Event History）、引文（Citations）、同族专利（Patent Family）、全部文件（All Documents）。点击“Patent Family”即可显示该专利的同族专利信息。

该数据库对同族专利数据经过深度加工后分成四种类型，即“Patent Family Member”、“Equivalent”、“Divisional Application”和“Earlier Application”。其中，“Patent Family Member”指与该组中的至少一个其他专利族成员拥有至少一个共同优先权的扩展同族专利；“Equivalent”指优先权完全相同的简单同族专利；“Divisional Application”指被检专利申请的分案申请；“Earlier Application”指专利族中的较早申请。结果列表按照专利族类型排列，每个专利族成员前均注明同族专利类型，并注明公开号与日期及其不同的公布级、优先权号及其日期。

21.3.3 印度国家信息中心同族专利检索系统

印度国家信息中心网站专利检索系统中包含专门的同族专利数据库。该数据库网址为 http：//patinfo. nic. in/，在专利检索网站主页上选择“Equivelent Search”，即可进行同族专利检索。该数据库的特点是可以通过公开号和优先权号检索。检索结果列表中标明专利族成员个数，按公开日期升序列出各个专利族成员，并显示每个专利族成员的主要著录项目。该数据库的同族专利数据来源于欧洲专利局 INPADOC-EPIDOS，但更新频率要滞后于欧洲专利局 Espacenet 专利检索系统，检索得到的同族专利数量有时会少于欧洲专利局 Espacenet 的检索结果。因此，在同族专利检索中，要利用不同数据库的检索结果进行互相印证。

21.3.4 德温特世界专利索引（DWPI）数据库

德温特世界专利索引（Derwent World Patent Index，DWPI）数据库是汤姆森科技公司生产的收费专利信息资源。截至 2014 年 4 月，该数据库收录了自 1963 年以来全球 45 个国家或地区专利局的超过 2 060 万个专利族的 4 500 万项专利。根据 DWPI 数据库对专利族的定义（见本书 21.1.2 部分），通过 DWPI 数据库可以获得简单专利族成员、内部专利族成员，也可能包括复杂专利族成员、本国专利族成员或人工专利族成员。但由于 DWPI 数据库对专利族成员的收录有特别的规定，因此该数据库的检索结果中有时未包括全部的复杂专利族成员、本国专利族成员或人工专利族成员。例如，在复杂专利族中，若 D3（优先权为P2＋P3＋P4）为基本专利，后续收录的 D4（优先权为 P2＋P3）可加入 D3 所在的专利族；若数据库随后收录 D5（优先权为 P2＋P3＋P5）的优先权组合不同于也不被包含于 D3 的优先权组合，则只能作为一个新的基本专利，不能加入以上复杂专利族中。但在专利族定义宽泛的 INPADOC 数据库中，D5 可加入以上复杂专利族。又如，在本国专利族中，若 DWPI 数据库在收录时将专利申请 GB1 作为基本专利，则 GB1 的分案申请 GB2 也作为基本专利，单独成为专利族。因此，GB1 的专利族检索结果中未包括本国专利族成员 GB2。

DWPI 数据库的检索途径有多种，如可以采用 Proquest Dialog 检索系统、德温特创新索引数据库 DII、STN 国际联系检索系统等。DWPI 数据库的检索结果以表格形式单独列出同族专利（Patent Family）信息，并以专利公开日期升序排列各个专利族成员，显示每个专利的文献号、公布级及公布日期，以及申请号、申请日期和类型，从而对某一个具体专利的全球布局情况一目了然。表 21.10 为 Proquest Dialog 检索系统中 DWPI 数据库检索结果的专利家族信息示例。

表 21.10　DWPI 数据库检索结果中的专利家族信息示例

出版物编号	种类	出版日期	申请号	种类	申请日期	更新代码	类型
US 20110014531	A1	20110120	US 2009574641	A	20091006	201109	B
KR 2011009007	A	20110127	KR 2009111237	A	20091118	201113	E
TW 201104947	A	20110201	TW 2009124380	A	20090720	201140	E
JP 2011023346	A	20110203	JP 2010140849	A	20100621	201111	E
DE 102009046484	A1	20110217	DE 102009046484	A	20091106	201113	E

优先申请：TW 2009124380A（20 July 2009）

由于在专利文献中，经常存在多项优先权、分案申请和继续申请（特别是美国专利申请），因此，为了全面分析专利族关系，检索出所有相关的专利族成员显得非常重要。

21.3.5　ORBIT 检索系统

Orbit 专利检索系统是法国 Questel 公司开发的为全球用户提供专利检索及在线知识产权服务的平台，属于收费检索系统。网址为 http：//www. orbit. com。该系统中的 FAMPAT 专利家族数据库收录了全球 90 个国家专利局和 5 个区域组织专利局的 4 千万个专利家族。Questel 公司对专利族的定义是基于“相同的发明”。在专利族分组中，除了结合欧洲专利局的严格规则外，还增加了另外规则，即收录超过 12 个月优先权期限的人工专利族成员，以及与美国专利申请公开拥有共同优先权的美国临时专利申请。

ORBIT 系统中，FAMPAT 专利家族数据库的检索方式见本书附录 2《复合专利数据库》2. 2. 2 部分。该数据库在标引数据时，按照“ 以发明为基础 ”，将相同的发明标引为一个专利族，检索结果中所有同族专利信息出现于一条记录中。

在 FAMPAT 数据库中，每条专利检索记录的结果页面包括两类专利族信息：一类是

“FAMPAT FAMILY”，显示 FAMPAT 专利族信息，专利族成员一般属于相同的发明；另一类是“Extended Family Table”，显示 INPADOC 专利族信息，可包括扩展专利族信息。

21.3.6 CAplus 数据库

CAplus 是美国化学文摘社发行的包括化学化工领域文献信息的专业数据库。截至 2014 年 4 月，该数据库收录了世界上 62 个国家和地区专利局的化学化工类专利文献。CAplus 对专利文献报道速度快。美国专利在发行后 12 小时，法国专利在发行后即日，英国、德国专利在发行两天内，即送美国化学文摘社。CAplus 对专利族的定义见本书 21.1.2 部分。该数据库的专利族数据最早可回溯至 1957 年，部分老数据在追溯加工中。

目前 CAplus 主要有两种检索途径，即 SciFinder 数据库及 STN 国际联机检索系统。表 21.11 为利用 STN 检索系统中 CAplus 数据库获取 WO2004020708 的专利族情况，其按公开号升序列出所有专利族成员。

表 21.11 CAplus 数据库中 WO2004020708 专利族信息

PATENT NO.	KIND	DATE	APPLICATION NO.	DATE
WO 2004020708	A1	20040311	WO 2003-JP11135	20030901
JP 2004091968	A	20040325	JP 2002-254201	20020830
JP 4114443	B2	20080709		
EP 1548161	A1	20050629	EP 2003-791438	20030901
EP 1548161	B1	20100825		
CN 1678777	A	20051005	CN 2003-820140	20030901
CN 100429338	C	20081029		
TW I321600	B	20100311	TW 2003-124066	20030901
KR 1062831	B1	20110907	KR 2005-7003091	20030901
JP 2004218182	A	20040805	JP 2003-417657	20031216
JP 4059192	B2	20080312		
US 20050203258	A1	20050915	US 2005-525092	20050223
US 20110165370	A1	20110707	US 2011-929139	20110103
US 8101688	B2	20120124		
优先权 JP 2002-254201	A	20020830		
JP 2002-377241	A	20021226		
WO 2003-JP11135	W	20030901		
US 2005-525092	A1	20050223		

21.3.7 INPADOC/Family and Legal Status 数据库

INPADOC 数据库不仅是国际知名的专利法律状态检索工具，同时也是国际上最为重要的同族专利检索工具，可以获得最为宽泛的专利族信息。截至 2014 年 4 月，INPADOC

数据库收录了世界上101个国家和地区专利组织的专利族信息，每周更新。

INPADOC同族专利信息可以通过Espacenet专利检索系统免费获得，同时也可以通过商业数据库如Proquest Dialog检索系统、STN检索系统、ORBIT检索系统等获得。其中Proquest Dialog、STN检索系统均设有INPADOC/Family and Legal Status数据库，专门用于检索同族专利和法律状态信息；而Espacenet、ORBIT数据库虽然并非专门的同族专利数据库，但在其专利检索结果页面中，都包含"INPADOC patent Family"标签，点击后可以显示该专利的专利族信息。

在以上不同检索系统中，INPADOC数据库的检索方式稍有区别。例如，在Proquest Dialog检索系统中，不仅可以采用多字段检索，也可以命令行检索；STN检索系统为国际联机检索系统，采用指令检索。

相比可免费获取同族专利信息的专利数据库，商业化INPADOC数据库具有更为丰富的检索字段，其中还包含同族专利特色检索字段，例如STN国际联机检索系统包括7个同族专利特色检索字段，见表21.12。

表21.12　STN-INPADOCDB数据库中同族专利特色检索字段

检索字段名称	字段代码	检索实例	代码显示
Update Date for combined or split Patent Family	/UPFC	S UPFC=OCT 2009	UPALL
Update Date New Publication and/or Legal Status Changes of the family	/UPFE	S 20070321/UPFE	UPALL
Update Date Patent Family(All Updates)	/UPFA	S 20070329/UPFA	UPALL
Update Date New Patent Family Record	/UPFD	S 20070215/UPFD	UPALL
Update Date Patent Family Legal Status	/UPFL	S 20070321/UPFL	UPALL
Update Date Patent Family Publication Level	/UPFP	S 20070222/UPFP	UPALL
Update Date Patent Family Bibliographic	/UPFB	S 20070215/UPFB AND L7	UPALL

在Proquest Dialog系统的INPADOC数据库中，也设立了同族专利特色字段，如"完整家族ID"(Family ID -Complete，字段代码为CFID)、"简单家族ID"(Family ID -simple，字段代码为FID)，这些号码为INPADOC数据库独特的ID号码。其中"完整家族ID"是INPADOC数据库为至少由一个共同优先权互相联系的一组专利文献设定的序列号；"简单家族ID"是INPADOC数据库为具有一个或多个相同优先权的专利文献设定的序列号。

利用Proquest Dialog系统的INPADOC/Family and Legal Status数据库检索EP1705740同族专利，结果如表21.13。由表21.13可知，其完整家族ID为104771784，EPO简单家族ID为34714615。检索得到的默认家族信息为完整家族，专利族成员数量为16项。利用简单家族ID号，通过高级检索方式中的"EPO简单家族- FID"字段或者利用命令行检索方式，以"FID(34714615)"为检索策略，得到EP1705740的简单专利家族见表21.14，简单专利家族成员数量为5项。

表 21.13　EP1705740 的完整专利家族检索结果

● FUEL FOR FUEL CELL，FUEL CELL AND APPLICATION THEREOF
YAGI MINORU；NISHI TETSUYUKI(Inventors). KURITA WATER IND LTD(Assignee). EP 1705740A1.
完整家族

完整家族 ID：　104771784
EPO 简单家族 ID：　34714615
包含：　16 专利；6 国家/地区

出版物编号	种类	出版日期	申 请 号	种类	申请日期	类型
WO 2005062410	A1	20050707	WO 2004JP18021	A	20041203	B
JP 2005203335	A	20050728	JP 2004181319	A	20040618	
JP 2005325254	A	20051124	JP 2004145202	A	20040514	
JP 2006032063	A	20060202	JP 2004207458	A	20040714	
JP 2006040629	A	20060209	JP 2004216011	A	20040723	
EP 1705740	A1	20060927	EP 2004820664	A	20041203	
CN 1894818	A	20070110	CN 200480037840	A	20041203	
KR 2007031855	A	20070320	KR 1020067014399	A	20041203	
US 20080233438	A1	20080925	US 2006436653	A	20060519	
EP 1705740	A4	20090225	EP 2004820664	A	20041203	
CN 100521342	C	20090729	CN 200480037840	A	20041203	
JP 4325493	B2	20090902	JP 2004181319	A	20040618	
US 7749625	B2	20100706	US 2006436653	A	20060519	
JP 4631309	B2	20110223	JP 2004145202	A	20040514	
JP 4806905	B2	20111102	JP 2004207458	A	20040714	
KR 101163243	B1	20120705	KR 1020067014399	A	20041203	

表 21.14　EP1705740 的简单专利家族检索结果

1. Fuel for fuel cell，fuel cell and application thereof
YAGI MINORU；NISHI TETSUYUKI(Inventors). KURITA WATER IND LTD(Assignee). US 7749625 B2.

2. FUEL FOR FUEL CELL，FUEL CELL AND APPLICATION THEREOF
YAGI MINORU；NISHI TETSUYUKI(Inventors). KURITA WATER IND LTD(Assignee). EP 1705740 A4.

3. Fuel for fuel cell，fuel cell and application thereof
YAGI MINORU；NISHI TETSUYUKI(Inventors). KURITA WATER IND LTD(Assignee). US 20080233438 A1.

4. FUEL FOR FUEL CELL，FUEL CELL AND APPLICATION THEREOF
YAGI MINORU；NISHI TETSUYUKI(Inventors). KURITA WATER IND LTD(Assignee). EP 1705740 A1.

5. FUEL FOR FUEL CELL，FUEL CELL AND APPLICATION THEREOF
YAGI MINORU；NISHI TETSUYUKI (Inventors). KURITA WATER IND LTD；YAGI MINORU；NISHI TETSUYUKI(Assignees). WO 2005062410 A1

21.3.8 同族专利检索系统特点比较

由于不同的数据库生产商在数据库加工中采用了不同的专利族定义且收录的信息源有一定差别，因此这些同族专利数据库各具特点，见表 21.15。

表 21.15 各同族专利数据库的特点比较

数　据　库	费用	国家/地区数量	可能包含的专利族
EPO-Espacenet patent search	免费	101	“Also published as”：简单专利族
			“INPADOC patent family”：各类专利族
EPO-European patent register	免费	欧洲各国	各类专利族
印度国家信息中心 Equivelent Search	免费	<101	各类专利族
DWPI	收费	45	简单专利族、复杂专利族、本国专利族、内部专利族、人工专利族
ORBIT	收费	95	“FAMPAT Family”：简单专利族、人工专利族
			“Extended Family Table”：各类专利族
CAplus	收费	62（化学化工）	简单专利族、复杂专利族、本国专利族、内部专利族
DIALOG-INPADOC	收费	101	各类专利族
STN-INPADODB	收费	95	各类专利族

（以上国家和地区数量的统计时间为 2014 年 4 月）

值得注意的是，数据库生产商虽然尽可能地确保全面收录专利族信息，但是也不能保证信息完全不遗漏、不缺失等，况且各数据库的加工规则也不同。因此，我们使用任何一个数据库检索专利族信息时，都不能保证可以检全所有专利族信息。以 US7569297B2 专利族信息检索为例，分别采用 DIALOG Proquest-INPADOC 数据库、德温特世界专利索引 DWPI 数据库、QUESTEL-ORBIT 数据库、欧洲专利局 Espacenet 专利检索数据库进行检索，结果见表 21.16。由表可知，四个数据库的检索结果各有不同。其中商业化 INPADOC 数据库(DIALOG 系统)的检索结果与免费 INPADOC 数据库(EPO-Espacenet 系统)的结果稍有区别，前者为 41 个专利族成员，后者为 37 个专利族成员，后者缺少的 4 个专利均为标识符为 D0 的英国专利申请公告。产生此差异的主要原因是商业化 INPADOC 数据库收录英国专利申请公告(GB-D0 是英国专利申请受理公告标识符，仅公告英国专利申请号、优先权号、申请人、专利名称和申请日等，无专利公开说明书)，而免费 INPADOC 数据库未收录该类信息。

表 21.16　不同数据库中 US7569297B2 专利族检索结果对比

专利文献号	DIALOG-INPADOC	DWPI	ORBIT-FAMPAT	EPO-Espacenet	
				Also published as	INPADOC patent family
总数	41	19	26	6	37(21 项申请)
US 20030198852A1	○	○	○	○	○
WO 2003088402A1	○	○	○		○
AU 2003221669A1	○	○	○		○
US 20040115518A1	○	○	○		○
GB 200421457D0	○		○		
GB 2401987A	○	○	○		○
WO 2005029609A2	○		○	○	○
AU 2004275270A1	○		○		○
DE 10392493T5	○	○	○		○
DE 10392493T0		○			
WO 2005048379A2	○				○
US 20050136309A1	○				○
JP 2005522015A	○	○	○		○
CN 1659732A	○	○	○		○
WO 2005081706A2	○				○
WO 2005081706A9	○				○
GB 200600624D0	○		○		
GB 200603857D0	○		○		
GB 2401987B	○	○	○		○
GB 2420219A	○	○	○		○
GB 200608834D0	○				
GB 2421351A	○		○		○
GB 2422048A	○				○
US 20060188767A1	○	○	○		○
WO 2005029609A3	○		○	○	○
GB 2420219B	○	○	○		○
DE 112004002176T5	○				○
US 7132188B2	○	○	○	○	○
KR 2006120194A	○				○

续 表

专利文献号	DIALOG-INPADOC	DWPI	ORBIT-FAMPAT	EPO-Espacenet	
				Also published as	INPADOC patent family
WO 2005048379A3	○				○
WO 2005081706A3	○				○
US 20070099064A1	○				○
CN 1973391A	○				○
GB 2422048B	○				○
GB 2421351B	○		○		○
US 7282282B2	○	○	○		○
AU 2003221669B2	○	○	○		○
GB 2420219C	○		○		○
US 7569297B2	○	○	○	○	○
US 7569297X6				○	
CN 100536215C	○	○	○		○
US 7740974B2	○				○
US 7785728B2	○				○
KR2005016332A		○			

(检索时间：2014 年 4 月)

因此，为了提高专利族成员信息的检全率，应尽量采用多个数据库进行检索，相互补充。此外，因当前各个数据库收录范围所限，一些非主要国家的同族专利未被当前各同族专利检索系统收录。因此，在实际检索中，根据需要有时还要选择各非主要国家工业产权局网站的专利数据库作为检索途径。

21.4　制定检索策略

分析检索主题、制定检索策略是同族专利检索前的重要步骤。检索前，一般需要信息需求方提供以下主题内容：专利号码；或者专利申请人(权利人)/发明人名及专利名称。

21.4.1　以专利号码为检索策略

专利号码是同族专利检索中最为常见的检索主题。在检索前必须明确具体号码类型，一般包括专利申请号、优先权号、公开号、公告号、专利号等。由于不同的数据库对号码的输入格式有不同的规定，因此当拿到的专利号码与数据库规定不符时，需要做适当调整。举例来说，美国专利申请公开号的格式为2位国家代码+4位年份+7位公开序号+2位文献种类代码，如US20050000001A1。但目前德温特数据库内部系统只能处理10位数字编号，因此当选择德温特数据库进行检索时，应将美国专利申请公开号的序号部分由7位减为6位，即去掉百万位上的0，例如将US20050000001A1变为US2005000001A1。

21.4.2 以申请人(权利人)/发明人及专利名称主题词为检索策略

当需求方未知专利号码，但能提供专利申请人、专利权人或者发明人，以及专利名称时，可以选取专利名称中的核心主题词，与申请人、权利人、发明人之一结合，制定检索策略。

其次，当同族专利中可能存在超过优先权期限而申请的同样发明创造主题的专利文献，或者申请人不属于《巴黎公约》成员国的国民时，也应采用以上检索策略获取人工专利族。

21.5 执行具体检索

21.5.1 利用不同号码进行迭代检索

在同族专利检索中，有时检全率非常重要。为了检全所有同族专利，需要利用不同的号码进行迭代检索。检索时，先利用例如专利公开号启动同族专利检索，随后利用专利的所有其他号码包括申请号、专利号、优先权号、国际申请号等分别进行同族专利检索，直到不再发现新的专利文献。

例如，利用Espacenet专利检索数据库对美国专利US5402857进行迭代检索可知，该专利族共有98个专利族成员；而利用ORBIT系统检索US5402857发现，“Fampat Family”显示有14个同族专利，“Extended family table”显示有82个同族专利。由此可知，迭代检索有利于检全专利族成员。

此外，鉴于现有同族专利数据库收录范围有限，非主要国家公开的同族专利尽管文献中包括优先权项信息，但无法通过上述数据库获得。对于这些专利申请，可利用优先权号到各个工业产业局网站的专利检索系统进行检索获取。

21.5.2 利用法律状态检索获取同族专利信息

一项专利的分案申请、继续申请、部分继续申请等均为重要的同族专利，但是这些专利申请中有时会缺失优先权信息，当利用优先权号作为检索策略时，可能会造成漏检。而法律状态检索却是获取以上专利信息的重要途径。

21.5.3 申请人(权利人)/发明人及专利名称主题词应作为必检要素

在同族专利检索中，有时利用号码检索无法获取全部的专利族成员，原因在于：一是有些同样的发明创造属于超过优先权期限后的专利申请，这些专利申请构成了无优先权的同族专利；二是少数国家的早期专利文件中，时常会以公开号码代替优先权号码。对于以上几类同族专利的检索，需要利用已知专利号码检索出该专利族成员的专利名称，以及申请人（权利人）、发明人，再结合这些要素进行检索。除了同族专利数据库外，还应选择各工业产权局网站的专利检索数据库进行检索。

21.5.4 不同应用场合的检索要点

不同应用场合对同族专利信息有不同的需求，因此对同族专利的检索要求也会有一定的差异。

(1) 技术研发

在技术研发中，对同族专利的检索一般有两类需求：一是获取语言熟悉的同族专利，以方便阅读与参考；二是需要了解技术演变、最新技术发展趋势等，为确定研发方向提供参考。

第一类需求是单纯解决阅读中的语言障碍问题，因此只需检索发明名称、申请人和权利要求全相同的简单专利族。检索时，选取合适的同族专利数据库，利用已知专利号码进行检索，在检索结果中查询出语言熟悉的简单专利族成员即可。若在上述数据库中未检出语言熟悉的简单同族专利，可进一步利用已知专利的优先权号，或利用申请人（权利人）/发明人与专利名称主题词作为检索要素，选择语言熟悉的工业产权局网站专利检索系统进行检索。

第二类需求的检索重点是所有专利族成员，除了筛选出简单专利族成员外，尤其要了解是否存在本国专利族（含继续申请、部分继续申请、分案申请、增补专利等），以及复杂专利族、扩展专利族等。当出现本国专利族、复杂专利族及扩展专利族时，通常意味着会有技术上的变化与发展。对所有专利族成员按照时间顺序理清同族专利成员之间的脉络关系，按脉络顺序从权利要求、发明内容角度对同族专利进行技术上的相互比较，可以获悉那些在基本专利中没有记载的最新技术进展。对于技术领域内重要专利族的技术演变分析，有助于了解发明创造的技术流向和发展趋势，为研发人员在技术研发与产品开拓中提供启迪。

(2) 产品上市或出口

产品上市或出口前，同族专利检索的目的是为了规避侵权，因而对检全率有比较高的要求。除了要确认上市国或出口目的国有无侵权专利外，以上市国或产品出口目的国为指定国的国际专利申请作为潜在的同族专利，也有侵权可能；再者，当简单专利族、人工专利族、本国专利族或复杂专利族中的专利族成员为有效专利时，亦存在侵权可能。

因此，应先进行技术信息检索，若发现存在密切相关专利，则进一步采用多种检索策略进行同族专利检索，如号码迭代检索、利用法律状态检索获取相关信息，以及结合申请人（权利人）/发明人与专利名称主题词、并选择上市国或出口目的国的工业产权局网站专利检索系统获取人工专利族。

(3) 专利技术引进或转让

在专利技术引进或转让中，通过同族专利检索尽可能了解其专利族成员，尤其是简单专利族成员的数量，可以在一定程度上初判该专利技术的市场价值，相关信息采用专利号码检索即可获得。要特别注意检索在该专利将实施的国家有无同族专利。如果通过专利号码检索未获得该国同族专利，则应该在该国专利检索系统中，采用申请人（专利权人）结合专利名称主题词加以检索，确认是否有人工专利族。同时，还应结合专利法律状态检索，进一步确认在该国及其他国家同族专利的有效性，以判断该专利技术在该国能否免费使用、有无引进或转让的必要性。此外，在专利技术引进或转让中，不仅要检索简单同族专利，了解该专利族中是否存在复杂专利族、扩展专利族也同样重要。复杂专利族成员、扩展专利族成员有时属于专利权人开发的新技术或相关产业链中的配套技术等，通过这些信息有助于评价该类专利技术的价值与市场前景。

(4) 竞争对手的战略分析

竞争对手的战略分析是一项复杂的工程，对信息的要求非常全面，因此也需要获取全面的同族专利信息。除了利用各种专利号码进行迭代检索外，还应利用竞争对手的机构名称与专利名称主题词进行检索。通过对竞争对手专利族信息的分析，可以在一定程度上了解竞争对手的市场布局策略、研发策略等。

(5) 为专利申请、专利审查和专利无效提供参考

同族专利检索在专利申请、专利审查和专利无效中的主要应用目的，是为了获取其他国家同族专利的审查结果或检索报告，因此对查全率无太高的要求，一般通过专利号码检索获取简单专利族成员即可。

21.6　检索结果解析

同族专利检索结果是专利著录项目以及说明书。由于同族专利的实质内容如专利族的类型、专利族成员之间的结构关系等在检索结果中不能直接反映，因此在得到检索结果后，需要对检索结果的所有专利做进一步梳理与分析，直至挖掘出其实质内容与关系，并将其用于解决具体问题。对同族专利的解析，需要收集、整理、排序、归纳每件同族专利的数据，包括分案、（部分）继续、再颁专利、增补专利等国内和国际申请数据、公布数据、优先权数据等，从而厘清专利族信息。

申请数据统计　按照申请日期先后顺序排列所有申请号，申请号的总数即为该专利族的专利申请数量。

公布数据统计　按照公开日期先后顺序排列所有公开号、公告号、专利号，所有公开号的总数即为专利族成员数量。其中专利公布数据应与专利申请数据一一对应。

专利族类型分析　首先，按时间先后顺序排列所有专利申请号及其相应的优先权号，根据专利族分类原则判定简单专利族、人工专利族、复杂专利族和扩展专利族；然后，根据专利文献公布级判定内部专利族；最后，根据专利申请中存在的国内申请数据判定本国专利族。

为了掌握专利族的总体情况，可以以列表方式表达所有数据，如表21.17。

表 21.17　专利族检索结果解析表

序号	专利申请			专利公布			优先权	说　明
	日期	申请号	标识	日期	公布号	公布级		

其中，“标识”中标明与某申请的国内申请关系，如分案申请、继续申请，若该申请本身为其他专利的优先权，可标为P1、P2等；“优先权”项列出每个专利申请的优先权号，可用符号表示，如P1、P1＋P2，“说明”部分可以对各项申请与其他申请的申请关系、公布关系做补充说明，如第1项申请A1的二次公布（授权），或进入国家阶段的A1申请公布等。

通过专利族的解析，可以厘清一个专利族中有多少专利申请、有多少专利族成员、以及专利族成员之间的关系；还可以确定该专利族属于哪种专利族。但要真正发挥同族专利信息的作用，还需结合应用场合进一步挖掘同族专利的实质内涵。

21.7　检索报告撰写及案例分析

一份完整的同族专利检索报告，主要包括封面、检索目的、检索要点、检索工具和数据库、检索结果、检索分析结论。

其中，检索结果与检索分析结论是整份报告最重要的两个部分。检索结果应有序表达检索得到的同族专利，可按专利国别排列，或者按照申请日、公开日等升序或降序排列，每项专利都应说明专利名称、申请人（专利权人）、申请号及日期、公开（公告）号及日期、优先权号及日期、权利要求数量等；也可以表格形式按序罗列检索结果。检索分析结论是整个报告的核心，应结合检索目的与要求对检索结果进行具体分析，包括专利族类型分析、结合具体应用场合的同族专利分析，必要时进行专利法律状态分析，最后给出可行性结论。

以下通过一个实例来说明同族专利的检索过程及其检索报告撰写过程。

案例：A公司计划引进日本大塚公司的“头孢菌素晶体制备工艺”。大塚公司告知该技术在中国和其他很多国家都已申请专利，中国专利公开号为CN1237181A，并认为该技术经济价值十分可观，要求支付巨额费用后方许可该专利技术。A公司希望了解该专利的国际市场布局情况及市场价值，利用该技术生产的产品可以出口到哪些国家，从而为专利技术引进谈判提供重要参考。

A. **需求解读** 用途为技术引进，检索重点为所有专利族成员。

B. **选择检索系统** 为避免漏检，可选择多个数据库分别检索。本次检索中，先选择免费数据库 Espacenet 进行同族专利初检，再选择两个收费数据库 ORBIT、德温特世界专利索引(DWPI)进行同族专利核实与补充。此外，还选择中国专利法律状态检索系统、日本专利法律状态检索系统以及 Espacenet、European Patent Register 进行法律状态检索。

C. **检索策略及检索步骤**

(a) Espacenet 数据库检索

首先，以公开号为检索策略进行号码检索。在公开号字段输入"CN1237181"进行检索，在检索结果页面点击 INPADOC patent family，显示有来自 10 个专利申请的 12 个专利族成员，分别为：AU728627(B2)、AU8746898(A)、CA2269286(A1)、CN1237181(A)、CN1090635C、EP0963989(A1)、EP0963989(A4)、HK1025951(A1)、IL129408(A)、KR100367564(B1)、US2002099206(A1)、WO9910352(A1)。

其次，获取说明书扉页。检索上述 12 个专利族成员的说明书扉页，获取各专利的优先权号、其他相关号码及信息。经说明书扉页分析可知，所有专利族成员中，WO9910352(A1)、CN1237181(A)、CN1090635C 和 KR100367564(B1)均以 JP19970228147 为共同优先权，其他 8 个专利族成员的共同优先权为 JP19970228147 与 WO1998JP03664。此外，在 US20020099206 说明书扉页上可以发现，US2002099206(A1)是美国专利 US09/284505 的分案申请。

再次，以各类号码进行迭代检索。对以上同族专利的各类号码，包括申请号、优先权号、公开号等分别进行同族专利迭代检索，除了上述专利外，未发现新的专利族成员。

最后，进行人工专利族成员检索。由以上检索结果的专利名称及申请人名称中分别获取名称主题词"CEPHALOSPORIN CRYSTAL?"及申请人核心词"OTSUKA CHEM?"，以然后 Title/"CEPHALOSPORIN CRYSTAL?"and Applicant/ "OTSUKA CHEM?"为检索策略执行检索。检索结果表明，除了上述专利外，未发现人工专利族成员。

(b) ORBIT 数据库检索

以"CN1237181A/公开号"或"(CEPHALOSPORIN CRYSTAL *)/主题词 and (OTSUKA CHEM *)/申请人"为检索策略，均获得 14 个同族专利，分别为 WO9910352A1、CA2269286A1、AU8746898A、CN1237181A、EP0963989A1、IL129408D0、EP0963989A4、KR20000068797A、AU728627B2、US2002099206A1、CN1090635C、KR100367564B1、HK1025951A1、IL129408A。

相比 Espacenet patent search 检索结果，ORBIT 同族专利数量增加了 2 个，原因是增加了已有专利的不同公布级 IL129408D0、KR20000068797A。

(c) 德温特世界专利索引(DWPI)数据库检索

以"CN1237181A/公开号"或"(CEPHALOSPORIN CRYSTAL *)/主题词 and (OTSUKA CHEM *)/申请人"为检索策略，获得同族专利 11 个，具体如表 21.18 所示。

表 21.18　CN1237181A 在 DWPI 中的同族专利

出版物编号	种类	出版日期	申请号	种类	申请日期	更新代码	类型
WO 1999010352	A1	19990304	WO 1998JP3664	A	19980819	199916	B
AU 199887468	A	19990316	AU 199887468	A	19980819	199930	E
CN 1237181	A	19991201	CN 1998801211	A	19980819	200015	E
EP 963989	A1	19991215	EP 1998938886	A	19980819	200003	E
JP 11514155	X	20000215	JP 1999514155	A	19980819	200019	E
KR 2000068797	A	20001125	KR 1999703429	A	19990420	200130	E
AU 728627	B	20010111	AU 199887468	A	19980819	200108	E
US 20020099206	A1	20020725	US 200240365	A	20020109	200254	E
CN 1090635	C	20020911	CN 1998801211	A	19980819	200525	E
KR 367564	B	20030114	KR 1999703429	A	19990420	200339	E
IL 129408	A	20040104	IL 129408	A	19980819	200411	E

与 Orbit 检索结果相比，DWPI 检索结果中少了三个专利号码 CA2269286A1、IL129408D0、HK1025951A1；增加一个日本专利 JP 199911514155，其为再公表进入日本国家阶段的日本申请号。以日文提交的国际申请 WO 1998JP3664 在国际局公开后，会再次在日本国内公开再公表说明书即再公表公报；再公表时，日本特许厅只给予专利申请号并不再单独给予日本专利公开号，而是沿用国际申请公开号，如 WO99/10352。但在有些数据库如 DWPI 中，再公表公开号会直接提取再公表的日本申请号 JP11514155，而检索再公表公报时，则仍要采用国际申请公开号。

(d) DIALOG 系统 INPADOC 数据库检索

在 INPADOC 数据库中，以“CN1237181A/公开号”为检索策略，共检索得到 13 个专利族成员，具体如表 21.19。

表 21.19　CN1237181A 在 INPADOC 数据库中的同族专利

出版物编号	种类	出版日期	申请号	种类	申请日期
CA 2269286	A1	19990304	CA 2269286	A	19980819
WO 1999010352	A1	19990304	WO 1998JP3664	A	19980819
AU 199887468	A	19990316	AU 199887468	D	19980819
CN 1237181	A	19991201	CN 1998801211	A	19980819
EP 963989	A1	19991215	EP 1998938886	A	19980819
IL 129408	D0	20000217	IL 129408	A	19980819
EP 963989	A4	20001025	EP 1998938886	A	19980819
AU 728627	B2	20010111	AU 199887468	A	19980819
US 20020099206	A1	20020725	US 200240365	A	20020109

续 表

出版物编号	种类	出版日期	申请号	种类	申请日期
CN 1090635	C	20020911	CN 1998801211	A	19980819
KR 100367564	B1	20030114	KR 1019997003429	A	19990420
HK 1025951	A1	20030307	HK 2000101983	A	20000331
IL 129408	A	20040104	IL 129408	A	19980819

与由 Espacenet 数据库获得的免费 INPADOC 数据相比，由 DIALOG-INPADOC 数据库获得的专利族成员中增加了 IL 129408D0；与 ORBIT 数据库相比，DIALOG-INPADOC 的检索结果中少了 KR 2000068797A。

检索以上每个同族专利的法律状态。

D. 检索结果

经过上述数据库的检索表明，中国专利 CN1237181 的同族专利及其法律状态如表 21.20 和表 21.21。

表 21.20 CN1237181 同族专利检索结果表

序号	专利申请			专利公布		优先权	说明
	申请号	日期	标识	公布号	日期		
A1	特許平 09-228147	1997.8.25	P1	无	/		早期申请
A2	WO1998JP3664	1998.8.19	P2	WO1999010352A1	1999.3.4	P1	基于 P1 的 PCT 申请
A3	JP1999514155	1998.8.19	Des	WO99/10532A1	2000.2.15	P1	A2 在日本的再公表
A4	CN98801211.1	1998.8.19	Des	CN1237181A	1999.12.1	P1	PCT 指定国申请
			Des	CN1090635C	2002.9.11	P1	PCT 指定国公告
A5	CA19982269286	1998.8.19	Des	CA2269286A1	1999.3.4	P1+P2	PCT 指定国申请
A6	AU199887468	1998.8.19	Des	AU9887468A	1999.3.16	P1+P2	PCT 指定国申请
				AU728627B	2001.1.11	P1+P2	PCT 指定国公告
A7	EP1998938886	1998.8.19	Des	EP0963989A1	1999.12.15	P1+P2	PCT 指定区申请
				EP0963989A4	2000.10.25	P1+P2	A7 的补充检索报告
A8	IL129408	1998.8.19	Des	IL129408D0	2000.02.17	P1+P2	PCT 指定国申请
				IL129408A	2004.01.04	P1+P2	PCT 指定国申请
A9	US09/284505	1998.8.19		无	/		A12 的母申请
A10	KR19997003429	1999.4.20	Des	KR20000068797A	2000.11.25	P1	PCT 指定国申请
			Des	KR100367564B1	2003.01.14	P1	PCT 指定国申请
A11	HK20000101983	2000.3.31	Des	HK1025951A1	2003.3.7	P1+P2	PCT 指定国申请
A12	US10/040365	2002.1.9	Div	US20020099206A1	2002.7.25	P1+P2	A9 的分案申请

【注 1：WO1998JP3664 的指定国为：AU CA CN IL JP KR US EP(AT BE CH CY DE DK ES FI FR GB GR IE IT LU MC NL PT SE))；注 2：P—优先权，Des—指定国，Div—分案申请】

表 21.21　CN1237181 同族专利法律状态检索结果表

专利文献号	当前法律状态	法律状态日
特許平 09－228147	未公布	/
日本再公表特许 WO99/10352A1（再公表申请号 JP1999514155）	申请公开后驳回	2006.7.4
CN1090635C	无效宣告	2005.11.2
CA2269286A1	无效	2004.12.2
AU728627B2	授权	2001.5.10
EP0963989A1	申请视为撤回（专利权 1 无新颖性）	2002.12.11
IL129408A	授权	2004.6.1
US09/284505	未公布	/
US20020099206A1	申请视为放弃	2007.7.25
HK1025951A1	专利注册	2003.3.7
KR100367564B1	申请视为放弃	2008.11.25

E. 检索分析结论

该项目拟引进的"头孢菌素晶体制备工艺"已申请中国专利，公开号为 CN1237181A。该专利已于 2005 年 11 月 2 日被国家知识产权局宣告无效。

(a) 同族专利解析　CN1237181A 的同族专利数 15 项，源于 12 项专利申请，专利族种类属于复杂专利族。该专利族布局的国家范围包括：澳大利亚、加拿大、中国、香港、以色列、韩国、日本、美国。

(b) 同族专利法律状态分析　根据上述同族专利法律状态检索结果表可知，在同族专利中，除了澳大利亚专利 AU728627B2、以色列专利 IL129408A、香港专利 HK1025951A1 当前仍属有效专利外，其他同族专利均为无效专利。其中，中国专利 CN98801211.1、加拿大专利 CA19982269286 被宣告无效；日本再公表特许 WO99/10352A1（申请号 JP1999514155）申请公开后被驳回；欧洲专利 EP1998938886 经审查认为该专利"权利要求 1 无新颖性"，而后申请人未及时答复，故被视为撤回。由此可见，该专利的技术创新性不强。

(c) 可行性分析　由于日本大塚公司申请的中国专利 CN1237181A 目前已被宣告无效，因此该专利技术在中国可免费使用，无需引进。由于该专利技术目前在澳大利亚、以色列、香港仍属于有效专利，因此利用该专利技术生产的产品目前不可出口到上述国家或地区，但可出口到其他国家。

撰稿：瞿丽曼（上海科学技术情报研究所）

第22章 专利二次开发查新流程分析与报告撰写

上海市科委在2002年启动了“专利二次开发”专项，目的就是以引进专利和利用专利文献为基础，通过消化、吸收、创新、发展来突破技术壁垒，从而形成具有自主知识产权的新技术和新产品。“专利二次开发”从本质上就是利用已有先进的专利技术内容作为基础，进一步提炼改进实施创新，从而创造出更新、更有价值的专利技术。

实际操作中，专利二次开发查新的主要流程与常规科技查新项目类似，同样需要经过材料准备、分析项目主题和技术要点、数据库检索、国内外相关文献对比、检索结论分析、最后撰写报告等步骤。但专利二次开发项目具有其特点，在具体分析过程中除了对项目先进性进行分析对比外，还特别注重对开发项目和基础专利的相关性分析、开发项目可专利性分析、侵权分析、市场前景分析和项目单位开发基础分析等内容。

22.1 确定基础专利

基础专利是专利二次开发项目的技术基础，一般由委托单位提供。由于可能涉及专利侵权的情况，因此基础专利的选择需要比较谨慎，可以采用通过专利许可实施或专利权转让方式获得处于有效期的国内外发明专利；可以采用法律状态明确并在国内不受保护仍处于有效期的国外发明专利；也可以采用经检索证明技术先进和有市场需求的已经失效或即将失效的国内外发明专利。

如果部分委托单位提供的基础专利经查新人员审核不符合相关要求，或委托单位无法提供合适的基础专利，查新人员可以帮助检索。

在选择基础专利时，应选择技术水平较高的专利作为基础专利，一方面要求基础专利是发明专利，相比实用新型和外观设计具有突出的实质性特点和显著的进步，不容易产生相同或相似的技术方案。二是要求基础专利是处于有效期的，这是因为专利在授权后，权利人还在不断地交年费以维持其效力，这在一定程度上说明专利权人对该技术很有信心。三是如果尚未授权或失效或即将失效的发明专利，需要查新证明先进性。

另外，在选择基础专利时要防止侵权。开发项目是基于基础专利改进和创新而来，不可避免地与基础专利存在着一定的技术相关性，有可能存在侵犯知识产权问题。因此在选择基础专利时，可以选择处于有效期的但未在中国受保护的国外发明专利，因为专利权有地域性，国外专利在中国国内实施不存在侵权问题。另外，也可以选择失效或即将失效的发明专利作为基础专利。之所以考虑即将失效的专利，是因为二次开发完成后基础专利可能就失效了。如果开发单位愿意承担一定经济成本，则可以通过专利许可实施、专利权转让获得基础专利，以此解决侵权问题。

22.2　开发项目与基础专利的相关性

一项新技术或专利的开发，通常是在现有技术的基础上进行改进和创新，即使是原创性的发明，也离不开已有技术的支持。可以说任何技术都与现有技术具有一定相关性。

在专利二次开发项目中，开发项目是在基础专利上进行技术特征的替换、增加技术特征、增加功能或整体改进，从而在原有专利技术的基础上设计出新的技术路线或制备方法、开发出新的用途和功能，或是在达到同样目的的基础上降低了产品的成本或提高了性能等。开发项目相对于基础专利来说既有继承性又有创新性。一方面开发项目是基于基础专利的开发而来，与基础专利具有技术相同点；另一方面开发项目又进行了技术改进，在基础专利的基础上进一步发展创新。因此，查新人员可以从目的、技术方案、实施效果等方面比较开发项目与基础专利的异同点，尤其可以突出开发项目相比基础专利的技术优势和显著改进。

22.3　开发项目可专利性分析

专利二次开发可专利性就是指开发项目符合专利申请条件。从专利法规定来说，需要判断开发项目是否具有新颖性、创造性和实用性。

根据专利法规定，新颖性，是指该发明或者实用新型不属于现有技术；也没有任何单位或者个人就同样的发明或者实用新型在申请日以前向国务院专利行政部门提出过申请，并记载在申请日以后公布的专利申请文件或者公告的专利文件中。其中现有技术，是指申请日以前在国内外为公众所知的技术。

创造性是指与现有技术相比，该发明有突出的实质性特点和显著的进步，该实用新型有实质性特点和进步。一般认为，以下发明具有创造性：① 申请专利的发明解决了人们渴望解决但一直没有解决的技术难题；② 申请专利的发明克服了技术偏见；③ 申请专利的发明取得了意想不到的技术效果；④ 申请专利的发明在商业上获得成功。实用性是指该发明或实用新型能够制造或使用，并且能够产生积极的效果。不具有实用性的几种情况：① 申请专利的发明或实用新型不具有再现性；② 申请专利的发明或实用新型缺乏技术手段；③ 申请专利的技术方案违背自然规律；④ 利用独一无二的自然条件所完成的技术方案；⑤ 申请专利的技术方案不能产生积极效果。

针对专利二次开发项目来说，一是开发项目对于基础专利来说是否具有新颖性、创造性和实用性；另一方面需要判断开发项目对于其他相关文献是否具有新颖性、创造性和实用性，以此最终判断开发项目的可专利性，通常在实际操作中，一般判定开发项目的新颖性和创造性。

22.4 开发项目侵权风险分析

专利侵权是指未经专利权人许可，以生产经营为目的，实施了依法受保护的有效专利的违法行为。构成专利侵权的实质要件，也就是技术条件，实质实施行为是否属于专利的保护范围。如果所涉及的技术特征属于专利权的保护范围，那么就构成了专利侵权。主要有以下三种表现形式：① 所涉及的技术特征与专利的技术特征全部相同，则构成侵权；② 所涉及的技术特征多于专利的技术特征，也构成侵权；③ 所涉及的技术特征与专利的技术特征从字面上看不相同，但是实际上属于等同特征，也构成侵权。在分析开发项目侵权风险时，分别需要判断开发项目实施时会不会对基础专利构成侵权，以及判断是否可能对其他专利侵权的情况。

因此要求前期在选择基础专利时就尽量选择未在国内申请同族专利的国外专利，或者是失效专利，以此避免侵权风险。对于其他侵权可能，查新人员通过检索后，将开发项目与检索范围内可能侵权的专利进行对比，确定相关国外专利是否在中国申请专利，有则可能存在侵权风险，在实施技术时需要进一步改进方案；没有则需要进一步检索其是否申请世界专利，因为自优先权日起30个月内，仍可以进入中国国家阶段，到中国申请专利，同样存在侵权风险。

22.5 开发项目先进性分析

开发项目的先进性主要可以从两方面分析，一是对比开发项目与基础专利的技术先进性和实现效果，另一方面也要考察开放项目采用技术与实现效果是否优于其他相同目的的同类技术。

由此要求在选取基础专利时就应该选取处于有效期内、技术含量高的发明专利。另一方面也要求开发项目在基础专利的技术上进行改进创新。与相关文献比较，先进性表现为技术性能指标提高、功能增加或完善、节能减排、结构简化等方面，如有技术指标对比，一般采用列表对比等方式表述。

开发项目先进性分析一般可以从以下几个方面进行：

- 指标提高(产率、质量、精度、效率等)；
- 功能或性能增加或完善；
- 节省(能耗、原料、工序)；

- 方便(加工、操作、控制、使用等);
- 环保(无毒、无三废、无噪音、无电磁辐射等);
- 安全可靠;
- 被同行的认可(引文、论文);
- 是否属于国际科学前沿的问题研究。

22.6 开发项目市场前景分析

对于开发项目的市场前景,主要可以通过项目的实际价值、市场需求现状与、应用前景、竞争力等多个维度进行综合分析与判断,如果是产品类型的项目,还可以通过一些市场分析报告来了解相关产品的市场需求,考察开发项目的市场竞争力。

项目市场前景分析主要可以考察以下几个方面内容:

项目实际意义 节能减排、绿色环保、填补产业技术空白。

主要市场现状 宏观产业背景、微观市场数据。

产品技术现状 产品销售数据、技术发展阶段。

项目竞争力 核心技术特点、产业技术地位。

产业远景 产业发展前景、应用前景等。

22.7 项目单位开发基础分析

项目单位开发基础是指该单位是否具备项目实施和完成的必要条件,涉及其研发能力、制造水平、管理水平、市场营销和品牌影响等,包括:

研发能力 申请获得专利的情况、发表论文及引证、已完成的相关项目情况。

制造水平 高新技术企业、新产品认定、主持制定标准;实验室设备和生产设施的先进程度。

管理水平 ISO 体系认证。

市场营销/准入 采标情况,例如 FDA 认证、欧盟认证。

品牌影响力 著名商标、驰名商标。

22.8 撰写专利二次开发查新报告

专利二次开发项目查新报告与一般科技查新报告相同,也具有封面、主体及附录三部分组成。封面和附录主要用于固化基本信息和查找到的文献资料,基本信息包括编号、项目名称、查新性质、委托人、委托日期、查新机构、完成日期等。

而专利二次开发项目查新报告有别于其他科技查新报告的是查新结论分析部分，具有基础专利分析、开发项目与基础专利相关性、开发项目可专利性、开发项目侵权性风险、开发项目先进性、项目市场前景、项目单位开发基础等 7 部分分析内容，形成了一份全面的项目评价报告。下面给出报告具体样张，并对各部分填写内容用斜体字予以阐释说明。

报告编号：×××××××××

专利二次开发专项

查 新 分 析 报 告

项目名称：

委 托 人：

委托日期：

查新机构(盖章)：

完成日期：××××年××月××日

上 海 市 科 学 技 术 委 员 会

二〇〇四年制

<table>
<tr><td rowspan="2">查新项目名称</td><td colspan="6">中文：</td></tr>
<tr><td colspan="6">英文：</td></tr>
<tr><td rowspan="5">查新机构</td><td>名　　称</td><td colspan="5"></td></tr>
<tr><td>通信地址</td><td colspan="3"></td><td>邮政编码</td><td></td></tr>
<tr><td>负 责 人</td><td></td><td>电　话</td><td></td><td>传　真</td><td></td></tr>
<tr><td>联 系 人</td><td></td><td>电　话</td><td colspan="3"></td></tr>
<tr><td>电子信箱</td><td colspan="5"></td></tr>
</table>

一、基础专利来源

来自委托单，要求查新委托人填写三方面内容：

1. 专利名称

2. 获得途径

(1) 专利权转让；(2) 专利许可实施；(3) 检索获得；(4) 其他。

3. 基本信息

申请号、专利号、申请日、授权日、发明人、专利权人、国别。

二、基础专利技术要点

以权利要求书主权项为主。建议查新员配合查新委托人完成填写，要求从领域、目的(要解决的技术问题)、技术方案和效果四方面予以叙述。其中基础专利的技术方案主要从主权项提取，效果可以借鉴实施例。

三、开发项目技术要点

写明与基础专利的继承性和创新之处。开发项目的技术方案形式应仿照基础专利。表明开发项目借鉴了基础专利的哪些特点？克服了基础专利的哪些不足？有哪些显著的创新点。

四、文献检索范围及检索策略

要求查新员参照国际上对专利检索的最低文献量要求和利用目前已经具备的文献保障系统，特别要关注非专利文献数据库，从多种途径展开检索，特别注意利用国际专利分类法，列出对查新项目进行分析后所确定的检索工具书、数据库、年限、分类号和检索词等。

根据 PCT 最低文献量的规定，应检索：1920 年以来的八国两组织（美国、英国、德国、法国、瑞士、前苏联（俄罗斯）、日本、韩国、欧洲专利局、世界知识产权组织）和 1920 年以来的讲英语、法语、德语、西班牙语的国家不要求优先权的专利文献以及 169 种核心期刊。在我国，还应检索：中国专利文献，以及中国的科技期刊。

查新机构应该尽可能充分利用目前已经具备的文献保障系统，和国际上公开的免费的大量专利数据库，包括中国专利、美国专利、日本专利、欧洲专利、国际专利等，具体数据库见附录专利数据库部分。

五、检索结果

查新员应当根据查新项目的科学技术要点，将检索结果分为密切相关文献和一般相关文献。“检索结果”这部分应当反映出通过对所检数据库和工具书命中的相关文献情况及对相关文献技术综合趋势，包括下列内容：

① 分析相关文献，对相关技术进行宏观综述；

② 对所检数据库和工具书命中的相关文献情况进行简单描述；

③ 依据国内国外或相关程度或者其他分类方式依次列出检出文献；

④ 对所列主要相关文献逐篇进行简要描述（主要可利用文献中的摘要，同时抽提原文中的核心内容和关键数据）。密切相关文献应提供原始文献复印件；一般相关文献应提供文摘。

六、查新结论

1. 基础专利分析

(1) 基础专利法律状态

专利名称,申请号、优先权号、专利号、申请日、授权日、发明人、专利权人、国别。

有效性、地域性、同族专利。

(2) 主要权利内容

主要从主权项获得,从说明书补充核心内容。

2. 开发项目与基础专利相关性

(1) 主要技术特征

仿照基础专利的主要权利内容各式

(2) 与基础专利相关性

写出开发项目与基础专利的相同点、不同点以及继承性。

3. 开发项目可专利性

开发项目与基础专利相比是否具有新颖性和创造性;

是否还有其他文献影响项目的新颖性和创造性,从而判断查新项目能不能形成新的专利申请。

4. 开发项目侵权风险

分析开发项目实施时会不会对基础专利构成侵权。

找出其他可能侵权的专利进行对比。

5. 开发项目先进性分析

分析开发项目实施效果是否优于基础专利。

找出其他相同目的的文献进行效果对比。

6. 开发项目市场前景

分析开发项目的市场需求;竞争力。

7. 项目单位开发基础

判断申请单位是否具有相当的技术研发能力、产品制造能力、市场推广能力和能保证项目完成的必要条件。

申请单位是否属高科技企业，是否通过 ISO 等体系认证，实验室设备和生产设施的先进程度。

申请单位科技人员情况，查明开发单位有无进行过类似研究，申请过专利和发表过论文，并被同行引用情况。

查新员（签字）： 查新员职称：

审核员（签字）： 审核员职称：

（查新检索专用章）

年 月 日

七、查新员、审核员声明

(1) 报告中陈述的事实是真实和准确的。

(2) 我们按照科技查新规范进行查新、文献分析和审核，并作出上述查新结论。

(3) 我们获取的报酬与本报告中的分析、意见和结论无关，也与本报告的使用无关。

查新员(签字)：　　　　　　审核员(签字)：

年　月　日　　　　　　　　年　月　日

八、备注

(1) 基础专利可以是处于有效期的但未在中国受保护的国外发明专利(包括5年内尚未授权的但经查新表明具有先进性且在中国已失去申请同族专利资格的国外发明专利)；可以是失效或即将失效的但经查新表明具有先进性的国内外发明专利；可以是专利许可实施、专利权转让的国内外发明专利。要求所有申请单位充分尊重和全面保护在中国处于法律保护状态的专利。

(2) 查新报告应当使用规范化术语，文字、符号、计量单位应当符合国家现行标准和规范要求；不得使用含意不清、模棱两可的词句；应当包含足够的信息，使得查新报告的使用者能够正确理解。

(3) 查新报告中的任何分析、科学技术特点描述、每一个结论，都应以文献为依据，完全符合实际，不包含任何个人偏见。

(4) “文献检索范围及检索策略”应当列出查新员对查新项目进行分析后所确定的检索工具书、数据库、年限、分类号和检索词等。

(5) “检索结果”对所检数据库和工具书命中的相关文献情况进行简单描述；列出主要相关文献，标明题目、出处、时间和权利人等，并逐篇进行简要描述(一般可用原文中的摘要或者利用原文中的摘要进行抽提)，对于密切相关文献，可节录部分原文并提供原文的复印件作为附录。

(6) “查新结论”应当客观、公正、准确、清晰地反映查新项目的真实情况，不得误导。查新结论应当包括下列内容：

① 基础专利分析(包括法律状态，转让专利查明转让人资格)；

② 开发项目与基础专利相关性；

③ 开发项目可专利性(主要指新颖性和创造性)；

④ 开发项目侵权风险；

⑤ 开发项目先进性分析；

⑥ 开发项目市场前景；

⑦ 项目单位开发基础(查明开发单位有无进行过类似研究，申请过专利和发表过论文，并被同行引用情况)。

22.9　专利二次开发查新报告案例

报告编号：×××××××××

专利二次开发专项

查 新 分 析 报 告

项目名称：天然气汽车电脑(ECU)程序喷射装置

委 托 人：××××××科技有限公司

委托日期：××××年××月××日

查新机构(盖章)：上海科学技术情报研究所

（国家一级科技查新咨询单位）

完成日期：××××年××月××日

上 海 市 科 学 技 术 委 员 会

二〇〇四年制

<table>
<tr><td rowspan="2">查新项目名称</td><td colspan="6">中文：天然气汽车电脑(ECU)程序喷射装置</td></tr>
<tr><td colspan="6">英 文：Compressed natural gas vehicle computer control system with mechanism</td></tr>
<tr><td rowspan="5">查新机构</td><td>名　　称</td><td colspan="5">上海科学技术情报研究所</td></tr>
<tr><td>通信地址</td><td colspan="3">上海市永福路 265 号</td><td>邮政编码</td><td>200031</td></tr>
<tr><td>负 责 人</td><td>陶　翔</td><td>电　话</td><td>64312840</td><td>传　真</td><td>64377626</td></tr>
<tr><td>联 系 人</td><td>瞿丽曼</td><td>电　话</td><td colspan="3">64332247</td></tr>
<tr><td>电子信箱</td><td colspan="5">kjcx@libnet. sh. cn</td></tr>
</table>

一、基础专利来源

名　　称：Compressed natural gas fuel injection control system with improved mechanism for compensating for pressure, temperature and supply voltage variations

专利号：US5542392　　　　类　型：美国发明专利

专利权人：FORD MOTOR CO(US)

通过检索获得

二、基础专利技术要点

一种天然气(CNG)燃料喷射控制系统，主要包括燃料供应装置、燃料喷嘴、电子控制单元以及温度、压力等传感器，连接到燃料供应装置的燃料喷嘴，将定量的燃料喷射入内燃机引擎，所述电子燃料控制单元具有事先存储的多个设定量的存储器，根据燃料的压力、温度与设定量的变化情况，调整喷嘴燃料的喷射持续时间。

三、开发项目技术要点

一种天然气(CNG)燃料电脑(ECU)程序喷射装置，主要包括燃料钢瓶、燃料喷嘴、电子控制单元(ECU)、氧传感器、气量传感器、节气门传感器，还包括步进电机、强制进气风机、减压器、转换开关、仿真器，采用多火花塞结构，电子控制单元接收各传感器信号，控制步进电机和喷嘴的动作，不断调整 CNG 燃料供给量。

1. 采用电脑(ECU)控制步进马达和喷嘴，喷气量精确能大幅提高发动机功率。

2. 增加空气强制进气风机，增加新鲜空气进气量，形成稀薄燃烧，提高发动机的动力性。

3. 采用多火花塞结构，使燃烧速度提高，提高发动机的加速性。

4. 即可用于双燃料(CNG/gaslin)系统，也可作单燃料 CNG 系统用，适用于各种车型发动机。

5. 电脑(ECU)高度集成化，转换开关、仿真器线路，全部连接到电脑(ECU)上，体积小、可靠性好、先进性加强。

四、文献检索范围及检索策略

文献检索范围(略)

检索策略：

国内：天然气 and 汽车 and 燃料 and 喷射 and(步进电机 or 电子控制单元 or 风机 or 火花塞)

国外：(natural()gas or cng) and vehicle and fuel and inject? and(step()motor or electric()control()unit or blower or spark()plug)

五、检索结果

经上述范围光盘和计算机国内、国际联机检索表明，汽车是城市大气污染的主要污染源，除了不断强化内燃机汽车的排放法规，尽可能减少其有害排放物外，采用清洁燃料是一种有效的措施，可以使主要排放物减少30%～90%。目前，国外已有600万辆左右的气体燃料(LPG、CNG)汽车。近几年，天然气汽车已驶入各大城市，也可作为城市交通的主要燃料之一。国内外相关发动机"多点喷射LPG/CNG系统"专利技术成为研发热点。查得相关专利文献25篇，非专利文献15篇，现对与该委托项目相关性较密切的文献11篇概述如下：

专利文献：

1. 标题：微机控制柴油机多点喷射LPG/CNG系统

申请号：CN02102291.7 (申请日：2002.02.05，公布日：2003.08.20)

申请人：姜立君，赫立华

一种微机控制柴油机多点喷射LPG/CNG系统，它是由LPG储蓄、减压阀、蒸发调压器用LPG管按顺序机械连接，其特征是：还设有编入柴油机各运行工况程序的单片机和外围元件构成的微机，构成微机控制柴油机多点定时顺序喷射LPG/CNG系统，微机的输入端分别与凸轮轴位置传感器、油门位置传感器、内燃机温度传感器、进气温度传感器，空气流量传感器、氧传感器电连接，微机的输出端与高频脉冲喷射气体燃料电磁阀电连接，电磁阀、LPG分体电控蒸发过滤器与高频脉冲喷射气体燃料电磁阀用LPG管机械连接。

2. 标题：石油液化气汽车多点喷射装置

申请号：CN02261073.1 (申请日：2002.10.29，公告日：2003.10.01)

申请人：上海中油企业发展有限公司

一种石油液化气汽车多点喷射装置，由钢瓶、集成阀、加气头、电磁阀、减压器、LPG滤清器、截止阀、步进电机、分配器、喷嘴、氧传感器、控制电路板、仿真器、转换开关和喷嘴构成，本实用新型和现有技术相对照，因为设置了石油液化气汽车多点喷射装置，可以在保证汽车安全工作的同时，减少污染，可靠性高。

3. 标题：LPG汽车微机控制多点喷射系统

申请号：CN02207023.0 (申请日：2002.02.05，公告日：2004.01.14)

申请人：姜力均

一种LPG汽车微机控制多点喷射系统，设有由编入发动机各运行工况程序的单片机和外围元件构成的微机，微机的输入端与各传感器电连接，微机与按本实用新型优先配置一种设计为"LPG分体电控蒸发过滤器"和另一种设计为"高频脉冲喷射气体燃料电磁阀"为配套装置，构成LPG汽车微机控制多点喷射系统，本系统使发动机各运行工况全部实现微机管理，以达到提高动力性能和良好的加速性能及显著的节能效果，尾气排放达到欧Ⅱ标准。

4. **标题：汽车电控液化石油气闭环多点顺序喷射装置**

申请号：CN02245966.9 （申请日：2002.08.13，公告日：2003.04.09）

申请人：曹洪斌

一种汽车电控液化石油气闭环多点顺序喷射装置，它包括有进气单元、燃气单元、电子控制单元和汽油供给单元，电子控制单元的空气流量计传感器、转速传感器、节气门传感器和氧传感器与电控单元的输入端连接，电控单元的输出端分别与汽油供给单元和燃气喷射器连接后接地，燃气喷射器的另一端与燃气单元连接。当发动机运转时，传感器把发动机的各种非电量的工况参数转变为电信号，提供给电控单元，电控单元则根据事先储存的转速和负荷的各种组合，依照 $\lambda=1$ 的原则计算出每次燃烧必需的燃烧质量，由电控单元输出信号给燃气喷气器，通过对燃气喷射时间的控制，得到空燃比的精确控制。

5. TI：LPG-engine fuel control apparatus

PN：US6609509 （申请日：2001.11.23，公告日：2003.08.26）

美国专利 US6609509 涉及一种 LPG 引擎燃料喷射控制装置，LPG 燃料通过调节器减压，作为主燃料从汽化器经进气通道输入到引擎；一个 ECU 电脑控制器控制喷射器的参数，调节由氧传感器探测到的空气和燃料比例，当空闲运行时，监控器终端输出一个优化状态的控制参数目标值，一个调节旋钮调节控制参数以达到目标值，电脑控制器 ECU 根据调节范围内的控制参数变化，控制监控器终端在每个状态的调节范围中的输出。

6. TI：Direct injected gas engine with variable gas pressure control apparatus and method of operation

PN：US5771857 （申请日：1996.11.06，公告日：1998.06.30）

美国专利 US5771857 涉及一种燃气引擎直接喷射系统，适合用于天然气燃料，主要包括一个压缩天然气供应器，一个喷射器，直接将燃料喷射入引擎燃烧室；一个燃料控制系统，控制燃料供应的压力，并根据引擎负载情况减轻燃料压力，增加喷射时间，燃料控制系统中还包括了一个电子控制模块（ECM）和一个气体压力调节器，ECM 接收引擎参数并输出信号到一个控制阀门，对流量进行控制，使调节器对喷射器的燃料压力进行控制。

7. TI：Gas fuel supply mechanism for gas combustion engine

PN：US5611316 （申请日：1994.12.28，公告日：1997.03.18）

美国专利 US5611316 涉及一种燃气内燃机引擎燃料供应装置，包括一个燃气内燃机引擎，气体燃料罐，一个具有安装在所述引擎上的燃料喷射阀门的燃料喷射器，一个将气体燃料从所示燃料罐供应到所述喷射器的管道，一个安装在所述管道中、用于调节气体燃料压力的调节器，一个气体燃料断流器，用于关闭燃料的供应，气体燃料状态检测器，包括多个安装在所述管道中的压力传感器，控制器根据检测器发出的检测信号控制所述断流器和燃料喷射阀门。

非专利文献：

8．标题：增压单燃料CNG发动机电控多点顺序喷射系统的研究

出处：柴油机 2002(6),17－21

著者：岑艳 张欣

文章介绍的增压单燃料发动机电控多点顺序喷射系统的硬件可分为ECU、传感器、执行机构等几部分。电控系统工作时，传感器感知发动机节气门位置、进气冲程上止点位置、蓄电池电压、天然气压力、天然气温度、增压空气压力及温度等信号，并将其发送给ECU，ECU输入通道接口电路将信号输入到微处理器，微处理器经过运算，作出判断，发出执行指令，通过ECU输出驱动电路驱动执行器(电磁阀)动作，喷射天然气。

9．标题：一种新型车用CNG发动机电控系统的设计

出处：电子测量与仪器学报，2003,17(2),1－6

著者：张欣

为了实现CNG发动机稀薄燃烧，进一步降低其有害排放，本文设计了车用增压CNG发动机电控系统。该系统电控喷射单元采用空燃比闭环控制和顺序多点喷射技术，利用模糊控制算法实现了对发动机各缸燃气喷射量和喷射时刻的精确控制；针对增压CNG发动机所需点火能量比较高的要求，该系统采用无分电器的高能顺序直接点火控制系统，通过控制各缸点火时刻和点火线圈导通时刻的方法，有效地防止了脉冲的丢失，满足了天然气稀燃所需的点火能量。CNG发动机台架试验结果表明了该系统的有效性。

10．标题：多点顺序喷射天然气发动机的开发研究

出处：内燃机学报，2001,19(4),333－336

著者：郝利君 张付军 等

将一台GY6105Q柴油机改造为点燃式单燃料天然气发动机。该发动机采用了电控多点燃气顺序喷射以及电控高能点火等新技术，同时对发动机的进气系统、燃烧系等进行了优化设计，试验结果表明，经改进设计的天然气发动机的动力性与原机相当，低速转矩特性明显改善，排放到了欧洲Ⅰ号标准，由于使用廉价的天然气，发动机使用燃料的成本相应降低。

11．标题：电控多点天然气—柴油双燃料系统技术研究

出处：汽车工程，2000,22(3),150－153,213

著者：张幽彤 刘兴华

城市污染物中近60％来自汽车尾气，减少和消除排放污染成为车辆动力发展的重要方向。天然气车辆具有明显的环保优势，国外资料表明，车用燃料使用天然气与汽油相比，HC减少70％、CO减少97％、NOx减少79％、CO_2减少24％、SO_2减少90％、噪声降低40％，而且没有苯和铅危害人体。因此，天然气车辆在世界上得到广泛的重视和迅速的发展。

六、查新结论

1. 基础专利分析

(1) 基础专利法律状态

名　称：Compressed natural gas fuel injection control system with improved mechanism for compensating for pressure, temperature and supply voltage variations

专利号：US5542392　　类　型：美国发明专利

申请日：1995.07.05　　申请号：US19950498307

授权日：1996.08.06　　申请人：FORD MOTOR CO(US)

优先权号：US19950498307 19950705；US19930172782 19931227

专利权人：FORD MOTOR CO(US)

有效性：目前有效

地域性：在美国、日本、澳大利亚、德国、英国分别申请了同族专利，但未在中国申请专利。

(2) 主要权利内容

一种天然气(CNG)燃料喷射控制系统，主要包括燃料供应装置、燃料喷嘴、电子控制单元以及温度、压力传感器，连接到燃料供应装置的燃料喷嘴，将定量的燃料喷射入内燃机引擎，所述电子燃料控制单元具有事先存储的多个设定量的存储器，根据燃料的压力、温度与设定量的变化情况，调整喷嘴燃料的喷射持续时间。

2. 开发项目与基础专利相关性

一种天然气(CNG)燃料电脑(ECU)程序喷射装置，主要包括燃料钢瓶、燃料喷嘴、电子控制单元(ECU)、氧传感器、气量传感器、节气门传感器，还包括步进电机、强制进气风机、减压器、转换开关、仿真器，采用多火花塞结构，电子控制单元接收各传感器信号，控制步进电机和喷嘴的动作，不断调整CNG燃料供给量。

开发项目与基础专利比较，应用领域相同，主要部件都包括燃料供应器、电子控制单元、各种传感器，但开发项目还采用了强制进气风机、步进电机和仿真器等部件，结构上与基础专利有所不同，增加新鲜空气进气量，提高发动机的动力性。

3. 开发项目可专利性

进一步对燃料喷射装置进行检索，发现与该项目相关文献中国实用新型专利02245966.9(申请日：2002.08.13)(附件4)涉及一种汽车电控液化石油气闭环多点顺序喷射装置，主要包括进气单元、燃气单元、电子控制单元和汽油供给单元，电子控制单元的空气流量计传感器、转速传感器、节气门传感器和氧传感器与电控单元的输入端连接。开发项目与其相比应用领域相同，主要器件都包括电子控制单元、燃料供给单元、各种传感器，但开发项目的设计采用的是 CNG 气体燃料，而附件 3 技术采用的是 LPG 液态燃料，对燃料压力要求不同，开发项目采用强制进气风机和多火花塞结构，增加空气进量、提高燃烧速度，在相关文献中未见相同报道，具有新颖性和创造性，符合专利申请的基本条件。

4. 开发项目侵权风险

经检索，基础专利未在中国申请专利，开发项目不对基础专利构成侵权。

与相关文献中国实用新型专利 02245966.9（申请日：2002.08.13）（附件 4），开发项目在采用器件和技术方案上与其不同，不落入上述专利的保护范围，因此也不对该专利构成侵权。

5. 开发项目先进性分析

开发项目采用的基础专利在美国、德国、日本等多个国家申请了同族专利，是一个重要专利，开发项目依据基础专利进行进一步技术开发，与基础专利和相关技术相比，如中国实用新型专利 02245966.9（申请日：2002.08.13）（附件 4），都采用了先进的 ECU 电子控制技术，实现系统集成化，提高燃料喷射精度，并且开发项目还增加了强制进气风机，增加新鲜空气进气量，形成稀薄燃烧，提高发动机的动力性；采用多火花塞结构，使燃烧速度提高，提高发动机的加速性，在技术效果上具有先进性。

6. 开发项目市场前景

城市污染物中近 60%来自汽车尾气，减少和消除排放污染成为车辆动力发展的重要方向。天然气车辆具有明显的环保优势，国外资料表明，车用燃料使用天然气与汽油相比，HC 减少 70%、CO 减少 97%、NOx 减少 79%、CO_2减少 24%、SO_2减少 90%、噪声降低 40%，而且没有苯和铅危害人体。因此，天然气车辆在世界上得到广泛的重视和迅速的发展（附件 12）。到 2003 年，我国燃气汽车保有量已经达到 19 万辆，年替代燃油 130 万吨。同时，还建立了燃气汽车的零部件、尾气催化器、燃油品质及添加剂等 4 个检测基地，实现了进口替代和出口。开发项目是天然气汽车电脑程序喷射装置，对我国天然气汽车的技术发展起到促进作用，具有良好环保效益和应用前景。

7. 项目单位开发基础

××××××科技有限公司是从事汽车电子高科技数字零部件科研和开发的专业型科技型企业，从事国家的清洁汽车工程，大力发展汽车能源和环保的绿色科研开发工作，在汽车电脑、电子喷射发动机领域具有一定的开发实力和成果。公司拥有先进的汽车检测和科研设备，在科研开发 LPG（石油液化气汽车装置）取得一定成果，其研发人员已申请了中国发明专利“石油液化气汽车多点喷射系统”（申请号：02137675.1，申请日：2002.10.29），“机动车石油液化气钢瓶集成阀”（申请号：02261012.X，申请日：2002.10.25）等多项发明专利和实用新型专利。

查新员（签字）：　　　　查新员职称：

审核员（签字）：　　　　审核员职称：

（查新检索专用章）

年　　月　　日

七、查新员、审核员声明 (1) 报告中陈述的事实是真实和准确的。 (2) 我们按照科技查新规范进行查新、文献分析和审核，并作出上述查新结论。 (3) 我们获取的报酬与本报告中的分析、意见和结论无关，也与本报告的使用无关。 **查新员(签字)：** **审核员(签字)：** **年 月 日** **年 月 日**
八、备注 (1) 基础专利可以是处于有效期的但未在中国受保护的国外发明专利(包括5年内尚未授权的但经查新表明具有先进性且在中国已失去申请同族专利资格的国外发明专利)；可以是失效或即将失效的但经查新表明具有先进性的国内外发明专利；可以是专利许可实施、专利权转让的国内外发明专利。要求所有申请单位充分尊重和全面保护在中国处于法律保护状态的专利。 (2) 查新报告应当采用描述性写法，使用规范化术语，文字、符号、计量单位应当符合国家现行标准和规范要求；不得使用含意不清、模棱两可的词句；应当包含足够的信息，使得查新报告的使用者能够正确理解。 (3) 查新报告中的任何分析、科学技术特点描述、每一个结论，都应以客观事实和文献为依据，完全符合实际，不包含任何个人偏见。 (4)“文献检索范围及检索策略”应当列出查新员对查新项目进行分析后所确定的检索工具书、数据库、年限、分类号和检索词等。 (5)“检索结果”对所检数据库和工具书命中的相关文献情况进行简单描述；列出主要相关文献，标明题目、出处、时间和权利人等，并逐篇进行简要描述(一般可用原文中的摘要或者利用原文中的摘要进行抽提)，对于密切相关文献，可节录部分原文并提供原文的复印件作为附录。 (6)“查新结论”应当客观、公正、准确、清晰地反映查新项目的真实情况，不得误导。查新结论应当包括下列内容，不留空白。若在相关栏目下未找到文献，应标明未发现： ① 基础专利分析(包括法律状态，转让专利查明转让人资格)；② 开发项目与基础专利相关性；③ 开发项目可专利性(专利三性，主要指新颖性和创造性)；④ 开发项目侵权风险；⑤ 开发项目先进性分析；⑥ 开发项目市场前景；⑦ 项目单位开发基础(查明开发单位有无进行过类似研究，申请过专利和发表过论文，并被同行引用情况)。

撰稿：罗天雨(上海科学技术情报研究所)

第23章

自主知识产权查新流程分析与报告撰写

由于我国政府部门越来越重视自主创新,并制定了一系列相关政策措施,从成果鉴定到产品认定都有对自主知识产权的要求。同时,在越来越多的如技术引进、技术投资、企业并购重组等技术交易中,专利能否自主实施成为企业关注的关键问题,也迫切需要自主知识产权的认定。可见,自主知识产权查新已形成一定的现实需求。

那么,究竟什么是自主知识产权查新呢?

近年来,一些机构和个人对"自主知识产权"进行了研究和定义。一般从鼓励我国研究机构、企业和个人创新的角度出发,强调"主导研究开发"。最有代表性的是科技部2次的定义:2000年11月23日,科技部制定了《高科技产业自主知识产权认定指南》,对自主知识产权作了如下定义:"自主知识产权是由中国自然人、法人或非法人单位主导研究开发、设计而创作形成的,并由其依法自主享有实现该技术权益的知识产权";2006年12月26日,科学技术部、国家发展和改革委员会、财政部等有关部门联合制定了《国家自主创新产品认定管理办法(试行)》,其中第四条对自主知识产权进行了解释:"产品具有自主知识产权是指,申请单位经过其主导的技术创新活动,在我国依法拥有知识产权的所有权,或依法通过受让取得的中国企业、事业单位或公民在我国依法拥有知识产权的所有权或使用权。"

就目前情形来看,企业、研究机构和个人等最为关心的知识产权是专利权,再考虑到查新工作中检索分析的可操作性,本书讨论的知识产权特指已取得授权的专利。就知识产权这一法律制度而言,获得权利只是其中的一部分。对于权利人来说,更注重的是在法律范畴内自主行使权利,使权利在市场中创造利益和形成竞争优势。因此,不强调专利权的获得方式,而关注专利的权利归属、专利性和自主性。

本书所称的自主知识产权是指中国自然人、法人或非法人单位可自由实施的在我国依法拥有的专利权。

按照以上定义,自主知识产权查新应包括四个主要部分:首先确认权利人拥有该专利;其次认定专利权有效而稳定;再次判定专利可以自由实施;最后撰写查新报告。

现有的专利查新报告能否满足以上要求呢?专利检索报告类型有多种,包括专利性检索、现有技术检索、专利转让检索、侵权检索和专利有效性检索等,适用于申请专利、请求实审、防止侵权、侵权诉讼、专利技术贸易等场合。但将国内外主要专利检索事务归纳总结(表 23.1),发现目前还没有合适的单种类型专利查新报告能够满足自主知识产权认定的所有要求。

表 23.1　国内外主要专利检索类型

类　型	目　　的	检索时机	检索范围
专利性检索(Patentability Searches)	确定一项特定的发明是否属于专利保护的客体范围,具有实用性,具有新颖性,具有非显而易见性	申请专利前	检索项目委托日或提出专利申请之日以前公开的所有相同或相近技术领域的专利文献和非专利文献
现有技术检索(State-of-the-Art Searches)	对某一领域的在先技术进行检索以获得全面的见解	投资或收购新领域前确定研发方向前	所有相同或相近技术领域的专利文献
连续性检索(Continuing Searches)	跟踪所关注领域的专利动态和跟踪竞争对手的动态	/	相同技术领域专利文献
专利转让检索(Assignment Searches)	确定一项专利的合法拥有者	技术引进、技术转让、技术投资	法律状态
侵权检索(Infringement Searches)	将采取的行为是否会侵犯未到期专利的专利权	新产品研发、新技术应用、产品批量生产、产品销售和贸易等	实施之日前 20 年内,在用户指定的地域范围内提出专利申请的专利文献
专利有效性检索(Validity Searches)	确定授权专利由于缺乏新颖性或创造性而无效	侵权威胁应对专利诉讼专利许可之前	专利的申请日以前公开的所有相同或相近技术领域的专利文献和非专利文献
可实施专利检索(Right-to-Make Searches)	发现另一家公司的工艺、产品或者设计是否已经保护期满,从而可以模仿照搬而免于惩罚赔偿	产品生产前	法律状态
自由实施检索(Freedom To Operate)	技术发明是否可以和在哪里可以合法实施	产品上市之前	相同或相近技术领域的专利文献和非专利文献
自主知识产权检索	确定某专利技术可自主实施	成果鉴定、产品认定、技术引进、技术转让、技术投资、企业并购重组、企业合作及其他技术交易	相同或相近技术领域的专利文献和非专利文献; 法律状态; 其他法律和政策

实际上自主知识产权查新是一种组合检索(详见流程图 23.1),包括专利法律状态、专利性和专利侵权检索,还包括相关的其他法律和政策的检索。如果在某一进程中经分析结果是否定的,就可终止检索。

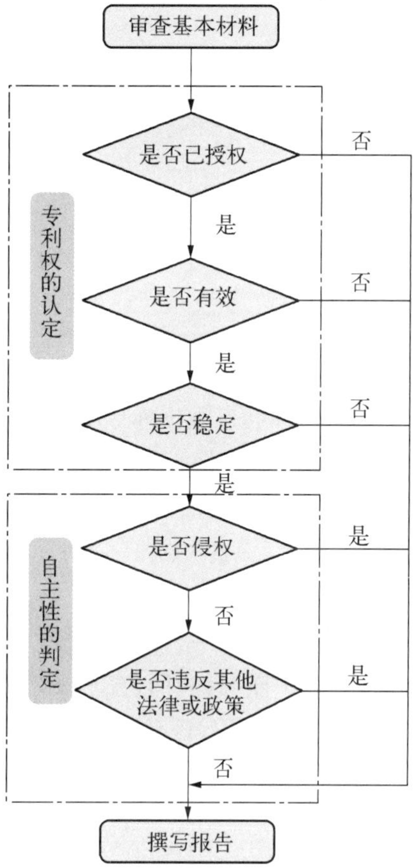

图 23.1　自主知识产权查新流程

下面详细介绍操作流程，最后给出案例供参考。

23.1　自有技术的审查

查新机构在受理委托人的自主知识产权项目委托时，需要审查委托人提供的项目材料，包括查新项目委托单、专利相关材料和其他证明材料。

首先，审查权利所有人的性质，权利所有人应为中国自然人、法人或非法人单位。然后需要委托方提供专利授权证书或专利实施许可合同备案等材料，审查其是否依法履行了取得该项专利权的必要的法定程序，满足专利法保护的全部法定条件，作为权利所有人拥有专利技术的依据。

委托单除了填写查新项目名称、委托单位相关信息、查新目的、查新范围等基本情况外，还需要填写明确专利的来源、专利的技术要点和专利主权项。专利的来源包括专利名称、获得途径和专利基本信息。获得途径主要包括自行申请、专利权转让、专利许可实施以及其他途径。

23.2 知识产权(专利权)的认定

基本材料审查完毕后,进行专利权的认定。从是否授权、是否有效和是否稳定3个方面进行检索分析。

23.2.1 是否已授权

在专利法律状态数据库中对相关专利进行检索,可显示出专利申请过程中所处阶段,如中国国家知识产权局的中国专利法律状态数据库中包括公开、实质审查的生效、授权或失效等。如果委托的专利还没有被授权,仅处于申请、公开或实质审查的生效阶段,那就不能认为专利权成立。当然,如果由于种种原因专利已失效,结果也是同样的。

23.2.2 是否有效

在专利法律状态检索结果中,除了获知专利是否授权外,还可获得专利的权利人、专利权转让、付费,以及是否有视为撤回、撤回、驳回、宣告无效等多个方面的信息。本书中自主知识产权的认定除要求专利已获得授权,还必须注意专利的权利有无转移、当前是否有效。

23.2.3 是否稳定(专利性)

判断专利是否稳定的依据是专利是否具有专利性。专利性包括新颖性、创造性和实用性。其中特别要注意实用新型和外观设计专利,因其没有经过实质审查,不满足专利新颖性、创造性和实用性的可能性较发明专利要高,因此对实用新型或外观设计专利性的检索分析要特别注重。

23.3 自主性(自由实施)的判定

如果委托专利通过了知识产权(专利权)的认定,就可以开始判断是否可以自由实施。

23.3.1 实施是否会侵权

《专利法》第五十九条规定了专利侵权的判断标准:发明或者实用新型专利权的保护范围以其权利要求的内容为准,说明书及附图可以用于解释权利要求的内容。外观设计专利权的保护范围以表示在图片或者照片中的该产品的外观设计为准,简要说明可以用于解释图片或者照片所表示的该产品的外观设计。

判断委托项目技术方案是否侵权,应当依据《最高人民法院关于审理侵犯专利权纠纷案件应用法律若干问题的解释》中确立的全面覆盖原则、等同原则、禁止反悔原则等。

23.3.2 实施是否违反国家其他法律和政策

如果专利技术内容涉及武器、麻醉品、镇静剂等，还应进一步检索国家其他法律，以确定专利的实施是否违反相关法律。《中华人民共和国专利法》第五条规定，对违反国家法律、社会公德或者妨害公共利益的发明创造，不授予专利权，《中华人民共和国专利法实施细则》第十条对其进行了进一步的解释：专利法第五条所称违反国家法律的发明创造，不包括仅其实施为国家法律所禁止的发明创造。也就是说，如果发明创造的目的并没有违反国家法律，但是因为不按正常方法予以应用有可能导致违反国家法律的后果，此类发明创造可以授予专利权，但是不能随意实施，例如用于国防的武器、以治疗疾病为目的的麻醉品、镇静剂、兴奋剂等。因此有些发明创造虽然取得了专利权，但其实施还是受到其他法律限制，这样的专利不具有自主知识产权。

除了法律之外，还要关注相关技术和产业政策。尤其目前处于产业结构调整时期，出于节约能源和保护环境等考虑，政府会对一些项目进行限制。限制范围内的专利技术显然不可能自由实施。

23.4 自主知识产权查新报告的撰写

一份完整的自主知识产权查新报告由封面、检索目的、检索要点、检索数据库和检索策略、检索结果、分析结论和报告说明组成。有别于其他科技查新报告的是查新结论分析部分，具有自有技术的审查、专利权的认定和自主性的判定 3 个分析板块。其中专利权的认定部分包括法律状态、有效性和稳定性等分析内容，自主性的判定包括侵权和其他法律政策等分析内容，最终形成一份全面的项目评价报告。

(1) 封面

封面内容包括报告编号、项目名称、报告性质、委托人、委托日期、服务机构、完成日期等。

(2) 检索目的

一般为判定委托单位或个人的某项专利或某组专利是否具有自主知识产权。

(3) 检索要点

委托时，委托人应在检索要求中说明此次检索主题的具体情况，明确检索要求和技术要点及专利授权说明书。

(4) 文献检索范围及检索策略

文献检索范围及检索策略应当列出所确定的手工检索的工具书、年限、主题词、分类号和计算机检索系统、数据库、文档、年限、检索词等。

(5) 检索结果

检索结果应当反映出通过对所检数据库和工具书命中的相关文献情况及对相关文献的主要论点进行对比分析的客观情况。

(6) 分析结论

包括自有技术的审查、专利权的认定和自主性的判定3个分析板块结论，应当客观、公正、准确、清晰地反映查新项目的真实情况。

(7) 报告说明

报告说明内容可以参考下面的内容进行撰写。

- 报告中陈述的事实是真实和准确的。
- 按照自主知识产权查新报告服务规范进行查新、文献分析和审核，并做出上述结论。
- 获取的报酬与本报告中的分析、意见和结论无关，也与本报告的使用无关。

23.5 自主知识产权查新案例

（本案例中专利号、专利名称、技术内容、单位名称均经过修改。本案例包括了自主知识产权查新的全部步骤。）

案例： A公司有收购B研究所的一项专利技术1“一种太阳能级多晶硅的提纯方法”的意向，将自主知识产权查新报告作为决策的参考依据之一。

A. 自有技术的审查

A公司提供了B研究所的专利授权证书，专利号为CN200710184717.8，于2007年1月17日提出申请。

B. 专利权的认定

通过中国国家知识产权局中国专利法律状态数据库的检索，发现该专利已于2010年5月15日获得中国专利授权，目前处于有效期。

该专利技术方案：在多晶硅定向凝固晶体生长过程中，对熔融硅液施加一个与晶体生长方向平行的直流电场，使杂质在电场作用下迅速向电极方向迁移，即阳离子杂质向阴极方向迁移，阴离子杂质向阳极方向迁移，有效降低晶体生长先端液相中的杂质浓度，使后续生长的晶体杂质含量更低，获得比传统定向凝固纯度更高的多晶硅锭。

经光盘与计算机国际、国内联机进行专利性检索，发现与该发明技术要点相关性较密切的2篇专利文献。

专利文献2是最接近专利1的现有技术：专利文献2(授权日2010.1.10)涉及一种电场定向凝固提纯多晶硅的制备方法。其包括以下步骤：把硅料加入封密式提纯炉石墨坩锅内，净化封密式提纯炉，加热器加热熔融封密式提纯炉石墨坩锅内的硅料，硅料完全溶化并保温；对石墨坩锅内的呈完全熔融状态的硅料施加电场，在电场作用的同时加热器继续保温，2～6 小时；通过石墨坩锅底部降温，使其从底部向上进行定向凝固，全部凝固后硅锭快速冷却，并在 1 350～1 380℃作退火处理；硅锭出炉，精整去头尾完成提纯得到高纯度的多晶硅。与现有技术相比，通过加电场进行定向凝固，使金属杂质在电场的作用下聚集到液态硅表面，通过从底部到顶部的定向凝固，让大部分金属杂质凝固在硅锭表面，最后去除硅锭头尾，将得到纯度较高的多晶硅。

该发明同专利文献 2 相比，技术方案部分不同：该发明在晶体生长过程中，对熔融硅液施加一个平行于晶体生长方向的直流电场，专利文献 2 对熔融状态的硅料也施加电场，但未说明电场平行于晶体生长方向。可见，该发明与专利文献 2 的技术方案不同，因此该发明具有新颖性，符合中华人民共和国专利法第二十二条第二款的规定。

专利文献 3(授权日 2010. 9. 15)公开了一种电效应驱动凝固结晶过程的观测方法。具体过程如下：① 在熔区形成温度梯度；② 通过电极在熔区 30 产生平行于熔区 30 温度梯度方向及垂直于熔区温度梯度方向的两种电场；③ 通过 CCD 显微镜实时拍摄熔区内的晶体生长的照片，并利用计算机保存晶体生长的照片；④ 将灵敏电流计、电源、熔区热端电极插板与熔区冷端电极插板连接成回路，借助冷端循环及热端循环水浴控制熔区的冷、热端温度以此调节熔区的温度梯度，温度测量是通过高灵敏度的薄膜铂热电阻完成的，并利用计算机进行温度实时采集记录。

专利文献技术领域与该发明领域相同，均涉及多晶硅的提纯方法；使用的基本方法均为定向凝固法；其解决的技术问题和达到的效果也相同，均为得到高纯度的多晶硅；解决问题采用的技术手段相同：在晶体生长过程中，对熔融硅液施加直流电场。可知，该发明与专利文献 2 的区别仅在于施加电场方向，而此区别特征被专利文献 3 公开。

表 23.2　专利 1 与对比文献的比较

	专利 1	专利 2	专利 3
主题	多晶硅提纯	多晶硅提纯	凝固结晶观测
制备的硅材料	多晶硅	多晶硅	—
电场方向(相对晶体生长)	平行	—	平行
方法	定向凝固	定向凝固	凝固

将该发明技术要素与上述文献列表对比可知，本领域技术人员有可能在专利文献 2 基础上结合专利文献 3 得出该发明所要求保护的技术方案。因此，该发明虽然具有新颖性，但创造性不足，存在专利无效的风险。

通过以上检索分析可知，该专利已授权，处于有效期，具有新颖性，但创造性不足。

C. 自主性的判定

对委托专利进行侵权检索，发现与该委托项目技术要点相关性较密切的文献 4 篇，包括之前提及的专利文献 2。对比分析如下：

表 23.3　与该委托项目技术要点相关性较密切的文献

	申请日	申请人	独立权利要求	法律状态
专利文献 2：CN200710051922.4	2007.3.20	高＊＊	一种电池定向凝固提纯多晶硅的制备方法，其特征在于，包括以下步骤：① 把硅料加入封密式提纯炉石石墨坩埚内，净化封密式提纯炉，加热器加热熔融封密式提纯炉石墨坩埚内的硅料，硅料完全溶化并保温；② 对石墨坩埚内的呈完全熔融状态的硅料施加电场，在电场作用的同时加热器继续保温，2～6小时；③ 通过石墨坩埚底部降温，使其从底部向上进行定向凝固，全部凝固后硅锭快速冷却，并在1 350～1 380℃作退火处理；④ 硅锭出炉，精整去头尾完成提纯得到高纯度的多晶硅	2010.1.10 授权
专利文献 4：CN200610048704.5	2006.12.1	李＊＊	一种去除磷和金属杂质的提纯硅的方法，其特征在于，包括以下步骤：① 将封密式提纯炉内净化，加热熔融封密式提纯炉石墨坩锅内的金属硅；② 对呈熔融状态的金属硅溶液喷吹预热的 O_2 和 Ar 混合气体；③ 停止吹入 O_2 和 Ar 混合气体，通过硅液底部骤冷，使其从底部向上进行定向凝固；④ 硅锭出炉，去头尾完成提纯得到高纯度的多晶硅	2009.10.8 授权
专利文献 5：CN200880047837.5	2008.1.20	江苏太阳能控股有限公司	一种制造太阳能用硅的方法，所述方法包括以下方法步骤：-硅的熔化，以及-熔体的定向固化，其特征在于，在所述定向固化的过程中形成具有至少一段球面形状的结晶界面	2009.02.25 实审生效
专利文献 6：CN200810162296.1	2008.9.15	浙江碧晶科技有限公司	一种低含氧量硅晶体的制备方法，包括将硅熔液置入反应器内，通过定向凝固法或丘克劳斯基法制备硅晶体，其特征在于：在硅晶体的制备过程中，将保护气体通过硅熔液表面，保护气体为还原性气体或由还原性气体与惰性气体组成的混合气体	2009.07.15 实审生效

将委托专利技术内容与相关文献分析比较，结论如下。

- 该专利实施过程工艺参数落入专利文献 2 权利要求 1 保护范围。

● 该专利保护气体为 O_2 和 Ar 混合气体，落入专利 4 权利要求 1 保护范围中。

● 该专利定向凝固的过程中形成具有至少一段球面形状的结晶界面，落入专利 5 权利要求 1 保护范围中。

● 该专利保护气体为还原性气体或由还原性气体与惰性气体组成的混合气体，落入专利 6 权利要求 1 保护范围中。

专利 2 和专利 4 已获得授权，该专利的实施将会侵权。

虽然国家其他法律并不禁止多晶硅的研发生产，但在对政策的检索中发现 2011 年 3 月 1 日工业和信息化部、国家发展改革委、环境保护部联合发布《多晶硅行业准入条件》，按照优化布局、调整结构、节约能源、降低消耗、保护环境、安全生产的原则，制定行业准入条件，新项目暂停审批。显然，即使该专利技术不存在侵权问题，现阶段也不可能自由实施。

因此，B 研究所对于“一种太阳能级多晶硅的提纯方法”不具有自主知识产权。

撰稿：杨莺歌（上海科学技术情报研究所）

应 用 篇

专利信息是人类创新的智慧资源和宝贵财富。将专利信息通过检索、查新和分析转化成有价值的专利情报，对于行业和企业有效配置创新资源、激发创新活力、提升创新效益、推动创新成果应用有着至关重要的作用。如技术人员可以在现有技术发展的基础上，寻找可能的技术发展空间和创新点，同时避开已有专利圈定的保护范围，另辟方向开展纵深研究，从而避免过度和重复研究，节约资源，努力延长现有技术的发展链。通过对海量专利信息中无效专利的检索分析，可以充分挖掘这部分信息中仍有价值的部分，寻找技术完善的突破点。专利情报帮助企业明晰技术发展阶段，指引创新发展方向，启发科研人员创新思维。

从某种程度看，专利信息的分析利用水平影响甚至决定着企业在研发生产、销售和知识产权保护中的各种决策行为，如产品定位、技术研发、专利策略、专利评价与评估、专利权保护、合作、兼并等。专利情报在企业技术成果交易中发挥重要的作用，可以为企业开展产品贸易保驾护航。专利信息的分析和合理利用贯穿了企业生产经营的全过程，是企业在市场竞争中立于不败之地的关键。本篇进一步梳理专利战术情报应用思路，包括产业链中的应用、资产运营中的应用、专利保护中的应用和专利尽职调查中的应用。

第24章 产业链中的应用

24.1 立项(项目申报)

项目立项通常包括各级政府管理机构层面的项目申报、单位层面如企业、高校、研究所等的项目申报。本节所述的立项主要指政府管理机构层面的项目申报。

24.1.1 项目申报的概念与特点

(1) 项目申报定义

项目申报是指高校、研究院所和企业等机构按照科技管理部门发布的项目申报指南，来编写申报材料，并根据申报要求和流程进行申报的过程。所申报的项目来源有国家相关部委，也有各省、市、自治区的科技管理部门；项目性质涵盖基础研究、应用基础研究、应用研究和产业化推广等；不同的项目申报对申请人的资格和条件要求也有不同。

(2) 申报项目类型

目前，国家层面管理科技项目运作的机构有科技部、中国科学院、国家自然科学基金委员会、国家发展和改革委员会、工业与信息化部、教育部、农业部等。其中，以科技部和国家自然科学基金委员会主导的科技项目影响力较大，而且这两个部委对项目的知识产权产出和管理都有着较为规范和详细的要求。因此，本节内容重点针对科技部和国家自然科学基金委员会的国家科技项目进行分析，按照研发工作是否完成进行划分，具体情况见表 24.1。

表 24.1 需要进行专利检索的主要国家级科技项目

研发工作	项目管理部门	项 目 名 称	主 要 政 策 依 据
未完成	科技部	国家科技重大专项	科技部、国家发展和改革委员会、财政部、国家知识产权局《国家科技重大专项知识产权管理暂行规定》(国科发专〔2010〕264 号)

续 表

<table>
<tr><th>研发工作</th><th>项目管理部门</th><th>项 目 名 称</th><th>主 要 政 策 依 据</th></tr>
<tr><td rowspan="6">未完成</td><td rowspan="2">科技部</td><td>973 计划
863 计划</td><td>◆ 科技部《关于加强国家科技计划知识产权管理工作的规定》(国科发政字[2003]94 号)
◆ 科技部、财政部《关于国家科研计划项目研究成果知识产权管理的若干规定》(国办发[2002]30 号)</td></tr>
<tr><td>国家科技支撑计划</td><td>《国家科技支撑计划管理办法》</td></tr>
<tr><td rowspan="4">国家自然科学基金委员会</td><td>面上项目</td><td rowspan="4">《国家自然科学基金项目指南》</td></tr>
<tr><td>重大项目</td></tr>
<tr><td>重点项目</td></tr>
<tr><td>杰出青年科学基金</td></tr>
<tr><td rowspan="3">已完成</td><td rowspan="3">科技部</td><td>国家重点新产品计划</td><td>《国家重点新产品计划管理办法》(国科发计字[1997]503 号)</td></tr>
<tr><td>国家星火计划</td><td>《星火计划管理办法》(国科发农社字〔2002〕1 号)</td></tr>
<tr><td>国家火炬计划</td><td>《国家级火炬计划项目管理办法》(1991)</td></tr>
</table>

24.1.2 项目申报引入专利检索的作用与意义

表 24.1 所列示与专利检索相关的国家级研究项目,对于提高国家科技创新能力有着重要的作用,主要表现在两个方面:一是运用政府政策的导向,引导研发机构、特别是战略新兴产业技术领域的创新主体,在研发活动中充分利用专利信息,助推我国研发机构形成核心专利技术。二是促进企业技术与产品攻关,降低攻关项目侵权风险,提高市场竞争力。

24.1.3 项目申报中涉及的专利问题及其解决方案

(1) 阐明研究现状和研究目的

对于未完成研发的国家级科技项目,项目申报时均要求阐明项目研发的关键技术或产品的研究现状和研究目的,其中不少类型科技项目还要求提供该领域的知识产权状况分析等。如科技部制订了适应于不同科技项目的知识产权管理规定,无论是知识状况分析,还是知识产权可行性分析,或知识产权发展动态,都要求把专利查新作为项目可行性分析的重要内容,甚至在项目可行性研究报告编写提纲时,在描述现有工作基础中要求阐明知识产权现状与发展趋势分析。特别是国家科技支撑计划规定尤为明确、详细,这些材料的撰写都离不开专利检索与分析。

如国家科技重大专项要求提交核心技术知识产权状况分析,内容包括分析的目标、检索方式和路径、知识产权现状和主要权利人分布、依托单位相关的知识产权状况、项目(课题)的主要知识产权目标和风险应对策略及其对产业的影响等。863计划和973计划要求在项目建议书中写明项目拟达到的知识产权目标,包括通过研究开发所能获取的知识产权的类型、数量及其获得的阶段,并附知识产权检索分析依据。国家科技支撑计划明确要求项目、课题的可行性研究应将专利查新作为重要内容,并提交相关知识产权现状、预期知识产权可行性和水平等分析报告,把自主知识产权的获取作为项目、课题的重要考核目标之一。

因此,作为项目申报单位不仅应提出项目的知识产权目标,还应进行国内外专利现状的检索与分析。对项目提出的创新点不仅应进行专利查新,做出新颖性和创造性分析,而且还应进行专利侵权检索与分析、自主知识产权分析等,以期为将来形成的成果能达到何种知识产权状态做到心中有数。

对于已完成研发的国家级科技项目,按申报要求进行相关产品知识产权纠纷分析,需要从技术和法律角度进行专利侵权检索和技术风险评估。如国家星火计划提出具有核心知识产权的项目优先,产业化推广项目没有知识产权纠纷;国家火炬计划重点支持有自主知识产权的科技成果产业化项目。

(2) 确定项目创新内容

专利作为技术创新的重要成果之一,对于判定项目关键技术或产品的创新性具有不可或缺的作用,无论是未完成还是已完成研发活动的国家级科技项目,通过专利信息检索与分析,对国际上的研发现状进行深入剖析,明晰现有技术的不足之处,并与项目研发的技术或产品进行对比分析,不仅可以作为项目创新程度判断的重要依据,而且检索获得的密切相关信息,也可以为规避设计提供重要参考。

(3) 确认申报人资质

部分国家级项目的申报材料中,要求说明项目参与人员、项目依托单位的工作基础与知识产权状况,如国家重点新产品计划要求阐明与所申报产品相关的知识产权纠纷;国家火炬计划要求企业列出所拥有的核心技术,三年内自主研发的知识产权数量,这对于申报人或是立项评审机构来说,均有助于确认申报人或项目依托单位的申报资质。

(4) 明确立项审核机构的相关问题

科技管理部门作为立项审核机构,对项目申报的材料具有明确细致的要求,如在编写项目可行性研究报告时,在项目考核指标中要求写明形成的知识产权的种类和数量,在附件中提供相关技术领域的专利检索、查新报告,以及专门的知识产权分析报告。如863计划和973计划要求申请承担科研项目申报时,须提交该项目的知识产权可行性分析报告。项目执行过程中,项目承担单位须根据相关领域知识产权的发展动态,及时调整研究策略和措施。

撰稿:赵晓勤(上海科学技术情报研究所)

24.2 研　　发

24.2.1　研发的特点与涉及的专利问题

在飞速发展的知识经济时代，自主研发与科技创新能力已经成为引领经济社会发展的主导力量。新技术、新产品研发等非价格因素已成为竞争的主要手段，各国高新技术企业不断地加大研发投入，以期提高核心竞争力。随着专利制度的建立，世界各国的绝大部分创造性研发成果都汇聚到专利信息宝库，不仅为了保护专利权人的利益，同时也有利于促进人类技术创新。专利信息库记录了各行业的技术研发路径史及最新研发动态，通过分析专利信息可以总揽全局、洞察现状、明确方向，找到发明和创造的契机。面对研发，企业管理层通常要求研发部门解决以下课题：国内外同类型技术研发方向和主要技术成果是什么？已有的专利或专利申请对本公司产品研发有何影响和借鉴启示？本公司如何避开竞争对手设下的专利保护范围？本公司研发的产品是否有专利侵权隐患？本公司自主研发出的技术成果如何得到专利保护？以上等问题都可以从专利信息的利用中得到答案。

24.2.2　专利情报在研发中的应用

24.2.2.1　选择研发方向

“凡事预则立，不预则毁”。“预”，古称“运筹”，时称战略，即人们对于未来行动目标及其实现方案的谋划。企业研究与开发的成败、兴废，系于企业研究开发战略及其方向的正确与否。而充分利用专利信息，是获取研发方向的重要途径。

(1) 从趋势找方向

专利文献作为研发成果的主要表现形式，是研发活动较为完整的记录，能够反映各项技术活动的发展历史与现状。利用专利信息进行趋势分析，可以摸清技术发展脉络、把握产品研发的潮流命脉，为研发方向的正确选择做出有效指引。

常用的趋势分析方法是对检索得到的样本数据，按照时间序列分析法进行分析，直接研判研发趋势；考察某技术的生命周期，处于技术萌芽期、成长期、成熟期、衰退期中的何种阶段，可以预测技术转折方向，发现新的技术分支，为技术研发提供创新方向；在技术发展压力和市场需求的影响下，各个领域的技术总是在不断变化中。每个领域的技术都有其特定的发展路径，因此，通过对技术发展路径的研究，可以了解当前的技术热点，预测发展方向。

(2) 从热点找方向

新技术的产生可以导致一系列相关新产品的问世，对人们的生活、企业的发展乃至社会经济产生巨大的推动作用。在某一新技术尚未完全成熟之际，必定会有很多企业或研发机构围绕这一技术不断进行改进和完善，并申请相关专利技术进行保护。因此，未来主流市场中的主流技术在专利文献中一般会有量的征兆，可以通过对专利数据的分析来进行技术热点的监测。

由于专利分类号是具有技术含义的重要著录项目，对一个领域的专利申请按专利分类进行统计，可以看出近年专利申请主要聚集于哪些分类号，有无新分类号出现，从而了解技术的研究热点与新技术的扩展；研究主题词对应的专利量逐年变化情况或对不同年份中主题词分布情况进行分析，考察相关领域重点技术发展趋势或技术热点变化；专利间的引证关系也反映了一种技术关联。通过对某领域专利的多级引证分析，从近年来出现的主要技术集群，可以分析新技术的发展方向。

(3) 从空白点找方向

专利信息具有延续性、系统性，通过对相关专利信息的检索与分析，可以发现相关技术领域中的空白点、研发突破点，在此基础上确定研究方向、研究起点，为研发立项提供决策依据。

发现领域空白点的常用方法之一是制作专利技术功效图，即收集某技术领域内主要专利，以技术手段作为纵(横)轴，功效作为横(纵)轴制作矩阵型统计表。通常，专利技术功效图可以呈现一个领域内专利布局的地雷区、稀疏区、空白区。其中，空白区的技术开发自由度大，侵权概率低，为技术创新的最优开垦地。当这些空白点的开发具有可实施性，且具实用价值时，应成为重要研发方向。稀疏区中由于专利布局不多，为技术创新的重要开垦地，稀疏区专利之间未圈地的诸多技术空隙为技术挖洞提供了线索。地雷区也未必是一触即爆的侵权区，有时通过对地雷区专利的分析，同样可挖掘出可形成交叉专利的研发点。

领域空白点的挖掘，也可以通过专利引证图制作等方法，梳理领域内主要专利保护体系，从确定的核心专利、重要专利、外围专利等中寻找技术空白点。首先，我们可以尝试基于核心专利、重要专利挖掘研发方向。由于在建立专利保护时，有的申请人习惯利用宽专利进行保护，有的申请人喜欢用多个窄专利进行保护。当专利的权利保护范围设计得过于宽泛，或者保护范围考虑不周，往往会留下技术空隙，这些空隙领域应成为研发方向的重要选择。其次，也可以分析外围专利篱笆墙是否严密，专利之间是否留有空白。在实际操作中，应研读相关专利的权利保护范围。

可以通过常规的专利检索，筛选密切相关重要专利，从已有的权利保护范围之外寻找研发突破口。

例如，我国中西药业股份有限公司成功开发了我国第一个获得专利权的创新结构农药溴氟菊酯，就是根据美国专利 US-A-4199595 的化合物通式中公开了其中的取代基 R 为氯和氢的化合物，但是没有公开 R 为溴的化合物这一点而找到了创新的突破口，研制合成了 R 为溴的化合物。这个新农药比国外同类产品杀虫效果更好，而且毒性小，对水源、环境等危害很轻。

(4) 从问题找方向

一般来说，大部分研发都为了解决技术问题，每一项专利均体现了某一技术问题的解决方法。但事实上，不是每一次研发都是完美的，体现在专利中的每一个技术方案并不都是完善的。因此，通过专利检索，从分析领域内专利技术方案存在的问题出发、寻找更加合适的解决方案，也不失为一种获取研发方向更为实际的途径。

以海尔彩电产品研发为例。以日本为首的国外彩电厂家在彩电领域已经申请了众多类型的专利，从各个方面对产品技术进行保护。在表面上严密的技术保护范围中，似乎很难于再找到可以发展的空间，但是海尔公司研发人员通过对国内专利技术的专题检索与分析，发现彩电屏显技术方面的专利保护并不完善。同时对消费者的调查显示，对于彩电显示屏开关机时瞬间闪烁射线，不仅对消费者视力造成损害，而且也是造成显示屏使用寿命缩短的最大因素。为此海尔决定将技术研发重点放在对彩电屏显技术的改进上来，研制出具有独特屏显技术的新型产品。

在实际应用中，检索并分析某一技术领域内的典型专利，将专利文献中提供的技术研究结果按照时间顺序排列，制作典型专利"目标—方法"矩阵分析表，即能找出呈现该技术发展过程中努力克服过的主要难题，也可找出为达到某目标曾经采用的不同解决方法。由于这样的专利地图能够清晰显示具体的技术难题及其相应的解决办法，有助于为研发人员在研发中遇到相似技术难题时提供解决思路。

总之，在技术开发平面上，应突破在先专利技术的封锁，通过比对找出其他解决方案；在技术开发高度上，以在先专利技术为基础，进行改进和提高，形成突破性的重要专利。

24.2.2.2 制定研发方案

(1) 借鉴现有技术

不管是科研项目立项、还是研发过程中解决技术难题时，都要涉及研发方案的制定，其中利用专利信息获取现有专利技术作为参考是重要的一环。技术研发具有继承性，每一项发明创造都使技术的发展向前迈进一步，同时又是新技术的起点。通过跟踪现有专利技术，借鉴前人的技术方法、手段和经验，可以启发思维，站在别人的肩膀上进行新的发明创造，有利于确定最佳技术路线和技术方案，也可为解决技术难题找到突破口，加速研发进程；若发现原定研发方案与他人专利相同或相近似时，可以调整研究方案，设法改进或绕开他人的保护范围，找出有别于他人技术方案的新方案。因此专利文献不仅是查阅信息的一个大宝库，同时又是取得再创造和再发明的一个重要工具。此外，在研发后产品管理过程中，也经常需要跟踪行业的最新专利公开，及时了解竞争对手的技术或产品研发动态，为产品的更新换代提供参考。

现有专利技术获取的常规方法为专利专题检索，通过主题检索筛选出相关文献及最新研发动态，可以定期检索行业竞争对手的专利，监测最新专利公开；也可以对检索得到的专利通过专利引证分析、专利聚类等方法，了解领域内的核心专利、关键专利及其外围专利、以及最新的技术发展动态。通过各种方法获取的现有专利技术，对研发人员具有极大的启迪作用。

在具体实践中，可利用现有专利技术，结合各种创新方法制定研发方案。例如可以利用"组合法"，将原本不在一起的某些技术方案进行组合，构成一项新的技术方案，以解决现有技术客观存在的技术问题；利用“选择法”，从现有技术公开的范围中，有目的地选出现有技术中未提到的窄范围或个体发明；利用“专用法”，将某一技术领域的现有技术转用到其他技术领域中；利用“新用途法”，将已知产品用于新的目的；利用各种“规避设计法”，改造高价值的现有技术，形成新的技术方案。在研发方案设计中，不仅应充分利用有效专利，更应学会利用免费的失效专利资源。因此，当获得一篇有价值的专利时，先要进行法律状态检索，确认其有效性；若属无效专利，或已超过申请中国专利期限的国外有效专利，则可以在中国免费使用。

借鉴现有专利成功设计研发方案的例子数不胜数。

案例 1： 某低压电器厂开发漏电保护开关产品时，研究人员经过一年多的探索未找到理想的技术方案。后来他们用 7 天的时间查阅专利文献，找到 70 多篇有关专利文献，其中有 6～7 篇参考价值最高，使研究人员茅塞顿开，很快制定出可行的技术方案，研制出具有国际先进水平的新产品，并申请了专利。

案例 2： 美国人 C. F. 卡尔森看到复写文件需要花费大量劳动，就想发明新的复印方法。开始，他做了多次试验均未成功。于是他花费了三、四年时间进行专利专题检索与分析，经研究后发现前人的研究都采用化学方法，并未应用过物理方法。于是他提出了用光电效应和静电学相结合的复印技术，发明了一种完全干式的照相复印技术，并取得了专利权。后来，美国哈洛依德公司又在这项专利技术基础上进行研发，于 1950 年终于研制成功了商业上首次应用的静电复印机。

大多数发明不是“无中生有”，一般发明人进行发明创造活动时，都需要参考现有技术的发明创造内容。若把现有技术比喻为“梯”，借这个“梯”，就能上“楼”，后来居上，利用它聚众家之长为我所用，可以收到事半功倍之效，有力地促进新技术、新产品的诞生。

(2) 规避侵权设计

技术研发方向一旦确定下来，所有的工作重点就围绕着如何避开他人专利保护的限制、设计创新性研发方案。不管是原始创新、还是集成创新、二次创新，事实上，在具体设计中都需要分析现有技术，进行规避侵权的回避设计。回避设计是指研究他人的某项专利，然后设计一种不同于受专利法保护的他人专利的新方案，来规避他人的专利权。首先应该明确的是，回避设计并不是设计中的灵丹妙药，因此注重自主知识产权的创造，才是知识产权策略中的根本，才可以在市场竞争中长期占据有利局面。但是，回避设计的确是企业知识产权策略中避免侵权发生的重要措施，同时也可能是代价最小的一种竞争手段，因此，特别是对于后来者而言，回避设计往往能后发制人，应值得企业充分关注和重视。

回避设计时，首先，要选择可回避设计的目标对象。常用方法有：① 采用专利检索，通过对相关技术领域专利的定题检索，获取与研发方向与研发目标相关、具有重要参考价值的专利作为回避设计的基础；② 可以从专利技术功效图或景观图中与研发方向相关的区域中选择目标对象。当然，若研发方向属于其中的空白区，则可大胆设计创新方案；③ 可以借鉴相关专利说明书背景技术中提及的专利及相关专利相互引证的专利文献作为回避设计的目标对象。

其次，要对选定的专利进行法律状态检索，以确认专利的有效性。若经检索发现，该专利已过保护期，或因各种原因失效，则无需回避设计，可直接免费利用。

再次，在确定目标专利为有效专利的基础上，如果考虑到回避设计的复杂程度和成本，可先进行专利查新，核查该专利是否有不当授权的情况，是否有无效宣告的可能。若明确可无效宣告的，则可在无效宣告后使用该技术。

若经上述考察确认目标专利属专利权稳定的有效专利，则进入回避设计的实质阶段。为了搞清所要回避的专利保护范围、方便回避设计，可将目标专利的权利要求制作成权利地图，包括权利要求要件图、权利范围矩阵分析图，指导研发方案的回避设计。由于权利要求要件图，以图形化形式清楚地表达了一件专利的各独立权利要求与从属权利要求之间的关系，使得复杂的技术方案展示更直观，能启发创新思路。在方案设计中，可以修改独立权项，形成有望获得自主知识产权的新方案。也可以修改从属权项，形成交叉专利。权利范围矩阵分析图，则清晰地展示每一技术目标下的权利要求范围，研发人员可以很方便地利用此图进行研发方案的回避设计，即绕开目标专利权利保护范围，设计新的方案。

除了专利的权利要求外，还可以借鉴专利文件中发明内容和具体实施方案进行回避设计。通过分析发明内容和实施例，寻找权利要求的概括疏漏，找出可以实现发明目的，却未在权利要求中加以概括保护的实施例或相应变形；或者可以通过应用发明内容中提到的技术原理、理论基础或发明思路创造出不同于权利要求保护的技术方案。此外，利用专利法律状态检索，借鉴专利审查相关文件也是进行回避设计的途径之一。根据禁止反悔原则，专利权人不得在诉讼中，对其答复审查意见过程中所做的限制性解释和放弃的部分反悔，而这些很有可能就是可以实现发明目的，但又排除在保护范围之外的技术方案，所以如果能获得这样的信息，回避设计就事半功倍了。

在回避设计中，利用专利权利地图，结合以下等创新方法，可演变出各种各样的创新思路：例如通过要素关系改变，将构成技术方案的各要素之间的关系进行改变，使之与现有技术相比，其形状、尺寸、比例、位置及作用关系等发生了变化；通过要素替代，将构成技术方案的某个要素由其他要素替代；通过要素省略，省去已知技术方案中的某一项或多项要素等。

回避设计时，要严格把握度的问题，度的下限为侵权判定原则，一般指全面覆盖原则与等同原则，要求回避设计的研发方案不再现权利要求记载的全部必要技术特征，应缺省至少一个技术特征，或有至少一个必要技术特征与权利要求不同。同时避免两者的技术特征字面看不相同，实质相同。不管采用何种方法，回避设计完成后，最好要进行侵权查新，以规避研发方案的侵权风险。

24.2.2.3 评估研发方案

一个立项的研发方案出台后，其研发前景如何？技术的先进程度如何？技术方案能否形成专利？技术的实施是否有侵权可能？能否形成自主知识产权等，都应做出评估。

专利查新与分析方法可以对以上等问题做出全面评估。

(1) 研发前景评估

新技术、新产品的研发前景很大程度上反映于其市场前景。对市场前景的准确预测,可在某种程度上保证研发投入的未来产出。利用专利分析,可以对市场前景做出有效预测,一般可通过综合利用专利申请趋势分析、技术生命周期分析和主要国家/地区同族专利布局分析等进行预测。根据专利申请趋势分析,可判断近年来该领域的研发趋势或投入力度呈何种态势,是上扬、平稳或下降。若总体呈上扬趋势,则至少预示行业不处于衰退期,研发前景基本良好。利用技术生命周期图,可以判断该技术领域当前处于起步、发展、成熟、衰退、再发展等阶段中的何种阶段,以此预测市场发展势头。利用该技术领域主要国家、地区或主要研发机构同族专利布局态势图,可以看出行业竞争对手对该技术市场的重视程度。某一专利的同族专利越多,意味着其受重视程度越高。

(2) 先进性评估

研发前对方案的先进性进行评估十分必要。先进的技术是保证市场竞争力的首要条件。利用专利分析与查新对研发方案先进性的评估,主要从宏观上考察该类技术是否符合国际发展趋势,是否属于研发热点。

通过对某技术领域的专利进行 IPC 的时间序列分析,可以看出该类技术是否与当前的研发技术类别相符;进行 IPC 聚类分析,可以看出该类技术是否为主要研发国家、主要竞争对手的研究热点;根据行业专利引证树或领军竞争对手技术演进图分析,判断该类技术是否与当前研发热点及未来趋势相符等。

研发方案的先进性分析,还应结合发明内容进行对比分析。一般需要利用专利检索获取与研发方案相关的专利文献,剖析这些专利的技术方案,再结合时间要素,判断该类技术是否属于过时技术、有无被替代的可能,是否符合当前的研发热点或属于将来的发展趋势。与密切相关专利相比,该研发方案的实施是否更为便捷,效果是否更优、成本是否降低等。

(3) 可专利性评估

立项前,进行研发方案可专利性评估是判断技术方案是否属于重复研发、是否可能形成专利的一项重要工作。重复研发是任何企业、研发机构的大忌,既浪费人力,又浪费财力。因此在立项前应就研发方案进行专利查新,了解国内外研发现状,确认是否有相同研究的公开报道;确认是否有密切相关文献,分析技术方案的新颖性与创造性,确保研发投入的产出价值。

研发方案的可专利性评估不仅在研发前需要,研发后同样需要。一般来讲,研发需要一定周期,在研发过程中不能保证没有密切相关文献公开,因此,不仅在研发过程中要密切跟踪国内外研发成果的公开,在研发后尤其要进行专利查新,确认研发成果的可专利性,以便及时进行专利保护。

(4) 侵权风险性评估

项目立项前,不仅要保证研发方案具有良好的市场前景、先进性、和专利授权前景,还要确保技术方案的实施，是否存在侵权可能，是否存在技术壁垒。因此，在立项前，还需要就拟研发的技术方案进行侵权查新。若有出口意向的，要针对出口地进行侵权查新，以免遭遇专利诉讼纠纷。

任何一个项目，不仅在立项前需要进行侵权风险评估，在研究过程中、研究后、新产品上市前也应进行相关评估。一般可以委托专业机构进行侵权查新，也可以由研发人员自行进行专利检索，不断跟踪新近公开的专利技术，对密切相关专利制作权利要求地图，比对双方的权利要求点，判断己方技术方案是否落入对方独立权利要求保护范围，由此分辨侵权可能。

24.2.2.4 保护研发成果

研究开发中，经常会创造出新技术、新产品，企业应及时采取合适途径进行保护。研发成果的表现形式一般包括专利、技术秘密、非专利文献如论文等。其中，专利是技术研发最重要的成果表现形式。经世界知识产权组织统计，全世界 90%～95%的研发成果以专利文献形式公开。在行业领军企业中，一般没有专利申请，新技术研发就算没有结束，专利申请与研发技术成果是一一对应的关系。例如在海尔，技术创新实行 100%的专利申请率，每一项技术创新方案都会去申请一项专利，从积累每一项专利申请从而构成了对每一项技术创新的法律保护。

将专利保护与项目研发同步进行　当研发人员在解决一个新的技术问题时，应同时进行专利检索与监视，看是否已有他人解决了该问题，应该对解决的每项技术创新与技术改进及时进行可专利性检索。原始创新、基础专利固然重要，但技术改进、外围专利有时也能起到重要作用。因此，在专利挖掘的过程中，哪怕是微小的改进点，只要其能够解决一定的技术问题并产生相应效果也应及时考虑申请专利保护。

专利保护与技术发展阶段相适应　申请专利前，研发人员应了解该技术处于技术生命周期的何种阶段。在不同的发展阶段，研发的重点不同，专利申请的侧重也应有所变化。若处于萌芽期，领域内相关专利申请数量少，研发人员在申请专利保护时，保护范围尽量宽泛，若能形成核心专利、重要专利，则更佳。若处于成长期，应挖掘、申请产品专利或关键技术专利为主，在申请前，可进行该技术领域的引证树分析、定题专利检索等，分析围绕核心专利已形成哪些关键技术、哪些产品，以及有哪些扩展技术、更新换代产品。若处于成熟期，此时该领域专利已比较多，申请核心专利、关键专利的难度较大，但也可以申请外围专利，以期获得交叉许可。当迈入衰退期时，已有产品与技术即将被淘汰，不宜再申请简单改进的产品或技术专利。当进入再发展阶段，申请的专利应当在技术上具有突破性。

注重专利授权前景　在专利申请前，应对拟申请专利的技术方案进行专利查新，判断是否有在先文献公开影响该技术方案的新颖性或创造性，以提高授权前景。若存在影响可专利性的密切相关文献，应将申请方案与该专利的权利要求图进行对比分析。若两者相似度高，则应修改申请方案，以提高授权前景。若两者属一般相关性，则要进一步分析该专利与其他专利、论文或著作等结合，是否会影响该申请方案的创造性。若影响，则应修改方案。完善的专利申请方案，是提高授权前景的必要条件。

撰稿：瞿丽曼（上海科学技术情报研究所）

24.3 生　　产

采购生产原料和生产设备的时候，需要控制采购风险，针对供应方提供的原料和生产设备开展专利侵权查新。

生产阶段，可以通过防止侵权检索评估专利侵权风险，使所生产加工的产品及其零部件等不侵权，所使用的方法不侵权，所造产品的外观不侵权。

24.4 销售(进出口和展览)

产品销售（进出口和展览）解决的主要问题是：① 产品销售是否存在侵权风险；② 存在风险如何化解？

产品侵权主要指产品整体、部件及其方法落入销售地或展览地的他人有效专利的保护范围。因此，专利战术情报运用的主要方法有：① 防止专利侵权查新：针对产品整体、部件及其方法找出所有可能侵权的专利；② 被控专利侵权查新：针对找出的所有可能侵权的专利，查证其法律状态，查找现有技术并进行比对，确定未来万一发生诉讼，能够用现有技术抗辩或专利无效抗辩，从而化解风险。

第 25 章
资产运营中的应用

25.1 项 目 投 资

25.1.1 项目投资的概念与特点

项目投资是一种以特定项目为对象，直接与新建项目或更新改造项目有关的投资行为。根据联合国工业发展组织所编写的《工业项目可行性研究手册》和世界银行的有关规定，一个投资项目的发展周期可分为三个主要时期：投资前期（投资决策时期）、投资执行时期（投资时期）和生产运行时期，每个时期又包括若干个工作阶段或者若干个小项目。

项目投资前期是指从项目发现、初步评价、深度评价到达成投资决定的这个阶段，其重点工作是对项目进行科学的论证和评估，对正确投资决策提供可靠的参考。投资前期主要由投资机会发现与选择阶段（即项目选择阶段）、项目建议书阶段（立项报告阶段）、项目可行性研究阶段和项目评估与决策阶段构成。项目投资执行时期，也就是项目投资时期，是投资前期规划方案、计划等各项工作的实现阶段，是投资决议通过后从项目地址选择、合同签订、施工建设、竣工验收到交付使用的阶段。项目投产使用期，即生产运行时期，这一时期主要进行生产运营，还需开展投资后评估工作。

25.1.2 项目投资中涉及的专利问题

投资机构进行投资，不外乎资产及技术。在技术投资中，对行业专利申请现状的调查及分析，有助于选定适合的投资标的、技术来源或合作者，同时有利于评估拟投资的技术，亦将有利于找出日后谈判时对投资方有利的筹码。

当前，项目投资活动经常以专利技术为投资对象，投资活动中一般会涉及如下专利问题：① 项目投资涉及的专利权属界定是否清楚无误；② 项目投资对象的专利优势是否具有法律上的可靠性；③ 项目投资产生的经营活动是否具有潜在的专利侵权问题；④ 项目投资涉及的专利应用后是否会产生良好的实际效果；⑤ 项目投资者与技术所有者（专利权人）之间的合作模式。

当项目投资以专有技术(即技术秘密)为投资对象时,涉及的主要问题为:是否有相同在先技术公开、是否涉及专利侵权风险等。

25.1.3 专利战术情报在项目投资中的应用

25.1.3.1 选择投资项目

(1) 判断欲投资技术或产品的先进性

技术的先进性是被评估技术和现有技术相比较的领先程度,一般通过技术性能指标和成本节约额来衡量。一项技术具有先进性是获得应用的前提,否则人们将选择使用现有技术而非承担风险使用新的技术。因此,如果拟投资技术与现有技术相比,不具有先进性,则它不具有应用价值,而且技术性能指标优于现有技术的程度或节约成本的数量与被评估技术的应用价值存在正相关关系。

通过对欲投资技术或产品进行专利检索,找出国内外与之相关的专利技术,可了解欲投资项目所属技术领域的过去和现状,通过进一步比较可帮助投资机构判断其先进性,从而发现和确定合适的投资项目。

(2) 判断欲投资技术或产品的成熟度

技术的成熟度是指技术与工业应用之间的距离。专利制度实行的是申请在先的原则,一项发明创造基本完成后,为尽快取得专利权和技术独占地位,未形成生产能力就先申请专利,因而此时专利申请人提供的仅仅是技术方案,获得专利权的技术并非都是成熟可靠的技术,它最终应用于工业化生产,还需要经过很多工作,投入大量人力、物力、财力,并且具有一定的技术风险。因此,对技术成熟度的分析,需要进一步考察该技术领域的专利技术发展历程。专利技术的发展阶段如图 25.1 所示。

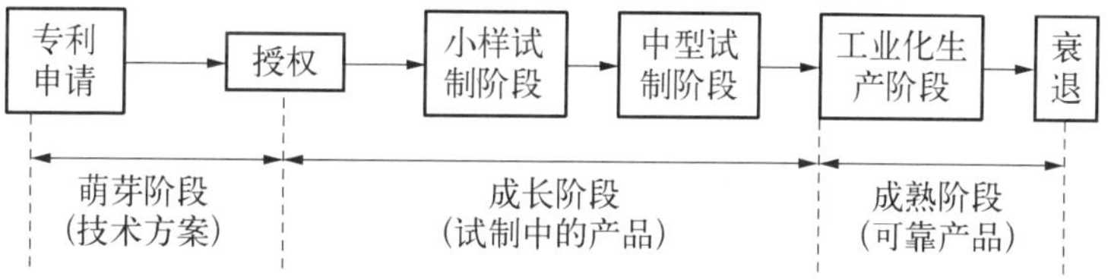

图 25.1　专利技术的发展阶段

对于一项专利技术,处于不同技术发展阶段时,其应用价值是不同的。每经过一个发展阶段,都使原有技术的价值增加,技术成熟度提高,其应用价值也就提高。一般来说,进入工业化生产的技术其工艺较为成熟,运行稳定,产品质量较为可靠,市场开发已经形成,风险性降低,投入少,成本低,相对来说,这个阶段的技术应用价值最高。而当专利技术开始进入衰退期,或已进入衰退期,则该技术的应用价值变小。

当投资技术为专利技术时,应通过专利法律状态检索,获得专利技术的专利权申请、公开和授权时间,并与同类技术在市场上现在的表现进行对比分析,可确定欲投资项目涉及的专利技术或专利产品所处的发展阶段或成熟度,推测开发专利技术或专利产品大致需要的时间和投入,从而帮助投资机构判断其应用价值。

(3) 从失效专利中选择投资项目

失效专利为一种曾通过专利文献形式公开、但不享有或不再享有目标国专利权的发明创造。失效专利虽然不受专利法律保护，但这并不等于这些专利失去了使用价值，它们的技术含量和市场价值仍然可能很高。只要了解了失效专利的成因，就可以有的放矢地利用这些专利进行产品的技术开发和创新，因而从失效专利中选择投资项目是完全可行的，可以避免昂贵的专利费用。

案例：世界知名的美国苹果电脑公司就是其创始人费莱·瓦尔丁在美国专利局查阅了一份微电脑失效专利技术后，利用该技术与他人合作，投资 50 万美金创建的。日本有一位称为石川的工厂主准备投资生产一种轻型隔热建筑材料，当时国外有些厂商已在日本获得了有关这种材料的专利，但有效期即将届满。石川通过调查这些专利文献并掌握了这些情报后，立即毫不迟疑地着手进行准备，待上述专利的有效期一过，立即大规模地制造、销售根据上述专利研制改进成功的新型建筑材料，并且很快地占领了整个市场。石川的这一举动被日本发明协会誉为日本中小企业合理利用专利文献的典范。

不同的失效专利因失效原因不同，其蕴含的经济价值也不同。一般来说，失效专利主要有三种价值状态：第一种是已经转化为生产力，可以直接运用的失效专利；第二种是具有前瞻性的创新，目前难以转化，但通过技术提高和二次开发可以产生巨大经济价值的超前专利；第三种是由于技术迅速进步、已经衰退落伍的专利，使用价值不大。法定期限届满而失去专有权的专利一般都具有很好的使用价值，可根据实际需要选择投资，而专利权人提前放弃的专利，大多属于第二和第三种价值状态。对具有前瞻性的专利，通过相关技术的改进或设备更新，可能变得易于转化实施，因此对这类专利不要轻易放弃投资，而对待技术落后的专利必须考虑到，技术的先进和落后是相对的，可以根据自身情况借鉴参考。

需要指出的是，未向我国提出申请的国外失效专利可以根据市场情况，筛选一些技术含量高，已经或正在创造经济价值的专利，直接利用或二次开发利用，对这种失效专利的合理利用风险小，价值大。

(4) 了解竞争对手状况

专利活动是当前企业参与市场竞争必不可少的一部分，通过对专利申请等信息进行分析，可以对欲投资项目竞争对手的各个方面做出评价，从而帮助投资机构就投资项目选择作出决策。

首先可确定谁是竞争者。相同技术领域专利的申请人/专利权人是潜在的竞争对手。通过进行专利检索，申请人/专利权人申请专利或获得专利权越多，越有竞争力。一般被授予专利权的数量仅占申请量的 1/10 左右，因此专利权人又比申请人更值得研究。但是对于企业而言，有的对手只是技术上的对手，比如著名的研究机构或高等院校；有的则是产品上的对手，比如具有大规模生产能力的企业。

其次可分析竞争对手的特点。对竞争对手申请的全部专利按类别进行排序并考虑其分布情况，即可判断竞争对手的研究与开发重点放在何处，从而可以进一步对该竞争对手的技术策略和发展方向等做出判断。另外，通过检索同族专利，能够了解竞争对手已在全球哪些国家或地区进行市场布局以及最新的海外市场动向。

最后可评价竞争对手的实力。可通过统计竞争对手专利申请量与专利授权量之比来评价其技术开发研制的效益，也可通过考察竞争对手国外专利申请量与国内专利申请量之比来分析其经济实力，还可通过考察竞争对手每年申请的发明专利量与实用新型量的比例来分析塔顶技术水平实力等。另外，还可通过专利引文检索，对竞争对手相关专利的引用关系进行梳理，从引文角度来论证竞争对手所申请专利是否是重要专利或核心专利。

如果竞争对手实力不强，则欲投资项目面临的市场竞争压力较小，项目投资成功获得收益的可能性大。反之，若竞争对手实力过于强大，则欲投资项目可能一实现生产运营就面临着激烈的市场竞争，增加投资获得收益的难度。此时，可选择竞争对手专利未涵盖的技术空白区作为投资项目，并通过进一步改进或开发形成新技术，以减小竞争压力，赢得生存空间。

25.1.3.2 评估投资风险

在技术投资活动中，投资的对象分为两类，一类为专利技术，另一类为专有技术。以专利技术为投资对象时，一般需要规避以下风险问题：

(1) 专利权归属、有效性和权利稳定性问题

投资机构在进行项目投资时都希望选择一些比较新的有竞争力的技术或产品，因而很多选择了专利技术。但是在与技术持有方进行合作的过程中，由于一些投资方不懂得专利的专有性、地域性、时间性原则，往往急于达成协议而忽视了对技术持有方提供的许可使用的专利权的审查核实，从而让一些不法者得以通过各种方法欺骗投资方，使其受到损失，处境被动。投资机构在审查技术持有方或风险企业的商业计划时，应对据以支撑其商业计划的专利权归属和有效性进行确权审查，以确保相关专利权确属技术持有方或风险企业合法持有并仍具有有效性，避免投资机构经营活动中可能产生的相应法律风险，而对于技术合作关系复杂的技术持有方或风险企业，更应引起投资机构对这类问题的关注。

通过专利法律状态检索，可对项目投资涉及的专利权归属和有效性作出判断。通过专利性查新，可对拟投资专利的权利稳定性做出判断。一项无授权前景的专利申请，或者一项容易被无效宣告、专利权不稳定的专利，投资风险较大，不适合作为投资对象。一旦专利申请不授予专利权或者授权专利被无效，技术就进入公知领域，可免费使用，而投资人则可能白白浪费钱财。通过同族专利检索，了解专利技术获得保护的国家范围，可以明确该技术的保护地域是否符合投资人的商业计划。

例如，有的专利授权后发生了专利权转移，如果投资机构仍和该专利授权时的专利权人合作，那么以后的经营活动很可能会引发相应的法律风险。再例如，发明专利保护期一般为20年，实用新型和外观设计专利保护期一般为10年，凡已过期的不必缴纳转让费用，故投资之前一定要看其专利证书批准时间，同时还要根据法律状态检索结果分析其当前是否仍然有效。还有一种情况，有些归国留学人员回国创业，支撑其商业计划的依据之一是其在国外所提出的专利申请，从专利的角度看，这些专利所管辖的地域既非商业计划中的制造地，也非商业计划中的主要销售地，因此专利对其商业计划的支持几乎可以忽略不计，投资机构在评估其商业计划时可以不从专利角度加分。

(2) 经营活动是否存在专利侵权问题

首先从一个实例谈起。

案例： 2000年底，某风险投资机构收到一家风险企业的商业计划，该计划致力于通过生物工程提供人类发育过程中所必需的一种产品，已完成了实验室小试和中试阶段的工作，所生产的产品已被国内几家下游客户试用，对该产品下一步向高端开发也有较完整的计划。在审查该商业计划时，风险投资机构查阅了中国专利文献，发现国家知识产权局公开了在美国纳斯达克市场上市的某外国公司的一项专利申请，经比较，风险企业的技术方案与该专利申请权利要求所披露的技术方案，无论产品、工艺还是用途，均落入该专利申请权利要求的专利保护范围内，也就是说如果该专利申请的权利要求不加调整的被授予专利权，则风险企业商业计划中的经营活动无论是生产、销售或第三方的为生产经营目的的使用行为均受该专利权的约束。进一步的审查还发现，该专利申请还曾向北美、欧洲等地区的一些国家提出，在欧洲已被批准授予了专利权，因此，尽管该专利申请还没被我国批准，目前外国公司还无法通过司法途径或行政途径干涉风险企业在国内的生产经营行为，但风险企业要将其产品出口到欧洲某国的几家目标大客户则非常困难，因为这几家潜在大客户进口、使用这种产品的行为要受到依据当地国家法律所授予专利权的约束，事实证明风险投资机构的顾虑是有道理的，随后这个风险企业通过不同途径向目标大客户出口的营销努力，均因中间商反馈提出的专利侵权责任问题而至今没有达成交易。

从这一实例可以看出，项目投资产生的经营活动常常面临着专利侵权的隐形地雷，而通过专利侵权查新，则可使投资机构对项目投资产生的经营活动是否存在潜在的专利侵权问题做出判断。

考虑到化学合成药、生物医药领域的绝大部分，光电子信息、光机电一体化、微电子、通讯和新材料领域相当大部分的重要技术专利申请均被国外公司提出的现状，投资机构审查风险企业的商业计划时，一定要查清国内相关专利的申请动态以确保风险企业的经营活动建立在不侵犯他人专利权的基础上，同时也要查清国外目标市场的专利申请动态，以评估风险企业进行国际营销努力的可能性，这项工作投资机构可以由自己培养的专业人员承担，或者委托专业中介服务机构承担，但不能不做也不能做得不准确。

当投资活动以专有技术为投资对象时，一般需要规避以下风险问题：一是该技术是否确属专有技术，可以通过技术秘密查证核实。若检索发现已有相同的在先技术公开，则该技术不属于专有技术；如果在先技术为有效的专利技术，应获得真正专利权人的许可；若在先技术已进入公知领域，则可免费利用。二是要避免专利侵权。因此，在投资活动前最好进行防止专利侵权查新，以规避侵权风险，防止事后引发专利纠纷。

25.1.3.3 评估技术价值

如前文所述，专利是一项十分重要的无形资产，在企业投资经营中，常常选择专利技术作为投资对象，它往往比有形资产带来更大的价值。以下主要介绍专利投资价值的评估。

专利价值是指在专利法保护范围内的技术的价值。对专利价值进行有效的评估，可以为企业专利投资、转让、许可使用、质押等资产运营行为提供价值参考，实现专利资本化。而对项目投资来讲，评估专利价值则可以帮助投资方获取欲投资项目涉及专利的参考价格和未来产出预期，最终确定投资额度和合作模式。

影响专利价值的因素分为法律因素、技术因素和市场企业因素。法律因素包括专利权属、专利的类型、权利要求保护范围、专利有效性、法律地位稳固程度、剩余保护期等。技术因素包括专利技术的先进性、专利技术的成熟度、专利技术的实施难度、专利独立性、专利技术的生命周期。关于市场因素，专利技术所附载商品的市场需求、市场容量和供求关系，直接制约了专利技术的市场价格，专利技术在全球布局的同族专利数量，在一定程度上反映了其市场价值；关于企业因素，专利技术获得投资支持后企业的技术支撑能力，即技术水平、管理水平、销售能力、经济实力以及企业的地理、交通、资源、政策环境等，对专利技术的“成活率”和产生效益的多少有直接影响，对专利技术成交的价格也有很大的影响。通过各种专利战术情报分析，如利用专利检索、专利查新、专利法律状态检索、同族专利检索和专利侵权查新等，获取相关信息，对影响专利价值的法律因素、部分技术因素和市场因素有一个全面的掌握，有利于评估专利价值，从而帮助投资方确定投资额度和合作模式，实现其利益的最大化。

专利技术的权利属性主要包括专利所有权和专利使用权。专利使用权的主要形式是专利权实施许可，具体分为专利权独占实施许可、专利权独家许可（或称专利权排他实施许可）、专利权普通实施许可、专利权交叉许可（也称专利权互换实施许可）和专利权分实施许可。对于同一专利，不同的权利属性其许可程度和范围不同，会引起参与市场竞争的同样产品的数量不同，进而影响市场和利润的占有量，所以其价值也有所不同。一般来说独占许可、排他许可、普通许可和分许可的评估价格应依次降低。

在确定投资合同时，还要注意以下几点：首先，要明确是否需要许可方协助完成专利的实施。其次，在原有专利技术基础上专利权人或使用人又产生的新技术如何使用或申请专利的问题。这一点非常关键，如果专利权人有了更新的技术就意味着原来的专利技术已经落后，而专利权人为谋高利而不许使用人使用或要求高价使用就会给使用人造成麻烦。虽然《专利法》对此有所规定，但还是有必要明确约定的。第三，在保护专利联合“打假”时，要明确专利权人有何义务等。

撰稿：申群兵（上海科学技术情报研究所）

25.2　技术引进与转让

25.2.1　技术引进与转让的概念与特点

技术引进与转让是技术转移的一种经济行为，技术引进是指技术需求方从技术拥有方获得技术的行为,技术转让是指技术拥有方将其技术出让给技术需求方的行为。技术引进与转让的对象主要包括专利技术和技术秘密,其中,技术秘密是一种处于保密状态的、能够解决特定实际问题的、可以传播和转移的非专利技术。

根据技术权利化程度和性质的不同,技术引进与转让可以分为三种情况:一是专利权或专利申请权转让,指专利权人或专利申请人作为技术拥有方,将其发明创造专利的所有权或申请权移交给技术需求方的技术转让形式;二是专利实施许可,指专利权人或者授权人作为技术拥有方,许可技术需求方在约定的范围内实施专利的技术转让形式;三是技术秘密转让,指技术拥有方将其技术秘密提供给技术需求方,明确相互之间非专利技术成果的使用权、转让权的技术转让形式。

25.2.2 技术引进与转让中涉及的专利问题

关于专利权和技术秘密等知识产权问题,直接关系到供需双方的利益,在技术引进和转让中必须引起足够的重视。对于技术需求方来说,普遍存在项目筛选难的问题,寻找合适的技术犹如大海捞针,对于技术拥有方来说,技术成果与需求方对接的困难重重,而且双方由于对技术认知不一致难以达成交易。因技术引进与转让是从技术需求方和技术拥有方两个角度谈同一个问题,以下我们主要从技术需求方的角度对这一问题进行阐述。

技术引进前应至少明确以下问题:明确引进目标,确定要引进的技术、引进技术的权利人;查明引进技术的法律问题,包括核实引进技术的法律状态、分析引进技术的专利性以及调研其会否侵权;评估引进技术的价值,包括与计划引进技术的关联性大小、属于核心专利还是外围专利、是否有替代技术等。根据上述专利战术情报调研结果,供需双方可以对技术做出合理的判断和决策,有利于双方形成对价及合作基础。在技术引进以后,引进方应对基础专利所进行的优化、改进和完善的二次开发成果,适时进行知识产权保护。

25.2.3 专利战术情报在技术引进与转让中的应用

(1) 明确引进目标

找到引进目标有两种方式,一是通过专利技术信息检索,确定具体要引进哪种技术,在确定要引进的技术之后,需要确定从哪个机构引进该技术;二是通过机构与人员信息检索,确定哪个机构或发明人作为引进对象,在其相关专利中筛选出要引进的技术。

(2) 查明引进技术的法律问题

首先,通过专利法律状态查证,明确专利权属是否归出让人所有;判断专利权是否在有效期内,如果专利申请没有被授权或专利由于没有缴纳专利维持费而失效,则技术需求方不需要为使用该专利而支付费用;核实专利技术是否在中国被授权,技术需求方不应为非中国专利支付使用费;明确专利剩余保护期限,剩余保护期限越长,独占该技术的时间就越长。

此外,有些专利尽管已经授权,但仍然因不符合专利法规定而导致专利权不稳定,须通过专利查新判断引进技术的专利性。

再者,通过专利侵权主动查新,可以分析引进专利是否存在潜在侵权风险。对于专有技术而言,除了鉴别其是否属于技术秘密以外,也要分析其是否存在侵权风险。

(3) 评估引进技术价值

在专利价值评估中,专利的法律因素、技术因素、市场因素是影响专利价值的三大主要因素。在专利价值评估中,首先可以通过法律状态检索获取各类法律信息,如专利的权属、专利的有效性、专利的类型、权利要求的保护范围、专利权剩余保护期、是否涉及对外专利许可等,以及可以通过专利查新判断专利权的稳定性,以上信息是影响专利价值的重要因素。其次,通过专利信息检索与分析获取专利的技术信息,如技术的先进性、技术的可替代性、技术的应用前景等。一般来讲,先进技术通常都符合行业发展趋势或属于行业热点技术,其技术的可实施性及其达到的效果一般不落后于当前的同类技术。通过对相关领域国内外专利信息的检索与分析,可以判断拟引进技术在行业内的地位,是否符合行业发展趋势;通过分析比对拟引进技术与检出的同类技术的技术方案,可以考察其技术手段与技术效果是否更优;此外还可以利用引文检索,通过引证量判断引进专利的先进性;一般引证量大的专利通常是行业内的重要专利。从技术发展的时间趋势考察,若已有后来居上的同类技术,且实施更便捷、效果更好、成本更低,则引进技术极有被替代的可能,专利价值也会受到一定影响。此外,还可以通过专利同族专利检索、市场信息检索了解专利的市场因素,如专利技术申请的同族专利数量越多,通常价值越大;应用前景广、市场容量大的技术,价值就高。此外,在专利技术许可中,尤其是一揽子专利许可中,技术输出方经常将一些与引进技术无关的专利列在付费专利名单中,以期获得更多的专利许可费,因此,需要判断专利与引进技术的关联性,剔除无关专利,避免支付不必要的费用。

(4) 保护二次开发成果

二次开发是技术引进方在技术引进后的常见活动。二次开发的目的是在引进技术基础上,进一步开发新技术或新产品。企业创新技术或产品一旦研发成功应当适时进行保护,通过专利二次开发查新帮助引进方判断改进技术的可专利性,对于符合专利法要求的具有实际应用价值的技术方案,建议引进方及时在国内以及海外市场提出专利申请,有效实施专利保护。当然,企业也可以根据自身的发展需要对于某些关键技术诀窍采取保密措施,不必一味地全都申请专利。同时,还应对创新技术或产品进行防止侵权查新,避免产品上市后引发专利侵权纠纷。

表 25.1　技术引进与转让中主要适用专利战术一览

专利战术	对象类型	适用手段	调研目的
明确引进目标	专利技术	专利技术信息检索	确定要引进哪种技术
		机构与人员信息检索	确定要引进哪个机构或发明人的技术

续 表

专利战术	对象类型	适用手段	调研目的
查明引进技术的法律问题	专利技术	专利法律状态检索与分析	核实专利有效性、权属性、地域性
		专利查新	判断专利权稳定性
		防止专利侵权查新	分析引进专利是否存有侵权风险
	专有技术	技术秘密查新	判定引进技术是否属于技术秘密
		防止侵权查新	判定引进技术是否存有侵权风险
评估引进技术价值	专利技术	法律状态检索	获取法律信息,判断专利价值
		专利查新	判断专利权稳定性
		专利技术信息检索	分析引进专利的先进性、可替代性、应用前景等
		专利引文检索	判断引进专利是否为重要专利
		同族专利检索	分析引进专利的全球布局,判断市场价值
		市场信息检索	分析引进技术的市场价值
保护二次开发成果	专利技术	专利二次开发查新	判断改进技术的可专利性、侵权风险性
	专有技术	技术秘密查新	对关键技术诀窍采取保密措施

撰稿：殷媛媛(上海科学技术情报研究所)

25.3 企业并购

25.3.1 企业并购的概述

并购包括兼并(Merger)和收购(Acquisition),是企业投资的重要方式。兼并又称吸收合并,通常是指两家或两家以上的独立企业合并组成一家企业,一般表现为优势企业吸收其他企业的活动。收购是指一家企业用现金或其他资产购买另一家企业的股票或资产,以获得该企业全部或部分资产的所有权,从而获取对该企业的控制权。因此,企业并购实质上是变更企业权利主体的行为。

按照不同的划分标准,可以将企业并购分成不同的类型,见表25.2。

产生并购行为最基本的动机就是寻求企业的发展。就并购方而言,企业并购的意义不外乎以下几点:一是扩大生产经营规模,完善产业链条,降低成本费用;二是提高市场份额,提升行业战略地位;三是快速获得人力资本、知识产权或其他资源资质,增强企业的竞争力；四是实施品牌经营战略，提高企业的知名度；五是通过收购跨入新的行业，实施多元化战略，分散投资风险。而从目标企业的角度分析，并购的意义则在于获得溢价，剥离部分资产或业务，避免公司被申请破产等。

表 25.2 企业并购的分类

分类标准	并购类型
并购动因	规模型并购、功能型并购、组合型并购和产业型并购
并购双方的行业关系	横向并购(水平并购)、纵向并购(垂直并购)和混合并购
并购是否取得目标企业的同意与合作	善意并购和恶意并购
是否通过中介机构进行并购活动	直接并购和间接并购
并购的出资方式	现金购买资产式并购、现金购买股票式并购、股票换取资产式并购和股票互换式并购
并购资金来源	杠杆收购和非杠杆收购
并购企业是否负有并购目标企业股权的强制性义务	强制并购和自由并购
并购完成后目标企业的法律状态	新设型并购、吸收型并购和控股型并购

25.3.2 企业并购中需要解决的问题

近年来，虽然全球范围内并购交易活跃，但成功率却很低。这在跨国并购中表现得尤为明显，典型案例如：中海油收购优尼科；TCL 收购阿尔卡特；上汽收购韩国双龙；中国平安收购富通集团。据历史统计，大约一半的并购交易以失败告终，大多数在完成收购一年之后未能改善经营绩效。通过对失败案例的研究，并购失败的原因主要归为五类：不完善的战略理由、过高的竞标出价、文化冲突、不完善的整合规划和执行以及不充分的尽职调查。尽管失败原因各不相同，但有一个共同点：这些企业在并购时，大多停留在“我要什么”的阶段，而对于“为什么要，要到之后该干什么，如何干，干好之后可以得到什么，最大的风险是什么”等深层次问题的考虑相对较少。

一般而言，企业并购从仅有一个模糊的并购意向到完成并购需要经历前期准备、并购策略设计、谈判签约、交割和整合阶段。表 25.3 归纳了一个完整的并购流程需要重点解决的问题，并提供了相应的解决方法。

表 25.3 企业并购需要解决的主要问题及其解决途径

问题	解决途径
我为什么要并购	确定拟发展的战略目标
我要并购谁	制订与战略目标相吻合的并购原则，根据该原则甄选目标企业
它的实际情况如何，并购有无风险	对目标企业开展全方位的尽职调查

续 表

问　题	解 决 途 径
我需要它哪方面的资源或资产	根据尽职调查结果与并购企业实际需求的匹配程度来决定
并购能否达到我的预期效果	进行并购双方的预期协同和兼容性分析
这些资源或资产价值几何	运用各种指标和方法对被并购资产或权益的价值进行客观、公正的评价
我怎样才能用合适的价格并购它	制订恰当的并购谈判策略
并购完成后下一步该做什么	对被并购资产或目标企业进行迅速有效的重组和整合
如何实现 1+1>2 的协同效应	在融合中充分尊重企业的原有个性，监控投资流程，评估项目成果是否符合并购企业发展的战略目标，及时调整战略实现路径

25.3.3 专利战术情报解决方案

应用专利战术情报，可以在企业并购中解决甄选目标企业、知识产权和人力资源尽职调查、并购风险预警、价值评估以及人力资源整合等关键环节，即回答“我要并购谁，它的实际情况如何，并购有无风险，我需要它哪方面的资源或资产，这些资源或资产价值几何，并购完成后下一步该做什么”的问题。

（1）甄选目标企业

对于技术并购，在寻找并购目标的阶段，首先要确定并购企业感兴趣的技术领域。为避免分析面过于狭窄，应将竞争技术作为潜在替代技术考虑在内。这一步骤在整个过程中至关重要，因为其决定了用于后续分析的数据的质量。利用专利技术信息检索，获得一张专利权人的列表，用于筛选潜在的并购目标。

在目标群中对每个候选企业进行评估时，可以采用专利战术情报作为选择依据，如：通过专利法律状态检索明确专利的有效性和权利属性，拥有有效专利较多的企业更具有吸引力；通过专利查新分析和评估目标技术/产品的可专利性，挖掘价值被低估的目标企业；通过专利侵权检索评估潜在购并技术或产品的侵权风险，避免卷入专利纠纷。

(2) 尽职调查和风险预警

任何一个企业，都不希望购买到一起意外的专利官司，也不希望付出高昂的并购代价买到一堆失效专利或是一个没有核心研发人员的技术空壳。因此，开展知识产权和人力资源尽职调查是非常有必要的。

调查内容应包括：① 专利的权属；② 专利的有效期；③ 专利费是否按时缴纳；④ 专利族中的专利在哪些国家有效；⑤ 是否存在侵权官司或可能引起侵权官司；⑥ 专利的实际价值如何；⑦ 并购是否包括有关的技术骨干。利用专利信息检索，可以得到专利类型、审批状态、地域状态、法律状态、关键发明人等基本信息；通过侵权检索，可以判断目标技术/产品是否有侵权风险；借助专利被引用情况检索，可以评估专利价值。

(3) 价值评估

在知识经济时代,企业价值主要取决于无形资产的价值。因此,关于知识产权如专利、商标的确切信息,也成为资产价值评估的依据。尤其是专利,在其中扮演着一个重要的角色。

确定了并购目标之后,可以依据专利检索和专利查新的结果对企业作出合理的估价。专利的类型、有效性、权利属性、剩余保护时间、被引用次数均是影响专利价值的重要因素,潜水艇专利可能带来的巨大价值也应当考虑在内。

(4) 人力资源整合

在谈判、交割和整合阶段,重点应关注关键发明人的去留问题。通过专利检索,可以得到相关专利的发明人信息。如果发现某些发明人的专利数量特别突出,基本上说明目标企业的技术研发能力取决于这些核心员工。签订并购合同时,并购企业应尽量争取将他们纳入交易的一部分。并购后,制订针对被并购企业关键人才的保留计划,以帮助被并购方雇员因变动和对未来的不确定性而产生的压力和焦虑。

25.3.4 应用案例

案例: 在一起并购案中,一家全球500强企业(A企业)希望涉足新的行业,尤其想要收购电子药物传输领域的小型企业。

为寻找并购目标,先通过专利检索找到所有与电子药物传输相关的专利,作出一个专利权人的列表。虽然在检索过程中发现了一些技术主导型大企业和科研院所,但小型企业才是A企业的兴趣所在。因此,对不符合条件的机构予以剔除,进而缩小了选择范围,最后将B、C、D三家企业列为候选企业。

初步确定并购意向后,采用专利检索分别对B、C、D企业进行尽职调查,核查专利类型、合法性、有效性、专利权归属、剩余保护时间等问题。经检索发现:B企业拥有3项有效的实用新型专利且即将到期;C企业拥有5项有效的发明专利,剩余保护期限为8～10年;D企业拥有2项有效的发明专利,剩余保护期限均为12年。专利查新和侵权分析结果表明:三家企业的技术和产品均可以独立自由使用,无侵权风险。显而易见,C企业是其中最具吸引力的候选企业。

由专利检索结果知,C企业有一个活跃在创新活动中的关键发明人。掌握上述情况后,A企业在谈判内容中强调了该核心员工的留用,在得知该员工有离职意向后及时采取适当的措施挽留他。

进一步审核发现,C企业的5项发明专利均是在国外获得授权的,该企业根本没有在中国申请过任何相关专利。这一发现使得交易形势发生扭转。A企业原本打算通过并购获得对方在中国的专利技术,在此基础上开发新产品,但对方在中国并没有专利保护。最终,A企业依此杀价,以大打折扣的价格完成了这宗并购交易。

撰稿:吴春莹(上海科学技术情报研究所)

25.4 企业上市

25.4.1 企业上市的概念与特点

企业上市是一个复杂而又系统的工程，从企业准备进行上市融资到通过相关证券监督管理组织（以下简称“证监会”）审核，再到企业挂牌后的信息披露，都要求企业对包含专利资产在内的知识产权资产予以关注。对于作为创新主体的企业而言，知识产权不仅对企业的生存和发展起着重要作用，而且是企业赢得市场竞争和壮大的关键，其不仅涉及拟上市企业的资产完整性，还涉及企业的持续盈利能力和竞争能力，对企业上市计划产生直接影响。拟上市企业必须重视专利战术情报的应用方能在上市之路上行走顺畅。

25.4.2 专利战术情报在企业上市中的应用

企业在上市工作启动之初，就应通过专利战术情报来确定自有专利资产的范围并了解相关专利风险。通过专利法律状态检索，核实企业自有专利当前法律状态，并建立相关提醒监控机制，实时了解相关专利的法律状态变化情况，以保证招股说明书中披露的专利以及专利申请情况与实际相符。对于企业确定的核心专利技术，应通过专利查新评估各个核心专利的稳定性，并将稳定性较高的专利作为招股说明书中重点突出的核心专利。对于企业确定的主要产品以及主要技术，应通过防止专利侵权查新，了解相关产品及技术侵犯他人专利的风险，针对风险较高的他人专利（以下简称“风险专利”），企业还应通过专利法律状态检索、专利查新，掌握该风险专利的法律状态、稳定性、现有技术情况等信息，并结合上述因素，综合判断该风险专利对企业上市进程的影响，若影响较大，则可考虑调整招股说明书中主要产品以及主要技术的范围。

在证监会审核阶段，知识产权问题一般属于“一票否决”的情形，因此在此期间，若企业遇到相关知识产权问题，例如核心专利被他人无效、主要产品被他人控告侵权，企业应立即通过专利战术情报向证监会予以解释，以保障能够顺利通过审核。

当企业在招股说明书中的核心专利在证监会审核期间被他人提出无效宣告请求时，企业一方面应通过该核心专利的专利查新报告，说明该专利的稳定性，另一方面应向证监会提供该核心专利的相关专利清单（包括该核心专利的基础专利、后续改进专利等），并附上所述相关专利的专利查新报告，综合上述两方面内容，向证监会表明他人对于该核心专利的无效宣告请求不会对企业的竞争能力产生影响。

当企业在招股说明书中的主要产品或技术在证监会审核期间被他人指控专利侵权时，企业应立即通过专利法律状态检索、被控专利侵权查新，了解涉案专利的法律状态、稳定性、现有技术情况等信息，并以此向证监会说明企业相关产品或技术的侵权风险，另外企业还应对被控侵权产品或技术进行专利侵权主动查新，向证监会披露该产品或技术在特定区域（一般为该产品的销售区域）的侵权风险，以此表明上述他人的专利侵权指控不会对企业的持续盈利能力产生影响。

企业上市后，需要定期或不定期地披露企业专利资产的变化情况以及相关专利风险。对于专利资产的披露，企业应通过法律状态检索来核实相关专利的实际情况，确保企业披露的信息真实可靠。此外，企业还应通过预警检索以及专利侵权主动查新，及时发现相关主要产品以及技术的专利侵权风险，制定应对措施并进行适当披露，以防在他人提出专利侵权诉讼时，企业因未能及时应对而造成市场波动。

25.4.3 应用案例

案例 1：法律状态监控需及时

某企业 A 在筹备上市之初，对企业自有专利的法律状态进行了检索，基于检索结果企业 A 确定了专利资产的范围，并写入招股说明书以备后续披露之用。然而，该企业却未对该法律状态进行实时的监控，也未定期进行法律状态更新。该企业 A 从上市筹备到最终通过证监会审核一共经历了 3 年时间，在此期间，有多项专利因未缴纳年费而权利终止，但由于该企业未对法律状态进行监控和更新，因此招股说明书中的专利资产范围并未实时调整。在该企业准备上市前期，被他人举报招股说明书中对于专利资产存在虚假描述，后经证监会核实后，该企业的上市资格被取消。

从上述案例可以看到，法律状态检索在企业上市过程中应该定期更新，以确保招股说明书中对专利资产的披露与实际情况相符，以避免企业因专利法律状态更新滞后而被认定为披露不实进而影响整个上市进程。

案例 2：通过专利侵权主动查新克服上市过程中的专利风险

某企业 B 在证监会审核阶段收到某专利权人 C 的警告函，并且该专利权人 C 同时也向证监会举报该企业 B 的主要产品存在专利侵权的行为。随后，证监会要求企业 B 对其主要产品的专利侵权风险进行充分说明。

针对上述情况，企业 B 的主要产品基本在中国大陆地区销售，因此其委托第三方专业机构对其主要产品进行中国专利侵权主动查新，通过该查新，检索到包含专利权人 C 的专利在内的多篇风险专利。通过将企业 B 的主要产品与风险专利进行仔细对比，发现企业 B 仅有一款主要产品落入了相关专利的保护范围，存在较高的侵权风险。但是该产品为企业早期产品，目前已经停产，且市场销量也逐年递减。

综合上述专利分析以及产品实际销售情况，企业 B 向证监会进行了说明。首先，明确通过专利侵权主动查新报告表明仅有一款产品存在专利侵权风险。其次，结合该产品的财务数据，企业 B 向证监会表示该产品本身已经停止生产，因此该专利侵权风险不会对企业持续盈利能力产生影响。另外，由于该产品近几年市场销量逐年递减，销售额较低，因此即使发生专利诉讼并被判决赔偿，其赔偿额度对企业资产以及相关财务指标的影响也非常低。证监会之后接受了企业 B 对其产品专利侵权风险的说明，并最终审核批准企业B上市。

撰稿：魏子熙（北京市金杜律师事务所上海分所）

25.5 质押融资

25.5.1 专利权质押融资的概念与特点

(1) 专利权质押融资的概念

专利权质押融资可以理解为，债务人或第三人将其所拥有的发明、实用新型、外观设计等专利权中的财产权，经过价值评估后质押给银行等金融机构以取得贷款，并按照合同约定的利率及期限偿还贷款本息，当债务人不能履行其债务时，债权人有权将出质的专利权折价、拍卖或变卖，得到优先受偿的一种融资方式。作为一种担保方式，专利权质押无疑将对促进资金融通和商品流通，保障债权的实现，发展社会主义市场经济起到越来越重要的作用。

(2) 专利权质押与动产质押的区别

专利权质押与动产质押的区别有以下三点：① 标的不同，动产质押的标的是有形物，如手表，而专利权质押的标的是无形财产权利；② 质权设立的方式不同，动产质权的设立以出质人向质权人交付动产为必要条件，作为无形财产的专利权无法进行实物上的交付，而是用将事实上的权利交给质权人的各种各样的手法替代物质上的交出；③ 质权的保全方式不同，保全动产质权的主要方式为质权人对入质动产的占有和实际控制，而保全专利权质权的主要方式是对出质人处分行为和负担行为的法律控制。

(3) 专利权质押融资的主要模式

专利权质押融资大体分为三种模式：① 直接质押贷款模式，即企业通过专利权出质，直接与商业银行签订专利权质押贷款合同获得贷款；② 专利权担保贷款模式，即企业直接以专利权作为质押，向商业银行申请融资，再由第三人保证，若债权未能获得清偿，由其对贷款人做出代偿；③ 资产证券化模式，即以知识产权的未来许可使用费（包括预期的知识产权许可使用费和已签署的许可合同保证支付的使用费）为支撑，发行资产支持证券进行融资的方式。其基本结构是：发起人（即知识产权原始权益人）将其缺乏流动性但能产生可预测的现金收入流的收益权，转移给一个特设载体（Special Purpose Vehicle，SPV），由后者发行一种以该收益权所产生的现金流为支撑的、可以出售和流通的权利凭证（证券），供投资者购买而借以融资的过程。证券化的目的在于通过这种金融安排最大限度地利用知识产权的担保价值。

(4) 专利权质押融资的基本条件

专利权质押应具备以下一些基本条件：① 专利权必须有效。专利权具有时间性，而为了保障债权实现，质押也不可能是无限期的，在质押期限内，必须保证质物是无可争议的有效专利；② 作为质物的是专利权中可转让的财产权，即因取得专利权而产生的具有经济内容的权利，系指独占权和由此派生的许可权、转让权、标记权等。在债权未受清偿前，出质人应用其质物（专利权）的全部来担保债权的实现；③ 专利申请权虽然是获得专利权的前提，依法可以转让，但其明显的法律上的不确定性，使之不能作为一种具有法律效力的财产权，因而不能将专利申请权作为质物进行质押。

(5) 专利权质押融资的一般程序

专利权质押融资的开展必须遵循一定的程序，这是专利权质押融资规范化和制度化的必然要求。在目前的探索阶段中，各地在程序上存在细节差异，但大体来说包括以下几个步骤：① 当地知识产权主管部门的初步审查；② 借款人向贷款人提出申请；③ 贷款人的进一步审查；④ 贷款人和借款人签订借款合同及专利权质押贷款合同；⑤ 向国家知识产权局办理质押登记，并报贷款人所在地的同级知识产权管理部门备案；⑥ 借款人向贷款人移交专利证书等资料；⑦ 贷款人向借款人按照约定发放贷款。

国家知识产权局负责专利权质押登记工作。申请专利权质押登记的，当事人应当向国家知识产权局提交以下文件：① 出质人和质权人共同签字或者盖章的专利权质押登记申请表；② 专利权质押合同；③ 双方当事人的身份证明；④ 委托代理的，注明委托权限的委托书；⑤ 其他需要提供的材料。专利权经过资产评估的，当事人还应当提交资产评估报告。其中，专利权质押合同应当包括以下与质押登记相关的内容：① 当事人的姓名或者名称、地址；② 被担保债权的种类和数额；③ 债务人履行债务的期限；④ 专利权项数以及每项专利权的名称、专利号、申请日、授权公告日；⑤ 质押担保的范围。专利权质押登记申请经审查合格的，国家知识产权局在专利登记簿上予以登记，并向当事人发送《专利权质押登记通知书》。质权自国家知识产权局登记时设立。

25.5.2 专利战术情报在专利权质押融资中的应用

由于专利权具有无形性、估值难、变现难等特点，而我国的企业信用体系也还不完善，从而使得我国专利权质押融资工作的开展存在极大风险，这种风险主要包括两种，一个是法律风险，另一个是价值风险。

25.5.2.1 规避法律风险

为了规避法律风险，则要求专利权必须合法且有效，主要包括以下三个方面：① 在时间性和地域性上要符合法律规定。《专利法》规定，发明专利的期限为 20 年，实用新型专利权和外观设计专利权的期限为 10 年，均自申请之日起计算。地域性是指一项专利权仅在其依法取得专利权的那个国家或地区有效，受该国或该地区的专利法保护。② 专利权必须是真实可靠的权利，以下情形将不被允许质押：专利权已终止或者已被宣告无效的；专利申请尚未被授予专利权的；专利权处于年费缴纳滞纳期的；专利权已被启动无效宣告程序的。③ 专利权无纠纷，不存在重复质押、专利侵权等问题，如果出现出质人与专利登记簿记载的专利权人不一致、有归属问题、债务人履行债务的期限超过专利权有效期、以共有专利权出质但未取得全体共有人同意、专利权已被申请质押登记且处于质押期间等情况，则不允许被质押。

因此，在专利权质押融资中，为了规避法律风险，首先应充分运用专利法律状态检索，一是核实专利权人，即质押人是否为真正的专利权人，质押人是否包括了所有专利权人；二是核实质押专利是否为有效专利、剩余有效期有多长、是否存在专利纠纷或被启动无效宣告程序、是否有专利许可登记、是否已有质押登记等；其次应运用专利查新，分析专利的可专利性，核实质押专利的权属稳定性，确保不被他人宣告无效；此外还应运用防止专利侵权检索，评估质押专利实施是否会侵犯他人专利权。

25.5.2.2 规避价值风险

为了规避价值风险，则要求金融机构对专利的价值进行评估，专利价值受到专利法律因素、技术因素及经济因素的影响。

法律因素包括专利权的类型、专利权保护范围的大小、专利权的法律状态、专利权的实施状况以及专利权的稳定性等。一般情况下，发明专利权的价值比实用新型的价值高，而实用新型的价值又比外观设计的价值高；相同类型的专利权，创造性越强，专利权的价值越高；保护范围越大，专利权的价值越高；经历过异议、撤销、无效或侵权等专利纠纷，却仍然维持专利权的专利，一般可靠性较强，估值也就高：专利权的剩余有效期越长，价值越高。专利权稳定、实施不侵权的专利，价值相对就高；因此，通过法律状态检索、专利查新、专利侵权查新等，不仅可以规避质押专利的法律风险，而且对评估专利价值也同样重要。

技术因素包括专利技术的先进性、可替代性、成熟度、应用前景等。在技术先进性评价中，可利用专利信息检索与分析，了解质押专利与本领域当前其他技术相比是否具有先进性，包括技术手段、技术效果等；质押专利是否符合所在技术领域的发展趋势、是否属于行业热点。在可替代性评价中，应检索在当前时间点，是否存在解决相同或类似问题的替代技术方案是否有效果更优、可操作性更强、成本更低的同类技术。同时，还应根据该技术领域专利申请总体情况，评估当前所处的发展阶段，即从宏观角度评估技术的成熟度；而且还应从微观角度即具体技术方案角度，评估质押专利的技术可实施性等。此外，专利技术的应用范围评估也极为重要，这与专利技术的应用前景息息相关。

经济因素包括专利技术的市场应用、市场规模、竞争对手、政策适应性等，可通过信息检索与分析了解以上经济因素；同时还应采用同族专利检索，了解质押专利是否在全球做过专利布局，通常同族专利申请数量越多，说明权利人希望垄断的国际市场也越大，专利价值相对较高。

撰稿：吕玉洁（上海科学技术情报研究所）

第 26 章 专利保护中的应用

26.1 专利申请

26.1.1 专利申请的概念与特点

专利申请的目的一是通过法定程序确定发明创造的归属权，从而有效保护发明创造成果，在激烈的市场竞争中争取主动并独占市场以获取最大经济利益；二是及时申请专利可防止其发明创造成果被他人随意使用而丧失自己的应有价值，防止他人重复申请，确保自身产品/技术在生产销售中的安全可靠性。根据《专利法》及其实施细则，申请发明或者实用新型专利的，应当提交请求书、说明书及其摘要和权利要求书等文件。说明书应当包括技术领域、背景技术、发明内容、附图说明、具体实施方式；且对每部分的撰写都有严格的规范要求。在专利申请文件撰写中，不仅要依据发明本身，还有结合在先技术。为避免盲目申请专利导致不必要的人力、财力及时间上的浪费，专利申请之前一定要进行专利文献检索，特别是通过权威机构的专利检索与查新，能更有效地帮助申请人判断专利授权前景、评估专利申请价值、准备专利申请文件并及时提出专利申请。从而更好地帮助他们掌握发明创造中的最新先进技术、开拓创新思路、防止抵触申请、规避侵权风险，为加快整个专利申请与审查进程，提高专利申请的获准率奠定基础。

26.1.2 专利战术情报在专利申请中的应用

26.1.2.1 判断专利授权前景

专利权是法律赋予申请人或其权利受让人对其发明创造成果在一定年限内享有的独占权或专用权。一项发明创造能否被授予专利权？专利授权前景如何？判断关键在于它是否符合《专利法》第 22 条规定具有新颖性、创造新和实用性，这是专利申请最终获得授权的实质条件。如果一项发明创造经国家知识产权局审查，最终发现没有被驳回的理由，且具备专利三性，符合申请审查程序，专利局应当予以授权。

对申请人、发明人而言，判断发明或实用新型专利的实用性要比判断它们的新颖性、创造性更容易一些，即能够在工业上被用来制造或使用，具有可重复性并能产生积极效果。而对在申请日之前有没有任何单位或者个人就同样的发明或实用新型在国内外出版物上公开发表过、向国务院专利行政部门提出过申请,并记载在申请日以后公布的专利申请文件或者公告的专利文件中的“新颖性判定”;以及同申请日以前现有技术相比,有否突出的实质性特点和显著进步的“创造性判定”,亦非一般的申请人或研发人员能轻而易举准确把握与定论的,这就需要委托专业机构进行全面深入的专利查新予以判定。通过出具反映是否具有新颖性和创造性等判定依据的可专利性检索报告,即“专利查新报告”,来帮助申请人客观、公正、准确地判断该专利申请是否具有专利三性,是否具备良好授权前景。

这类专利查新是建立在与该发明创造相关的国内外现有技术充分文献调研基础上,将检出的密切相关文献涉及的技术领域、实际解决的技术问题、技术方案及其预期达到的效果与该发明创造对应的技术内容逐一进行相关性、异同点的对比分析,从而帮助申请人查清国内外是否有人已公开过相同的技术内容?与其对比会否构成抵触申请?彼此之间有无实质性的区别或有否创新改进的可能?是否具备专利授权的实质条件?如经专利查新分析认定该发明创造与在先技术有明显区别特征或有实质性差异,具备专利三性的,则认定其具有良好授权前景,就应马上着手准备专利申请。反之,如发现有人已在先申请公开了相同内容的技术,或与他人技术特征分析比对,本发明创造明显不具有新颖性、创造性,且创新改进的余地与空间很小,就不必再提出申请,避免白白浪费申请费与审查费。而值得一提的是,相对于整个专利申请、审查至最终授权所付出的全部代价而言,专利查新的费用仅占其中很少的一部分,它能起到未雨绸缪、事半功倍的效果,应引起申请人充分认识与高度重视。

案例 1:

2008 年年底,有一家建筑外加剂企业研发了一种聚羧酸系聚醚类高性能减水剂,因其对专利授权实质条件和申请流程不甚了解,特向专利查新机构咨询该发明能否申请专利,有否授权可能。通过我们文献调研和专利检索查新得知,聚羧酸系高性能减水剂是当前国内外最新的建筑外加剂产品,应用相当广泛且专利申请量很多,但彼此组成配方各有差异。对比密切相关文献发现,该发明将聚乙二醇单甲醚与甲基丙烯酸通过用过硫酸铵为特定催化剂,经脂化和硫酸氧化聚合,离子膜碱调整 pH 值制得成品的工艺,在所检文献中具有明显的区别特征与非显而易见的效果,符合专利申请要求,专利授权前景良好。因此,建议委托人尽快实施专利保护。该企业 2009 年递交了该发明专利申请,经专利局初审与实查,2012 年获得了专利授权。

案例 2:

2003 年国内某企业想开发一种用于印刷油墨的近红外吸收粉体,之前委托人并未开展相关专利文献调研检索,对其发明有否授权前景不确定。经对该发明进行全面充分的专利检索与查新发现,日本 ASAHI 公司 1993 年早已申请了一种在近红外波段700～1 600 nm 波段范围内具有红外吸收能力的粉体,该粉体含有铜的磷酸盐化合物,经混合加热、干燥、熔融烧结后研磨制成品的制备工艺与委托人的发明目的、方案、效果及其应用领域完全相同，这样的发明申请专利没有授权前景，无法获得专利授权。除非委托人根据检出相关对比文献，在原发明基础上作突破性改进，才有可能申请专利获得授权。

26.1.2.2 评估专利申请价值

专利申请之前进行专利价值评估，目的是让申请人更多了解该专利技术的商业化、产业化潜能。如何考量专利产品/技术的开发能力、竞争实力，预期市场需求量、选择定位最终用户，预测市场占有率与经济效益，评估潜在的技术风险等多种因素，开展全方位专利调研和专利查新大有裨益。

我们可以通过国内外专利数据库检索，对与委托项目密切相关的现有技术与产品的专利信息，如申请人/专利权人、申请公开/授权的时间、数量(专利件数)、申请国别地区及其技术类别与分布等作全面的检索分析，帮助申请人了解国内外同类产品/技术的专利申请授权情况、研发现状、发展趋势及其生命周期轨迹，预测其开发前景与商业价值，考察自己的专利竞争环境与竞争实力，评估其专利申请与授权可否带来商业契机或存在潜在的风险。

如在专利文献调研与专利查新中发现，该产品/技术如申请专利具有明显竞争优势、技术较先进、应用价值高、技术生命周期长且相对稳定、技术风险与开发难度不大，就应考虑及时提出专利申请。如上述多种情况评估下来不尽人意，考虑诸多因素及日后专利申请与维护成本太高，就没必要提出专利申请。如发现该产品/技术属于方法类的发明创造，预测国内申请专利授权前景好，保护范围大、自身有竞争实力与优势、具有长久稳定的市场和良好经济效益，且市场占有量大，但容易被他人仿制，就应抓住时机及早提出发明专利申请。而相对技术含量低、保护的是产品形状与结构、预测授权发明专利可能性小、市场寿命短或产品更新换代快，可选择实用新型专利加以保护。但因实用新型只经初审不经实审，如果之前未做专利查新，即便该专利授权了，其权利保护状态也可能是不稳定的，随时有被宣告无效的可能。而对于技术难度较高、商业价值高、市场需求量大，但又不易被人仿制的(如产品秘密配方或不为人知的关键技术等)则可通过商业秘密方式严密进行自我保护，不必申请专利。但风险是一旦它们被泄密或被他人掌握申请了专利，其商业秘密的保护便随之终止，由此会丧失很大的竞争市场和商业利益。

如专利申请评估发现，某项产品/技术不仅在国内可申请获批专利，有良好的商业价值，而且它在国外也极具前瞻性与竞争优势，预测国外申请专利有良好的授权前景，能获得更大利益和市场占有率，对有雄厚资金实力与研发能力的申请人而言，可选择通过 PCT 途径或要求优先权提出国际申请，以获取更多地域及更大商业利益的专利保护。

案例：

2009 年国内某塑料厂开发了一种环保型抗菌 PVC 给水软管，想评估此专利申请的价值。经过检索调研发现，该类产品是当时国外供水管应用领域中较为先进、市场前景看好和商业价值高的新型环保产品，美国 Eldon James、德国 MACOMASS 等公司都有同类产品与技术，国外也有数篇专利文献公开，但未在中国境内申请。而该 PVC 给水软管国内才刚处研发阶段，当时尚无专指性产品标准和进入工业化生产的报道，该产品开发国内市场竞争对手少，技术风险小，市场占有率和商业价值较高。另外，从专利查新对比分析表明，委托人研发的PVC给水软管采用的原料与添加助剂的配方及生产工艺与检出国内外密切相关专利文献均有差异，其中该发明所选用的氧化锌、电气石、喹啉类有机无机复合抗菌剂，与现有技术中PVC软管中常用的DOP类增塑剂、Ag/Zn抗菌剂相比有突出的实质性特点及显著的进步，可判断该发明具备可专利性，符合专利申请实质条件，有良好的专利申请价值，有望获得授权。当年，该厂及时向专利局提交了专利申请，经专利局初审与实查，2011年顺利获得了该发明专利授权，在国内赢得了良好的商业契机和经济效益，并已向国外提出专利申请，以获得更大商业利益。

26.1.2.3 撰写专利申请文件

《专利法》及其实施细则规定，申请发明或实用新型专利要按规定格式与书写要求书面提交请求书、说明书、权利要求书、摘要、附图等申请文件。这些都是技术性很强的文件，作用是启动专利申请审批程序，向社会充分公开发明内容并阐明保护范围，使所属领域技术人员能够重复实现。同时，也作为专利局审查内容的原始依据，为日后专利审批授权做好准备。

申请前准备请求书、摘要及附图相对比较容易，而说明书、权利要求书的撰写在《专利法》及其细则中有规范格式与具体要求。

一份完整的说明书应包括技术领域、背景技术、发明内容、附图说明、具体实施方式。其中，对于"背景技术"的要求，《审查指南》指出：发明或者实用新型说明书的背景技术部分应当写明对发明或者实用新型的理解、检索、审查有用的背景技术，并且尽可能引证反映这些背景技术的文件。尤其要引证包含发明或者实用新型权利要求书中的独立权利要求前序部分技术特征的现有技术文件，即引证与发明或者实用新型专利申请最接近的现有技术文件。说明书中引证的文件可以是专利文件，也可以是非专利文件。

因此，在"背景技术"撰写前，要进行充分的专利检索，检出密切相关文献，对现有技术做出明晰的描述，并客观指出在先技术存在的问题和缺点，这对引出本发明创造独到的技术方案、凸显与众不同的特点和显著的效果、赢得审查员认同是极为有利的。作为说明书的一部分，背景技术是否描述清楚也直接影响到"说明书公开是否充分"，因此，在背景技术的撰写中，通常离不开"专利检索"的辅助。

在权利要求撰写中，专利检索也同样重要。通过将本发明与检出的密切相关文献比对，可以清楚界别出哪些技术属于前序部分，哪些技术属于特征部分，有利于权利要求的准确表达。

在技术方案设计中，专利检索的利用，更有助于申请人挖掘现有技术的空白点，为技术方案的调整改进及规避设计提供重要借鉴。

案例：

2008年年底，国内某家油墨公司拟开发了一种用于印刷油墨的桐油酸改性热固性酚醛树脂连结料，要求权威机构帮助其撰写申请文件，递交专利申请。经对该发明的专利检索，发现与该发明密切相关专利文献，如日本HARIMA化学、东洋油墨和日立化成等公司都有松香改性酚醛树脂连结料的专利公开，这些专利都属于现有技术，存在一些技术缺陷，并与本发明有实质区别。在专利说明书的背景技术撰写中，结合以上密切相关文献反映技术现状，客观指出了现有技术存在的不足，并提出本发明要解决的问题。在权利要求与技术方案撰写中，根据本发明与以上密切相关文献的比对，明确本发明与对比文献的区别特征和显著效果，找出现有技术中可进行有效改性与创新的突破口，进而调整好该发明的原料组成配方与工艺，以说明书充分公开技术方案为依据，进一步提炼归纳专利保护的范围。2009年初递交了专利申请，两年后顺利获得了专利授权。

26.1.2.4 提供审查背景资料

《专利法》第35条规定发明专利申请自申请日起三年内，专利局可根据申请人随时提出的请求，对其发明专利申请进行实质审查。申请人无正当理由逾期不提出书面实审请求，或提出请求未缴纳实审费，该申请被视为撤回。

《专利法》之所以规定三年期限内让申请人慎重考虑决定是否提出实审请求，是为了给申请人一个正确评估与考察其发明创造授权前景、调研商业价值与市场需求、预测专利授权后转让或许可他人可能性的机会。显然，为弥补申请前未做周全的专利查新之不足，提出申请后至实审请求前进行专利检索与查新与也不失为一种“亡羊补牢”的补救措施。如查新结论明确具有良好的授权前景和经济价值，能抢占竞争市场获得更大利益，就应尽快提出实审请求并缴纳实审费，及早获得专利授权。如查新结论认为其自身存在严重缺陷，没有新颖性和创造性而无法获得专利授权，或预计到该产品/技术生命周期短，市场价值低、经济效益差，就不必提出实审请求，这样可节省之后很大的一笔审查费用。

启动实审请求时，申请人除了要主动向专利局书面提交《实质审查请求书》并缴纳实审费外，最好能准备好一些自提交申请日之前其所知的与该发明主题有关的技术背景参考资料及其他证明材料，包括相关产品/技术研发记录材料、相关产品/技术信息来源合法性证明材料、申请文件中涉及的现有技术公开过的密切相关专利文献、研究论文和技术规范手册等复印件，以备实审中要求申请人向专利局提交答复审查意见参考依据的不时之需。另外，还可以附上权威机构出具的“专利查新报告”，报告中所涉及与该发明密切相关的文献来源、技术特征之间的对比分析及其可专利性的评价，都可以为专利局审查员在实审时提供检索参考。这样有利于审查员及时处理审查文件，加快实审进程。

案例：

2010年5月，某企业向专利局申请了一项聚氨酯硬泡外墙保温材料的发明专利，顺利通过了初审于2010年9月公开。该企业十分看好该发明的商业价值和市场前景，渴望尽快获得专利保护。因不确定能否授权，委托进行专利查新。经专利检索对比分析，发现该发明选用的由酚醛树脂、溴化环氧树脂、含磷阻燃聚醚多元醇、有机硅泡沫稳定剂、催化剂、阻燃剂及发泡剂组成A组分与阻燃型多异氰酸酯固化剂B组分制成的双组分外墙保温材料，其组成配方及制备工艺符合专利三性，专利授权前景良好。并建议马上提出实审请求，最好将原说明书所述及的技术背景资料、技术效果应用证明材料及其产品检测报告等，与权威机构出具的“专利查新报告”一并递交，这样大大加快实审流程。果然，该发明一年后顺利获得了专利授权。

26.1.2.5 审查意见答复修改

专利申请进入审查阶段，是允许申请人在规定期限内对申请文件存在的非实质性缺陷进行主动修改，主动修改原则须符合《专利法》第 33 条与实施细则第 51 条的具体规定。只要在规定时间内，申请人提交了克服所述缺陷及符合要求的“补正书”和修改替换页，应该不会影响专利审查的进程，除非该申请文件本身存在不可克服的明显的实质性缺陷。

对发明专利实质审查意见的答复与被动修改相对比较复杂，视存在缺陷问题的不同而不同。审查员在专利实审中也要进行可专利性检索，通过国内外文献检索分析对比，找出与申请专利的主题内容密切相关的文献或抵触申请，对该申请是否具备可专利性进行判定，发现存在缺陷问题时会向申请人发出一次或多次的“审查意见通知书”，要求申请人在规定时间内予以答复修改，并提交相应的“意见陈述书”与“修改文本”。及时答复陈述意见、修改文件正确与否、放弃答复或逾期不答复，都直接影响该专利实审的走向，导致最终产生获得授权、被驳回或被视为撤回等不同的结果。

因此，我们在进行实审意见答复修改时，一定要严格审视答复时限，仔细分析实审意见。针对审查员对发明专利说明书和权利要求书作出的不定性或否定性审查意见，要慎重对待、逐条分析、充分理解、及时应答。在答复审查意见时，有时需要充分发挥专利检索的作用。譬如，审查员提出“说明书公开不充分，对发明背景技术未作清晰描述”持不同意见时，申请人应及时开展专利文献与非专利文献检索，在与要求保护的主题相适应的前提下，引证更接近要求保护主题的对比文件，进一步清晰描述发明的背景技术。

因此，在专利申请与审查的各个环节中，充分利用专利检索、专利查新，不但可以提高专利申请质量，还可以缩短专利审查进程。

撰稿：杨薇炯（上海科学技术情报研究所）

26.2 专 利 诉 讼

26.2.1 专利诉讼的概念与特点

26.2.1.1 专利诉讼定义

专利诉讼是指当事人和其他诉讼参与人在人民法院进行的与专利权及相关权益有关的各种诉讼的总称。专利诉讼有狭义和广义理解的区分，狭义的专利诉讼指专利权被授予后，涉及有关以专利权为标的的诉讼活动；而广义的专利诉讼还可以包括在专利申请阶段涉及的申请权归属的诉讼、申请专利的技术因许可实施而引起的诉讼、发明人身份确定的诉讼、专利申请在审批阶段所发生的是否能授予专利权的诉讼以及专利权被授予前所发生的涉及专利申请人以及相关权利人权益的诉讼等。

根据2012年国家知识产权局受理的专利纠纷案件来看，总数2 510件的专利纠纷案件中，专利侵权纠纷案件2 232件，占总数的88.9%，其他专利纠纷仅有278件。可以看出，专利侵权诉讼是专利诉讼案件中最主要的类型。

26.2.1.2　专利侵权诉讼及其特点

专利侵权诉讼是指专利权人因专利权受非法侵害而引发的诉讼。它们可以是单一专利侵权引起的专利侵权诉讼，也可以是伴随其他原因而引起的专利侵权诉讼，如由专利实施许可和专利权转让引起的、由假冒专利引起的、由技术贸易引起的或由平行进口引起的。但其中遇到最多的是单一专利侵权引起的专利侵权诉讼。

专利侵权诉讼一般具有以下抗辩手段。

不侵权抗辩　企业要依据专利权利要求书的内容确定专利权的保护范围并且要查明涉嫌侵权客体的相应技术特征，以此要判断自己制造、销售的产品或使用的方法是否侵犯涉案专利权。

公知技术抗辩或"无效请求"抗辩　如果判断侵权行为成立了，则需要进一步判断自身使用的技术是否属于专利申请日前的自有公知技术。在答辩期内和举证期内向国家知识产权局专利复审委员会提出"无效宣告请求"。

先用权抗辩　如果企业在专利申请日前已进行了实质性的专项投资并且完成了必要的技术准备，则可以在原有范围内继续实施。

重复授权抗辩　如果专利权人对同样的发明创造既申请了实用新型又申请了发明，要注意是否属于重复授权，这种违法状态的专利不应该受到法律保护。

26.2.2　专利战术情报在专利侵权诉讼中的重要性

近年来，随着发明专利数量的不断增长和授权专利质量的不断提高，专利侵权诉讼已经告别了单兵作战、散兵游勇式的代理时代，逐渐进入依靠专利代理人、律师、财务人员等不同领域人员介入的团队合作时代。特别是在专利侵权判定过程中，依靠专利法律知识和不同技术领域的背景知识对专利权利要求保护范围进行解释，进而依据专利侵权判定原则进行专利侵权与否的判定成为至关重要的环节。因此，在专利权人提起侵权诉讼的前期，进行严格的专利侵权分析并出具专利侵权分析报告是保障专利侵权诉讼胜诉的重要条件之一。

同其他诉讼案件一样，专利侵权诉讼案件中，证据也始终处于诉讼的核心地位。专利侵权诉讼过程中，双方争论的焦点通常围绕证据展开，而文献作为一种重要的公开出版物，几乎成为决定诉讼成败的核心证据。因此，作为证据收集、整理的重要手段，专利查新及专利分析已经成为诉讼成功的关键所在。

26.2.3　专利战术情报在专利诉讼中的应用

26.2.3.1　原告的应用

就原告而言，诉前专利情报是其主要应用，它主要涉及自身专利稳定性判断，和侵权产品与自身专利的比对分析。

专利权人如果发现市场上出现了侵权产品，通常的做法是通过法律手段，即提起侵权诉讼保护自己的权益。但盲目地提起诉讼，也会给自己带来风险，特别是对自身专利的稳定性没有十足把握的时候。此时，先对自身专利进行诉前专利稳定性判断，即侵权诉讼前的检索与分析是十分必要的。诉前专利稳定性判断，主要涉及专利权人对自身专利技术的专利三性的分析、评估，特别是涉及未经过实质审查、稳定性较弱的实用新型专利。即使是稳定性相对强的发明专利，也不可因为自己的专利处于有效状态而掉以轻心，因为在信息时代，很难保证一件专利的授权文件是全方位符合专利法的要求，毫无错漏的。一旦盲目进入诉讼程序，由于对自身专利技术认识不足而导致被无效，则得不偿失。

此外，对于实用新型或外观设计专利侵权诉讼的原告而言，还应该按照专利法的规定，提交由国务院专利行政部门对相关实用新型或者外观设计进行检索、分析和评价后作出的专利权评价报告。可见，专利查新检索与专利分析不仅是诉讼当事人双方的重要诉讼工具，也是法院进行侵权判断的参考依据之一。

26.2.3.2 被告的应用

对于被告而言，专利侵权检索通常涉及两个阶段：诉前侵权检索和诉中侵权检索。

(1) 诉前侵权检索

诉前侵权检索是在侵权诉讼还没有发生之前的检索，这种检索是最容易被被告所忽视的，一旦卷入诉讼，这种不告不理的态度所产生的后果很可能是高额的赔偿费用，甚至就此被迫退出市场。原因就在于，被告忽视了主动侵权检索的重要性。因此，产品上市前，应该有意识地主动检索一下同类技术是否已被专利保护。这样，就可以预知产品上市可能带来的市场风险，一旦卷入诉讼，也会心中有数，尽快找到合适的处理方案。

案例： 中国通领科技集团对诉前侵权检索的重要性深有感触。2004 年，美国莱伏顿公司以侵犯其美国专利权为由，分别在美国新墨西哥州、佛罗里达州、加州等地方法院起诉 4 家中国通领科技的重要经销商，企图用知识产权保护的手段，实施对竞争对手的排挤和打压，设置贸易壁垒。经过长达 3 年的海外诉讼，最后以通领科技胜诉而告终。此案作为我国企业参加知识产权国际竞争的一个典型案例，被评价为“在中美知识产权诉讼历史上树立了第一座里程碑，极大地鼓舞了我国企业海外维权的信心和斗志”。

该案给人最大的启示在于，通领科技公司在进入美国市场之前就已委托美国的律师事务所对其产品是否侵犯莱伏顿公司专利权进行专利检索及分析，直到收到其不侵权意见书才真正开始产品出口上市。而正是这一份不侵权法律意见书，对法院判决起到了支持作用。可见，企业签订出口合同前，事先做好专利检索工作可以为企业在产品市场化进程中提供依据，也为后续可能的侵权诉讼打下基础。

值得注意的是，中国企业在绝大多数涉外专利侵权诉讼中都充当被告的角色，而作为原告的外企通常在起诉前，都做了充分的调研分析，确定自身专利稳定性及掌握对方侵权证据的情况下才提起诉讼，让中国的企业疲于应对。所以，在知识产权已逐渐成为国际竞争的重要工具的氛围下，重视诉前专利检索与分析应该提到日程上来。

(2) 诉中侵权检索

专利权人在收到专利侵权诉讼的应诉通知书后，不要惊慌失措，也不能盲目地与原告协商和解，而应该分析检索出的证据，选择合适的抗辩主张。这里所涉及的检索即通常所说的被动侵权检索。主要从以下几个关键点着手。

A. **原告的专利是否有效** 通过对原告专利的查新与分析，主要有三种分析结果。

第一，从原告专利的法律状态看，涉案专利是否已经失去了法律赋予的独占权利，如专利保护期已满或提前终止(因未交年费已终止、驳回、撤回已生效等)。若如此，则涉案专利已经落入公有技术范围，任何人都有权免费实施。可以此为依据直接进行不侵权抗辩。

国外一些公司常见的做法是：先提供预诉讼企业一封律师函和一份专利清单，如果对这些专利不做认真甄别的话，很可能被他的气势吓到。但实际上，这些专利可能保护期已满或提前终止(因未交年费已终止、驳回、撤回已生效等)。因此，分析原告专利的法律状态对于应对侵权诉讼非常重要。

第二，从原告专利保护的地域分布上，该公司的专利是否未在某目标国家进行保护。若未进行保护，自然就不能享有专利的独占权利，也就不能作为有效专利来对抗被告。

第三，原告的专利稳定性是否存在缺陷，如专利不具有新颖性或创造性、说明书公开不充分、权利要求书没有得到说明书支持等。此时可以此反诉原告的专利无效或以公知技术进行抗辩。

B. **原告是否具有主体资格** 原告是否为该专利的合法拥有人，是否有资格提起侵权诉讼。如果原告的专利已经转让，专利权所有人已经发生转移，则不具备诉讼的资格。独占实施许可人可以单独提起诉讼，也可以和专利权人一同提取诉讼；排他实施许可人只有在专利权人不提起诉讼的情况下，才可以单独提起诉讼。

C. **被告的产品是否落入原告专利的保护范围** 在专利文献收集完成的基础上，分析自己实施的技术是否落入该专利权保护范围。这就需要合理确定该专利权的保护范围，并正确适用全面覆盖规则，等同替代规则，禁止反悔规则等专利侵权判定规则。

如果通过分析，认为没有落入涉案专利的保护范围，可以做不侵权抗辩。如果通过分析，恰巧落入涉案专利的保护范围，还可以通过反诉原告专利无效或公知技术抗辩等方法，免于侵权赔偿。

D. **如未发现破坏涉案专利稳定性的文献** 此时可以进一步分析是否属于合理使用的情况(新专利法第六十九条)，即是否存在不视为侵犯专利权的情形。

第六十九条有下列情形之一的，不视为侵犯专利权：

(一) 专利产品或者依照专利方法直接获得的产品，由专利权人或者经其许可的单位、个人售出后，使用、许诺销售、销售、进口该产品的；

(二) 在专利申请日前已经制造相同产品、使用相同方法或者已经作好制造、使用的必要准备，并且仅在原有范围内继续制造、使用的；

(三) 临时通过中国领陆、领水、领空的外国运输工具，依照其所属国同中国签订的协议或者共同参加的国际条约，或者依照互惠原则，为运输工具自身需要而在其装置和设备中使用有关专利的；

（四）专为科学研究和实验而使用有关专利的；

（五）为提供行政审批所需要的信息，制造、使用、进口专利药品或者专利医疗器械的，以及专门为其制造、进口专利药品或者专利医疗器械的。

26.2.4 应用案例

从上述应用可以看出，通过专利查新与分析，可以从多个角度找出专利侵权诉讼的应诉对策，专利分析已成为诉讼成败的关键因素。

案例： 国内某L公司以拥有的一项发明专利（其专利号为98110611.0，申请日为1998年1月16日）要求被告某S公司赔偿100万元。被告委托专利检索人员进行检索、分析，检索到1982公开的日本实用新案专利（昭57-174287公开日为1982年11月2日）与该案发明专利基本相同，据此提出无效请求，将该发明专利无效，不仅避免百万元以上的经济赔偿，还可以堂而皇之地继续生产、销售涉案产品。

这是一项由侵权诉讼引发无效宣告程序的典型案例，被列为2009年中国法院知识产权司法保护50件典型案例之一，正是因为充分利用专利查新和专利分析，使S公司反败为胜，不但避免了高额侵权赔偿，还为其产品的合法销售提供了强有力的支持。

专利侵权诉讼的实践中还有很多检索、分析角度，以上只论述了部分应对情况。涉案双方当事人应该委托专业的检索机构，具体问题具体分析，找出每个案件个性化的应对方案。

撰稿：陈大明、张爱平（中国科学院上海科技查新咨询中心）

第27章 专利尽职调查中的应用

27.1 专利尽职调查的概念与特点

27.1.1 尽职调查的概念

"尽职调查"("Due Diligence"),又叫审慎调查、资信调查、信用调查,原意是"适当的或应有的勤勉",引申为交易当事方对于交易对方主体、交易标的等进行的适当的调查和评估。目前,尽职调查并没有一个确切的字典定义或法律定义。其概念来源于美国《1933年证券法》。最早是用于对证券市场上投资人(股东)的保护,后来被移植到企业并购等交易中来。有学者认为尽职调查是指对指定企业的规模、资产负债、信用状况、社会评价、出资人情况等进行调查并出具专业报告书的一项法律服务。

根据目的和手段不同,尽职调查可以被分为很多种类。例如:评估业务前景的商业尽职调查,评估实际资产和负债状况的财务尽职调查,评估税务风险的税务尽职调查,评估潜在法律风险和诉讼(仲裁)风险的法律尽职调查,评估管理层和员工积极性及工作技能的人事尽职调查,评估环境污染状况的环境尽职调查,评估技术水平及发展前景的技术尽职调查,评估不动产市值及建筑物维护状况的物业尽职调查,等等。上述尽职调查发生的场合也具有多样性,例如:企业间的收/并购、风险投资、公司上市、技术转让、国有企业资源整合、银行金融业机构、专利/知识产权示范企业申请,等等。

在以上各种场合的尽职调查中,当涉及专利时,就要进行专利尽职调查。目的是评估专利价值、规避风险、减少损失。

27.1.2 专利尽职调查的一般程序

(1) 确定专利尽职调查的目的、对象和范围

不同的场合,尽职调查的目的有所不同。因此首先要明确本次调查是要解决什么问题。

其次,不同目的导致尽职调查的对象和范围有所差异。在尚未明确调查对象时,可以通过专利战术情报,选定对象。

再次,尽职调查中所涉及的专利范围将直接影响到调查的工作量。当涉及众多专利时，对于调查方来说，很难对目标企业相关的每一项专利资产都进行详细的尽职调查，因而必须识别出对于本次调查具有实质价值的专利。

(2) 收集、整理专利的相关资料

专利具有公开性，全球主要国家和地区的专利信息都可以通过专利数据库获取。检索调查所需要的专利信息，并进行清理和整理，为尽职调查报告的撰写提供依据。

另外有部分资料可能需要向目标企业进行索取，例如：① 专利清单；② 与专利相关的许可或受益文件；③ 与专利相关的保证、证券利益以及抵押等信息；④ 使用专利的产品和服务；⑤ 与第三方发生的专利无效以及诉讼案件相关的文件等。

(3) 分析并撰写专利尽职调查报告

通过定量与定性相结合的办法，根据调查的目的进行专利分析，并撰写相应的尽职调查报告。在报告中，一方面要对专利的现状进行说明，另一方面，也要对可能存在的问题和风险进行阐述，给出规避的意见。

27.2 专利尽职调查中涉及的专利问题

在商业实践和法律实务中，尽职调查的过程中越来越多涉及专利的相关内容。当尽职调查的内容涉及专利时，需要进行相关的专利检索与分析。主要目的是了解专利的法律属性、技术属性与经济属性，达成对专利价值的认知。表 27.1 列举了部分涉及专利尽职调查的场合及其调查重点。

表 27.1 专利尽职调查的主要场合

何时发生尽职调查		主要调查范围	调 查 重 点
企业收/并购过程中	股权收/并购	相关专利的所有权	确定目标企业的实质性专利及实质性专利的所有权
	资产收/并购	资产中的所有专利	发现专利瑕疵、评估专利价值
技术引进或转让		交易清单中的专利	发现专利瑕疵、评估专利价值
知识产权投资		投资所涉及的专利	专利的法律属性、技术属性和经济属性对投资风险的影响
专利/知识产权示范企业申请		企业所拥有的专利	专利权属的真实性、专利有效性
国有企业资源整合		相关企业所拥有的专利	相关企业专利的互补性

在实践中，与专利相关的尽职调查最常发生在涉及专利的交易过程中，例如，以获取专利资产为目的的收购、专利技术引进等。事实上，专利仅仅是尽职调查的内容之一，但却扮演着重要的角色。原因是在现代企业间的交易中，已经不仅仅是简单的设备、厂房的购买，越来越多的企业注重目标企业的软资产，而专利是极为重要的组成部分。在这样的专利尽职调查中，主要是对一个企业所拥有的专利情况做系统、全面的揭示，确认、和估

价。通过对专利资产的确认，识别与评估专利资产所面临的风险，并对相关风险的规避做出安排，同时专利的尽职调查还包括如何有效协同与利用相关专利权。

另外，我国以及各城市中，存在大量专利/知识产权示范企业以及类似的申报。在申报专利/知识产权示范企业等荣誉中，专利是判断能否申报成功的重要依据之一。一方面，企业在申报材料中应当如实提交内容，另一方面，评审机构也可以适当地进行必要的尽职调查，对各申报企业的专利情况进行必要的核实与调查。

总之，在尽职调查中，专利战术情报的主要内容是：

- 明确被调查专利的相关信息是否真实；
- 确定被调查专利是否能够自由使用，是否不侵犯第三方的知识产权；
- 核实专利权属，避免今后与任何未知的专利共同所有人产生纠纷；
- 确定被调查专利的技术价值和经济价值。

27.3 专利战术情报在尽职调查中的应用

在尽职调查中，通过检索能获得专利相关信息，进而做出合理评价。适合于尽职调查的专利检索通常包括：法律状态检索、同族专利检索、引证信息检索、专利查新、专利侵权查新等，其中调查的重点内容为专利权利瑕疵与专利价值的评价。在实践中，应根据实际情况调整尽职调查的具体内容，做出最适合的安排。

27.3.1 专利权利瑕疵的尽职调查

瑕疵为大陆法系特有的概念，通俗地讲，指缺点、缺陷。权利瑕疵是指在经济活动中，标的物所有权一方将所有权利或部分权利移交另一方时，其标的物上存在第三人的权利。因此，在各种与专利有关的交易活动中，都应进行专利权利瑕疵的尽职调查。

(1) 核实专利权属

专利的权利归属情况是尽职调查的重点之一，不但针对专利权证书上的登记状况，还包括有无共同专利权人等信息的确认。

明确专利权人　只有专利权人才有权处分专利的转让、许可等事宜。在专利权属核实中，首先要检索专利授权公告（或申请公开）说明书，查看申请（专利权）人；其次要通过专利数据库进行法律状态检索，核查专利权是否有过转让；对于重要专利，不仅要查看专利转让合同，还要请求国家知识产权局出具登记簿副本，查明该专利转让是否已经过国家知识产权局的登记，否则，目标企业仍不是真正的专利所有人。

是否存在共同专利权人　调查专利是否存在共同专利权人，如果专利为共同所有，必须获得共有专利权人的授权才能进行转让、许可等行为。避免日后引发专利纠纷。

(2) 核实专利权是否存在受限制之瑕疵

在涉及与专利相关的交易中，当专利权存在受限制的情形，则交易存在无效风险。专利权交易受限的情形如有：专利权处于质押或保全状态，专利权已转让他人，专利权已独占许可或排他许可等。因此，为避免风险，事前应对重要专利进行法律状态检索，核实是否存在上述情形。

(3) 专利权是否不具有可实施性

专利权的可实施性是指专利能够在工业化生产中实施的属性。如果专利不具有可实施性，则违反了缔约的初衷。专利权的可实施性除了专利本身的技术方案具有可实施性外，还应保证该专利实施不侵犯他人专利权，否则也不具实施性。当然，若目标专利实施虽然可能侵权，但能与竞争对手的重要专利形成交叉专利，具有战略意义时，则另当别论。因此，对于交易中涉及的重要专利应进行防止专利侵权检索，以避免风险。

27.3.2 专利价值的尽职调查

专利尽职调查的一个重要目的，是要对相关专利的价值进行合理评估。可从法律价值度、技术价值度、经济价值度三个角度进行调查。

27.3.2.1 法律价值度评价

(1) 专利有效性分析

专利有效性是专利价值评估的前提，一个权利无效的专利，专利权价值为0。因此，专利价值评价的第一步，就要开展法律状态检索，核实专利权的有效性。当有效专利处于无效宣告程序中时，因有效性不稳定，则价值前景也不稳定。

对于一个有效专利，剩余保护期的长短直接影响专利价值。剩余保护期越长，价值越高；保护期届满的专利权，虽然专利技术仍具有较高的应用价值，但因该专利技术已进入公知领域，因此专利权价值为0。

(2) 专利权类型、保护范围及其可规避性分析

专利类型也是判断专利价值的重要因素之一。不同国家因专利制度的不同，存在不同类型的专利。以我国为例，专利类型分为发明、实用新型和外观设计。发明、实用新型和外观设计三类专利的保护对象及其保护期不同，本身蕴含的价值也不同。申请量较大的实用新型和外观设计专利由于不需要通过实质审查，获得授权的概率较高，通常技术含量较低。即使在获得授权后，实用新型和外观设计专利与发明专利相比较，更容易被无效。因此在尽职调查的专利清单中，实用新型和外观设计专利的数量多少成为判断这批专利价值高低的因素之一，甚至在某些交易中作为压低交易价格的筹码之一。

同时，权利要求范围与专利价值密切相关。权利保护范围越小、越容易规避设计的，则价值就低。

以上信息的获得可以通过检索专利申请公开/公告说明书全文，进行确认即可。

(3) 专利权的许可状态分析

通常来讲，有实施许可的专利总是有一定的应用价值。但许可次数过多时，也会在一定程度上影响该专利技术再许可实施的市场份额。

(4) 专利权的授权前景/稳定性分析

专利申请公开的授权前景、授权专利的权利稳定性是专利价值评价时需要考虑的重要因素。已公开或处于实质审查中的未授权专利，并非一定可获得授权。无授权前景的专利申请，意味着无专利价值。有的专利虽然已授权，但其权利未必一直稳定，很有可能在有效期内被他人无效宣告。因此，在尽职调查中，对于一些重要的专利申请、授权专利要进行专利查新，进行新颖性与创造性分析，判断其授权前景、专利权稳定性，这对专利价值评估具有重要作用。

(5) 专利的侵权风险性分析

在专利尽职调查中，判断专利是否存在侵权指控或侵权风险极为重要。专利诉讼可能会影响到企业的技术发展、生产和经营。陷入法律争议的专利，具有丧失专利权的风险。同时，巨大的专利诉讼费用往往会拖累一家企业的发展。

一方面要进行法律状态检索，调查专利是否已经陷入法律和诉讼事宜，发生过专利诉讼却仍然维持专利权的专利一般被认为技术价值较高。在尽职调查中可以从以下方面判断专利是否陷入法律和诉讼事宜：有无第三人请求宣告专利无效；有无第三人指控专利侵犯其专利权等在先权利；有无第三人请求确认他为此项专利权的所有人等。

另一方面要进行专利侵权查新，选择重要的专利，调查是否存在侵权的风险。在实践中即使授予专利权的专利仍有可能侵犯在先权利。如果侵犯在先权利的可能性较大，则在将来有陷入专利纠纷的可能性。

27.3.2.2 技术价值度评价

(1) 技术先进性评价

技术先进是高价值专利的重要体现。专利技术的先进性可以通过三个方面来评价：① 检索专利说明书，从具体描述的所解决的问题、技术手段、技术效果来判断技术先进性；② 通过专利信息检索，检出该技术领域的相关专利，分析专利技术与本领域的其他技术相比是否具有先进性；专利技术是否符合该领域的发展方向；③ 可以通过专利引证分析评价专利技术的先进性。通常，引证数量一定程度上反映了该专利技术的影响力，那些具有明显创新性的专利被更多地引用。

(2) 技术成熟性评价

即使一项专利获得授权，也不一定是成熟的专利技术。事实上，很多专利技术离产业化还有一定距离，有些甚至仅仅是一个可能实现的技术方案。一个技术方案需要经过一系列工业性的开发试验，才能发展成产品制造和生产。如果等到尽职调查进行完毕，才发现专利存在无法解决的缺陷，或者生产成本过高，市场无法接受，这样的损失是巨大的。另一方面，获得授权的专利技术也可能在市场上已经被淘汰或者接近被淘汰。

对于我国企业来说，为了参与市场竞争，大量企业选择通过购买专利的方式引进消化吸收一部分先进的技术，为了避免引进在国际市场上已经淘汰或者接近被淘汰的技术和设备，也同时为了避免引进不成熟的且在国内又没有能力进一步改进的技术，有必要在引进前对相关专利进行技术的成熟度分析。

在技术成熟度分析时，除了分析专利技术本身具备可实施性外，还应分析该类技术在行业发展中处于何种阶段，进而判断其专利价值。

(3) 技术可替代性评价

对于一项专利技术而言，容易被替代的技术，则技术价值相对偏低。在技术可替代性评价中，可利用专利信息检索，分析当前是否存在解决相同或类似问题的替代技术方案，这些技术相比目标专利技术，是否具有更便利的可实施性，更低的成本，更好的效果等。

(4) 配套技术依存性评价

在世界上所有授权专利中，不是每一个专利都可以单独实施，独立应用到产品，有些专利技术的实施依赖于其他技术才可以实施。若检索发现，目标专利是在其他专利的基础上改进获得，实施该项专利时，还需要依赖其他专利权人的许可，才能消除法律上的侵权障碍。这样的专利在进行商业利用时受到限制。其需依赖的技术并非目标企业的专利技术，而是由他人申请的，则在一定程度上影响其技术价值度。

27.3.2.3 经济价值度评价

在有些场合的尽职调查中，有时需要从经济价值角度对一项专利的价值进行评价，如专利技术投资、专利技术引进等场合。从经济价值维度考察，可更直接的评价一项专利的价值。在具体评价中，首先可以利用常规的信息检索，获取各类市场信息，分析专利技术的市场应用前景、市场规模前景、可能的市场份额、竞争对手、政策适应性等；也可以利用同族专利检索，考察目标专利是否在全球有过专利布局。一般来讲，越是重要的发明创造，申请保护的国家范围越多，权利人希望垄断的国际市场也越大。同族专利申请数量多的专利技术，通常有较高的专利价值。

撰稿：陈跃平（上海市机电科技情报研究所）
戴顺孝（上海电气集团股份有限公司中央研究院）

附录1

单一专利数据库

近年来,大多数国家的专利局都建立了自己的官方网站,并为公众提供免费的自助专利检索和专利法律状态检索等服务;同时,也有一些商业机构推出了免费的单一专利数据库。这些专利数据库一般收录专利局或商业机构所在国的专利文献,提供的功能通常包括文献检索、结果排序、语种翻译、文档下载等。

1.1 中国专利数据库

本章节介绍的中国专利数据库地域范围包括中国大陆、中国香港特别行政区和中国澳门特别行政区。

1.1.1 国家知识产权局网站中国专利检索系统

(1) 收录范围

1985 年 9 月 10 日以来公布的全部中国专利信息,包括发明、实用新型和外观设计三种专利的著录项目及摘要,并可浏览到各种说明书全文及外观设计图形。

(2) 更新周期

每周三更新。

(3) 检索功能

国家知识产权网站上的专利检索与查询系统包含专利检索与服务系统(公众部分)、中国专利查询系统、专利公布公告和专利查询四大功能板块。

A. **专利检索与服务系统(公众部分)** 该系统除了收录中国专利信息外,还收录 103 个国家、地区和组织的专利数据。主要包括中外专利联合检索、中国专利检索和外国及港澳台专利检索等三个数据库。本节主要介绍中国专利检索数据库,其他两个数据库的介绍见附录 2“国家知识产权局专利检索与服务平台”一节。

该数据库提供常规检索、表格检索、概要浏览、详细浏览、批量下载等功能。其中中国专利检索数据库的检索字段包括:申请(专利)号、名称、摘要、申请日、公开(公告)日、公开(公告)号、分类号、主分类号、申请(专利权)人、发明(设计)人、地址、国际公布、颁证日、专利代理机构、代理人、优先权等字段的检索入口。其中，多个字段支持模糊检索，可使用算符“?”(半角问号)代表1个字符，算符“%”(半角百分号)代表0～n个字符。在“名称”和“摘要”字段内各检索词之间可进行and、or、not的逻辑运算。字段具体说明如附表1.1所示。此外，国家知识产权局网站还提供了中国专利检索系统英文版，可用英文检索中国专利英文著录项目。

附表1.1　国家知识产权局网站中国专利检索系统字段说明

字段名称	说　明	示　例
申请(专利)号	可对申请号和专利号进行检索。申请号和专利号由8位或12位数字组成，小数点后的数字或字母为校验码。申请(专利)号可实行模糊检索。模糊部分位于申请号(或专利号)开头或中间时应使用算符“?”或“%”，位于申请号(或专利号)末尾时算符可省略	①已知申请号为99120331.3，可键入“99120331”或“99120331.3”；②已知申请号前五位为99120，应键入“99120%”；③已知申请号中间几位为2033，应键入“%2033%”；④已知申请号中包含91和33，且91在33之前，应键入“%91%33”
申请日	由年、月、日三部分组成，各部分之间用圆点隔开；“年”为4位数字，“月”和“日”为1或2位数字	①已知申请日为1999年10月5日，应键入“1999.10.5”；②已知申请日在1999年10月，应键入“1999.10”；③已知申请日在1999年，应键入“1999”；④如需检索申请日为1998到1999年之间的专利，应键入“1998 to 1999”
公开(告)号	由7位或8位数字组成，可实行模糊检索。模糊部分位于公开号开头或中间时应使用模糊字符“?”或“%”，位于公开(告)号末尾时模糊字符可省略	①已知公开号为1219642，应键入“CN1219642”或“1219642”；②已知公开号的前几位为12192，应键入“CN12192%”；③已知公开号中包含1964，应键入“%1964”
公开(告)日	由年、月、日三部分组成，各部分之间用圆点隔开；“年”为4位数字，“月”和“日”为1或2位数字	同“申请日”示例
申请(专利权)人	可为个人或团体，键入字符数不限，可实行模糊检索，模糊部分位于字符串中间时应使用算符“?”或“%”，位于字符串开头或末尾时算符可省略	①已知申请人名字中包含“仁”，应键入“仁”；②已知申请人姓吴，且名字中包含“仁”，应键入“吴%仁”
发明(设计)人	同上	同上
地　址	键入字符数不限，可实行模糊检索，模糊部分位于字符串中间时应使用算符“?”或“%”，位于字符串开头或末尾时算符可省略	①已知申请人地址为香港新界，应键入“香港新界”；②已知申请人地址邮编为100088，应键入“100088”；③已知申请人地址邮编为300457，地址为某市泰华路12号，应键入“300457%泰华路12号”(注意邮编在前)

续 表

字段名称	说　明	示　例
名　称	键入字符数不限，可实行模糊检索，模糊检索时应尽量选用关键字，以免检索出过多无关文献。模糊部分位于字符串中间时应使用算符“?”或“%”，位于字符串开头或末尾时算符可省略。字段内各检索词之间可进行and、or、not的逻辑运算	① 已知名称中包含“照相机”，应键入“照相机”；② 已知名称中包含“汽车”和“化油器”，且“汽车”在“化油器”之前，应键入“汽车%化油器”；③ 已知名称中包含“汽车”和“化油器”，应键入“汽车 and 化油器”；④ 已知名称中包含“汽车”或者“化油器”，应键入“汽车 or 化油器”；⑤ 已知名称中包含“汽车”，但不包含“化油器”，应键入“汽车 not 化油器”
摘　要	同上	同上
分类号	可由《国际专利分类表》查得，键入字符数不限（字母大小写通用），可实行模糊检索，模糊部分位于分类号开头或中间时应使用算符“?”或“%”，位于分类号末尾时算符可省略	① 已知分类号为G06F15/16，应键入“G06F15/16”；② 已知分类号开头部分为G06F，应键入“G06F”；③ 已知分类号中包含15/16，应键入“%15/16”；④ 已知分类号前三个字符和中间三个字符分别为G06和5/1，应键入“G06%5/1”；⑤ 已知分类号中包含06和15，且06在15之前，应键入“%06%15”
主分类号	同一专利申请中具有若干个分类号时，其中第一个称为主分类号。主分类号的键入字符数不限（字母大小写通用），可实行模糊检索，模糊部分位于主分类号开头或中间时应使用算符“?”或“%”，位于主分类号末尾时算符可省略	① 已知主分类号为G06F15/16，应键入“G06F15/16”；② 已知主分类号开头部分为G06F，应键入“G06F”；③ 已知主分类号中包含15/16，应键入“%15/16”；④ 已知主分类号前三个字符和中间三个字符分别为G06和5/1，应键入“G06%5/1”；⑤ 已知主分类号中包含06和15，且06在15之前，应键入“%06%15”
颁证日	由年、月、日三部分组成，各部分之间用圆点隔开；“年”为4位数字，“月”和“日”为1或2位数字	同“申请日”示例
专利代理机构	专利代理机构的键入字符数不限，可实行模糊检索，模糊部分位于字符串中间时应使用算符“?”或“%”，位于字符串开头或末尾时算符可省略	① 已知专利代理机构为广东专利事务所，应键入“广东专利事务所”，也可键入“广东”；② 已知专利代理机构名称中包含“贸易”和“商标”，且“贸易”在“商标”之间，应键入“贸易%商标”
代理人	通常为个人。专利代理人可实行模糊检索，模糊部分位于字符串中间时应使用算符“?”或“%”，位于字符串开头或末尾时算符可省略	同“申请（专利权）人”示例

字段名称	说　明	示　例
优先权	包含表示优先权日、国别的字母和优先权号。优先权可实行模糊检索，模糊部分位于字符串中间时应使用算符"?"或"%"，位于字符串开头或末尾时算符可省略	① 已知专利的优先权日为 1994.12.28，应键入"1994.12.28"；② 已知专利的优先权属于日本，应键入"JP"（字母大小写通用）；③ 已知专利的优先权号为 327963/94，应键入"327963/94"；④ 已知专利的优先权属于日本，且编号为 327963，应键入"JP%327963"
国际公布	包括国际公布号、公布的语种和公布的日期	① 已知国际公布的语种为日文，应输入"日"；② 已知 PCT 公开号为 WO94/17607，应输入"WO94/17607"，或输入"WO94.17607"，或输入"94/17607"；③ 已知公布日期为 1999.3.25，应输入"1999.3.25"，或输入"99.3.25"

B. **中国专利查询系统**　包括 2 个查询系统：电子申请注册用户查询、公众查询系统。电子申请注册用户查询是专为电子申请注册用户提供的每日更新的注册用户基本信息、费用信息、审查信息（提供图形文件的查阅、下载）、公布公告信息、专利授权证书信息；公众查询系统是为公众（申请人、专利权利人、代理机构等）提供的每周更新的基本信息、审查信息、公布公告信息。目前系统只提供申请日在 2010 年 2 月 10 日之后的专利申请文件的图形文档。检索字段参考附表 1.1。

C. **专利公布公告**　可以按照发明公布、发明授权、实用新型和外观设计四种公布公告数据进行查询。数据范围包括中国专利公布公告信息，以及实质审查生效、专利权终止、专利权转移、著录事项变更等事务数据信息。该数据库的检索方式包括简单查询、高级查询、IPC 分类查询、LOC 分类查询、事务数据查询。其中"简单查询"包括一个输入框，可采用高级查询列表中所示的著录项目、摘要或简要说明数据进行查询。"高级查询"包括 19 个检索字段，具体说明见附表 1.2。"IPC 分类查询"包括一个输入框，可按两种方式查询，即"输入关键字查分类号"、"输入分类号查含义"，此外，还可以按照检索页面上提供的国际专利分类表导航直接查询分类号，点击相关分类号右侧的"选择"按钮，该分类号即会自动拷贝到"高级查询"检索页面。"LOC 分类查询"的查询方式同"IPC 分类查询"，其中检索界面的分类表为国际外观设计分类表。"事务数据查询"可通过选择专利类型、事务数据类型、申请号、事务数据公告日、事务数据信息进行查询。其中专利类型包括发明专利、实用新型专利、外观设计专利；事务数据类型包括：公布、实质审查的生效、专利局对专利申请实质审查的决定、发明专利申请公布后的驳回、发明专利申请公布后的撤回、发明专利申请公布后的视为撤回、授权、保密专利专利权授予、保密专利的解密、专利权的视为放弃、专利实施的强制许可、专利权的无效、部分无效宣告、宣告专利权部分无效审查结论公告、专利权的终止、专利权的主动放弃、避免重复授权放弃专利权、专利申请或者专利权的恢复、专利申请权、专利权的转移、著录事项变更、专利实施许可合同备案的生效、变更及注销、专利权质押合同登记的生效、变更及注销、专利权的保全及其解除、专利权人的姓名或者名称、地址的变更、文件的公告送达、更正、其他有关事项。

附表 1.2　专利公布公告系统字段说明

字段名称	说　明	示　例
公布(公告)号	支持?代替1个字符,%代替多个字符的查询	102853527、102853527A、10285、%285352%、102?53?27
公布(公告)日	至少应输入完整的年份	输入20131002或通过日历选择,输入201310或通过日历选择20131001和20131031
申请号	支持?代替1个字符,%代替多个字符的查询	2005101185097、2005?0118509、%10118%
申请日	至少应输入完整的年份	输入201310301或通过日历选择,输入201303或通过日历选择20130301和20130331
申请(专利权)人	支持?代替1个字符,%代替多个字符的查询	浙江大学、惠普、董?君、马克%公司
发明(设计)人	支持?代替1个字符,%代替多个字符的查询	"朱云杰"、"云杰"、"朱?杰"、"A%尔布赖"
地址	支持?代替1个字符,%代替多个字符的查询	北京市海淀区、北京市海?区、北京市%西直门
分类号	支持?代替1个字符,%代替多个字符的查询	B61G3/04、26-05、B61G、B61G?/04、%3/04%
名称	可进行and、or、not运算,且and、or、not前后应有空格	计算机、计算机 and 应用
摘要/简要说明	可进行and、or、not运算,且and、or、not前后应有空格	计算机、计算机 and 应用
专利代理机构	支持?代替1个字符,%代替多个字符的查询	中国国际贸易促进委员会专利商标事务所、中国国际贸易促进委员会专利商标事务所11038、中国%委员会
代理人	支持?代替1个字符,%代替多个字符的查询	张华辉、张?辉
优先权	支持?代替1个字符,%代替多个字符的查询	102011008792.3、102011008792、102011008792.3 2011.01.18 DE
本国优先权	支持?代替1个字符,%代替多个字符的查询	2012100663195、201210066319、2012100663195 2012.03.14 CN
分案原申请	支持?代替1个字符,%代替多个字符的查询	2012100840734、201210084073、2012100840734 2012.03.28

字段名称	说　明	示　例
生物保藏	支持?代替1个字符,%代替多个字符的查询	%7640%、CGMCC NO. 7640、CGMCC NO. 7640 2013.05.24
PCT进入国家阶段日	至少输入完整的年份	20130709、201307
PCT申请数据	支持?代替1个字符,%代替多个字符的查询	PCT/EP2011/005305、20111021、PCT/EP2011/005305 20111021
PCT公布数据	支持?代替1个字符,%代替多个字符的查询	WO2012/062406、DE20120518、WO2012/062406 DE 20120518

D. **专利查询**　包括7个查询系统：收费信息查询、代理机构查询、专利证书发文信息查询、通知书发文信息查询、退信信息查询、事务性公告查询、年费计算系统，为公众(申请人、专利权人、代理人、代理机构)提供的每周更新的专利公报信息、法律状态信息、事务性公告信息、缴费信息、专利证书发文信息、通知书发文信息、退信信息，以及代理机构备案信息、年费缴纳与减缓信息。

收费信息查询以申请号为查询条件，可以得到相应的缴费信息，包括：申请号、缴费日期、费用种类、金额、发文日期以及挂号号等。目前提供网上查询的缴费信息，是起始于2005年8月1日之后进行正式会计记账的数据(会计记账的记账日期与缴费日期之间没有绝对的对应关系)。

代理机构查询以关键字为查询条件，可以选择代理机构所在的省份。可以获得代理机构的代码、全称、法律状态、邮编、地址、负责人、联系电话、合伙人/股东、代理人等信息。

专利证书发文信息查询以申请号和收件人为查询条件，其中申请号必须输入校验位，如：01127366.6或011273666，200310118506.4或2003101185064。目前提供上网查询的专利证书发文信息，起始发文日期为2006年5月3日。

通知书发文信息查询以申请号为查询条件，申请号必须输入校验位。目前提供上网查询的通知书发文信息，起始发文日期为2006年5月12日。

退信信息查询以申请号为查询条件，申请号必须输入校验位。

事务性公告以申请(专利)号为查询条件，事务公告类型在实质审查请求的生效、著录事项变更、地址不明通知、专利申请的驳回、专利申请的撤回、专利申请的视为撤回、专利申请的视为放弃、专利权的无效宣告中选一或者全选。

年费计算系统帮助申请人通过“申请类型”、“申请日”、“缴费日”等信息判断在该“缴费日”需缴纳的已授权的专利年费金额。若该专利享受费用减缓，用户需要同时输入“首年年度”信息(首年年度以《办理登记手续通知书》中所记载的“第*年度年费”中的年度数字为准)；若专利不享受费用减缓，用户不需要输入“首年年度”信息，程序默认首年为1，不影响计算结果。

(4) 结果输出

检索结果包括著录项目和摘要，申请公开说明书全文和审定授权说明书全文为 TIF 格式(在线浏览说明书必须安装专用插件，建议 IE 升级到 6.0 以上)，外观设计图形为网页图片格式。英文版提供专利全文的机器翻译。特别需要注意的是鉴于设备与带宽的限制，国家知识产权局建议日浏览或下载专利说明书超过 300 页的公众访问其他网站或向相关单位订购专利光盘。

(5) 检索网址

中文版网址 http：//www. sipo. gov. cn/zljsfl/。

英文版网址 http：//english. sipo. gov. cn/。

1.1.2 中国专利信息中心网站中国专利检索系统(专利之星/Patentstar)

(1) 收录范围

涵盖著录项目、摘要、权利要求书、说明书及附图的中国专利全文数据，包含法律状态、同族专利等信息。还包括美国、德国、日本、英国、法国、韩国、俄罗斯、瑞士、EPO、WIPO 及其他国家和地区的专利文献。

(2) 更新周期

每周一次。

(3) 检索功能

检索方式有智能检索、表格检索和专家检索三种，可以在专家检索中预览检索结果命中数，方便调整检索策略。可检索的字段有 18 个，具体说明如附表 1.3 所示。

附表 1.3 专利之星字段说明

字段名称	说明	示例
发明名称(TI)	字段内各检索词之间支持逻辑算符“*、+、-、()”。“*”相当于“and”，“+”相当于“or”，“-”相当于“not”，“()”为提升优先级	① 已知名称中包含“照相机”，应键入“照相机”；② 已知名称中包含“汽车”和“化油器”，应键入“汽车*化油器”；③ 已知名称中包含“汽车”或者“化油器”，应键入 “汽车+化油器”；④ 已知名称中包含“汽车”，但不包含“化油器”，应键入 “汽车-化油器”；⑤ 已知名称中包含“汽车”，但不包含“化油器”和“节温器”，应键入“汽车-(化油器*节温器)”
主权利要求(CL)	同上	同上
申请人(PA)	同上	同上
申请号(AN)	12 位申请号检索必须输入 4～12 位数(早期的 8 位申请号必须输入 2～8 位)，申请号为 8 位的专利，系统会自动转换为 12 位显示	① 已知申请号前 5 位，应键入“20082%”；② 已知申请号 200820028064 或 200890110326，应键入 200820028064＋200890110326

续 表

字段名称	说明	示例
公开号(PN)	必须输入2～9位	① 已知公开号前5位,应键入10196;② 已知公开号包含10196536或202139867U,应键入10196536+202139867U
公告号(GN)	必须输入2～9位	同上
优先权号(PR)	/	同上
范畴分类(CT)	/	已知范畴分类号为23F,应键入23F
国省代码(CO)	/	已知专利所在国省为中国北京,应键入11
摘要(AB)	字段内各检索词之间支持逻辑算符*、+、-、()	同“发明名称”示例
关键词(TX)	同上	同上
分类号(IC)	/	同“公开号”示例
申请日(AD)	/	① 已知完整日期,应键入19990205;② 已知月份,应键入199902;③ 已知年份,应键入1999;④已知连续的时间范围,应键入20060202＞20090101;⑤ 已知时间范围包含2008年或2009年,应键入2008+2009
公开日(PD)	/	同上
公告日(GD)	/	同上
发明人(IN)	字段内各检索词之间支持逻辑算符*、+、-、()	同“发明名称”示例
申请人地址(DZ)	同上	同上
代理机构(AG)	/	已知专利代理机构代码为11296,应键入11296

需要说明的是,在检索国外专利时,申请号(AN)、公开/公告号(PN)和优先权号(PR)字段必须输入国别代码。

此外,还可以进行法律状态检索,包括中国法律状态检索、专利权利转移检索、专利质押保全检索、专利实施许可检索等四类检索。其中:

中国专利法律状态检索字段为专利申请号、法律状态公告日、法律状态、专利权人。

专利权利转移检索字段为申请(专利)号、分类号、名称、摘要、主权项、生效日、变更前权利人、变更后权利人、变更前地址、变更后地址。

专利质押保全检索字段为申请(专利)号、分类号、名称、摘要、主权项、法律状态、生效日、变更日、解除日、合同登记号、出质人、质权人。其中,法律状态字段为在“生效”、“变更”、“注销”三者中勾选。

专利实施许可检索字段为申请(专利)号、分类号、名称、摘要、主权项、许可种类、合同备案阶段、备案日、变更日、解除日、合同备案号、让与人、受让人。其中,许可种类字段在"独占许可"、"排他许可"、"普通许可"、"分许可"、"交叉许可"中选一,合同备案阶段字段在"生效"、"变更"、"注销"三者中勾选。

以上检索字段格式可参考附表1.3中的说明和示例。

(4) 结果输出

中国专利的检索结果不仅包括著录项目、说明书、权利要求等信息,还包括权利要求、法律状态和同族专利的信息。该系统与国家知识产权局网站上的系统更新速度有一定差别,因此检索到的内容会有不一致的情况出现。此外,系统提供了全文PDF格式文件下载;并且还可以让注册用户添加自定义字段信息,建立自定义数据库。国外专利的检索结果仅包含著录项目和摘要,按原始专利文件的语种显示,对检索词高亮显示,检索结果格式为网页文本格式。

(5) 检索网址

http://searchtel.patentstar.com.cn。

1.1.3 香港特别行政区知识产权署网站专利检索系统

(1) 收录范围

1997年6月27日前在香港注册的专利,即向英国专利局提出申请或欧洲专利局提出申请并指定英国的专利,在专利权授予后5年内,在香港申请注册的专利;1997年6月27日至今的香港专利说明书。专利类型包括已发表的标准专利申请、已批予的标准专利和短期专利。

(2) 更新周期

每周更新。

(3) 检索功能

系统提供简易检索及进阶检索两种方式,其中简易检索界面设有7个检索字段,检索方式见附表1.4。进阶检索界面设有15个检索字段,具体说明如(附表1.5)所示。检索入口可单独使用、也可组合使用,各检索入口之间默认的布尔逻辑关系为"与"。其中进阶检索界面可以采用两种通配符:下划线"_"代表一个字符,百分号"%"代表任意个字符。系统采用双语准则,即在检索文字数据时,用户可输入繁体中文或英文,然而此系统仅按照申请人所采用的语种储存数据,因此若此系统仅储存有关检索项目的英文数据,输入中文将不会检索出该项记录。使用者可于同一检索条件同时输入中文及英文。但若中文及英文的文字并不储存于专利记录的同一位置,此时系统将按照所选择的界面语言以显示检索结果。使用者可在屏幕的右上角,点击"English"或"繁体中文"链接,以查看检索结果的英文或中文显示。另外,该系统还可以就检索结果进行二次检索。

(4) 结果输出

简易检索和进阶检索界面均提供两种显示结果。检索执行方式若选择"检索(显示基本资料)",检索结果则显示为发表编号和发明名称;其中"发表编号"下设链接,可查看"注

附表 1.4 简易检索界面检索方式示例

可供选择的检索方法	目　的	例　子		
		发明名称	检索结果包括	检索结果不包括
包含输入字	用以检索包含输入字的文字资料	洋娃娃	洋娃娃 洋娃娃(玩具公仔)	玩具洋娃娃连衣服
完全符合	用以检索完全符合的文字资料	洋娃娃	洋娃娃	洋娃娃(玩具公仔) 玩具洋娃娃连衣服
部分相符	用以检索包含与输入字相符的文字资料	洋娃娃	洋娃娃 洋娃娃(玩具公仔) 玩具洋娃娃连衣服	

附表 1.5 香港特别行政区知识产权署网站专利检索系统字段说明

字段名称	检索方式	说　　明	示　例
记录种类	简易、进阶	包含"全部","只限于已发表的标准专利申请","只限于已批准的标准专利","只限于短期专利"四个选项	/
香港申请编号	简易、进阶	即申请号	99101234,02101234
香港专利/发表编号	简易、进阶	即公告号	0961234,1012345
申请人/专利所有人姓名或名称	简易、进阶	其中简易检索部分符合、完全符合及包含输入字三个选项,具体检索方法见(附表 1.4)	见附表 1.4
发明名称	简易、进阶	同上	/
送达地址(姓名或名称)	简易、进阶	同上	/
指定专利发表编号	进阶	有全部、CN、GB、EP 四个选项	1001%
国际专利分类号	进阶	/	B01J
撮录	进阶	只适用于短期专利	计算器
香港提交日期	简易、进阶	日期格式:日日月月年年年年	30012003
香港记录请求发表日期	进阶	同上	同上
香港批予专利日期	进阶	同上	同上
指定专利提交日期	进阶	同上	同上
优先权日期	进阶	该检索字段不适用于"当作标准专利"检索	同上
发明人姓名或名称	进阶	该检索字段不适用于"当作标准专利"检索	戴维

册纪录册记项";"发明名称"如有链接,则可查看 1997 年 6 月 27 日后公布的图像格式专利说明书。对于香港短期专利,每项短期专利申请均包括一份检索报告。检索执行方式若

选择“检索(显示主要资料)”,检索结果则显示为发表编号(点击链接,可查看注册纪录册记项)、申请编号、申请人/专利所有人、发明名称、状况、续期到期日、说明书(如有链接,可查看专利说明书)。

在检索结果中,三类专利的检索结果显示内容也有一定差别,如附表1.6所示。

附表1.6 香港特别行政区知识产权署网站专利检索系统专利类型结果输出

已发表的标准专利申请	已批予的标准专利	短 期 专 利
◆ 注册记录册记项,包括基本的著录项目信息,还包括同族中国专利发表和申请信息、国际发表和申请信息,以及法律状况信息 ◆ 维持标准专利申请详情,即专利维持费缴费相关的信息 ◆ 说明书全文	◆ 注册记录册记项,包括基本的著录项目信息,还包括同族中国专利发表和申请信息、国际发表和申请信息,指定专利当局批予专利信息,以及法律状况信息 ◆ 当作标准专利/标准专利续期详情,即专利续期信息和缴费状况信息 ◆ 香港说明书首页 ◆ 说明书全文	◆ 注册记录册记项,即基本的著录项目信息 ◆ 短期专利续期详情,即专利续期信息和缴费状况信息 ◆ 香港说明书首页 ◆ 说明书全文 ◆ 检索报告

注册记录记项为网页文本格式,可显示为繁体中文或英文;香港说明书首页、说明书全文和检索报告皆为PDF格式文件。

(5) 检索网址

http://ipsearch.ipd.gov.hk/patent/。

1.1.4 香港特别行政区知识产权署网站注册外观设计检索系统

(1) 收录范围

1997年6月27日至今申请注册的香港外观设计。

(2) 更新周期

同香港特别行政区知识产权署网站专利检索系统。

(3) 检索功能

系统提供简易检索及进阶检索两种方式。其中简易检索界面设有5个检索字段,包括注册编号、物品、注册拥有人、大类及小类号、提交日期 / 注册日期。以上检索字段可单独使用,也可以组合使用,各检索字段之间默认的布尔逻辑关系为“与”。其中物品、注册拥有人两个字段包括三种检索方式,即“包括输入字”、“完全符合”、“部分符合”,使用方式同专利检索界面。进阶检索界面设有11个检索字段,具体说明如附表1.7所示。系统亦采用与香港特别行政区知识产权署网站专利检索系统相同的双语准则。另外,该系统还可以就检索结果进行二次检索。

附表 1.7　香港特别行政区知识产权署网站注册外观设计检索系统字段说明

字段名称	说　　明	示　例
注册编号	香港外观设计的注册号	9911234,0211234
物品	香港外观设计的名称	瓶
注册拥有人	香港外观设计权利人的姓名或名称	PHILIPS
送达地址(名称)	/	/
大类及小类号	采用世界知识产权组织发表的工业外观设计国际分类法(《洛迦诺》分类)把外观设计物品分类	1-01
记入注册纪录册日期	格式：日日月月年年年年	24012003
提交日期 / 注册日期	不适用于当作注册的外观设计,格式：日日月月年年年年	同上
优先权日期	同上	同上
优先权编号	同上	同上
联合王国注册日期	只适用于当作注册的外观设计,格式：日日月月年年年年	同上
联合王国注册编号	同上	同上

输入检索式后可选择三种执行检索的方式：检索(显示图像)、检索(显示详细内容)、检索(显示详细内容及图像)。

(4) 结果输出

选择的执行检索方式不同,检索结果也有区别。其中检索(显示图像)的检索结果仅显示每项外观设计的注册编号和一幅主图;检索(显示详细内容)的检索结果显示每项外观设计的注册编号、优先权日期、洛迦诺分类号、物品(名称)、注册拥有人姓名和名称、状况。检索(显示详细内容及图像)的结果显示除了包括"显示详细内容"中的结果外,还包括一幅主图。以上每种显示方式中的注册编号均设有链接,可打开"外观设计注册纪录册",内容包括该外观设计的著录项目、法律状态、后续记录、变更情况等。"外观设计注册纪录册"的第一项为带下划线链接的"外观设计的表述"项,可打开外观设计的全部详细设计图。

有著录项目、注册外观设计续期记录、法律状况和附图,可显示为繁体中文或英文。

(5) 检索网址

http：//ipsearch. ipd. gov. hk/design/。

1.1.5　澳门经济局知识产权查询系统

(1) 收录范围

澳门经济局知识产权查询系统可检索：发明专利记录,包括在澳门特区已批给的发明专利和已公开之发明专利注册申请数据;从中华人民共和国国家知识产权局延伸的发明专利记录,包括已获批示在澳生效的从国家知识产权局延伸的发明专利,以及已向澳门特区提交延伸申请并已公开的国家知识产权局发明专利申请的资料；实用专利（即实用新型专利）记录，包括在澳门特区已批给的实用专利和已公开之实用专利注册申请数据；设计及新型（即外观设计）记录，包括在澳门特区已批给的设计及新型和已公开之设计及新型注册申请数据；四种工业产权注册申请的年费记录，包括在澳门特区已提出注册申请的发明专利、实用专利、设计及新型，以及已提出从国家知识产权局延伸到澳门生效的发明专利申请及发明专利的数据。

(2) 检索功能

发明专利记录、从国家知识产权局延伸的发明专利记录、实用专利记录、设计及新型记录和四种工业产权注册申请的年费记录都有各自的检索界面和可检索字段。可检索的字段为符合澳门专利制度的常规字段，具体说明如附表 1.8 所示。由于专利的内容数据主要为中文或/及葡文，视申请人/权利人提交的申请文件中所使用的语言而定。因此该数据库检索用的语种可以是中文，也可以是葡萄牙文。

附表 1.8　澳门经济局知识产权查询系统字段说明

字段名称	说　明	示　例
专利编号/INPI 编号	INPI 编号是指在第 97/99/M 号法令生效前(即 2000 年 6 月 6 日前)提出注册请求的发明专利编号	I/180
申请人/权利人名称(中文)	部分相符即可，视申请文件中所使用的语言而定	王伟
申请人/权利人名称(其他语言)	同上	pfizer
发明人/创作人姓名(中文)	同上	王伟
发明人/创作人姓名(其他语言)	同上	pfizer
专利名称/标题(中文)	同上	化合物
专利名称/标题(葡文)	同上	preparação
摘要-关键字(中文)	同上	化合物
摘要-关键字(葡文)	同上	preparação
国际专利分类号	/	A61K31/70
申请日期	点击日期选择框选择	/

(3) 结果输出

除政府公报为 PDF 格式文件外，著录项目、摘要、缴费情况、法律状态、政府公报（申请公告、批给、授权的发明专利的延伸）全文、附图都为网页文本格式。结果显示语言有中文、葡萄牙文和英文（仅用于显示字段名称）。

(4) 检索网址

http：//www. economia. gov. mo/web/DSE/public? _nfpb=true&_pageLabel=Pg_ES_AE_QE_Index&locale=zh_CN。

1.1.6 其他中国专利数据库一览

附表 1.9 其他中国专利数据库

名 称	内 容	检索网址
万方数据知识服务平台(专利)	著录项目信息、摘要、相关专利、全文(需注册后使用)	http://c.g.wanfangdata.com.cn/Patent.aspx
中国药物专利数据库	著录项目信息、摘要、法律状态、说明书(公开说明书、授权说明书)	http://59.151.93.198/Medicine/autoLogin
中国专利数据库(知网版)	著录项目信息、摘要、主权项、专利产出状态分析、本领域科技成果与标准、发明人发表文献、申请机构(个人)发表文献、本专利研制背景、本专利应用动态、所涉核心技术研究动态、全文(需注册后使用)、法律状态	http://dbpub.cnki.net/Grid2008/Dbpub/Brief.aspx? ID=SCPD&subBase=all

1.2 美国专利数据库

美国专利商标局网站上的专利数据库由美国专利商标局(USPTO)建设和管理,数据库包括以下几个子数据库系统:

- 专利授权数据库(USPTO Patent Full-Text and Image Database, PatFT)
- 专利申请公布数据库(USPTO Patent Application Full-Text and Image Database, AppFT)
- 专利转让数据库(Assignment Database)
- 专利申请信息查询(Patent Application Information Retrieval, PAIR)
- 专利分类查询(Searching by Class)
- 公开的基因序列查询(Publication Site for Issued and Published Sequences, PSIPS)
- 专利律师和代理人查询(Attorneys and Agents)
- 专利公报数据库(Official Gazette for Patents)

本章节主要介绍专利授权数据库、专利申请公布数据库、专利转让数据库、专利申请信息查询和专利公报数据库 5 个子系统。

1.2.1 专利授权数据库(USPTO Patent Full-Text and Image Database, PatFT)

(1) 收录范围

1790 年至今授权的美国专利,专利类型包括发明专利(Utilities)、设计专利(Design)、植物专利(Plant)、再版专利(Reissue)、防卫性公告(Defensive Pub.)和依法登记的发明(SIR)。

附表 1.10　各类专利编号覆盖范围

专利文献种类	1790～1975 年	1976 年～现在
发明专利	X1～X11,280 1～3,930,270	3,930,271 至今
设计专利	D1～D242,880	D242,583 至今
植物专利	PP1～PP4,000	PP3,987 至今
再版专利	RX1～RX125 RE1～RE29,094	RE28,671 至今
防卫性公告	T885,019～T941,025	T942,001～T999,003 T100,001～T109201
依法登记的发明	/	H1 至今

(2) 更新周期

每周一次。

(3) 检索功能

1790～1975 年的数据只有图像型全文(Full-image),可检索字段有专利号、美国专利分类号和授权日期 3 个。1976 年 1 月 1 日以后的数据除了图像型全文外,还包括可检索的授权专利基本著录项目、文摘和文本型的专利全文(Full-text)数据,可通过 31 个字段进行检索,具体说明如附表 1.11 所示。检索方式有三种,分别为快速检索(Quick Search)、高级检索(Advanced Search)和专利号检索(Patent Number Search)。

附表 1.11　专利授权数据库检索字段说明

<table>
<tr><th>字段代码</th><th>字　段　名　称</th><th>说 明 和 示 例</th></tr>
<tr><td>TTL</td><td>Title(专利名称)</td><td rowspan="4">● 可使用逻辑运算符 and、or、andnot 进行逻辑组配,如 title/(medicine and production)
● 可使用引号“”表示词句短语,如“medicine production”
● 可使用截词符“$”,如输入 product $ 可检索“products”、“production”等</td></tr>
<tr><td>ABST</td><td>Abstract(文摘)</td></tr>
<tr><td>SPEC</td><td>Description/Specification(说明书)</td></tr>
<tr><td>ACLM</td><td>Claim(s)(权利要求)</td></tr>
<tr><td>ISD</td><td>Issue Date(授权公布日期)</td><td rowspan="2">◆ 日期输入可用多种格式:20131213、12-13-2013、Dec-13-2013、12/13/2013、Dec/13/2013、December/13/2013
◆ 可使用截词符“$”,如2013121 $
◆ 可使用“→”进行时间范围的检索,如20121231→20141213</td></tr>
<tr><td>APD</td><td>Application Date(申请日期)</td></tr>
</table>

续 表

字段代码	字 段 名 称	说 明 和 示 例
PN	Patent Number(专利号)	◆ 可使用截词符“ $ ”,如 623785 $,最少保留3位数字 ◆ 除发明专利可以直接输入专利号,其他类型的专利文献号前输入专利种类代码,如D545, 356 (Design)、PP9, 321 (Plant)、RE30,425(Reissue)等
AN	Assignee Name(专利权人姓名)	人名输入格式: 姓+名+中间名首字母,如Angelo-Mike-D。公司名称可以只输入部分
APN	Application Serial Number(申请号)	检索时仅需输入后六位申请顺序号
AC	Assignee City(专利权人所在城市)	可使用截词符“ $ ”,如 los-angele $
IC	Inventor City(发明人所在城市)	
AS	Assignee State(专利权人所在州)	如 CA(加利福尼亚州)
IS	Inventor State(发明人所在州)	
ACN	Assignee Country(专利权人国籍)	使用国家代码,如 CN 表示中国,US 表示美国
ICN	Inventor Country(发明人国籍)	
ICL	International Classification(国际专利分类)	可使用截词符“ $ ”,如 H01F08/ $
CLAS	Current U. S. Classification(当前美国分类)	Class/subclass,可使用截词符“ $ ”,如 112/ $ 、 $ /230
APT	Application Type(申请类型)	1-Utility 发明专利、2-Reissue 再版专利、4-Design 外观设计、5-Defensive Publication 防卫性公告、6-Plant 植物专利、7-Statutory Invention Registration 依法登记的发明
EXP	Primary Examiner(主要审查员)	输入格式: 姓+名+中间名首字母,如 Angelo-Mike-D
EXA	Assistant Examiner(助理审查员)	
IN	Inventor Name(发明人姓名)	
LREP	Attorney or Agent(律师或代理人)	输入格式:“姓 名 中间名首字母”,如 “Angelo Mike D”
GOVT	Government Interest(政府利益)	如 navy
PARN	Parent Case Information(在先申请和母申请)	可通过专利号和申请号检索,如 08/583814,4539149
PCT	PCT information(PCT 信息)	检索 PCT 日期、PCT 申请号、PCT 公开号,如19891022、PCT/US89/01100,WO89/08283
PRIR	Foreign Priority(外国优先权)	可检索优先权号、日期和国家

续 表

字段代码	字 段 名 称	说 明 和 示 例
REIS	Reissue Data(再版数据)	检索内容包括申请号、申请日、专利号、授权日
RLAP	Related U. S. App. Data(相关国内申请)	可检索相关在前申请的专利,如:872113(申请号)
Ref	Referenced By(被引用的文献)	如:REF/5096294
FREF	Foreign References(外国参考文献)	可检索外国参考文献,如 454526
OREF	Other References(其他参考文献)	可检索其他参考文献

(4) 结果输出

1790~1975 年授权的美国专利只显示专利号、授权公布日期、当前美国专利分类号三项著录数据的网页文本,但可以获取图像型全文(TIF 格式文件);1976 年至今授权的美国专利,提供网页文本全文和图像型全文。

(5) 检索网址

http://patft.uspto.gov/。

1.2.2 专利申请公布数据库(USPTO Patent Application Full-Text and Image Database, AppFT)

(1) 收录范围

2001 年 3 月 15 日至今在美国申请公布的专利。

(2) 更新周期

每周一次。

(3) 检索功能

申请公布数据库的检索界面与专利授权的检索界面大致类似,只是部分可检索的字段不同,可通过 24 个字段进行全文检索。与专利授权数据库相比,申请公布数据库减少了如下检索字段,即 Issue Date(授权公布日期)、Patent Number(专利号)、Application Type(申请类型)、Primary Examiner(主要审查员)、Assistant Examiner(助理审查员)、Attorney or Agent(律师或代理人)、Parent Case Information(在先申请和母申请)、Reissue Data(再版数据)、Foreign References(外国参考文献),具体见附表 1.11;增加了三检索个字段:公开日期、文献号、授权前公布等,具体说明如附表 1.12 所示。检索方式也与专利授权数据库相同。

(4) 结果输出

检索结果包括基本著录项目、文摘、权利要求、说明书等全文,显示为网页文本格式,也可下载 TIF 格式文件的图像型全文。

(5) 检索网址

http://patft.uspto.gov/。

附表 1.12 专利申请公布数据库增加字段说明

字段代码	字段名称	说明和示例
PD	Publication Date(公开日期)	◆ 日期输入可用多种格式：20131213、12-13-2013、Dec-13-2013、12/13/2013、Dec/13/2013、December/13/2013 ◆ 可使用截词符“$”,如 2013121$ ◆ 可使用“→”进行时间范围的检索,如 20121231→20141213
DN	Document Number(文献号)	如 20010000001
KD	Pre-Grant Publication(授权前公布) Document Kind Code(文献种类代码)	如 A1、A2、P1 等

1.2.3 专利转让数据库(Assignment Database)

(1) 收录范围

1980 年 8 月至今的美国授权专利和申请公布专利的权利转移登记信息。

(2) 检索功能

系统提供一种字段组合检索方式,可检索字段说明如附表 1.13 所示。

附表 1.13 专利转让数据库检索字段说明

字段名称	中文名称	说明和示例
Reel / Frame Number	专利权转移卷宗号	输入卷宗号,如 010398/0207
Patent Number	专利号	输入专利号,如 6333466
Publication Number	公开号	输入公开号,如 20011233456
Assignor Name	出让人姓名	至少输入两个以上字母,如 SMITH
Assignee Name	受让人姓名	
Assignor Index	出让人索引	索引检索至少输入一个字母,如 S
Assignee Index	受让人索引	
Assignor /Assignee Name	出让人/受让人姓名	同出让人姓名输入格式

(3) 结果输出

美国授权专利和申请公布专利的权利转移登记信息,包括：专利权转移卷宗号、登记日期、让与种类(出让人利益转移、地址变更、风险抵押、解除抵押等)、专利权信息(专利号、授权日期、申请号、申请日期等)、出让人、受让人、相对应的地址等。详细显示界面的信息包括专利权基本信息、专利权转让详述、专利权转让人详述和专利权转移受让人详述四种。

(4) 检索网址

http://assignments.uspto.gov/assignments/?db=pat。

1.2.4 专利申请信息检索(Patent Application Information Retrieval, PAIR)

(1) 收录范围

专利申请信息检索(PAIR)提供美国已授权专利和已公开专利申请的法律状态数据，并包括已授权或已公开申请的美国优先权专利。但不能查询未被 WIPO(World Intellectual Property Organization,世界知识产权组织)公开的 PCT(Patent Cooperation Treaty,专利合作协定)专利申请和其他没有被美国专利商标局公开的专利申请数据。

(2) 检索功能

检索时必须开启浏览器的 cookies 和 JavaScript,在输入验证码之后就可进入检索界面。可检索字段说明如附表 1.14 所示,但只能选择其中之一来进行检索。

附表 1.14 专利申请信息检索据库检索字段说明

字段名称	中文名称	说明和示例
Application Number	申请号	如 12434343 或 12/434343
Control Number	控制号	由两位系列号和六位顺序号组成,如 12/434343
Patent Number	专利号	如 7982293
PCT Number	PCT 号	格式: PCT/CCYY/080808 或 CT/CCYYYY/080808 例 PCT/US1999/123456
Publication Number	公开号	20011112234

(3) 结果输出

专利申请信息查询提供专利申请法律状态信息的检索和下载。专利申请信息查询的结果可以显示专利是否因未缴年费而提前失效,申请数据(Application Data)、审查事务处理历史(Transaction History)、图像文件卷宗(Image File Wrapper)、专利期限调整记录(Patent Term Adjustments)、继续申请数据(Continuity Data)、缴费情况(Fees)、公开文件(Published Documents)、律师或代理人(Address & Attorney Agent)和引用情况(Display References)。

(4) 检索网址

http://portal.uspto.gov/external/portal/pair/。

1.2.5 美国专利公报数据库(Official Gazette for Patents)

(1) 收录范围

最近 52 期美国专利电子公报;对于历年美国专利公报中的各种通知,美国专利商标局网站提供了专门的链接。

(2) 更新周期

每周一次。

(3) 检索功能

通过选择期号可进入到该期电子公报的浏览页面。可按特定美国专利分类号查找专利;可按美国专利分类范围浏览专利;可按专利号或专利种类浏览专利记录;可按发明人、受让人名字字母顺序排列的累积索引或分专利种类的独立索引中查找专利;可按第一发明人所在州或居住国查找专利。

(4) 结果输出

检索结果全部显示为网页文本格式。

(5) 检索网址

http://www.uspto.gov/news/og/patent_og/index.jsp。

1.2.6 其他美国专利数据库一览

附表 1.15 其他美国专利数据库

名 称	内 容	检索入口网址
PATENTSTORM	著录项目、摘要、权利要求、说明书、全文	http://www.patentstorm.us/
latepatents.net	失效专利	http://www.latepatents.net/
PatentsSearch	提供美国专利商标局链接	http://patentssearcher.com/

1.3 日本专利数据库

工业产权数字图书馆(IPDL)由日本特许厅(JPO)和工业产权信息与国家培训中心(INPIT)共同开发和管理,提供免费的自助检索服务(http://www.ipdl.inpit.go.jp),包括英文和日文两个版本,可以检索发明专利、实用新型、外观设计、商标等,其中日文版支持全文检索,还提供日本专利局复审委员会的审查决定以及法律状态等信息。

1.3.1 专利与实用新型公报数据库(Patent & Utility Model Gazette DB)

(1) 收录范围

自1885年以来公布的所有日本专利、实用新型和外观设计电子文献。涵盖全部日本专利和实用新型的各种说明书,收录范围如附表1.16所示。

(2) 检索功能

仅支持文献号检索,检索界面上设有12组检索式输入窗口,每组由两个检索字段构成,分别是:专利文件种类代码(Kind code)和号码(Number),两者必须同时填写;而各组检索式输入窗口之间的逻辑关系为“或”。

附表 1.16　专利与实用新型公报数据库收录范围

文　献　种　类		文献覆盖年份
A：	Published patent application(公开的专利申请)	1971 年至今
B：	Examined patent application publication(审查通过的专利申请公开)	1922～1996 年
B：	Patent(专利)	1996 年至今
C：	Patent specification(专利说明书)	1885～1950 年
A：	Japanese translation of PCT international application(PCT 国际申请的日文翻译)	1979 年至今
U：	Registered utility model(注册的实用新型)	1994 年至今
U：	Published utility model application(公开的实用新型申请)	1971～2006 年
U1：	Unexamined utility model specification(未审查的实用新型说明书)	1971～1992 年
Y：	Examined utility model application publication(通过审查的实用新型申请公开)	1922～1996 年
Y：	Examined utility model registration(通过审查的实用新型注册)	1922 年至今
Z：	Examined utility model specification(通过审查的实用新型说明书)	1996 年至今
U：	Japanese translation of PCT international application(utility model)(PCT 国际申请(实用新型)的日语翻译)	1979～1998 年
H：	Corrected patent specification(修正的专利说明书)	1950 年至今
I：	Corrected utility model specification(修正的实用新型说明书)	1950 年至今
A1：	Domestic re-publication of PCT international application(PCT 国际申请的国内再公布)	1979～2012 年
N1：	Journal of technical disclosure(技术公开杂志)	1987～2010 年

另外需要注意，日本专利文献在 1999 年以前采用 2 位数的日本纪年，2000 年以后使用 4 位数字的公元纪年。日本纪年与公元纪年的换算关系：平成＝H(＋1988)、昭和＝S(＋1925)、大正＝T(＋1911)、明治＝M(＋1867)。例如：检索 1998 年公布的专利申请，则应输入：“H10-######”。

(3) 结果输出

检索结果主要以左右两个网页框架组成，左侧是检索结果的列表显示，右侧显示记录的详细信息。右侧默认显示该专利的著录项及英文文摘信息，点击上方“DETAIL”可以进入英文全文显示，包括权利要求(Claim)、详细说明(Detailed Description)、技术领域(Technical Field)、现有技术(Prior Art)、发明效果(Effect OF The Invention)、技术问题(Technical Problem)、方法(Means)、附图说明(Description OF Drawings)、附图(Drawings)，点击“Japanese”可以查看日文的专利说明书，点击“Legal Status”可以查看该专利的法律状态。

日文专利说明书为图像格式文件，其余为网页文本格式。

系统提供了英文和日文两个版本。

(4) 检索网址

英文版 http：//www4. ipdl. inpit. go. jp/Tokujitu/tjsogodben. ipdl? N0000=115。

日文版 http：//www. ipdl. inpit. go. jp/Tokujitu/tjsogodb. ipdl? N0000=101。

1.3.2 专利与实用新型对照索引(Patent & Utility Model Concordance)

(1) 收录范围

专利与实用新型对照索引是关于日本专利与实用新型的申请、授权、诉讼等各种过程文件的对照索引，收录范围如附表 1.17 所示。

附表 1.17 专利与实用新型对照索引收录范围

文献描述	文献覆盖年份
Application Number(Patent)(专利申请号)	1921 年至今
Unexamined Publication Number(Patent)(未经审查的专利申请公开号)	1971 年至今
Japanese translation of PCT international application(Patent)(PCT 国际专利申请日文译文申请公开号)	1979 年至今
Examined Publication Number(Patent)(经审查的专利公开号)	1922～1996 年
Registration Number(Patent)(专利注册号)	1922 年至今
Application Number(Utility)(实用新型申请号)	1913 年至今
Unexamined Publication Number(Utility)(未经审查的实用新型申请公开号)	1971～2006 年
Japanese translation of PCT international application(Utility)(PCT 国际实用新型申请日文译文申请公开号)	1979～1998 年
Examined Publication Number(Utility)(经审查的实用新型公开号)	1922～1996 年
Registration Number(Utility)(实用新型注册号)	1943 年至今

(2) 更新周期

每两周更新一次。

(3) 检索功能

检索界面上首先设有专利(Patent)和实用新型(Utility Model)两个单选框，供使用者选择专利的种类。专利与实用新型对照索引检索界面上设有 5 组相同的检索式输入窗口，每组由一个文件种类(Kind code)下拉选项框和一个文献号(Document Number)检索式输入窗口组成。每个文件种类选项框内均有 5 个选项：申请号(Application)、公开号(Unexamined)、审查公开号(Examined)、登记号(Registration)、复审号(指复审、无效决定号等，仅支持日文版)。

(4) 结果输出

检索结果显示的是相关专利文献列表，包括输入号码对应的专利申请的申请号以及对应的专利申请、授权、复审等各阶段文献号。

系统提供了英文和日文两个版本。

(5) 检索网址

英文版 http://www4.ipdl.inpit.go.jp/Tokujitu/tjbansakuen.ipdl?N0000=116。

日文版 http://www.ipdl.inpit.go.jp/Tokujitu/tjbansaku.ipdl?N0000=110。

1.3.3 日本专利英文文摘(Patent Abstracts of Japan, PAJ)

(1) 收录范围

1976 年以来公布的日本发明专利申请公开文献的摘要信息，以及 1990 年以来日本专利申请的法律状态信息。

(2) 更新周期

发明专利申请公开文献每月更新一次，法律状态信息每两周更新一次。

(3) 检索功能

提供文本检索(Text Search)和号码检索(Number Search)两种方式。可检索字段具体说明如附表 1.18 所示。

附表 1.18 PAJ 检索方式及字段说明

检索方式	字段名称	说明和示例
号码检索(Number Search)	Application number(申请号)	申请号由日本纪元或公元纪元的年号加流水号构成，输入示例：2000-000001，H12-000001，号码前的零可以省略，H08-002001→H08-2001
	Publication number(公开号)	同上
	Appeal/trial number(诉讼/复审号)	同上
	Patent number(专利号)	专利号输入例如：1234567
文本检索(Text Search)	Applicant, Title of invention, Abstract(申请人、发明名称和摘要)	检索输入示例：computer semiconductor
	Date of publication of application(申请公开日)	公开日检索采用公元纪年，示例：19980401-19980405
	IPC(国际专利分类号)	检索输入示例：D01B7/04

在文本检索方式下，可以在申请人、发明名称和摘要、申请公开日期和国际专利分类号 3 个字段中进行检索。申请人、发明名称和摘要提供 3 个输入框作为一组，每个输入框中可以输入多个关键词并以空格分隔，三个输入框之间可以使用 and 和 or 逻辑运算符。

号码检索方式(Number Search)可以选择申请号(Application number)、公开号(Publication number)、专利号(Patent number)和诉讼/复审号(Appeal/trial number)4 个字段之一来进行检索。

(4) 结果输出

检索结果以列表的方式显示,每页显示 50 条记录,点击公开号可以进入该专利的英文摘要详细信息页面。在详细页面中可以点击上方"LEGAL STATUS"查看法律状态,点击"JAPANESE"查看图像格式的日文专利说明书。

(5) 检索网址

http://www19.ipdl.inpit.go.jp/PA1/cgi-bin/PA1INIT?1361770367027。

1.3.4 外观设计公报数据库(Design Gazette DB)

(1) 收录范围

收录范围如附表 1.19 所示。

附表 1.19 外观设计公报数据库收录范围

英文版、日文版收录范围		
文献描述		文献覆盖
S:	外观设计公报(Publication of Registered Design)	0000001～1491221
3:	协商失败的外观设计公报(Publication of Disagreed Consultation on Design Application)	1999-000148～2012-016207
英文版机器翻译收录范围		
文献描述		文献覆盖
S:	外观设计公报(Publication of Registered Design)	1057346～1491221
3:	协商失败的外观设计公报(Publication of Disagreed Consultation on Design Application)	1999-000148～2012-016207

更新日期:2014.02.28

(2) 检索功能

检索界面和专利与实用新型公报数据库检索界面相类似。同样需输入文件种类代码(Kind code)和号码(Number),两者必须同时填写。检索时,还可以选择只显示精确匹配的检索结果,也可以选择近似匹配的检索结果。

(3) 结果输出

检索结果界面也和专利与实用新型公报数据库类似。左侧是检索结果的列表显示,右侧显示记录的详细信息,默认显示的"图片(DRAWINGS)"为带图片的网页文本格式,点击"著录项目数据(BIBLIOGRAPHIC DATA)"链接,可显示相关著录项目信息,英文版为机器翻译的网页文本,日文版提供日文网页文本和日文 PDF 文件两种格式。

(4) 检索网址

英文版 http://www4.ipdl.inpit.go.jp/Isyou/dgde_top.ipdl?N0000=3100。

日文版 http://www.ipdl.inpit.go.jp/Isyou/isogodb.ipdl?N0000=102。

1.3.5 外观设计文献号码索引查询(意匠文献番号索引照会)

(1) 收录范围

收录范围如附表 1.20 所示。

附表 1.20　外观设计文献号码索引查询收录范围

文献类型	中文名称	查询可能范围	
出願番号	申请号	昭 39-000002～2013-028207	1 484 071 件
審判番号	复审号	昭 40-005493～2013-018967	28 187 件
登録番号	注册号	0108683～1491221	1 484 071 件

注：即使在查询范围内，也可能无法检索所有相应号码的文献。
更新日期：2014.02.28

(2) 检索功能

提供了 5 组检索式输入窗口，每组可选择文献类型，并输入文献号进行检索；而各组检索式输入窗口之间的逻辑关系为“或”。

(3) 结果输出

检索结果显示的是相关专利文献列表，包括输入号码对应的申请号、审查号和注册号。还可以对结果进行文献种类的筛选。并可选择导出为 PDF 格式文件。

(4) 检索网址

http://www.ipdl.inpit.go.jp/Isyou/ibansaku.ipdl? N0000=111。

1.3.6 外观设计公报全文检索(意匠公报テキスト検索)

(1) 收录范围

收录范围如附表 1.21 所示。

附表 1.21　外观设计文献号码索引收录范围

文献类别	中文名称	检索可能范围	注　册　日
意匠公報	外观设计公报	0668214～1491221	(2014/01/24) 440 992 件
協議不成立意匠出願	协商不成立的外观设计申请	平 11-000148～2012-016207	842 件

注：可以搜索 2000 年 1 月以后以 CD-ROM 媒介发布的外观设计公报，但上述检索范围中可能不会出现类似号码。
更新日期：2014.02.28

(2) 检索功能

可以选择外观设计公报或协商不成立的外观设计申请 2 种文献类别之一进行检索。可检索字段说明如附表 1.22 所示，可输入需要检索的关键字，多个关键字需要用空格分开输入。如果要检索字段为多个，可由下拉菜单“AND”或“OR”设置逻辑关系。

附表 1.22　外观设计文献号码索引字段说明

字段名称	中文名称	说明与示例
意匠に係る物品	外观设计物品	※输入全角字符 部分匹配检索：例如要检索包含“自動車”一词的相关外观设计，输入“自動車”
意匠に係る物品の説明	外观设计物品的说明	
意匠の説明	外观设计的描述	
参考文献	参考文献	
出願人/意匠権者	申请人/外观设计权利人	※输入全角字符 ※去除人名之间的空格 ◆ 精确匹配检索：例如要检索“意匠 太郎”，输入“意匠太郎” ◆ 部分匹配检索：例如要检索包含“意匠”一次的相关外观设计，输入“意匠”
創作者代理人	发明者代理人	
(現行)日本意匠分類・Dターム	(当前)日本设计分类・D-term	※输入半角字符 ◆ 精确匹配检索：例如要检索日本设计分类是“A1-12345”的授权公开外观设计，输入“A112345”。要检索 D-term 是“A1-12345ABC”的外观设计，输入“A112345ABC”。要检索形象设计分类是“A1-12345W”的授权公开外观设计，输入“A112345W” ◆ 正向匹配检索：例如要检索所有分类以“A1”开头的外观设计，输入“A1?” ◆ 形象设计分类检索：例如要检索分类带有“W”的授权形象外观设计，输入“W”
旧日本意匠分類国際	前日本国际外观设计分类	※输入半角字符 ◆ 精确匹配检索：例如要检索日本设计分类是“H3-112”的授权公开外观设计，输入“H3112” ◆ 正向匹配检索：例如要检索分类以“H3”开头的外观设计，输入“H3?”
意匠分類(ロカルノ分類)	外观设计分类(洛迦诺分类)	※输入半角字符 ◆ 精确匹配检索：例如要检索工业品外观设计国际分类为“12-01”的授权公开外观设计，输入“1201” ◆ 正向匹配检索：例如要检索工业品外观设计国际分类以“12”开头的外观设计，输入“12?”

续　表

<table>
<tr><th>字段名称</th><th>中文名称</th><th>说明与示例</th></tr>
<tr><td>旧Dターム</td><td>过去的D-term</td><td>※输入半角字符
◆ 精确匹配检索：例如要检索D-term是“HCACB01”的授权公开外观设计，输入“HCACB01”
◆ 正向匹配检索：例如要检索D-term以“HCA”开头的外观设计，输入“HCA?”</td></tr>
<tr><td>申請人識別番号</td><td>申请人识别号</td><td>※输入半角字符
例如要检索申请人身份证号码为“123456789”的外观设计，输入“123456789”；0序列号部分之前可以省略，如“000123456→123456”</td></tr>
<tr><td>出願番号</td><td>申请号</td><td>※输入半角字符
包括日本纪年代号和西元纪年数字
精确匹配检索：例如要检索申请号为“H09-123456”的外观设计，输入“1997-123456”或“H09-123456”，0序列号部分之前可以省略，如“H08-002001→H08-2001”
※平成＝H，昭和＝S</td></tr>
<tr><td>審判番号</td><td>复审号</td><td>※输入半角字符
包括日本纪年代号和西元纪年数字
精确匹配检索：例如要检索申请号为“不服2000-123456”的外观设计，输入“2000-123456”或“H12-123456”，0序列号部分之前可以省略，如“H08-002001→H08-2001”
※平成＝H，昭和＝S</td></tr>
<tr><td>出願日</td><td>申请日</td><td rowspan="3">※输入半角字符
◆ 精确匹配检索：例如要检索日期为“1999年1月1日”的外观设计，输入“19990101”（公元纪年）或“H110101”（日本纪年）
◆ 范围指定：例如要检索从“1999年1月1日”到“2000年10月10日”的外观设计，输入“H110101：H121010”或“19990101：20001010”或“H110101：20001010”；例如要检索“1999年1月1日”之前的外观设计，输入“：H110101”或“：19990101”；例如要检索“1999年1月1日”以后的外观设计，输入“H110101：”或“19990101：”
※平成＝H，昭和＝S
※可以利用互联网检索2000年1月以后以CD-ROM媒介发布的外观设计公报</td></tr>
<tr><td>登録日</td><td>注册日</td></tr>
<tr><td>公報発行日</td><td>公报出版日</td></tr>
</table>

字段名称	中文名称	说明与示例
登録番号	注册号	※输入半角字符 ［注册号］ ◆ 精确匹配检索：例如要检索注册号为“意匠登録 1234567”的外观设计，输入“1234567” ◆ 范围指定检索：例如要检索注册号从“意匠登録 1234567”到“意匠登録 1234667”的外观设计，输入“1234567:1234667”。0 序列号部分之前可以省略，如“0002001→2001”。 ［注册号(类似编号)］ ◆ 精确匹配检索：例如要检索注册号(类似编号)为“意匠類似 1234000-001”的外观设计，输入“1234000-001”;0 序列号部分之前可以省略，如“0002001-001→2001-001”
優先権主張番号	优先权主张号	※输入半角字符 精确匹配检索：例如要检索优先权号为“83304359.9”的外观设计，输入“83304359.9”。如果优先权号中包含空格，必须用“’”括起来。例如要检索优先权号为“19854819 2”的外观设计，输入“‘19854819 2’”

输入检索式后，点击“检索(検索)”按钮，会首先显示结果命中数，只有当命中数为 1～500 的范围内才可进一步显示检索结果。

(3) 结果输出

当检索结果命中数在 1～500 范围内时，可选择带图片或不带图片的列表显示，或者直接将检索结果导出为 PDF 格式文件。在列表显示下，可点击文献号进入详细页面，列出了该外观设计的著录项目和图片，此时也可导出 PDF 格式文件，并可链接到相应的“経過情報(法律状态信息)”。

(4) 检索网址

http://www.ipdl.inpit.go.jp/Isyou/ibansaku.ipdl? N0000=117。

1.3.7 法律状态检索(経過情報検索)

(1) 收录范围

收录范围如附表 1.23 所示。

经过情报数据库还可提供专利(申请)最终处理索引(最終処分照会)，其可检索的专利索引范围如附表 1.24 所示。

附表 1.23 法律状态收录范围

文件类型	中文名称	收录截止日期
【特許】	专利	
出願日	申请日	2013.10.30(2013-700221)
公開日	公开日	2014.01.23(2014-014274)
登録日	授权日	2014.01.17(5458227)
【実用新案】	实用新型	
出願日	申请日	2013.11.01(2013-006302)
登録日	授权日	2014.01.15(3188797)
【意匠】	设计	
出願日	申请日	2013.11.01(2013-025645)
登録日	授权日	2014.01.17(1490632)
【商標】	商标	
出願日	申请日	2014.01.15(2014-002066)
登録日	授权日	2014.01.17(5644114)
国際登録日	国际授权日	2013.10.31(1183379)
事後指定日	事后指定日	2013.11.04(0998610)

更新日期：2014.02.19

附表 1.24 最终处理索引检索范围

文献类别	索引范围	数量
出願番号(特許)	昭 39-000001～2013-548635	12 595 050 件
公開番号(特許)	昭 46-000001～2014-014274	11 492 769 件
公表番号(特許)	昭 54-500001～2014-502139	649 158 件
公告番号(特許)	昭 40-000136～平 08-034772	1 720 093 件
審判番号(特許)	昭 40-000367～2014-000801	684 957 件
登録番号(特許)	298548～5398000	4 525 370 件
出願番号(実用)	昭 39-000003～2013-600085	4 274 234 件
公開番号(実用)	昭 46-000001～2006-000001	3 727 438 件
公表番号(実用)	昭 54-500001～平 10 500001	173 件
公告番号(実用)	昭 39-024605～平 08-011090	1 389 602 件
審判番号(実用)	昭 39-006151～2013-400004	158 588 件
登録番号(実用)	591373～3188401	1 610 519 件

续表

文献类别	索引范围	数量
出願番号(意匠)	昭 39-000002～2013-025645	1 481 405 件
審判番号(意匠)	昭 40-005493～2013-880020	29 922 件
登録番号(意匠)	108683～1488553	1 481 405 件
出願番号(商標)	昭 39-000001～2014-700006	7 261 902 件
公告番号(商標)	昭 39-026433～平 09-046393	2 710 124 件
審判番号(商標)	昭 40-000376～2014-000907	166 512 件
登録番号(商標)	173～5642719	5 107 786 件

更新日期：2014.02.19

(2) 更新周期

每两周更新一次。

(3) 检索功能

日文版经过情报检索提供三种检索方式："文献号索引(番号照会)"通过申请号、公开号、专利号、复审编号等文献号进行检索；"范围指定检索(範囲指定検索)"可以对指定一个时间段内(最多 184 天)处于某种法律状态的发明专利、实用新型专利、外观设计专利或商标案卷进行检索；"最终处理索引(最終処分照会)"提供对某件发明、实用新型、外观设计专利或商标在审阶段最终处理结果情况的检索。

文献号索引(番号照会) "文献号索引"提供文献号检索方式，首先用户可以指定要检索的文献类型，包括发明专利、实用新型专利、外观设计专利或商标；其次在"文献号类型(番号种别)"下拉菜单中选择文献号类型。支持的文献号类型见附表1.25；最后在"索引文献号(照会番号)"框中输入相应文献号。"索引文献号"提供了20个检索框，各检索栏之间的逻辑关系为"或"，最多可以同时检索 20 件专利/商标的申请状态。

附表 1.25 文献号索引检索方式

文献号类型	中文	检索示例
出願番号/書換申請番号 公開番号 公表番号 公告番号 審判・異議番号	申请号 公开号 公表号 审查后公告号 审判(复审)/异议号	号码的年份可用公元纪元或日本纪元，如 2000-000001 或 H12-000001；号码前的零可以省略，如 H08-002001→H08-2001
登録番号	授权号	如 1234567；号码前的零可以省略，如 0012345→12345
優先権主張番号	优先权号	如 83304359.9

文献号类型	中　文	检　索　示　例
国際出願番号	IPC 国际申请号	如 FR04/000123；号码前的零可以省略，FR04/000123→FR04/123
国際公開番号	IPC 国际公开号	如 WO03/000123；号码前的零可以省略，WO03/000123→WO03/123
国際登録番号(商標)	国际授权号(商标)	如 1234567；号码前的零可以省略，0000123→123
出訴事件番号	申诉号	如 H07-000123；号码前的零可以省略，H07-00123→H07－123

范围指定检索(範囲指定検索)　“范围指定检索”提供对指定一个时间段内(最多 184 天)处于某种法律状态的专利或商标案卷进行检索。进入检索页面，用户首先在“类型(種別)”下拉菜单中选择要查询的专利或商标的法律状态类型，可选择的法律状态类型见附表 1.26；其次，输入限定日期范围。

附表 1.26　范围指定检索数据库可检索字段

日 文 名 称	中 文 名 称
予告登録一覧(特許・実用新案)【予告登録年月日】	授权专利复审公告(发明和实用新型)
予告登録一覧(付与後異議：特許・実用新案)【予告登録年月日】	授权后有异议的发明专利和实用新型专利
審決確定登録一覧(特許・実用新案)【審決確定または取下年月日】	复审决定公告(发明和实用新型)
出願公告後の審査前置による特許査定一覧【特許査定の日】	申请公告后经前置审查的发明专利授权一览
出願公告後の審査前置による実用新案登録査定一覧【実用新案登録査定の日】	申请公告后经前置审查的实用新型授权一览
異議申立取下一覧(付与後異議：特許・実用新案)【異議申立取下年月日】	异议申请的撤销一览(授予后的异议：专利・实用新型)
実用新案法第 14 条の2の規定による公報掲載【登録年月日】	基于实用新型法第 14 条第 2 款的公报刊登
特許権の存続期間の延長登録の出願【出願日】	专利权存续期延长登记的申请
特許権の存続期間の延長登録【延長登録年月日】	专利权存续期的延长登记
予告登録一覧(意匠)【予告登録年月日】	外观设计复审公告一览
審決確定登録一覧(意匠)【審決確定または取下年月日】	复审决定公告一览(设计)
予告登録一覧(商標)【予告登録年月日】	复审公告一览(商标)

日 文 名 称	中 文 名 称
予告登録一覧(付与後異議：商標)【予告登録年月日】	授予后的异议公告：商标
審決確定登録一覧(商標)【審決確定または取下年月日】	复审决定公告一览(商标)
権利抹消登録(放棄)一覧(商標)【登録年月日】	权利注销登记一览(放弃)(商标)
異議申立取下一覧(付与後異議：商標)【異議申立取下年月日】	异议申请撤销一览(授予后的异议：商标)
判定請求一覧【予告登録年月日】	判定请求一览
判定一覧【確定または取下年月日】	判定一览
公示送達【官報公告日】	公示送达
審査請求一覧(特許)【審査請求日】	审查请求一览(专利)
審査請求一覧(実用新案)【審査請求日】	审查请求一览(实用新型)
特許一覧【登録年月日】	发明专利一览
登録実用新案一覧【登録年月日】	授权实用新型一览
出願公開後における拒絶査定、出願放棄・取下・却下一覧(特許・実用新案)【処分日】	申请公开后的驳回、申请放弃・撤回・驳回一览(专利・实用新型)
登録商標一覧【登録年月日】	已登记商标一览
更新登録商標一覧【更新登録年月日】	已更新登记商标一览
登録防護標章一覧【登録年月日】	已登记防御商标一览
更新登録防護標章一覧【更新登録年月日】	已更新登记防御商标一览
出願公告後における拒絶査定、出願放棄・取下・却下一覧(商標)【処分日】	申请公开后的驳回、申请放弃・撤回・驳回一览(商标)
技術評価書請求一覧(実用新案)【請求日】	技术评价书申请一览(实用新型)

最终处理索引(最終処分照会) 可根据输入文献号,查询某项发明、实用新型、外观设计专利或商标的最终审查处理结果。在“最终处理索引”检索页面,用户首先选择要检索的文献类型,包括发明、实用新型、外观设计专利和商标;页面下方提供了12组检索框,每组检索框之间为逻辑“或”关系,即最多可以同时检索12篇文献,每组检索框中包括“类型(種別)”下拉菜单和“文献号”(文献番号)两栏,可结合文献类型和文献号进行检索。检索字段如附表1.27所示。

(4) 结果输出

在经过情报检索结果中能够获得以下主要信息:

- 从“基本项目(基本項目)”中获得该专利基本的著录数据以及案卷大致的审批过程;
- 从“申请信息(出願情報)”中获得该专利的申请信息;

附表 1.27　最终处理索引检索方式及字段说明

日文文献类型	中文名称	说明和示例
出願	申请	日本纪元-流水号或公元纪元-流水号 H05－123456 H12－123456 2000－123456 1234567 1234567－123
公開	公开	
公表	公表	
公告	审查后公告	
查定系審判	复审审定	
登録	授权	

- 从“审查信息(審判情報)”中获得该专利的审查(复审)信息；
- 从“授权信息(登录情报)”中获得该专利的授权信息；
- 从“分案申请信息(分割出願情報)”中获得该专利是否有分案申请；
- 从“侵害诉讼信息(侵害訴訟情报)”中获得侵权诉讼信息。

对于能够查询到的专利，“基本项目(基本項目)”和“申请信息(出願情報)”是都存在的显示项目，“审查信息(審判情報)”、“授权信息(登录情报)”、“分案申请信息(分割出願情報)”和“侵害诉讼信息(侵害訴訟情报)”只有在经历过相应的阶段并有相应的信息时才会在检索结果中显示出来。

日本专利的法律状态主要包括以下几种：

- 驳回(拒絶查定)；
- 申请放弃(出願放棄)；
- 撤销(取下)；
- 授权(登錄)；
- 专利权失效(本權利消滅)；
- 全部无效(全部無効)；
- 部分无效(一部無効)。

(4) 检索网址

http://www1.ipdl.inpit.go.jp/IPDL/keika.htm。

1.3.8　复审检索(審判検索)

(1) 收录范围

复杳检索(審判検索)包括决定公报数据库(審决公報 DB)、决定快报(審决速報)和决定撤销诉讼判决集(審决取消訴訟判决集)。其中，决定公报数据库收录范围如附表 1.28 所示。

决定快报提供从复审决定作出后 1～2 个月，到复审决定公报发行这一时间段的相关信息。

附表 1.28　决定公报数据库收录范围

公报类型	中文名称	文献类型	收录范围年份
審決公報(審判)	决定公报(复审)	审决	昭和 15 年至今
審決公報(抗告審判)	决定公报(无效复审)	抗告	昭和 15 年至今
審決公報(補正審判)	决定公报(补正复审)	补正	昭和 38 年至今
審決公報(判定請求)	决定公报(判定请求)	判定	昭和 33 年至今
審決公報(再審)	决定公报(再审)	复审	昭和 37 年至今
審決公報(除斥)	决定公报(除斥)	除斥	昭和 47 年至今
審決公報(忌避審判)	决定公报(忌避审查)	回避	昭和 53 年至今
審決公報(証拠保全)	决定公报(证据保全)	证据保全	昭和 56 年至今
異議決定公報(特許・実用)	异议决定公报(专利、实用新型)	异议	平成 9 年至今
判決公報	判决公报	判决	平成 12 年至今

决定撤销诉讼判决集提供了 1997 年 3 月至 1999 年 3 月的复审撤销判决集。

(2) 检索功能

决定公报数据库的检索可在决定公报、判决公报和决定/判决公报三个文献种类中选择其一，另外提供了 12 个文献号输入框，可以公元纪年-序号（如 2001-65001、2007-650001）或日本纪年代码-序号（如 H02-50001、H19-500001）形式输入文献号进行检索。

决定快报可以通过号码检索，包括审判・异议号(審判・異議番号)(如 H07-12345、2007-123456)、申请号(出願番号)(如 H10-123456、2000-123456)、注册号(登録番号)【如 1234567 1234567-1(10)】、国际注册号(商标)【国際登録番号(商標)】(如 1234567)。检索界面提供可在上述四种号码中选择其一进行检索。此外，系统还提供了项目检索途径，包括各方之间的审查(当事者系審判)、单方面审查(查定系審判)和授权后的异议(付与後異議)三种类型。

决定撤销诉讼判决集提供了相关文献的连接。

(3) 结果输出

决定公报数据库提供各种复审决定公报的检索。包括：审查驳回、复审无效、修订审查、取消审查等，对专利、实用新型的公示异议审查公报等。结果以文本/图像表示，也可选择导出为 PDF 文件格式，亦可选只显示首页或显示全部内容。

决定快报的通过文献号检索的结果显示为网页文本格式，通过项目检索所得的结果为列表格式，点击“审判号码(審判番号)”和“法律状态(経過)”链接可可查看详细内容。

决定撤销诉讼判决集的内容以 PDF 文件格式呈现。

(4) 检索网址：

http：//www. ipdl. inpit. go. jp/Shinpan/shinpan. htm。

1.4 韩国专利数据库

韩国工业产权信息服务中心（网址 http：//eng. kipris. or. kr/enghome/main. jsp，简称 KIPRIS），提供对韩国专利、实用新型、外观设计和商标等免费在线检索服务，有英文、韩文两种检索界面，提供表单输入简单检索、检索表达式高级检索两种检索方式，检索表达式支持逻辑运算、位置运算，可以进行说明书全文、专利法律状态的检索，并提供收费的专利全文英文翻译服务（机器翻译）等。

1.4.1 韩国工业产权信息服务中心专利和外观设计检索系统

(1) 收录范围

收录范围如附表 1.29 所示。

附表 1.29 韩国工业产权信息服务中心专利和外观设计检索系统英文版收录范围

	发明专利、实用新型	外观设计
未经审查	1983 年 3 月 25 日～至今	1996 年 8 月 30 日至今
经审查	1948 年 6 月 20 日～至今	1948 年 11 月 20 日至今

(2) 检索功能

系统提供了简单检索和高级检索两种方式，支持英文关键词检索。简单检索可以在检索框输入技术关键词、权利人、专利分类号、申请号等进行智能检索匹配。高级检索可检索字段除了 IPC 分类号、专利权人、专利相关日期、专利号、专利名称、专利摘要、权利要求等常规著录项目外，还包括法律状态（Status）、全文检索【Free Search（Full Text）】等。此外，该系统还可以对检索结果最多进行两次排序，排序的字段包含申请号、申请日、权利人、发明人等大部分的可检索字段，并支持对检索结果按照法律状态分类，检索方式及字段具体说明如附表 1.30 所示。

附表 1.30 韩国工业产权信息服务中心专利和外观设计检索系统字段说明

字段名称	中文名称	说明和示例
Right	专利类型（选项）	可勾选 patent（发明）或 utility model（实用新型）
Status	法律状态（选项）	可勾选 Entire（整体有效）、Rejected（驳回）、Registered（授权）、Ended（终止）、Invalidated（无效）、Withdrawn（撤回）、Abandoned（放弃）、Unexamined（未审查）

字段名称	中文名称	说明和示例
Free Search (Full Text)	全文	◆ “”支持词组精确匹配，检索示例：“car engine” ◆ 支持截词运算符“?” ◆ 支持逻辑运算符，与“*”、或“+”、非“!” ◆ 支持位置运算符，“n 数字”，检索示例：car^3brake
IPC	IPC 分类号	+检索多个 IPC 分类，检索示例：G06Q+H04Q
Unex. Pub. No.	未审查公开号	检索示例：1020020012345
Application No.	申请号	检索示例：1020020012345
Registration No.	授权专利号	检索示例：100012345
Priority No.	优先权号	检索示例：KR2020030030648
Publication No.	公开号	检索示例：1019800001264
Int'l Application No.	国际申请号	检索示例：PCTUS2002019728
Int'l Unex. Pub. No.	未审查国际申请公开号	检索示例：WO2003008308
Publication Date	公开日	支持时间范围检索，可输入起止时间。检索示例：20101130,20101230
Application Date	申请日	同上
Registration Date	授权公告日	同上
Unex. Pub. Date	未审查公开日	同上
Int'l Application Date	国际申请日	同上
Int'l Unex. Pub. Date	未审查国际申请公开日	同上
Priority Date	优先权日	同上
Title of Invention	标题	同全文检索
Abstract	摘要	同上
Claims	权利要求	同上
Applicant	申请人	◆ 支持姓名、机构代码、地址检索 ◆ 支持逻辑运算符，检索示例：seoul*university、219990043221、KIMChulSoo
Inventor	发明人	同上
Agent	代理人	同上
Patentee	专利权人	仅韩文检索，检索示例：김철수

(3) 结果输出

著录项目、法律状态、判决信息、专利族号、韩文摘要、韩文权利要求、指定国、优先权文献信息、韩文全文、韩文注册信息、韩文判决信息。韩文全文为 PDF 格式文件，其余为网页文本格式。显示的语言可为英文，但摘要、权利要求、全文、注册信息、判决信息等字段中都包含有韩文内容。

(4) 检索网址

英文版：http：//engpat. kipris. or. kr/engpat/searchLogina. do？ next=MainSearch。

韩文版：http：//kpat. kipris. or. kr/kpat/searchLogina. do？ next=MainSearch。

1.4.2 韩国工业产权信息服务中心韩国专利英文摘要(Korea Patent Abstract，KPA)

(1) 收录范围

1999 年 2 月 1 日～2013 年 11 月 29 日的申请公开(A)和 1979 年 1 月 1 日～2013 年 11 月 29 日的注册专利(B1)。(更新时间：2014 年 1 月 19 日)

(2) 更新周期

每日更新。

(3) 检索功能

KPA 提供了简单检索和高级检索两种方式，两者区别如附表 1.31 所示。

附表 1.31　KPA 检索方式

简单检索可检索字段	高级检索可检索字段
自由词检索、文献号检索、发明名称检索和主题词检索，其中主题词检索是在英文文摘中检索	类型、IPC、公开(注册)号、申请号、公开日、标题、摘要、个人信息、申请人

可检索字段说明如附表 1.32 所示。

附表 1.32　KPA 字段说明

字段名称	中文名称	说明和示例
Kind	文献类型(选项)	可勾选 Patent(发明)或 Utility Model(实用新型)
Full Text	全文	◆ “”支持词组精确匹配，检索示例：“car engine” ◆ 支持截词运算符“?” ◆ 支持逻辑运算符，与“*”、或“+”、非“!” ◆ 支持位置运算符，“^n(数字)”，检索示例：car^3brake
IPC	IPC 分类号	“+”检索多个 IPC 分类，检索示例：G06Q+H04Q
Publication(Reg.)	授权专利号	检索示例：100012345
Application No.	申请号	检索示例：1020020012345
Priority No.	优先权号	检索示例：KR2020030030648
Publication Date	公开日	支持时间范围检索，可输入起止时间。检索示例：20101130，20101230
Application Date	申请日	同上

续 表

字段名称	中文名称	说明和示例
Title	标题	◆ 支持“+”多个关键词并列检索 ◆ 支持截词符“*” ◆ 支持词组精确匹配“” 检索示例:“car clutch”、“electronic * case”
Abstract	摘要	同上
Applicant	申请人	◆ 支持姓名、机构代码、地址检索 ◆ 支持截词符,检索示例: seoul * university、219990043221、KIMChulSoo
Inventor	发明人	同上

KPA 可以对检索出来的结果进行一次排序,排序的字段包含大部分的可检索字段。

检索界面和检索用语种为英文。

(4) 结果输出

著录项目、摘要、注册缴费信息、法律状态、韩文全文。如果要获得英文全文,需要向网站支付一定费用。韩文全文为 PDF 格式文件,其余为网页文本格式。

(5) 检索网址

http://kpa.kipris.or.kr/kpa/search/search_kpa.do。

1.5 英国专利数据库

英国知识产权局网站提供了多项专利检索服务,包括:

- 专利文献和信息服务(Ipsum)。
- 批准许可专利(Patents Endorsed Licence of Right, LOR)和失效专利(Patents Not in Force, NIF)检索。
- 绿色通道专利申请检索。
- 在线外观设计检索服务。

1.5.1 在线专利信息和文献检索服务(Online Patent Information and Document Inspection Service, Ipsum)

(1) 收录范围

所有公布的英国专利。

(2) 更新周期

最新公开的 A(已公开的专利申请)类文献每周会更新一次,或者在公开日当天的 13:00 以后(英国时间)更新。Ipsum 通常在每周日 20:00～22:00(英国时间)进行系统维护。

(3) 检索功能

Ipsum 提供了通过专利号(公开号、申请号),出版日期和补充保护认证(SPC)号码三种检索方式。其中通过出版日期检索可检索所有申请出版的专利、2007 年 1 月 3 日至今的授权专利和 2010 年 4 月 1 日至今的修正出版专利。此外 Ipsum 还提供了通过专利申请号检索审查报告的功能。

(4) 结果输出

2008 年 1 月 1 日以后申请公布的英国专利包含:

A 和 B 类型的专利说明书(包括部分在 2008 年 1 月 1 日前出版);摘要;权利要求;技术方案;附图;审查报告;检索报告;提供给 WIPO 的 PCT 表格和文献;WIPO 在 2010 年 11 月 1 日后发出的或者在 2011 年 3 月 1 日前收到的信函;2011 年 7 月 1 日之后的文件信息,包括:过去的授权文献和相关信函、第三方调查的信函、具体说明的正式意见和相关信函、授权欧洲专利局指定英国专利相关文献。

提供专利文献的 PDF 格式文件,并能选择不同类型文件重新组合成一篇新的 PDF 文件,包括英国专利全文、审查报告、检索报告、信函等文件;著录项目信息为网页文本格式。Ipsum 还提供了欧洲专利局 Espacent 系统对应专利的链接。

(5) 检索网址

http://www.ipo.gov.uk/types/patent/p-os/p-find.htm。

1.5.2 批准许可专利(Patents Endorsed Licence of Right, LOR)和失效专利(Patents Not in Force, NIF)检索系统

(1) 收录范围

所有在 Ipsum 中的英国和欧洲专利局指定英国的授权专利;1989 年 1 月 1 日至今在 Ipsum 中的英国公开专利申请失效状态信息。

(2) 更新周期

通常每周三进行更新。

(3) 检索功能

系统提供了一个文本检索入口,可进行精确检索(Refine),可检索字段如附表 1.33 所示。可输入申请号、单词/短语等进行基本检索,还可以使用通配符,进行逻辑检索,相似检索等。

(4) 结果输出

表格显示,可以按批准许可(失效)开始日期(顺序/倒序)、IPC、公开号 4 种方式排序,还可以选择每页显示 5、10、20、50 或 100 项结果。

(5) 检索网址

LOR:http://www.ipo.gov.uk/types/patent/p-os/p-dl-licenceofright.htm。

NIF:http://www.ipo.gov.uk/types/patent/p-os/p-dl-notinforce.htm。

附表 1.33 LOR 和 NIF 可检索字段

批准许可专利	失 效 专 利
批准许可开始日期(LOR Start Date) 出版号(Publication Number) 申请号(Application Number) 所有权人(Owner) 国际专利分类号(IPC) 专利申请提交日期(Application filling date) 授权名称(Grant title)	失效日期(NIF Date) 出版号(Publication Number) 申请号(Application Number) 失效缘由(Reason Not in Force) 所有权人(Owner) 国际专利分类号(IPC) 专利申请提交日期(Application filling date) 专利标题(Title) 补充保护认证(SPC)

1.5.3 绿色通道专利申请检索(Green Channel Patent Applications, GCP)

(1) 收录范围

2009 年 5 月 12 日，英国知识产权局引入了“绿色通道”这一概念，该项服务于 2010 年 6 月 4 日推出。数据库包含 A 类公开的绿色通道专利申请。

(2) 更新周期

每周三更新。

(3) 检索功能

系统提供了一个文本检索入口，可进行精确检索(Refine)，可检索字段如附表 1.34 所示。可输入申请号、单词/短语等进行基本检索，还可以使用通配符，进行逻辑检索，相似检索等。

附表 1.34 绿色通道专利申请可检索字段

绿色通道专利申请
绿色通道专利申请日期(GCP Request Date) 公开号(Publication Number) 申请号(Application Number) 所有权人(Owner) 居住国(Country of Residence) 国际专利分类号(IPC) 专利申请提交日期(Application filling date) 专利标题(Patent application title)

(4) 结果输出

表格显示，可以按绿色通道专利申请日期、所有人的居住国、IPC、公开号 4 种方式排序，还可以选择每页显示 5、10、20、50 或 100 项结果。

(5) 检索网址

http://www.ipo.gov.uk/types/patent/p-os/p-gcp.htm。

1.5.4 在线外观设计检索服务(Find designs)

(1) 收录范围

所有公布的英国外观设计。

(2) 检索功能

可以通过外观设计专利号、产品、洛迦诺分类、所有权人等字段进行检索。内容包括：版本、主要领域、子类、次级子类、所有权人等。

(3) 结果输出

附图和著录项目，以网页文本格式显示。

(4) 检索网址

http://www.ipo.gov.uk/types/design/d-os.htm。

(5) 其他

仅在英国时间每天 5:15～22:00 提供服务。

1.6 德国专利数据库

(1) 收录范围

德国专利数据库(DPMAregister)是由德国专利商标局开发的数据库，提供德国专利和实用新型、外观设计、商标以及原产地标志信息，可以检索法律/程序状态信息。收录范围如附表 1.35 所示。

附表 1.35 DPMAregister 英文版收录范围

专利、实用新型	外观设计
1981 年 1 月至今的所有数据 1950～1981 年的部分数据 1950 年 2 月 2 日至今的公报	1988 年 7 月 1 日至今的所有注册数据 1998 年 1 月 1 日至今进程数据 1988 年 10 月 10 日至今的公报

(2) 更新周期

注册数据每日更新，法律状态每日更新，专利、实用新型检索每周四更新，设计检索每周五更新。

(3) 检索功能

DPMAregister 提供了专利公报(Patentblatt)、初学者检索(Beginner's search)、监控检索(Mornitoring)和专家检索(Expert search)四种检索方式。其中专利公报通过链接下载，初学者检索的可检索字段如附表 1.36 所示。

附表 1.36　DPMAregister 英文版可检索字段

专利、实用新型	外　观　设　计
IP 权利类型 文档号/公开号 名称 申请人/所有人/发明人 公开日期 IPC 主分类/副分类 是否有效	注册号/文档号/外观专利号 注册日期 描述/产品 所有人 物品分类 是否为活动外观设计 是否为代表推迟发布的外观设计

监控检索主要用于对在德国专利商标局首次注册登记的新专利进行监控。对于专利、实用新型类，可以使用“申请人/所有权人/发明人”或者“IPC 主分类/副分类”等进行检索。对于商标类，可以使用“所有权人”或“精细分类”进行监控检索。对于外观设计类，可以使用“所有权人”或“商品分类”进行监控检索。

专家检索则可以用构造复杂的检索式进行检索。

提供德语和英语两种版本。可以使用英文在可检字段中进行双语检索。

(4) 结果输出

除德文全文为 PDF 格式文件，其余为网页文本格式。此外，还能对检索结果进行排序，排序字段包括文档号、IP 权利类型、法律状态、名称、IPC 主分类号、IPC 副分类号、申请日、第一次公开日、注册日、申请人/所有人、发明人、代表附图。显示结果为英文。

(5) 检索网址

https://register.dpma.de/DPMAregister/pat/uebersicht。

1.7　瑞士专利数据库

(1) 收录范围

瑞士专利数据库(专利和外观设计检索英文版)收录了 1978 年 1 月至今出版的专利，也包括部分以前的数据。使用公开日期仅可查询 2008 年 7 月 1 日以后的电子版专利文件。之前的文件可以通过高级检索模式中的授权日和撤销日进行检索，可以检索到 1981 年 11 月 13 日之后在瑞士和列支敦士登生效的公开瑞士和欧洲设计，包括有效和无效设计。

(2) 检索功能

系统提供了注册信息检索(Search register)、公开信息检索(Search publication)、高级检索(Advanced search)和标准检索(Search standard)四种检索方式，区别在于可检索的字段不同。其中高级检索的可检索的字段最多，涵盖了注册信息检索和公开信息检索的可检字段。标准检索主要是对专利公报的检索，检索方式如附表 1.37 所示。

附表 1.37　标准检索检索方式

	专　利	外观设计
标准检索	可以按月检索：瑞士专利申请公开和专利公开公报、瑞士授权欧洲专利公开周报、一周作废专利公开公报、一日变化和修订公开公报	可按月检索：每月两期国家外观专利公开公报

该数据提供德文、法文、意大利文和英文四种语言界面进行检索。

(3) 结果输出

著录项目、法律状态、全文通过欧洲专利局查看。结果可显示为英文。

(4) 检索网址

http：//www. swissreg. ch/。

1.8　加拿大专利数据库

(1) 收录范围

加拿大专利数据库（专利和工业设计检索英文版）收录范围如附表 1.38 所示。

附表 1.38　加拿大专利数据库收录范围

专　利	工业设计
1869 年至今的著录项目如标题、名称和分类号、授权公告日数据；1978 年 8 月 15 日至今的文本数据如摘要和权利要求、提交日期数据；1989 年 10 月 1 日至今的优先权日数据；1920 年 1 月 1 日至今的图像数据（1975 年至今的扉页和摘要数据）	1861 年至今的加拿大所有工业设计注册数据

(2) 更新周期

每周一次。

(3) 检索功能

系统提供基本检索、号码检索、布尔逻辑检索和高级检索四种方式，可以使用英文和法文进行双语检索。

(4) 结果输出

除原文全文为图像格式文件和 PDF 格式文件外，其余著录项目、英文摘要、法文摘要、权利要求、法律状态、缴费历史、附图等为网页文本格式。结果可显示为英文。

(5) 检索入口网址

专利 http：//brevets-patents. ic. gc. ca/opic-cipo/cpd/eng/introduction. html。

工业设计 http：//www. ic. gc. ca/app/opic-cipo/id/bscSrch. do? lang=eng。

(6) 其他

专利数据库于美国东部时间每周六下午 5:00～7:00 进行维护，在此期间，可能无法获取图像等信息。

1.9 其他国家和地区专利数据库检索网址一览

附表 1.39　其他国家和地区专利数据库检索网址

国家和地区	语　种	检　索　网　址
中国台湾智慧财产局	繁体中文	http：//twpat. tipo. gov. tw/
印度知识产权局	英文	http：//ipindiaservices. gov. in/patentsearch/search/index. aspx
新加坡知识产权局	英文	http：//www. epatents. gov. sg/PE/
马来西亚知识产权局	英文	https：//iponline. myipo. gov. my/ipo/main/search. cfm
俄罗斯专利商标署	俄文	http：//www1. fips. ru/wps/wcm/connect/content _ en/en/Informational_resources/Retrieval_System/
法国专利局	法文	http：//www. inpi. fr/fr/services-et-prestations
西班牙专利局	西班牙文	http：//www. oepm. es/es/invenciones/index. html
芬兰专利注册委员会	英文	http：//patent. prh. fi/patinfo/default2. asp
瑞典专利注册局	英文	http：//was. prv. se/spd/search? lang=en&tab=1
爱尔兰专利局	英文	http：//www. patentsoffice. ie/eregister/Query/PTQuery. aspx
捷克工业产权局	英文	http：//www. upv. cz/en/client-services/online-databases/patent-and-utility-model-databases/national-database. html
匈牙利知识产权局	英文	http：//www. hipo. gov. hu/English/kereso/index. html
罗马尼亚发明商标局	罗马尼亚文	http：//bd. osim. ro/cgi-bin/invsearch8
斯洛伐克工业产权局	英文	http：//data. indprop. gov. sk/Patenty/index. php? jazyk = en&typdokumentu=patenty&new=1
斯洛文尼亚知识产权局	英文	http：//www2. uil-sipo. si/dse. htm
澳大利亚知识产权局	英文	http：//pericles. ipaustralia. gov. au/ols/auspat/
新西兰知识产权局	英文	http：//www. iponz. govt. nz/app/Extra/IP/PT/qbe. aspx? sid=634977497794828302
南非企业和工业产权局	英文	http：//patentsearch. cipc. co. za/patents/patentsearch. aspx

撰稿：曹磊、吕玉洁、罗天雨、杜渐、倪炜瑜（上海科学技术情报研究所）

附录2

复合专利数据库

本章所称的复合专利数据库是指可以检索多国专利的数据库。复合专利数据库是专利查新和专利分析重要的信息源。目前，国内外互联网专利数据库种类繁多，有知识产权机构网站支持建立的官方免费专利数据库，也有商业机构提供的免费和收费专利数据库。在免费专利数据库中，除了欧洲专利局、世界知识产权组织以及少部分国家的专利数据库可以同时检索多个国家的专利信息外，其余大多只提供了本国专利的检索。而在商业机构提供的专利数据库中，几乎全部都是以检索多国专利信息为主。并且，商业机构的专利数据库一般都要求用户注册或付费后才能使用全部功能。

2.1 免费复合专利数据库

随着全球经济、科技的一体化发展，就有必要建立统一协调各国的专利和知识产权制度，由此诞生了欧洲专利局(European Patent Organisation, EPO)和世界知识产权组织(World Intellectual Property Organization, WIPO)。前者的主要职能是负责欧洲地区的专利审批工作，后者在专利管理方面主要由国际局负责国际申请的公布、管理及其他一些有关国际申请的工作，如接受委托作为受理局等。

少部分独立国家的专利局和商业机构也开发了可以检索多个国家专利的免费检索系统。这些系统的特点是专利数据库覆盖的范围较大，一般至少包含了发达国家和主要发展中国家的专利数据。而且，还可以同时在一个检索入口检索多个国家的专利，使用方便。这些特点使得多个国家专利数据库成了开展专利查新和专利分析工作的首选数据库。

2.1.1 欧洲专利局专利数据库

(1) Espacenet 专利检索数据库

收录范围 Espacenet 专利检索数据库涵盖世界各地 93 个国家地区的数据超过7 000万条免费专利文献，大部分可追溯至 1970 年，部分国家如英国、法国、德国、瑞士等可追溯至 1900 年以前，美国专利数据图像可回溯至 1836 年。

在 Espacenet 中有三个数据库可供选择，分别为 EP、Worldwide 和 WIPO 数据库，如附表 2.1 所示。

附表 2.1　Espacenet 数据库

EP 数据库	收录最近 24 个月公布的欧洲专利申请的著录数据、摘要和全文说明书
Worldwide 数据库	收录的专利文献覆盖了全球 90 多个国家和地区公开的专利申请信息，包括著录项目、摘要、专利全文说明书等。该数据库基于 PCT 最低文献要求，但其覆盖范围远远超过 PCT 最低文献量。此外，例如 CPC（Cooperative Patent Classification，联合专利分类）分类符号和参考引用文献等也被添加到额外的字段中
WIPO 数据库	收录最近 24 个月公布的世界知识产权组织 PCT 专利申请的著录项目、摘要和全文说明书等信息

更新周期　EP 数据库、WIPO 数据库每周更新一次，Worldwide 数据库更新时间要比专利申请公布时间滞后 1 个月。

检索功能　Espacenet 专利检索数据库的检索方式包括智能检索、快速检索、高级检索、号码检索、分类检索等，具体如附表 2.2 所示。其中，智能检索方式可以自动识别输入的检索项内容，以匹配相应的检索字段；分类检索是通过关键词或欧洲专利分类号找到相应的欧洲专利分类条目，再可以用找到的分类条目去查找相关专利。在快速检索、高级检索和号码检索界面中，还可以通过下拉菜单选择检索范围。

附表 2.2　Espacenet 数据库检索方式

智能检索	每次最多可以输入 20 条检索术语（每个著录项目不超过 10 条术语），术语之间通过空格或是其他适当的操作进行分隔。可使用相应运算符进行布尔逻辑运算、近似运算、比较运算。缺省状态的运算为 and
高级检索	有多个字段可供检索，根据选择的数据库不同，显示的字段也略有不同。可在单个字段中进行逻辑式检索，也可以在多个字段之间进行 and 检索
分类号检索	检索 CPC 分类号：检索入口为关键词或分类号，也可以利用分类表导航查询。 检索具体专利：获取相关 CPC 分类号、并勾选后，可以点击“Find patents”直接检索；也可以点击“Copy to search form”，自动将勾选的 CPC 分类号复制到高级检索界面，进行检索

Espacenet 专利检索数据库可检索的字段说明如附表 2.3 所示。

附表 2.3　Espacenet 数据库字段说明

字段名称	中文名称	说明和示例
Title	名称	◆ 每个检索栏最多可输入 4 个单词 ◆ 可用截词符“ * ” ◆ 用引号“”可检索词组 ◆ 可用布尔逻辑运算符，如 plastic and bicycle
Title or abstract	名称或摘要	
Publication number	公开号	如 WO2008014520

续 表

字段名称	中文名称	说明和示例
Application number	申请号	如 DE19971031696
Priority number	优先权号	如 WO1995US15925
Publication date	公开日	yyyymmdd,如 20011211
Applicant(s)	申请人	如 Institut Pasteur
Inventor(s)	发明人	如 Smith
CPC	欧洲专利分类	检索欧洲专利分类,如 F02C1/00
IPC	国际专利分类	检索国际专利分类,如 H03M1/12

结果输出 著录项目数据(Bibliographic data)、说明书(Description)、权利要求(Claims)、图像(Mosaics)、原始文档(Original document)、被引文档(Cited documents)、引用文档(Citing documents)、INPADOC 法律状态(INPADOC legal status)和 INPADOC 专利族(INPADOC patent family)。检索结果列表可下载为 CSV 或 XLS 格式的文件,可以下载选中专利的说明书扉页。除原始文档为 PDF 格式文件,其余为网页文本格式。系统提供机器翻译中文的功能。

检索网址 http://worldwide.espacenet.com/。

(2) Espacenet 专利登记信息数据库(European Patent Register)

收录范围 Espacenet 专利登记信息数据库收录所有通过授权程序,包括反对意见、专利代理人、欧专局批复信息等的公开欧洲专利申请。

检索功能 Espacenet 专利登记信息数据库可检索的字段有:公开号、申请号、归档日、公开日、优先权号、优先权日、申请人、发明人、代理人、异议人、国际分类、名称等,具体说明如附表 2.4 所示。

附表 2.4 Espacenet 专利登记信息数据库字段说明

字段名称	中文名称	说明和示例
Publication number	公开号	如 EP1883031
Application number	申请号	如 EP20070010825
Priority number	优先权号	如 US20030423700
Filing date	申请日	可输入一个或多个日期 yyyymmdd,如 20070919
Publication date	公开日	
Priority date	优先权日	
Applicant(s)	申请人	如 Institut Pasteur
Inventor(s)	发明人	如 Smith
Representative	代理人	如 vande gucht

字段名称	中文名称	说明和示例
Opponent	异议人	如 basf
International Patent Classification(IPC)	国际专利分类	检索国际专利分类,如 H03M1/12
Keyword(s) in title	标题关键词	如 motor

Espacenet 专利登记信息数据库包括智能检索、快速检索和高级检索 3 种,界面类似 Espacenet 专利检索数据库。

结果输出 显示的内容包括法律状态(Legal status)、事务历史(Event history)、引用情况(Citations)、专利族(Patent family)和所有文档(All documents)。检索结果为网页文本格式。

检索网址 https://register.epo.org/espacenet/regviewer。

(3) 欧洲公布服务(European Publication Server)

收录范围 1978 年 12 月 20 日至今的欧洲专利局出版的欧洲专利文献。文献类型包括欧洲专利申请(A1,A2)、检索报告(A3)、专利申请更正(A8,A9)、专利说明书(B1)、修改的专利说明书(B2)、在限制程序后的专利说明书(B3)、专利说明书更正(B8,B9)。

更新周期 每周一次。

检索功能 可检索的字段有公开号、申请号、国际专利分类号、公布日期、类型等,具体说明如附表 2.5 所示。

附表 2.5 欧洲公布服务数据库字段说明

字段名称	中文名称	说明和示例
Publication number	公开号	如 EP1883031
Application number	申请号	如 EP20070010825
IPC	国际专利分类	检索国际专利分类,如 H03M1/12
Publication date	公开日期	通过下拉菜单来选择日期范围
Kind	文献类型	通过勾选框选择文献类型

结果输出 检索结果以列表形式呈现,可以导出该列表为 ZIP 和 PDF 格式。每条记录包括该专利的 Espacenet 信息链接、Register 信息链接、PCT 信息链接、XML 和 ZIP 格式的链接。提供了 XML 和 ZIP 格式文件下载。

检索网址 http://www.epo.org/searching/free/publication-server.html。

2.1.2 世界知识产权组织专利数据库(PATENTSCOPE)

(1) 收录范围

220 万条公布的国际专利申请(PCT)和 3 500 万条记录收录各国家及地区汇编专利文件,主要国家及地区收录范围如附表 2.6 所示。

附表 2.6 PATENTSCOPE 收录范围

国家/区域和国际专利组织	著录事项(年)	摘要(年)	记录数
PCT	1978～2014	1978～2014	2 368 964
加拿大	1869～2013	1875～2013	1 854 091
美国	1790～2013	1863～2013	10 306 902
中国	1989～2013	1989～2013	3 340 292
俄罗斯	1993～2013	1993～2013	745 113
俄罗斯(data USSR)	1919～2013	1960～2013	1 408 617
日本	1993～2013	1993～2013	7 692 157
韩国	1973～2013	1973～2013	1 873 939
ARIPO	1985～2008	1985～2008	1 868
欧洲专利局	1978～2013	1978～2013	2 660 137

更新日期:2014.01.10

(2) 更新周期

PCT 申请的著录数据为每天更新,PCT 专利公开文献数据为每周更新,各个国家和地区的专利数据则根据相应情况进行更新。

(3) 检索功能

系统提供了简单检索(Simple Search)、高级检索(Advanced Search)、字段组合检索(Field Combination Search)和跨语言扩展检索(Cross Lingual Expansion)。

简单检索的字段包括扉页内容(Front Page)、任意字段(Any Field)、全文(Full Text)、英文文本(English Text)、号码(ID/Number)、国际专利分类号(IPC)、名称(Names)和日期(Dates),具体说明如附表 2.7 所示。

高级检索可在输入框中输入复杂的检索式,基本格式为:字段代码/检索字符串。

字段组合检索提供了可视化的字段检索入口。

附表 2.7 世界知识产权组织专利数据库字段说明

字段名称	中文名称	说明和示例
All Names	所有名称	可检索所有名称,包括发明人、申请人、代理人姓名,布尔逻辑运算符,如 Smith or Klein

续 表

字段名称	中文名称	说明和示例
All Numbers and IDs	所有号码和 ID	可检索所有号码，包括申请号、WO 公开号、优先权号等，并可使用截词符*，如98/12 *、98/12、1998/12 *、1998/000012、US200500 *、2007 8603 MX 等
Applicant Address	申请人地址	可检索申请人地址，如 New York
Applicant Address Country	申请人地址国家	输入国家代码，如 US
Applicant All Data	申请人所有数据	可检索申请人名称、国家等信息，如 John US California
Applicant Name	申请人名称	如 John
Applicant Nationality	申请人国籍	输入国家代码，如 US
Applicant Residence	申请人居住国	
Application Date	申请日	如 01. 01. 2000 TO 01. 01. 2005
Application Number	申请号	可用截词符*，如 US2000*
Country	国家	输入国家代码，可用布尔逻辑运算符，如 CU or KR
Designated States	指定国	输入国家代码，如 US
English All	所有英语检索内容	◆ 可用布尔逻辑运算符，如 plastic and bicycle ◆ 可用引号“”检索词组，如“electric car” ◆ 可用截词符*，如 electri *；截词符?，如 elect?icit?
English Abstract	英语摘要	
English Claims	英语权利要求	
English Description	英语说明书	
English Text	英语文本	
English Title	英语标题	
Filing Language	登记语言	检索登记语言，如 JA OR EN
Front Page(FP)	扉页	检索扉页信息，如标题、摘要、号码和姓名等
International Class	国际专利分类	可直接输入大类，如 C07，也可以输入完整国际专利分类，如 H03M1/12
International Class Inventive	国际专利分类发明专利	
International Class N-Inventive	国际专利分类非发明专利	
Inventor All Data	发明人所有数据	如 John
Inventor Name	发明人名称	如 John
Legal Representative All Data	法定代理人所有数据	如 John US California
Legal Representative Country	法定代理人国际	输入国家代码，如 US

续 表

字段名称	中文名称	说明和示例
Legal Representative Name	法定代理人名称	如 John
Legal Representative Address	法定代理人地址	如 New York
Main Applicant Name	主申请人名称	如“Smith, John”
Main International Class	主国际分类号	可直接输入大类,如 C07,也可以输入完整国际专利分类,如 H03M1/12
Main Inventor Name	主发明人名称	如“HAMILTON, Janice”
Main Legal Rep Name	主法定代理人名称	如“Smith, John”
National Phase All Data	国家阶段所有数据	包括国家代码或日期等信息,如 US 2002
National Phase Application Number	国家阶段申请号	如 JP-1996515
National Phase Entry Date	进入国家阶段日期	如 US 2000
National Phase Entry Type	进入国家阶段类型	输入国家代码,如 US E
National Publication Number	国家公开号	可使用截词符*,如 CU 341*
Office Code	专利局代码	可用布尔逻辑运算符,如 WO and US
National Phase Office Code	国家阶段专利局代码	可用布尔逻辑运算符,如 WO and US
Prior PCT Application Number	优先权 PCT 申请号	可使用截词符“*”,如 US2003*
Prior PCT WO Number	优先权 PCT WO 专利号	可使用截词符“*”,如 2003*
Priority All Data	优先权所有数据	所有优先权国家和优先权日等优先权数据,如 2003 US
Priority Country	优先权国家	输入国家代码,如 US
Priority Date	优先权日	如 01. 01. 2000 TO 01. 01. 2005
Priority Number	优先权号	如 2003*
Publication Date	公开日	如 2010 或 201007 或 20100715 或 01. 01. 2000 TO 01. 01. 2005
Publication Language	出版语种	可用布尔逻辑运算符,如 JA or EN
WIPO Publication Number	WIPO 公开号	可使用截词符“*”,如 01/12*,01/12,2001/12*,2001/000012

在检索结果中可以对国家、主要国际分类号、主要申请人、主要发明人、公开日等字段进行二次检索,并可对出版日期和申请日期进行排序。

检索界面有 8 种语言显示,包括中文、英语、日语、德语、西班牙语、法语、韩语和俄语,可根据所检索的内容来选择语种。

(4) 结果输出

PCT 著录项目数据(PCT Biblio. Data)、国家著录项目数据(National Biblio. Data)、说明书(Description)、权利要求(Claims)、全文(Full Text)、国家阶段(National Phase)、相关通知(Notices)和相关文档(Documents)。相关文档的内容包括国际申请状态报告、国际申请检索报告等。此外 PATENTSCOPE 系统还对部分文本提供机器翻译。

(5) 检索网址

http://patentscope.wipo.int/search/en/search.jsf。

2.1.3 CNIPR 中外专利数据库服务平台

(1) 收录范围

CNIPR 中外专利数据库服务平台的数据范围包括中国专利(包括中国发明、中国实用新型、中国外观设计、中国发明授权、中国失效专利及中国香港、中国台湾专利)及国外专利(包括美国、日本、英国、德国、法国、加拿大、EPO、WIPO、瑞士等 90 多个国家和组织),详细的数据范围如附表 2.8 所示。

附表 2.8 CNIPR 中外专利数据库服务平台收录范围

数据库名称	数据起止时间(年)	数据量
中国发明专利	1985～2014	3 496 823
中国发明授权	1985～2014	1 312 550
中国实用新型	1985～2014	3 386 517
中国外观设计	1985～2014	2 710 968
中国发明专利(失效)	1985～2014	1 069 553
中国实用新型(失效)	1985～2014	1 433 660
中国外观设计(失效)	1985～2014	1 445 313
中国台湾专利	1911～2013	1 209 961
中国香港特区	1976～2013	90 923
美国	1790～2013	12 937 064
日本	1913～2013	23 594 074
EPO	1978～2013	4 697 560
WIPO	1978～2013	2 826 046
英国	1817～2013	3 517 086
德国	1670～2013	7 428 056
法国	1898～2013	3 010 446
瑞士	1888～2013	719 404
韩国	1973～2013	3 086 545

续 表

数据库名称	数据范围年份	数 据 量
俄罗斯	1993～2013	2 202 984
非洲地区	1971～2013	23 069
奥地利	1899～2013	1 191955
澳大利亚	1917～2013	1 667 364
意大利	1927～2013	1 041 324
瑞　典	1888～2013	964 035
加拿大	1869～2013	2 463 062
西班牙	1827～2013	1 232 655
阿拉伯	2002～2007	410
东南亚	1953～2013	139 875
其他国家和地区	1842～2013	6 126 456

更新日期：2014.01.13

(2) 检索功能

该系统主要提供了三种检索方式：简单检索、高级检索和专家检索。该系统还提供了中国专利的失效专利检索和法律状态检索，并可以对检索结果进行二次检索和排序，排序字段包括公开日和申请日。

(3) 结果输出

中国专利显示基本著录项目信息、主权项、法律状态、引证文献、同族专利、自动摘要与自动关键词、全文文本。非中国专利显示基本著录项目信息和同族专利。

申请公布和授权公布全文提供了 TIF、XML 格式文件下载。著录项目提供 xls 格式文件下载。检索结果显示支持机器中英文互译。

(4) 检索网址

http：//search. cnipr. com/。

2.1.4 国家知识产权局专利检索与服务系统

(1) 收录范围

如本书附录 1.1.1 部分所述，国家知识产权局网站上的专利检索与服务系统(公众部分)除了收录中国专利数据外，该数据库还收录 103 个国家、地区和组织的专利数据。

(2) 检索功能

提供常规检索和表格检索两种方式。常规检索为一个字段的检索输入框，支持逻辑算符，表格检索可选择在中外专利联合检索、中国专利检索和外国及港澳台专利检索中的一个数据库进行检索，且可同时检索多个字段和使用复杂检索式。

此外，该系统还提供IPC分类号查询、同族查询、引文查询、法律状态查询、申请(专利权)人别名查询、国别代码查询、双语词典、分类号关联查询、关联词查询、检索历史、文献收藏夹、批处理管理和批量下载库等功能。但这些功能都需在网站注册用户后才能使用，有些功能还需要更高的访问权限。

(3) 结果输出

文献详细信息(摘要信息、全文图像)、同族信息、引文信息、对比文献信息、法律状态、申请(专利权)人基本信息。除全文为图像格式且不可下载外，其余都为网页文本格式。检索结果显示支持机器中英文互译。

(4) 检索网址

http://www.pss-system.gov.cn/。

2.1.5 国家重点产业专利信息服务平台

(1) 收录范围

国家重点产业专利信息服务平台主要提供对中国(大陆、香港、台湾)专利和国外(美国、日本、英国、德国、法国、欧洲专利局、WIPO、瑞士、俄罗斯等国)专利的检索。

(2) 检索功能

平台主要提供以下几种检索方式：简单检索、中外混合专利检索(表格检索、逻辑检索)、行业分类导航、IPC分类导航、中国专利法律状态检索，其中部分检索方式如附表2.11所示。此外，系统还提供二次检索、过滤检索、同义词检索等辅助检索手段。

附表2.11 国家重点产业专利信息服务平台检索方式

简单检索	可以选择产业分站点，这些产业包括汽车产业、钢铁产业、电子信息产业、物流产业、纺织产业、装备制造产业、有色金属产业、轻工业产业、石油化工产业和船舶产业。 然后在所选产业中对某一字段进行检索，这些字段包括名称、申请(专利)号、申请日、公开(公告)号、公开(公告)日、申请(专利权)人、发明(设计)人、摘要、主分类号
中外混合专利检索	可以检索的字段为：申请号、申请日、公开(公告)号、公开(公告)日、名称、摘要、主分类号、分类号、申请(专利权)人、发明(设计)人、优先权、地址、专利代理机构、代理人、国省代码、同族专利、权利要求书和说明书。 在检索界面中，还可以选择需检索的国别或地区组织，且可检索的字段随着所选择的国别和地区而变化
行业分类导航	显示的分类对应于选择的产业点击详细的分类导航，可获得相关的全球专利

(3) 结果输出

中国专利显示著录项目、摘要、主权项、法律状态、专利说明书全文、审定、授权说明书。非中国专利显示著录项目、法律状态、说明书原文链接。系统提供了批量下载文摘和批量下载说明书的功能。

中国专利说明书全文为TIF格式文件，其余为网页文本格式。

检索结果显示支持机器中英文互译。

(4) 检索网址

http：//www. chinaip. com. cn/。

(5) 其他

带有专利分析功能，包括趋势分析、国省分析、申请人分析、申请人综合比较、合作申请人分析、发明人分析、技术分类分析、中国专项分析、自动生成分析报告。

2.1.6 上海知识产权信息服务平台

(1) 收录范围

主要国家及地区收录范围如附表 2.12 所示。

附表 2.12 上海知识产权信息服务平台收录范围

国家地区代码	国家地区名称	数据起止时间(年)
WO	世界知识产权组织	1978～2013
EP	欧洲专利局	1978～2013
GB	英　国	1859～2013
FR	法　国	1902～2013
CH	瑞　士	1888～2013
DE	德　国	1879～2013
US	美　国	1845～2013
JP	日　本	1913～2013
CN	中　国	1985～2013
HK	中国香港	1976～2011
KR	韩　国	1978～2011
RU	俄罗斯	1993～2012
SU	前苏联	1930～2011
TW	中国台湾	1993～2011

更新日期：2014. 01. 13

系统还建立了大量的词表数据库，包括同义词表、企业名称关联词表、中英文词表、技术类型词表、IPC 词表和外分类词表等。注册的高级用户还可以根据不同权限对词表进行管理和更新。

(2) 检索功能

该系统可检索的字段包括申请人(PA)、申请日(AD)、申请号(AN)、发明人(AU)、文摘(AB)、代理人(AGT)、发明名称(TI)、优先权项(PR)、说明书(DES)、邮编(CODE)、范畴分类(PHC)、代理机构(AGC)、申请国家(ANC)、欧洲分类(ECL)、美国分类(UCL)、主分类号(IC1)、国家/省市(PC)、同族专利(PFN)、联系地址(ADDR)、公开/公告日(PD)、分类号(IC2)、PCT国际公布号(PPN)、PCT国际公布日(PPD)、PCT国际申请号(PAN)、PCT国际申请日(PAD)、专利公开号(PN)、主权利要求(CLM)、被引证专利号(CT)、被引证非专利文献(CTNP)、PCT进入国家阶段日(PCD)。

检索方式分为简单检索、表格检索、高级检索、专利分类检索和法律状态检索等五种检索方式，具体如附表2.13所示。

附表2.13　上海知识产权信息服务平台检索方式

简单检索	可以在检索条件输入框中输入一个或多个检索词，可以使用逻辑算符
表格检索	可检索字段多于简单检索
高级检索	可以再检索式输入框中输入复杂的检索式，包括检索词、逻辑运算符、截词符、邻位运算符和特殊字段等进行检索
专利分类检索	输入分类号或分类说明检索IPC分类和外观分类
法律状态	检索中国专利法律状态信息

系统还可以对检索结果进行二次检索，以及对申请日期、公告日期、申请人和主分类号进行排序。此外，系统提供了中英文双语检索和概念检索。

(3) 结果输出

中国专利显示基本著录项目详细内容、法律状态、全文(公开说明书、授权说明书)。非中国专利显示基本著录项目、法律状态、原文链接。系统提供了批量下载文摘和批量下载全文(最多一次下载10条记录)的功能。中国专利全文为PDF格式文件，其余为网页文本格式。

(4) 检索网址

http://www.shanghaiip.cn/Search/login.do。

2.1.7　日本公报数据库(公報テキスト検索)

(1) 收录范围

1987年以来日本专利申请公开的全文信息，以及美国专利申请公开、美国专利说明书、欧洲专利申请公开、中国发明专利、中国实用新型专利(机器翻译)的日文摘要信息，如附表2.14所示。

附表2.14　公报文本日文版收录范围

文献种类	中文名称	文献覆盖时间
特許公開	专利申请公开	1993年至今
特許公表	PCT国际专利申请日文译文	1996年至今
特許再公表	国内再版PCT国际申请	1992年至今
実用公開	未经审查的实用新型说明书	1987～2006年

续　表

文献种类	中文名称	文献覆盖时间
登録実用	注册实用新型	1992年至今
実用公表	PCT国际实用新型申请日文译文	1996～1998年
特許公告	专利	1987～1996年
特許登録	专利注册	1996年至今
実用公告	经审查的实用新型说明书	1987～1996年
実用登録	注册实用新型	1996～2010年
美国专利申请公开日文摘要		2001～2011年
美国专利说明书日文摘要		1995～2011年
欧洲专利申请公开日文摘要		1979～2011年
中国发明专利日文摘要		2007～2010年
中国实用新型专利机器翻译日文摘要		2007～2012年

更新日期：2014.02.20

(2) 检索功能

检索页面上部可以多选需要检索的文献种类，共有8个选项，包括“公開特許公報(公開、公表、再公表)”、“特許公報(公告、特許)”、“公開実用新案公報(公開、公表、登録実用)”、“実用新案公報(公告、実用登録)”、“米国和文抄録”(美国专利日文摘要)、“欧洲和文抄録”(欧洲专利日文摘要)、“中国特許和文抄録”(中国发明日文摘要)、“中国実用新案機械翻訳和文抄録”(中国实用新型机器翻译日文摘要)。其中特许为专利，实用新案为实用新型；公开为说明书申请公开，公報为说明书经审查后公开，公表以日本为指定国的PCT申请日文说明书公开；公告是指根据1971年日本专利法经过专利审查，处于公告异议期，尚未授予专利权的专利公告说明书。

页面下部是检索表单入口，日本公报文本数据库支持全文检索。通过点击“检索项目追加”按钮，最多可以添加25个检索框，其中页面左侧最多添加20个检索框，右侧最多添加5个检索框，左侧检索框之间为逻辑与/或关系，右测检索框与左侧检索框构成逻辑非关系。每个检索框可以通过下拉菜单选择检索字段，可作为检索入口的字段包括摘要、权利要求、全文、IPC分类、FI分类、申请人/专利权人等30多个选项，具体说明如附表2.15所示。

(3) 结果输出

日本公报文本数据库提供了丰富的检索入口及多样的逻辑组配，但仅支持日文关键词检索，并且对检索式长度有限制，全角不超过100个字符，半角不超过200个字符。

(4) 检索网址

http：//www7.ipdl.inpit.go.jp/Tokujitu/tjkta.ipdl？N0000＝108。

附表 2.15　日本专利公报字段说明

<table>
<tr><th>检索字段</th><th>中文名称</th><th>说明和示例</th></tr>
<tr><td>要約＋請求の範囲</td><td>摘要＋权利要求</td><td rowspan="5">关键字检索，输入示例：半導体</td></tr>
<tr><td>要約</td><td>摘要</td></tr>
<tr><td>請求の範囲</td><td>权利要求</td></tr>
<tr><td>発明の名称</td><td>发明名称</td></tr>
<tr><td>公報全文(書誌を除く)</td><td>说明书全文</td></tr>
<tr><td>IPC</td><td>IPC 分类</td><td>◆ 一般检索，输入示例：D01B7/04
◆ 前方一致，支持后截词符?，示例：A01C?
◆ 支持范围限定，示例：A01C1/00：A01C1/08
◆ 指定信息类别，@F＝第一分类、@U＝发明信息、@S＝附加信息，示例：A61K39/06@F
◆ 指定版本，IPC 號碼前加表示版本的數字，可指定版本；如 IPC 第五版的 H01M8/00，輸入「5H01M8/00」</td></tr>
<tr><td>FI</td><td>FI 分类</td><td>◆ 一般检索，输入示例：A01N53/00Z
◆ 前方一致，支持后截词符?，示例：A01C?
◆ 支持范围限定，示例：H04N9/79A：H04N9/79Z</td></tr>
<tr><td>ファセット識別子</td><td>辅助分类号(Facet)</td><td>◆ 一般检索，输入示例：BBF
◆ 可指定版本，5BBF
◆ 支持范围限定，示例：5BBF：5BBS
◆ 指定信息类别，@F＝第一分类、@U＝发明信息、@S＝附加信息，示例：5BBS@U</td></tr>
<tr><td>出願人/権利者</td><td>申请人/专利权人</td><td rowspan="4">◆ 人名的姓氏与名之间无须空格，输入示例：佐藤佑司
◆ 指定排名第一顺位：在人名前加上“|”</td></tr>
<tr><td>発明者</td><td>发明人</td></tr>
<tr><td>代理人</td><td>专利代理人</td></tr>
<tr><td>審査官</td><td>专利审查员</td></tr>
<tr><td>申請人識別番号</td><td>申请人代码</td><td>输入示例：123456789</td></tr>
<tr><td>出願番号</td><td>专利申请号</td><td rowspan="3">◆ 可输入日本纪年或公元年，于年代后加“-”接六位数字编号进行检索，若数字编号开头为零，零可省略
◆ 检索美国申请号时，直接输入后六位数字号码检索
◆ “欧洲特许出愿公开”申请号，需输入八位数再加小数点后一位的申请号
◆ 美国公开号输入格式为“元年-七位数号码”
◆ 欧洲专利数据输入格式为六位数号码</td></tr>
<tr><td>公開番号</td><td>公开号</td></tr>
<tr><td>公表番号</td><td>公表号</td></tr>
</table>

续 表

检索字段	中文名称	说明和示例
公告番号	公告号	◆ 日本授权专利在 1996 年 3 月 29 日前采用“日本纪年-六位数字”或“公元纪年-六位数字”格式，称为特许公告，用「公告番号」检索。输入示例：H01-123456 ◆ 1996 年 3 月 29 日后采七位数字格式，称为特许登录，需用“登録番号”检索，输入示例：1234567
登録番号	专利号	
審判番号	审判号	输入格式为“日本纪年-五位数字”或“公元年-五位数字”。输入示例：H07-12653
国際出願番号	PCT 国际申请号	◆ 2004 年前的格式为“PCT/JP＋公元年两位数/五位数字编码”，2004 年后的格式为“PCT/JP＋公元年四位数/六位数字” ◆ “PCT”可于检索中省略，编号数字开头为零也可省略。输入示例：PCT/JP90/12345
国際公開番号	PCT 国际公开号	输入格式为“WO＋二位或四位公元年/六位编码”，如六位数字编码开头为零可省略。输入示例：WO98/012345
優先権主張国番号	优先权国家代码	输入格式为“优先权国家英文代码＋优先权号码”，输入示例：FR83304359.9
指定国	PCT 申请指定国	国家英文代码，输入示例：US
出願日	申请日	◆ 公元年月日共八位数字或日本纪年加上年月日之六位数字，输入示例：19990101 或 H110101 ◆ 指定年月，指定年或年月的后方加上“?”，输入示例：1999? ◆ 指定日期范围，输入前后日期并在中间加上“:”，可使用日本纪年或公元年，输入示例：19990101:20001010
公開日	公开日	
公告日	公告日	
登録日	授权日	
登録公報発行日	授权公报出版日	
公表日	公表日	
再公表発行日	再公表日	
公報発行日	公报出版日	
国際出願日	PCT 国际申请日	
国際公開日	PCT 国际公开日	
公開，国際公開日	公开日，国际公开日	

2.1.8 德国专利商标局 DEPATISnet 数据库

(1) 收录范围

DEPATISnet 为德国专利商标局提供的在线专利数据库之一，包含了来自全球大约 7 000 万份专利文献。其中，有 4 100 万份为直接可以使用的 PDF 格式。其他 2 800 万份来自德国专利商标局的传统数据库。

DEPATISnet 覆盖范围如附表 2.16 所示。

附表 2.16　DEPATISnet 英文版覆盖范围

国家/专利局		国 家 代 码	时间范围(年)
奥地利		AT	1920～
瑞　士		CH	1888～
德国	总	DE	1877～
	A,B,C 文献 T 文献 U 文献		1877～ 1978～ 1934～
DD 文献		DD	1946～
欧洲专利局		EP	1978～
法　国		FR	1920～
英　国		GB	1920～
日本(英文文摘)		JP	1976～
韩　国		KR	1970～
美　国		USA	1790～
世界知识产权组织		WO	1978～
其他国家		AM、AP、AR、AU、BA、BE、BG、BR、BY、CA、CL、CN、CO、CR、CS、CU、CY、CZ、DK、DO、DZ、EA、EC、EE、EG、ES、FI、GC、GE、GR、GT、HK、HN、HR、HU、ID、IE、IL、IN、IS、IT、JO、KE、KG、KZ、LT、LU、LV、MA、MC、MD、ME、MN、MT、MW、MX、MY、NI、NL、NO、NZ、OA、PA、PE、PH、PL、PT、RO、RS、RU、SE、SG、SI、SK、SM、SU、SV、TH、TJ、TR、TT、TW、UA、UY、UZ、VN、YU、ZA、ZM、ZW	

(2) 检索功能

系统提供了初级检索(Beginner's search)、专家检索(Expert search)、IKOFAX 检索(IKOFAX search)和 PIZ 支持(PIZ support)四种检索方式,如附表 2.17 所示。

(3) 结果输出

著录项目为网页文本格式,原文全文和审查全文为 PDF 格式文件。著录项目信息有英文翻译,全文显示为文本提交时使用的语种。

(4) 检索网址

https://depatisnet.dpma.de/DepatisNet/depatisnet?window=1&space=main&content=index&action=index&switchToLang=en。

附表 2.17　DEPATISnet 英文版检索方式

初级检索	提供了公开号(Publication number)、专利名称(Title)、申请人/所有权人/发明人(Applicant/Owner/Inventor)、公开日(Publication date)、国际分类号(All IPC fields)、全文(Search full text)等字段的检索输入框,可进行组合检索,并可以设定检索结果字段显示、排序和每页记录数
专家检索	可以构造复杂的检索式进行检索
IKOFAX 检索	是一种使用德国专利商标局内部检索语言 IKOFAX 进行检索的方式,支持用 search 命令访问数据库
PIZ support	可以向德国专利信息中心发送检索请求,中心专家将通过电子邮件、信件或传真回答相关问题

2.1.9　PatentLens

(1) 收录范围

1976 至今的美国授权专利,1998 至今的美国专利申请,1980 至今的欧洲授权专利,1998 至今的澳大利亚授权专利,以及 1978 至今的世界知识产权局专利合作条约(PCT)专利申请。

(2) 检索功能

PatentLens 可以对全文、名称、摘要、发明人、专利申请人/受让人、代理人、名称和摘要、参考文献、权项、首页、说明书、公告号、登记号、公布或申请日期、预计失效日期(仅用于美国授权专利)、终止日期(仅用于美国授权专利)等字段进行检索。还可使用逻辑算符 AND、OR、AND NOT(或者表格检索界面中之用"NOT")、NEAR/#(其中#为检索词间最大的字间隔数)、通配符*(通配符前必须至少有两个字符)。

除了在首页提供单一检索输入式的全文检索外,PatentLens 还提供了专利号检索、快速检索、结构化检索和专家检索四种检索方式。

操作界面可以在英语、西班牙语、法语、俄语和中文之间切换,可用多种语言搜索专利文献,包括英语、中文、法语、西班牙语、德语、韩语、日语和俄语。

(3) 结果输出

可对 PCT 申请(中文、英语、法语、德语、日语、韩语、俄语、西班牙语)和欧洲专利局专利(英语、法语、德语)进行全文检索。显示的信息内容包括扉页、全文、PDF 全文、INPADOC 家族和法律状态部分信息。

专利文献可以下载为 PDF 格式,或者是用浏览器可以阅读的无插件. png 文件在线浏览。

(4) 检索网址

http://www.patentlens.net/daisy/patentlens/patentlens.html。

(5) 其他

① PatentLens 提供来自欧洲专利局的国际专利文献中心开放服务系统的最新法律数

据，包括专利所有权和法律状态；② 系统还具有添加评论、注释和标签功能，可以创建和共享专利文件的合集、分析的合集，并发表意见；③ 系统可以对发明人、申请人、同族专利、数据类型和其他信息进行图形分析，包括棒图、饼图、地图和时间线图。

2.1.10 freepatentsonline

(1) 收录范围

美国专利（1976 年至今），美国专利申请（2001 年至今），欧洲专利（1981 年至今），日本专利文摘（1976 年至今），世界知识产权局 PCT 专利（1978 年至今），非专利文献。

(2) 检索功能

检索方式有简单检索（单一检索式输入框），快速检索（多字段组合检索）和专家检索（编写检索式）。可检索字段包括专利号，申请号，名称，摘要，权项，说明书，申请日期，公开日期，国外优先权，美国分类号，国际分类号，发明人，发明人国家，发明人州，发明人城市，国内引用，国外引用，其他引用，专利案例信息，主要审查员，助理审查员，代理人或机构。

检索结果可按时间和相关度排序。检索时可以使用英文。

(3) 结果输出

检索结果中对检索词进行不同颜色的高亮显示，检索结果格式为网页文本格式，PCT 专利、欧洲专利和美国专利还提供 PDF 的图像文件下载。全文按原始专利文件的语种显示。

(4) 检索网址

http：//www. freepatentsonline. com /。

2.2 收费复合专利数据库

上述免费的复合专利数据库，其数据结构一般为各单一国家或地区的专利数据库集合，而有些专利数据库厂商为了满足用户的某些需求，对部分数据内容经过加工处理，形成了独有内容的专利数据库。目前，这些数据库一般都收取较高的使用费。

2.2.1 德温特世界专利创新索引(Derwent Innovation Index, DII)

(1) 收录范围

DII 收录全球 40 多个专利授权机构的 1 430 万条基本专利，3 000 万项专利。每周增加 25 000 多个专利，资料回溯至 1963 年，内容涵盖化学、电气、电子和机械工程等领域。

(2) 检索功能

DII 提供了快速检索（Quick Search）、表格检索（Form Search）、专家检索（Expert Search）和被引专利检索（Cited Search）四种方式。其中被引检索可检索字段包括被引专利号、被引专利权人、被引专利发明人、被引专利的德温特入藏号。

DII 可检索的字段包括主题、标题、发明人、专利号、国际专利分类、德温特分类代码、德温特手工代码、Derwent 主入藏号、专利权人(仅限名称)、专利权人。

DII 还可以在检索结果中对更新日期、发明人、出版日期、专利权人名称、专利权人代码、被引频次、德温特分类代码进行排序。该系统提供中文和英文的检索界面,但只能使用英文进行检索。

(3) 结果输出

著录项目、摘要、附图、专利族信息、被引用和引用信息、专利全文电子版的链接。检索结果全记录可以导出为 HTML、纯文本和制表符分隔的格式文件。

(4) 其他

DII 的特色对全球专利文献进行再次加工,包括:

- 将数据库中所有的专利标题和文摘进行人工改写,使之更能反映专利主题;
- 引入了专利族的概念,将巴黎公约中定义的等同专利视为一个专利族,将在各个不同国家申请所获得的不同专利号以及专利申请阶段的不同文献号纳入同一条记录,从而避免检索中出现大量重复的专利记录,且同时还可了解到此项专利在全球申请状况;
- 使用了德温特手工代码,以应用性分类为主,与现有技术能很好地对应,其含义比较容易理解;
- 采用 4 位英文字母作为机构代码,在很大程度上避免了公司名称检索带来的漏检。

2.2.2 Orbit 专利族数据库(Comprehensive Worldwide Patent Family Database, FAMPAT)

(1) 收录范围

Orbit 数据库是法国 Questel 公司开发的专利检索系统。FAMPAT 专利族数据库为 Orbit 检索系统的数据库之一。FAMPAT 包含从 19 世纪起,95 个国家及授权机构的各种专利数据。其中为 21 个国家和地区提供全文数据检索,并有机器自动翻译的英文数据,这些国家和地区中包括巴西、中国、印度、日本、韩国、俄罗斯、台湾等。并提供大约 50 个国家的法律状态信息。

(2) 更新周期

每周一次。

(3) 检索功能

该数据库的检索方式也有三种,如附表 2.18 所示。

附表 2.18 FAMPAT 检索方式

一般检索	关键字、分类、姓名/名称、号码,日期 & 国家、法律状态、其他检索项
专利号检索	公开号、申请号、优先权号、申请号或优先权号、任何专利号
引用与被引用检索	公开号、申请号、优先权号、申请号或优先权号

可用英文检索并显示所有专利（仅限有机器翻译的专利）、可用中文检索并显示中国专利。

可检索字段包括关键字（名称、摘要、权利要求、说明书、发明目的、技术优点、独立权利要求、概念、全文）；分类【IPC、CPC、IPC，CPC、ECLA，ICO、美国分类（主）、美国分类（主及副）、FI、F－Terms】；名称【申请/专利权人（原或现在）、先申请/专利权人、原申请/专利权人、发明人、代理人】；号码、日期与国家【号码（公开号、申请号、优先权号、申请号或优先权号）、日期（申请日、优先权日、公开日）、专利公开国（专利授权机构）】；法律状态（状态、法律事件、过期日）；其他字段【被引用专利、引用文献、指定国、FamPat 专家家族号码、PCT 公开号、PCT 申请数目、申请/专利权人所在国、美国申请/专利权人所在州、发明人所在国、美国发明人所在州）、代理人所在国、申请细节（美国，法国）、实施例（仅美国）、专利族的首次公开日期、专利族的最近公开日、专利族的最早优先权日、专利族的最先申请日、专利族的最先公开日、其他公开日、最早优先权国、最先申请国、最先公开国、FamPat 专利族的专利数量、FamPat 专利族的优先权数量、USPTO 审查员、独立权利要求数目（美国）、权利要求数目（美国）、附图的页数（美国）、附图数目（美国）、美国申请案 ID】。

(4) 结果输出

检索结果包括著录项目、权利要求、说明书、关键内容、概念、全文、Kwic（上下文关键词）、引用、图像、首页、完整（全文）、法律状态、法律状态时间表、FamPat 专利族、扩展专利族（Extended family table）、相似专利（Find similar patents）。此外，在 FamPat 中，一个专利记录包括所有专利家族中的所有公开信息。

图像、首页、完整（全文）为可下载的 PDF 格式文件，其余为网页文本格式。

(5) 其他

FAMPAT 的主要特点是将所有专利按照“以发明为基础”的规则同族化，所有的同族专利信息被整理为一条检索记录。系统还提供了机器语言翻译，并带有数据分析功能。

2.2.3 TotalPatent 专利数据库

(1) 收录范围

TotalPatent 为 LexisNexis（律商联讯）公司提供的专利数据库，包含从 1782 年起，100 个国家及机构的专利数据，它提供 32 个国家和地区的全文数据；为非英文专利提供摘要的人工翻译，并利用专利翻译技术，提供 20 多个国家、10 多种语言的全文机器翻译，这些国家和地区包括中国、日本、韩国、印度、德国、法国、西班牙、荷兰、葡萄牙、瑞典、俄罗斯、台湾等。

(2) 更新周期

每天更新。

(3) 检索功能

TotalPatent 数据库有三种检索方式，如附表 2.19 所示。

TotalPatent 还支持 10 多种语言的全文检索，如英语、法语、西班牙语、德语、俄语、日语、简体中文、繁体中文、韩语等。亦可用英语在非英语专利的英文翻译中进行全文检索。

支持200个以上的检索字段,可检索字段包括:名称、摘要、权利要求、主权利要求、全文、申请号、申请日期、专利号、公开日期、优先权号、优先权日期、申请人/专利权人、发明人、分类(CPC、ECLA,ICO、IPC、JPC(FI)、JPC(F-Terms)、USPC)、申请人地址、国家、国籍、受理申请机构、代理人、专利引文、过期日、授权日期、法律事件、法律状态、诉讼信息、诉讼日期、相关申请、非专利文献、相关美国文件、PCT申请日期、申请号、公开日期、公开号等。

附表 2.19 TotaPatent 检索方式

表格检索 (Guided Search)	可限定:标题、摘要、权利要求、全文、申请人/专利权人、发明人、公开日期、分类号、公开国、专利机构
高级检索 (Advanced Search)	支持实现精确检索的布尔检索式。支持10多种语言,200多个可检索字段,如:标题、摘要、权利要求、全文、申请日、申请号、申请人/专利权人、分类号、专利引文、发明人、优先权日、优先权号、公开号、公开国、专利号、专利类型,日期、专利机构、非英语专利的英文翻译检索 可去除重复的同族专利
语义检索 (Semantic Search)	系统通过逻辑推理和分析检索到最相关专利,提高了检索相关度和准确度。检索输入框中可输入3个以上,32 000个英文字符以内的文本 可去除重复的同族专利 可限定:标题、摘要、权利要求、全文、申请日、申请号、申请人/专利权人、分类号、专利引文、发明人、优先权日、优先权号、公开号、公开国、专利号、专利类型,公开日期、专利机构、文件类型、非英语专利的英文翻译检索

(4) 结果输出

检索结果同时包含专利附图、同族专利、法律状态、专利转让、专利诉讼等综合信息。

结果页面可以以列表格式、全文格式,以及分割画面格式显示,可高亮显示检索关键字,并可添加根据需求随时新增关键词高亮显示。可同时显示摘要、申请日期、申请号、专利权人、分类、图纸、发明人、注释、专利家族及优先数据,并提供多种排序方式。

可以批量获取专利文件,一次性可以最多下载20 000篇专利,并存储成Word、RTF、HTML、PDF、Plain Text、XML、Excel、CSV、TSV等格式。

导出结果时,输出格式可以选择封面、KWIC(上下文关键词)、权利要求、法律信息、同族报告、图像、原始文件、结果列表、表格等,亦可个性化定制输出格式。

(5) 其他

此外,TotalPatent还提供以下功能:

- 查找目标公司的分支机构以及子公司的数据,并可以查找专利权人或发明人名称的不同形式;
- 提供三种专利同族信息:INPADOC同族专利信息、简单同族专利、扩展同族专利;
- 除了可以查找专利法律状态,还通过链接Courtlink美国法院案卷检索系统查看专利在美国联邦及各州法院的诉讼信息;

• 人性化的提醒功能可以随时监控最新的专利技术动态与竞争趋势，跟踪专利的法律状态变动，并能够按照自定义的检索条件自动检索并发送更新文件；

• 在线文件夹可以存储并编辑专利资料，最多达 100 个个性化文件夹，容纳 200 万份文件，支持文件去重、合并、删除等操作，并可在工作组内文件夹共享；

• 支持引证分析、对比分析以及统计分析。

2.2.4 Patentics 网页版

(1) 收录范围

索意互动(北京)信息技术有限公司提供的 Patentics 数据库，整合了全球各大专利局的专利数据库，包括美国专利、美国申请、欧洲专利、世界专利、中国专利的全文数据库以及其他世界各国专利的摘要数据库。其中包含 94 个国家和地区的专利摘要，并对近 3 000 万篇英文摘要进行去重、纠错处理。具体如附表 2.20 所示。

附表 2.20 Patentics 网页版收录范围

数据库	数据范围年份	全文	摘要	著录项	法律状态	检索报告	GIF	PDF
美国专利	1971 年至今	√	√	√	√		√	√
美国申请	2001 年至今	√	√	√	√		√	√
欧洲专利	1978 年至今	√	√	√		√	√	√
世界专利	1978 年至今	√	√	√		√	√	√
日本专利(EN)	1993～2013 年	√	√	√			√	√
韩国专利(EN)	1990～2013 年	√	√	√			√	√
韩国申请(EN)	1992～2013 年	√	√	√			√	√
中国申请	1985 年至今	√	√	√	√	√	√	√
中国专利	1985 年至今	√	√	√	√	√	√	√
中国外观	1988 年至今		√	√	√		√	
美国外观	2000 年至今		√	√			√	√
中国专利英文	1985 年至今	√	√	√	√	√	√	√
世界各国摘要	1900 年至今		√	√	√			

更新日期：2014.01.05

(2) 检索功能

Patentics 提供语义检索、关键词检索等多种检索方式，如附表 2.21 所示。

可以进行中英文专利互检，即用中文检索英文专利，用英文检索中文专利。

Patentics 的可检索字段如附表 2.22 所示。

附表 2.21　Patentics 网页版检索方式

语义检索	直接输入概念、概念组合、自然语句、专利号进行搜索，可以用向量去除指令去除噪音概念的影响，还可以利用概念的布尔逻辑组配
关键词检索	直接输入关键词、关键词组合搜索，可以用向量去除指令去除噪音关键词的影响，还可以利用关键词的布尔逻辑组配
其他检索方式	该系统还包括傻瓜式向导搜索，下拉式菜单中的简单搜索，表格搜索和高级搜索。这些搜索方式的区别在于所提供的可视化可检索字段不同

附表 2.22　Patentics 网页版可检索字段

字段代码	字段名称	字段代码	字段名称
R/	排序	B/	关键词
C/	概念	BCR/	关键词/概念/排序合成
PN/	专利号	APN/	申请号
ISD/	公开日	APD/	申请日
DI/	公开日过滤	DA/	申请日过滤
PAB/	新颖分析	INF/	侵权分析
REL/	相关度过滤	AN/	申请人
NS/	地域(国家、省份)	NA/	专利类别
TTL/	标题	ABST/	摘要
ACLM/	权利要求	IW/	索引词
FIG/	图片	SPEC/	说明
LS/	法律状态	GRD/	授权时间
REF/	专利引用	REFF/	专利引用的专利引用
CITE/	被引用专利	CITEE/	被引用引用的专利
CCL/	美国分类	ICL/	国际分类
CCLM/	美国主分类	ICLM/	国际主分类

(3) 结果输出

检索结果以列表形式显示，详细信息需要注册后才能使用。详细信息包括图片、主题词索引、相关概念及专利、摘要、著录项目、国际优先数据、分类号、同族专利、权利要求、说明书。

检索结果可以导出 PDF 格式的专利全文文件。附图原位显示。

检索结果可以进行中文、德文、法文到英文的机器翻译。

(4) 特色说明

Patentics 最大的特色是能够进行智能语义检索，借助于计算智能架构，通过对海量专利文档内容的自动分析与自动理解，是对传统采用关键词检索策略进行专利检索方式的一种创新。同时，该系统也提供了简单的专利统计分析功能，可以对搜索结果如公司排名、索引词排名、专利分类排名等进行统计，并可绘制成图表，还能对索引词进行聚类分析，但不能形成可视化视图。分析功能需注册后使用。

2.2.5 Boliven

(1) 收录范围

由 CambridgeIP 公司开发的 Boliven 数据库，收录美国专利、欧洲专利、PCT 专利、日本专利、韩国专利和 INPADOC 数据库等信息。其他数据来源还包括期刊文献，法律诉讼，新闻发布，临床研究等。

(2) 检索功能

Boliven 数据库包括基本检索、高级检索、专家检索、批量检索/下载和专利转让情况检索 5 种检索方式。其中，基本检索和专利权转让检索向所有访客免费开放，而高级检索、专家检索、批量检索/下载均需进行注册，登录后才可使用。支持二次检索。

其中专利转让情况检索，可以按照让与人、受让人、专利号、申请号、卷筒/帧号、专利名称、转让日期、转让性质、联系人信息等检索某一专利的转让信息。检索时可以使用英文。

(3) 结果输出

该数据库的每一个记录为一个专利族，数据来源于该发明的第一个公开专利，为基本专利，与该发明相关的其他公开专利，为等同专利。检索结果中包括每一个基本专利的其他专利族成员的专利号、专利申请号、申请日、公开(公告)日等著录数据。

数据以 cvs 格式、RTF 格式或 XML 格式导出，可选择导出的字段和导出的记录数。

全文按原始专利文件的语言显示。

(4) 检索网址

http：//www. boliven. com/patents/。

(5) 其他

Boliven 所有的功能均需付费使用。其中移动应用需支付 49 美元/月，平台应用需支付 199 美元/月，完整应用需支付 239 美元/月，企业级应用需联系客服确定费用。此外，还可以通过季度、年来付费。此外，Boliven 还提供了 14 天的注册账户全功能免费试用。

撰稿：曹磊、吕玉洁、罗天雨、杜渐、倪炜瑜(上海科学技术情报研究所)